U0273075

陆相页岩油形成与分布

赵文智　胡素云　朱如凯◎等著

石油工业出版社

内 容 提 要

本书系统介绍了页岩油的基本概念与分类,详细分析了海相页岩油与陆相页岩油之异同以及与致密油的主要区别;通过梳理北美海相页岩油基本地质特征与勘探历史、勘探评价方法和典型海相页岩油勘探案例,以此作为我国陆相页岩油客观把握重点、研究思路、方法与技术的参照系。重点阐述了我国陆相富有机质页岩形成机理、页岩层系储层特征,并围绕陆相中—高成熟度页岩油富集条件、分布特征和有利富集段评价标准等作了较多思考和富有前瞻性的总结。

本书适合从事页岩油气研究的科研和管理人员及大专院校相关专业师生参考阅读。

图书在版编目(CIP)数据

陆相页岩油形成与分布 / 赵文智等著 . —北京:

石油工业出版社,2022.10

ISBN 978–7–5183–5553–2

Ⅰ . ① 陆… Ⅱ . ① 赵… Ⅲ . ① 陆相油气田 – 页岩油

– 油气藏形成 – 研究② 陆相油气田 – 页岩油 – 油气藏 –

分布 – 研究 Ⅳ . ① P618.130.2

中国版本图书馆 CIP 数据核字(2022)第 152829 号

出版发行:石油工业出版社

(北京安定门外安华里 2 区 1 号   100011)

网   址:www.petropub.com

编辑部:(010)64251539   图书营销中心:(010)64523633

经   销:全国新华书店

印   刷:北京中石油彩色印刷有限责任公司

2022 年 10 月第 1 版   2022 年 10 月第 1 次印刷

787×1092 毫米   开本:1/16   印张:33.25

字数:800 千字

定价:300.00 元

(如出现印装质量问题,我社图书营销中心负责调换)

《陆相页岩油形成与分布》

撰写人员

赵文智　胡素云　朱如凯　郭秋麟　白　斌

吴松涛　林森虎　张　斌　陶士振　刘忠华

李艳东　杨　智　赵贤正　付金华　何文渊

许长福　胡　贵　鄂雪梅　张婧雅　赵　霞

Foreword

序　言

我国油气安全面临严峻挑战，亟待发现有规模的重大油气资源接替领域，以改变原油自给保障能力不足的现状。确保我国原油年产 2 亿吨长期稳定，既是我国油气行业需竭尽全力保持的目标，也是实现国家油气供应安全的压舱石。美国海相页岩油气革命的成功不仅证实了海相页岩层系中蕴藏着巨大的油气资源潜力和具有的重要战略地位，而且页岩油气的大规模开发利用推动美国实现了能源独立，同时也大大改变了全球油气供应的版图与地缘政治格局。我国中—新生代陆相沉积盆地中发育多套富有机质页岩层系，这些层系也拥有巨大的页岩油资源潜力，是一个尚未充分勘探开发且具有规模建产潜力的新领域，已经引起国家和相关企业的高度重视，并正在投入力量进行勘探与开发工作。根据热演化程度，我国陆相页岩油分为中高成熟度与中低成熟度两大类资源。中高成熟度页岩油指地下已经形成的石油烃在烃源岩层系内部的留滞（R_o 一般大于 0.9%，咸水环境也可以大于 0.8%），利用现阶段相对成熟的水平井和体积改造技术就可以实现开发利用，是我国原油年产 2 亿吨稳产的重要支撑；中低成熟度页岩油（R_o 一般小于 0.9%，咸水环境也可以小于 0.8%）指地下已经形成的石油相对密度高，流动性差，依靠现有的水平井和体积改造技术难以经济开发，需要开发地下原位转化新技术才能大规模开发利用。依据实验室分析数据评价，陆相中低成熟度页岩油的资源潜力更大，远景资源总量达数百亿吨，一旦技术突破，将带来一场陆相页岩油革命，对较大幅度提高我国原油产量和改变我国原油供应安全形势发挥重大作用。

从 2008 年中国石油、中国石化两大石油公司开始探索页岩油，到 2021 年我国陆相中高成熟度页岩油勘探与开发试采已经取得重要突破，年产量近 300 万吨，其中中国石油年产量达到 268 万吨。相继在准噶尔盆地吉木萨尔凹陷二叠系芦草沟组，鄂尔多斯盆地三叠系延长组 7 段，渤海湾盆地沧东凹陷古近系孔店组二段，济阳坳陷博兴、牛庄和渤南等凹陷古近系沙河街组三—四段，松辽盆地白垩系青山口组一、二段与四川盆地东北部侏罗系等富有机质页岩层系获得一批重要发现，展示了陆相中高成熟度页岩油良好的发展前景。目前国家已经启动了新疆油田吉木萨尔凹陷、大庆油田古龙凹陷和胜利油田济阳坳陷等多个国家级陆相页岩油示范区建设。经过一段时间的科技攻关，如果在提高单井产量和单井累计采出量、较大幅度提高采收率和规模降低成本等方面取得明显进展，相信陆相中高成熟度页岩油将为我国原油年产2亿吨长期稳定发挥重要支撑作用；中低成熟度页岩油还处于前期研究与启动先导试验阶段，地下原位转化技术包括水平磁定位钻井技术、长寿命电加热工具与工艺技术等还处于攻关阶段，技术的稳定性还有待提高。此外，资源的经济性也有待先导试验落实。

页岩油、致密油作为非常规油气资源的专门术语是从2008年前后开始出现的。从内涵看，在国外并没有明确的区分和界定，如IEA、EIA、USGS等已公开发表的文献、大型会议和具权威性的能源报告中，这两个概念是混用的。而在中国，致密油和页岩油的概念并不统一，有广义页岩油和狭义页岩油及广义致密油等概念和称谓。但多数学者认为页岩油和致密油在成藏特征上存在较大差异，应作为两种不同的非常规资源类型予以区分。页岩油主要指烃源岩层系以内的滞留液态烃，包括页岩及致密砂岩、碳酸盐岩夹层内的液态烃，具有源储一体特征。而致密油是指烃源岩层系以外，经过一定运移（如果源储直接接触，则运移距离相对较短）在致密砂岩或碳酸盐岩储层中聚集成藏的液态烃，源储分离。总之，这些概念的出现除了与不同学者关注的侧重点有所不同有关外，主要还是与勘探程度和认识程度较低有关，这是地质认识和理论发展的必然过程。现阶段对页岩油和致密油认识的多元化与百家争鸣抱以宽容的态度不失为上策，相信随着认识深化、资料积累以及开发结果的渐趋明朗，很多认识都会殊途同归。

赵文智院士及其团队近年来一直关注中国陆相页岩油勘探开发进程与进展，并在中高成熟度与中低成熟度页岩油领域开展了较多的基础研究和技术探索，特别围绕中高成熟度页岩油富集条件、分布特征与有利富集段评价标准等作了较多思考和富有前瞻性的总结，对推动我国陆相页岩油发展是难得的探索和尝试；在中低成熟度页岩油富集条件、分布与原位转化技术可行性方面，也做了很多十分可贵的前期研究和探索，并推动在鄂尔多斯盆地启动了中低成熟度页岩油原位转化先导试验。

赵文智院士及其团队经过两年多的酝酿和准备，撰写完成了《陆相页岩油形成与分布》专著，重点介绍了我国陆相富有机质页岩形成机理、页岩层系储层特征、陆相中高成熟度页岩油富集条件与分布特征，是作者及研究团队近年来创新研究的重要积累，也是对现阶段页岩油勘探与开发试采实践做了深刻思考以后的归纳升华。书中对准噶尔盆地吉木萨尔页岩油、渤海湾盆地沧东页岩油、鄂尔多斯盆地长 7 页岩油和松辽盆地古龙页岩油以案例方式作了系统介绍，特别对各探区页岩油富集条件与试采形势作了有独到见解的分析和归纳，既有对有利成藏条件的客观评价，也有对潜在风险的冷静思考，凸显了作者及其研究团队实事求是的态度与独立思考的精神。该书中对我国陆相中高成熟度和中低成熟度两大类页岩油资源潜力进行了评价，对中高成熟度页岩油未来发展前景与中低成熟度页岩油潜在的"革命"地位也都提出了独到认识，值得致力于陆相页岩油理论探索与实践的学者和勘探工作者一读。

我国陆相页岩油研究与勘探实践起步不久，尚有很多涉及勘探开发机理的基础理论与技术问题需要进一步攻关。《陆相页岩油形成与分布》专著的出版，既是现阶段地质认识与生产实践的总结升华，也是对未来陆相页岩油富集分布理论发展与勘探开发进程的有力推动，对推动我国非常规油气地质理论的创新进步与页岩油资源有效开发利用都具有重要指导意义。

中国科学院院士
2022 年 2 月 17 日

Preface
前　言

历经六十余年持续不断的攻关探索，依靠水平井和体积改造技术的突破与大规模推广应用，美国海相页岩油勘探开发在21世纪初实现了跨越式发展，先后建成二叠（Permian）、鹰滩（Eagle Ford）、巴肯（Bakken）、阿纳达科（Anadarko）、海因斯维尔（Haynesville）、阿巴拉契亚（Appalachia）和奈厄布拉勒（Niobrara）等七大页岩油生产区。近十年来，美国海相页岩油产量以年均超过25%的速度快速增长，2019年原油产量达到$6.09×10^8t$，成为全球第一大原油生产国，其中页岩油产量$3.96×10^8t$，占比达65%，实现了由能源净进口国向能源净出口国的重大转变，也大大改变了全球能源供给版图和地缘政治格局。

借鉴北美海相页岩油勘探开发的成功经验，我国学界和勘探界对陆相页岩油的资源潜力与勘探地位越来越高度重视，有众多学者围绕陆相页岩油的定义、富集区/段评价标准、页岩储层特征与页岩油形成条件与富集机理等开展了大量研究，已有一批高水平论文公开发表。按照热演化程度的差异，陆相页岩油可分为中高成熟度（以下简称中高熟）（以$R_o>0.9\%$为门限，咸化湖盆$R_o>0.8\%$）与中低成熟度（以下简称中低熟）（以$R_o<0.9\%$为门限，咸化湖盆$R_o<0.8\%$）两种类型。中高熟页岩油是指地下已经形成的石油烃在烃源岩层系内部的留滞，利用现阶段相对成熟的水平井和体积改造技术就可以实现开发利用；中低熟页岩油是指地下已经形成的石油烃数量有限且流动性差、更多的有机质尚未转化为石油烃的多类液、固—半固相有机物构成的混合物，依靠现有的水平井和体积改造技术难以经济开发，需要开发地下原位转化新技术才能大规模开发利用。

中国石油大庆、新疆、大港与长庆等油田和中国石化胜利、江汉等油田，围绕陆相页岩油从突破出油关、获得工业产量与在现有技术和成本条件下实现效益开发等关键问题，已开展了较多探索和实践，在多个探区打了一大批探井，已有数十口井在试采，同时配套开展了页岩油水平井和体积压裂改造等关键技术攻关与优化，相继在准噶尔盆地吉木萨尔凹陷二叠系芦草沟组，渤海湾盆地黄骅坳陷沧东凹陷古近系孔店组二段，松辽盆地古龙凹陷白垩系青山口组

一、二段与济阳坳陷博兴、牛庄和渤南等凹陷古近系沙河街组三、四段等陆相富有机质页岩层系获得一批重要突破，展示了陆相中高熟页岩油良好的发展前景。鄂尔多斯盆地延长组7段（以下简称长7段）与富有机质页岩间互分布的致密砂岩中获得重大发现，发现了储量规模达$10×10^8t$的庆城大油田，单井产量和单井累计采出量都比较高。按照美国页岩油的定义，该发现可以归入页岩油范畴，目前已建成年产超百万吨的页岩油生产区。松辽盆地北部古龙凹陷白垩系青山口组页岩油近两年勘探也取得重要突破，以2020年初古页油平1井试油获得较高产量为标志，纯正型页岩油勘探取得重要突破。目前古页油平1井自喷生产超过480天，稳产期单井日产油13t，日产气8310m³；原油密度0.79g/cm³，原油品质好，气油比最高达到2000m³/m³。目前围绕年产百万吨以上级开发试验区建设正在推进中。如果技术进步和管理创新能较大幅度降低成本并提高单井累计采出量（EUR），就有理由相信古龙页岩油未来将具有良好发展前景。准噶尔盆地吉木萨尔凹陷芦草沟组页岩油正在规模建产，国家级页岩油示范区建设正在推进中，截至2021年底已累计建产能$80.46×10^4t/a$。渤海湾盆地大港探区沧东凹陷孔店组二段页岩油已有多口水平井在试采，并形成规模产能，截至2021年底已累计产页岩油$17.37×10^4t$，当年产页岩油$10×10^4t$，如果成本能够有较大幅度下降，未来发展前景也令人鼓舞。截至2021年底，中国陆相中高熟页岩油已探明地质储量$13.06×10^8t$。2021年陆相页岩油生产原油约$272.3×10^4t$，其中，鄂尔多斯盆地长7段生产$188×10^4t$，准噶尔盆地吉木萨尔凹陷芦草沟组生产$42×10^4t$，渤海湾盆地沧东凹陷孔店组二段生产$10×10^4t$，松辽盆地古龙凹陷青山口组生产$2×10^4t$，吉林油田生产$4.7×10^4t$，三塘湖盆地生产$21×10^4t$；另外，中国石化在以济阳坳陷为主的古近系页岩油试采中共生产$4.6×10^4t$。陆相页岩油已成为我国原油稳产的重要支撑。

我国发育的陆相页岩油不同于北美海相页岩油。总体看，北美海相页岩层系沉积稳定，油层厚度较大，连续性较好，热成熟度处于轻质油—凝析油窗口，气油比较大，具有较高的地层能量和较好的原油地下流动性，单井可以实现较高初始产量、较高累计产量以及平台式工厂化作业生产，开发效益较好。中国陆相页岩沉积相带横向变化较大，有机质类型虽好但热演化程度普遍偏低，导致原油黏度偏大，气油比偏低，原油地下流动性偏差，且地层能量总体偏低。加之储层黏土矿物含量偏高、脆性指数偏低，虽然可以有较高的单井初始产量，但单井累计采出量变化较大，如果不能实现低成本开发，经济性面临较大挑战。

我国陆相页岩油资源潜力巨大。近年来，中国石油、中国石化和自然资源部等权威机构都开展了陆相页岩油资源潜力评价。2013年国土资源部估算全国页岩油地质资源量为153×10^8t；2014年中国石化评价我国页岩油地质资源量为204×10^8t；2016年中国石油评价我国页岩油地质资源量为145×10^8t；2019年自然资源部评价页岩油地质资源量为283×10^8t。从各家评价使用参数看，上述$145 \times 10^8 \sim 283 \times 10^8$t的陆相页岩油地质资源总量以中高熟页岩油为主体，但含有部分中低熟页岩油资源量在内，未完全包括中低熟页岩油资源总量。本书基于研究团队长期关注和研究陆相页岩油富集条件与分布特征，将中高熟与中低熟页岩油资源量分开评价。其中，中高熟页岩油按R_o大于0.9%取值（部分地区放宽至R_o大于0.8%）评价，并结合多个探区多口井试采数据对相关参数进行了校正。在此基础上，对陆上10个重点陆相页岩油盆地作了中高熟页岩油资源量评价，评价结果是中高熟页岩油地质资源总量为$130 \times 10^8 \sim 163 \times 10^8$t，其中在布伦特油价60美元/bbl条件下，有利富集区经济性尚好的资源总量为$67 \times 10^8 \sim 84 \times 10^8$t。

除中高熟页岩油外，我国还发育资源潜力更大的中低熟页岩油，主要分布在鄂尔多斯盆地长7_3亚段和松辽盆地上白垩统嫩江组两大层系，占比超过85%。依据实验室分析数据初步评价，我国中低熟页岩油分布面积合计$2.9151 \times 10^4 \text{km}^2$，通过人工转质生成的页岩油资源总量为$1016.2 \times 10^8$t油当量，其中液态烃为$704.2 \times 10^8$t，气态烃为$312 \times 10^8$t油当量。根据国外已开展的先导试验获得的数据类比，页岩油原位转化采收率比较高。按65%的采收率计算，我国中低熟页岩油人工转质的总可采量达660.4×10^8t油当量。如果能够突破人工改质开采的技术关和经济关，有望带来一场真正意义的陆相页岩油革命，将会使我国油气产量在传统领域"稳油增气"基础上，实现较大规模增长，到那时我国油气自给供应安全形势将发生重大改观。

页岩油的形成富集与常规油气藏有很大不同。众所周知，常规油气藏的形成是油气从烃源岩中排出以后，在水浮力作用下，通过运载层输导，在适宜的圈闭中发生由分散到集中的过程而形成，有一个油气富集成藏的过程。因而判断一个油气藏是否有经济可采性，只需要一口探井和一个真实的测试产量就够了。页岩油实际上是已形成油气在烃源岩内部的留滞，亦可称为残留，能否具有经济开发价值取决于多个因素，一是滞留烃数量，这是决定单井产量和累计采出油量的基础；二是滞留烃成分构成与品质，显然轻组分越多，流动性就越好，单井产量和单井累计采出量就会越高；三是页岩油赋存地层中的黏土矿物成分、含量与孔喉体积和结构，显然黏土矿物含量越高，对石油烃的吸附越多，能够流出页岩层系并流至井筒的石油烃数量就会越少。此外，由黏土矿物、无机矿物细小颗粒和有机质形成的微纳米孔隙越小和结构越复杂，则石油烃从地层中流出的阻力就越大。上述三方面的实际状况多与页岩地层中有机质丰度、母质类型、热成熟度及页岩层系的封闭性有直接关系，显然有机质丰度高、母质类型好，则烃源岩经过排烃以后滞留下来的石油烃数量就越多；而热成熟度较高且顶底板封闭性好的页岩层系中，滞留烃品质就会好，可动烃数量就会多，页岩油单井产量和单井累计采出量都会高，经济性自然也会好。因此，判断页岩油是否具备工业开发条件，除了单井测试产量以外，还需要更多的评价参数予以保证，如单井累计采出量是否有经济性与具备经济性的页岩油分布规模等，这是页岩油一旦突破经济开发关以后，能否形成有规模的建产并支撑足够长稳产期的关键。此外，页岩油富集条件与成藏特征研究与常规油气藏也差异明显，比如常规油气藏对烃源岩有效性的评价，有机质丰度取值门限较低，以泥质烃源岩为例，TOC 大于 0.5% 就可以成为有效烃源岩；而对于页岩油来说，TOC 取值下限至少要大于 2%，最好取 3%～4%，这是因为要保证有足够多的石油烃滞留在烃源岩内部以支撑形成有经济性的产量，就需要有足够高的母质丰度。另外，页岩油富集段评价更关注烃源岩内滞留烃数量和品质，也关注页岩油富集段厚度、脆性、顶底板封闭性与分布规模等，而常规油气藏则关注烃源灶与储盖圈组合的空间匹配关系以及圈闭要素的有效性等。这就要求业界同仁必须改变思路，建立全新的研究内容与研究重点，特别需要把研究精度升级并要加强微观研究，加强固/液/气多相多场耦合流动机理研究，加强多学科交叉研究等，以建立页岩油成藏新学科。

陆相页岩油规模勘探与效益开发目前还面临诸多挑战，主要表现在：（1）富有机质页岩形成环境与有机质超量富集（TOC＞6%）关系不清、页岩岩性组合及岩石组构与烃滞留数量关系不清、有机质类型及丰度与烃吸附数量的关系尚不清楚，以及地层能量、滞留烃品质和烃组分混相流出的人工干预与页岩油单井累计采出量的关系也尚未建立等，致使对页岩油资源潜力与经济性评价都存在较大不确定性，对有利勘探靶区与开发试采富集区选择还有较大盲目性。研究需要关注页岩和泥岩的沉积动力学差异及与有机质富集和贫化的关系，页岩层系中页理、纹层和沉积韵律的形成机制与压裂过程中易剥开性的差异，以及页岩层系储层表征、页岩油富集控制因素和多学科融合的富集区／段评价方法与评价标准等，以解决页岩油有利富集区／段客观优选问题。(2)强非均质页岩（含致密砂岩）储层渗流机理、体积改造裂缝形成机理、产量递减规律、多富集（甜点）层段开发模式尚未建立，致使页岩油效益开发面临巨大挑战，需要探索形成"以改造缝网模拟和技术优化为核心、以多富集（甜点）段协同开发方式优化为支点、以实现高效开发为目标"的页岩油开发技术与对策，解决中高熟页岩油效益开发、稳产与提高采收率面临的技术难题。(3)中低熟页岩油面临有机质超量富集主控因素、原位转化动力学、不同岩石组构的传热与多相多场烃物质耦合流动机制尚未完全建立的挑战，需要关注陆相富有机质页岩沉积环境、沉积动力与外物质作用，这是页岩油原位转化选区评价亟须解决的关键基础问题；关注不同沉积环境有机质显微组分构成与数量差异对原位转化动力学与转化效率的作用，这是原位转化最佳升温窗口设计和实现有效开发的基础；关注不同黏土矿物与不同有机质构成环境的蓄热与热传导动力、固／液／气多相有机质相态转化诱发的地层能量场动力学，解决地下最佳升温速率设计以及井下工具选择面临的基础问题。通过研究攻关，逐步形成陆相中低熟页岩油原位转化配套技术，以推动陆相页岩油革命的发生和目标实现。

陆相页岩油是一个全新领域，近年来国家有关部委和各大油公司都高度重视页岩油勘探与开发试采工作，已开展了一系列涉及页岩油资源评价、页岩油富集控制因素与页岩油流动机理等相关基础研究工作，形成了多项理论认识与技术创新成果。本书撰写团队已有近十年时间致力于我国陆相中高熟与中低熟页岩油的基础研究和技术探索经历，认识到我国陆相页岩油资源潜力巨大，对我国石油工业持续健康发展和保证油气供应安全具有重要意义。经过两年多的酝酿和准备，撰写完成了《陆相页岩油形成与分布》这部专著，共八章，系统介绍了页岩油的基本概念与分类，分析了海相页岩油与陆相页岩油的异同以及与致密油的主要区别；梳理了北美海相页岩油基本地质特征与勘探历史、勘探评价方法与典型海相页岩油案例，借以作为我国陆相页岩油客观把握研究思路、勘探重点、勘探方法与技术的参照系。书中重点介绍了我国陆相富有机质页岩形成机理、页岩层系储层特征、陆相中高熟页岩油富集条件与分布特征，是笔者及团队近年来探索研究的重要积累，也是对现阶段页岩油勘探与开发试采实践作了深刻思考以后的归纳升华。书中对准噶尔盆地吉木萨尔页岩油、渤海湾盆地沧东页岩油、鄂尔多斯盆地长 7 页岩油和松辽盆地古龙页岩油以案例方式作了系统介绍，特别对各探区页岩油富集条件与试采形势作了有独立视角的分析和归纳，既有对有利成藏条件的客观评价，也有对潜在风险的冷静思考。书中对我国陆相中高熟和中低熟两大类页岩油资源潜力进行了评价，对中高熟页岩油未来发展前景与中低熟页岩油潜在的"革命"地位也提出了自己的评价意见。

应该说，我国陆相页岩油研究与勘探实践起步不久，尚有很多涉及页岩油富集与开发机理的基础理论与技术问题需要进一步攻关研究才能回答。本书在这个阶段出版，目的是抛砖引玉，既唤起有志于陆相页岩油研究的广大科技工作者的热心投入，又为正在发展中的陆相页岩油勘探开发进程提供指导，以共同推动我国非常规油气地质理论的创新进步与页岩油资源大规模有效开发利用。

本书总体思路与章节内容设计由赵文智提出。前言由赵文智、胡素云和朱如凯撰写。第一章由赵文智、朱如凯撰写。第二章由吴松涛、姜晓华、荆振华、郭秋雷撰写。第三章由张斌、林森虎等撰写。第四章由白斌、吴松涛、金旭、李思洋等撰写。第五章由赵文智、陶士振、杨智等撰写。第六章由胡素云、吴松涛、刘忠华、李艳东、林森虎、胡贵、鄢雪梅、侯连华、罗霞、阎逸群等撰写。第七章由赵文智、朱如凯和赵霞在各节提供素材基础上统一撰写定稿，其中，第一节由许长福、吴承美、秦明撰写；第二节由赵贤正、蒲秀刚等撰写；第三节由付金华、李士祥等撰写；第四节由何文渊、蒙启安、张金友撰写。第八章由赵文智、郭秋麟、胡素云、朱如凯等撰写。全书初稿的撰写由胡素云和朱如凯具体组织，初稿完成后由赵文智和朱如凯统一修改和定稿。张婧雅和赵霞负责书稿修改和完稿阶段的文字录入、校对工作。

本书完成写作和出版历经两年时间。为写好本书，笔者查阅了大量国内外文献、研究成果与相关基础资料，对一些涉及页岩油勘探开发的认识尚未成熟的问题也作了较多思考，并提出了笔者的观点和见解，随本书出版一并奉献给读者，希望唤起更多的思考和研究，以尽早破题。由于陆相页岩油的特殊性，加之国内勘探开发尚处于早期阶段，而且参与本书撰写的作者团队水平有限，书中难免存在不妥之处，敬请读者批评指正。

Contents 目　录

CHAPTER 1
第一章

页岩油基本概念与分类

页岩油泛指泥、页岩层系中含有的石油资源。从概念的演进看，包括了泥、页岩裂缝中含有的石油，这在莱复生（Levorsen A I，1975）最早出版的《石油地质学》教科书中已有记载，因其分布极不规则，作为常规油藏分类中的一种特殊类型，称为不规则裂缝型油藏。21世纪初，伴随着水平井和体积压裂改造技术的进步，在美国众多的以致密碎屑岩、碳酸盐岩和页岩构成的海相细粒沉积层系中经水平井钻探和大规模人工压裂改造，获得了以轻质油为主的高产工业油流，页岩油的概念从此有了新拓展。这一领域的资源规模大大超出了以往泥岩裂缝型油气藏的地位。众所周知，美国的页岩油主要发育在海相地层中，地质时代以古生代为主，表现为热演化程度较高、油质好、气油比高、原油地下流动性好，加之海相地层横向稳定，因此单井产量和单井累计采出油量均较大。美国海相页岩油勘探开发取得的巨大突破带来了一场页岩革命，不仅大大改变了美国原油供应安全形势，而且重塑了全球能源供应版图与地缘政治格局，这场革命的影响极其深远。

本章将围绕页岩油的基本概念、分类以及海/陆相页岩油的差异、页岩油与致密油的边界及划分依据等进行讨论，以飨读者。

第一节　页岩油基本概念

一、页岩油基本概念及其与致密油的异同

1. 页岩、泥岩概念

页岩、泥岩是细粒沉积岩广泛使用的术语，但目前尚未有被普遍接受的命名和分类方案。按现阶段大多数学者所能接受的概念，页岩是由黏土脱水胶结而成的岩石，以黏土矿物为主，具有明显的薄层理构造；泥岩则是弱固结的黏土经中等程度的后生作用形成的强固结岩石，层理不明显或呈块状。从粒级上来说，泥岩和页岩的粒级基本相同，但在粒级的界定上，欧美与我国及原苏联学者差异较大，关键是对"Mud"的界定（图 1-1，

美国标准筛号		mm	μm	φ值	Wentworth分类	
				−20		
		4096		−12		
		1024		−10	巨砾(−8~−12φ)	
利用		256		−8		
金属		64		−6	中砾(−6~−8φ)	
丝网		16		−4	砾石(−2~−6φ)	砾
5		4		−2		
6		3.36		−1.75		
7		2.83		−1.5	卵石	
8		2.38		−1.25		
10		2.00		−1.0		
12		1.68		−0.75		
14		1.41		−0.5	极粗砂	
16		1.19		−0.25		
18		1.00		0.0		
20		0.84		0.25		
25		0.71		0.5	粗砂	
30		0.59		0.75		
35	1/2	0.50	500	1.0		
40		0.42	420	1.25		
45		0.35	350	1.5	中砂	砂
50		0.30	300	1.75		
60	1/4	0.25	250	2.0		
70		0.210	210	2.25		
80		0.177	177	2.5	细砂	
100		0.149	149	2.75		
120	1/8	0.125	125	3.0		
140		0.105	105	3.25		
170		0.088	88	3.5	极细砂	
200		0.074	74	3.75		
230	1/16	0.0625	62.5	4.0		
270		0.053	53	4.25		
325		0.044	44	4.5	粗粉砂	泥
		0.037	37	4.75		
利用移液管	1/32	0.031	31	5.0		
或液体比	1/64	0.0156	15.6	6.0	中粉砂	
重计分析	1/128	0.0078	7.8	7.0	细粉砂	
	1/256	0.0039	3.9	8.0	极细粉砂	
		0.0020	2.0	9.0		
		0.00098	0.98	10.0	黏土	
		0.00049	0.49	11.0	（有的用2φ或9φ	
		0.00024	0.24	12.0	作为黏土边界）	
		0.00012	0.12	13.0		
		0.00006	0.06	14.0		

图 1-1　沉积岩粒级划分图（据 Robert L Folk,1974，1980）

表 1-1）。欧美学者一般将"Mud"界定为粒径小于 62.5μm，包括 Silt 和 Clay 级（图 1-1）。从 20 世纪 50 年代开始，我国沿用苏联分类方案，"泥"对应"黏土"级粒径 3.9μm（表 1-1）。国内文献中也有不同分类方案，刘宝珺（1980）将泥岩和页岩粒级定义为小于 0.01mm；用词是"黏土岩"。冯增昭（2013）认为黏土岩小于 0.01mm，泥岩大于 0.01mm。何镜宇、孟祥化（1987）引用苏联什维佐夫（1948）的分类，黏土岩和泥岩小于 0.01mm。除强调粒级外，页岩和泥岩构造上也有明显差异，页岩有页理构造，泥岩是块状构造，并存在过渡类型。

表 1-1　碎屑粒级划分（据中华人民共和国国家标准 GB/T 17412.2—1998）

自然粒级标准 /mm	ϕ 值粒级标准	陆源碎屑名称		内源碎屑名称	
≥128	≤-7	粗碎屑（砾）	巨砾	砾屑	巨砾屑
32～<128	>-7～-5		粗砾		粗砾屑
8～<32	>-5～-3		中砾		中砾屑
2～<8	>-3～-1		细砾		细砾屑
0.5～<2	>-1～1	中碎屑（砂）	粗砂	砂屑	粗砂屑
0.25～<0.5	>1～2		中砂		中砂屑
0.06～<0.25	>2～4		细砂		细砂屑
0.03～<0.06	>4～5	细碎屑（粉砂）	粗粉砂	粉屑	粗粉屑
0.004～<0.03	>5～8		细粉砂		细粉屑
<0.004	>8	泥		泥屑	

细粒沉积岩的传统分类不能恰当描述和区别不同岩性，特别是其中不少术语定义并不严谨，经常引起研究上的混乱。泥质岩（Pelite）最早被德国学者诺尔曼（Norman C F，1888）用来表示黏土质、石灰质或混合成分的细粒物质组成的所有岩石。Blatt 等（1972）以泥质岩（Mudrock）作为黏土岩和粉砂岩的总称（反映了欧美习惯用法），在我国又习惯将泥质岩（泥状岩）（Mudrock、Argillaceous Rock）定义为黏土质岩类，且不包括粉砂岩，泥质岩指含大量黏土矿物的疏松状或固结的岩石，即黏土或黏土质岩。

页岩最早由 Hoosn（1747）提出，目前国内外公开文献中，一般具有三方面的含义：（1）指示一个岩石地层类别或者一个岩层段，如 Barnett 页岩、Woodford 页岩、Haynesville 页岩、张家滩页岩、李家畔页岩等。（2）用来作为细粒沉积岩的总称（欧美国家），页岩定义为主要由小于 62.5μm 的颗粒构成（Folk，1974，1980；Blatt 等，1980；Tucker M E，1981；Dorrik A V Stow，2005），这意味着页岩跨越了黏土—粉砂边界，很多文献中被认作粉砂岩的岩石也可称之为页岩（反之亦然）；在具体岩石分类时，多数将粒级范围小于 3.9μm、含量大于 2/3 的岩石称为黏土岩；将粒级范围 3.9～62.5μm、含量大于 2/3 的岩石称为粉砂岩，二者之间的过渡类型称为泥岩和页岩（Folk，1974，1980；Blatt 等，1980；Pettijohn F J，1975；Dorrik A V Stow，2005）。蒋恕等（2017）认为页岩的定义存在很多误区，以往学者们通常认为页岩就是黏土岩，实际上页岩是根据颗粒的大小来定义的，与矿物类型及岩相类型无关，粒径小于 62.5μm 的细粒沉积都称为页岩。（3）主要由黏土矿物及粒径小于 3.9μm 的细碎屑（>50%）组成，以黏土矿物为主，具有易裂性或纹理的一种特殊类型（我国及原苏联）。我国从 20 世纪 80 年代开始，综合性院校、地矿系统、石油系统和煤炭系统出版的教科书中基本沿用这一分类体系。粉砂岩是指碎屑粒度为 3.9～62.5μm（或 0.005～0.05mm）的一种陆源碎屑岩类，其中粉砂的含量占全部碎屑的 50% 以上。泥质岩（黏土质岩、黏土岩）主要是由黏土矿物及小于 3.9μm 的细碎屑（>50%）组成，含少量粉砂碎屑。泥岩、页岩中粉砂含量小于 5%，含粉砂泥岩、页岩中粉砂含量为 5%～25%，粉砂质泥岩、页岩中粉砂含量为 25%～50%。

泥页岩是目前国内外文献中出现较多但又没有明确含义的术语，大多数研究人员是在不能明确区分是泥岩还是页岩的情况下，笼统地称为泥页岩。实际上，泥页岩指固结程度更高的泥岩（于炳松等，2016），或指泥岩和页岩之间的过渡岩石类型，可见发育不完善的页理，一般是浅湖—深湖环境沉积的产物（吴河勇等，2019）；国外也用到 Mudshale、Mud-shale 这些术语，指固结的细粒沉积岩，黏土含量为 33%～65%，层厚小于 10mm（Ingram，1953；Folk，1954，1974，1980；Picard，1971；Blatt，1980；Lundegard，1980；Potter 等，1980，2005）。

由于页理的易剥开性，在地下当地层含有足够多的烃类流体时，地层能量会比较高，往往呈超压状态。在此情况下，页理极易呈开启状态，成为储集油气的有利空间，也是很好的允许油气从地层向井筒流动的通道。所以，当页岩油成为勘探开发的对象后，对页岩和泥岩的定义和分类就显得较以往更重要。现在看，页岩和泥岩除了层理结构不同外，在沉积环境与沉积速率上也有不同。页岩尽管也有红色、灰绿色与褐灰色等色调，代表了物源区注入颗粒的原始色调与沉积环境水体总体偏浅以及沉积物注入相对低速且稳定，更多的页岩以灰黑色和黑色为主，这是富含有机质的染色所致；后者多是在半深水—深水环境中形成的，沉积物以悬浮状和垂直沉落为主，也存在一些自生矿物的沉淀，总体沉积速率比较低。泥岩更多是在浅水—半深水环境形成的产物，连续厚度较大的泥岩可能是细粒沉积物以浊流方式形成的产物，总体沉积速率较高，是以块体流的方式形成的沉积体，所以层理不发育，以块状为主。从层理的出现频率看，在页岩与泥岩间还有一类页理密度不如页岩那么高而层理又不像泥岩那么少的岩层，表现出单一岩层厚度比页岩厚（一般超过厘米到分米级），而页理密度又比页岩低。这是一类发育页理但页理密度又偏低的倾页岩又非页岩的岩石，可称为泥页岩，建议划入泥岩类，待对其有机质富集丰度、地下易剥性与产油气能力作进一步定位之后再决定是否划入页岩类管理。

页岩因细粒沉积物与色调在垂向上频繁变化而发育页理，形似书页状，故称为页岩，最显著特点就是页理发育。在进入微观领域研究后，页岩又往往与层理（Bedding）、纹层（Laminae）和韵律（Rhythm）在含义、储集性能与输导油气作用上产生混淆，有必要作一下专门讨论。

层理（Bedding、Stratification）是指沉积过程中因沉积环境和沉积作用发生变化导致沉积颗粒成分与色调在垂向上发生变化所形成的层状构造，通过岩石的物质成分、结构及颜色的突变或渐变来显现（《地球科学大辞典》编辑委员会，2006）。是由相同成分和结构的沉积物组成的层状构造，一般厚度大于 1cm（Pettijohn F J，1975），代表了地质历史上最小的沉积间断面，也是岩层间胶结程度比较弱的界面，具有较大的易剥开性。

纹层（Laminae）亦称细层，是组成层理的最小单位，可由颗粒成分和结构相同的沉积物垂向变化形成，亦可由有机物丰度垂向变化与某种特定矿物（如黄铁矿、石英、方解石等）的层状富集及垂向变化产生，通常厚 0.5~1mm（Pettijohn F J，1975）。纹层是沉积环境在沉积物注入、生物与生物化学作用发生分层变化的最小单位。纹层频繁出现就形成纹理（Lamination），因很多纹层的形成主要由生物沉积与生物化学作用（如硅质析出）引起，不存在明显的沉积间断，故有些纹层的易剥开性比层理要差很多。当纹层界面与层理界面一致时，纹理就是层理。页理（Lamellation）又称页状层理，是指极薄的岩层极易平行层面裂开成薄板状或薄片状的习性。页理是层理更频繁出现的一种特例，其沿层面的易剥开性与层理有相似性，比纹层更容易。

韵律（Rhythm）是成分、结构与颜色相同的沉积物做有规律的渐变或重复变化，往往是在一个比较连续的沉积过程中，由短时间的水动力和沉积物供应变化所产生。韵律的易剥开性在层理、纹层和韵律三者中最差。

在油气行业，欧美国家所谓的页岩油气藏并非局限于含黏土或者富含硅质的细粒页岩，多数油气产层是细粒的碳酸盐岩或粉砂岩，并含有大量的有机物与粉砂级的生物硅质或碳酸盐组分。硅质和碳酸盐混合物增加了页岩的脆性，易于产生天然裂缝和当进行人工压裂时，增加岩石的易碎性和可改造性。在碳酸盐—二氧化硅—黏土（包括各种术语，如燧石、硅藻土、放射虫土、板状硅藻土或硅石和白垩岩柱上的硅质泥岩和碳酸盐岩柱上的碳酸盐泥岩）组成的三端元图中，硅质和碳酸盐端均位于已开发非常规储层范围内（图 1-2）。

2. 页岩油、致密油概念沿革及工业实践

早在 19 世纪中叶就出现了油页岩（Oil Shale）这一术语，20 世纪 20—30 年代出现了页岩油（Shale Oil）术语，较早的文献如《Nature of Shale Oil Obtained from Bureau of Mines Assay Retort》一文。在 20 世纪 20 年代，《AAPG Bulletin》杂志上发表的文章就有 Shale Oil 的出现，认为是与油页岩有关、来自油页岩的石油，属于一种人造石油。在 20 世纪 40 年代《AAPG Bulletin》杂志中出现了术语 Tight Oil，用于描述含在致密砂岩中的石油。对于致密油（Tight Oil）和页岩油（Shale Oil）概念使用及勘探开发中的分立大致分为两个阶段。

（1）油页岩、泥页岩裂缝型油气藏归位阶段（2008 年以前）。

Shale Oil 主要指从油页岩中依靠人工提炼得到的石油，油页岩加工时有机质（主要是油母质）受热发生裂解（也称干馏）生成类似天然石油的产物（侯祥麟，1984）。

在国内外文献中，页岩油（Shale Oil）均指与油页岩有关的石油，如从 1979 年至 2011 年的 EIA 年报中，Shale Oil 系指与油页岩有关的石油。随着泥页岩裂缝油藏的发现，那些仅依靠物理开采方式就可以从页岩层系中采出的石油开始被称作 Tight Oil、Shale Oil

Play、Shale Oil 或混称 Tight Oil/Shale Oil；从油页岩中生产的石油开始被称作油页岩油（Oil-shale Oil）或干酪根油（Kerogen Oil）。该阶段页岩油与油页岩油概念基本厘清，但致密油和页岩油尚未区分。如美国国家石油委员会（NPG）一个研究组的报告中，将油页岩提炼的石油称为页岩油，而将页岩层系中通过物理方式开采的石油称为致密油。加拿大非常规资源协会（CSUR）将致密油细分三类，其中，第三类 Shale Oil Play 就是指含在页岩中的石油。实际上，即使在 EIA（2011）报告中，非常规油都只有 Tight Oil 一种类型（包括页岩油和致密油）。在更多的西方能源研究机构中，对致密油与页岩油不予区分，基本上是混合统计，即无论是储量、产量统计均采用 Tight Oil/Shale Oil 不分。

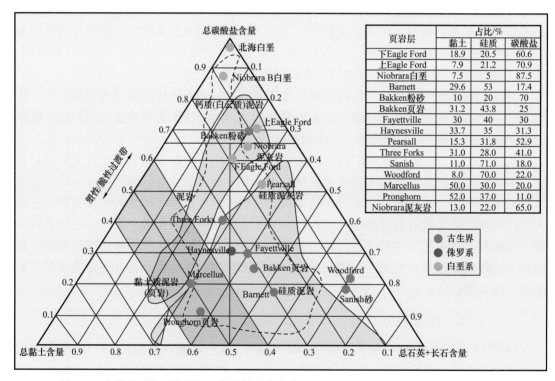

图 1-2　北美主要的页岩勘探区带矿物成分变化（引自 Dana S Ulmer-Scholle 等，2014）

页岩层	占比/%		
	黏土	硅质	碳酸盐
下 Eagle Ford	18.9	20.5	60.6
上 Eagle Ford	7.9	21.2	70.9
Niobrara 白垩	7.5	5	87.5
Barnett	29.6	53	17.4
Bakken 粉砂	10	20	70
Bakken 页岩	31.2	43.8	25
Fayettville	30	40	30
Haynesville	33.7	35	31.3
Pearsall	15.3	31.8	52.9
Three Forks	31.0	28.0	41.0
Sanish	11.0	71.0	18.0
Woodford	8.0	70.0	22.0
Marcellus	50.0	30.0	20.0
Pronghorn	52.0	37.0	11.0
Niobrara 泥灰岩	13.0	22.0	65.0

国内外文献中出现的致密油（Tight Oil），主要是在一些油藏开发工程技术论文中多有提及，称为致密油藏。如 L Guan 等（2005）在《挖掘成熟致密油气藏加密钻井潜力的快速方法》一文中，提到加密钻井对改善致密油气藏的采收率起到了重要作用；Brent Miller（2010）在《Unlocking Tight Oil：Selective Multi-stage Fracturing in the Bakken Shale》一文中，针对 Bakken Shale 致密油的开发，提出了一系列油藏改造工程技术。在国内，文献中较早使用的概念，包括低渗透致密油层（周厚清，1992）、致密油气层（马强，1995）、致密油层（付广等，1998）、致密砂岩油藏（张金亮等，2000）、致密油藏（李忠兴等，2006）；李忠兴等（2006）在《复杂致密油藏开发的关键技术》一文中提到，鄂尔多斯盆地延长组超低渗储层具有岩性致密、物性差、孔喉细小、启动压力梯度大、易伤害等特点，垂直于主应力方向水平井和采用水力喷射压裂技术，可初步实现致密油藏

的有效开发。

自 20 世纪 50 年代以来，在泥页岩裂缝型油气藏勘探开发中取得了重要进展，如阿根廷的圣埃伦那油田，美国的圣马丽亚谷油田、卢申油田和鲁兹维利特油田，苏联的萨累姆油田和南萨累姆油田等，1979 年在萨累姆油田还采用了地下核爆炸开采试验，广泛压裂巴热诺夫组沥青质页岩，以强化开采，获得显著效果（高瑞祺，1984）。

威利斯顿（Williston）盆地巴肯油藏发现于 20 世纪 50 年代，当时的发现者 Stanolind 公司采用直井开发技术，开发目的层为巴肯组上段。在当时技术条件下，平均单井日产量为 27.4t 油当量。1961 年，壳牌公司在威利斯顿盆地进行石油勘探时，认为巴肯组上段以暗色海相页岩为主，天然裂缝发育，裂缝的存在对产量有积极意义，并发现了巴肯组上段埃尔克霍恩牧场油田，确定为泥岩裂缝油藏。直到 20 世纪 90 年代初，在巴肯页岩区带内的油气勘探开发几乎全部集中在该区发育的一系列背斜构造附近，钻探的目的层均为巴肯组上段，一共发现了 26 个油田。这期间，有油公司尝试将水平井技术应用到巴肯组上段油藏中，取得了良好效果，原油日产量提高至约 50t 油当量，且能稳产达 2 年之久。此后，因油价持续走低，受天然裂缝控制的巴肯组上段产量要保持效益生产具有一定难度，所以自那时以后巴肯页岩区带的油气勘探开发活动在经历一个高潮期后进入缓慢发展阶段。

我国在东部陆相沉积盆地泥页岩段发现了多个裂缝型油藏。如 1973 年在济阳坳陷东营凹陷钻探的河 54 井，在沙河街组三段下亚段 2928～2964.4m 泥页岩层中途测试，以 5mm 油嘴放喷，产原油 91.3t/d 和天然气 2740m³/d，获得工业油气流（董冬等，1993）。在松辽盆地北部的英 3、英 5、英 8、英 12、大 4、大 11 和古 1 井等青山口组富含有机质泥岩中，发现了良好的油气显示和工业油气流。其中，英 12 井在 2033.7～2083.65m 井段，日产油 4.56m³、气 497m³，其他如英 3、大 111 井都属于低产油流井（高瑞祺，1984）。1976 年，渤海湾盆地东濮凹陷文 6 井在 3132.0～3136.5m 泥岩段见褐色油浸 3.5m/2 层，随后相继在文留、濮城、卫城、胡状集、庆祖、刘庄等地区发现泥岩裂缝中含有油气。此后，又相继在柴达木、吐哈、酒西、江汉、苏北与四川等盆地中发现了具有工业价值的泥页岩裂缝油气藏或见重要的油气显示，有的单井初期日产量达 80～90t。胜利油田有 800 余口井在济阳坳陷的古近系—新近系泥页岩层段见到油气显示，35 口井获工业油气流。江汉油田在潜江凹陷盐间页岩层系有 50 多口井获工业油流，初期日喷千吨的油井共 3 口，累计采油近 10×10⁴t；吉林油田最早在大安构造大 4 井青山口组泥页岩段测试获原油 2.66t，北部古龙凹陷英 12 井等 6 口井在青山口组泥页岩段获工业油流，南部新北构造 24 口井在青山口组、姚家组、嫩江组一段泥页岩中获工业油流，累计采油超过 3×10⁴t。

总体上，泥页岩的裂缝含油并可形成不规则油气藏已成共识，但由于受当时传统理论与工程技术束缚，将其作为裂缝型油气藏来管理，并作为隐蔽油气藏的一种类型开展勘探开发工作。

（2）页岩油、致密油非常规油气资源归位阶段（2008 年以后）。

随着对页岩油成藏机理认识的逐渐深入与开采技术快速发展，开始认识到泥页岩基质、裂缝和致密砂岩、碳酸盐岩夹层中含有的油气对页岩油产量的贡献并不小，对维持较高的单井累计采出量亦作用很大。简单地把致密油和页岩油混为一谈已经不能满足生产与科学研究的需求。因此将致密油和页岩油的概念分立并清晰划分二者的边界成为必然。页岩油、致密油作为一种非常规油气资源的专门术语是从 2008 年前后开始出现的。国内外对于页岩油的定义采用了两种不同的思路，其中西方学者倾向于采用烃源岩类型和开采技术之不同相结合来定义页岩油，而国内学者则倾向于根据资源赋存状态和成藏特征来定义页岩油。

2000 年，加拿大一家油公司在经过近 5 年的勘探后发现，威利斯顿盆地巴肯组中段的孔隙度明显好于上段和下段，因此提出"巴肯组烃源岩所生成的油气可能更多地聚集在中段，之前开发的上段只是其中很少一部分"的认识，从而发现了埃尔姆古丽油田。这一认识彻底改变了巴肯页岩区带的勘探开发活动，巴肯组中段开始成为勘探的首要目的层。2005 年 EOG 能源公司提出了效仿页岩气开发技术，应用水平井与水力压裂相结合的技术路线开发巴肯组中段页岩油，并在帕歇尔油田的测试中取得成功。2008 年开始使用巴肯致密油概念，美国媒体称致密油为"黑金"，被评为全球十大油气发现之一。在 EIA 的报告中，2012 年开始使用致密油概念，系指从低渗透砂岩、碳酸盐岩和页岩地层中产出的原油和凝析油（也称页岩油）。在 2015 年的报告中，致密油指的是低渗透储层中的石油资源，包括页岩和白垩，典型区带包括 Bakken/Three Forks/Sanish、Eagle Ford、Woodford、Austin Chalk、Spraberry、Niobrara、Avalon/Bone Springs 和 Monterey 等。

美国尤因塔盆地绿河（Green River）组因其自身含有丰富的油页岩资源，长期被作为油页岩的研究对象。近年来，绿河组 Uteland Butte 段薄层（单层 0.5～3m）白云岩成为北美首个陆相盆地页岩油成功开发的层段。Uteland Butte 段形成于淡水湖泊环境，岩性主要由石灰岩、白云岩、钙质泥岩和少量砂岩组成，含有丰富的有机质，TOC 含量主体为 2%～5%，中北部地区热成熟度 R_o 介于 0.55%～1.1%，处于大量生油阶段。Uteland Butte 段碳酸盐岩含量高，介于 33%～96%，平均含量近 70%。该层段呈低—超低渗特征，孔隙度、渗透率与白云石含量呈正相关关系，与方解石含量呈负相关关系。通过水平井压裂改造，盆地中北部区已实现页岩油商业开发，水平井井段最长超过 3300m。地层存在超压是影响产量的一个重要影响因素（李世臻等，2017）。

① 自然资源部（原国土资源部）页岩油研究与勘探实践。

李玉喜、张金川（2011）在《我国非常规油气资源类型和潜力》一文中，将已开发的油气资源归纳为石油和天然气，重、稠油，低渗油、气，煤层气，致密油、气，页岩油、气，生物气，油砂，油页岩，水溶气等资源类型。进而根据资源分布的空间范围，进一步划分为烃源岩层系（区）、运移层系（区）、圈闭层系（区）和散失区，并按区对资源类型进行归位。其中，烃源岩层系（区）内主要有煤层气、页岩气、页岩油和油页岩；运移层系（区）内主要有致密油、致密气、水溶气和部分低渗油气；圈闭层系（区）内为常规油气和重稠油；散失区主要发育油砂。页岩油定义为以泥页岩为储层的油藏，储层的基质孔隙和裂缝为主要储集空间，泥页岩通常也是生油岩层，具自生自储的成藏特点。我国在江汉盆地潜北地区、松辽盆地北部古龙地区、柴达木盆地西部油泉子和南翼山等地区都发现了页岩油油藏，部分已经开发，初步估计页岩油可采资源量在 $100×10^8t$ 以上。

国土资源部油气资源战略研究中心 2011 年开展的"东北地区油气资源动态评价"，将页（泥）岩资源划分为砂岩薄夹层中的油、泥岩裂缝油和纯页（泥）岩油三种类型。2013 年，估算中国陆相页岩油地质资源量 $402.7×10^8t$，可采资源量约 $37.1×10^8t$，其中松辽盆地页岩油地质资源量 $131.9×10^8t$，可采资源量 $11.6×10^8t$。

中国地质调查局沈阳地质调查中心于 2016—2019 年在松辽盆地北部实施了 4 口页岩油参数井，均获工业油流。其中，松页油 1 井位于松辽盆地中央坳陷区齐家凹陷南部，完钻井深 2547m，优选白垩系青山口组 2 段页岩压裂试油，抽汲求产获得日产 $3.22m^3$ 油流；松页油 2 井位于松辽盆地中央坳陷区古龙凹陷南部，完钻井深 2350m，优选 2 段压裂试油，抽汲求产获得日产 $4.93m^3$ 油流；松页油 1HF 井为开窗侧钻水平井，完钻井深 3486m，水平段长 831m，优选 10 段压裂试油，自喷求产获得日产 $14.37m^3$ 工业油流，最高日产油量 $46.89m^3$，累计产原油 $800m^3$；松页油 2HF 井为开窗侧钻水平井，完钻井深 3062m，水平段长 739m，优选 10 段压裂试油，抽汲求产获得日产 $10.06m^3$ 工业油流，最高日产油 $27.81m^3$，累计产原油 $600m^3$。根据新钻井成果综合其他新资料，重新计算松辽盆地北部青山口组页岩油地质资源量近 $40×10^8t$，证实松辽盆地页岩油具有较好的勘探潜力，有望成为重要的油气勘探接替领域（杨建国等，2020）。

吉页油 1HF 井是中国地质调查局部署在松辽盆地南部的第一口页岩油参数井，位于松辽盆地中央坳陷长岭凹陷乾安次洼，目的层为上白垩统青山口组一段泥页岩。直井段于 2017 年 12 月 6 日开钻，2018 年 1 月 10 日完钻，垂深 2550m。导眼段于 2018 年 8 月开钻，2018 年 11 月完钻，水平段长 1252m，1.94m 薄靶层钻遇率达 100%。2019 年分 21 段 82 簇压裂，采用超临界 CO_2+ 高黏液造缝复合改造工艺，压后返排试油，自喷阶段获得最高日产油 $36m^3$（日产水 $176.2m^3$），水力泵排液阶段获得日稳产油 $16.4m^3$（日产水 $44m^3$）（水力泵泵压 20MPa）。截至 2019 年 11 月 5 日，整个试油阶段累计产原油 $523.9m^3$（张君峰等，2020）。

②中国石油页岩油研究与勘探实践。

2009 年，引入连续型油气藏概念，提出了连续型砂岩油藏、连续型砂岩气藏、致密砂岩油气、页岩油气、致密油、页岩油等术语。相对于美国石油界提出的页岩油概念，在对其产层岩性研究后，提出致密油概念，并推动建立了致密油勘探开发进程。同时指出，中国所称的页岩油在地质含义与成藏特征上与美国不同。

2011 年，中国石油在西安召开了致密油研讨会，将致密油纳入非常规资源新类型管理；2012—2013 年，中国石油召开两次致密油气推进会，推动了致密油气工业化试验；2013 年，评价中国陆相致密油地质资源量为 $125.8×10^8t$；2014 年启动了国家"973"项目"中国陆相致密油（页岩油）形成机理与富集规律"，长庆油田发现了国内第一个亿吨级致密大油田——新安边油田，开辟了中国非常规石油勘探开发新领域；同年成立"国家能源致密油气研发中心"，成为国家致密油科技创新的重要平台；2016 年国家油气专项启动了"致密油富集规律与勘探开发关键技术"项目；中华人民共和国国家质量监督检验检疫总局和中国国家标准化管理委员会于 2017 年 11 月 1 日发布了《致密油地质评价方法》（GB/T 34906—2017），2018 年 5 月 1 日实施，推动了陆相致密油规模勘探与发展。期间，中国石油致密油开发示范区建设也在稳步推进，并实现了工业化生产。

2010 年启动了陆相页岩油勘探开发研究，在鄂尔多斯盆地长 7 段页岩中发现纳米级孔和微纳米孔喉中含有石油，引起了对页岩储层勘探价值的关注。2012 年前后中国石油勘探开发研究院成立页岩油研发团队，系统开展页岩油基础研究，2013 年组建纳米油气工作室，开展致密储层微观孔隙特征表征。2013—2014 年，CNPC—SHELL 页岩油研发中心（北京、休斯敦）成立，围绕美国鹰滩和准噶尔盆地吉木萨尔页岩油开展对比研究。合作过程中，提出中国陆相页岩热成熟度偏低，无法利用水平井和体积改造技术实现效益开发，双方商定要开展中低熟页岩油原位转化技术可行性研究。2014 年，初步评价页岩油原位转化远景资源量在 $700 \times 10^8 \sim 900 \times 10^8 t$ 之间，是我国重要的石油战略接替资源。2016 年，优选鄂尔多斯盆地长 7_3 亚段富有机质页岩段开展露头和岩心样品原位转化生烃潜力模拟实验与技术可行性研究，认为长 7_3 亚段页岩原位转化技术可行，且经济性较好。2017 年，中国石油勘探开发研究院通过中国工程院向国家有关部门递交了"关于启动页岩油'地下炼厂'工程，推动我国石油革命"的建议，同年向中国石油管理层提交了《页岩油原位转化实验室建设和原位转化先导试验请示报告》。2018 年 12 月 17 日，中国石油天然气集团公司党组批准在鄂尔多斯盆地长 7 段开展页岩油原位转化先导试验，投资 6.58 亿元，探索页岩油地下原位转化的经济性、可采性与技术可行性。2017—2019 年间，中国石油勘探开发研究院研究团队围绕中低熟页岩油开发潜力与未来地位开展了一系列前期研究工作：一是开展了鄂尔多斯盆地长 7_3 亚段页岩油横向分布与有机质丰度非均质等基础地质与原位转化生烃潜力评价研究，初步评价长 7_3 亚段页岩油原位转化技术可采资源量约 $450 \times 10^8 t$；二是长庆油田主持新钻 2 口长 7_3 亚段页岩密闭取心井，开展原位转化生烃潜力参数等研究；三是与美国页岩技术公司（ShaleTech）联合，开展页岩油原位转化实验室筹建以及原位转化先导试验方案等研究工作，形成了原位转化技术方案。为推进陆相页岩油领域勘探与研究发展，2018 年以来，中国石油先后两次召开页岩油领域风险勘探研讨会，部署了一批风险探井。2019 年起草《页岩油地质评价方法》国家标准，并向国家有关部委递交了《中国陆相页岩油发展前景与技术对策》的报告。

③中国石化页岩油研究与勘探实践。

在北美海相页岩油规模勘探阶段，中国石化学者多使用了页岩油概念，特别是在中国石油学者倡导使用致密油概念取代页岩油概念之时，中国石化学者都不曾改变。

2009 年，中国石化河南油田率先在号称"小而肥"的南襄盆地泌阳凹陷古近系部署了专门探索页岩油的安深 1 井，次年 1 月在井深 2450～2510m 页岩层中实施大型压裂，获最高达日产 $4.68m^3$ 的油流，但未能形成连续产量。其后部署第一口页岩油水平井泌页 HF-1 井，并在 2012 年 2 月实施了 15 段压裂，8mm 油嘴放喷最高日产油 $23.6m^3$，日产气 $900m^3$。原油相对密度 0.86；投产初期日产油 12～20m^3，稳产阶段日产油 2～3m^3；生产近三年，累计产油 1463t、产气 $9 \times 10^4 m^3$。初步估算该凹陷页岩油气地质资源量为 $5.4 \times 10^8 t$ 油当量（吕明久等，2012）。

2010 年，中国石化针对常规探井钻遇的页岩层段开展了老井复查复试工作。结果显示，东部探区页岩层段油气显示丰富，有 93 口井获工业油流，但难以形成稳定产量。济阳坳陷共有 322 口井在页岩层段见到油气显示，其中有 35 口井获得工业油气流，累计产油超过万吨的井有 5 口。其中，沾化凹陷新义深 9 井在古近系沙河街组三段下亚段 3355.11～3435.29m 试油，日产油 38.5t，累计产油 1.13×10⁴t；东营凹陷河 54 井在沙河街组三段下亚段 2962～2964.4m 井段进行中途测试，日产油 91.3t，日产气 2740m³，累计产油 2.79×10⁴t，展示出济阳坳陷页岩油勘探具有良好的前景。在老井复查复试基础上，通过选区评价，优选南襄盆地泌阳凹陷古近系核桃园组、济阳坳陷古近系沙河街组、四川盆地元坝地区中侏罗统千佛崖组，进行了页岩油专探井钻探。其中以页岩油形成条件研究为基础，相继部署实施了 BYP1 井、BYP2 井、BYP1-2 井、LY1HF 井 4 口页岩油专探井，用于评价不同类型页岩的储集性能、含油气性、可压裂性及产能，4 口井因页岩热演化程度较低，原油密度偏大，可流动性差，加之工程工艺技术适应性不理想，仅获得低产油流，未能取得预期效果。四川盆地针对侏罗系千佛崖组二段部署实施了 YYHF-1 井，对 1051m 水平段分 10 段压裂，每段 2 簇射孔，试油获页岩油 14t/d、气 0.72×10⁴m³/d，累计产油 2943t、产气 305.32×10⁴m³，总体经济性不过关。中国石化在页岩油勘探上起步较早，有较多获较高初始产量的井，但多无连续生产，经济性也未过关，在页岩油"甜点段"选择上探索时间较长，标准始终未能定型。

中国石化探区内具有较好的陆相页岩油形成条件，具有较大的资源潜力和良好的勘探前景，但陆相页岩油勘探面临三方面的挑战：一是陆相页岩非均质性强，岩性组合比较复杂，页岩油"甜点"预测难度较大；二是陆相页岩热演化程度普遍较低，R_o 在小于 0.9% 的范围占比较大，原油流动性差，单井产量低；三是陆相页岩普遍处于早—中成岩阶段，成岩作用弱，塑性强，部分页岩黏土矿物含量较高，可压裂性差，存在压不开、撑不住、返排低、稳产难的问题。如渤海湾盆地济阳坳陷 BYP2 井仅第 1 段、第 5 段可以加砂压裂，第 2～4 段因塑性较强，可压裂性差，未能完成加砂压裂过程；BYP1 井压裂后日产油最高 8.22t，但两个月后迅速下降到 1t 左右，累计产油仅 116t（孙焕泉等，2017，2019）。

2012 年 4 月中国石化在江苏无锡举办了"页岩油资源与勘探开发技术国际研讨会"，来自全球 7 个国家、57 家单位专家学者出席了研讨会。会议以探讨页岩油资源与勘探开发领域最新进展和技术挑战为目标，内容涉及泥页岩生排烃机理、泥页岩微观结构与储油性能、泥页岩滞留烃富集机理、页岩油勘探地球物理技术与页岩油多级压裂技术等。

2014 年启动了国家"973"项目"中国东部古近系陆相页岩油富集机理与分布规律"，并成立了国家能源页岩油研发中心。2016 年启动了"十三五"国家油气专项"中国典型盆地陆相页岩油勘探开发选区与目标评价"，重点围绕陆相页岩油"甜点"预测、可流动性和可压裂性进行技术攻关。该阶段的攻关研究初步探讨了陆相页岩油赋存、流动与富集机制，初步研究了页岩油储层表征、含油性评价、"甜点"预测和资源评价等技术问题，初步建立了基于地质工程一体化的页岩油选区评价方法，并针对不同油区、不同地层特点，积极探索多尺度复杂缝网压裂、小规模高导流通道压裂和二氧化碳干法压裂等直井压裂工艺技术，取得了较好的增产效果（孙焕泉等，2019）。

3. 国外页岩油、致密油概念

页岩油与致密油的概念在国外并没有明确的区分和界定，在公开发表的文献、大型会议和有权威性的能源报告（如 IEA、EIA、USGS 等）中这两个概念是混用的，作为非常规石油资源来管理，而对二者之不同则关注较少。从内涵来说，国外定义的页岩油实际上就是国内称谓的致密油。当他们使用致密油概念时，实际上是回归了页岩油含义的本源。这类资源是指油质轻且产层为渗透率极低的砂岩、粉砂岩、碳酸盐岩和页岩层系中含有的石油。致密油层与富有机质烃源岩往往间互发育，需采用水平井和多级压裂等特殊开采方式才能有效开发。

世界能源理事会（WEC）指出页岩油地层中含有固体有机质——干酪根，对液态烃的吸附性显著高于不含有或少含有机物的致密碎屑岩，需要不同开发技术，推荐使用页岩赋存油（Shale-hosted Oil）概念；致密油是聚集在比传统油藏更小的孔隙和渗透率更低的地层中的石油资源，需要水力压裂才能实现开发。

国际石油工程师协会（SPE）定义页岩油为页岩系统内含有的烃类资源，致密油为致密储层中的液态烃类。

加拿大 Tight Oil Consortium（TOC）将非常规轻质油划分为 Tight Oil、Halo Oil、Shale Oil 三种类型。Tight Oil 是指基质渗透率小于 0.1mD 储层中储集的石油烃类，类似于致密气，烃源岩不是储层，而致密碎屑岩或碳酸盐岩是主要储层，如 Bakken 组、Montney 组；Halo Oil 则是指基质渗透率大于 0.1mD 的储层中储集的石油烃，岩性也以碎屑岩或碳酸盐岩为主，主要分布在已知常规油气田的边缘或附近，如 Cardium 组、Viking 组；Shale Oil 是指渗透率非常低的地层中分布的石油烃，类似于页岩气，烃源岩就是储层，如 Duvernay 组、Muskwa 组。

加拿大国家能源委员会（Canada the National Energy Board，简称 NEB）对致密油和页岩油的管理基本雷同于加拿大 TOC 的方案。将 Tight Oil Play 划分为三种类型：（1）Halo Play 是指在一些已知油田的边缘区或外围区分布的石油资源，储层品质不如已开发区但又比致密油气和页岩油气聚集区带好，需要应用新技术如水平井和多段压裂才能开采的石油资源，如西加拿大盆地 Cardium 组和 Viking 组；（2）Geo-stratigraphic Play，是指以地层岩性组合为主要成藏控制因素形成的大型油气聚集区带，成藏规模比较大，但油气聚集丰度比常规油气藏差，需要应用先进技术（如水力压裂等）才能实现经济开采，如萨斯喀彻温省北达科他和蒙大拿地区的 Bakken 组中段，石油来源于上、下富有机质页岩；（3）Shale Oil Play，是指在富有机质页岩层系内部形成的石油聚集，页岩不仅是烃源岩也是储层，页岩储层品质比致密砂岩或碳酸盐岩更差，需应用不同的钻完井技术（如长水平段钻井与多段压裂改造）才能获得经济产量，如阿尔伯达盆地南部的 Exshaw 组。

英国石油公司（BP）对页岩油的定义是指大面积分布的页岩层系中含有的石油烃资源，页岩层的渗透率极低、原油黏度较高，开发难度大；致密油是指低渗—致密砂岩中赋存的石油资源。

挪威国家石油公司（Statoil）把页岩油定义为烃源岩层系中发现的油气资源，需要特定的储层改造技术才能实现开发；致密油是指在相对低孔低渗储层中分布的石油资源，一般为轻质原油。致密油储层包括页岩或其他致密岩类。

国际能源署（IEA）并未明确划分致密油和页岩油，把从页岩或其他渗透率极低的地层中产出的石油笼统称为轻质致密油。

美国国家石油委员会（NPC）认为致密油是指蕴藏在埋藏很深、不易开采的渗透率极低的沉积岩层中的石油，有的致密油直接产自页岩层中，大多数致密油产自与烃源岩密切关联的砂岩、粉砂岩和碳酸盐岩中。

壳牌公司（Shell）未使用页岩油概念，而使用轻质致密油的概念，是指致密岩层（包括砂岩与页岩）中赋存的石油资源。

斯伦贝谢公司（Schlumberger）未使用页岩油术语，仅使用致密油概念，是指赋存在几乎不具渗流能力的岩石中的石油资源。

IHS能源咨询公司使用了页岩区带的概念，是指与烃源岩密切相关的沉积层系中存在的石油资源，包括滞留和有短距离运移的两类，构成烃源岩—储层系统。

美国能源信息署（EIA）认为，致密油是产自低渗透含油地层中的石油，必须通过水力压裂才能产出商业石油，如Eagle Ford组、Bakken组及其他地层，而把页岩油划归致密油的一个亚类。在其出版的报告《Technically Recoverable Shale Oil and Shale Gas Resources：An Assessment of 137 Shale Formations in 41 Countries Outside the United States》（2013）中指出，页岩层系只是所有低渗透致密层系的一部分，这些低渗透致密层包括砂岩、碳酸盐岩以及页岩，它们都是致密油的生产来源。在美国，石油和天然气行业通常把来自致密且低渗透地层的石油生产统称为致密油生产，而不是页岩油生产。EIA基于这样的认知，对美国致密油产量和资源量进行了估算。

美国石油地质学家协会（AAPG）对致密油和页岩油未作明确区分，把从页岩层系中采出的石油称为页岩油或致密油，并特别强调了这类资源需要油气生产商通过水力压裂技术才能把储量动用起来。

美国联邦地质调查局（USGS）使用了连续型（Continuous）油气资源概念，内涵包括了致密油和页岩油。如二叠盆地米德兰次盆（Midland Basin of the Permian Basin）的页岩油，就使用了连续油（Continuous Oil）的概念。此外，在其出版的相关报告中，涉及美国以外的世界其他地区有关资源的描述，也使用过页岩油和致密油的概念，如准噶尔盆地芦草沟组Tight Oil（2016）、三塘湖盆地芦草沟组Tight Oil（2018）、四川盆地侏罗系Tight Oil（2018）、渤海湾盆地沙河街组Shale Oil（2017）、松辽盆地青山口组Shale Oil（2018）、二连盆地Upper Aershan—Lower Tengger Shale Oil、海拉尔盆地Nantun Shale Oil（2018）、Eagle Ford Shale Oil（2011）、二叠盆地Spraberry Conventional Oil（2018）、Michigan盆地Collingwood—Utica Shale Oil（2019）、利比亚Sirte Basin Shale Oil（2019）等。

国外许多文献对页岩油与致密油的概念基本上是混用的，通常指聚集或滞留在孔隙度和渗透率非常低、需要采取特殊开采工艺的致密储层（页岩、砂岩、碳酸盐岩等）中的石油资源，通常强调其储层覆压渗透率小于 0.1mD、油质轻、需要特殊开采工艺才能开发的石油资源。

总体看，国外对页岩油和致密油概念的定义尚不够严谨，内涵描述也变化较大，没有完全把握页岩油与致密油二者的根本差异。实际上，页岩油是烃源岩内部滞留的石油资源，不仅与烃源岩的生烃母质丰度和品质、热成熟度密切相关，而且与烃源岩岩性组合和封闭性有很大关系，后者一定程度上决定了烃源岩的排烃效率，也关乎烃源岩内部滞留烃的品质与可流动性。主要含油层系以页岩为主，包括黏土质页岩、云质页岩、灰质页岩与砂质页岩等，也包括少部分与富有机质页岩间互共生的致密砂岩和碳酸盐岩，但占比不能太高。致密油是与烃源岩间互沉积的致密碎屑岩和碳酸盐岩中含有的石油资源。相对于页岩层系中滞留的石油来讲，这类资源存在短距离的运移过程，实际上是在生烃增压和烃浓度差作用下，可以通过烃源岩层内部微纳米孔隙网络流出的那部分石油烃的聚集，烃组分相对单一，流动性远好于烃源岩内部滞留的烃物质。另外，在开发阶段，页岩油与致密油的流动环境也差异很大，页岩油是在由黏土矿物构成的以纳米级为主的微纳米孔喉体系中发生复杂的流动，其流动特征尚待进一步认识，而且多组分烃物质混相流动对重组分烃和含杂原子的重质成分的携带流出能力目前还尚未认识，有待机理研究破译；致密油是在由细小的碎屑颗粒构成的粒间孔喉体系中发生的复杂流动，尽管致密油的孔喉结构也复杂，但石油烃在其中的流动基本上遵循了达西—非达西流动，有比较多的知识和经验可以借鉴，而页岩油则不是这样，需要新研究才能认知。

4. 国内页岩油、致密油概念

中国致密油、页岩油概念也不统一，对内涵的理解也有差异，甚至出现了广义页岩油、狭义页岩油、广义致密油等概念和称谓。但多数学者认为页岩油和致密油在成藏特征与开发对策上存在较大差异，应作为两种不同的非常规油气资源类型予以区分。页岩油主要是指烃源岩层系内部滞留的石油烃，包括页岩及其致密砂岩和碳酸盐岩夹层中的石油烃，具有源储一体特征；致密油是指烃源岩层系以外且存在一定距离运移的石油烃在致密砂岩和碳酸盐岩储层中的聚集，具有相对的源储分离特征。

翟光明（2008）在《关于非常规油气资源勘探开发的几点思考》一文中提到，美国正在积极探索、研究油页岩，对油页岩进行开采，生产页岩油气。页岩油气可以分成两种：吸附的油气与微裂缝和裂缝中存在的油气。同时他提到，有许多从白垩系生成的、运移到古近系和新近系致密砂岩中的游离气，被称为致密砂岩气。

借鉴国外连续型油气聚集的概念，2009 年国内开始出现连续型油气藏的报道，认为连续型油气藏是指低孔渗储集体系中油气运聚条件相似、含流体饱和度不均的非圈闭油气藏，没有明确的圈闭界限和盖层，主要分布在盆地斜坡或向斜区，储层低孔渗或特低孔渗（孔隙度<10%，渗透率为 0.001nD～1mD），油气运聚中浮力作用不明显，油气呈大面积非均匀性分布，以源内或近源分布为主，无运移或一次运移为主，压力异常（高压或低压），油气水分布复杂，常规技术较难开采。为此，列出了连续型砂岩油藏、页岩油藏等类型。

邹才能等（2011，2012，2013）对致密油、页岩油概念及地质特征进行了较系统阐述（图1-3），认为致密油是指与生油岩层系共生的、在各类致密储层中聚集的石油，油气经过短距离运移，储层岩性主要包括致密砂岩和致密灰岩等，覆压基质渗透率小于0.1mD，孔隙度小于10%，重度一般大于40°API，单井无自然工业产能。页岩油是指在纯生油岩中滞留的石油，油气基本未经历运移。提出了页岩油核心区评价的5项关键指标：（1）有机质含量大于2%、热成熟度（R_o）为0.7%~2.0%，方可保证页岩中有足够含油量；（2）脆性矿物含量大于40%、黏土矿物含量小于30%，方可保证压裂能形成裂缝系统，脆性矿物含量高也容易发育天然裂缝；（3）页岩为超压系统，方可保证有较大天然能量，更有利于石油开采；（4）较低的原油黏度，凝析油或轻质油更有利于石油在页岩纳米级孔喉中的流动，可保证页岩油开采的经济效益；（5）含油页岩具有一定体积规模，可保证能进行工业化作业和经济开采。页岩气开发为页岩油发展提供了技术路线图和经验。展望页岩油开发核心技术，应包括页岩油资源评价方法、富有机质段测井评价、富有机质段平面地震叠前预测、水平井体积压裂、改造天然裂缝、注入粗颗粒人造储层、注气形成高气油比技术、微地震监测、纳米油气提高采收率、"工厂化"作业模式等。在页岩气技术发展的基础上，针对页岩油攻关，有可能形成针对页岩油的关键技术，实现页岩油开发的工业化突破。

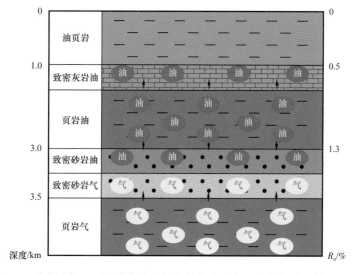

图1-3 致密油气、页岩油气在地层中的分布示意图（据邹才能等，2014）

童晓光（2012）认为生成的油排出，运移至常规储层，成为常规油藏，运移到致密储层就是致密油，继续滞留在生油的页岩中就是页岩油。

赵靖舟（2012）定义页岩油是赋存在页岩层系中的石油资源，属于源内型石油资源。致密油是储层致密、只有经过大型压裂改造等特殊措施才可以获得经济产量的烃源岩以外的油藏，储层绝对渗透率小于2mD。

姜在兴等（2014）定义页岩油专指赋存于有效生烃源岩的泥页岩中的液态烃类。致密油泛指蕴藏在低渗、低孔储层中的石油，岩石类型包括页岩、粉砂岩、砂岩、石灰岩、白云岩和火山岩。

查全衡（2014）定义致密油气是指赋存于致密储层中的油气，广义致密油气可包括页岩油气和煤层气。近年来，业内常以在油气层条件下，渗透率小于0.1mD作为致密储层的上限。页岩油气指赋存在以页岩为主体的烃源岩系中的油气，狭义仅指页岩中保存的油气。需要指出，在美国，页岩泛指页状的、易破碎的细粒沉积岩，多数由1/3泥质和2/3粉砂质组成，因而页岩不同于主要由黏土矿物组成的泥页岩。

黎茂稳等（2019）定义页岩油是指富有机质泥页岩层系中已经形成的、以游离和干酪根互溶或吸附方式赋存于泥页岩基质孔隙、微裂缝及非烃源岩薄夹层中的石油资源，不一定有自然产能，需要通过非常规技术才能实现规模经济开采。这个定义与Donovan（2017）等定义的广义页岩油概念基本一致，强调页岩油储层页理发育、自生自储、原地或近源成藏为主、在成熟富有机质泥页岩区大面积连续分布、局部富集，是常规油气资源评价和储量评估没有涉及的资源领域。页岩油储层既包括具有生烃潜力的烃源岩储层，又包括裂缝型烃源岩储层，烃源岩内部油气未经运移或者仅有局部的短距离迁移。页岩油与页岩气的概念相对应，强调页岩储层具有生烃潜力，也具有储油能力，呈源储一体。致密油概念与致密气相对应，强调是烃源岩之外致密储层中聚集的石油资源，油气通过初次或短距离二次运移聚集，致密储层与烃源岩紧密接触，发育源上、源下和源内3种源储关系。在实际操作中，将页岩油夹层界定为单层厚度小于1m、累计厚度不超过烃源岩层系总厚度20%的非烃源岩夹层。而单层厚度大于1m、累计厚度超过烃源岩层系总厚度20%的非烃源岩夹层则属于源内致密油储层范畴。

宋明水（2019）定义页岩油主要以游离态和吸附态赋存于富有机质页岩及其碳酸盐岩和砂岩薄夹层中的液态烃（图1-4）。强调在含油页岩层段内，泥页岩厚度占地层厚度的60%以上，TOC含量大于1%的页岩连续厚度须大于30m，TOC小于0.5%的其他岩性夹层原则上单层厚度要小于3m，累计厚度占比小于40%。

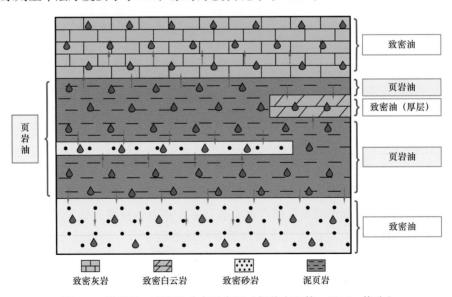

图1-4 致密油、页岩油分布示意图（据姜在兴等，2014，修改）

　　贾承造（2012）是最早坚持对北美页岩油用致密油的概念来定义的学者之一。认为致密油是以吸附或游离状态赋存于生油岩中，或与生油岩呈互层或紧邻的致密砂岩、致密碳酸盐岩等储集岩中，未经过大规模长距离运移的石油聚集。

　　康玉柱（2012）定义致密岩中所赋存的油气被称为致密岩油气。致密岩包括砂质岩、泥质岩及泥质灰岩等。致密岩以低孔隙度、低渗透率为特征，即一般孔隙度小于10%，渗透率小于0.1mD。

　　张抗（2012）认为广义致密储层油气包括致密砂岩油气、页岩油气、煤层气，其有效开采依赖于水平井与压裂技术，近年来世界流行的致密油的概念其主体是页岩油。

　　赵政璋等（2012）定义致密油是指夹在或紧邻优质生油层系的致密碎屑岩或碳酸盐岩储层中、未经过大规模长距离运移而形成的石油聚集，一般无自然产能，需通过大规模压裂才能形成工业产能。致密层的物性界限确定为地面空气渗透率小于1mD、地下覆压渗透率小于0.1mD。

　　李玉喜（2011）对页岩油给出的定义是一类以泥页岩为储层的油藏，储层以基质孔隙和裂缝为储集空间，泥页岩通常也是生油岩层，有自生自储成藏特点。

　　罗承先（2011）定义页岩油是赋存在页岩或坚硬岩盘中的液体状原油或凝析油。

　　马永生（2012）认为非常规油气资源主要指大面积连续分布于致密储集体中，且受水动力影响很小的油气聚集。非常规石油资源包括页岩油、致密砂岩油、油页岩、油（沥青）砂、重（稠）油等，页岩油泛指赋存在页岩及泥页岩中的石油资源。

　　张金川（2012）认为页岩油以游离（含凝析态）、吸附及溶解（可溶解于天然气、干酪根和残余水等）等方式赋存于有效生烃泥页岩中，且具有勘探开发意义的非气态烃类。页岩油是泥页岩地层所生成的原油未能完全排出而滞留或仅经过极短距离运移而就地聚集的结果，属于典型的自生自储型原地聚集油气藏类型。页岩油所赋存的主体介质是曾经有过生油历史或现今仍处于生油状态的泥页岩地层，也包括泥页岩地层中可能夹有的致密砂岩、碳酸盐岩，甚至火山岩等薄层，常可与页岩气、致密气、致密砂岩油等共存。

　　国土资源部油气资源战略研究中心（2013）将非烃源岩夹层单层厚度不到3m、泥/地比大于60%的地层中赋存的石油资源纳入页岩油评价范畴。

　　自然资源部油气资源战略研究中心（2017）定义页岩油是指已生成仍滞留于富有机质页岩层系中，以游离态（含凝析态）、吸附态及溶解态（可溶解于天然气、干酪根和残余水等）等多种方式赋存的液态烃类，属于自生自储型原地聚集的非常规石油资源，热演化程度过高则可转化为页岩气。

　　赵文智等（2018）定义页岩油指埋藏深度大于300m的中低成熟度（$R_o < 1.0\%$）富有机质页岩层中赋存的石油和多类有机物的统称，包括地下已经形成的石油烃、沥青和尚未转化的有机物质。致密油则是指储集在与生油岩间互分布的致密砂岩和致密碳酸盐岩地层中的石油。

　　金之钧等（2019）定义页岩油指蕴藏在富含有机质页岩、具有低孔隙度和低渗透率的生油层中的石油资源，包括泥页岩孔隙和裂缝中的石油，也包括泥页岩层系中的致密碳酸岩或碎屑岩夹层中的石油资源，与广义致密油同义。

孙龙德（2020）定义古龙页岩指松辽盆地陆相地层中含有丰富有机质、具有一定成熟度和成岩演化程度的深水细粒纹层状岩系。古龙页岩油指在这类岩系中富集的，经过人工改造后有经济开发价值的油气。

应该说，有关致密油和页岩油在概念内涵与类型划分上都还没有统一，造成概念与内涵多元化的原因除了与不同学者关注的侧重点有所不同以外，主要还是与勘探程度和认识程度低有关，这是地质认识和理论发展的必然过程。现阶段对页岩油和致密油认识的多元化不失为一件好事，这样可以让学术思想充分争鸣，对推进理论认识进步和升华都是有益的。相信随着资料的不断积累、认识的不断深化以及开发结果的渐趋明朗，很多认识都会殊途同归，争论也就自然偃旗息鼓了。

5. 广义页岩油与狭义页岩油

目前，国内对于页岩油的定义基本存在两种认识：一是狭义的页岩油，指赋存于富有机质页岩及其间互的致密碳酸盐岩和砂岩薄夹层（厚度一般<3m）中的石油资源；二是广义的页岩油，包含狭义页岩油和致密油两种资源类型。

广义页岩油泛指以吸附或游离状态赋存于页岩层中，或与页岩互层或紧邻的致密砂岩和致密碳酸盐岩等储集岩中，未经过长距离运移的石油聚集。该定义与有些机构和学者提出的广义致密油概念相同。

狭义页岩油是指与页岩气对应，专指以吸附或游离状态赋存在烃源岩层系内的石油聚集，其特点是烃源岩与储层同层。王广昀（2020）定义狭义页岩油专指赋存于富有机质页岩层系中的石油资源，储集体主要为页理发育的纹层状黏土岩，也称作纯页岩油。加拿大非常规资源协会（CSUR）将该国的致密油藏细分为三类，其中第三类页岩油藏就是狭义的页岩油，他们持与中国学者相同的看法，认为这类致密油藏主要赋存在富含有机质页岩中，且页岩不仅是烃源岩也是储层，并认为其致密程度比致密砂岩和碳酸盐岩更高。

中国石油天然气集团有限公司（CNPC）自致密油概念应用以来，主要针对鄂尔多斯、松辽、准噶尔和三塘湖等盆地开展了一系列致密油勘探开发工作，同时积极开展页岩油的探索。认为致密油和页岩油是两个互不隶属的资源类型，有较明显的区别。大致从2018年开始，有部分研究机构和学者对页岩油的认识发生转变，认为页岩层系内（源内）赋存的液态石油以及尚未转化的各类有机物统称为页岩油，相当于美国广义页岩油，概念内涵包括三要素：石油烃赋存在富有机质烃源岩层系内（源内）；储集体包括多类型致密储层；依靠常规技术难以商业开采。此外，与致密油相比，页岩油是石油烃在烃源岩内部的滞留，没有运移过程。

中国石油化工集团有限公司（SINOPEC）近年来主要在济阳坳陷、泌阳凹陷和潜江凹陷等针对狭义页岩油开展了探索工作，强调页岩层系中砂岩或碳酸盐岩夹层的单层厚度小于3m，累计夹层厚度占地层比例小于40%的页岩层系中含有的石油烃称为页岩油。而把砂岩或碳酸盐岩夹层单层厚度大于3m、累计厚度占地层比例大于40%的砂页岩组合中含有的石油烃划归致密油范畴。

中华人民共和国国家质量监督检验检疫总局和中国国家标准化管理委员会于 2020 年 3 月发布了《页岩油地质评价方法》(GB/T 38718—2020)，2020 年 10 月开始实施。其中规定，页岩油（Shale Oil）是指赋存于富有机质页岩层系中的石油；富含有机质页岩层系内粉砂岩、细砂岩、碳酸盐岩单层厚度不大于 5m，累计厚度占页岩层系总厚度比例小于 30%；无自然产能或低于工业石油产量下限，需采用特殊工艺技术措施才能获得工业产量。

根据前述有关页岩油的定义，业界普遍强调页岩油分布于烃源岩内部，储层致密，无自然产能等内涵。目前的主要分歧集中在两方面，一是夹层的单层厚度上限有 1m、3m 和 5m 等不同取值；二是夹层累计厚度占比上限有 20%、30% 和 40% 等不同标准（表 1–2 ）。随着页岩油勘探开发实践的不断推进，研究认识的不断深化，对于页岩油的定义参数标准将会逐渐趋于一致。

表 1–2　页岩油定义中有关夹层厚度与百分比的对比表

国土资源部油气资源战略研究中心（2013）	宋明水（2019）	黎茂稳等（2019）	邹才能等（2020）
非烃源岩夹层单层厚度小于 3m	TOC 小于 0.5% 的其他岩性夹层厚度小于 3m	页岩油夹层界定为单层厚度不超过 1m	粉砂岩、细砂岩、碳酸盐岩单层厚度小于 5m
泥 / 地比大于 60% 的地层纳入页岩油层系评价范畴	累计厚度占比小于 40%	累计厚度不超过烃源岩层系总厚度的 20%	累计厚度占页岩层系总厚度比例小于 30%

二、页岩油分类

1. 页岩油的基本类型

从形成环境与分布特征来说，页岩油可以笼统分为海相和陆相页岩油两大类。海相页岩油顾名思义，是指在海相成因的页岩层系中形成的页岩油资源，主要分布在北美地区，以美国发育的海相页岩油规模最大，其次是加拿大，其中美国的页岩油勘探开发最成功，产量也最高。在北美以外地区，阿根廷和俄罗斯是海相页岩油发育规模较大的地区，但目前还处于勘探早期阶段，尚未进入商业开发。因海相沉积环境稳定，且沉积相带规模大，海相页岩油横向连续性和稳定性较好，加之地质时代以古生代为主，热演化程度处于轻质油—凝析油窗口，油品质量较好，气油比较高，原油地下的流动性较好，所以单井产量和单井累计采油量较大，经济性资源占比较高，如二叠（Permian）盆地狼营（Wolfcamp）组、威利斯顿（Williston）盆地巴肯（Bakken）组与西部海湾（Western Gulf）盆地鹰滩（Eagle Ford）组等。陆相页岩油是指在陆相成因的页岩层系中形成的页岩油资源，主要分布在中国，其次在北美绿河（Green River）盆地、尤因塔（Uinta）盆地等古近系也有分布。与海相沉积环境比，陆相沉积环境的稳定性明显变差，沉积相带规模也较小，所以陆相页岩油的横向变化较大，页岩油有利富集段的横向分布较差。加之中国发育的陆相页岩油主体分布于晚三叠世、晚白垩世和古近纪三大阶段，其次是晚二叠世，总体发育时代偏晚，热演化程度主体处于生烃"液态窗"的早—中期阶段，演化进入轻质油—凝析油阶段的偏少。所以，页岩油品质总体偏重，胶质和沥青质含量较大，原油密度较高（以 0.83~0.88g/cm³ 为主，部分在 0.90g/cm³ 以上），气油比偏低（多数 <80m³/m³），原油地下流动性较差，所以单井产量总体偏低，且变化较大，单井累计采出油量偏低，如果不能有效控制成本，经济性较差，成为制约陆相页岩油规模开发利用的瓶颈。

在海相和陆相页岩油分类大背景下，对页岩油类型的进一步细分则国内外和不同学者之间因为考虑因素不同，而有不同的分类和称谓。国外学者一般注重从储层类型入手进行分类，国内学者则从中国陆相页岩油发育特点出发，从石油烃相态、储层类型、热成熟度与源储组合多方面进行综合分类。

Jarvie（2010，2012）把页岩油资源系统定义为富有机质页岩和与其紧邻的贫有机质层内蕴含的可动石油，并划分为致密页岩、复合页岩和裂缝页岩三类。致密页岩具极低渗透率与孔隙度，如 Barnett、Tuscaloosa；复合页岩是指夹有厚度大于 1m 的非页岩层（如致密砂岩和碳酸盐岩）的页岩组合，如 Bakken、Niobrara、Eagle Ford；裂缝页岩是指具有中等渗透率和孔隙度的页岩组合，如 Monterey、Bakken、Niobrara、Pierre。大多数产油的页岩油资源系统为复合型页岩，高产页岩油层都存在天然裂缝，可定义为裂缝型页岩油。

Donovan 等（2017）依据储层渗透性、原油品质和地下石油资源是否发生过运移对资源进行分类。首先按地下石油资源是否发生过运移分为滞留烃系统与运移烃系统两大体系，然后按照储层渗透率大小分为常规石油区带、致密油区带和烃源岩区带。再根据储层孔喉结构的大小，分为常规流体和非常规流体，进而再根据原油性质，在常规和非常规流体系统内划分资源类型，比如重质油、稠油、轻质油、挥发油和干气等（图 1-5）。在使用该方案时，有些学者综合国外其他学者的意见，还增加了一些新内容，比如从储层渗透性角度，在方案中划分出正常渗透率储层、致密储层和烃源岩储层（黎茂稳等，2019）；另外，对应于常规油气系统，强调需要圈闭条件，致密油系统也需要具备圈闭条件，而烃源岩内部滞留烃系统则无需圈闭条件。同时，把常规油、致密油和页岩油分别与常规储层区带、致密储层区带和烃源岩储层区带相对应。应该说，该方案考虑因素比较全面，从含油气系统形成观出发不仅有对静态地质要素特征的量化表征，而且也有对动态过程的思考，严格讲，这是一个纳入页岩油管理的油气资源综合划分方案，而非简单的基于储层特征对页岩油的分类。读者在使用该方案时，需要关注其中一个较大的缺陷，这可能是西方国家学者普遍关注较少的一个重要问题，就是认为页岩油作为烃源岩内部滞留烃系统，不需要圈闭条件，这是值得进一步商榷的问题。谈到圈闭，按经典的石油地质学教科书的定义，是允许油气在地下聚集并形成矿藏的一个场所，包括三个要素：一是要有能够储存油气的储层；二是有能够允许商业量油气宿住的空间，即圈闭；三是有能够把商业量油气保持在宿住空间里的条件，即封闭性。三要素缺一都不能称其为有效圈闭。实际上，页岩油作为已经形成的液态烃在烃源岩内部的滞留，其滞留烃数量与品质决定了页岩油的经济性。如果烃源岩的封闭性或保存条件不好，大量轻烃都运移或者散失到其他层系中，那么烃源岩内部滞留烃的数量不仅难保，而且滞留烃的品质也会大大变差，也就是可动烃组分将大大减少，这将直接影响页岩油的经济可采性，对页岩油的规模开发来说是致命的缺陷。所以，笔者极不认同页岩油不需要圈闭条件的说法。

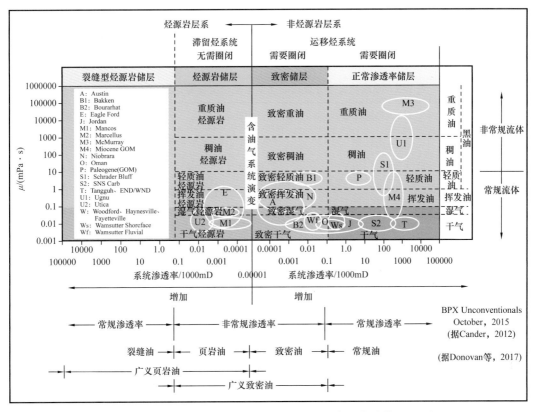

图 1-5 Donovan 对石油资源的分类方案（引自黎茂稳等，2019）

国土资源部油气资源战略研究中心（2011）将页（泥）岩油资源按储层特征分为三类：一是砂岩薄夹层型页岩油；二是泥岩裂缝型页岩油；三是纯页（泥）岩型页岩油。

张金川等（2012）根据成因机理、原油性质、埋藏深度与可采性等，将页岩油划分为传统所称的（含）油页岩和与页岩气共生、伴生的页岩油两大类，后者根据原油性质又进一步划分为黏稠型和凝析型两种。依据页岩油赋存条件和经济可采性，将页岩油划分为基质含油型、夹层富集型和裂缝富集型三类：（1）基质型页岩油是指主要赋存于泥页岩的有机质和黏土矿物形成的粒间、粒内及溶蚀等微小孔隙和微裂缝中的石油，为低孔低渗页岩油，对其进行开发相对较为困难。（2）裂缝型页岩油是指主要以游离态赋存于泥页岩层系的裂缝及微裂缝中，其富集程度受控于裂缝及裂缝体系的发育程度，储集和采出条件好，可开采程度高。（3）夹层型页岩油是以砂岩和碳酸盐岩类夹层作为油气赋存的主要空间,可进一步划分为砂岩夹层型和碳酸盐岩夹层型页岩油两个亚类。

赵文智等(2020)根据有机质成熟度差异将页岩油分为三种类型,即未熟页岩油、中低熟页岩油和中高熟页岩油,分别对应页岩油三种不同的赋存状态和开发方式(表1-3,图1-6)。(1)未熟页岩油主要为油页岩,也就是以往用人工干馏的方法可以得到的石油。泥页岩中有机质成熟度小于0.5%,其中未转化为石油的固—半固相有机质占90%以上,滞留在泥岩层系的石油烃仅占5%,需要地表干馏或地下加热技术将有机质转化为石油,然后进行分离回收。(2)中低熟页岩油是指地下已经形成的石油烃数量有限且流动性差、更多的有机质尚未转化为石油烃的多类液、固—半固相有机物构成的混合物,依

表1-3 按成熟度划分页岩油类型(据赵文智等,2018,2020)

项目	未熟页岩油	中低熟页岩油	中高熟页岩油
岩石类型	油页岩	富有机质泥页岩层系	富有机质泥页岩层系
R_o/%	未熟(<0.5)	中低熟(0.5~0.9)	中高熟(0.9~1.6)
赋存状态	尚未转化的有机质	已生成的滞留石油 + 尚未转化的有机质	微—纳米级储集空间中滞留的石油
原油性质		稠油、重质油、中质油	中质油、轻质油、凝析油
生产方式	露天开采地面干馏或原位转化开采	原位转化开采	水平井 + 体积改造

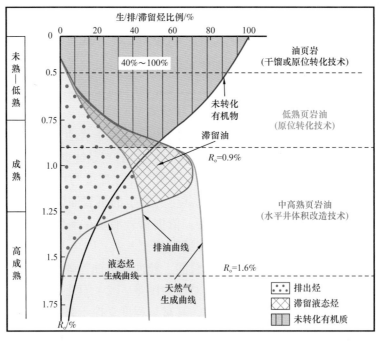

图1-6 陆相页岩有机质生排滞留油模式与页岩油类型划分图(据赵文智等,2018,2020,修改)

靠现有的水平井和体积改造技术难以经济开发，需要开发地下原位转化新技术才能大规模开发利用。（3）中高熟页岩油是指地下已经形成的石油烃在烃源岩层系内部的留滞，利用现阶段相对成熟的水平井和体积改造技术就可以实现开发利用。北美地区开发的页岩油资源基本属于此类型页岩油。我国在准噶尔盆地吉木萨尔凹陷、渤海湾盆地黄骅坳陷沧东凹陷、松辽盆地古龙凹陷与鄂尔多斯盆地延长组长 7_{1+2} 亚段勘探和试采的陆相页岩油也都属于这种类型。

宋明水（2019）根据岩性组合与页岩油储集空间类型将济阳坳陷页岩油划分为基质型、裂缝型和混合型三类。其中基质型页岩油主要富集在泥页岩基质孔隙中；裂缝型页岩油主要富集在与裂缝相关的储集空间和基质孔隙中；混合型页岩油主要富集在与夹层相关的储集空间和基质孔隙中。需要指出的是，夹层必须与生油岩紧密接触，裂缝型和混合型页岩油仅有短距离源内运移。

杜金虎等（2019）按页岩层系岩性组合差异，将中高熟页岩油划分为源储一体型、源储分异型、纯页岩型三种类型。（1）源储一体型页岩油，是指生油岩即为储层。属于源储一体型陆相页岩油的地区主要有准噶尔盆地吉木萨尔凹陷二叠系、玛湖凹陷和石树沟凹陷，三塘湖盆地马朗凹陷二叠系条湖组和芦草沟组，渤海湾盆地沧东凹陷孔店组二段、歧口凹陷沙河街组一段下亚段以及济阳坳陷牛庄、渤南和博兴凹陷，江汉盆地潜江凹陷，四川盆地侏罗系等。（2）源储分异型页岩油，是指烃源岩和储层并非同一地质体，但二者紧密相邻的页岩油类型，属于该类页岩油的地区包括鄂尔多斯盆地长 7_{1+2} 亚段，此外在松辽盆地青山口组三角洲与深—半深湖过渡带砂泥岩间互发育区也有该类页岩油分布。（3）纯页岩型页岩油，该类页岩油的赋存层系为纯页岩，不发育细碎屑岩或碳酸盐岩储层夹层。鄂尔多斯盆地长 7_3 亚段、松辽盆地青山口组一段纯页岩段均为纯页岩型页岩油发育层系。

付金华等（2019）认为鄂尔多斯盆地长 7 段页岩油指长 7 段烃源岩层系内致密砂岩和泥页岩中未经过长距离运移而形成的石油聚集，根据岩性组合等因素将其分为多期叠置砂岩发育型（Ⅰ类）、页岩夹薄层砂岩型（Ⅱ类）和纯页岩型（Ⅲ类）共三种类型（图 1-7）。

Ⅰ类页岩油为多期叠置砂岩发育型，砂地比大于 15%，单砂体厚度 3～5m。发育一套或多套由多期砂体叠置形成的较厚连续砂层，多套厚层砂岩之间被泥岩夹层分开，最大单层砂岩厚度小于 5m。虽然部分井纵向上在局部层段多期砂层发育（主要为长 7_1 亚段、长 7_2 亚段），砂地比较高，但长 7 段总体砂地比小于 30%。砂岩发育层段之外，发育厚度较大的富有机质泥页岩，砂岩发育层段总体夹于富有机质泥页岩之中。该类页岩油主要发育于长 7_1 亚段、长 7_2 亚段，储层以三角洲前缘水下分流河道或砂质碎屑流致密细砂岩为主，孔隙度为 6%～12%，渗透率为 0.03～0.3mD。

Ⅱ类页岩油为页岩夹薄层砂岩型，砂地比为 5%～15%。整体以富有机质暗色泥岩和黑色页岩为主，夹多套 2～3m 薄层细砂岩。该类页岩油主要分布于以泥页岩为主的长 7_3 亚段，整体以优质烃源岩为主，夹薄层细砂岩。薄层砂岩孔隙度为 5%～10%，渗透率为 0.03～0.2mD。

页岩油类型	Ⅰ类（多期叠置砂岩发育型）	Ⅱ类(页岩夹薄层砂岩型)	Ⅲ类(纯页岩型)
岩性组合	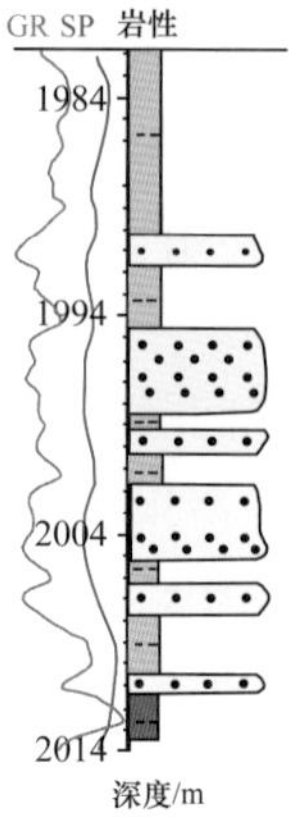	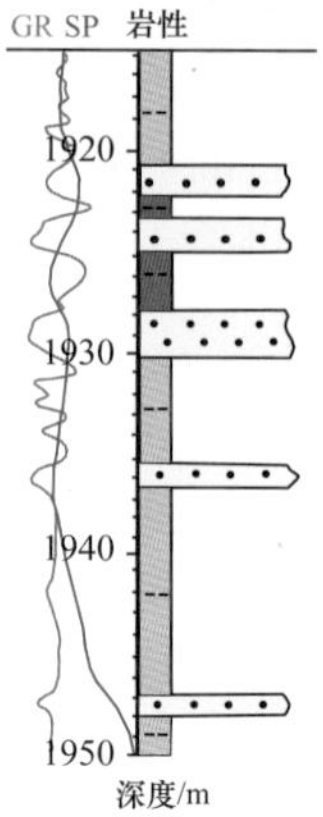	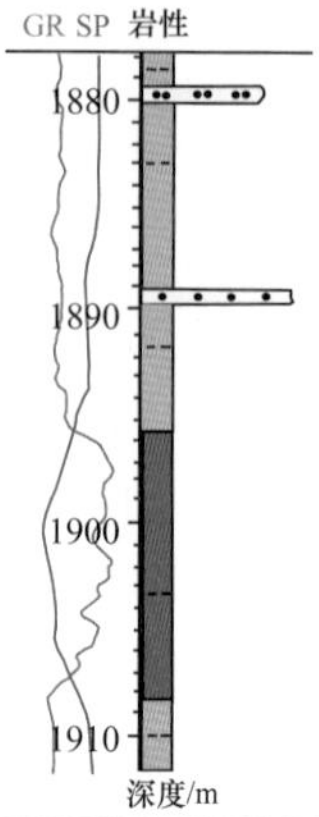
砂地比/%	15～30	5～15	<5
单砂体厚度/m	3～5	2～3	<2
勘探层次	规模勘探开发	风险勘探目标	原位改质目标

图 1-7　鄂尔多斯盆地中生界三叠系长 7 段页岩油类型划分（据付金华等，2019）

Ⅲ类页岩油为纯页岩型，砂地比小于 5%。以富有机质暗色泥岩和黑色页岩为主，夹极薄层的细砂岩、粉砂岩、泥质粉砂岩，砂岩夹层层数少，单砂体厚度一般小于 2m。富有机质泥页岩孔隙度小于 2%，渗透率为 0.0001～0.01mD，R_o 为 0.6%～1.1%，是盆地内页岩油原位改质开发的主要目标。

吴河勇等（2019）认为松辽盆地北部泥页岩油主要富集层段为青山口组一段及二段下部，研究区内发育大规模的三角洲沉积体系与湖泊沉积体系过渡带，泥页岩储层表现出有机质丰富、岩性复杂、相变快和非均质性强等特征。松辽盆地北部泥页岩油主要有三种类型，分别为Ⅰ型（纯砂岩型）、Ⅱ型（砂泥型）和Ⅲ型（纯泥岩型）。（1）纯砂岩型泥页岩油主要分布在齐家南地区三角洲外前缘相区内，储层岩性以粉砂岩及泥质粉砂岩为主，储层致密、物性差、低孔低渗。（2）砂泥型泥页岩油主要发育在齐家—古龙凹陷三角洲相区外缘，呈条带状分布。形成原因有两种：一种是由三角洲外前缘砂体与湖相泥质交错分布形成的砂泥互层构成，可以称为互层型泥页岩油；另一种是由厚层泥页岩夹重力滑塌形成的砂岩段构成，称为夹层型泥页岩油。总体以泥页岩为主，夹层除砂岩层外，还夹有薄层泥灰岩及介形虫层。（3）纯泥岩型泥页岩油分布范围较广，几乎占据古龙凹陷内的半深湖—深湖相区。储层岩性以厚层泥页岩为主，偶尔见到薄层粉砂岩夹层。

胡素云等（2020）根据页岩层系烃源岩、储层以及源储组合类型差异，将中国陆相页岩油划分为源储一体、源储分离和纯页岩三种类型（图 1-8）。（1）源储一体型：是指构成页岩层系的岩石类型多样，既有生油层也有储油层，剖面上岩性变化快、源储互层频繁，“甜点段”厚度不大但平面分布范围较广，生烃增压是页岩油聚集主要动力。以北疆地区二叠系芦草沟组、渤海湾盆地古近系孔店组等为代表。受气候韵律性变化和水动力条件变迁、周缘火山、盆底热液、海水侵入等多因素综合影响形成的页岩层系，一般纹层叠置、互层频繁、发育多个"甜点段"。（2）源储分离型：页岩层系源储间互分布，源储压差控制页岩油成藏富集。以鄂尔多斯盆地上三叠统延长组7段中上部、松辽盆地白垩系青山口组中上段在深湖与三角洲过渡区分布的页岩油为代表，一般具有砂泥互层、砂少泥多、源储分离特点，夹持于页岩层系内的薄层砂岩具有较好储集物性，是页岩油形成富集的主要储层。（3）纯页岩型：页岩既是生油岩也是储集岩，页岩中尚未转化有机质及滞留于页岩内的液态烃是主要资源类型。分为中高熟和中低熟纯页岩型页岩油两大类，以鄂尔多斯盆地长7段下部、松辽盆地青山口组下段为代表，主体为半深湖—深湖相细粒沉积为主的页岩层系，具有有机质丰度高、页岩层系纹层发育、黏土含量较高、孔隙度较低等特征。

页岩油类型	页岩层系	岩性剖面	孔隙度/%	单井产量	典型井	技术策略
源储一体型	吉木萨尔凹陷芦草沟组	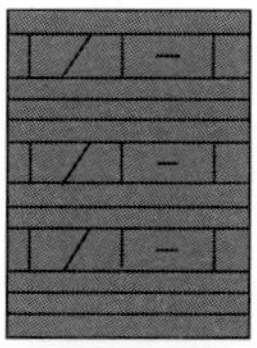	8～21	初产69.46t/d 累计产20542t	吉172_H	成熟页岩，水平井体积压裂，风险勘探
	三塘湖盆地芦草沟组		7～15	初产8.27m³/d 35d累计产124m³	马芦2	
	沧东凹陷孔店组二段		6～13	初产75.9m³/d 已累计产1812m³	官东1701H	
源储分离型	鄂尔多斯盆地长7段中下部	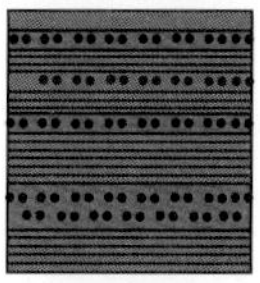	6～12	初产13.39t/d 累计产37454t	阳平7	成熟页岩，水平井体积压裂，风险勘探
	松辽盆地青山口组		5～15	初产26.6t/d 累计产18890t	龙26-平8	
纯页岩型	鄂尔多斯盆地长7段中下部	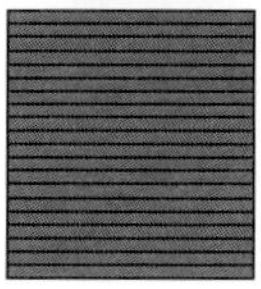	1～3	初产1.5t/d 累计产625t	耿295	(1)成熟页岩，风险勘探 (2)未成熟有机质页岩，原位转化先导试验
	松辽盆地青山口组		2～6	初产20.04m³/d 累计产310m³	黑197	

图1-8 陆相页岩油类型划分（据胡素云等，2020）

自然资源部油气调查中心（2020）结合勘探生产实际需要，为便于开展针对性的地质研究及勘探开发技术攻关，按照勘探评价难度的差异，以岩性组合、砂岩夹层厚度及砂地比等因素为主，将松辽盆地南部页岩油划分为三类（图1-9），分别为：Ⅰ类—砂泥互层型，系指单砂体厚度大于5m、砂地比大于30%的页岩层系中分布的页岩油；Ⅱ类—砂岩夹层型系指单砂体厚度2～5m，砂地比10%～30%的页岩层系中分布的页岩油；Ⅲ类—泥页岩型，系指砂岩薄夹层厚度小于2m或砂地比小于10%的页岩层系中分布的页岩油。针对Ⅰ类页岩油，吉林油田已经规模开采，产量已经达到30×10⁴t以上，针对Ⅱ类页岩油，吉林油田加大攻关力度，部署了4口井及多口老井开展试油，4口新井均获得油流，实现了突破，但能否形成经济性累计产量还要看试采结果才能明确。

页岩油类型	Ⅰ 类		Ⅱ 类		Ⅲ 类	
岩性组合	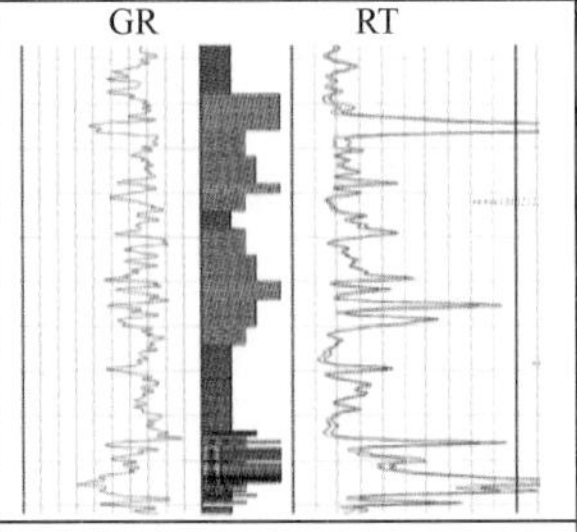 GR	RT	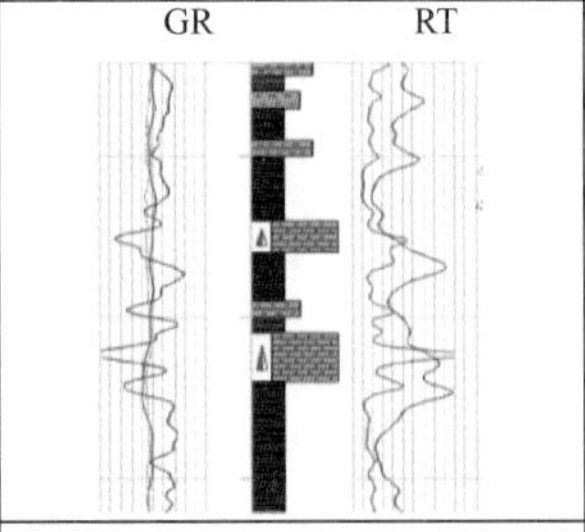 GR	RT	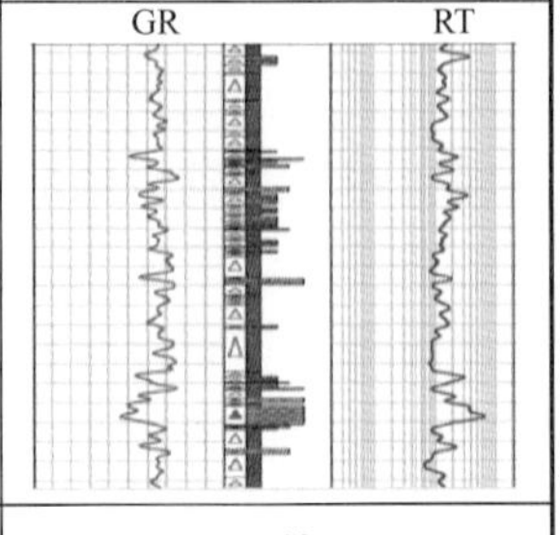 GR	RT
	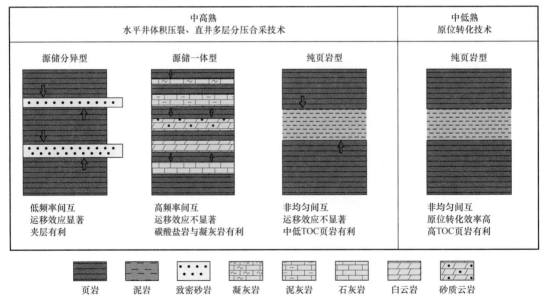					
砂地比 /%	>20		10～20		<10	
单砂体厚度 /m	>5		2～5		<2	
勘探难度	易		较难		难	

图 1-9 松辽盆地南部青山口组一段页岩油类型划分（据张君峰等，2020）

李国欣等（2020）按页岩层系热成熟度，将陆相页岩油分为中高熟、中低熟两种资源类型。中高熟页岩油进一步划分为源储分异型、源储一体型、纯页岩型三种类型（图 1-10）。

图 1-10 中高熟和中低熟页岩油类型及特点（据李国欣等，2020）

王广昀（2020）在公开发表的文献中提到，中国石油目前将页岩油类型按源储比划分为三大类。Ⅰ类页岩油源储比小于 70%，单砂体厚度大于 2m，属于互层型页岩油。Ⅱ类页岩油源储比为 70%～90%，单砂体厚度为 0.2～2m，属于夹薄层型页岩油。Ⅲ类页岩油源储比大于 90%，单砂体厚度小于 0.2m，属于纯页岩型页岩油。在鄂尔多斯盆地、渤海湾盆地沧东凹陷以及松辽盆地青山口组进行的页岩油勘探主要就是针对Ⅰ类和Ⅱ类页岩油，目前，大庆油田在松辽盆地北部主要探索Ⅲ类纯页岩型页岩油。

周立宏等（2020）将页岩油划分为纯页岩油和含夹层页岩油两类。纯页岩油是指岩性主要为黏土质页岩、黏土质混合页岩、长英质混合页岩、长英质页岩、碳酸盐质混合页岩和碳酸盐质页岩，各岩性呈互层状产出，整体具有较高的生烃潜力，纹层发育，白云岩和粉—细砂岩夹层不发育。黏土质页岩和黏土质混合页岩孔渗性较差，所生成的油气主要沿层理缝横向运移，在一定的生烃压力下，可产生异常压力缝，油气可在垂向上运移，碳酸盐质页岩、长英质页岩储集物性相对较好，油气可在该类储层中富集而具有较高的可动油含量。含夹层页岩油是指岩性以黏土质、黏土质混合页岩、长英质混合页岩、长英质页岩、碳酸盐质混合页岩和碳酸盐质页岩为主，含白云岩和粉—细砂岩层夹层，呈薄层状产出，由于夹层储集物性较好，能够形成较高的含油饱和指数，但因单层及累计厚度小（单层＜2m），夹层不作为主要勘探的"甜点"层段。

焦方正等（2020）给出了陆相源内石油聚集及"甜点"的地质内涵，指出源内石油聚集是指赋存于陆相富有机质页岩层系内、原地滞留或源内捕获烃类而形成的富液态烃聚集，"甜点"是指整体含油的陆相烃源层系内、相对更富含油、物性更好、更易改造且具商业开发价值的有利储集层段，主要包括夹层型、混积型和页岩型三类"甜点"（图 1-11）。

"甜点"主要类型		典型实例	油藏剖面	主要地质特征
夹层型	砂岩型	鄂尔多斯盆地长7段湖盆中心	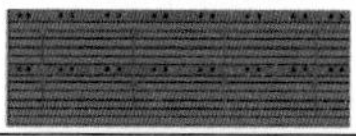	源储共存、页岩层系整体含油，薄层砂岩有利储集层近源捕获石油形成"甜点"
	凝灰岩型	三塘湖盆地马朗凹陷条湖组	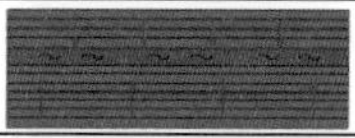	源储共存、页岩层系整体含油，凝灰质有利储集层近源捕获石油形成"甜点"
混积型	砂质云质型	准噶尔盆地吉木萨尔凹陷芦草沟组	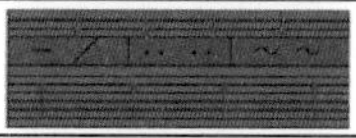	源储共存、页岩层系整体含油，砂质、钙质等有利储集层源内捕获石油形成"甜点"
	白云质型	渤海湾盆地沧东凹陷孔店组二段	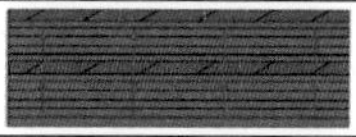	源储共存、页岩层系整体含油，白云质等有利储集层源内捕获石油形成"甜点"
	灰质型	四川盆地湖盆中部大安寨段	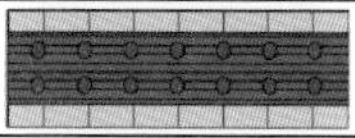	源储共存或一体、页岩层系整体含油，灰质岩有利储集层源内捕获石油形成"甜点"
页岩型	纹层型	松辽盆地湖盆中部青山口组二段	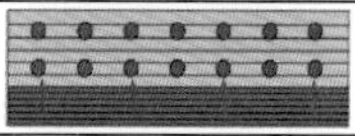	源储一体、页岩整体含油，砂质、钙质页岩有利储集层源内捕获石油形成"甜点"
	页理型	松辽盆地湖盆中部青山口组一段	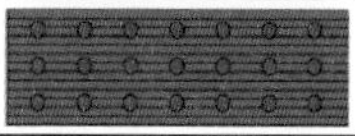	源储一体、页岩整体含油，砂质、钙质页岩有利储集层原地滞留石油形成"甜点"

| 富有机质页岩 | 物性较好泥页岩 | 致密砂岩 | 灰质岩 | 云质岩 | 凝灰质岩 | 滞留烃类 | 石油聚集 | 油气运移方向 |

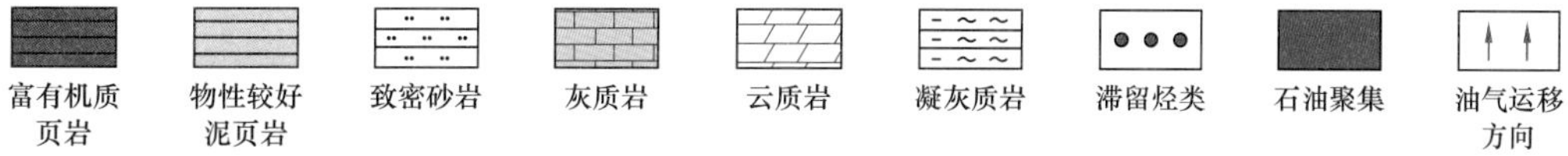

图 1-11　陆相源内石油聚集"甜点"主要类型及地质特征（据焦方正等，2020）

从上述页岩油工业实践与研究看，中国石化与高校多采用狭义页岩油概念，类型划分上，基本上分为基质型、裂缝型和夹层型（或混合型）等类型。中国石油从 2018 年以来，基本上划分为Ⅰ、Ⅱ、Ⅲ类，即厚层砂岩型、薄砂岩夹层型与纯页岩型。这样的划分方案实际上把部分致密油也列入了其中（特别是Ⅰ类，也含部分Ⅱ类）。

2. 陆相页岩油

赵文智等（2020）提出，陆相页岩油是指埋藏深度大于 300m、R_o 大于 0.5% 的陆相富有机质页岩层系中赋存的液态石油烃和多类有机物的统称，包括地下已经形成的石油烃、各类沥青物和尚未热降解转化的半固体—固体有机质。按热成熟度不同，陆相页岩油包括中低熟和中高熟两大资源类型，二者在资源赋存环境、潜力、开采方式与使用技术以及工业评价标准等方面均有不同。

中低熟页岩油是指地下已经形成的石油烃数量有限且流动性差、更多的有机质尚未转化为石油烃的多类液、固—半固相有机物构成的混合物，依靠现有的水平井和体积改造技术难以经济开发，需要开发地下原位转化新技术才能大规模开发利用。

中低熟页岩油具有可转化资源潜力巨大、滞留液态烃数量有限且油质偏稠、可动油比例偏低、固体有机物占比较高、依靠水平井和多段压裂改造技术难以实现商业开发等特征。现阶段因为勘探程度和认识程度低的原因，在成熟度划分界限上与中高熟页岩油还有交叉，有些探区把中高熟页岩油的下限取值划在 R_o 为 0.7%～0.8%，实际上这样的取值是否恰当，现阶段尚难定论，比如对于咸化湖盆沉积的烃源岩，因母质类型好，生烃演化偏早，母质转化效率较高，在相同有机质丰度条件下，烃源岩内部滞留烃的可动性比较好，所以 R_o 取值 0.8% 也未尝不可。但大多数情况下，因热成熟度不高的原因，烃源岩中滞留烃的数量尽管不一定少，但滞留烃的品质较差，也就是重烃组分和重质组分偏高，导致烃在地下的流动性偏差，且被黏土矿物和有机质吸附的机会偏大，因而会影响页岩油的单井累计采出量和经济性。所以，R_o 取值偏低会影响开发效果。具体情况可结合各探区地质条件来综合确定。比如在一个以中高熟页岩油为主的探区，当在满足 R_o 大于 0.9% 的"甜点段"取得商业开发突破以后，为了扩大储量动用规模，则可以在不过高增加成本前提下，适当压低成熟度门限，以增加"甜点段"厚度，具体应以原油地下流动能力和单井累计采出量来决定。

中低熟页岩油以重质油、沥青和尚未转化的固体有机质为主，靠水平井和压裂改造技术难以获得经济产量，必须采用地下原位加热转化方式才能获得经济产量。相对于中高熟页岩油来说，中低熟页岩油开发成本更高，能量投入产出比相对偏低，所以对页岩的有机质含量要求更高，TOC 含量一般需大于 6%，主体丰度宜在 8%～12% 之间，而且越高越好，以保证在人工加热条件下，有足够多轻质液态烃和天然气生成。有机质类型以 I 型和 II₁ 型为主，以保证加热条件下有机质向液态烃和气态烃转化不仅更容易，而且数量足够大。中低熟页岩因成岩演化阶段低，储集空间较小，孔隙度多数小于 3%，有机孔不发育，主要为黏土矿物晶间孔、细粒碎屑矿物粒间孔、层理缝、微裂缝等。地层塑性大、脆性矿物含量低，人工压裂改造技术难以形成有效的流动通道。

中低熟陆相页岩油虽然在中国陆上主要含油气盆地均有分布，但从资源规模和集中度看，主体分布在鄂尔多斯和松辽两大盆地内。现有的实验室分析数据和国外已进行的先导试验结果显示，通过地下原位加热转化方式，可以将页岩中的石油烃、多类沥青物和固体有机物大规模转化为轻质油、凝析油和天然气，同时在页岩层中产生主要沿页理发育的缝网系统和超压，从而在页岩内部形成"人造"有效排烃驱替系统，最终不仅获得高品质轻质油和天然气，而且采收率很高，可达60%～70%。原位加热转化页岩油，可实现从高能耗、高污染的"地上炼油厂"模式，发展到优质清洁的"地下炼油厂"模式。应该指出，要实现中国中低熟页岩油商业开采的技术突破，还面临一些科学问题亟待解决：（1）有机质超量富集环境响应与分布机理，如高TOC页岩段沉积环境特征与生物超量繁盛控制因素不明，富有机质页岩页理形成的机理与控制因素有待研究求证，富有机质页岩层内有机质优势显微组分类型、分布与非均质性分布控制因素及环境学响应不清等；（2）原位转化能量场动力学机制与最佳转化条件，如热转化条件下有机质转化与无机矿物间相互作用关系待明确，特别是固/液/气相有机质多相态多耦合条件下，能量场演化特征与最佳转化物理化学窗口等需研究；（3）工程技术挑战的解决方案有待于进一步研究落实，如千米级地下加热高恒温控制技术及稳定性待攻关，电加热管材料与制造技术需探索，小井眼与小井距（5～8m）准确定位水平井钻井技术及控制系统需现场试验检验，以及其他加热转化途径及技术也需要研究落实等。陆相中低熟页岩油能否进入商业开发周期，核心是以井组累计采出油气量能否形成商业规模、单井和井组产量规模是否有经济规模以及井下加热系统的耐久性是否支撑经济开采的最小时限为前提。应通过先导试验，攻关核心技术装备，形成自主知识产权的关键技术来实现。同时，落实"甜点区"评价标准，并探索优化最佳工艺技术和流程，加快推进陆相页岩油革命尽早到来。

中高熟页岩油是指地下已经形成的石油烃在烃源岩层系内部的留滞，利用现阶段相对成熟的水平井和体积改造技术就可以实现开发利用。中高熟页岩油具有以成熟的液态石油烃为主、油质较轻、可动油比例较高、地质资源潜力较大但可采资源总量不确定性较高、依靠常规水平井和压裂技术可开发动用等特征。关于 R_o 取值建议以大于0.9%为门限，最佳取值区间以1.0%～1.4%为宜。页岩层系储集空间较小，对于砂岩型储层来说，孔隙度以大于6%为宜，最佳为10%～12%或更高；对于纯页岩型和由页岩及致密碳酸盐岩构成的页岩层系来说，有效孔隙度门限可以大于3%，最佳为5%～6%。液态烃多赋存于页岩的生烃增压缝、构造缝以及微孔隙中，TOC值一般大于2%。以中质—轻质油为主，保存条件较好情况下的气油比相对较高，可流动性较好，地层压力系数多大于1.2。脆性矿物含量较高，依靠水平井和体积压裂技术可实现经济开发。中高熟页岩油是否具有经济性应从三方面评价：（1）单井产量应高于单井最小经济日产量标准；（2）在不同油价条件下，单井累计采出量应大于最小累计经济采出量；（3）分布面积和地质储量要达到一定规模，以保证一旦投入建产，能形成最小规模产量并能支撑足够长时间的稳产。很显然，只能在有限井形成经济产量而无法实现规模建产和较长时间稳产的页岩油发现，一般很难投入生产建设。

中高熟页岩油主要分布在拥有较高地温场的中东部含油气盆地，主体在松辽、渤海湾等盆地。如前述，利用水平井和体积改造技术，可实现中高熟页岩油规模性开采。总体上，中国中高熟页岩油分布范围较小，埋藏深度较大，规模较为有限。初步估算，中高熟页岩油地质资源量在 131×10^8～163×10^8 t 之间，经济可采资源尚待试采结果确认单井累计采出量是否可以达到经济门限后再定，本书基于自选参数评价页岩油富集区经济性偏好的地质资源总量在 $67×10^8$～$84×10^8$t 之间，经济可采资源总量尚无准确参数支撑客观预测。要实现中国陆相中高熟页岩油规模商业开采，还需要在选区条件和评价标准上进一步严把关口：（1）要优先在 TOC 值为 3%～4% 的页岩层系选择"甜点段"和试采靶体，这是保证地层中有足够滞留烃数量、较多可动烃数量和较高地层能量的基础。（2）R_o 值大于 0.9%（咸化环境>0.8%），以保证地下滞留烃品质较好，可动烃数量较高；否则，重烃组分偏高、气油比偏低都不利于原油的地下流动性，会直接影响单井累计采出量。（3）油层单层厚度为 5～8m、累计厚度为 25～30m，这是保证单井控制储量规模性和经济性的重要条件。（4）单井产量和单井累计采出量均要达到经济门限。中国陆相中高熟页岩油要实现规模开发，尚面临一些科学技术问题亟待解决：（1）"甜点区/段"评价标准尚未形成统一认识，需要经过足够多试采以后逐步建立。（2）储层尤其是纯页岩储层尚缺评价标准。岩性组构特征、有机质丰度最佳区间、黏土矿物量化指标与测井响应参数等需要边探索边明确。（3）针对中国陆相页岩油特点的井眼轨迹选择与储层改造方案设计亟待优化，比如有机质丰度高的"资源甜点"是否就有最佳累计采出量，而有机质丰度较低、脆性矿物较高的"工程甜点"是否是累计采出量最佳层段，尚需要足够多试采结果的验证才能明朗。（4）页岩油总体流动性较差、单井产量偏低，降低成本、提高单井产量和累计采出量的技术开发方式与工程管理等需要进一步创新。坚持"长水平井段、小井距、密切割、大规模体积改造"是目前主导技术方向。同时，需要积极探索沿水平层理分布的"页岩油直井、小井距、密切割、规模体积改造"方案的可行性，目标是提高单井产量和单井累计采出量，同时有效降低成本。

3. 油页岩油

联合国 1980 年召开的由 11 个国家专家参加的油页岩和油砂小组会议，对油页岩（Oil Shale）的定义是，油页岩是一种含丰富固体有机质的沉积岩，有机质主要为油母质（Kerogen），不溶于石油溶剂。油页岩加热至 550℃ 左右，其油母质发生热裂解（Thermal Cracking），生成页岩油（Shale Oil），油页岩热裂解通常也称为干馏（Retorting），页岩油与石油近似，但不相同，我国称为"人造石油"。

联合国教科文组织（UNESCO）（2003）出版的《新世纪大百科全书》中，对油页岩条目定义是：油页岩是一种沉积岩，具无机矿物质的骨架，并含固体有机质，主要为油母质及少量沥青质（Bitumen）。油页岩是一种固体化石燃料（Solid Fossil Fuel）。作为一种能源，油页岩加热后，油母质热解产生页岩油。页岩油加工可制成油品。油页岩也可直接燃烧，产生蒸汽、发电。

侯祥麟（1984）定义油页岩是由矿物质和有机质组成，有机质中氢含量较高，低温干馏可获得碳氢比类似天然石油的页岩油，又称油母页岩，是可燃性矿产之一。

油页岩经人工改质形成的油品在我国有学者也称油页岩油，油品性质类似天然石油，但含有较多的不饱和烃及含有氮、硫、氧等杂原子的非烃有机化合物。这些不饱和烃类和非烃类有机化合物是造成胶质含量高和易形成沉渣的主要原因，因而油页岩油的稳定性较差且颜色更黑。

世界范围油页岩资源潜力巨大，但分布并不均衡。美国、俄罗斯、加拿大、中国、爱沙尼亚和巴西等均为油页岩资源丰富的国家。据 2002 年国际能源署（IEA）不完全统计，全球油页岩资源量为 10×10^{12}t，按油页岩油折算，资源量大约为 4452×10^8t。需要指出，受到矿床埋深、土地利用以及技术等因素限制，油页岩油的可采储量规模明显低于资源量。

中国属于油页岩资源丰富的国家，共有油页岩资源量 7199.37×10^8t，折算为油页岩油资源量为 476.4×10^8t。我国油页岩资源分布在全国 80 个油页岩矿区，主要集中在东部、中部和青藏高原地区。按地层划分，集中分布在中生界，有 317.29×10^8t，新生界有 104.49×10^8t，极小部分分布在古生界（54.65×10^8t）。后续动态评价与近年勘查结果统计，全国埋深小于 1000m 的油页岩远景地质资源量为 1.23×10^{12}t，折算成油页岩油远景资源量为 701×10^8t。通过不充分的地质勘查，全国已查明的油页岩地质资源量为 1145×10^8t，折算成油页岩油资源量为 59×10^8t；探明油页岩地质储量为 85.07×10^8t，折算成油页岩油储量为 5.09×10^8t。全国油页岩地质资源查明率只有 9.34%，探明率只有 0.69%，还有大量油页岩资源有待发现。

国际上将每吨能产出 0.25bbl 以上油页岩油的油页岩称为矿，折算为含油率大于 3.5%；我国一般将含油率大于 5% 的油页岩定为富矿，否则为贫矿。实际上，我国发育的油页岩主要为陆相成因，表现为含油率较高的油页岩层单层厚度偏小，且横向变化较大。特别在露头区就更为明显，主要原因是露头区多处于沉积盆地边缘，往往是原始沉积相带的近湖盆边部地带，沉积相多以浅湖相为主。因而油页岩分布呈现层数多、单层厚度小的特点。而处于深湖—半深湖区的油页岩不仅含油率高，而且单层厚度较大，但这样的沉积相带现今多埋藏在 500～2000m 的深度，不太适合露天开采，实际上是中低熟页岩油的重要组成部分。所以，从油页岩经济成矿角度看，我国油页岩油成矿的含油率标准应该提高，至少应该为 6%～8%，否则要实现有规模的经济开发会面临严峻挑战。

目前，油页岩资源开发的主要方式以地表干馏炼油和地面燃烧发电为主，开发利用过程中需要使用大量水资源，产生的粉尘和有害气体会污染空气，开发利用后的大量废渣闲置堆砌，形成巨大地质灾害隐患，废渣中有害物质对地下水和土地有污染，这些问题严重制约了油页岩的大规模开发利用。

油页岩地下原位裂解技术是近 30 年发展起来的开发新技术，主要通过地下原位加热油页岩，将干酪根裂解成油品和可燃气体。该技术具有环境污染小、深度适应性强等优点，受到国际大石油公司的重视。由于技术难度较大，核心技术尚未成熟，且开采经济性面临挑战，地下原位裂解技术尚未能进入商业化阶段，在技术完善和降低成本方面还有一段路要走。总体看，国内外研发的油页岩地下原位裂解技术共有十余种，按照技术的理论基础可分为电加热传导、辐射加热、气体热对流与化学反应四种（表 1-4）（白文翔，2019），相关的技术内涵将在后续有关章节集中介绍，为避免重复，这里不再赘述。

表 1-4 国内外油页岩原位裂解技术及特点（据白文翔，2019）

原位裂解技术	研发单位或公司	加热方式	现场试验	加热方式特点	主要缺点
ICP 技术	壳牌	电加热	科罗拉多、约旦	传导加热易控制、较安全	加热速度慢、能量使用率低
导电压裂工艺	埃克森美孚		—		
CRUSH 技术	雪佛龙公司	超临界 CO_2 对流加热	—	对流加热速度快、技术较成熟	容易造成加热短路、产出产物需要分离
蒸汽加热技术	太原理工大学	高温蒸汽对流加热	—		
RF/CF 技术	Raytheon 公司	射频加临界气体	—		
近临界水原位裂解油页岩技术	吉林大学	近临界水加热提取	—	绿色环保、油收率高	工艺难度大
局部化学反应法原位裂解技术	吉林大学、以色列 AST 公司	局部化学反应加热	吉林省农安县	加热速度快、高效节能	技术控制烦琐
油页岩压裂燃烧法技术	长春众诚投资集团	燃烧加热	吉林省扶余市	设备简单	加热区域无法有效限制

第二节 海相页岩油与陆相页岩油之异同

海相页岩油不是一个专门术语，只是近些年里，国内学者为了与陆相页岩油对比并界分二者间的差异而提出，同时也为了借鉴北美页岩油勘探开发的成功经验，提出了海相页岩油这个概念，如黎茂稳等（2019）在《北美海相页岩油形成条件、富集特征与启示》中提到了陆相页岩油、海相页岩油等名词。本节把海相页岩油与陆相页岩油并列讨论，目的是对比分析二者间的共性和差异性，以期为中国陆相页岩油勘探开发提供借鉴和关注点，以便有针对性地提出有效对策。

一、共性特征

总的来说，不论是海相页岩油还是陆相页岩油，储层都具有孔隙度低、渗透率低、孔喉半径小、有机质微纳米孔及微裂缝发育、地层压力高与资源丰度低但分布范围大等特点，要达到经济可开发门槛则并不普遍，亦即有经济性的富集区（或称"甜点"）并不是到处都有，需要建立合理评价标准来优选，同时也需要工程技术规模降低成本保证，二者缺一不可。

（1）源储一体，短距离运移和滞留聚集兼有。如前述，北美发育的海相页岩油有相当一部分实际上是致密油，主要储集于与富有机质页岩间互的致密砂岩和致密碳酸盐岩层系中，这部分页岩油存在短距离运移过程；还有一部分页岩油则储集于富有机质页岩层中，这部分页岩油不存在运移过程，实际上是石油烃在烃源岩内部的滞留。总而言之，不管是存在短距离运移的聚集烃还是无运移过程的滞留烃，都存在于一套源储一体的沉积组合中，具有二元聚集特点。陆相页岩油也发育致密油型、纯正型和过渡型页岩油三类，从是否存在运移过程来看，也分为存在短距离运移与滞留聚集两种类型，也是典型的源储一体、大面积连续分布的，主要形成液态烃主要生成阶段。对于存在短距离运移的致密油型页岩油来说，石油烃主要来自紧邻的富有机质页岩，在致密储层中聚集之前都经过了由黏土矿物颗粒和有机质构成的微纳米孔隙的过滤，所以能进入致密储层细小孔隙的烃物质在成分构成上相对比较均一，也就是说那些分子更大的重烃组分和分子更复杂的重质组分较多地留在了烃源岩内部，能够进入致密储层的重烃组分，只能是与轻烃混相以后、能够穿过微纳米孔隙喉道的阻力排出母体的那部分组分，所以其流动性应该远好于滞留烃。而滞留烃部分在烃组分构成上更复杂，同时还面对着黏土矿物和有机质的吸附作用，其可动性和可动数量变化较大。从存在状态看，至少存在干酪根分子结构吸附相、亲油无机矿物颗粒表面吸附相和孔隙网络中游离相三种类型。只有在泥页岩自身饱和石油烃以后烃才能向外运移。因此，富有机质泥页岩内部滞留型页岩油是否经济可采，取决于多种因素，包括热成熟度、有机质丰度、页岩脆性特征与页岩层系的岩性组合及封闭性等，需要具体情况具体分析，从中优选确定关键要素参与评价。

（2）具较高成熟度且连续厚度加大的富有机质页岩段含油性和经济性兼备。富有机质页岩主要发育在半深海（湖）—深海（湖）沉积环境，表现为有机质丰度高，横向连续性好且连续厚度较大。这样的共性条件既保证了页岩油富集的基础，也保证了一旦形成富集就有较大规模。应该说，高有机质丰度是烃源岩发生排烃以后，仍然有足够数量的石油烃滞留在烃源岩内部，从而保证页岩油的单井累计采出量有经济性的物质基础；而连续厚度较大的富有机质页岩是有机质转化为石油烃以后，能够阻止石油烃排出烃源岩并尽可能多滞留其中的重要条件。同样，热成熟度是决定有机质转化为石油烃品质好坏的关键要素。有机质进入液态烃大量生成窗口才有最大量液态烃在页岩中滞留的机会。从现阶段勘探认识看，页岩油富集高产段一般有机质丰度都比较高，TOC 大于 2%，最佳为 3%～4%；页岩的热成熟度 R_o 大于 0.9%（咸化环境>0.8%），最好大于 1.0%，这样才能保证滞留烃中轻质组分含量高，气油比较大，滞留烃的可流动性与可流动数量较大，才会有利于获得较高的单井累计采出量。

中国陆相烃源岩主要发育于淡水和咸化湖盆两类环境。研究表明，这两类湖盆都可以发育高 TOC 页岩和泥岩。鄂尔多斯盆地长 7 段烃源岩是在淡水湖盆中发育的富有机质泥页岩。平均厚度为 105m，其中页岩占比 30%～50%，长 7_{1+2} 亚段以泥岩为主，长 7_3 亚段以页岩为主。从实测数据看，页岩 TOC 平均值为 13.81%，泥岩 TOC 平均值为 3.74%，页岩 TOC 平均值是泥岩的 5～6 倍。从生烃动力来看，页岩活化能分布比泥岩更集中，页岩主生烃期对应的 R_o 值为 0.70%～0.87%，低于泥岩的 1.06%～1.72%。在 R_o 值为 0.9%～1.3% 时，页岩总产烃率高于泥岩，生油量也高于泥岩。根据生排烃模拟实验计算，页岩平均生烃强度为 $235.4×10^4$t/km^2，泥岩平均生烃强度为 $34.8×10^4$t/km^2。页岩平均排烃强度为 $193×10^4$t/km^2，泥岩平均排烃强度为 $20×10^4$t/km^2，页岩生排烃强度是泥岩的 5～9

倍。准噶尔盆地二叠系芦草沟组烃源岩发育于咸化湖盆，平均厚度为200～300m。其中页岩占比30%～50%，TOC值为5.0%～16.1%，平均为6.1%；泥岩TOC值为1%～5%，平均为3.2%。渤海湾盆地沧东凹陷古近系孔店组二段页岩TOC值为2.32%～9.23%，平均为4.87%；泥岩TOC值为0.14%～8.41%，平均为3.07%，页岩的有机质丰度是泥岩的近2倍。

（3）发育微纳米级孔喉与裂缝系统。首先，页岩油储层中广泛发育纳米级孔喉系统，一般孔隙直径50～300nm是最主要的储集空间，局部发育微米级孔隙。孔隙类型包括粒间孔、粒内孔、有机孔、晶间孔等。其次，微裂缝在页岩储层中也非常发育，类型多样，以未充填的水平层理缝为主，次为收缩缝，近断裂带处发育有直立或斜交的构造缝。页岩储层热演化程度与孔隙发育程度也有较大关系。随着热演化程度增高，黏土矿物的成岩演化程度变高，大量高岭石和蒙皂石转化为伊利石和绿泥石，矿物结构发生较大变化，不仅析出水，而且会析出部分硅质，增加页岩的脆性。同时，有机质因热降解转化会产生一部分有机孔，也增加了微纳米孔隙数量。这些微小的孔隙是页岩油赋存的主要空间类型。

（4）储层脆性指数较高易于压裂改造。脆性矿物含量是影响页岩层系可压裂程度、对石油烃吸附性与页岩油可采性的重要因素。对于致密砂岩和碳酸盐岩层系中的页岩油，因储集层段含有大量刚性碎屑颗粒或碳酸盐矿物，岩石脆性很高，所以这类页岩油的脆性指数自然较高。这里讨论的脆性指数重点是针对页岩层系，以纯页岩为主，夹有细碎屑岩薄夹层，或指由页岩和碳酸盐岩频繁互层组成的岩性组合。由于页岩中含有较多的黏土矿物，岩层的塑性总体较高，对人工压裂造缝是不利的。所以，页岩层系要保持较高的脆性指数，需要一些前提条件：一是页岩的黏土矿物含量不能太高，宜小于40%，以保持页岩的可压裂性，太高的黏土矿物含量对页岩的可压裂改造性是个致命的不利因素；二是页岩的成岩演化阶段不能太低，以处于中成岩后期或更高为宜，也就是说黏土矿物的成分构成不能以高岭石和蒙皂石为主，而应该以伊利石和部分绿泥石为主，这样，尽管黏土矿物含量较高，由于伊利石和绿泥石的脆性高于高岭石和蒙皂石，加之蒙皂石和高岭石等黏土矿物转化后，不仅析出水，而且会析出硅质矿物，增加页岩的脆性；三是石英、长石和方解石等脆性矿物含量越高越好，这样在外力作用下容易形成天然的或人工诱导裂缝，有利于页岩油从地层中流出并形成较高产量。中国湖相富有机质页岩脆性矿物含量总体比较高，可达40%以上，如鄂尔多斯盆地长7段湖相页岩石英、长石、方解石、白云石等脆性矿物含量平均达41%，黏土矿物含量小于50%，长7段中下部页岩中黄铁矿含量较高，平均为9.0%。

（5）地层压力高且油质轻，易于流动形成经济产量。统计国内外海相和陆相页岩油富集区/段的分布，产量比较高、单井累计采出量较大的页岩油富集段多位于富有机质烃源岩大规模生油的中后期阶段，即R_o在0.9%～1.0%以后阶段，而非进入生烃液态窗的早期阶段，即R_o在0.7%～0.8%（不包括咸化环境）阶段，这是因为热演化程度达到一定阶段后，有机质降解转化形成的石油烃不仅数量大而且品质变好，也就是轻、中组分的石油烃占比增加，不仅增加了石油烃在地下的流动性，而且增加了地层的能量。统计显示，凡滞留烃数量较多、气油比较高的页岩油集中段，地层压力系数都较高，一般可达 1.2～2.0。也有少数低压情况，如鄂尔多斯盆地延长组压力系数仅为 0.7～0.9，这与地层的封闭性较差和后期抬升导致轻烃（主要是甲烷）散失有关，实际上如果保存条件好，富有机质页岩连续厚度较大，热演化程度 R_o 能够达到 0.9%～1.0% 条件，一般都会具备较高的地层压力。而对于较高成熟度的页岩层系，一般油质较轻，原油密度多为 0.78～0.85g/cm³，黏度多为 0.7～20mPa·s，气油比高（一般为 80～100m³/m³），在纳米级孔喉储集系统中，更易于流动和采出，如松辽盆地古龙凹陷青山口组一段的页岩油，原油密度为 0.79g/cm³，气油比最高达 2000m³/m³ 或更高，试采稳产阶段气油比达到 300～500m³/m³；地层的压力系数高达 1.4～1.6，原油地下的流动性比较好，这是在纯页岩地层中获得较高页岩油产量的重要条件，也是在成本降低到一定规模后，实现经济开发的重要基础。

（6）大面积连续分布，地质资源规模大。页岩油分布不受构造因素控制，主要受沉积环境和相带控制，含油范围受生油窗范围和富有机质页岩相分布控制，多呈大面积连续分布，多位于盆地坳陷深部位或海相沉积大陆斜坡部位。据国内外学者研究，在生油液态窗范围内，富有机质页岩连续厚度较大时，滞留烃占总生油量的比例一般在 40%～60% 之间，如果热成熟度偏低一些，则滞留烃数量更大。北美海相页岩分布面积大、厚度稳定、有机质丰度高、成熟度较高，有利于形成轻质和凝析页岩油。我国松辽盆地上白垩统青山口组和鄂尔多斯盆地上三叠统延长组富有机质页岩，连续分布面积都在数万平方千米，其中松辽盆地青山口组一、二段富有机质页岩面积大于 $4.0×10^4km^2$；鄂尔多斯盆地长 7 段富有机质页岩连续分布面积大于 $6.0×10^4km^2$。

二、差异性

中国陆相页岩油与北美海相页岩油在发育环境、地质特征、评价标准与开发方式等方面均有差异。北美页岩油主要产于海相页岩层系中，是一套富有机质页岩层系内夹有的致密细碎屑岩和碳酸盐岩等，与我国所称的致密油有很大相似性，主要通过水平井和体积改造方式进行开发生产。从对比角度看，北美海相页岩油具有以下基本特征（表1-5）：（1）油层连续性好、厚度相对较大；（2）所处热成熟度窗口偏高（R_o 值多为 1.0%～1.7%），油质轻（密度为 0.77～0.83g/cm³），气油比高（一般为 50～300m³/m³）；（3）TOC 值普遍较高（平均值多为 3%～5%），油层多存在异常高压，压力系数为 1.3～1.8；（4）储层平均孔隙度较高，一般为 8%～10%；（5）单井初始产量高（一般为 30～60t/d），单井累计采出量高（$>4×10^4t$）。中国陆相页岩油分中低熟和中高熟两大类，前者在内涵、开采方式、开采技术与评价标准上不仅与美国的页岩油不同，与中国的中高熟页岩油也不同，所以不具可比性。中高熟页岩油因地质特征、开采方式与核心技术等与美国页岩油大致相当，可以进行对比。但应指出，本节讨论的页岩油不包含致密油，所以从沉积岩性组合与环境看，与北美页岩油差异很大。总体看，中高熟页岩油储层厚度相对较小；所处热成熟度窗口以中低为主（R_o 值多为 0.5%～1.2%，主体为 0.7%～1.0%）。所以油质偏重（密度多大于 0.85g/cm³），气油比低（多小于 80m³/m³，主体在 20～60m³/m³ 之间）；烃源岩 TOC 值变化较大，主体在 2%～3% 之间，部分在 1.0%～1.5% 之间；单井初始产量变化较大，单井累计采出量相对较小。由于目前生产时间较短，最终单井累计采出油量还难以准确落实，总体变化较大。在设定布伦特油价为 55～60 美元 /bbl 条件下，计算各陆相页岩油试采区要达到商业开发条件，单井累计采出量必须达到的最小值，列于表 1–5 中。从目前有限井试采一年或更长情况看，单井累计采出量普遍不高，将是影响陆相中高熟页岩油是否具备规模开采的重要因素。总体看，北美海相页岩油厚度较大，油层连续性较好、热演化处于轻质油—凝析油窗口，气油比较高，具有较高的地层能量，依靠水平井和压裂技术，单井可实现较高初产、较高累计产量以及平台式工厂化作业生产，可以快速实现规模建产，效益比较好。中国陆相页岩油储层横向分布变化较大，热演化程度偏低，加之陆相原油含蜡量偏高和油层厚度偏小，在地层能量、单井日产与单井累计采出油量等方面存在先天不足。所以，"甜点区 / 段"评价和选择难度较大。

与北美 Bakken、Eagle Ford、Wolfcamp 等海相页岩油相比，中国陆相页岩油形成的地质背景与沉积环境相对复杂，湖盆沉积体系变化较快，经历较多期调整改造，页岩油的形成与分布有其自身的特殊性。

北美地区页岩油主要分布于几大稳定的海相克拉通盆地中，如威利斯顿盆地、二叠盆地和西部海湾盆地等，面积多在 $1×10^4$～$7×10^4km^2$ 之间；中国陆相盆地页岩油主要分布于 7 个陆相沉积盆地，从盆地类型看，坳陷、断陷和前陆盆地都有分布，以坳陷型盆地规模最大，如鄂尔多斯和松辽盆地，适合陆相页岩油形成的面积在 $2×10^4$～$4×10^4km^2$ 之间或更大。储层以中—新生界为主。

北美海相烃源岩厚度几十米，最大达百米以上，TOC 值为 2%～20%，主体在 3%～5% 之间或更高，R_o 值为 0.6%～1.7%，主体在 1.0%～1.5% 之间；中国陆相烃源岩主要发育于淡水、半咸水和咸水环境，厚度一般为几十米至几百米，但适宜页岩油规模形成的厚度多在 20～40m 之间，TOC 值为 0.4%～16.0%，主体在 2%～4% 之间，R_o 值为 0.4%～1.4%，主体在 0.7%～1.2% 之间。

北美地区页岩油储层岩性主要为碳酸盐岩、砂岩、混积岩和页岩，以碳酸盐岩为主，其次为砂岩。储层厚度一般为几十米，孔隙度为 5%～13%，渗透率小于 1.0mD。陆相页岩油储层类型多样，有碳酸盐岩、砂岩、沉凝灰岩、混积岩和页岩，以混积岩和页岩为主。储层横向变化大，非均质性强，厚度几十米至上百米不等；其中纯页岩层系夹有的致密砂岩呈条带状砂体或薄夹层分布；致密碳酸盐岩厚度相对较大，孔隙度为 3%～12%，渗透率小于 0.1mD。从脆性矿物（硅质、碳酸盐等）含量对比看，中美海陆相致密储层差异不大，但可压裂性有不同，海相碎屑岩由于搬运距离较远，石英含量相对较高，可压裂性较好；而陆相盆地碎屑岩距离物源区近，长石、岩屑含量相对较高，可压裂性较海相储层要差。

北美页岩油多为凝析油，油质较轻，原油密度为 0.77～0.83g/cm³，压力系数为 1.3～1.8，以超压为主；中国陆相盆地经历了较强烈的晚期构造运动，保存条件相对较

表 1-5　中高熟海相、陆相页岩油地质条件与经济性对比表（据赵文智等，2020，修改）

类型	盆地	烃源条件		储集条件			流动性			经济性	
		TOC/ %	成熟度/ %	岩性	厚度/ m	孔隙度/ %	原油密度/ g/cm³	压力系数	气油比/ m³/m³	埋深/m	单井累计采出量/ 10⁴t
海相	威利斯顿盆地 Bakken 组	10~20	0.7~1.3	粉砂岩、云质砂岩、白云岩	20~50	5~12	0.78~0.83	1.3~1.6	50~375	2100~3300	4.1
	墨西哥湾盆地 Eagle Ford 组	4~7	0.5~2	页岩、泥质岩	46~92	6~12	0.77~0.79	1.3~1.8	90~850	1000~3400	4.3
	二叠盆地 Wolfcamp 组	2~5	0.6~1.5	粉砂岩、泥质岩	40~135 >400	8~12	0.77~0.79	1.5	>350	2200~3300	6.5~8.6
陆相	准噶尔盆地二叠系	2~14	0.5~1.0	云质粉砂岩、泥质白云岩	4~33	6~14	0.89~0.93	1.1~1.3	17	2300~3800 3800~4300	3.5* 3.8~4.2*
	三塘湖盆地二叠系	1~6	0.7~1.3	凝灰岩、凝灰质云岩	27~43	6~19	0.86~0.91	1~1.2		1800~3700	1.6*
	渤海湾盆地孔店组、沙河街组	1~8	0.5~1.1	页岩、泥岩、粉细砂岩、云灰质页岩、白云岩	10~26	3~7	0.86~0.89	1~1.2	0~100	2600~4200	3*
	鄂尔多斯盆地延长组7段	3~25	0.7~1.2	页岩、泥岩、粉细砂岩	2~26	5~12	0.83~0.88	0.7~0.8	60~120	1600~2200	1.4*
	松辽盆地白垩系	1.1~4.2	0.5~1.7	泥岩、页岩、粉细砂岩	1~6	4~8	0.78~0.87	1.2~1.6	40	1600~2500	1.9*
	四川盆地侏罗系	1~4	0.4~1.3	页岩、泥岩、介壳灰岩	10~50	0.2~7	0.76~0.87	1.2~1.7		1400~4200	1.4~3.5
	柴达木盆地古近系	0.4~2.6	0.6~1.2	泥灰岩、藻灰岩、粉砂岩	100~150	5~8	0.85~0.88	1.3~1.4	42~109	2500~4000	2.5*

* 为 55 美元 /bbl 油价下中国陆相页岩油需达到的最小累计采出量计算值。

差，压力系数变化大，压力系数为 0.7~1.8，既有超压，也有低压，地层能量、原油品质变化大，原油密度为 0.76~0.92g/cm³，多数页岩油的原油品质中等，这与陆相烃源岩生成的原油含较高胶质和沥青质有关，也与热成熟度不够高有关。

北美地区海相地层埋深普遍小于 3700m，储量丰度大于 50×10⁴t/km²；中国陆相页岩油埋深部分偏大，埋深多在 2500~4500m 之间，储量丰度为 5×10⁴~72×10⁴t/km²，经济性与可动用规模均较差。

区域地质背景与沉积环境差异是导致中国陆相页岩油与北美海相页岩油差异的主要原因。

大型宽缓构造背景、大面积持续沉降沉积环境是页岩油形成的重要控制因素之一。在稳定宽缓的构造背景下，原始沉积环境平缓而开阔，形成的海盆水体较深，有利于优质烃源岩和致密储层的大面积形成分布。以威利斯顿盆地上泥盆统—下石炭统 Bakken 组为例，晚泥盆世到密西西比纪（早石炭世）时期，威利斯顿盆地位于北美大陆西部边缘的广阔大陆架沉降沉积区，盆地呈半圆形，发育 3 个明显的正向构造：Nesson 隆起、Billings 隆起和 Cedar Greek 隆起，呈继承性发育特征，保证了古生界烃源岩与储层大面积稳定分布。其中，Bakken 组上段、Bakken 组下段发育两套页岩，具有全盆分布特点。以 Bakken 组下段页岩为例，其厚度在全盆范围内普遍为 5~12m。Bakken 组的主力储集层段为形成于滨浅海环境的致密白云质粉砂岩，厚度为 10~15m，展布面积超过 7×10⁴km²。大范围分布的致密储层与富有机质烃源岩紧密接触，形成"三明治"式源储组合，保证了 Bakken 致密油型页岩油的形成和大面积分布。二叠盆地 Wolfcamp 页岩油、西部海湾盆地 Eagle Ford 页岩油均表现出与 Bakken 页岩油类似的特征，大型克拉通盆地稳定的构造背景为海相烃源岩与储层的规模发育和大面积紧密接触提供了基本条件，为形成潜力巨大的页岩油资源奠定了良好基础。

与海相页岩油相比，中国陆相页岩油形成背景具有多变性，且分布规模变化较大。以鄂尔多斯盆地上三叠统延长组 7 段为例，其形成于由古生代台缘坳陷与中—新生代台内坳陷叠合而成的克拉通盆地内，虽然盆地总面积有 25×10⁴km²，但有利页岩油分布范围为 4.0×10⁴km²。盆地内部构造相对简单，地层平缓且发育齐全，倾角小于 1°，未发生强烈变形。其中长 7 段沉积期为湖盆发育鼎盛期，分布范围广，在盆地的沉积覆盖面积超过 10×10⁴km²，岩性为一套有机质丰富的暗色油页岩、页岩、泥岩夹薄层粉细砂岩。鄂尔多斯盆地适合陆相页岩油形成发育的层段主要是长 7₃ 亚段，位于长 7 段偏下部。从岩性组合看，长 7₃ 亚段分为上、下两部分，上部致密砂岩夹层较多，也是现阶段鄂尔多斯盆地致密油型页岩油储量的主要分布层段。下部为页岩集中段，以高 TOC 页岩为主，是纯正型页岩油主发育段，只是因热成熟度偏低（主体 R_o<0.8%），以中低熟页岩油为主。而在 R_o 大于 0.8% 范围也存在中高熟页岩油，围绕中高熟页岩油钻探的风险探井也获得了较高的测试产量，但由于地层压力为负压（压力系数 0.7~0.8），地层能量不足，将会影响单井累计采出油量，能否实现有规模的商业开发，还有待试采验证。

松辽盆地白垩系泉头组四段扶杨油层是一套典型致密油层，呈现砂泥薄互层沉积特征，单砂层厚度仅为 3~5m，横向连续性差，是由上覆青山口组一段烃源岩靠生烃产生的超压动力向下排驱形成的。形成致密油的条件：一是青山口组一段烃源岩超强的生烃能力与排驱动力，外加一些可向下切入泉头组的断层的输导；二是泉头组四段储层的物性条件。尽管是致密油，但当孔喉条件降至非渗透层范畴，要形成致密油也难。显然，扶杨油层的致密程度对上覆青山口组一段页岩油的富集有着至关重要的作用，这是本书后面在讨论页岩油富集控制因素时要介绍的内容。

青山口组一段和二段发育以半深—深湖相为主的富有机质泥页岩，TOC 含量可高达 5%～6%，主体在 2%～4% 之间，R_o 介于 0.9%～1.6%，处于热演化液态窗—湿气阶段。该套富有机质页岩段厚度一般为 120m，分布面积达 $4×10^4$～$5×10^4km^2$，是最近两年发现纯正型页岩油和致密油型页岩油的主要层段，其中青山口组一段的含油性和分布范围更具区域性。

准噶尔盆地吉木萨尔凹陷二叠系芦草沟组是一套混积岩沉积，有利储层为云质砂岩，单层厚度为 2～10m，纵向上致密储层变化快，非均质性强。芦草沟组沉积期水体盐度整体偏高，加之物源体系、水体温度、深度与盐度的变化，形成碳酸盐、硅酸盐及黏土含量多变的混积岩沉积组合。储层横向变化较大，最高孔隙度达 20%，但在相距不足 1m 范围孔隙度可以骤减为 4%。准噶尔盆地吉木萨尔凹陷芦草沟组发育的页岩油实际上是致密储层和部分页岩都有产量贡献的页岩油，可以称为过渡型页岩油，亦即介于致密油型页岩油与纯正型页岩油之间者。从目前勘探成果看，发育"上甜点"和"下甜点"两段页岩油，累计厚度近百米，分布范围大于 $1200km^2$。该套页岩油的热成熟度实际上并不低，已经达到陆相页岩油形成中高熟页岩油富集段的成熟度门限，R_o 值总体大于 0.9%，但目前经试采，经济可动用性较有利的分布范围较有限，可动用资源规模较小。主要原因是该区在白垩纪末期发生大幅度抬升，导致芦草沟组页岩油富集段轻烃散失，加之页岩油顶板封闭性不好，影响了页岩油富集段滞留烃品质与可流动性，这是导致该区页岩油可采性变差的主要原因。

中国陆相页岩油烃源岩与北美海相页岩油烃源岩在总有机碳含量方面没有明显区别，但热演化程度差别较大。北美海相烃源岩热演化程度普遍较高，所以北美海相页岩油普遍具有异常高压、气油比高、油质较轻、流动性较好的特点。另外，脆性与可压裂性也较高，这也是北美页岩油经济性较好的重要原因。如 Eagle Ford 泥灰岩分布面积约 $4.45×10^4km^2$，地层厚度从东北部的 15m 到西南部超过 90m，储层由泥灰岩组成，埋深在 610～4600m 之间，热成熟度处于油窗、油气过渡窗和气窗范围。埋藏较浅部位主要产黑油，在较大埋深部位，主要产天然气。近 1306 口井生产数据显示，当 R_o 值大于 0.9% 时，致密油、页岩油高产的概率从 R_o 值小于 0.9% 区的 9%～20% 提高到 42% 以上，气油比普遍大于 $90m^3/m^3$，最高达 $850m^3/m^3$，原油密度主体小于 $0.79g/cm^3$。

中国陆相页岩油烃源岩热演化程度偏低，鄂尔多斯盆地长 7 段烃源岩的 R_o 值主体小于 0.8%，部分区域 R_o 值介于 0.8%～1.2%（46 口井），热解峰温主要分布于 440～460℃之间；准噶尔盆地吉木萨尔凹陷芦草沟组烃源岩 R_o 值为 0.52%～1.03%，热解峰温为 440～455℃，其中 R_o 值小于 0.80% 的样品占 53%，R_o 值大于 0.80% 的样品占 47%，整体处于低成熟—成熟演化阶段（图 1-12）。准噶尔盆地吉木萨尔凹陷芦草沟组油质总体偏重,地面原油密度为 0.89~0.92g/cm³,50℃下黏度为 73~300mPa·s,平均含蜡量为 9.04%,平均凝固点为 13.49℃,属于中质—重质原油。鄂尔多斯盆地长 6 段地层原油密度为 0.72~0.79g/cm³,黏度为 0.92~1.14mPa·s;长 7 段地层原油密度为 0.72~0.76g/cm³,黏度为 0.89~1.21mPa·s。尽管呈现出低密度、低黏度的轻质原油特征,但地层能量不足,压力系数主体为 0.7~0.8,黏土矿物中伊/蒙混层、蒙皂石占比偏高,影响了人工改造裂缝的形成与延展范围,造成产量快速递减。需要注意的是,钻井过程中长 7 段页岩普遍见高气测异常,现场浸水试验见断续状气泡冒出,显示具有一定的含气性。密闭岩心解吸气试验,页岩平均含气量为 1.2~1.5m³/t,一定程度上可以提高长 7 段致密油型页岩油的流动性。

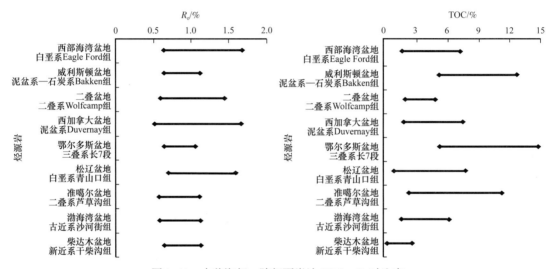

图 1-12 中美海相、陆相页岩油 TOC、R_o 对比表

与北美地区典型页岩油区带相比,中国陆相页岩油地质特征更为多样,尽管发育优质烃源岩,但储层分布的稳定性、连续性与流体流动性都较差,导致不论是致密油还是页岩油,实现效益勘探开发面临的难度较大,技术创新和降成本的要求更高。

第三节　页岩油与致密油的主要区别

页岩油与致密油在成藏烃物质构成、成藏机制、区域分布、藏内烃物质流动特征与开发对策等多方面存在明显不同,客观认识这些差别,对资源发现、选区评价与科学制订开发方案都颇有益处。

(1)成藏烃物质构成不同。页岩油包括中高熟与中低熟两大类,前者是指地下已经形成的液态石油烃在烃源岩内部的留滞,从烃物质构成看,与致密油相比,高分子重烃与含杂原子的重质化合物含量较高,所以流动性较差,从黏土矿物和有机质形成的微纳米孔隙中能够流出的数量显然要比致密油差。而致密油是从近邻的烃源岩中运移排出的石油烃经过短距离运移后进入致密储层形成的烃物质聚集。尽管运移距离较短，也是经过了黏土和有机质构成的微纳米孔隙系统的过滤过程而能够流出的石油烃组分，所以致密油的烃物质构成相对于中高熟页岩油来说，轻烃组分偏高而重烃组分和重质组分含量相对偏低。当然，这也并非绝对，对那些保存条件极佳的烃源岩，比如富有机质页岩连续厚度较大且与渗透性砂岩互层较差的烃源岩，如果形成的石油烃根本没有向邻近的致密储层中发生大量排烃，或者致密储层尽管接收了来自邻近烃源岩中较多的相对中低分子的烃物质，但由于自身保存条件不好，又有相当部分轻烃发生散失，则前面提到的页岩油与致密油在烃物质构成上的差异也可能不够显著。对于中低熟页岩油来说，烃物质构成的差异就更加显而易见。如前述，中低熟页岩油包括已经形成的石油烃（以中低熟页岩油为主）和尚处于热降解过程中的固—半固相有机物，其中液态烃部分的物质构成与致密油有很大不同，主要为重烃和重质组分。固—半固相有机物实际上是形成石油烃的原始母质，尚未发生大规模降质转化，与致密油就更不同。

（2）成藏机制不同。页岩油是已形成油气在烃源岩内部的留滞，这种留滞与三个因素有关：① 烃源岩母质丰度。是地下已经生成的石油烃在发生了相当数量的排出之后，仍有足够多的石油烃在烃源岩内部留滞的基础。② 烃源岩保存条件，亦可称封闭性。包括烃源岩顶底板的封闭性与烃源岩连续厚度两个方面。如果一套高有机质丰度烃源岩的顶底板与渗透性砂岩或其他储层紧密接触，则烃源岩大量生烃以后就会有大量石油烃排出母体，进入储层，不仅烃源岩内部滞留的石油烃有限，而且后期封闭性不好，特别是轻烃组分很容易发生散失，而影响页岩油可动烃数量和经济性。而烃源岩的保存条件好，比如烃源岩连续厚度比较大且不与渗透性岩层紧密接触、断层和裂缝不发育，石油烃在烃源岩内部的滞留量就比较多，且轻组分含量就相对高，页岩油的流动性就会更好，经济性就会提高。③ 有机质热成熟度。随着有机质热成熟度由低到高，烃物质的轻组分会逐渐增加，流动性会变好。在相同的岩性组合与生烃环境下，成熟度高的烃源岩滞留石油烃的难度会变大、数量会降低，但品质会变好。在滞留烃数量相当情况下，高成熟的页岩段单井累计采出烃量会更高。致密油是在压实、生烃过程导致的超压与烃物质浓度差产生的扩散作用下，石油烃发生了向致密储层中的运移和聚集而形成，成藏机制既明确又与页岩油的石油烃留滞明显不同。

（3）成藏分布不同。页岩油不论是中高熟还是中低熟，都与烃源岩品质和沉积相带密切相关，主要处于中高丰度烃源岩中，TOC 至少大于 2%，最佳窗口为 3%～4%，而对于中低熟页岩油来说，因开采难度更大，成本更高，需要的有机质丰度更高，一般要 TOC 至少大于 6%，以 8%～10% 或以上更好。要形成优质烃源岩，需要相对静水和深水环境，一般处于深—半深湖区，浅水环境不利于页岩油的形成。致密油的分布需要三个约束条件：① 储层本身的物性条件要达到一定规模，且连续性分布范围要较大，比如孔隙度应为 6%～8%，最佳为 10%～12%，对其起控制作用的是致密储层沉积环境和埋藏深度。② 致密储层与烃源岩的"近水楼台"关系，一般是烃源岩与储层呈大面积的"三明治"式接触是致密油规模成藏的关键。满足这一条件的沉积环境，一是浅湖—半深湖过渡区，即三角洲前缘—前三角洲相区，易产生大规模的烃源岩与致密储层的指状变化与"三明治"间互；二是有重力流发育的深湖区，即呈块状流搬运的砂质碎屑流可以在优质烃源岩区形成大规模分布的致密碎屑岩，这是致密油形成的重要背景。③ 满足烃源岩与储层共生条件的生储盖组合被埋藏至足够大的深度，以使储层致密化，并能形成较大规模致密油聚集。

（4）藏内烃物质流动特征不同。从微观看，页岩油是呈弥散态分布在由黏土颗粒和有机质降质形成的微纳米孔隙中，这些烃物质并未经历运移，而是原始沉积有机物在热作用下发生降质转化以后形成的，它们的成分构成既与原始堆积的有机质类型与显微组分构成有关，也与热演化程度高低有关。实际上页岩油在地下应该存在较大的非均质性，这种非均质性既表现在页岩油含量的横向变化（因为有机质丰度横向会有变化），也表现在石油烃组分构成的横向变化（母质成分的横向变化所引起）。当通过人工手段，建立了页岩油在地下向井筒流动的环境以后，由不同组分烃物质构成的页岩油在从微纳米孔隙向人造流动通道和井筒流动时，实际上需要先穿过众多由孔径大小不一的微纳米孔组成的"筛子"，在多组分烃物质呈混合相状态时，大分子烃在有小分子烃按不同比例参与流动条件下，其可能穿过细小孔隙发生流动的能力，目前还没有专门理论予以解释，而且在页岩地层存在较大压力时，这种大分子烃物质受压发生变形并通过细小微纳米孔隙喉道的能力，也尚未知。不管怎么说，在轻烃存在且占比较高时，如果再有较高的压力存在，一些大分子重烃物质肯定可以从微纳米孔隙中流出，而且只要压差控制好，流出的比例还不会小。一个现实的例子，可从大庆古龙凹陷古页油平1井的试采窥见一斑。大庆古龙页岩油是产自青山口组一段纯页岩段的石油，在试采阶段通过微纳米孔流出的烃物质从甲烷到 C_{37} 重烃都有（图1-13），这说明在轻烃与重烃混相条件下，特别是轻烃比例偏高条件下，多组分烃物质混合以后，完全可以降低大分子重烃通过微小孔隙所遇到的阻力。如果轻烃含量占比较高，地层内能比较大时，因地层与流动通道之间的压力差的推动，还可能使重烃分子发生塑性变形，也可以驱使相当一部分重烃组分流出地层。

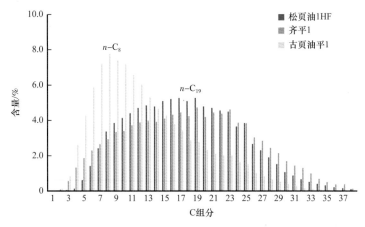

图1-13　松辽盆地古龙凹陷地面脱气原油全烃色谱分析结果对比（带压取样）

　　讨论页岩油藏流动特征，不得不说一说生产作业制度可能对页岩油流出烃组分与流出量的影响。应该说，为了保持页岩油以最佳烃组分混相并以最大数量流出，建立合理而稳定的生产制度十分重要。这种稳定的生产制度需要根据页岩油地下能量与烃物质构成来确定，以控压保持地层能量相对稳定和保持产量相对稳定为前提条件，这两个稳定是在控压条件下，地层不同烃组分物质合理混合并形成稳定流动的重要标志。如果改变了作业制度，就改变了流动环境，页岩油已经形成的稳定流动就会被打破，出现重烃组分的突然"刹车"与轻烃组分的加速"冲刺"，将易产生流动的乱流，从而使产量大起大落。古页油平 1 井自见油自喷生产，在使用 5.83mm 油嘴控压生产条件下，原油产量一直保持相对稳定，从 2021 年 5 月 16 日改变作业制度，油嘴扩大到 8mm+4mm，自此产气量明显升高且极不稳定，产油明显降低，套管压力下降明显加快（图 1-14），这说明页岩油已经建立的流动环境被外界改变所打破，烃的地下流动行为发生了改变，将会直接影响烃物质的流动与流出数量。

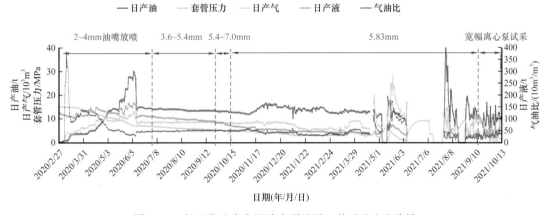

图 1-14　松辽盆地古龙凹陷古页油平 1 井试油生产曲线

　　致密油的藏内流动就相对简单，尽管致密油的流动也存在非达西流动，但油气开发界已经有比较成熟的认识与技术对策，是相对有章可循的一类开发对象，在此不赘述。

　　关于页岩油的藏内流动特征，目前尚处于现象观察与思考阶段，还有许多问题有待更多研究破译。本书在这里提出的观察与思考，是想唤起学者的注意，希望尽早有更多研究者关注这一问题，这会对尽早建立科学合理的页岩油开发制度大有帮助。

一、页岩油、致密油的形成与分布

　　如果把致密油型页岩油不计入在内，实际上页岩油和致密油在形成与分布方面差异很大，比如致密油存在石油烃或长距离或短距离的运移过程，而页岩油主要是地下已形成的石油烃在烃源岩内部的滞留。从烃物质构成来看，致密油是通过泥页岩微纳米孔隙的过滤、能够运移到致密储层中的石油烃的聚集，烃物质组成相对比较均一，而且油质比较轻，流动性比较好；而页岩油从形成看，则是相对低数量的轻组分与相对高数量的重烃组分和重质组分的混合物，油质比较重，流动性较差。从分布看，致密油可以在有效烃源灶范围内分布，也可以在远离烃源灶的某个部位存在；而页岩油则一定在源灶内部发育，具有源储一体特征。本单元将围绕以上内容进行介绍，以便读者对致密油与页岩油作为两种不同的非常规石油资源的差异能有更清晰的了解。

1. 致密油概念、内涵与评价标准

中华人民共和国国家质量监督检验检疫总局和中国国家标准化管理委员会于 2017 年 11 月 1 日发布了《致密油地质评价方法》（GB/T 34906—2017），2018 年 5 月 1 日实施。致密油（Tight Oil）是指储集在覆压基质渗透率小于或等于 0.1mD（空气渗透率＜1mD）的致密砂岩、致密碳酸盐岩等储层中聚集的石油，或非稠油类流度小于或等于 0.1mD/（mPa·s）的石油（注：储层邻近富有机质生油岩，单井无自然产能或自然产能低于商业石油产量下限，但在一定经济条件和技术措施下可获得商业石油产量）。

致密油"甜点"是指烃源岩、储层和工程力学品质配置较好，通过水平井和储层改造可获得开发价值的致密油分布区。

致密油层的确定，以统计和测定评价层段所有取心岩样覆压基质渗透率及校正数值来完成。如果覆压基质渗透率中值小于或等于 0.1mD，或空气渗透率中值小于或等于 1mD，就定义为致密油。同时在评价单元内，致密油层井数与所有油井数之比应大于或等于 70%，低于该比例就不归入致密油范畴。

致密油地质综合评价包括烃源岩评价、储层评价、产能预测、经济性评价与资源潜力评价等。烃源岩评价需要确定烃源岩有机质丰度、有机质类型、热成熟度、有效厚度与分布，进行烃源岩质量分级评价。储层评价重点是确定储层分布与储地比、孔隙度、渗透率、脆性指数、地应力、储层敏感性与压力系数等；描述储层沉积环境、岩性、矿物类型与含量、孔喉半径、孔隙结构、基质孔隙类型与裂缝发育。依据储层物性、孔隙结构、非均质性、脆性、厚度等指标，综合考虑储集体几何形态、分布规模和埋藏深度，结合产能情况，进行质量分类评价。资源潜力评价宜采用容积法和类比法评价资源总量与分布，确定评价区面积、储层有效厚度、有效孔隙度、含油饱和度、原油密度、井控面积，计算地质资源量与最终可采储量（EUR）及资源丰度并对全区可能的含油系统、有利区带进行评价，优选排队。产能预测是进行试油测试，确定原油性质、地层压力、温度、深度与含油饱和度、气油比、可动流体饱和度、油层厚度、试油试采产量及油井生产动态关系，对试油产能与测井进行标定，开展产能评价，确定产能规模。

致密油"甜点"地质评价以烃源岩特征、岩性、物性、流体性质、岩石脆性和地应力特性等"六性"评价为核心，考虑致密油分布面积与埋藏深度及经济性，确定"甜点"评价标准（表 1-6），落实"甜点"范围。"甜点区"综合评价方法是依据致密油各项评价参数取值标准，将参数叠合成图，以大于各参数标准的叠合区作为致密油"甜点"分布区。基于模型的综合评价，是根据同一地质单元钻探情况，计算评价区每项参数的评价因子，以加权平均方法计算各项综合评价参数，最后实现对"甜点区"评价。

表 1-6 致密油地质评价标准

评价内容	参数（P_i）		I 级（P_{iI}）	II 级（P_{iII}）	III 级（P_{iIII}）	权重（Q_i）
			"甜点区"分级指标			
岩性	储层有效厚度 /m		>15	10～15	5～10	0.1
	储地比 /%	砂岩	>80	75～80	70～75	0.025
		碳酸盐岩	>70	60～70	50～60	
	泥质含量 /%		<15	15～20	20～30	0.025
	面积 /km²		>50	30～50	<30	0.05
	埋藏深度 /m		<3500	3500～4500	>4500	0.05
物性	孔隙度 /%	碎屑岩	>12	8～12	5（6*）～8	0.1
		碳酸盐岩	>7	4～7	1～4	
	覆压渗透率 /mD		0.05～0.1	0.01～0.05	0.001～0.01	0.05
含油性	含油饱和度 /%		>65	50～65	40～50	0.025
	地面原油密度 /（g/cm³）		<0.75（0.8*）	0.75～0.85	0.85～0.92	0.025
	气油比		>100	10～100	<10	0.05
烃源岩特性	有效厚度 /m		>20	15～20	5～15	0.05
	有机质类型		I 型、II₁ 型	II₁ 型为主	II₂ 型为主（或 II 型）*	0.025
	平均 TOC/%		>2（3～4*）	1～2（2～3*）	0.5～1（>1～2*）	0.05
	成熟度 R_o/%		>0.9～1.1	0.8～0.9	0.6～0.8（0.7*～0.8）	0.05
	面积 /km²		>300	150～300	<150	0.025
脆性因子	泊松比		<0.2	0.2～0.3	0.3～0.4	0.05
	杨氏模量 /10⁴MPa		>3	2～3	1～2	0.05
地应力特性	水平两向主应力倍数		≈1	1～1.5	1.5～2	0.05
	孔隙压力系数		>1.2	1.0～1.2	0.8～1.0	0.05
经济性	投资收益率 /%		>10	5～10	<5	0.1

* 为本书建议标准应修改值。

2. 页岩油与致密油形成条件与分布特征

致密油、页岩油均是非常规石油资源，产层为具有极低渗透率的页岩、粉砂岩、细砂岩和碳酸盐岩等致密储层，均需要水平钻井、分级压裂等技术，通过人工建造导流能力才能获得工业产量。在资源形成条件、地质特征、"甜点区"评价关注点与标准以及油气分布控制因素等方面，致密油与页岩油有较大差异（表1-7）。在分米级和厘米级尺寸下，页岩油与致密油是能够被区分开来的，而在米级和千米级尺度下，二者又可能具有共生性，特别是横向上可能存在相变、在垂向上则呈互层状产出（如深湖—半深湖区由重力流形成的砂质碎屑流砂体与富有机质页岩构成的组合），也可以不存在共生性。在实际勘探中，可根据岩性组合与油气分布特征，将页岩油分为纯正型页岩油（纯页岩型）、过渡型页岩油和致密油型页岩油，而致密油又可分为源内致密油及源外致密油两大类。源内致密油与页岩油在陆相盆地中常常伴生发育，这也是人们常常将其混为一谈的一个原因（周立宏等，2020）。

表1-7 致密油与页岩油地质特征对比表（据周立宏，2020，修改）

条件与指标类型			致密油	页岩油
形成条件	构造背景	原始地层倾角	构造平缓，坡度较小	
		同背景构造区面积	分布面积较大	分布面积较小
	沉积特征	盆地类型	坳陷、克拉通为主	坳陷、前陆、断陷为主
		沉积环境	陆相、海相	陆相、海陆过渡相、海相
	烃源岩	类型	Ⅰ、Ⅱ	Ⅰ—Ⅱ$_1$
		TOC	>1%~2%	>2%，以3%~4%为主
		R_o	0.6%~1.3%	0.8%~2.1%
		分布面积	较大	较大
	储层	岩性	致密砂岩、致密碳酸盐岩等	页岩为主及泥页岩互层
		渗透率	空气渗透率小于1mD的储层所占比例大于70%	10^{-6}~1mD
		孔隙度	>8%~12%为主	3%~5%为主
		孔喉大小	40~900nm为主	50~300nm为主
		孔隙类型	基质孔、溶蚀孔	黏土与有机物粒间、粒内孔、微裂缝
		分布面积	较大	较大
	源储组合		紧密接触	源储一体
	运聚条件	运移特征	一次运移或短距离二次运移为主	未运移，烃滞留
		聚集动力	烃浓度差扩散为主、压差排驱	生烃增压，多组分烃物质混相形成的流度
		渗流特征	以非达西渗流为主	多组分烃物质相似相溶流动

条件与指标类型			致密油	页岩油
分布特征	原油性质		轻质油（密度小于 0.825g/cm³）	轻质油或凝析油（密度 0.70～0.85g/cm³）
	分布特征		大面积低丰度连续分布，局部富集，不受构造控制	大面积低丰度连续分布
	聚集特征	边界特征	无明显圈闭界限	
		油气水关系	不含水或含少量水	
		油气水、压力系统	无统一油气水界面，无统一压力系统	
	保存条件		区域性致密顶底板	
	分布位置	平面位置	盆地斜坡和坳陷中心区，或后期挤压构造的褶皱区	盆地和坳陷中心区
		纵向分布	与成熟的Ⅰ、Ⅱ型烃源岩共生	烃源岩内部
		深度	中浅层为主	中深层为主
	流体特征	油气性质	以轻质油或凝析油为主	可能以凝析油和轻质油为主
		油气水共生关系	以束缚水为主	黏土矿物转化脱水 / 复杂

鉴于现阶段生产中对页岩油的分类还有不同方案，这里有必要围绕页岩油的分类谈一下笔者的看法。笔者认为对页岩油的分类应考虑以下因素：（1）能够客观准确反映页岩油的基本特征，包括形成分布与富集特征等；（2）能够清晰区分不同页岩油间的主要差异，如储集特征、烃物质的吸附与流动特征等；（3）分类依据要有统一标准，亦即一个方案中不能用不同的标准参与分类。比如把页岩油分为纯页岩油、互层型页岩油、夹层型页岩油和混积型页岩油等，参与分类的标准涉及岩性（纯页岩）、岩性组合结构（互层和夹层型）与沉积成因（混积）等多种因素，实际上是基于不同标准所划分方案的混合体，这种分类的标准并不统一。纯页岩油显然是从含页岩油的岩性特征出发定名的，而互层和夹层型页岩油则是从岩性组合结构特征出发命名的，虽然跟由岩性定名的纯页岩油有一定关联性，但侧重强调的是岩性组合结构。而混积型页岩油则是从沉积成因出发作出的定名。这种定名虽然关注了页岩油的沉积成因特征，但定名标准已经异位了，把这些定名放在一起用显然不合适。为了既考虑定名标准的尽可能一致，又要突出页岩油在成藏特征与开发方式上的差异，建议将页岩油分为纯正型页岩油（对应纯页岩型）、致密油型页岩油与过渡型页岩油三类（图 1-15）。纯正型页岩油，顾名思义，就是在纯页岩地层中滞留的石油资源，油气主要赋存在由黏土颗粒堆积和有机物热降解形成的微纳米孔隙中。油气从地层向人造通道和井筒中的流动既有非达西流动，也有多种烃组分混相形成的相似相溶流动，对烃物质的流动性有明显改善。纯正型页岩油主要形成分布于深湖—半深湖环境。致密油型页岩油是指主要石油资源聚集于与富有机质页岩间互发育的致密砂岩或致密碳酸盐岩中，而与之互层分布的富有机质页岩段并不提供产量。从

成因看，致密层中聚集的石油是从邻近的富有机质页岩中经过短距离运移进入致密层的；从烃物质构成看，已经经历了页岩黏土与有机质构成的微纳米孔隙网络的过滤，烃物质构成上具有成分相对轻质和均一的特点，具有较好的流动性。对这类页岩油的开发以及产量递减趋势的分析，完全可以参照低渗透油藏和致密油开发的成功方法、技术和经验。致密油型页岩油的形成环境与纯正型页岩油既有相同性也有差异。当烃源岩与致密储层近邻时，则环境相近，当致密储层与烃源岩分离时（如鄂尔多斯盆地长6段油层），则环境不同。过渡型页岩油是指石油烃赋存在页岩、致密灰岩与砂岩中的页岩油组合，其中的页岩、碳酸盐岩和砂岩既是富有机质的，因而具有供烃能力，同时又都提供了一定数量的油产量，是典型的源储一体的页岩油组合。页岩油的形成既有烃源岩内部石油烃留滞，也有来自近邻高有机质丰度烃源岩的石油烃在相对低丰度致密层段的短距离运移和聚集，油气在从不同含油层段向人造缝和井筒中流动更为复杂，既有与致密油相似的流动，也有类似纯页岩中滞留烃的流动，需要精心设计生产压差和相对稳定的生产制度，才能保证烃物质的最大与最佳流出。过渡型页岩油是在一种混积环境占主导的条件下形成的页岩油。

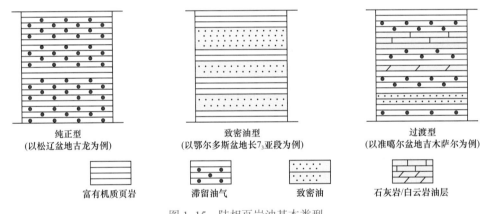

图 1-15　陆相页岩油基本类型

1）相似性

（1）大型宽缓构造背景与大面积持续沉降环境是页岩油与致密油形成的共性条件。

陆内大型坳陷盆地往往表现为盆地的整体沉降与抬升，盆地内构造起伏规模较小，广大斜坡带和坳陷中心区水体稳定、沉积相带宽，是致密油和页岩油发育最有利的范围。大型宽缓构造背景为原始沉积时湖盆底床平缓、坡度较小，使静水环境下的富有机质页岩沉积分布广、面积大。含油面积一般可达几百平方千米到几万平方千米，石油资源丰度和产量不受构造控制，也存在局部"甜点"富集。平面上主要分布于盆地广阔的下斜坡和坳陷中心区。

（2）广覆式成熟优质烃源岩与源—储频繁交互是页岩油与致密油发育的共性条件。

大面积分布的优质烃源岩发育是致密油和页岩油形成的物质基础。优质烃源岩（干酪根以Ⅰ型或Ⅱ₁型为主，平均 TOC＞2%）是页岩油和致密油得以形成的重要条件，同时富有机质页岩段在垂向上也表现为韵律性变化，使有机质含量在垂向上有脉动变化。这会使页岩层内的滞留烃含量有不同。其间因重力流的滑塌侵入使深水区的砂质碎屑流可以形成有规模的致密储层，并与富有机质页岩间互，这种"三明治"式组合是大规模的，不论是在页岩中形成石油烃的滞留还是在致密层形成石油烃的聚集，都呈大面积分布。当然，烃源岩的成熟度对页岩油和致密油的流动性与经济性都有重要影响。显然，成熟度越高，轻烃组分比例越高，烃物质流动性与可流动量就越好，所以 R_o 取值以大于 0.9% 为佳。

中国陆相湖盆发育淡水与咸化两类典型烃源岩发育环境。研究表明淡水、咸化环境都可以发育高 TOC 页岩。淡水湖盆环境烃源岩 TOC 含量 3%～32%，S_1 含量 0.2～7.1mg/g（HC/ 岩石），最高达 8～12mg/g（HC/ 岩石）；S_2 含量 0.3～46.1mg/g（HC/ 岩石）；咸化湖盆环境烃源岩 TOC 含量 0.8%～14%，S_1 含量 0.01～3mg/g（HC/ 岩石），最高达 10mg/g（HC/ 岩石），S_2 含量 0.06～110mg/g（HC/ 岩石）。

淡水湖盆环境烃源岩有机质具有分段富集特点，页岩有机质丰度高（TOC 平均 13.81%），泥岩有机质丰度相对偏低（TOC 平均 3.74%），页岩有机质丰度是泥岩的近 4 倍。鄂尔多斯盆地长 7 段发育两类烃源岩，黑色页岩展布面积 $4.3 \times 10^4 km^2$，生烃强度 $235.4 \times 10^4 t/km^2$，生烃量达 $1012.2 \times 10^8 t$；暗色泥岩展布面积 $6.2 \times 10^4 km^2$，生烃强度 $34.8 \times 10^4 t/km^2$，生烃量达 $216.4 \times 10^8 t$。整体排烃效率达到 40%～80%。富有机质页岩高强度生排烃为致密油、页岩油大面积聚集分布提供了物质保障。

咸化湖盆环境有机质分布非均质性强，页岩 TOC 含量 5%～16.1%，平均 6.1%，泥岩 TOC 含量 1%～5%，平均 3.2%，页岩 TOC 是泥岩的 2 倍。三大因素控制页岩层系有机质富集，一是先期火山活动为湖盆生物繁盛提供养料，其中空落型火山灰快速水解促进水体中 P、Fe、Mo、V 等元素富集，改善了湖盆水体的营养条件，有利于藻类勃发从而促进有机质富集。露头剖面观察和岩心实验室分析揭示，沉凝灰岩与藻纹层间互发育，藻类体呈层状高度富集，其中富含有机质的藻纹层出现在凝灰岩沉积之后的概率更高，说明火山物质的沉落确实影响了水体介质的营养条件。二是咸化水体促进有机质絮凝，提高有机质捕获效率。咸化湖盆细粒沉积与有机质富集物理模拟表明，当盐度从 1% 增加到 3% 时，有机质捕获效率提高 300%，当沉积物浓度从 2% 上升至 4% 时，有机质捕获效率提高 100%。三是陆源物质输入少，使有机质的堆积浓度不被稀释。

（3）微纳米级孔隙是油气留滞（聚集）与流动的主要环境。

致密储层发育微纳米级孔隙空间，控制致密油与页岩油规模聚集和留滞。陆相致密储层包括致密砂岩、致密碳酸盐岩和页岩等。储层总体很致密，发育的微纳米孔隙结构复杂，但连通性不差。既是油气聚集或留滞的主要空间，也是打开地层以后，实现油气向人工裂缝和井筒流动的主要通道。对于致密储层来说，因存在短距离初次运移，已经聚集的油气在从邻近页岩流出时，曾被过滤，烃物质组成相对单一，至少大分子的重烃和含杂原子的重质组分含量偏少，流动性较好，开采更容易。而页岩中留滞的石油烃，是原始母质发生热降解转化形成的烃产物的集合，还包括一部分发生运移的石油烃经微纳米孔隙过滤留下来的重烃和重质组分，具有原位性和未发生运移特点。在多组分烃物质混相条件下，要在微纳米孔喉网络中保持烃物质多组分的最佳流动，就需要控制好温压条件，以保持多组分烃物质最佳相溶与最大流出。准噶尔盆地芦草沟组混积岩发育云坪与滨岸滩砂，整体孔隙度大于8%，含油饱和度大于85%，且整体分布面积超过几千平方千米；鄂尔多斯盆地长7段致密储层的空气渗透率下限为0.3mD；松辽盆地北部扶余致密储层的空气渗透率下限为0.6mD。总体上，致密油发育于大面积分布的致密储层（孔隙度 $\phi<12\%$、基质覆压渗透率 $K<0.1mD$、孔喉直径<1μm）。页岩油储层分布面积也相当大，主要分布在盆地斜坡和坳陷中心区，储层物性更加致密（孔隙度为 $3\%<\phi<5\%$、基质覆压渗透率以纳达西为主、孔喉直径变化在50～300nm之间）。

受气候韵律性变化和水动力条件季节变化、物源混积、有机质絮凝等多因素影响，页岩层系广泛发育纹层结构，其中有部分纹层就是由有机质超富层形成的，这为页岩油大面积形成与富集创造了条件，也为有机质发生热降解转化形成超压以后，沿部分（而非全部）纹层发生剥离，并为页岩油提供聚集空间。实验分析表明，纹层状页岩具较好的储集性能，孔隙分布呈双峰态。总体看，随着岩性从页岩→泥页岩→泥岩变化，层状构造从纹层状→层状→块状变化，储集性能会依次变差，其中纹层状页岩是优质储集岩相。构成页理的岩性组合有碳酸盐—石英—长石—黏土矿物—有机质—黄铁矿构成的"三元"结构，或黏土矿物—有机质—黄铁矿、碳酸盐—石英—长石—有机质—黄铁矿构成的"二元"结构（图1-16）。

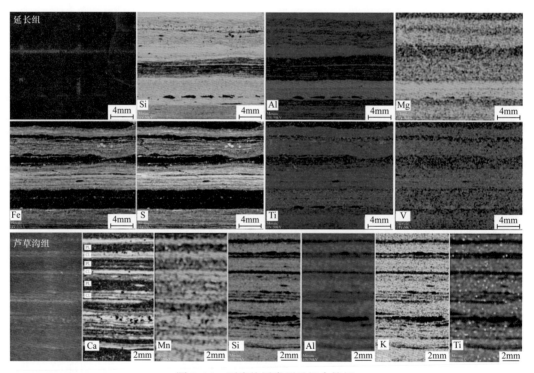

图1-16　页岩纹层类型及组合特征

不同矿物组成或岩性组合垂向上常相互叠合、共生分布。陆相富有机质页岩储集空间包括微米级孔隙、纳米级孔喉和微裂缝，以纳米级孔隙为主，微米级孔喉和微裂缝次之。纳米级孔喉主要为黏土矿物晶间孔、自生石英粒间孔—晶间孔、长石粒间孔、碳酸盐晶间孔、黄铁矿晶间孔等，孔径一般小于 500nm，局部发育微米级孔隙。黏土矿物主要为伊/蒙混层矿物、伊利石和绿泥石，晶间孔以片状为主，绝大多数为纳米级孔喉。白云石、方解石、菱铁矿等矿物，以及石英、钾长石、斜长石等碎屑矿物在页岩中也非常发育，常呈纹层状与黏土矿物间互分布。黄铁矿呈草莓状集合体分散或团簇或沿裂缝呈长条状产出，晶形完好，发育纳米级晶间孔，常与有机质伴生叠置。在页岩油阶段，有机质热演化程度相对较低，尚未达到生气窗，所以储集空间中，有机质热降解产生的纳米级孔隙贡献相对有限，如鄂尔多斯盆地长 7 段泥页岩内有机孔多为狭长缝状，发育于有机质与基质的边界处，孔隙宽 50~200nm。微裂缝按成因可分为成岩微裂缝和构造微裂缝两类，前者主要为纹层间微裂缝，在不同矿物成分纹层间均有发育。微裂缝较窄，宽度一般在 1~10μm 之间，易于顺层延续；构造微裂缝主要为斜交微裂缝，缝面较平直，常见纹层错断，缝内常充填自生碳酸盐矿物、黄铁矿等。据页岩成岩物理模拟实验、纳米级孔喉定量分析等研究，建立陆相富有机质页岩（Ⅰ型干酪根）孔隙演化模式（图 1–17）。实验发现，大孔（孔径＞50nm）、中孔（孔径为 2~50nm）和微孔（孔径＜2nm）的比孔容随温度增加呈现不同的变化趋势。大孔的比孔容随模拟实验温度和压力增加先增加后降低，微孔和中孔的比孔容则先降低后增加。整个生排烃过程中残留烃的含量也是变化的，即随温度增加先增加后减少，在约 350℃时达到最大（150mg/g❶），这与前人研究提出的残留烃存在一个门限值（100mg/g）的观点不同。实际上，页岩有机质类型、残留烃排烃方式、排烃压力等均可能对滞留烃数量产生一定影响，尚需进一步研究落实。

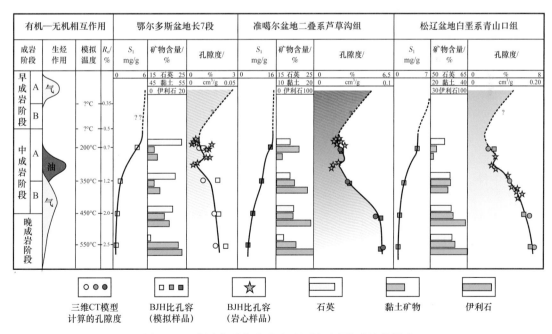

图 1–17 我国典型盆地（地区）泥页岩孔隙演化模式

---

❶ 残留烃含量为 HC/TOC。

2）差异性

（1）致密油储层脆性好，页岩油储层脆性变化大。

致密砂岩、砂砾岩、碳酸盐岩、页岩均具有岩石致密、低孔低渗和储集空间规模小等特点，常规开采技术难以获得工业产量，必须进行压裂改造方能获得较高产量。脆性是岩石发生破碎的综合特性，是在自身非均质性和外在加压条件下内部产生非均匀应变的物理表征参数。岩石的脆性是影响其压裂改造效果的重要物理量，脆性指数是衡量岩石脆性大小的常用指标，指数越大，岩石脆性也越强。岩石的脆性与其矿物组成密切相关，石英、长石、白云石等脆性矿物含量较多的岩层，其工程压裂效果也就越好。致密砂岩、砾岩长英质矿物含量高，致密碳酸盐岩储层碳酸盐矿物含量高，整体具有较高脆性，压裂易形成复杂缝网，在致密储层中形成工程"甜点"。页岩、泥岩、混积岩等矿物成分由长英质、碳酸盐和黏土等矿物组成，由于黏土矿物成分的升高，岩石脆性降低，非均质性较强。在页岩油"甜点"评价中，储层脆性是"甜点"分布评价的关键指标之一，特别是黏土矿物类型及含量是影响储层脆性的关键因素。相对而言，长英质页岩、云质页岩、混积页岩由于长英质和白云石矿物含量较高，脆性相对较好，可以作为优势脆性岩相，黏土质页岩中如果伊利石含量高，其脆性也相对较好。

（2）致密油有短距离运移，烃组分相对均一且偏轻，页岩油原地滞留，烃组分相对复杂且非均质性强。

兼具近源聚集和远源聚集两重性是致密油聚集的一个重要特征。其中运离烃源灶的石油烃在致密储层中规模聚集就是远源聚集类型，而与烃源岩呈间互或侧向相变分布的致密储层中形成的石油聚集具有近源聚集特征。不管是近源还是远源聚集，都是通过烃源岩微纳米孔隙过滤、能够运移出烃源岩母体的石油烃在致密层中的聚集成藏，所以进入致密层的烃物质成分相对单一，且偏轻组分占比较高，流动性较好。

对于致密储层而言，在油气生成初期阶段主要起封闭作用，随着埋深增加和烃源岩生烃转化率加大，生油增压强度也逐渐增大。当压力达到可以突破致密储层的孔喉阻力时，油气便可进入致密层中形成聚集，即强大的源储压差是致密油充注成藏的重要动力。不同地区致密储层与优质烃源岩配置方式不同，成藏的源储压差也不尽相同。鄂尔多斯盆地长 7 段的烃源岩与致密储层的压差为 12～15MPa，为大面积充注成藏提供了较充足的动力条件。松辽盆地青山口组一段烃源岩在大量油气生成期与下伏的泉头组四段间的源储压差一般为 6～11MPa，也是松辽盆地扶杨油层成藏的主要动力。

黄骅坳陷沧东凹陷 G108-8 井孔店组二段 C2 段（2987.25～3017.25m）76 个压汞测试结果显示，致密砂岩储层排驱压力分布在 0.03～50MPa 之间，平均为 5.91MPa，中位值为 25.02MPa；C5 段（3117.2～3169m）13 个泥页岩样品排驱压力分布在 0.01～50MPa 之间，平均为 12.03MPa，中位值为 25MPa。泥页岩因生烃增压流体具有较高的能量，所产生的压力多高于致密储层，油气可以比较容易地进入相邻致密岩层。排烃动力在驱使油气进入致密层时有一个压差由高到低的变化，近油源段压力较高，油气能够进入更细小的孔喉内；远离油源层，压差逐渐降低，油气往往沿着相对高渗"甜点"运移，如河道、水下分流河道、河口坝等优势砂体运移成藏（赵贤正等，2017）。模拟实验表明，致密油的充注在突破启动压力后，随着压力上升，充注速度会明显加快，致密层中的含油饱和度快速上升，达到某一数值后，充注速度明显变缓，说明毛细管力阻碍了石油进一步进入更细小的孔喉。随后，随着压力进一步增加积累达到更高水平时，含油饱和度再次快速增加，表明石油克服毛细管力进入更小的孔喉，总体呈现出阶梯充注的特征。致密碳酸盐岩储层构造裂缝较为发育，裂缝既是油气运移的通道，又是油气聚集的重要场所。

致密油"甜点区"往往具有较大分布范围和较大厚度，与优质烃源岩共生以及具有较好的储层物性，含油气饱和度较高，油质较轻，具有较高的地层能量（高气油比、高地层压力）。另外，具有较高脆性指数、天然裂缝与局部构造发育等。平面上由重力流形成的致密层主要位于成熟优质烃源岩分布范围内，由牵引流形成的致密层则与烃源岩呈指状交互与侧向对接。通过水平井、储层改造可获得较高致密油产量。

烃物质原位滞留是页岩油聚集的基本特征，烃物质滞留量多少与有机质类型、丰度、热成熟度及烃排出量所占比例密切相关。干酪根生烃初期所形成的石油烃主要在原地滞留，当生成油气量满足干酪根自身和黏土矿物的吸附并饱和后，再生成的油气才会进入相邻的孔隙中，并随着生烃量增加和地层压力的积累，页岩开始排烃。当压力增加到一定程度后，页岩垂向破裂产生异常压力缝并沟通层理缝，油气除继续向外排驱外，一部分油气在基质孔隙、层理缝和构造缝内形成聚集。依据泥页岩矿物组成、有机质类型、产状与丰度，以及滞留烃组分构成分析，结合场发射和环境扫描电镜下泥页岩孔隙与含油性观察，发现滞留烃主要以吸附态存在于有机质内部和表面，以吸附态和游离态存在于黏土矿物及其他特殊矿物（如黄铁矿）的粒间、晶间孔隙内。由于黏土、石英、长石、白云石、方解石等矿物颗粒表面束缚水膜的存在，矿物的纳米级基质孔隙中的液态烃呈游离态赋存，少量为吸附态。滞留烃在微裂缝中主要以游离态方式存在。

应该指出，烃物质在页岩层中滞留除与有机质类型、丰度和热成熟度有关外，还与页岩层的岩性组合结构及页岩层系的保存条件密切相关，这是目前学界和产业界关注相对比较薄弱的环节。很显然，页岩厚度大、与砂岩间互频率低的页岩层系排烃效率低，滞留烃量自然就高，而页岩厚度薄、与砂岩间互频率高的页岩层系排烃效率高，滞留量自然就会低。保存条件是指滞留型页岩油富集段顶底板的封闭性。很显然，保存条件好的页岩层系不仅烃物质滞留量高，而且轻组分，特别是气态烃含量也高，往往表现有高的气油比。这将直接影响页岩油的流动性与单井累计采出量的高低。

鄂尔多斯盆地长 7 段页岩生烃模拟揭示，烃源岩生烃可增压 50~60MPa，源储压差可达 7~8MPa，生烃增压是页岩油聚集的重要动力。纹层状富有机质页岩排烃效率较高，在 R_o 大于 0.9% 的纹层状高 TOC 低黏土页岩中，排烃效率大于 45%；准纹层状页岩排烃效率在 30%~40% 之间。富碎屑矿物页岩一般 TOC 偏低，排烃效率也较低，一般小于20%。荧光薄片观察发现，微裂缝、纹层是油气运聚的有效通道，烃类荧光多分布于裂缝和纹层中，荧光强度先增后减。

页岩层系"甜点段"厚度变化较大，"甜点段"平面分布范围以坳陷型湖盆规模大，宽缓断陷盆地次之，残留盆地（如三塘湖盆地）最差且变化大。页岩层系水平渗透率是垂向渗透率的数十倍至数百倍，这有利于源内页岩油在横向上运移聚集。纵向上岩性变化快，页岩油垂向流动能力相对差。平面上富有机质页岩的分布范围决定了页岩油富集区的分布。如鄂尔多斯盆地长 7 段 I 类、II 类"甜点区"面积为 $0.8×10^4 \sim 1.0×10^4 km^2$，大庆古龙页岩油 I 类、II 类有利区面积为 $1.18×10^4 km^2$，准噶尔盆地吉木萨尔凹陷芦草沟组 I 类、II 类"甜点区"面积为 $780 km^2$。

（3）致密油源储近邻或异地有连接，成藏需要源储组合，页岩油源储一体，成藏需要关键指标匹配。

致密油是大面积分布的致密储层与大面积分布的优质烃源岩紧密接触，构成良好的源储组合，或者有规模的优质烃源灶通过允许规模输送石油烃的输导条件，与异地有规模的致密储集体相连接而形成的石油聚集。有学者认为，致密油无明显圈闭边界，可以靠自封闭成藏。实际上，致密油也是有圈闭边界的，而且要形成经济性的致密油聚集，没有良好的保存条件，仅靠储层的致密性自封闭也难以形成经济性上好的富矿。致密油的边界往往是致密层横向发生相变的部位，或者是相同岩性层中更加致密的胶结带，不是不存在，而是识别起来难度较大，且不易用工业制图方式表述。另外，保存条件好对致密油的形成也很重要，至少有良好的保存条件，一些易散失的轻烃组分就可以保存在地层中，不仅提高烃物质的流动性，而且增加烃采出数量。页岩油呈源储一体，泥页岩自身即为生油层，又是储层。页岩油要形成有经济可采价值的富集需要关键指标的最佳匹配。由于页岩油开发试采尚处于起步阶段，几乎无一例外，所有探区目前投入试采的井，试采时间都没有达到足以判明页岩油地下流动特征的阶段，因而最佳开发方式与单井最大累计采出量尚难准确落实。所以，从现阶段的试采结果，反推经济性页岩油形成条件和关键参数，老实说还有点儿为时尚早。然而，基础研究的特点就是要有超前性，要基于对基本地质要素的研究与部分生产数据的分析外推，及早提出经济性页岩油资源选区的标准，这样才能在勘探开发早期避免低效井和无效井。从目前看，要形成经济性页岩油的指标类型与标准，建议如下：① 有机质类型与丰度。适宜页岩油形成的有机母质类型以 I—II_1 型为主，这是因为 I—II_1 型有机母质更倾油性，且生烃潜力（S_1+S_2）比较高；有机质丰度（TOC）需大于 2%，以 3%～4% 为佳，以保证进入石油生成液态窗以后，页岩中能保持足够多的石油烃滞留。② 滞留烃数量（S_1）。以大于 2mg/g 为门限，最佳为 4～6mg/g。③ 热成熟度（R_o）。为保证有足够多有机质向石油烃转化，同时产生的烃物质中轻烃组分占比较多，以保持烃物质在地层条件下的流动能力，R_o 需大于 0.9%，咸化环境沉积的有机母质向石油烃转化的门限偏低，所以 R_o 取值可以降至大于 0.8%。④ 黏土矿物含量。对于致密油型页岩油，如果致密储层为砂岩，则黏土矿物含量须小于 20%，致密碳酸盐岩储层因脆性矿物含量很高，黏土矿物含量更低；对于纯页岩储层，在低成岩阶段因大部分黏土矿物为蒙皂石和高岭石，岩石塑性很高，不利于人工压裂改造，所以不建议纳入有效储层评价。而对于成岩演化阶段较高的页岩，因大量黏土矿物已转化为伊利石和绿泥石，岩石的脆性增强，所以黏土矿物含量可以扩大至 40% 左右。⑤ 地层压力系数。为保持地层有足够大的能量，以支撑页岩油从地层产出时不仅有较高单井产量而且有较大单井累计采出量，地层的压力系数须大于 1.2，而且越高越好。⑥ 保存条件。即页岩油的顶底板需要有好的封闭性，以使可流动烃组分尽可能多地留在页岩层内部，同时为避免轻烃散失，需要页岩油富集段的顶底板具有较好的保存条件，以保证多组分石油烃在地下混相以后能把更多的重烃物质带出页岩地层，以增加页岩油的流出数量。

二、页岩油与致密油的边界

页岩油和致密油是两个不同的资源矿种，按理说二者间应该能够清晰界定，不致混淆。但实际应用时，又往往因为强调或关注的侧重点不同，出现"张冠李戴"现象，比较多的是把事实上的致密油列为页岩油，因此有必要就二者的边界进行讨论，并清晰界定。

1. 资源边界

致密油是指储集于一套致密碎屑岩和碳酸盐岩层系中的石油资源，储层的覆压基质渗透率小于或等于 0.1mD（空气渗透率≤1mD）。这类石油资源因经历了距离或短或长的从烃源岩到储层的运移，一些重组分已被过滤，所以烃物质组成上相对均一且油质较轻，投入开发以后在开发技术使用与开发方式选择以及地层能量补充等方面，完全可以借鉴低渗透油田的成熟做法，相关技术和经验都比较成熟，是有章可依的一类资源。而页岩油是指滞留于页岩层系内由黏土颗粒和有机质热降解转化形成的微纳米孔隙中的石油资源。这类储层的孔喉结构更复杂，且因油气主要是在页岩中滞留，不存在运移过程对烃组分的过滤过程，实际上是轻、中、重组分烃物质的混合，且在平面分布上有很大的非均质性。所以，页岩油从基质孔向人造通道中的流动比致密油要复杂得多，除了由压裂液浸入导致的渗析置换以外，还有轻、中、重组分烃物质混相产生的流动性变化。所以，不同烃组分配伍以后产生的烃产物与数量变化很大，目前尚无成熟的开发方式与开发制度，需要在试采实践中逐步构建。

2. 岩性与岩相边界

陆相页岩油与致密油在相带分区与岩性组合等方面也存在明显差异：（1）沉积相边界不同。页岩油以发育于半深湖—深湖相为主，致密油则主要发育于与烃源岩毗邻接触的宽缓坳陷湖盆的浅湖—半深湖相过渡区，和由垮塌重力流沉积形成的空间位置与页岩油相叠置的深湖—半深湖相区。此外，一些源储异地形成的致密油，其分布范围几乎与页岩油并不搭界。（2）岩性边界清晰。静水环境形成的页岩层系中以页岩、泥质岩和化学沉积岩如碳酸盐岩为主，富有机质页岩占比一般大于 70%，砂岩薄夹层较少，砂地比小于 15%；致密油储层以牵引流和重力流形成的细粒碎屑岩及生物和化学成因碳酸盐岩为主，非烃源岩占比一般大于 70%。

3. 技术边界

致密油和页岩油的技术边界也十分明确。对中低熟页岩油而言，关注页岩中滞留烃和尚未完全转化有机质两类有机物质，聚焦于页岩中滞留烃的降质转化，形成品质更好的烃物质，可称为"地下炼厂"。所使用的技术是地下原位加热改质技术，包括电加热、超临界水加热与热化学反应加热等，与致密油的水平井加体积改造技术决然不同，与中高熟页岩油的开发技术也不同。此外，中低熟页岩油开发强调在地层内部创造一种催生有机质发生降解转化的环境，通过有机物本身的降质改造，一是通过降质改造使地下石油烃油品升级，增加可流动烃数量和流动能力，二是通过相态转化使地层内能发生重大变化，并驱使发生改质的烃物质向井筒流动，因而采收率更高。从已有的先导试验看，中低熟页岩油原位热转化的采收率大于60%，远高于致密油和中高熟页岩油的采收率。

中高熟页岩油现阶段开发使用的主体技术也是水平井和多段压裂改造技术，与致密油开发技术无明显差别，但从油气成藏过程、烃物质在储层中分布、流动与储层微观特征看，页岩油的开发技术会逐渐走向与致密油有所不同，尽管水平井和体积改造技术的使用都是一致的，但在压裂环节对添加剂的功能设计与开发制度选择时，都应该有不同，这对保持地下多组分烃物质混相、既增加烃物质的流动性又能保证更多组分烃物质（特别是偏重烃组分）以最大规模流出至关重要。因此，很多开发技术对策与致密油会有不同。此外，页岩油的产量递减趋势与致密油也有很大不同，这主要是因为页岩地层中较高的黏土含量与较多的有机质对一些烃组分的吸附性要比致密油高，在页岩油开发后期，随着地层能量的降低，特别是轻烃组分被采出得越来越多，而地层中留下的重烃组分越来越富集，黏土和有机质对烃的吸附性会逐渐增加。在此情形下，页岩油产量的递减将会发生重要改变，这是目前尚未认识也未被充分关注的问题。随着页岩油开发的深入发展，这方面的技术会逐渐浮出水面，并将完善配套。总之，页岩油与致密油宜独立分列，不宜合二为一（赵文智等，2020）。

CHAPTER 2

第二章

海相页岩油发展历程与基本特征

北美海相页岩革命的成功，大大改变了全球能源供应与地缘政治格局，为油气勘探从以源外为主进入源内规模勘探与开发利用新阶段提供了成功案例。如前述，中国陆相页岩油的形成条件、成藏特征与资源经济可利用性和北美海相页岩都有很大不同。中国陆相页岩油的成功开发利用，需要建立在中国陆相页岩油富集特征与有效开发技术的探索和总结之上。本章重点总结北美海相页岩油基本特征与开发技术，以期在总结国外成熟经验和技术基础上，深刻认识中国陆相页岩油的特殊性，创建有中国特色的陆相页岩油富集理论与勘探开发技术。本章利用最新资料对北美海相页岩油勘探历史、形成条件、典型案例、成功经验以及未来发展等进行梳理，总结北美海相页岩油成功开发的关键要素，以期为探索适合我国陆相页岩油勘探开发的特色道路提供借鉴。

第一节　海相页岩油勘探历史与现状

目前世界范围内海相页岩油勘探主要集中在北美地区。2019 年，作为全球能源领域的重大事件，美国成功超越沙特阿拉伯和俄罗斯成为世界第一大油气生产国，改变了全球能源供应格局，其中，黑色页岩革命的成功发挥了重要作用（图 2–1）。截至 2019 年 12 月，美国二叠盆地狼营（Wolfcamp）组、威利斯顿盆地巴肯（Bakken）组、西部海湾盆地鹰滩（Eagle Ford）组等七大产区页岩油产量已突破 123×10⁴t/d（900×10⁴bbl/d），在原油总产量中比重达到 65%。根据美国能源信息署（EIA）最新数据统计，美国国内原油产量达 176×10⁴t/d（1290×10⁴bbl/d），为历史最高水平（EIA，2020）。本节以最新数据为基础，介绍美国海相页岩油及全球其他地区页岩油勘探开发历史，以期为读者呈现较为全面的海相页岩油勘探开发历程。

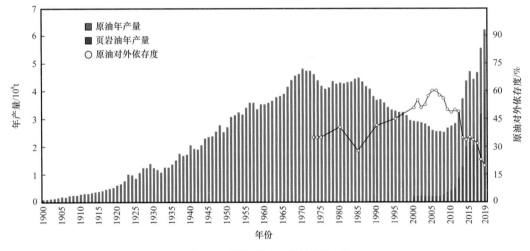

图 2–1　美国原油年产量变化图

一、美国海相页岩油勘探历史与现状

首先应明确，这里所说的海相页岩油，按照中国矿种的定义，实际上是致密油，有一部分属于本书所称的过渡型页岩油，即致密砂岩、碳酸盐岩和富有机质页岩都产油的类型。从 20 世纪 70 年代起至 2006 年前后，美国页岩油生产一直处于探索阶段，产量不高。在 2007 年至 2011 年，受美国页岩气勘探成功的启示以及水平井体积压裂技术的大规模成功应用，页岩油产量开始增长，但幅度不大。自 2012 年开始，美国页岩油行业开始蓬勃发展，页岩油产量快速上升。从分布看，美国海相页岩油主要分布于二叠盆地、威利斯顿盆地、西部海湾盆地、丹佛（Denver）盆地及阿纳达科（Anadarko）盆地等 5 个海相盆地（图 2–2），形成了以巴肯组、鹰滩组、海因斯维尔组、马塞勒斯（Marcellus）组、奈厄布拉勒（Niobrara）组、狼营组及尤提卡（Utica）组为核心的七大页岩油产区。

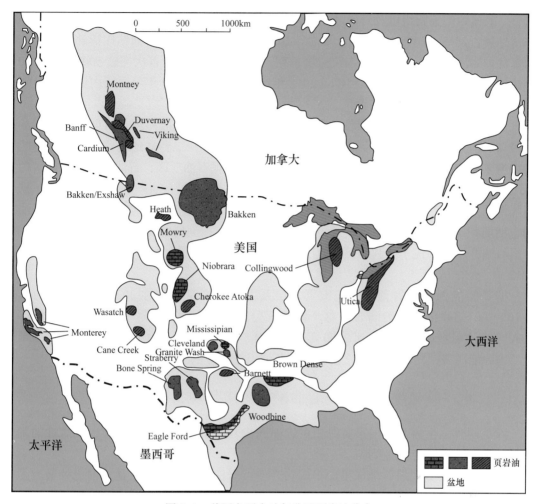

图 2-2 美国主要含油气盆地页岩油分布

美国页岩油探索最早始于北部的威利斯顿盆地，以寻找裂缝型页岩油藏为主。1953年发现的安特勒普（Antelope）油藏是美国发现的第一个页岩油藏，产层是巴肯组上段，日产量为 27t，累计年产量不足 $10×10^4$t。从 1953 年至 1999 年近 50 年内，针对页岩层系的石油勘探与开发进展缓慢，中间勘探活动曾一度减少甚至出现停滞；2000 年随着艾穆库里（Elm Coulee）油田的发现，带动了非常规石油勘探目的层转向巴肯组中段的白云岩和粉砂岩层段。2005 年随着水平井和水力压裂技术成功应用，非常规石油产量得以迅速提高，2007 年首次年产突破 $100×10^4$t 大关。2008 年以后，美国针对页岩层系的石油勘探揭开新篇章，产量快速上升，主要原因有两方面：（1）受海相页岩气革命影响，在美国国内天然气价格低迷的情况下，从事页岩气勘探开发的油气公司纷纷转向石油，特别是对含凝析油的湿气带的开发，期间巴肯组重点区带的作业量和产量快速上升；（2）低气价条件下，对巴肯组含凝析油湿气带开发带来溢出效应，即业界认识到页岩油不仅效益好，而且资源规模大。随后不久，围绕其他页岩系统的石油勘探开发陆续获得突破，并形成了几个新的大型非常规石油勘探开发热点地区。典型代表包括西部海湾盆地的鹰滩组、二叠盆地的狼营组以及丹佛盆地的奈厄布拉勒组（Sonnenberg，2009，2015；美国能源信息署，2013，2018；丹尼尔·耶金，2012）。随着页岩系统石油钻探活动的扩大，美国来自页岩层系的石油产量进入快速增长期。2011 年，年产量首次突破 $5000×10^4t$，2012 年达到 $1×10^8t$，2014 年达到 $2×10^8t$，2018 年突破 $3×10^8t$，2020 年美国国内原油产量超过 $6.4×10^8t$，成为世界第一大产油国。

二叠盆地狼营组、威利斯顿盆地巴肯组、西部海湾盆地鹰滩组是目前美国页岩油产量最高、前景最大的三个产区。据美国能源信息署统计，二叠盆地狼营组及其邻近层系 2019 年石油产量达 $8000×10^4t$，成为北美最大的非常规石油产区，石油技术可采储量约为 $4.6×10^8t$（$33.5×10^8bbl$）。西部海湾盆地鹰滩页岩层系 2019 年石油产量为 $7500×10^4t$；据美国能源信息署 2020 年能源展望资料，至 2018 年 1 月鹰滩组区块共有未证实的页岩油有利含油面积 $1.7×10^4km^2$，预计技术可采储量在 $9×10^8t$；剑桥能源咨询公司分析认为，鹰滩组石油开发效果优于威利斯顿盆地巴肯组，规模开发前景也好于巴肯组页岩（Slatt 等，2012）。

据美国能源信息署预测，美国页岩层系内石油产量可能在 2025 年前后达到年产 $5×10^8t$ 以上的峰值，占美国石油总产量的三分之二以上，这一产量目标大体可保持至 2030 年，之后会逐渐降低，到 2050 年会降至 $4.5×10^8t$ 左右，占美国石油总产量的一半以上。国际能源署预测，2024 年之前，全球新增石油供应的 70% 以上将来自美国。

二、世界其他地区海相页岩油勘探历史与现状

除美国外，世界其他国家对海相页岩油同步开展了勘探并获得突破，代表性的国家包括加拿大、阿根廷和俄罗斯。

加拿大是继美国之后全球第二个成功开发页岩油气的国家，也是美国之外最大的非常规石油生产国。加拿大页岩油资源主要集中在西加拿大沉积盆地，重要层系包括巴肯组、卡尔迪姆（Cardium）组、维京（Viking）组等，页岩油产量约 $5.5×10^4t/d$。加拿大地质调查局评估认为，加拿大页岩油地质储量约为 $115×10^8t$。美国能源信息署评价认为加拿大页岩油可采资源量约 $12×10^8t$。2014 年以来，加拿大油砂的投资持续下降，而在页岩油资源领域的投资却从 2016 年开始增长，到 2018 年增长了约 100 亿加元，表明页岩油具有更大的成本优势和吸引力（张林晔等，2014；EIA，2020）。近期，壳牌公司和雪佛龙公司正在杜沃纳（Duvernay）页岩区带开展工作。

阿根廷是北美以外首个实现页岩油资源商业开发的国家，主要集中于西南部内乌肯盆地的上侏罗统瓦卡穆尔塔（Vaca Muerta）组页岩发育区，是全球第四大页岩油资源区，与美国鹰滩页岩区具有一定相似性。据美国能源信息署（2013）估算，阿根廷页岩油可采资源量为 $37×10^8t$，目前石油产量约为 $0.7×10^4t/d$。在页岩油开发过程中，阿根廷政府积极吸引外资联合开发，包括马来西亚国家石油公司、雪佛龙公司等都已在阿根廷签署了合作开发协议。其中马来西亚国家石油公司投资约 23 亿美元，2022 年产量可达 $1×10^4t/d$。

根据美国能源信息署评价，俄罗斯页岩油技术可采资源量为 $101.77×10^8t$，居世界第二位。页岩油资源主要集中于西西伯利亚盆地的巴热诺夫组，分布面积大于 $100×10^4km^2$。

2016年在西西伯利亚盆地巴热诺夫—阿巴拉地层中有146口直井在生产，单井平均日产油10.8t。通过布置水平井并实施分段压裂，有39口井初期日产量10～40t，但压裂之后后期产量递减速度快，一般在第3年之后便不能够生产。获得较高产量的井在第5年之后产量也几乎降为零。截至2016年，正在生产的井有36口，分别位于9个不同的油田。在提高采收率方面，采用气体加热注入法，将氮气和空气混合注入地层，通过提高地层压力来提高采收率。据俄罗斯自然资源与环境部评价（图2-3），仅西西伯利亚地区巴热诺夫组页岩油技术可采资源量就达$5×10^8$t。俄罗斯能源部2012年拟定加入全球页岩革命发展计划，2013年页岩油日产量达$1.63×10^4$t。俄罗斯天然气公司所属石油公司制订的开发计划，2025年页岩油达到规模化商业开发。

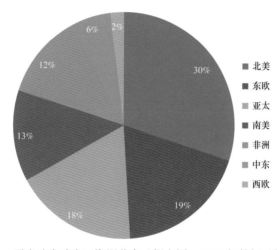

图2-3　页岩油全球大区资源分布（据方圆，2019年数据重新绘制）

此外，在墨西哥、澳大利亚、委内瑞拉等国家也发现了丰富的页岩油资源，但目前这些国家对页岩油勘探尚处于早期研究阶段，资源前景还有待进一步落实。

第二节　海相页岩油形成条件与分布特征

北美地区海相页岩油之所以能够异军突起，形成大规模工业生产，除了工程技术上的革命性进步之外，有利的地质条件是丰富页岩油资源形成的基础。包括相对稳定的构造背景、优质的烃源岩与适度的热演化条件、连续而稳定分布的致密储层与良好的顶底板保存条件等。本节通过解剖北美已知海相页岩油区带，介绍海相页岩油形成的地质条件与分布特征。

一、区域地质背景

从海相页岩油发育的盆地类型看，除了阿根廷内乌肯盆地为弧后裂谷以外，大多数盆地，如威利斯顿、二叠、西部海湾、丹佛与西西伯利亚等盆地均为克拉通盆地。整体构造背景稳定，分布面积主体都超过 $5×10^4km^2$，其中，西西伯利亚盆地面积达到 $100×10^4km^2$，为富有机质黑色页岩大面积分布提供了良好的构造沉积环境（表 2-1）。阿根廷内乌肯盆地为裂谷盆地，但页岩油主要产层瓦卡穆尔塔组则主要形成于裂谷盆地后期的整体沉降阶段，沉积背景为宽缓碳酸盐岩斜坡（童晓光等，2018），构造也相对稳定。从目前海相页岩油产层时代分布看，主要集中在泥盆系、二叠系、侏罗系及白垩系。

表 2-1 海相重点页岩油区带地质信息表

盆地层系	威利斯顿盆地巴肯组	西部海湾盆地鹰滩组	二叠盆地狼营组	西加拿大盆地杜沃纳组	内乌肯盆地瓦卡穆尔塔组	西西伯利亚盆地巴热诺夫组
构造背景	大陆穹降—克拉通	克拉通	克拉通	大陆边缘	弧后裂谷盆地	克拉通
沉积环境	浅海陆架—滨岸相	碳酸盐岩台地相	碳酸盐岩台地相	海相	海相	海相
面积 /10^4km^2	5.8	5.2	20	5.9	2.2	100
地层时代	D_3—C_1	K_2	P_1	D_2	J_3—K_1	J_3—K_1

二、烃源岩条件

与常规油气藏形成有所不同，形成页岩油的烃源岩条件要求更高的丰度、更优的质量与更为苛刻的热演化条件，这是页岩油资源得以规模形成的基础。通过对北美海相已知页岩油区解剖，页岩层系内烃源岩的厚度从 10m 到 100m 不等，平均厚度为 40m。有机质丰度较高，介于 2%～20%；干酪根类型以 Ⅱ 型为主，其中二叠盆地狼营组、内乌肯盆地瓦卡穆尔塔组、西西伯利亚盆地巴热诺夫组发育 Ⅰ 型干酪根；热演化成熟度 R_o 范围在 0.5%～1.3% 之间，但主体处于 1.0%～1.3% 之间，为中高成熟阶段（表 2-2），这是保持有机质最大限度向液态烃转化和保证液态烃有较好流动性的最佳热成熟窗口。

海相页岩油多储集于致密碎屑岩、碳酸盐岩与部分脆性极佳的页岩层中，属于近源—源内石油聚集。由于储层致密，孔隙喉道复杂，油气充注难度较大，油气从致密层中流出也不易。所以，对形成海相页岩油的烃源岩评价，除了关注有机质丰度，也需关注烃源岩的滞留烃潜力（S_1），这是一项反映烃源岩中可流动烃大小的重要指标。另外，对于页岩来说，氢指数（HI，S_2/TOC）比 TOC 能更好地反映页岩的含油性。以北美威利斯顿盆地巴肯组上段和下段烃源岩为例，上段和下段烃源岩的有机质丰度非常高，TOC 介于 8%～20%，平均为 13%；S_1>5mg/g（HC/ 岩石），主体在 10～15mg/g 之间，达到较高标准；热解潜在生烃能力 S_2 主要在 10～100mg/g（HC/ 岩石）之间，为极好烃源岩，氢指数达 125～500mg/g（HC/TOC），热解峰值温度（T_{max}）主体在 420～455℃之间（图 2-4）。美国西部海湾盆地鹰滩组下段有机碳含量在 1.8%～7.9% 之间，氢指数主要分布在 200～700mg/g（HC/TOC）之间，同样具有较高的生烃潜力（Rebecca 等，2013；Skinner 等，2015）。

表 2-2 国外重点页岩区带地质参数表

烃源岩特征	威利斯顿盆地巴肯组	西部海湾盆地鹰滩组	二叠盆地狼营组	西加拿大盆地杜沃纳组	内乌肯盆地瓦卡穆尔塔组	西西伯利亚盆地巴热诺夫组
厚度 /m	30	22～90	20～150	35～60	45～150	10～60/30
埋深 /m	2100～3300	1800～2400	3300～3750（西）2250～3300（东）	2800～3600	1380～1950	2500～3000
矿物含量	石英+碳酸盐>90%	黏土矿物15%～30%	黏土矿物约10%	黏土矿物26%，石英47%，碳酸盐20%	黏土矿物15%～20%，石英+碳酸盐70%～80%	黏土矿物2%～27%，生物硅10%～75%
TOC/%	8～20	4～7	3～10	3～10	2.5～10	2～17
R_o/%	0.5～1.3	0.5～1.4	0.6～1.3	0.5～2.0	0.7～1.3	0.5～1.3
有机质类型	Ⅱ型	Ⅱ型	Ⅰ—Ⅱ型	Ⅱ型	Ⅰ—Ⅱ型	Ⅰ—Ⅱ型

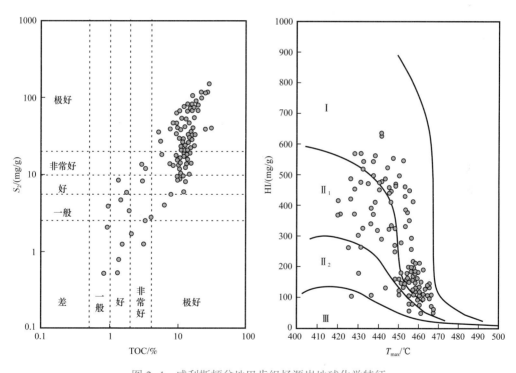

图 2-4 威利斯顿盆地巴肯组烃源岩地球化学特征

三、储层条件

北美地区海相页岩油储层岩性包括富有机质页岩、碳酸盐岩与粉细砂岩。其中，开发效果较好的页岩油产区，储层类型以碳酸盐岩和粉细砂岩为主。

威利斯顿盆地巴肯组储层岩性主要为白云质—泥质粉砂岩，位于巴肯组中段；上段和下段页岩发育微裂缝，因此也可作为储层。在物性特征上，巴肯组上、下段的孔隙度分别为3%～9%和2.5%～5%，平均值为3.6%；巴肯组中段孔隙度为5%～15%，平均值为8.9%；渗透率为0.01～0.10mD，平均值为0.04mD。高压压汞资料显示，巴肯组喉道半径主体介于0.01～0.1μm，其次为0.1～0.5μm。储集空间包括粒间孔、晶间孔以及局部发育的垂直裂缝和水平裂缝。其中，巴肯组裂缝可以有效改善致密储层质量。巴肯组上、下段页岩质地坚硬，硅质含量高，轻微钙化，呈块状或片状，一般沿水平裂缝和斜交缝破裂（Sonnenberg 和 Pramudito，2009；Sonnenberg 等，2015；Rebecca 等，2013）。

西部海湾盆地的鹰滩组储层岩性以泥灰岩为主，发育大量微孔，包括方解石和石英晶体间发育的大小约1μm的粒间孔。有机质中也发育不规则蜂窝状孔隙，孔隙直径介于几纳米到几百纳米。在有机质含量高的鹰滩组下段，有机质孔隙占岩石总孔隙的比例达30%～40%。因此，有机孔是鹰滩组页岩重要的储集空间类型，为油气聚集提供了较充足的空间。西部海湾盆地鹰滩组储层孔隙度介于5%～8%，平均为6.8%；渗透率为0.3×10^{-3}～3×10^{-3}mD，平均为0.7×10^{-3}mD（Slatt 等，2012）。

四、顶底板条件

顶底板保存条件是海相页岩油气系统更多轻组分被保持在页岩层系内部并增加页岩油从致密储层流出能力的重要条件。顶底板保存条件也是现阶段在勘探中易被忽视的地质因素。实际上顶底板条件对页岩油"甜点段"的形成至关重要。北美海相页岩油主要产层不管是碳酸盐岩，还是粉细砂岩和页岩，都具备较好的顶底板保存条件，顶底板岩性基本为孔渗极差的泥岩或碳酸盐岩。威利斯顿盆地巴肯组页岩系统石油产量主体来自巴肯组中段，上下顶底板分别为巴肯组上段与巴肯组下段页岩，厚度6～10m，封闭性能好（图2-5）。西部海湾盆地鹰滩组顶底板分别为奥斯汀（Austin）组白垩层及布达（Buda）组石灰岩。西部海湾盆地中侏罗世主要为局限海，发育巨厚的盐岩沉积，盐岩厚度一般大于600m，最大厚度超过4000m。已有的研究表明，盐岩的发育对盐下下侏罗统储层的成岩演化进程有延迟作用，同时对加速盐上上侏罗统—古近系烃源岩的生烃进程又有促进作用，使得烃源岩生烃高峰与有效储层形成期在时间维度匹配较好，有利于油气原位滞留和富集。

二叠盆地页岩油的主力层系包括狼营组和斯帕贝瑞（Spraberry）组等。两套层系之间的迪恩（Dean）组即为有效的顶板与底板条件，为两套页岩层系内石油的富集提供重要的保护作用（图2-6）；此外，狼营组下伏的斯朝恩（Strawn）组作为二叠盆地源内石油资源的底板，也为油气富集提供了重要保障作用。

五、油气富集组合

北美海相页岩油以自生自储组合为主，根据储层类型，油气富集组合可进一步分为两种类型：一是过渡型组合，另一种是致密油型组合。

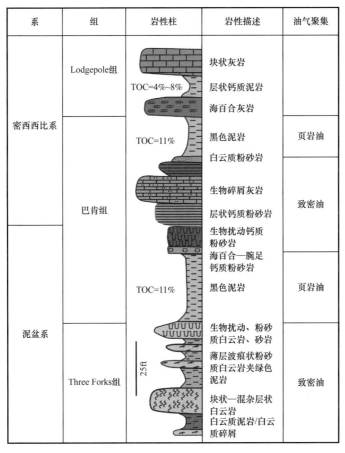

系	组	岩性柱	岩性描述	油气聚集
密西西比系	Lodgepole组	TOC=4%~8%	块状灰岩 层状钙质泥岩 海百合灰岩	
	巴肯组	TOC=11%	黑色泥岩 白云质粉砂岩	页岩油
			生物碎屑灰岩 层状钙质粉砂岩	致密油
泥盆系			生物扰动钙质粉砂岩 海百合—腕足钙质粉砂岩	
		TOC=11%	黑色泥岩	页岩油
	Three Forks组	25ft	生物扰动、粉砂质白云岩、砂岩 薄层波痕状粉砂质白云岩夹绿色泥岩 块状—混杂层状白云岩 白云质泥岩/白云质碎屑	致密油

图 2-5 威利斯顿盆地巴肯组页岩油综合柱状图（引自 IHS，2020，修改）

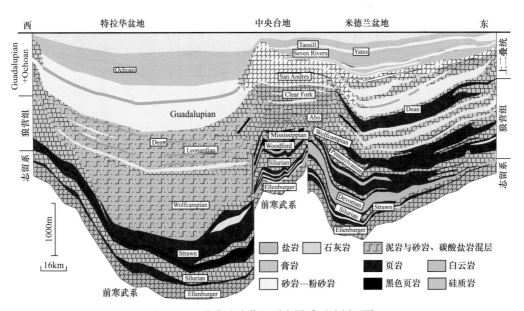

图 2-6 二叠盆地狼营组页岩层系石油剖面图

1. 过渡型组合

过渡型组合主要由混积型沉积层系构成，突出表现是由碳酸盐岩、致密碎屑岩与细粒泥页岩多岩性沉积构成的组合，因烃物质在致密砂岩、碳酸盐岩和页岩中赋存状态与流动差异较大，开发方式既不能照搬致密油，也不能复制纯页岩油，需要通过试采过程逐点摸索形成有自己特色的开发方法与对策，本书用过渡型组合来归类管理。过渡型组合是北美海相页岩油最主要的组合类型，典型代表包括西部海湾盆地鹰滩组和二叠盆地狼营组。

西部海湾盆地鹰滩组为一套富含有机质混积岩组合，岩性主要为灰黑色石灰岩、泥灰岩和灰质页岩，并夹有灰白色泥质灰岩，页理较发育。鹰滩组大致分为两段，下段钙质含量相对较低且富含有机质，厚度为 30~45m，沉积于低能、厌氧的海侵沉积环境，分布范围由马瑞科（Maverick）盆地沿北东向延伸至东得克萨斯盆地；上段钙质含量相对较高且有机质含量较低，厚度为 45~60m，沉积于相对高能、浅水、高位海退沉积环境，分布范围相对局限，主要分布在马瑞科盆地和圣马克思（San Marcos）凸起。鹰滩组主体为厚层泥页岩夹薄层石灰岩，油气主要产自其内部的泥页岩和泥灰岩薄夹层中，以泥灰岩中滞留烃最高，兼具较强的生烃能力、储集能力与可改造性，含油品质较好（图 2-7）。

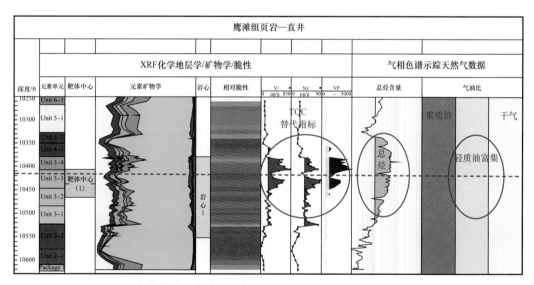

图 2-7　西部海湾盆地鹰滩组页岩层系石油剖面图（引自 Tonner 等，2012）

二叠盆地狼营组岩性以灰黑色页岩、混积岩为主，发育致密砂岩与碳酸盐岩。烃源岩已进入成熟阶段，并大规模生排烃，油气在源储压差驱使下，向近邻致密储层运移和聚集。狼营组整体上表现为"自生自储、源储一体"的配置关系。同时，在相对较高成熟度条件下，狼营组页岩发育有机孔、无机矿物粒间孔等有效储集空间，页岩层系本身生成的烃类就近储集在页岩、致密砂岩与致密碳酸盐岩的微纳米孔隙中，既增加页岩层系的含油率，也增加了地层能量，有利于"甜点区"与"甜点段"的形成（图 2-8）。

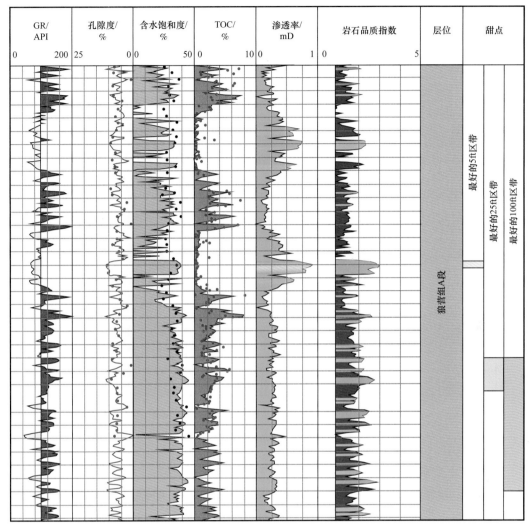

图 2-8 二叠盆地狼营组页岩层系石油剖面图（引自 Blount 等，2020）

2. 致密油型组合

巴肯组含油气系统包括上泥盆统三叉（Three Forks）组和上泥盆统—下密西西比统巴肯组，是美国致密油型页岩油勘探开发的重点层系之一。巴肯组从上至下可分为 4 段：巴肯组上段、巴肯组中段、巴肯组下段、普朗浩恩（Pronghorn）段，其中巴肯组上段、巴肯组下段富有机质页岩沉积于海侵时期的深水缺氧环境，是重要的烃源层系；巴肯组中段和普朗浩恩段岩性为砂岩、粉砂岩和白云岩，沉积于浅水潮下带和开阔海环境，是主要储层（USGS，2013）。Skinner 等（2015）、Rebecca 等（2013）通过对威利斯顿盆地的整体研究，发现普朗浩恩段在盆内广泛发育，最大厚度超过 15m（图 2-9）。在北达科他州发现了三尼士（Sanish）、帕韶（Parshall）和毕令斯（Billings Nose）油田，主力含油层段为普朗浩恩段。巴肯组下段富有机质页岩生成的烃类就近运移至普朗浩恩段储层中，形成规模石油聚集，储层平均孔隙度为 5%～6%，平均渗透率为 0.4～0.6mD，平均含油饱和度为 32%，2020 年来自巴肯组的原油产量达到 5924×10⁴t。

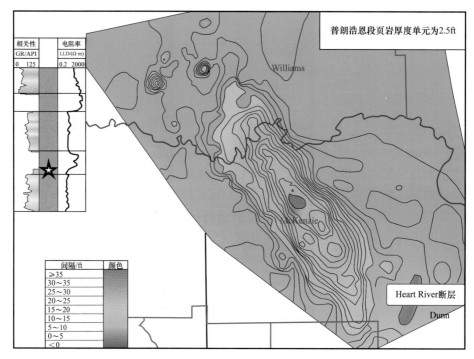

图 2-9　普朗浩恩段页岩厚度等值线图（引自 Millard 等，2014）

六、页岩油富集主控因素

页岩油作为源内石油资源的滞留，要富集成有经济性的流体矿产，需要若干地质条件的有利匹配。通过对巴肯组、鹰滩组、狼营组等页岩油富集因素的研究，本单元将重点介绍北美海相页岩油富集主控因素，为陆相页岩油富集区评价和优选提供参考。

1. 优质烃源岩是页岩油富集的先决条件

页岩油优质烃源岩是指有机质丰度高、有机质类型好、成熟度适中、厚度较大与大面积展布的烃源岩。页岩内的超富有机质及优质干酪根类型是形成页岩油的物质基础，也是页岩层系在热演化过程中形成异常高压并发育微裂缝的重要条件。北美海相烃源岩干酪根类型以Ⅰ型、Ⅱ型为主，有机质丰度高，主体处于生油窗阶段，且偏于成熟—过成熟阶段的过渡期，既有利于液态烃保持，又有利于足够多轻烃和气态烃留滞，这对提高烃物质在地下的流动性是非常有利的。以威利斯顿盆地巴肯组为例，下段和上段页岩有机质丰度高，TOC 主体超过 5%，最高达 20%；氢指数主体超过 100mg/g（HC/TOC），最高达 750mg/g（图 2-10）。从巴肯组高产区分布看，主体处于富有机质页岩成熟区，油质较轻，且富有机质页岩可动油指数（OSI）主体超过 100mg/g。北美海相页岩油勘探实践表明，当 OSI 大于 100mg/g 时，页岩油生产潜力好（Javie 等，2012）。对丹佛盆地奈厄布拉勒组研究发现，烃源岩样品（碳酸盐岩含量<70%）中的石油滞留富集程度受有机质丰度和热演化成熟度的控制。随着成熟度的增加，可动油指数（OSI，计算方法是 S_1/TOC×100）先增大，直到在岩石热解峰温（T_{max}）约为445℃时，超过最大保留能力（100mg/g），然后再减小。

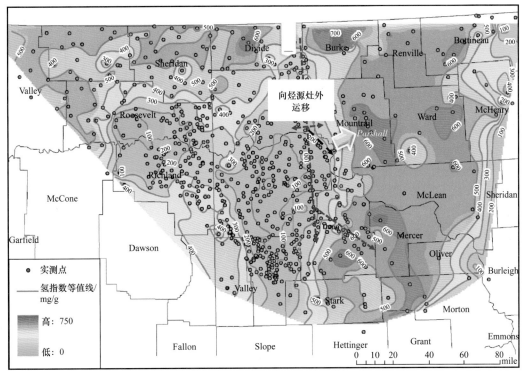

图2-10 巴肯组页岩氢指数等值线图（引自 Grau 等，2011）

北美海相页岩油烃源岩热演化成熟度适中，主体形成于液态烃生成阶段，R_o 介于 1.0%～1.5%。相对较高的成熟度既可以保证烃源岩相对较大的生烃量与滞留烃量，又可增加烃类产物中天然气的比例，从而造成地层超压。巴肯组页岩地层压力系数主体大于 1.3，鹰滩组页岩地层压力系数介于1.2～1.5。Jarvie 等（2014）对巴奈特（Barnett）页岩的研究认为，相对较高的热演化成熟度有利于提高页岩储层的孔隙度和渗透率。多位学者研究与勘探实践表明，相关结论同样适用于页岩油系统，海相页岩油规模富集区要求热演化程度 R_o 应大于0.9%。

除有机质丰度与热演化程度外，相对较大的烃源岩厚度与连续分布面积也是海相页岩油富集的关键。图2-11为二叠盆地、阿纳达科盆地及阿科玛（Arkoma）盆地富有机质页岩分布剖面图，可见富有机质页岩（绿色部分）具有大面积展布的特征，页岩厚度较大的位置对应于埋藏较深的盆地中心位置。从沉积相看，深海相页岩及碳酸盐岩与富有机质页岩共生发育。以特拉华（Delaware）盆地二叠系为例，狼营组富有机质页岩纵向厚度超500m，横向展布范围超过100km（图2-11）。大规模的烃源岩体积既为油气生成提供了雄厚的烃源物质，又为油气原位滞留富集提供了重要的保证。

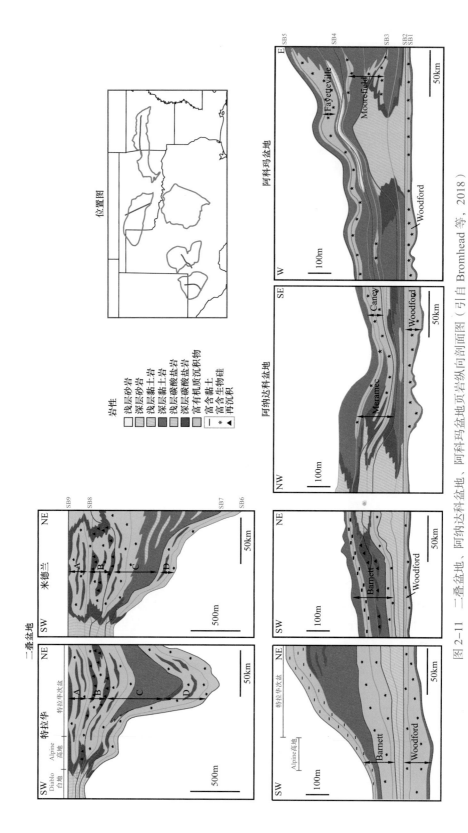

图2-11　二叠盆地、阿纳达科盆地、阿科玛盆地页岩纵向剖面图（引自 Bromhead 等，2018）

2. 储层稳定分布且脆性好，是页岩油规模富集的重要基础

北美海相页岩储层品质较好，相对较高的热演化程度使页岩层系中发育大量的微纳米孔喉系统及微裂缝、页理缝等，提高了储层的储集能力与允许流体渗流的能力。相对较高的非黏土矿物含量使页岩层系具备较好的脆性，在水平井体积改造时易形成相对复杂的缝网系统，可有效提高页岩油的可动用性。

1）储层类型好，普遍发育微纳米孔喉系统

北美海相页岩储层主要为黑色页岩、粉细砂岩、钙质砂岩、砂屑云岩及泥灰岩，其中钙质砂岩、砂屑云岩、泥灰岩和粉细砂岩对产量的贡献超过90%。从物性看，储层品质整体较好。西部海湾盆地鹰滩组储层岩性以泥灰岩为主，孔隙度平均为6.8%，空气渗透率平均值为 $0.7×10^{-3}$mD（Slatt等，2012）。二叠盆地狼营组储层岩性以钙质砂岩、砂屑云岩为主，孔隙度介于5%～13%，平均值为8.9%；渗透率为0.01～0.2mD，平均值为0.05mD。

海相页岩系统发育大量微纳米孔隙。以西部海湾盆地鹰滩组为例，孔隙类型包括有机孔、长石粒内孔、方解石粒间孔及黏土矿物粒内孔（图2-12）。从比例看，尽管鹰滩组页岩有机孔占比较高（30%左右），但储集空间仍以无机质孔隙为主，特别是方解石粒间孔、长石粒内孔占储集空间的主体。孔隙直径小于1μm，主要孔径小于300nm，这也是导致海相页岩系统渗透率极低，需通过压裂改造才能实现商业动用的主要原因。

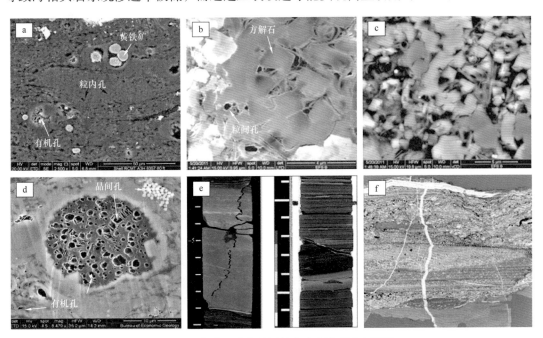

图2-12 鹰滩组致密储层储集空间典型电镜照片

a. 有机孔与粒内孔；b. 方解石粒间孔；c. 黏土矿物粒内孔与方解石粒间孔；d. 有机孔；e. 岩心上见微裂缝发育，部分被充填；f. 薄片见微裂缝发育（中国石油—壳牌国际合作项目，2014）

2）页理与微裂缝发育，有利于页岩油富集

海相页岩普遍发育页理，从岩心照片看，纵向上众多纹层叠合发育，形成频繁互层

（图 2-12e）。纹层的发育对页岩品质具有重要影响，导致各向异性，不同方向岩石力学性质与渗流能力差异较大（Nath 等，2018）。纹层结构与微裂缝发育关系密切，微裂缝多平行于层理方向，造成黑色页岩水平渗透率普遍高于垂直渗透率。在北美海相页岩系统中普遍发育微裂缝，例如西部海湾盆地鹰滩组储层中发育多期次微裂缝（图 2-12f），这些裂缝一方面可以提供储集空间，另一方面可以提高储层的渗流能力，并为后期储层改造创造良好的条件。巴肯组具有工业产能的页岩油主要产自巴肯组中段的贫有机质且微裂缝发育的砂岩或碳酸盐岩段。对艾穆库里油田巴肯组中段的成岩作用研究揭示，多种成岩作用（包括早期白云石化和微裂缝产生）对巴肯组页岩储层物性有重要改善作用，否则原始沉积为灰质砂岩与粉砂岩的页岩层系不会有现今这么好的物性条件，这是艾穆库里油田成为威利斯顿盆地最大油田的重要原因。图 2-13 展示了威利斯顿盆地艾穆库里油田巴肯组白云岩发育比例与含油饱和度关系，可以看出，随着巴肯组中段白云石体积分数增高（即白云石化作用的增强），储层的孔隙度和含油饱和度均显著增大。对于纯页岩而言，富含钙质和硅质成分的页岩脆性更大，容易形成裂缝，为页岩油气的富集以及后期压裂开采获高产提供了良好条件。

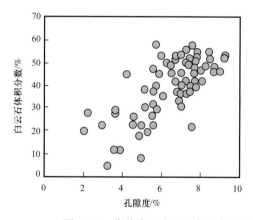 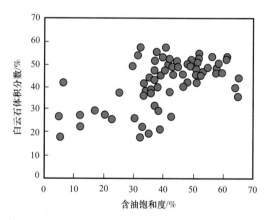

图 2-13 艾穆库里油田巴肯组中段白云石体积分数与孔隙度、含油饱和度关系图

3）黏土矿物含量少，脆性矿物含量高，有利于后期压裂改造

与中国陆相页岩不同，北美海相页岩普遍具有较低的黏土矿物含量。以阿根廷内乌肯盆地瓦卡穆尔塔组为例，黏土矿物与云母含量小于 40%，主体在 10%～30% 之间；石英含量介于 15%～35%，平均值为 25%；钠长石含量介于 5%～20%，平均值为 12%；方解石含量介于 20%～80%，平均值为 50%；白云石与铁白云石含量主体小于 10%，个别可达 60%，平均值为 5%；黄铁矿含量主体小于 6%（图 2-14）。因此，相对较高的方解石、钠长石、石英等非黏土矿物含量保证了较好的脆性，储层在后期改造的过程中，易形成相对复杂的裂缝系统，利于油气以较高流量产出。

3. 良好的保存条件是页岩油富集又具高压的重要保障

与常规油气在圈闭中发生由分散到集中的过程不同，页岩油是已形成的油气在烃源岩内部的滞留。滞留烃量大小和品质好坏与三大因素有关：一是母质类型与丰度，显然母质越倾油型、丰度越高，则滞留液态烃含量越高。二是热演化程度，热成熟度太低和太高都不利于液态烃在烃源岩内部滞留。热成熟度太低，有机质向液态烃转化量不够，且品质偏重，流动性差；热成熟度过高，会有大量液态烃裂解变成气态烃，不利于页岩油形成而利于页岩气富集。三是保存条件，在有机质丰度高、热演化适中的富有机质页岩段，如果保存条件好，就会有更多液态和气态烃留在页岩层内，对页岩油富集至关重要。在北美海相页岩油诸多案例中，凡富集丰度高、单井累计采出量较大的页岩油分布区域，都普遍具有良好的保存条件，与黑色页岩层段紧邻的厚度较大、物性极差的泥岩、致密碳酸盐岩和膏岩，具有良好的封闭性。已有研究表明，页岩生烃后可以向邻近的砂岩等储层排出部分油气，但在没有断裂沟通的前提下，页岩有效排烃距离为 20m 左右（莱复生等，1975；李明诚等，2013；蒋有录等，2006）。因此，相对较厚的致密岩层对石油具有"自运聚"效应，大量的石油会滞留在页岩层内部，形成有规模的油气聚集。

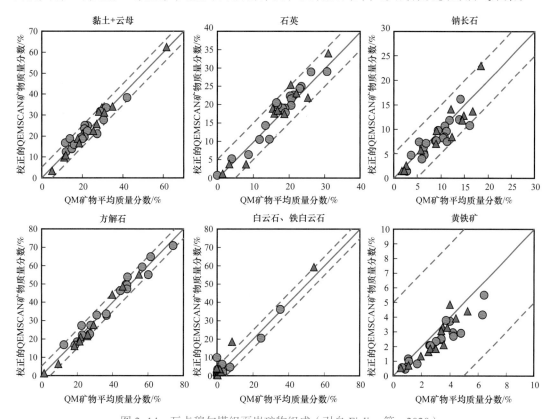

图 2-14　瓦卡穆尔塔组页岩矿物组成（引自 Fialips 等，2020）

鹰滩页岩油生产区处于盆地的构造稳定区，地层产状变化小，大型断裂不发育，只发育少量小型断裂，页岩系统保存条件好。另外，小型断裂的断距一般只有数米，不会把页岩地层完全错开，不仅没有破坏页岩系统的封闭性，而且对钻探水平井和实施压裂没有太大影响。

埋深对页岩油的富集和开采也具有重要影响。若地层抬升造成埋藏太浅，石油会因保存条件变差而变稠；若页岩埋藏太深，有机质热演化程度过高，页岩中的石油会裂解为气。鹰滩组页岩在产油区埋藏适中，深度范围为 1520～3600m。西部海湾盆地白垩系的埋藏由东南向西北逐渐变浅，单口水平井的初期石油产量从上百立方米下降到 30m³ 左右，石油重度为 35～60° API，属轻质原油；在鹰滩组页岩埋深小于 1500m 的地区，产量很低，石油重度低到 22° API，属中质原油，目前无法实现商业开采；在埋深 3500～4200m 的地区只产页岩气（图 2-15）。

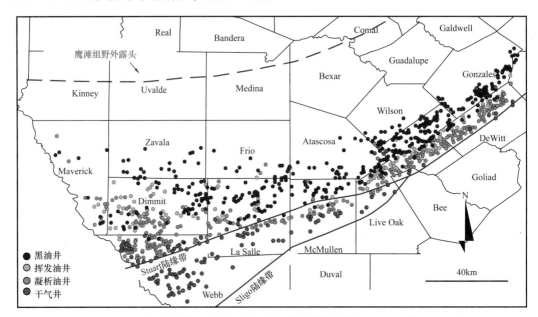

图 2-15   西部海湾盆地鹰滩组油气空间分布特征（据 Slatt R M 等，2012）

第三节   海相页岩油典型案例及成功经验

北美海相页岩油的商业性勘探开发大致起步于 21 世纪初，比我国陆相页岩油的商业勘探开发要早近 15～20 年。对海相页岩油典型案例的实践过程与取得的成功经验进行总结，无疑会对即将到来的大规模陆相页岩油勘探开发实践有重要借鉴意义。本节基于文献调研，对几个重点海相页岩油生产区的勘探开发实践过程与经验启示进行归纳，以期为读者提供了解海相页岩油勘探开发历程获取有借鉴启示的窗口。限于资料的不充分性，本节展示的资料与总结归纳的认识都难免偏颇或不全面，请读者以批判的视角参阅。

一、典型案例

1. 巴肯组页岩油

1）地质概况

威利斯顿盆地上泥盆统—中密西西比统巴肯组沉积的构造背景属于大陆穹隆—克拉通环境，盆地面积 34×10⁴km²，横跨了加拿大的萨斯喀彻温省、曼尼托巴省以及美国的北达科他州、蒙大拿州及部分南达科他州（图2-16）。陆源碎屑供应主要来自盆地东北、东部与东南三个方向，沉积环境为浅海陆架—滨岸相。威利斯顿盆地最早发育于奥陶纪早期沉降阶段，距今约495Ma，随后发生了多期幕式沉降。有研究认为，在晚奥陶世期间，两个源自太古宙的剪切系统，即波克通—福瑞德—法姆伯格（Brockton–Froid–Fromberg）断层带和科罗拉多—怀俄明州线性构造的相互作用，造成威利斯顿盆地凹凸相间构造格局，并控制了沉积作用的发生（Gerhard和Anderson，1988）。

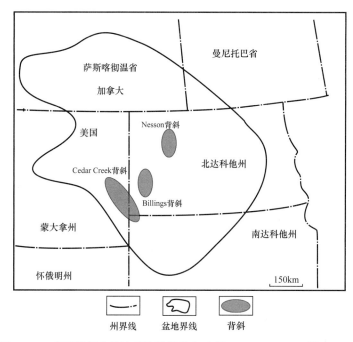

图2-16 威利斯顿盆地地质构造及分布（据Sonnenberg A S等，2009）

巴肯组分为上、中、下三段，上、下段以页岩为主，中段为砂岩、云质粉砂岩、生物碎屑砂岩、钙质粉砂岩、泥岩及白云岩。

巴肯组下段岩性为一套细纹层状深灰色、淡棕黑色至黑色富有机质页岩，其成熟度参数——等效镜质组反射率 R_{oe}（据 T_{max}）介于 0.50%~1.18%，其中页岩油富集段的 R_{oe} 大于0.9%，在盆地较深处成熟的页岩总有机碳含量（TOC）平均为8.0%，最大值为20.0%，有机质以Ⅱ型干酪根为主；有机组分几乎全为海藻，在整个层段有机组分呈不连续微纹层（<0.1mm）分布。

巴肯组中段岩性变化明显，由浅灰色、灰色至深灰色互层粉砂岩、砂岩及少量富粉砂、砂和鲕粒的页岩、白云岩和石灰岩组成。整个中段含油饱和度高，可动油指数（OSI）普遍大于400mg/g，石油体积分数平均为0.00747m³/m³（油/岩石）。

巴肯组上段岩性与下段岩性相似，由深灰色、淡棕黑色至黑色片状钙质页岩组成，R_{oe} 为 0.40%~1.07%，其中页岩油富集段的 R_{oe} 大于0.9%；页岩由石英、正长石、白云石、伊利石和黄铁矿组成，比下段具有更高的有机质丰度，TOC平均为10%，最大值为35%；有机质以Ⅱ型干酪根为主（图2-17）。

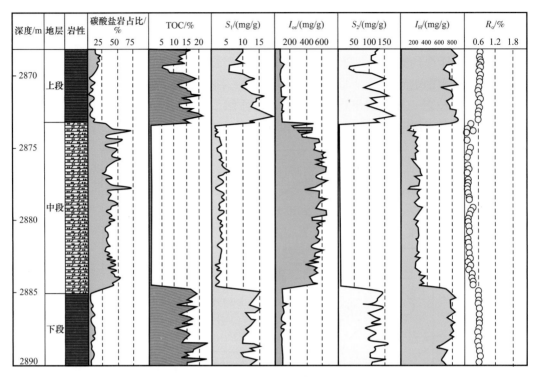

图 2-17　威利斯顿盆地帕韶油田 1-05H-N&D 井巴肯组地球化学柱状图（据 Javie，2012）

I_{os} 为油饱和指数、I_H 为氢指数

2）勘探与开发历史

威利斯顿盆地巴肯组页岩油资源比较丰富。美国地质调查局（USGS）2013 年对威利斯顿盆地进行了整体评价，估算巴肯组未发现页岩油资源量为 $10.1×10^8t$（$74×10^8bbl$），天然气资源量为 $190×10^8m^3$（$6726×10^8ft^3$），液化天然气资源量为 $7200×10^4t$（$5.27×10^8bbl$）。相比之下，常规石油未发现资源仅为 $110×10^4t$（$0.08×10^8bbl$），天然气资源为 $849×10^4m^3$（$3×10^8ft^3$）。

巴肯组页岩是北美地区最早实现非常规石油工业生产的区带之一，也是目前北美第三大非常规石油生产区。据美国能源信息署统计，巴肯组页岩在 2019 年产量达到 $7500×10^4t$。

巴肯组石油勘探开发可以追溯到 1951 年，但由于储层渗透率低，开采难度极大，2000 年巴肯组石油年产量仅为 $250×10^4t$ 左右。直到 2008 年，伴随水力压裂与水平钻井技术的大规模应用，巴肯组页岩区迅速成为重要的油气产区，被评为当年全球十大发现之一。目前北达科他州已成为美国仅次于得克萨斯州的产油大州。2015 年以来，随着油价断崖式下掉，巴肯组钻探活动也开始缩减。根据美国能源信息署最新钻机数统计报告，威利斯顿盆地内钻井数从 2014 年 9 月最高 194 台迅速下降到 2016 年 7 月仅 24 台，与之对应的石油和天然气产量都有所下降。需要说明的是，钻探效率的提高以及钻井技术的革新使得单台钻机所带来的单个平台新井原油产量快速上升至 663bbl/d，较 2014 年底增长了 26.5%。从 2016 年中旬开始，伴随油价回暖，巴肯组页岩油钻井数量逐渐增多，至 2017 年中旬基本保持稳定，在 50 台左右，与 2016 年最少的钻机数量 24 台左右相比，钻机数量提高了近 108%（图 2-18）。与此同时，单平台新井平均产量也由 2016 年的 625bbl/d 增加为 2019 年 10 月的将近 1400bbl/d，产量增长了 1.24 倍。进入 2020 年，受全球油价暴跌影响，巴肯组钻机数量又一次大幅降低，至 2020 年 5 月钻机数量仅为 18 台，达到历史最低点。

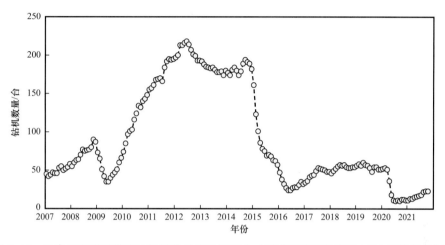

图 2-18 巴肯组页岩区带石油钻机数量随时间变化（据美国能源信息署 2020 年数据绘制）

从 2010 年开始，巴肯组页岩石油产量呈现出双峰式变化特征（图 2-19），第一次高峰出现在 2015 年。尽管从 2014 年 10 月开始油价大幅下跌，但 2010—2014 年产量增长形势是前期高油价的溢出效应所致，由于前期钻井投入数量较大，产能建设比较充足，所以页岩油产量在当下钻井数量减少时不降反升，日产油量达到 17×10^4t。进入 2015 年以后，因油价低迷，钻探工作量下降，产量出现下跌，到 2016 年底至 2017 年初，页岩油日产量降至谷底，仅为 13×10^4t。随后，伴随油价回暖，页岩油产量开始增加，2019 年日产油量达到 21×10^4t，形成第二高峰。进入 2020 年，受全球油价暴跌影响，巴肯组页岩油日产量降低至 14×10^4t。

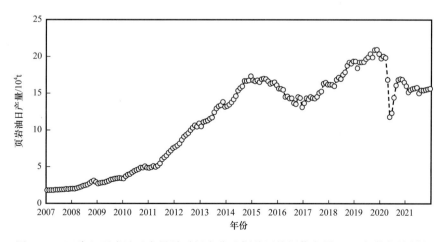

图 2-19 巴肯组页岩油日产量随时间变化（据美国能源信息署 2021 年数据绘制）

3）勘探认识与经验启示

（1）"三明治"式源储组合是巴肯组页岩油富集基础。

威利斯顿盆地巴肯组页岩油属于典型的致密油型页岩油，产量递减规律、油田开发能量补充方式与提高采收率途径等均较明确，是有章可循的。巴肯组上、下段为有效烃源岩，中段云质砂岩及碳酸盐岩为有效储层。巴肯组页岩垂向非均质性强，是这类油田实现最佳开发应关注的问题。本节以三尼士油田 Braaflat 11-11H 井为例，说明巴肯组页岩纵向非均质性及最大海泛面对页岩油聚集、分布与开发的影响。Braaflat 11-11H 井初始产量达 365t/d（2669bbl/d）。利用 Creaney 和 Passey（1993）、Wignall（1991）和 Passey等（2010）的方法，定量计算了纵向 TOC 数值变化。巴肯组页岩形成于晚泥盆世到早密西西比世海侵期，整体环境为克拉通陆缘海。海平面逐渐升高但发生周期性振荡变化，导致巴肯组上、下段页岩自然伽马、TOC、S_2/S_3 和 HI 垂向上有突变点，但宏观上看，两套页岩为厚度较大且稳定分布的富有机质页岩，其与巴肯组中段存在明显界面（图 2-20、图 2-21）。根据 Wignall（1991）研究，巴肯组下段页岩高 GR 和高 TOC 相吻合，为海侵相富有机质页岩的响应，厚度较大，分布稳定，是巴肯组中段页岩油富集的主要烃源岩。

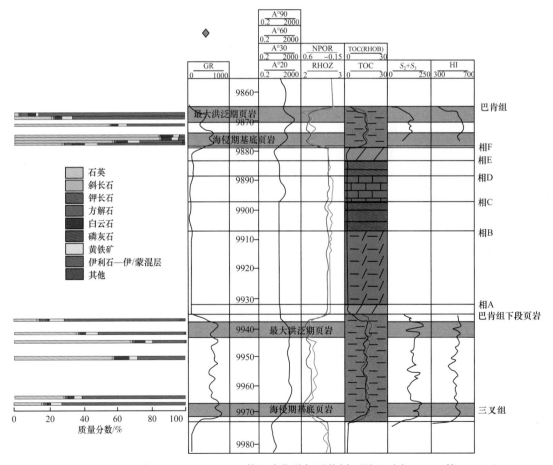

图 2-20　三尼士油田 Braaflat 11-11H 井地球化学与测井剖面图（引自 Sioner 等，2020）

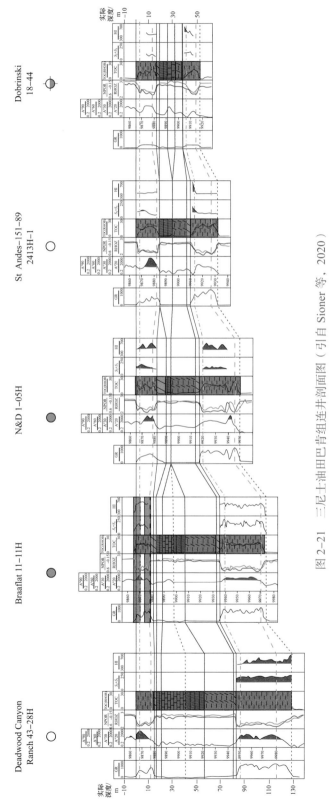

图 2-21　三尼士油田巴肯组连井剖面图（引自 Sioner 等，2020）

同时，巴肯组下段本身滞留烃含量较高，也是巴肯组页岩油部分产量的贡献者。巴肯组上段页岩是最大海泛期形成的黑色页岩，厚度较下段相对要薄，垂向岩性变化较明显。虽然有机质丰度也较高，但富有机质页岩集中段相对较薄，排烃效率偏高，与下段相比，自身滞留烃数量偏低，不是页岩油产量的主要贡献者，但对巴肯组中段页岩油的富集起到了很好的保护作用，是巴肯组页岩油顶板封闭的主要贡献者。

总之，巴肯组页岩油富集得益于以下三要素：一是"三明治"式源储组合，为中段致密油型页岩油富集提供基础；二是下段较厚且稳定分布的海侵型富有机质页岩为中段致密油型页岩油富集提供充足油源，同时因富有机质页岩段厚度较大，自身滞留烃数量较高，也参与了部分页岩油产量的贡献；三是巴肯组上段富有机质页岩的排烃贡献与对中段页岩油富集的良好保存作用。此外，这类致密油型页岩油的成藏特征、产量递减规律、能量补充方式等都相对明确，可借鉴致密油开发方式执行。

（2）热成熟度、保存条件与建设性成岩作用控制巴肯组"甜点段"形成分布。

巴肯组页岩油"甜点"形成分布受高成熟富有机质页岩、异常压力及微裂缝与轻质油带等因素控制，同时，与富有机质页岩近邻的贫有机质又富碳酸盐岩和砂质沉积的层段因后期成岩作用改造发育较好的储集空间，也是必不可少的建设性因素。

如前述，巴肯组上段和巴肯组下段页岩有机质丰度异常高。页岩油主要形成于有机质演化液态烃生成阶段，R_o大于0.9%，主窗口介于1.0%～1.3%，其中巴肯组下段不仅为巴肯组中段提供了较多烃类聚集，而且自身也滞留较多液态烃。巴肯组上段页岩主要是排烃贡献，自身滞留烃量较少，对页岩油产量贡献不大。目前巴肯组页岩油高产区均处于成熟区，油质轻，并且富有机质页岩本身的可动油指数（OSI）在100mg/g左右，当大于100mg/g时就具有页岩油生产潜力。

巴肯组页岩油高产区几乎均发育超压，压力系数达1.35～1.58，异常压力的成因与生烃作用有关。由于上覆罗丁扑尔（Lodgepole）组为一套致密灰岩，具有良好的封盖能力，当巴肯组上、下段富有机质页岩进入大量生烃阶段时，大量油气经短距离运移进入巴肯组中段。巴肯组上、中、下段是一个封闭系统，生烃过程使整个系统的压力增加，运移过程只改变了烃物质的分布，并未太大改变系统的压力，从而形成异常高压。异常高压系统的形成既保持了较高的气油比（GOR），实现多类烃物质混相，增加了流动性，而且也提高了地层能量，这不仅使单井产量增加，而且也提高了单井累计产出量。

巴肯组页岩油主要产自中段贫有机质的砂岩和碳酸盐岩层中。这是一套微裂缝十分发育的层段。微裂缝的发育得益于封闭环境中生烃增压作用，不仅增加了石油产出的流动通道，而且提高了烃储集空间，对增加可采储量和提高单井累计采油量都十分有利。巴肯组上、下段页岩发育大量微裂缝，对巴肯组下段提供一部分产量也是有益的。

总之，巴肯组"甜点段"的形成得益于以下三要素：一是烃源岩热演化处于液态窗偏轻质油带，生成的烃物品质好，气油比较高，有利于烃物质在地下流动，这是获得较高产量和较大单井累计采出量的基础；二是巴肯组页岩油顶底板良好的封闭性，使巴肯组上、下段富有机质页岩生成的烃物质，不管是发生运移的还是烃源岩内滞留的，几乎都留在了系统内部，既促使系统形成了异常高压，又促使巴肯组上、中、下段产生众多微裂缝，这些都是巴肯组页岩油提高单井产量、提高单井累计采出量和增加储量的有利因素；三是后生成岩作用使巴肯组中段致密储层增加了储集空间，是巴肯组页岩油富集不可或缺的因素。

（3）有效的钻完井与压裂技术是保证巴肯组高效开发的关键。

水平井分段压裂是推动巴肯组页岩油开发快速发展的革命性技术。贝克石油工具（Baker Oil Tool）公司开发了选择性多级压裂技术与设备，包括裸眼封隔器、小球坐封压裂滑套、衬管顶部封隔器和压力坐封滑套等，并利用可膨胀封隔器代替了常规封隔器，可根据实际需要对水平井的任意层段选择性实施压裂作业，可有效规避无效压裂段，大幅提高油井产量，降低开采成本。该公司对巴肯组页岩层水平井实施 8 级压裂，施工过程仅用 10 小时，24 小时产油 181t，30 天平均日产油 112t。选择性多级压裂技术已在巴肯组页岩开发中得到规模应用，效果远超预期，成为完井领域成功典范。

从完井方式看，巴肯组目前多级水力压裂所用的两个主要完井方法是水泥衬管桥塞射孔完井和裸眼多级完井系统。二者完井成本相当，但产量具有较大差异。根据 Daniel 等对巴肯组页岩油某一区块的统计结果，使用裸眼多级完井系统的井平均初始日产油量为 202t，比水泥衬管桥塞射孔完井（128t）提高了 58%；平均 30 天和 60 天采油速度分别增加 48% 和 57%。因此，在水平段长度和分段压裂数相近情况下，裸眼多级完井系统明显优于水泥衬管完井。

经过近 20 年的发展，巴肯组页岩水平井关键参数逐渐统一，其中水平段长度基本保持稳定，主体在 2745～3350m 之间，平均为 3000m（图 2-22）；支撑剂密度总体偏低，为 500～700lb/ft^3（8100～11340g/cm^3），若将支撑剂密度提高至 1000～2000lb/ft^3（16200～32400g/cm^3），会进一步提高单井日产量。

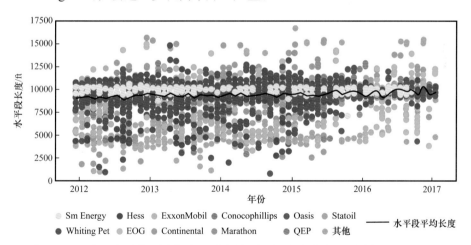

图 2-22　巴肯组水平井不同公司、不同时间水平段长度分布图（引自 IHS，2017）

4）未来发展潜力与趋势

根据美国地质调查局评价（2008，2013），威利斯顿盆地巴肯组页岩油剩余技术可采资源量约 5×10^{8}t（3.65×10^{8}bbl），其中 Elm Coulee 鼻状构造区技术可采资源量 5616×10^{4}t（4.1×10^{8}bbl）；中央盆地技术可采资源量 6645×10^{4}t（4.85×10^{8}bbl）；Nesson—Knife 构造

区技术可采资源量 1.25×10⁸t（9.09×10⁸bbl）；东部排烃门限区技术可采资源量 1.33×10⁸t（9.73×10⁸bbl）；西北部排烃门限区技术可采资源量 1.2×10⁸t（8.68×10⁸bbl）。

威利斯顿盆地巴肯组页岩油未来仍有进一步提高原油产量的空间。该区原油运力自 2011 年起有了明显的提高，2014 年总运力为 198.3×10⁴bbl/d，2019 年总运力达到 312.5×10⁴bbl/d，其中原油管道运力和炼油产能为 154.5×10⁴bbl/d，铁路运力为 158×10⁴bbl/d，2020 年总运力达到 345.6×10⁴bbl/d，管道运力和炼油产能超过铁路原油运力。运力的提高为巴肯组页岩油在盈利条件时进一步提高页岩油产量奠定了良好的基础。

2. 鹰滩组页岩油

1）地质概况

西部海湾盆地白垩系鹰滩组形成于克拉通盆地，沉积环境整体为碳酸盐岩台地相，陆源碎屑供应主要来自盆地东部。西部海湾盆地面积为 25×10⁴km²，鹰滩组面积为 5.2×10⁴km²，自西南向东北方向延伸，覆盖美国 20 多个县。鹰滩组下伏为布达组、埃德沃思组（Edwards）石灰岩，上覆为奥斯汀组白垩层，平均厚度为 85m，在局部区域厚度可达 330m（图 2-23、图 2-24）。

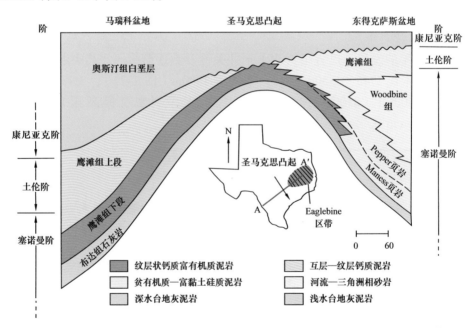

图 2-23 鹰滩组页岩系统石油区域地层与岩相分布图（据 Hentz 和 Ruppel，2010，修改）

鹰滩组分为上、下两段，岩性包括石灰岩、泥灰岩和页岩。下段泥页岩钙质含量相对较低且富含有机质，厚度为 30～45m，沉积于低能、厌氧的海侵环境，分布范围由马瑞科盆地沿北东向延伸至东得克萨斯盆地；上段泥页岩钙质含量相对较高且有机质含量较低，厚度为 45～60m，沉积于相对高能、浅水、高位海退环境，分布范围相对局限，主要分布在马瑞科盆地和圣马克思凸起。按本书分类，鹰滩组页岩油属于过渡型页岩油，产层主要是页岩、泥灰岩和钙质页岩，目前主力勘探开发层系为鹰滩组下段。

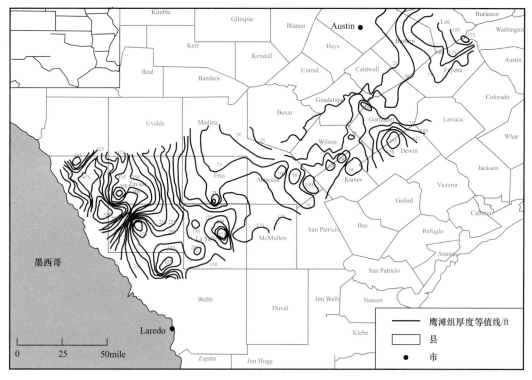

图 2-24 鹰滩组页岩地层等厚图（据 EIA，2020）

鹰滩组页岩发育于海相大陆架环境，为富有机质钙质页岩，微裂缝不发育。碳酸盐矿物含量为 40%～90%，黏土矿物含量为 15%～30%，石英含量为 15%～20%。烃源岩厚度为 20～30m，TOC 介于 4%～7%，R_o 介于 0.5%～1.4%，富页岩油主体段 R_o 大于 1.0%；有机质为 II 型干酪根，孔隙度主体为 5%～12%，渗透率平均为 0.004mD，原油重度较轻，平均为 48° API，含油饱和度为 68%，杨氏模量介于 42.7～53.8GPa，泊松比介于 0.24～0.26。

2）勘探与开发历史

鹰滩组页岩油在 2008 年开始工业化生产。整体看，鹰滩组天然裂缝发育程度较低，渗透率较差，但相对较高的碳酸盐含量和较低的黏土矿物含量使得鹰滩组页岩脆性较大，可使用水力压裂技术进行经济开采。2002 年莱威斯能源（Lewis Energy）公司首先将鹰滩组作为勘探对象，到 2008 年浩克石油（Petrohawk）公司才成功完成了第一口钻井，之后大量石油公司进入鹰滩组开展页岩油勘探开发活动，目前已成为北美地区第二大页岩油生产区。

与巴肯组页岩油相似，鹰滩组页岩油勘探开发进程同样受到全球油价波动影响。根据美国能源信息署钻机动用数据统计，鹰滩组钻机数从 2014 年约 261 台迅速下降到 2016 年 5 月仅 32 台，减少比例达到 88%；随后，伴随全球油价回升，钻机数量增多，到 2018 年 12 月钻机数量增加至 95 台。单井平均产量与钻机数量呈镜像对应关系，尽管 2014 年底钻机总数减少，但单平台新井产量却一直增加，在 2016 年 10 月达到峰值，为 1900bbl/d；随后总钻机数量增加，但单井平均产量却降低至 1200bbl/d。进入 2020 年，受全球油价暴跌影响，鹰滩组页岩系统石油区带钻机数量快速减少，由 2020 年 1 月的 80 台减至 4 月的 50 台，进入 5 月，钻机数量减至 28 台（图 2-25）。

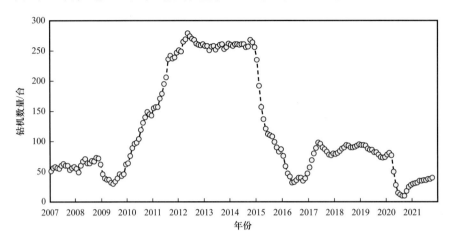

图 2-25　鹰滩组页岩区带石油钻机数量随时间变化（据美国能源信息署 2020 年数据绘制）

与巴肯组页岩油产量变化相比，鹰滩组页岩油产量基本稳定。从 2010 年以来，鹰滩组页岩油产量呈双峰式变化，但 2018 年之后的第二高峰并不如第一次那么明显。产量高峰同样出现在 2015 年，尽管 2014 年 10 月全球油价下跌，但 2010—2014 年鹰滩组石油产量增长态势得到了保持，日产油量达到 $24 \times 10^4 t$，高于同期巴肯组页岩油产量。进入 2015 年后，石油产量持续降低，直到 2016 年底到 2017 年初，日产油量仅为 $16 \times 10^4 t$。随后，伴随油价上涨，石油产量逐渐增加，2019 年日产油量达到 $20 \times 10^4 t$；进入 2020 年，在钻机数量减少情况下，鹰滩组页岩系统石油产量也出现下降，日产油量减少至 $16 \times 10^4 t$（图 2-26），目前年产量保持在 $5000 \times 10^4 t$ 以上。

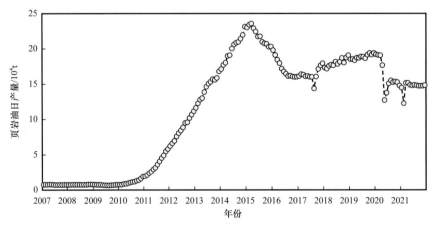

图 2-26　鹰滩组页岩油日产量随时间变化（据美国能源信息署 2020 年数据绘制）

3）勘探认识与经验启示

西部海湾盆地鹰滩组页岩油是北美热演化成熟度相对较高、流体流动性较好的页岩油产区。与巴肯组页岩油不同，鹰滩组页岩油主要储集在以泥灰岩为主的细粒沉积层系中，产量递减方式与能量补充方式明显不同，其开发成功经验值得胜利、大港与新疆吉木萨尔等页岩油开采区借鉴参考。

（1）油气分布受热成熟度控制，呈南气北油、南稀北稠特征。

鹰滩组页岩油产量受热演化成熟度控制。西部海湾盆地构造形态为一个向南东倾的单斜，北部埋藏浅，南部埋藏深，既产页岩油也产页岩气。初期高气油比的井（富气）主要位于盆地南部，初期低气油比的井（富油）主要位于盆地北部，气油比为 $0\sim2000ft^3/bbl$（$0\sim396m^3/t$）。盆地东部和南部的深井（最高井深可达 5000m）R_o 大于 1.4%，初期气油比高，天然气产量高。盆地北部的浅井 R_o 介于 0.5%～1.2%，初期气油比低，产油量高。盆地西部的单井深度差异较大，井深从 4500m 到 6800m 都有，R_o 介于 0.8%～1.4%，初期气油比为 $6000ft^3/bbl$（约 $1189m^3/t$）或更高（图 2-15）。

（2）"四高"段控制鹰滩组页岩油"甜点区/段"分布。

基于岩石物理测井和生物化石地层数据，鹰滩组可划分为 4 个岩相与年代地层单元，即鹰滩组上段、中段、下段和底部。鹰滩组中段和下段的储层品质较好，在自然伽马、电阻率、孔隙度与 XRF 元素扫描曲线上均表现为良好的正相关，代表着有机质丰度高、脆性高、孔隙度高与含油饱和度高。这两段也是鹰滩组页岩油"甜点段"的主要分布层段（图 2-27）。从总有机碳（TOC）与可溶有机质（EOM）的关系看，鹰滩组上段与下段具有明显差异。上段 TOC 和 EOM 相对稳定，但下段二者随深度增加明显增大。下段 TOC 和 EOM 平均为 7.75% 和 9.73mg/g，上段 TOC 和 EOM 平均为 3.09% 和 1.26mg/g。若将岩石中的 EOM 换算成每克 TOC 中所含有的可溶烃数量，鹰滩组下段滞留烃数量最高，是上段的 8 倍，表明下段不仅保存了丰富的有机质，而且滞留烃数量也最高。在热成熟度一定的范围内，总有机碳含量与脆性指数是鹰滩组页岩"甜点段"识别最关键的两个参数。

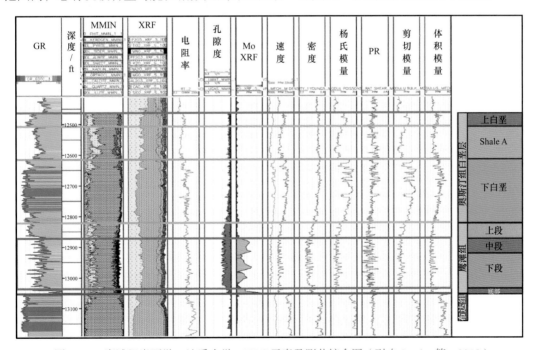

图 2-27 鹰滩组岩石学、地质力学、XRF 元素及测井综合图（引自 Louky 等，2019）

鹰滩组页岩岩石物理分析表明，用纵波阻抗可以表征页岩储层孔隙度。纵波阻抗与初始产量有很好的对应关系，利用地震资料反演纵波阻抗可以预测产量"甜点区"分布。通过鹰滩组页岩油产区实际产量标定，建立了产量分级标准（图2-28）：一类产量"甜点区"，孔隙度介于7.5%~8.0%，纵波阻抗介于8850~9250（m/s）·（g/cm³）；二类产量"甜点区"，孔隙度介于7.0%~7.5%，纵波阻抗介于9250~9650（m/s）·（g/cm³）；三类产量"甜点区"，孔隙度介于6.5%~7.0%，纵波阻抗介于9650~10100（m/s）·（g/cm³）。

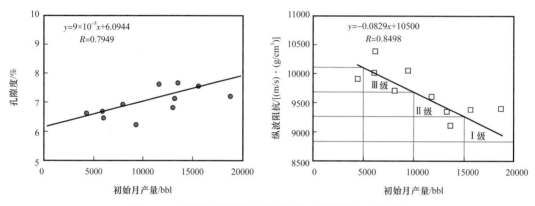

图2-28　鹰滩组页岩油产量分级与"甜点"识别参数

（3）工程技术进步是鹰滩组页岩油高效开发和规模生产的重要保障。

由于鹰滩组埋深相对较大，地层结构复杂，需要钻穿上覆已有几十年开发历史的奥斯汀组白垩层（地层能量相对亏空），因此其对钻头、钻具与井身结构有更高的要求。从钻具来看，主要选用PDC钻头进行钻井作业，表层作业主要选用311.2mm、6刀翼、19mm切削齿，可有效提高机械钻速。10口井平均机械钻速达80m/h，与其他作业者相比机械钻速提高44%。上部直井段作业选用311.2mm、C刀翼、19mm切削齿PDC钻头，10口井单个钻头都能顺利钻进至造斜点以上、单只钻头平均进尺达1450m、平均机械钻速55m/h，与16mm切削齿PDC钻头相比机械钻速提高61%；大曲率造斜井段及水平段作业时，选用ϕ215.9mm、6刀翼、16mm切削齿、短保径、短抛物线PDC钻头。10口井作业中，有8口井用单个钻头完成大曲率造斜井段和水平段作业，单个钻头平均进尺达2150m、平均机械钻速35m/h，与采用2个钻头相比机械钻速提高43%。

鹰滩组页岩油钻井通常采用油基钻井液（OBM），占比达81%。水基钻井液（WBM）也在使用，占比约19%。目前在北美地区普遍采用的"拉链压裂"即起源于鹰滩组页岩油开发。在鹰滩组页岩油开发过程中，大多数运营商采用多井完井技术，以最大限度地提高作业效率。"拉链压裂"是其中最流行的做法，通过两口井交互作业，直接减少了压裂段之间的停机时间，并对储层裂缝的几何形状有着良好的控制作用。

鹰滩组页岩油产区在开发模式上与巴肯组相似，均采用"面上先小后大，运营上以大吃小"的策略。一般情况下，首先在10%~15%的核心区先进行钻完井，待这一区域的技术和运营都较为成熟之后，再向整个区域推广。起始阶段先由小公司完成初始开发作业并实现一定产量，之后很快就会被较大的公司吞并。产量和经济性方面，鹰滩组页岩油产区的油井产量呈现急剧下降特征，而且速度更快，仅两年时间产量下降达86%～89%。以2012年为例，为维持产量，当年增加了1983口新井以弥补产量的递减量，可见产量降幅很大。应该指出，技术进步对提高鹰滩组页岩油产量并改善效益发挥了主要作用。钻井技术选择的合理性和有效性大大提高了机械钻速并降低了成本，也是鹰滩组页岩油规模效益开发的主要促进因素。以鹰滩组页岩油2019年的生产为例，当产量降低27%时，需要新钻723口井来保持当年产量，按单井成本800万美元计算，需资金投入约57.8亿美元；而因得益于技术进步，实际仅新钻274口井后，产量已得到维持，且资金投入减少了约36亿美元。

鹰滩组页岩油作为过渡型页岩油，储层的非均质性更强，物性更差，产量递减更快，是良好的热成熟条件使地下原油品质更好，加之工程技术进步有效提高产量并大幅降低了成本，才使得鹰滩组页岩油得以大规模效益开发。

4）未来发展潜力与趋势

尽管不同机构对鹰滩组页岩油气资源评估结果有所差异，但总体看，鹰滩组具有较丰富的页岩油资源。根据美国地质调查局评价（2008，2013），鹰滩组页岩油剩余技术可采资源量约 $1.2×10^8t$（ $8.53×10^8bbl$ 油当量）；页岩气剩余技术可采资源量 $1.42×10^{12}m^3$（ $50.2×10^{12}ft^3$ ）。得克萨斯铁路委员会（Railroad Commission of Texas）（EUR）计算了鹰滩组页岩油气资源量。结果显示，鹰滩组页岩气面积为 $512km^2$ ，凝析油面积约为 $2280km^2$ ，油区面积约为 $5716km^2$ ；鹰滩组平均每口井控制的天然气可采储量和石油可采储量分别为 $1.42×10^8m^3$（ $5×10^9ft^3$ ）和 $4.1×10^4t$（ $3×10^8bbl$ 油当量），按井控资源规模预测，鹰滩组页岩气总技术可采储量约为 $5663×10^8m^3$（ $20.81×10^{12}ft^3$ ），页岩油技术可采储量约为 $4.52×10^8t$（ $33.5×10^8bbl$ 油当量）。

与其他北美海相页岩油相比，鹰滩组页岩油油质轻，可流动性好，这是鹰滩组页岩油最大的优势。鹰滩组储层物性差，非均质性强，产量递减快，是与巴肯组页岩油相比的劣势。2020年鹰滩组页岩油总产量在 $5500×10^4t$ ，在油价比较高的条件下，未来五年乃至更久一点时间，预计鹰滩组页岩油年产量仍可保持在 $5000×10^4t$ 左右。

3. 二叠盆地页岩油

1）地质概况

二叠盆地位于得克萨斯州西部和新墨西哥州东南部，属于克拉通沉积盆地，面积约 $36×10^4km^2$ 。自西向东可分为特拉华盆地、中央台地及米德兰盆地（图2-29）。二叠盆地发育在北美克拉通南缘前寒武系结晶基底背景上，从晚寒武世开始接受沉积，盆地内沉积有从古生界到新生界比较完整的地层，但分布不同。古生界分布最为广泛，且以前陆演化阶段发育的上古生界为主，中、新生界为非海相沉积，只在局部地区形成相对较薄的沉积层。整个盆地沉积岩厚度为5000～8000m，其中下古生界厚度约为1500m，上古生界厚度约为3500m，全盆地均有分布，中、新生界的厚度约为500m，只在局部地区分布。

页岩油主力产层为狼营组，沉积环境属于碳酸盐岩台地—大陆架—滨岸环境，有利的页岩层系分布面积达 $19.2×10^4km^2$ ，覆盖美国50多个县。储层岩性以白云岩和石灰岩为主，单层厚度25~30m，累计厚度可达200~700m。孔隙度主体介于8%~12%，含油饱和度超过60%，具有"源储一体"的组合特征；原油以轻质油为主，重度介于36~42°API，油层压力系数介于1.3~1.5，属于异常超压。

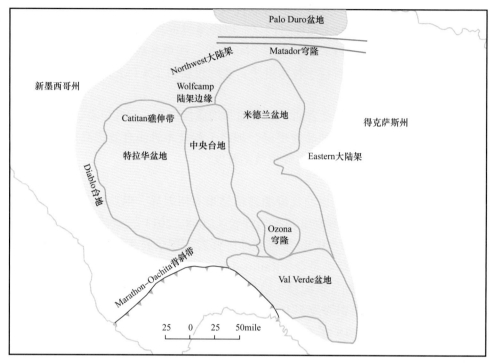

图2-29 二叠盆地区域地质图（据美国能源信息署，2020，修改）

目前，针对狼营组页岩油的勘探开发大多集中在特拉华盆地和米德兰盆地。狼营组沉积早期，构造活动强度相对较大，中央台地快速隆升，两侧次级盆地发生差异沉降。西部特拉华盆地沉降速率较高，在盆地中心区沉积了厚层泥页岩；东部米德兰盆地沉降速率相对较低，沉积了相对较薄的泥页岩。盆地周围的陆架区和中央台地区发育台地相碳酸盐岩。狼营组沉积晚期，沉降速率仍然较高但构造活动减弱，盆地沉积中心泥页岩沉积范围和厚度都明显减小，而在周围陆架区和中央台地区的碳酸盐岩台地沉积得以保持且加积作用增强，沉积较厚的碳酸盐岩组合。处在台地斜坡区的碳酸盐岩因生长过快，形成比较陡的坡度。导致台地边缘碳酸盐岩发生垮塌，形成一系列碳酸盐岩重力流沉积。这种重力流沉积可形成很好的储层，直接覆盖于富有机质泥页岩之上，加之后期的洋流改造作用，形成了泥页岩与碳酸盐岩互层（Brian等，2018），为页岩油的富集创造了条件。

由于沉降和沉积差异，优质烃源岩主要位于特拉华盆地，具有较大的沉积厚度，且热演化程度相对较高，处于生油高峰阶段。米德兰盆地页岩厚度较小，且成熟度相对较低。因此，特拉华盆地是二叠盆地页岩油主力产区，页岩油产量明显高于米德兰盆地。

2）勘探与开发历史

二叠盆地勘探历史悠久，1921年第一口钻井Santa Rita No.1井在Texon完钻，标志二叠盆地第一个大油田维斯布鲁克（Westbrook）的发现，这是二叠盆地作为北美地区主要的常规油气产区，开始工业生产的序幕。随后近 80 年，二叠盆地都是美国常规石油的主要产区，主要产量来自中央台地区。21 世纪前十年，伴随着页岩革命的发生，二叠盆地以开发页岩油为主体的勘探活动让二叠盆地这样一个老探区又焕发青春，原油产量出现第二春天。2019 年二叠盆地来自狼营组和斯帕贝瑞组的页岩油产量达到年产 8000×10⁴t，已成为全球第二大油田（图 2-30）。

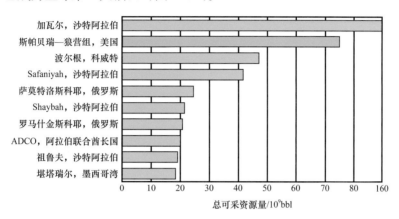

图 2-30 全球主要油田产量排名（据 Pioneer 石油公司，2019）

根据美国能源信息署最新钻机数统计报告，从 2007 年到 2014 年二叠盆地内钻机数从 242 台左右增至 565 台，而后油价降低，导致钻井数量快速下降，到 2016 年 6 月动用钻机数量仅有 137 台。随后油价开始上升，钻机数量也快速增加，到 2018 年底达到 490 台。进入 2019 年，钻机数量略有降低，但总体保持在 420 台左右。2020 年受低油价和全球新冠肺炎疫情影响，钻机数量又急剧降至 180 台（图 2-31）。总体看，单平台新井产量持续增大，原油产量的双峰式特征没有巴肯和鹰滩产油区那么明显，其中对应于 2015—2016 年的产量峰值仅在上升中出现了一个小平台；第二个峰值出现在 2018 年之后，产量达到 66×10⁴t/d（约 480×10⁴bbl/d）。

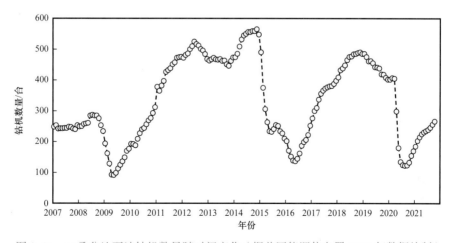

图 2-31 二叠盆地石油钻机数量随时间变化（据美国能源信息署 2020 年数据绘制）

过去十年，二叠盆地狼营组页岩油和天然气开发推动了二叠盆地原油产量的快速上升。自 2007 年以来，狼营组页岩油钻井和完井作业一直是二叠盆地的重点领域。2020 年初二叠盆地原油日产量达到峰值；随后，受全球油价暴跌影响，二叠盆地页岩油产量有所下降，到年中石油产量为 58×10⁴t/d（图 2-32）（美国能源信息署，2020）。目前，狼营组页岩油产量占二叠盆地原油总产量的近三分之一，占二叠盆地天然气产量的三分之一以上。此外，斯帕贝瑞组和骨泉（Bone Spring）组产量位列第三（图 2-33）。

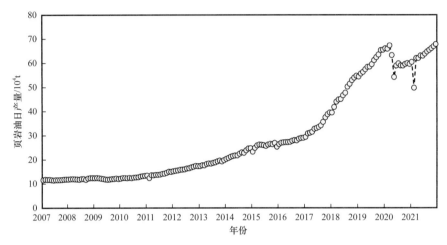

图 2-32　二叠盆地页岩油日产量随时间变化（据美国能源信息署 2020 年数据绘制）

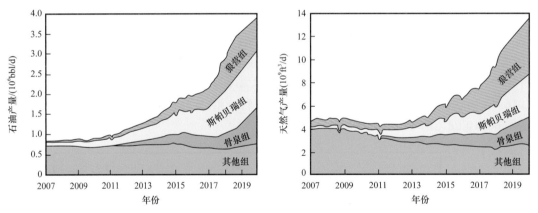

图 2-33　二叠盆地石油与天然气产量层系分布与随时间变化（据美国能源信息署，2019）

3）勘探认识与经验启示

二叠盆地是美国重要的石油生产基地，石油勘探可追溯至 20 世纪 20 年代（1920年），德克桑石油公司 Santa Rita No.1 井获得工业气流，拉开了盆地石油勘探序幕。勘探重点地区在中央台地和米德兰盆地。1972 年二叠盆地石油年产量首次突破 1×10⁸t，随后时间不长，原油产量开始下降，至 2008 年常规石油产量降至年产 4500×10⁴t 左右（图 2-34）。由于页岩油气的成功勘探开发，二叠盆地原油又重新焕发青春，2016 年石油产量重上 1×10⁸t，2019 年盆地石油产量达到 1.28×10⁸t（图 2-34）。

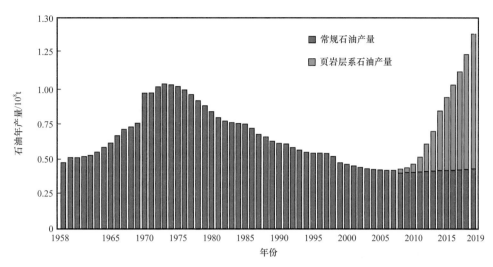

图 2-34　二叠盆地石油产量随时间变化（据美国能源信息署 2020 年数据编制）

在二叠盆地页岩油勘探实践中，以下五项举措，对推动二叠盆地页岩油气勘探开发实现快速发展发挥了重要作用，值得总结和借鉴。

（1）依靠三维地震采集，提高有利相带预测精度，指导优快布井和钻井。

在米德兰盆地 Powell Ranch 油田狼营组页岩油勘探过程中，实施了大规模高精度三维地震采集和处理，使页岩油有利相带成像更加清晰可靠，大大提高了对有利页岩相带空间分布的预测评价，加快了探井部署节奏。通过优化钻井轨迹，有效提高了页岩油"甜点段"钻遇率与单井产量。在使用三维地震前，探井的"甜点"钻遇率仅为 14%，且单井平均最终可采储量仅为 1.3×10^4t。在使用高精度三维地震后，探井的"甜点"钻遇率达 60%，且单井平均最终可采储量提高至 13×10^4t。

（2）利用水平井钻井技术提高储层钻遇率，有效提高单井产量和累计采出量。

水平井体积压裂是二叠盆地狼营组页岩油大规模开发动用的关键技术。在米德兰盆地 Bryant G Devonian 油田，狼营组页岩储层的渗透率为 0.1～2mD。使用水平井以前，平台石油产量为 410t/mon，天然气产量为 200×10^4m³/mon。改用水平井钻井技术后，将有效储层钻遇率从原来的 60% 提高到 90%，平台石油产量达 1.1×10^4t/mon，天然气产量达 510×10^4m³/mon（图 2-35），分别增长了近 26 倍和 1.6 倍。

（3）发展针对性完井技术，有效提高储量动用能力，做大资源蛋糕。

二叠盆地不同地区油气富集特征具有明显差异，通过发展针对性完井技术，实现了不同类型页岩油气资源的有效动用。例如，二叠盆地 Dagger Draw 油田是高含水油田，在页岩油气开发过程中，通过借鉴煤层气排水作业技术，在井底安装潜水泵，通过排水增加产量 10 倍以上，对应的页岩气开发面积扩大了近 1 倍，新增天然气储量 283×10^8m³（胡素云等，2018）。

（4）高度重视"甜点段"精细评价，聚焦最有利层段，不断提升开发效果。

在二叠盆地页岩油勘探初期，关注层位较多，包括狼营组、斯帕贝瑞组、迪恩组等，狼营组又可细分为 A、B、C、D 四段；尽管纵向多层系同步开发可以提高单井产量，但钻井成本和压裂成本高，限制了储量的动用规模，在很大程度上也限制了产量的快速提高。随勘探进程与研究工作的不断深入，目前二叠盆地页岩油勘探趋向于聚焦"甜点段"狼营组 A 段和 B 段，其他层系暂缓了动用，不仅大幅度降低了成本，提高了效益，而且也促进了产量的快速提高。目前狼营组 A 段和 B 段产量占总产量的 60% 以上（图 2-36）。

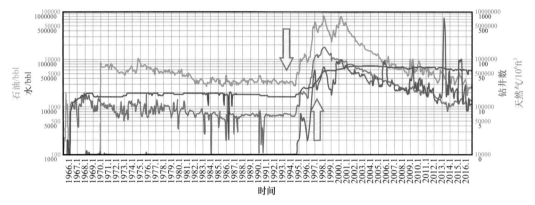

图 2-35　米德兰盆地 Bryant G Devonian 油田钻井平台产量变化（据 Sternbach 和 DeMis，2017）

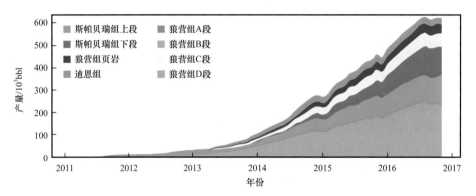

图 2-36　二叠盆地米德兰盆地页岩油产量组成（据 IHS，2017）

（5）以竞争求发展，中小公司同台竞技，有效提高产量并降低成本。

竞争历来是北美市场的主旋律，具有高科技实力又能轻装上阵的中小石油公司是二叠盆地页岩油快速突破和发展的关键推动者。据不完全统计，目前有超过 20 家中小石油公司在二叠盆地开展页岩油气勘探开发工作，通过同台竞争，先进的勘探开发理念与技术得到快速转移，学习曲线建立速度超快，有力推动了二叠盆地页岩油气产量的快速增长（图 2-37）。每 300m 水平段日产油从 7t 提高至 15t，在 10% 的收益率条件下，页岩油开发的平衡油价小于 40 美元 /bbl，这是二叠盆地在 2019—2020 年低油价背景下产量持续上升的主要原因。

　　4）未来发展潜力与趋势

　　二叠盆地狼营组页岩油是目前北美地区最大的非常规石油产区，页岩油资源潜力丰富。根据美国经济地质调查局的预测（2007，2016，2018），二叠盆地页岩油资源量达到 212.6×10^8t（图 2-38），具有良好的开发前景。

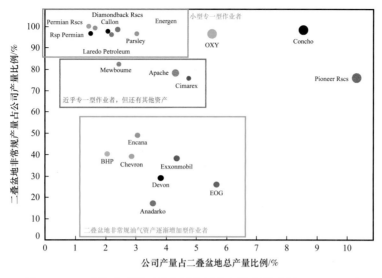

图 2-37 二叠盆地不同石油公司产量分布散点图（据 IHS，2017）

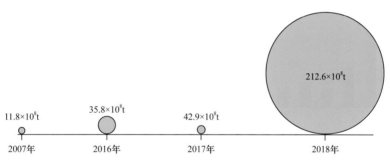

图 2-38 二叠盆地页岩系统石油资源量评价结果
（数据来自美国经济地质调查局，2007，2016，2017，2018）

从剩余资源分布看，狼营组与斯帕贝瑞组是二叠盆地剩余石油资源最多的领域，占剩余总资源的比例超过 70%，且主体以页岩油为主（图 2-39）；在剩余天然气资源领域，狼营组、森普森（Simpson）组、伍德福德（Woodford）组页岩是剩余天然气资源最多的层系，占比超 75%（图 2-40）。因此，二叠盆地未来将全面进入页岩油气勘探开发时代，无论从资源潜力、市场成熟度还是产量规模，二叠盆地都将在美国原油生产中发挥重要作用。

4. 奈厄布拉勒组页岩油

1）地质概况

丹佛盆地上白垩统奈厄布拉勒组页岩油是目前北美地区第四大非常规石油产区。属于在稳定克拉通基础上发育的前陆盆地，沉积环境以陆缘海为主。位于美国科罗拉多州东北部、堪萨斯州西北部、内布拉斯加州西南部以及怀俄明州东南部，面积约 8000km²。奈厄布拉勒组页岩平均厚度约 100m，岩性主要由白垩、石灰岩和泥灰岩组成，属于本书所称的过渡型页岩油沉积组合，烃源岩 TOC 含量介于 2%～8%，以Ⅱ型干酪根为主，热成熟度主要受埋深影响，地层厚度自西部山前带向东部盆地边缘逐渐变浅，在山

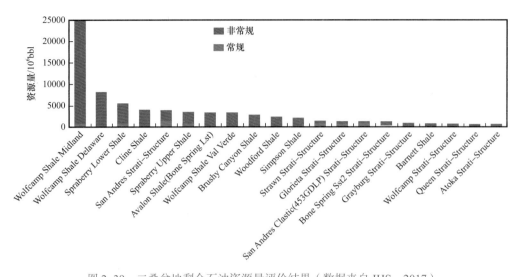

图 2-39　二叠盆地剩余石油资源量评价结果（数据来自 IHS，2017）

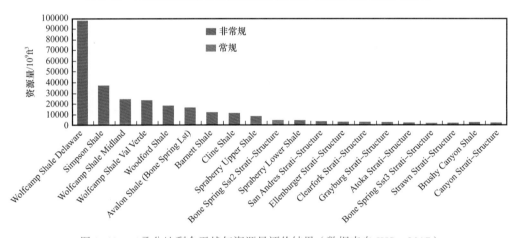

图 2-40　二叠盆地剩余天然气资源量评价结果（数据来自 IHS，2017）

前带主要是热成因气，向周围埋深变浅，演变为液态石油窗分布区。在盆地东部边缘区，埋深普遍小于 700m，以生物气为主（图 2-41）。奈厄布拉勒组与鹰滩组相似，属于陆源碎屑注入与碳酸盐交替沉积组成的二元沉积体系。岩性以白垩及泥灰岩为主，方解石是主要的造岩矿物。奈厄布拉勒组自上而下可分为 A、B、C 和福特赫兹段共四个层段，其中前三个层段都是由泥页岩和白垩构成的二元组合，而福特赫兹段主要是白垩层（图 2-41）。

白垩是丹佛盆地奈厄布拉勒组特殊的储层类型，也是主要的产层，其含油性与可改造性是"甜点"评价的重要内容（Jarvie，2012）。奈厄布拉勒组白垩储层的含油饱和度与碳酸盐含量关系相对复杂，在碳酸盐含量超过 70% 后，含油饱和度与碳酸盐矿物含量呈正相关，但对应的 TOC 值并不高，一般小于 2.5%。伊/蒙混层与石英含量均低于 10%（图 2-42），表明相对较高的碳酸盐含量指示了较高的含油性及较好的可改造性。从岩石构造看，白垩进一步分为纹层状白垩、生物扰动块状白垩及生物扰动纹层状白垩。通过对不同岩相的杨氏模量分析，纹层状白垩是上述三类白垩中储层品质最好的类型，主要发育在奈厄布拉勒组底部福特赫兹段（图 2-43）。

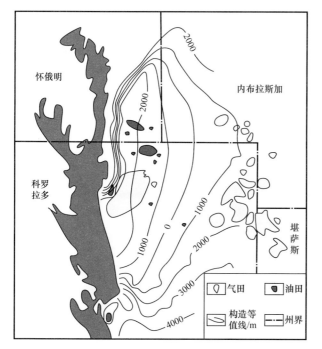

图 2-41 丹佛盆地构造分区与奈厄布拉勒组页岩系统石油综合柱状图

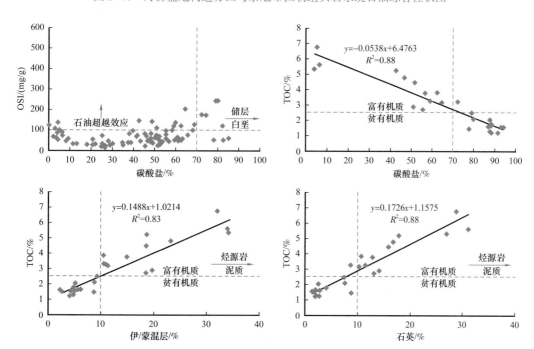

图 2-42 奈厄布拉勒组有机质丰度、含油性与矿物组成关系（据 Fairbanks 等，2019）

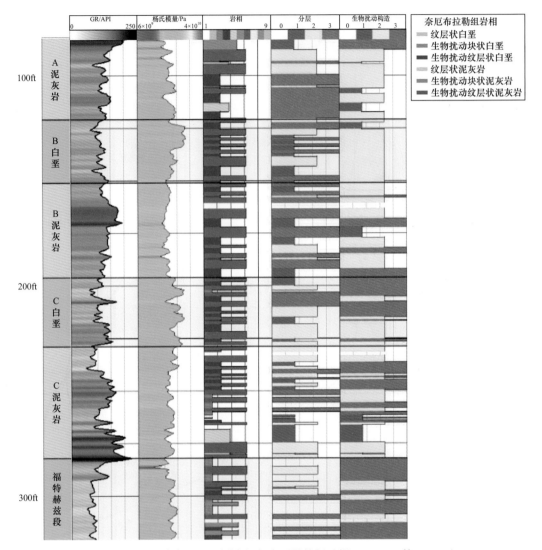

图 2-43　奈厄布拉勒组不同岩相与岩石学特征（据 Fairbanks 等，2015）

2）勘探与开发历史

丹佛盆地奈厄布拉勒组页岩油系统受构造作用影响，发育天然裂缝。早期开发主要集中在沃特纽伯格（Wattenberg）油田。2009 年 10 月，EOG 能源公司率先在位于拉拉米（Laramie）县的海飞德（Hereford Ranch）油田钻取了第一口水平井 Jack 井，90 天初始产量达 7000t（5×10⁴bbl）原油，揭开了奈厄布拉勒组水平井钻井开发的序幕。

自 2007 年起，奈厄布拉勒组页岩油的钻井数量较为稳定，主体保持在 110～120 台之间。进入 2009 年以后，受巴肯组、鹰滩组、二叠盆地源内石油勘探的影响，奈厄布拉勒组页岩油钻机数量减少至 40 台，而后呈现逐渐增加的趋势，2015 年钻机数量达到 109台（图 2-44）。

伴随油价下跌和大宗商品价格相对走高，奈厄布拉勒组的钻探活动大幅萎缩。2016年 4 月钻机数量减少到不足 20 台。后期伴随国际油价回暖，奈厄布拉勒组钻机数量有所增加，截至 2019 年 10 月，钻机数量达到 55 台左右。进入 2020 年，受全球油价再次暴跌的影响，5 月钻机数量仅为 10 台（图 2-44）。2015 年奈厄布拉勒组页岩油产量最高达到 6.4×10⁴t/d（约 46.6×10⁴bbl/d），随后因油价影响，产量一直下降，2017 年初降至 6×10⁴t/d，然后产量回升，到 2019 年中前后达到最高值，接近 11×10⁴t/d（约 80×10⁴bbl/d）（图 2-45）。

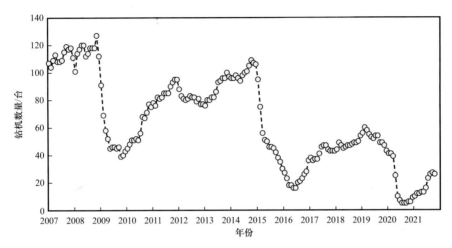

图 2-44　奈厄布拉勒组页岩油钻机数量随时间变化（据美国能源信息署 2020 年数据绘制）

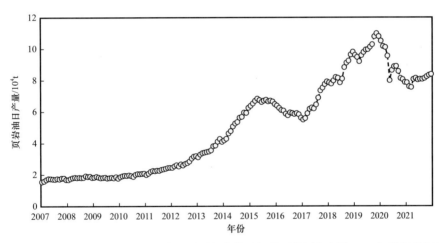

图 2-45　奈厄布拉勒组页岩油日产量随时间变化（据美国能源信息署 2020 年数据绘制）

3）未来发展潜力与趋势

奈厄布拉勒组是北美地区新兴的海相页岩油生产区，在过去十余年里丹佛盆地的常规石油产量都相对稳定，年产量约 500×10⁴t。伴随页岩油资源的规模开发利用，石油年产量从 2009 年开始升至 700×10⁴t 左右，然后一路上扬，到 2018 年产量达到 2600×10⁴t，是原有产量的 5 倍多（图 2-46）。2019 年至 2020 年受全球低油价影响，石油年产量降至 2000×10⁴t 左右。应该说页岩油的成功开发改变了丹佛盆地石油产量相对较小的历史。如果未来油价依然在中高位波动变化，丹佛盆地页岩油产量会保持相对稳定，预计 2030 年产量大致在 2500×10⁴～3000×10⁴t/a 之间。

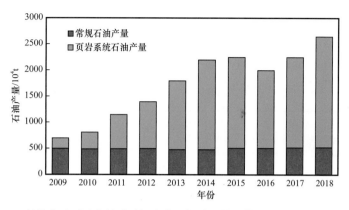

图 2-46　丹佛盆地石油产量随时间变化（据美国能源信息署 2020 年数据绘制）

二、成功经验

1. 基础研究先行支撑页岩油勘探领域突破

找油哲学告诉我们，油气首先应该在地质家的脑海里形成，这就是说当地质家对找油前景的认识枯竭了，获得油气发现的可能性就没有了。美国页岩油气的成果几乎无一例外都是在已知的产油气区，那里相对于常规油气资源来说，都早已是成熟探区，油气资源的探明率已相当高。页岩油的发现是在一个传统油气成藏理论视为"禁区"的领域获得的重大突破。这一重大突破的直接原因是水平井和多段、多簇压裂技术的革命性进步，可以变经济无效资源为经济可利用资源，大大改变了全球油气供应潜力与地缘政治格局。间接的原因就是超前部署的基础研究大大改变了对传统油气成藏理论判了"死刑"的一些新领域找油气前景的认识。同时，这些理论让一些敢于吃螃蟹的勘探家（如乔治·米歇尔）相信这些新领域值得冒风险，也愿意投入去研发把这些不同于传统领域的油气拿出来的技术途径。在页岩油勘探开发过程中，重视基础研究并长期支持是美国海相页岩油成功的重要因素。美国政府为页岩油气等非常规资源开发利用制定了明确的战略目标，并长期给予扶持。专门设立了非常规油气资源研究基金，从 20 世纪 80 年代开始，投入 60 多亿美元，其中用于相关理论和技术研究的费用约为 20 亿美元（EIA，2017）。联邦政府和州政府还制定了针对非常规资源的补贴和扶持政策，如《能源意外获利法》中明确规定非常规能源开发享受税收补贴政策；《美国能源法案》规定，政府在 10 年内，每年投资 4500 万美元用于非常规油气技术研发（金之钧等，2020）。基础研究的长期积累与投入，为领域的突破提供了重要保障。以威利斯顿盆地为例，已有的研究关注重点在巴肯组，较少关注其他层系。然而，Skinner 等（2015）、Johnson（2018）通过对威利斯顿盆地的整体构造格局与岩相古地理研究，发现在巴肯组下部的普朗浩恩段具有大面积分布的特征，单层最大厚度超过 15m。精细源储组合解剖证实，巴肯组下段富有机质页岩生成的烃类可就近运移至普朗浩恩段储层中，形成规模石油聚集。储层平均孔隙度为 5%～6%，最大孔隙度超 12%，平均渗透率为 0.4～0.6mD，平均含油饱和度为 81%。相关研究坚定了石油公司进军普朗浩恩段页岩油的信心。美国中型上游勘探开采公司——

怀特石油（Whiting Petroleum）公司购买了威利斯顿盆地页岩油资产，首先围绕普朗浩恩段开展石油勘探，截至 2018 年底，怀特石油公司已完成钻井 180 口，单井最高日产突破 286.3t，获得了良好的经济效益。普朗浩恩段页岩油的突破，进一步增大了威利斯顿盆地页岩油的资源潜力与发展前景。

2. 立足"甜点"核心区评价优选，支撑大规模上产

立足页岩油富集高产区 / 段优先开发是北美页岩油勘探开发取得成功的又一重要经验。显然，页岩油"甜点区 / 段"不仅单井产量高、单井累计采出量大，而且效益好，投资回报率高，可以较快收回投资，并支撑相对充裕的资金周转以扩大勘探。北美地区的不同页岩层系经济性存在较大差异，即使是同一页岩油系统，由于地质非均质性及其他因素影响，经济性也有较大不同。以西部海湾盆地鹰滩组页岩油为例，得克萨斯州德威特（Dewitt）郡的平衡价格仅为 23 美元 /bbl，而得克萨斯州艾恩（Irion）郡的平衡价格，达到 58 美元 /bbl，二者相差 1.5 倍（2018 年）。因此，石油公司在勘探生产时，优先开发平衡价格相对较低的"甜点区 / 段"。从区带选择看，目前北美四个重点页岩油生产区在保证 10% 内部收益率前提下，二叠盆地狼营组页岩油开发成本最低为 22 美元 /bbl，鹰滩组页岩油为 25 美元 /bbl，巴肯组页岩油和奈厄布拉勒组页岩油成本为 38~40 美元 /bbl。从最低成本看，二叠盆地页岩油发展潜力更大，现阶段不仅产量最高，而且上产最快。

3. 工程技术和工艺创新有效提高单井产量与累计采出量

在低油价条件下，石油公司发展思路发生了重大转变，从以往的急于扩大矿权面积转向维持或缩小矿权面积但加大降成本提效益的组织与投入。在已有矿权区内，一方面重点加强对已有生产井的二次改造，通过重复压裂、立体压裂技术措施，提高井的生产寿命和单井累计采油量。以鹰滩组页岩为例，卡里索（Carrizo）石油公司（2015 年）通过上述两项技术，将鹰滩组页岩油钻井的井间距由 110m 减小至 83m、67m 和 55m，对应的页岩油可采储量动用程度分别提高了 20%、45% 和 80%。另一方面是进一步聚焦开发层系与压裂对象，不搞"撒网式"开发探索，聚焦重要"甜点"段，通过优化技术手段，降低成本并提高产量。以二叠盆地狼营组页岩油为例，2015 年之前，各大石油公司多层段探索，从上覆斯帕贝瑞组到狼营组，钻井深度与压裂改造规模也不断扩大。大量钻探实践结果表明，狼营组云质砂岩、泥灰岩与岩屑砂岩，开发效果最好。因此，越来越多的开发商将重心放到这一层段，获得了高产和良好效益。单井初始产量普遍大于 55t/d（400bbl/d），最高可达 220t/d（1600bbl/d）。

4. 甲乙方通力合作实现低成本开发，提高页岩油开发的竞争力

依靠技术进步降本增效已成为北美页岩油产业在低油价条件下实现规模效益开发的关键，而技术进步的快速发展又得益于甲乙方的通力合作。首先甲方为降低成本向乙方提出明确的技术要求，同时，为弥补乙方的利润降低，承诺在乙方新技术开发出来以后优先使用，并给予足够的工作量保证，以使乙方在摊薄利润后，通过规模服务实现总效益不降，是低油价环境中甲乙方"抱团取暖"的最佳选择；其次是乙方也有意愿在低

油价条件下降低自己的收益，并愿意与甲方一道度过低油价难关。同时，积极增加研发投入，加快自身技术升级发展的进程，这为页岩油开发大幅降低成本并提高单井产量创造了条件，是页岩油在低油价时仍能保持规模发展的关键。这期间出现了一系列新技术、新工具和新工艺，如工厂化作业、连续油管、裸眼完井、一趟钻与导向钻井技术等，对缩短钻完井时间、大幅提高单井产量和有效降低成本等都发挥了重要作用。以绿洲（Oasis）石油公司为例，2017年该公司在巴肯组页岩油的单井总成本是1060万美元，通过甲乙方合作，成本降至740万美元，钻井周期从24天降为16天，总的运行成本降低了35%。大陆能源公司（2017年）在巴肯组页岩油单井钻井成本降低了30%，而2016年对应的单井最终可采储量比2014年提高了45%；代文（Devon）石油公司（2018年）在鹰滩组采用错列式立体压裂技术，将钻井效率提高了50%，并降低完井成本25%；卡里索石油公司（2018年）在鹰滩组页岩油开发中采用裸眼完井技术，将单井钻井成本与完井成本分别降低了21%和27%，单井最短钻井周期仅为7.79天（井深2400m，水平段长度2400m）。在奈厄布拉勒组页岩油开发中单井成本从2010年的670万美元降至2015年的300万美元左右，页岩油开发效益得到明显改善。

第四节　海相页岩油发展展望

一、资源潜力

美国海相页岩油开发已经取得了巨大成功，这得益于技术进步、成熟的市场条件、良好的基础设施建设与资源品质和赋存环境的相对良好性。据美国能源信息署评价，全球页岩油技术可采资源总量为 $574 \times 10^8 t$（$4189 \times 10^8 bbl$），主要分布在46个国家的104个盆地总计170多个页岩层系中。北美是页岩油资源最为丰富的地区，其次为东欧和亚太地区（图2-47）。美国、俄罗斯和中国是页岩油资源最为丰富的国家，可采资源量分别为 $107 \times 10^8 t$（$782 \times 10^8 bbl$）、$101 \times 10^8 t$（$746 \times 10^8 bbl$）和 $44 \times 10^8 t$（$322 \times 10^8 bbl$），分别占全球的19%、18%和8%。另外，页岩油资源较为丰富的国家还有阿根廷、利比亚、阿拉伯联合酋长国、乍得、澳大利亚、委内瑞拉和墨西哥等。上述这十个国家拥有的页岩油资源总量占全球页岩油资源总量的四分之三以上（美国能源信息署，2013）。应该指出，中国尽管页岩油资源比较丰富，但主要是陆相页岩油；中国海相页岩油的资源潜力，从目前资料看总量并不大。

从页岩油资源的地域分布看，北美大陆是主体，也是现阶段页岩油生产发展规模最大的地区，其次是俄罗斯。由于俄罗斯常规油气资源丰富，现阶段还无暇顾及页岩油的大规模开发，未来如果俄方给予重视，其增产潜力较大。

美国地质调查局（2008）对北美重点盆地页岩油剩余资源潜力进行了评价，威利斯顿盆地巴肯组页岩油待发现的技术可采资源量为 $4.2 \times 10^8 \sim 5.9 \times 10^8 t$（$30 \times 10^8 \sim 43 \times 10^8 bbl$）；西部海湾盆地鹰滩组页岩油待发现的技术可采资源量为 $1.2 \times 10^8 t$（$9.94 \times 10^8 bbl$），天然气资源

量为 $1.42×10^{12}m^3$（$52.428×10^{12}ft^3$），液化天然气资源量为 $2.8×10^8t$（$20.59×10^8bbl$）。二叠盆地页岩系统内待发现的技术可采石油资源量为 $96.2×10^8t$（$709.69×10^8bbl$），天然气资源量为 $9.44×10^{12}m^3$（$335.085×10^{12}ft^3$），液化天然气资源量为 $31×10^8t$（$226.09×10^8bbl$）（表 2–3）。

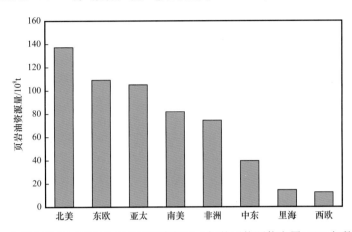

图 2-47　全球主要地区页岩油技术可采资源量（据美国能源信息署 2013 年数据整理）

表 2–3　美国地质调查局对二叠盆地页岩油开展的资源评价结果

	资源	2007 年	2016 年	2017 年	2018 年
石油	剩余技术可采资源量	$0.7×10^8t$（$510×10^8bbl$）	$27.3×10^8t$（$19948×10^8bbl$）	$5.8×10^8t$（$4240×10^8bbl$）	$63.4×10^8t$（$46271×10^8bbl$）
	评价对象与范围	二叠盆地—斯帕贝瑞组	米德兰盆地—狼营组	米德兰盆地—斯帕贝瑞组	特拉华盆地—狼营组；二叠盆地—骨泉组、阿瓦轮组
液化天然气	剩余技术可采资源量	$1.1×10^8t$（$7.85×10^8bbl$）	$2.2×10^8t$（$15.96×10^8bbl$）	$0.4×10^8t$（$3.11×10^8bbl$）	$27.3×10^8t$（$199.17×10^8bbl$）
天然气	剩余技术可采资源量	$35.34×10^{12}ft^3$（$1.0×10^{12}m^3$）	$16×10^{12}ft^3$（$0.45×10^{12}m^3$）	$3109×10^{12}ft^3$（$0.09×10^{12}m^3$）	$280.6×10^{12}ft^3$（$7.9×10^{12}m^3$）
	评价对象与范围	特拉华盆地—伍德福德组、巴奈特组；米德兰盆地—伍德福德组、巴奈特组	米德兰盆地—狼营组	米德兰盆地—斯帕贝瑞组	特拉华盆地—狼营组；二叠盆地—骨泉组、阿瓦轮组
油气总量	剩余技术可采资源量	$11.8×10^8t$ 油当量	$24×10^8t$ 油当量	$7.1×10^8t$ 油当量	$169.7×10^8t$ 油当量

二、未来发展展望

对全球页岩油未来发展，有国内外多家研究机构进行了预测，总体看页岩油在未来相当一个时期内将继续保持增长态势，其中最主要的产量仍然来自美国，占全球页岩油总产量的七成以上，在可以预见的未来 5～10 年内，仍看不到世界其他还有替代美国的产区出现。

根据美国能源信息署预计，到 2040 年全球页岩油产量将达到 $142×10^4$t/d（$1036×10^8$bbl/d）（年产约 $4.7×10^8$t/ 按 330 天统计）（$43.2×10^8$bbl/a）。BP 石油公司预计 2035 年全球页岩油产量可达 $137×10^4$t/d（$1000×10^4$bbl/d）；国际能源信息署预测的页岩油产量也在这一区间内，但对美国以外的产量预测则更为积极，认为到 2040 年日产量将达到 $49×10^4$t（$350×10^4$bbl）（年产约 $1.62×10^8$t）。其中澳大利亚、中国等页岩油产量将会有显著增加。

据美国能源信息署预测，美国页岩油产量会在 2025 年前后达到峰值，即超过 $5×10^8$t，占美国石油总产量的三分之二以上，并大体保持这一产量水平至 2030 年，之后有可能逐年降低，到 2050 年产量会降至 $4.4×10^8$t，占美国石油总产量的比例仍在一半以上（图 2-48）。

总体看，页岩油产量递减比较快，美国页岩油产量要保持长期稳产难度很大。因此 2025 年以后，即使美国继续保持较大规模的产能增长，也难以弥补产量的递减。预计 2025 年以后，全球页岩油产量的增长将主要来自美国以外的地区。

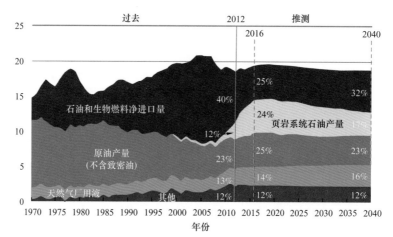

图 2-48　美国原油产量与页岩系统石油产量占比情况预测（据 EIA，2017）

1. 已知生产区产量变化趋势与稳产潜力

从全球范围看，海相页岩油已知生产区主要集中在美国，包括二叠盆地狼营组、西部海湾盆地鹰滩组、威利斯顿盆地巴肯组、丹佛盆地奈厄布拉勒组及阿纳达科盆地页岩油。根据美国能源信息署相关报告，他们统计了过去七年五个页岩油产区产量变化。其中，阿纳达科盆地页岩油产量保持相对稳定，年产量介于 $2000×10^4$～$2500×10^4$t，2019 年产量最高，达 $2750×10^4$t 左右；威利斯顿盆地巴肯组页岩油产量呈逐渐增加趋势，年产量从 2014 年的 $5500×10^4$t 增长至 2019 年的 $7000×10^4$t，随后保持稳定，2020 年的产量与 2019 年大致持平；鹰滩组页岩油年产量呈先增后降而后趋于稳定，2015 年产量达到峰值 $7750×10^4$t，而后下降至 2016 年的 $5750×10^4$t，随后缓慢增长，至 2020 年产量约 $6500×10^4$t；丹佛盆地奈厄布拉勒组页岩油年产量呈缓慢增长态势，2014 年产量为 $1875×10^4$t，2020 年产量达到 $3750×10^4$t；二叠盆地是目前美国页岩油产量增长最快的产区，自 2014 年起石油产量一直呈快速增长趋势，2020 年石油产量达 $2.3×10^8$t 左右（图 2-49）。

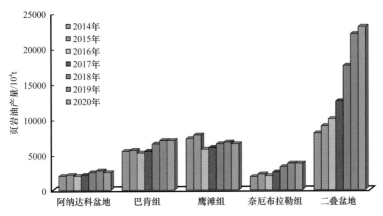

图 2-49　美国页岩系统石油产量占比情况预测（据 EIA，2022）

从美国 5 大页岩油产区产量变化看，自 2018 年以来，产量一直呈现增加态势，但近期产量增长趋缓，比如 2019 年页岩油总产量比 2018 年增加了 6000×10⁴t，而 2020 年页岩油总产量仅比 2019 年增加了 500×10⁴t，2021 年页岩油总产量与 2020 年基本持平，有三方面原因所致：一是新冠肺炎疫情导致需求下降；二是页岩油产量递减快，弥补递减需要产能建设规模较大，2019—2020 年的低油价对投资影响较大，限制了产能建设规模；三是美国优先开发"甜点"的策略虽然对保证油公司效益和快速上产是有益的，但实际上是优质资源得到了优先开发，那剩余资源品质相应会变差，在此情况下决定投入新产能建设的储量在上产能力与效益上都不如"甜点区"，这是美国页岩油上产出现趋缓甚至在不久的将来出现产量下降的一个值得关注的原因。因此，综合已知生产区产量变化趋势，未来美国主要页岩油产区产量大幅度提升的可能性虽不能完全排除（比如油价一直处于高位），但大幅度增加的可能性较小。

2. 新区建产能力预测

从 2008 年巴肯组页岩油成功突破算起，美国页岩油商业性开发已经历了 13 年。页岩油勘探范围由威利斯顿盆地，发展到西部海湾盆地，再到二叠盆地、丹佛盆地与阿纳达科盆地。需要注意的是，美国石油公司对页岩油的勘探并不局限在这 5 个页岩油产区，针对西部洛杉矶盆地、绿河盆地、阿巴拉契亚盆地等众多具有页岩油勘探前景的盆地都进行了探索，目前尚未取得规模性商业产量。

如前述，美国油公司首先开发资源丰度较高、经济效益最好的"甜点区"，特别是从 2014 年全球油价出现断崖式下跌后，更是将全部的钻井与投资放到具有经济开发价值的"甜点区"，通过采取加密钻井、重复压裂等工业措施，保证了近 8 年来美国页岩油产量保持相对稳定增长。从 2019 年开始，美国页岩油主要产区产量增长缓慢，基本保持相对稳定。在现有资源基础上，若油价不出现大幅度增长和高油价长期保持的情景，美国页岩油要保持持续增长难度很大。未来"非甜点区"开发是弥补产量递减和实现产量增长的主要资源基础。"非甜点区"的资源占比约 70%。图 2-50 展示了自 2010 年到 2015 年奈厄布拉勒组页岩油开发成本的变化，单口成本从 2010 年的 650 万美元降低至 2015 年的

300 万美元。在此期间，除了技术进步带来的成本降低之外，聚焦"甜点区"开发也是成本降低非常重要的因素。因此，尽管"非甜点区"具有更大的资源潜力，但其开发成本可能在现有成本基础上提高 50%，这是限制北美页岩油未来产量快速增长的重要原因。

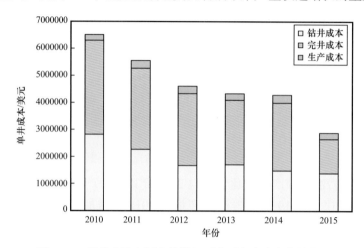

图 2-50　丹佛盆地奈厄布拉勒组页岩开发成本变化趋势图

3. 技术进步提高采收率潜力评价

据不完全统计，美国海相页岩油采收率较低，总体小于 10%。目前采用的提高采收率方法主要包括注水开发、化学驱及注气法等。在注水开发方面，克雷森特普恩特（Crescent Point）公司在巴肯组开展了小规模注水研究和先导试验。通过三年连续攻关，将巴肯组采收率从 9% 提高至 20%，但目前其他公司的试验效果均不理想。在化学驱方面，考虑到环境问题，目前在美国推广较少。在注气方面，空气、烟道气、烃气及二氧化碳是主要的气体类型，在页岩油方面应用较多的是注二氧化碳。在已公开的文献中，在北达科他州小刀（Little Knife）油田和蒙大拿州南派恩（South Pine）油田开展了小型的注二氧化碳气体驱油现场试验，采收率较初次采油提高了 13%；2010 年巴肯石油（PetroBakken）公司在萨斯喀彻温省巴肯组致密储层开展短暂的注 CO_2 试验，采用关掉一口井进行短期注 CO_2 并焖井，随后 14 个月里，2 口替换井均增产累计 800t 以上。在美国阿伊布（Shoaib）、Hawthorne（霍桑）油田先后研究了水气交替注入和二氧化碳吞吐方法的应用潜力，表明当天然驱替衰竭后实施持续的二氧化碳驱替，可使巴肯组中段页岩油采收率提高 6% 以上。考虑到未来技术进步的潜力，北美页岩油的采收率基本可以提高 5%～10%。按照现在美国页岩油年产量 4×10^8～5×10^8t 规模计算，相当于多增加可采储量 2×10^8～4×10^8t。

综上所述，在油价保持中高位（布伦特油价为 65～75 美元 /bbl）条件下，未来 5 年美国页岩油产量总体可保持稳定，虽可能会有增长，但规模不大。也有乐观估计，美国 2025 年页岩油产量可达 6×10^8～10×10^8t，是否能达到这个目标，有待时间检验。未来全球页岩油产量能否有较大增长，可能要依靠美国以外的其他地区是不是有页岩油勘探开发的巨大突破。

CHAPTER 3
第三章

陆相富有机质页岩形成机理

页岩可形成于海相、海陆过渡相和陆相沉积环境，中国海相页岩集中发育在南方震旦系—中三叠统，海陆过渡相页岩主要发育于华北地区石炭系本溪组（C_2b）—二叠系太原组（P_1t）—山西组（P_1sh）和南方地区的二叠系梁山组（P_1l）—龙潭组（P_2l）。这些页岩埋藏较深，热成熟度较高，是发育页岩气的主要层位。相比而言，我国陆相页岩发育层系多，分布较广，大多数热成熟度适中，处于生成液态烃的最佳窗口范围，这为页岩油大面积形成分布提供了良好的条件。我国发育坳陷型和断陷型两大类湖盆，沉积环境差异大、变化快，陆相页岩的非均质性比较强，页岩组构、矿物含量、有机质丰度和类型等具有较大差异。这些差异使页岩生烃潜力、热转化状态、滞留烃数量和储集性能等具有较大的横向变化，因此需要有针对性地开展评价工作。

本章主要从陆相页岩形成环境、组构特征、有机质富集因素、地球化学特征等方面介绍认识进展，以期使读者对我国陆相页岩发育特征和成因有一个比较全面的了解。考虑到我国陆相页岩在淡水湖盆和咸化湖盆均发育，因此本章分别以两类湖盆的典型页岩为例，对比分析其特征、差异及形成机理，为富有机质页岩评价和预测提供认识支撑。

第一节　陆相细粒沉积岩形成环境

我国陆相湖盆细粒沉积分布广泛，主要发育于二叠纪、三叠纪、侏罗纪、白垩纪、古近纪和新近纪等多个时代。二叠纪在准噶尔盆地发育风城组（P_1f）、芦草沟组（P_2l）、夏子街组（P_2x）和乌尔禾组（$P_{2-3}w$）页岩；三叠纪在鄂尔多斯盆地发育延长组九段（T_3y_9）、延长组七段（T_3y_7）页岩；侏罗纪在中西部地区形成大范围含煤建造，相对较纯的页岩不多，且多偏灰绿色（如中侏罗统三工河组），有机质丰度偏低。在四川盆地发育的中—下侏罗统自流井组（$J_{1-2}z$）内陆浅湖—半深水湖相页岩，有机质丰度较高，其中TOC 大于 1.0% 的页岩层段较多，但 TOC 大于 2.0% 的层段偏少。虽然目前在该套页岩层中也获得了较高的"页岩油"日产量，主要原因是存在裂缝和超压，但实际上属于一种裂缝型油藏，与纯正的页岩油藏尚有不同，后者的油气主要来自基质孔隙。页岩油藏要形成经济性的累计产量，需要较高的 TOC 含量，一般须大于 2.0% 或更高。白垩纪在松辽盆地发育上白垩统青山口组（K_2q）、嫩江组（K_2n）两套富有机质页岩层系。下白垩统沙河子组（K_1s）和营城组（K_1y）页岩虽然也是有效烃源岩，且对已经发现的天然气藏形成提供了气源贡献，但从页岩气和页岩油勘探来看，前景不够理想。古近纪在渤海湾盆地发育沙河街组一段（E_3s_1）、三段（E_3s_3）、四段（E_3s_4）和孔店组（E_3k）多套富有机质页岩，均是已知的有效烃源岩，也是页岩油勘探的重点层系。鄂尔多斯盆地延长组和四川盆地自流井组是典型的淡水湖盆沉积；准噶尔盆地二叠系、柴达木盆地古近系、新近系，渤海湾盆地古近系是典型的咸化湖盆沉积。淡水和咸化湖盆均可形成富含有机质的细粒沉积岩，二者由于湖盆水体环境、生物类型与数量、沉积过程等都存在差异，导致形成的细粒沉积岩，特别是作为页岩油母岩的页岩层段在有机质丰度与含油率等方面也有很大不同。此外，说到页岩油，世界上不用"泥岩油"这个概念，实际上间接反映出泥岩和页岩在形成页岩油方面的差异。页岩油多聚集（亦称滞留）于页岩层系中，泥岩有些层段是常规油气藏形成的主力烃源岩，也含有较丰富的有机质，但相较于页岩来说，有机质丰度仍偏低，且页理不发育而多见块状层理，这两个因素使泥岩在经济成矿与烃类从地层向人工缝网和井筒流动方面都远不如页岩。应该说，不论从有机质丰度、类型、页理发育程度与岩石脆性特征，还是从黏土矿物含量与成岩演化程度看，泥岩都不是页岩油富集成矿的最佳岩性组合。

本章以鄂尔多斯盆地延长组 7 段（以下简称"长 7 段"）和准噶尔盆地吉木萨尔凹陷芦草沟组为例，重点介绍淡水湖泊与咸水湖泊细粒沉积岩形成环境和基本岩性、岩相特征，以期为陆相页岩油富集成藏条件总结提供沉积学基础。

一、泥岩沉积环境与岩石组构特征

如前述，泥岩是指呈弱固结的黏土经中等程度或更弱的成岩作用形成的岩石，层理不发育或呈块状构造。泥岩的颗粒粒级与页岩并无明显不同，但二者的形成环境与沉积速率则有较大差异。通常，泥岩的沉积速率相对较高，沉积环境的不稳定性比页岩形成环境更大，有相当一部分厚层泥岩是由密度流形成的。泥岩虽包含较高含量的有机质，但因沉积速率高，有机质浓度（丰度）被稀释，故泥岩的有机质丰度总体不高。泥岩可以是常规油气藏形成的有效烃源岩，但要成为页岩油经济成藏的有效烃源岩却不多见，因为页岩油主要是有机质已经转化的油气在烃源岩内部的滞留，足够高的有机质丰度是保证烃源岩内部油气留滞量足够大的基础条件。

为从形成条件上分析页岩油形成机理与页岩、泥岩在形成页岩油上的差异，本单元分淡水和咸水两种环境专门讨论泥岩的形成环境与岩石学特征。

1.淡水湖盆泥岩沉积环境与岩石组构特征

淡水湖盆的典型代表是鄂尔多斯盆地中—上三叠统延长组，该套地层形成时湖盆展布范围非常广。湖盆原型的西部边界已越过六盘山，可能与河西走廊地区形成统一的原型盆地，向北可达兴安岭—蒙古造山带，南至祁连—秦岭造山带，东到太行山一带（图 3-1），原始湖盆面积远超现今盆地。长 7 段沉积期古地形总体呈东部宽缓（2°~2.5°）、西部陡窄（3.5°~5.5°）的不对称坳陷形态。孢粉组合及微量元素定量分析揭示，长 7 段沉积期鄂尔多斯盆地主体部位为温暖潮湿气候条件下发育的淡水湖泊。

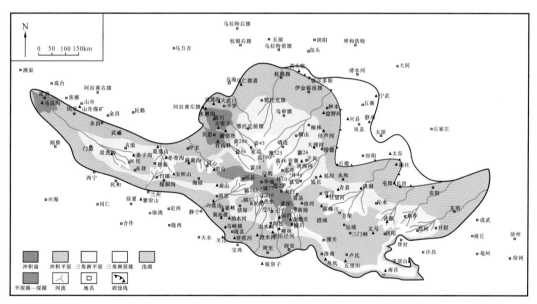

图 3-1 晚三叠世长 7 段沉积期鄂尔多斯盆地原型图（据阮壮等，2021）

长 7 段发育一套沉积厚度为 100~150m 的泥、页岩层段。泥岩和页岩的形成受沉积相带控制，页岩主要集中发育在长 7 段下部，以长 7_3 亚段为主，是一套高伽马、高电阻率、有机质超量富集的黑色页岩（图 3-2）。泥岩主要发育在长 7 段中上部，以长 7_{1+2} 亚段为主，是一套有机碳含量相对较低的灰色泥岩，与泥质粉砂岩、粉砂岩、细砂岩呈互层分布（图 3-2）。

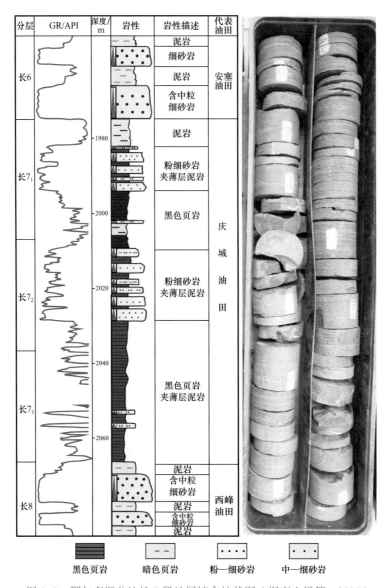

分层	GR/API	深度/m	岩性	岩性描述	代表油田
长6				泥岩	安塞油田
				细砂岩	
				泥岩	
				含中粒细砂岩	
长7₁		1980		泥岩	庆城油田
				粉细砂岩夹薄层泥岩	
		2000		黑色页岩	
长7₂		2020		粉细砂岩夹薄层泥岩	
长7₃		2040		黑色页岩夹薄层泥岩	
		2060			
长8				泥岩	西峰油田
				含中粒细砂岩	
				泥岩	
				含中粒细砂岩	
				泥岩	

图例：■ 黑色页岩　— 暗色页岩　···· 粉—细砂岩　·· 中—细砂岩

图 3-2　鄂尔多斯盆地长 7 段地层综合柱状图（据李士祥等，2020）

　　长 7 段泥岩段主要呈灰色，含砂量为 5%～20%，断口有粗糙感，泥岩岩屑通常质软且无结晶形状和结构构造。泥岩层面见槽模（图 3-3a）、沟模（图 3-3b）、重荷模（图 3-3c）和火焰构造等沉积现象，表明是在快速堆积下形成的产物。

　　泥岩中比较常见的沉积构造有块状构造（图 3-3d）、粒序构造（图 3-3e）和平行层理构造（图 3-3f）。碎屑颗粒直径一般小于 4μm，鱼牙、鱼鳞片、藻类化石常见，有时可发育少量介形虫和叶肢介。

　　泥岩在测井曲线上表现为中低电阻率（52～110Ω·m）、中高自然伽马（150～210API）、高密度（2.4～2.65g/cm³）、高声波时差（235～270μs/m）的特征，声波时差和密度跳跃的现象不突出（付金华等，2013）。

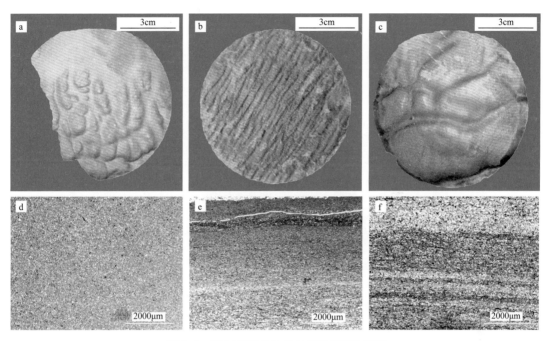

图 3-3　鄂尔多斯盆地长 7 段泥岩组构特征

a. 泥岩，槽模，庄 143 井，1861.2m；b. 泥岩，沟模，宁 23 井，1621.4m；c. 泥岩，重荷模，里 231 井，2080.7m；d. 西 233 井，1987.7m，泥岩，块状构造；e. 西 233 井，1973.0m，泥岩，粒序层理构造；f. 元 284 井，2348.5m，平行层理构造

2. 咸化湖盆泥岩沉积环境与岩石组构特征

早二叠世初期，准噶尔—吐鲁番板块已与周缘板块基本完成拼合，四周山脉抬升隆起，海水依次从西准噶尔海槽—北天山海槽向东南方向退出，形成近海封闭咸化湖盆（图 3-4）。沉积环境主要包括滨湖、浅湖、半深湖—深湖环境及扇三角洲环境，局部地区存在冲积扇和河流环境，发育一套由陆相碎屑岩、泥质岩夹碳酸盐岩组成的沉积组合。吉木萨尔凹陷位于湖盆的东南部，靠近沉积中心，总体以细粒沉积为主，间夹石灰岩、白云岩、白云质页岩、粉砂质泥岩与粉细砂岩；凹陷东南部与北部受三角洲物源影响，发育粉砂级长英质碎屑岩。芦草沟组沉积期水体循环较弱，广泛发育白云质混积岩。

依据古生物、特征矿物、元素地球化学特征并结合古地理背景，认为当时准噶尔盆地东部为陆缘近海湖泊环境，芦草沟组整体处于半咸水状态的弱还原—还原环境。P 和 B 元素相对富集，B/Ga（约 5.6）、Sr/Ba（约 0.9）值较高，都表明属于半咸水沉积环境，可能受到海水影响或间歇性受海水影响；V/（V+Ni）（约 0.77）、V/Ni（约 3.2）、Cu/Zn（约 0.47）、Ni/Co（约 1.9）和 U/Th（约 0.8）值说明沉积环境为咸化的弱还原—还原环境；Mn/Fe 和 Mn/Ti 的平均值分别为 0.03 和 0.24，都相对较小，反映为近岸沉积环境；Sr/Cu 最小为 1.95，最高可达 7.4，其余在 3~4 之间，表明主体处于较干热气候（彭雪峰等，2012）。间歇性海水注入使湖水迅速咸化造成非海相生物群体死亡，有利于有机质富集形成黑色页岩。

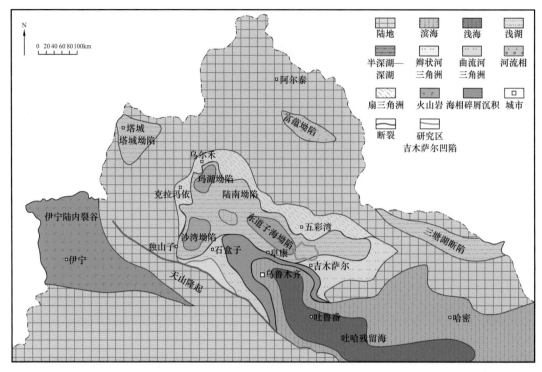

图 3-4　准噶尔盆地中二叠世岩相古地理平面分布图（据朱如凯等，2007，修改）

芦草沟组下部产介形类化石，中部产软舌螺 *Hyolithes* sp. 及鱼鳞化石，上部富产介形类 *Tomiella accurate*、*T.tschernyschewi*、*T.*sp.、*Kemeroviana*？ sp.、*Darwinula* sp. 等； 鱼类 *Turfania taoshuyuanensis*、*Tienshaniscus langipterus*、*Sinoniscus* sp. 等；植物 *Cordaites* sp.、*Rufloria* sp. 等；孢粉 *Cordaitinaspp langipterushernyschewi* 组合，顶部产一层多毛类栖管化石 *Acerrotrupa* sp.、？ *Sinoditrupa conica* 等（廖卓庭等，1998）。

应用化学地层学（Chemo-stratigraphy）恢复古环境指标，发现芦草沟组沉积时期古湖水具有咸化程度较高、变化频繁的特点。初期属于气候温暖的半咸水环境，随后气温明显升高，盐度增大，生物生产力较强，保存了大套富有机质泥页岩。随后气温更温湿，降雨增多，水体逐渐加深，湖水盐度下降，到芦草沟组沉积中期气候已转为更加温湿，盐度降低到半咸水状态，生物生产力进一步升高，有机质堆积量和丰度都增加。到芦草沟组沉积晚期，气候再次转为炎热，盐度再次升高（图 3-5）。

综合层序地层、岩性组合、测井响应、岩石物性、地球化学和沉积构造等信息，将芦草沟组自上而下划分为 6 段（L1—L6），沉积构造总体以水平层理为主，自下而上水平纹层逐渐减少（图 3-6）。露头和钻井取心显示，芦草沟组的矿物组成从下至上具有白云石含量逐渐增多、方解石含量则自下而上逐渐降低趋势（图 3-6）。井井子沟露头剖面从沉积特征看，位于芦草沟组沉积中心部位，上部发育富有机质页岩夹薄层白云岩和白云质泥岩，是一套以深湖—半深湖为主的沉积组合；下部以泥岩、白云质泥岩为主，间夹粉细砂岩比例增多，代表着沉积水体有所变浅，以半深湖—浅湖沉积为主（图 3-6）。

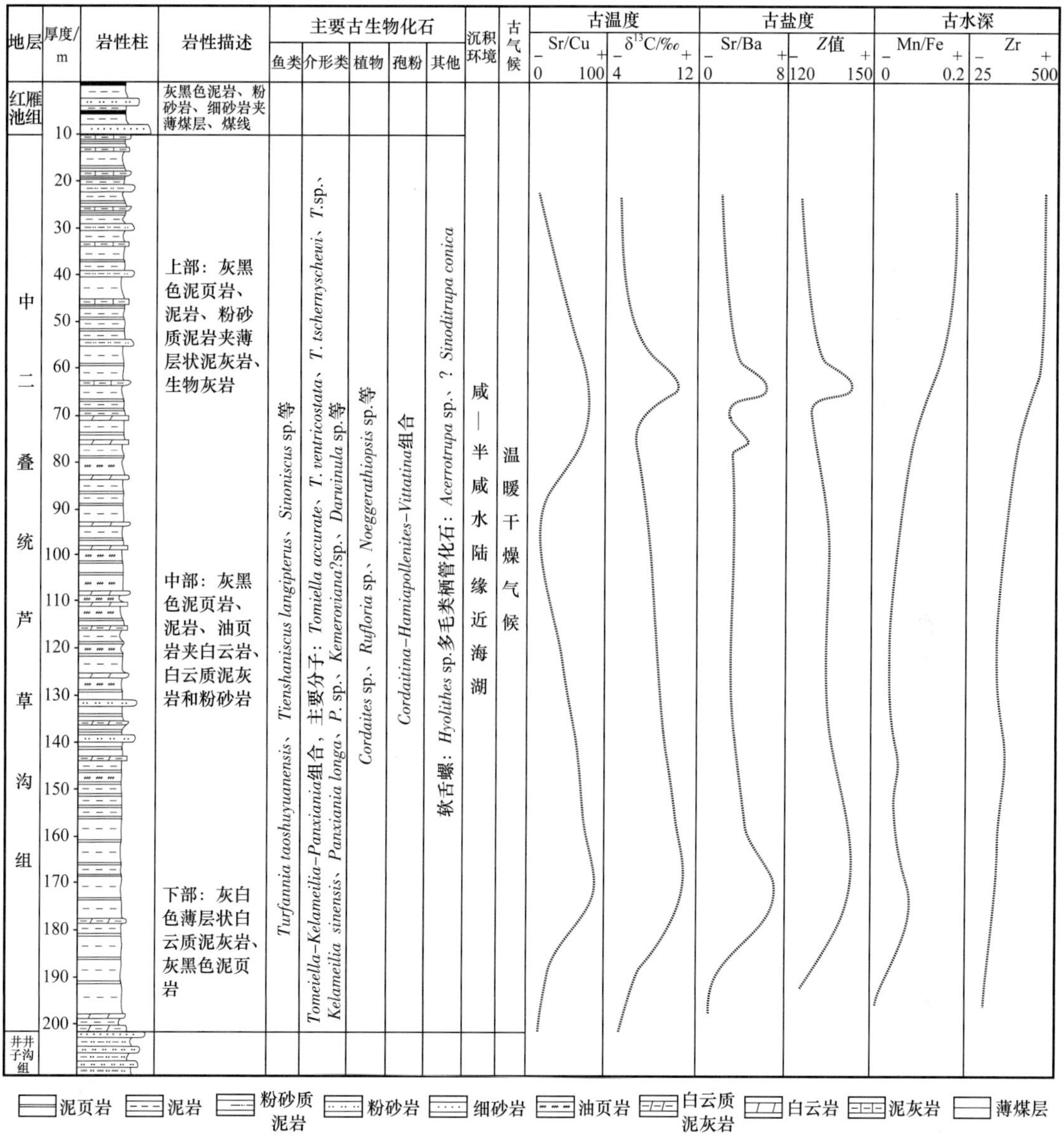

地层	厚度/m	岩性柱	岩性描述	主要古生物化石 鱼类	介形类	植物	孢粉	其他	沉积环境	古气候	古温度 Sr/Cu 0—100	δ¹³C/‰ 4—12	古盐度 Sr/Ba 0—8	Z值 120—150	古水深 Mn/Fe 0—0.2	Zr 25—500

红雁池组：灰黑色泥岩、粉砂岩、细砂岩夹薄煤层、煤线

中二叠统芦草沟组

上部：灰黑色泥页岩、泥岩、粉砂质泥岩夹薄层状泥灰岩、生物灰岩

中部：灰黑色泥页岩、泥岩、油页岩夹白云岩、白云质泥灰岩和粉砂岩

下部：灰白色薄层状白云质泥灰岩、灰黑色泥页岩

主要古生物化石（植物）：*Turfannia taoshuyuanensis*、*Tienshanisus langipterus*、*Sinoniscus* 等，主要分子：*Tomeiella accurate*、*T. tschernyschewi*、*T.sp.*、*Tomeiella*、*T. ventricostata*、*Kemeroviana?sp.*、*Darwinula sp.* 等

（介形类）：*Cordaites sp.*、*Rufloria sp.*、*Noeggerathiopsis sp.*、*Kelameilia sinensis*、*Panxiania longa*、*P. sp.*、*Panxiania?sp.*

（植物/孢粉）：*Cordaitina—Hamiapollenites—Vittatina* 组合

（其他）：软舌螺：*Hyolithes sp.* 多毛类栖管化石：*Acerotrupa sp.*、*? Sinoditrupa conica*

组合

Tomeiella—Kelameilia—Panxiania 组合

沉积环境：咸—半咸水陆缘近海湖

古气候：温暖干燥气候

图例：泥页岩 泥岩 粉砂质泥岩 粉砂岩 细砂岩 油页岩 白云质泥灰岩 白云岩 泥灰岩 薄煤层

井井子沟组

图 3-5 准噶尔盆地吉木萨尔凹陷芦草沟组古环境演化综合柱状图（据齐雪峰等，2013，修改）

由于混积作用，芦草沟组发育的泥岩共有三类，即白云质泥岩（图 3-7a）、长英质泥岩（图 3-7b）和灰质泥岩（图 3-7c），以长英质泥岩为主。长英质泥页岩大多形成于近物源的浅水环境，长石含量最高，石英其次，白云石和方解石含量偏低。泥岩大多显示块状构造（图 3-7b），部分可见扰动构造（图 3-7e、f）。因含砂量不同，颜色以深灰色—浅灰色为主。泥岩中含有不同程度的生物活动遗迹、生物颗粒、鱼化石等。部分泥岩中方解石含量较高，后期重结晶形成粗晶方解石组分，主要呈层状和片状分布于碳酸质、云质与黏土颗粒中。深水重力流沉积发育较为局限，由于距物源较远，搬运、分选时间长，因此粒度相对较细，具有截切、球枕和白云质团块等重力流沉积标志。

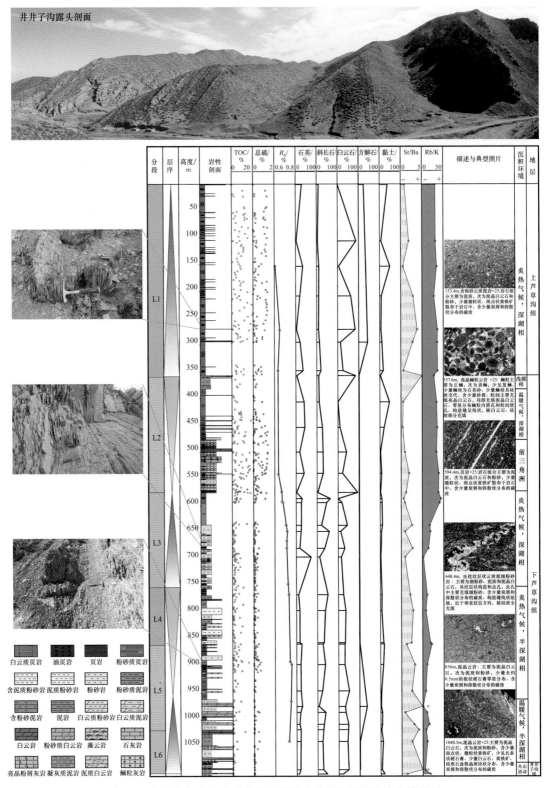

图 3-6　新疆乌鲁木齐地区井井子沟露头芦草沟组岩性综合柱状图

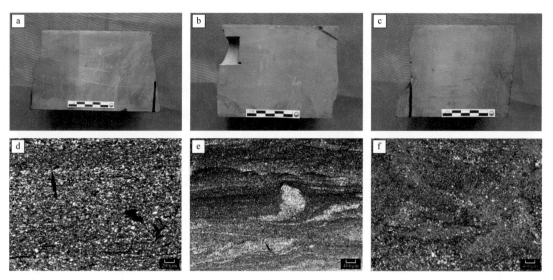

图 3-7 准噶尔盆地吉木萨尔凹陷芦草沟组泥岩组构特征

a. 吉 174 井，3209.5m，白云质泥岩，块状构造；b. 吉 174 井，3167.9m，长英质泥岩，块状构造；c. 吉 174 井，
3125.1m，灰质泥岩，块状构造；d. 吉 174 井，3293.5m，白云质泥岩，镜下块状构造；e. 吉 174 井，3208.0m，长英质
泥岩，镜下见明显扰动构造；f. 吉 251 井，3768.7m，灰质泥岩，镜下见弱扰动构造

通过淡水湖盆和咸化湖盆的沉积对比，可以看出在两类湖盆中形成的泥岩虽然均以块状构造为主，但是在形成环境、沉积过程和沉积特征方面均存在较多差异。首先，二者沉积水体的盐度相差较大，且对应着不同的气候背景。淡水湖盆通常与温湿气候对应，而咸水湖盆通常是在干热气候环境发育。其次，淡水湖盆通常湖域更广，因此湖相沉积面积更大，咸水湖盆湖域相对较小，所以湖相沉积范围，特别是深湖—半深湖相沉积面积较小。再次，由于盐度偏高，咸水湖盆更容易发育碳酸盐岩—膏岩沉积组合，常常与长英质碎屑岩形成混积，这在吉木萨尔芦草沟组中非常典型。最后，值得注意的是，淡水湖盆形成的泥岩常见重力流沉积构造，而咸化湖盆泥岩则发育较多的扰动构造。

二、页岩沉积环境与岩石组构特征

当油气勘探开发从源外进入源内以后，学术界和工业界都对页岩沉积环境与岩石组构的研究越来越关注。沉积环境是决定页岩矿物组成、沉积构造与有机质含量、类型和分布的重要因素，可以通过沉积环境的系统研究，回答有机质优势组分超量富集、黏土矿物含量及黏土和长英质颗粒构成的微纳米孔隙空间分布与结构特征，以及页理发育程度等重要基础问题，为页岩油富集区/段优选评价和建立科学合理的开发层系与方案提供基础。岩石组构是决定页岩允许可动烃物质在其中流动的重要因素，也是决定页岩可人工改造程度的重要条件，与页岩油的选区、选井及实现最佳开发效果密不可分，这是本单元专门讨论该问题的关键原因。

1.淡水湖盆页岩沉积环境与岩石组构特征

鄂尔多斯盆地晚三叠世长 7 段沉积期，由于不均衡的湖盆沉降，尽管湖盆底床起伏较大，但形成的湖盆面积达至最大，湖水深度也较大，因而发育大面积深湖区。地球化学元素比值结合孢粉组合分析，综合确定长 7 段沉积期为古气温大于 15℃ 的温带—亚热带气候特征（付金华等，2018）。在温暖潮湿气候下，水系发育、光照充足、物源区风化程度高，有较多的营养物质被水流带入湖盆中，为浮游生物勃发创造了有利条件，具有极高的生物生产力。同时，温暖潮湿气候下形成稳定繁盛的植被，陆地上土壤受到固化，由河流及风力等搬运到湖泊中的碎屑物较少，又降低了沉积物对有机质的稀释作用。并且由于水体较深，为还原环境大面积发育创造了条件，有机质得以大量保存。长 7 段沉积期，有利的气候条件为有机碳超量富集、大面积厚层页岩形成奠定了基础。古盐度判识结果显示，长 7 段的古盐度较低，水体为淡水—微咸水（图 3-8）。

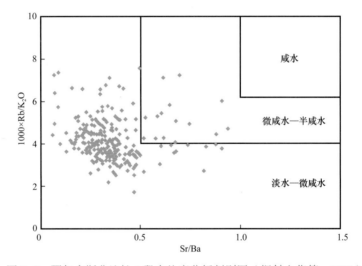

图 3-8　鄂尔多斯盆地长 7 段古盐度分析判别图（据付金华等，2018）

页岩集中发育在长 7 段下部，俗称"张家滩页岩"。岩心为黑色、褐黑色，新鲜面具油亮光泽，岩性纯，水平层理发育（图 3-9a）。常见鱼化石、鱼鳞片（图 3-9b、c、d、e）、鱼牙和藻类化石。夹较多空落型和水成型火山凝灰质纹层、砂质纹层和黄铁矿条带（图 3-9f、g）。该套黑色页岩富含有机质，有机碳含量平均值一般大于 10%（图 3-10），并且黄铁矿含量较高，可达 12%（图 3-10）。

在薄片下观察，页岩明显呈水平层理构造（图 3-10）。陆源碎屑物质供给不足，沉积速率低，底栖生物不发育，水体分层和季节性水体变化是页岩长英—有机质纹层发育的主要原因。其中，长 7 段页岩中有机质和黏土层常呈互层出现（图 3-11a）。除水平层理外，还见似波状纹理（图 3-11b）和透镜状黏土集合体（图 3-11c、d），代表着沉积环境总体稳定条件下，存在局部扰动或有机、无机沉积物输入的非均质变化。

图 3-9　鄂尔多斯盆地长 7 段页岩岩心典型照片（据付金华等，2013；李士祥等，2020）
a. 演 22 井，2671～2673m，长 7 段，页岩；b. 宁 36 井，1665.1m，长 7 段，鱼化石；c. 庄 80 井，2013.3m，长 7 段，
方鳞鱼鳞片化石；d. 正 11 井，929.3m，长 7 段，方鳞鱼鳞片化石；e. 西 259 井，1956.9m，长 7 段，鱼类化石；f. 午
100 井，1895.8m，长 7 段，星点状黄铁矿；g. 新 36 井，2188.6m，长 7 段，脉状黄铁矿

2. 咸化湖盆页岩沉积环境与岩石组构特征

准噶尔盆地吉木萨尔凹陷二叠系芦草沟组形成于大规模持续沉降的咸化湖盆环境。由于物源注入与湖水介质二者的联合作用，芦草沟组混积物占比较大。可划分出两个完整的三级湖侵—湖退层序，分别定名为芦一段下亚段和芦一段上亚段＋芦二段下亚段（图 3-12）。芦草沟组沉积时期总体处于干热气候，早中期气候相对干旱，湖水总体偏浅，碎屑岩占比较大，形成的泥页岩有机质含量总体偏低。芦一段下亚段是以湖侵（T1）开始的，主要发育浅湖—半深湖沉积环境，发育灰黑色泥页岩、深灰色泥岩夹灰色泥质粉砂岩（图 3-12）。从沉积厚度看，湖侵保持时间并不长，随后进入湖退期（R1），湖泊面积开始缩小，发育页岩与粉砂岩互层，页岩向上逐渐减少，而砂岩占比明显增多。芦草沟组沉积中晚期逐渐转为温暖潮湿气候（相当于芦一段上亚段至芦二段下亚段），古水深总体不断加大，湖盆范围明显扩大，持续时间变长，发育黑色泥岩夹泥质粉砂岩的细粒沉积地层（图 3-12）。此后又进入二次湖退期（R2），发育一套以粉砂岩为主的地层。最后是第三次湖侵（T3），以深色页岩为主。芦草沟组沉积期沉积中心位于凹陷南部，凹陷内芦草沟组厚度一般为 100～400m，总体上呈现南厚北薄的特点。

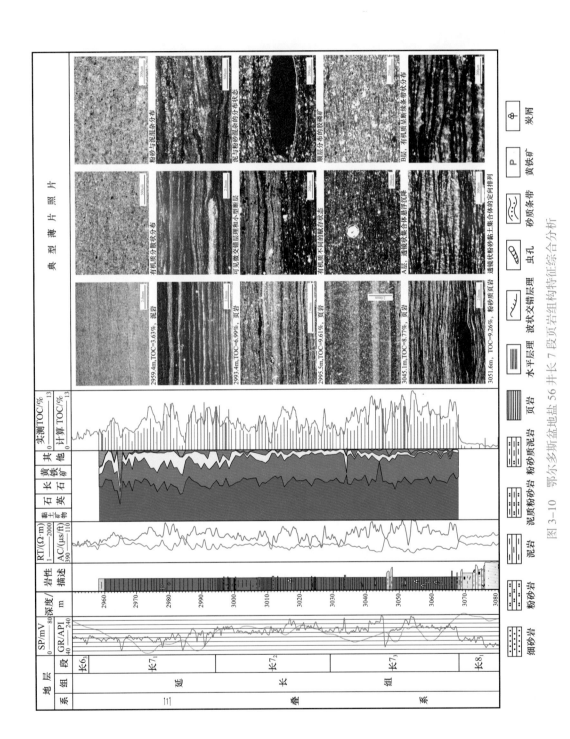

图 3-10 鄂尔多斯盆地盐 56 井长 7 段页岩组构特征综合分析

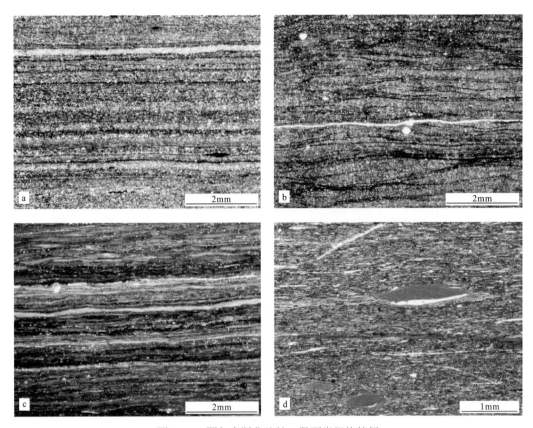

图 3-11 鄂尔多斯盆地长 7 段页岩组构特征

a. 里 231 井，2057.4m，页岩，长英—黏土有机质的二元纹层结构，TOC=8.6%；b. 里 147 井，2368m，似波状纹理和
交错纹层，有机质不连续分布，TOC=6.5%；c. 正 70 井，1959m，页岩，断续状有机纹层，TOC=16%；d. 黄 15 井，
2494.2m，透镜状黏土集合体纹理，TOC=11%

与泥岩发育类型相当，芦草沟组也有三类页岩：白云质页岩（图 3-13a、d）、灰质页岩（图 3-13b、e）和长英质页岩（图 3-13c、f）。白云质页岩在芦草沟组占主导地位，主要分布于地层中上部，灰质页岩集中在地层的底部，长英质页岩仅在局部层段发育。白云质页岩的白云石含量较高，平均达 32%，黏土矿物和方解石含量偏低，平均分别为 9.8% 和 4.4%。灰质页岩中的方解石含量平均可达 41.6%，白云石平均含量为 9.0%。长英质页岩主要由石英（平均含量 32.3%）和斜长石（平均含量 30.2%）组成，黏土矿物（平均含量 17.4%）、白云石（平均含量 6.7%）、方解石（平均含量 5.6%）含量偏低。

页岩颜色主要为深灰色，有机质含量较高时呈黑色，且手感较轻。显微镜下观察纹层结构清晰，层厚 0.1～0.3mm，有机质顺层连续分布，且发育较多黄铁矿。白云石颗粒非常小，光学显微镜下不易鉴定，黏土级颗粒成分主要为长石。

组构特征方面，页岩以水平层理构造为主要特征（图 3-13d、e、f），偶见生物扰动或事件沉积记录。页岩大多为白云石纹层和其他纹层形成的毫米级多元纹层结构。由有机质 / 硅质碎屑富集层和碳酸盐纹层组成黑白相间的二元纹层结构，或与有机质纹层组

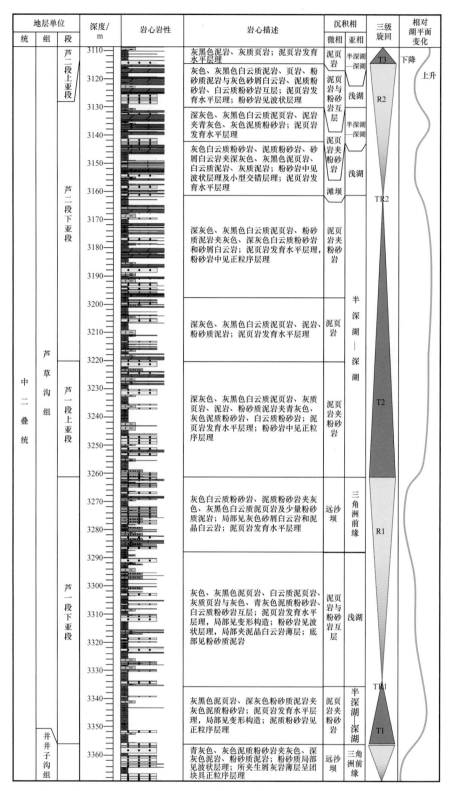

图 3-12　准噶尔盆地吉木萨尔凹陷吉 174 井芦草沟组综合地层柱状图（据 Wu 等，2016，修改）

成三元纹层组合，也有由凝灰质纹层和碳酸盐纹层组成黑白相间的二元纹层结构，或凝灰质、碳酸盐与有机质纹层构成的三元纹层组合。另外，还有由硅质碎屑纹层、碳酸盐纹层及凝灰质纹层组成的三元纹层结构，以及与有机质纹层组成的四元组合，纹层变化多样。

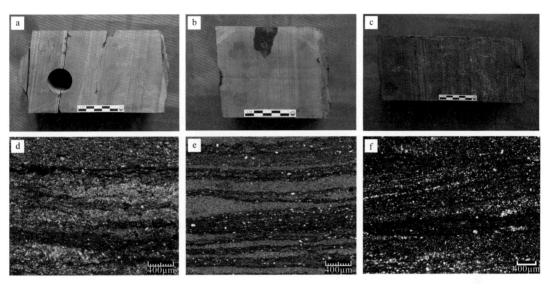

图 3-13　准噶尔盆地吉木萨尔凹陷芦草沟组页岩组构特征

a. 吉 174 井，3294.2m，白云质页岩，岩心深灰色，水平层理构造，局部扰动构造；b. 吉 174 井，3224.5m，灰质页岩，水平层理构造；c. 吉 174 井，3131.1m，长英质页岩，水平层理构造；d. 吉 174 井，3120.2m，白云质页岩，镜下见丰富有机质顺层分布；e. 吉 174 井，3224.5m，灰质页岩，镜下见丰富有机质顺层分布；f. 吉 174 井，3259.34m，长英质页岩，镜下见平直的水平层理

综合对比看，淡水湖盆和咸化湖盆中形成的页岩均以水平层理为主要组构特征，但由于二者形成时的气候和水体盐度不同，纹层的成分构成和结构存在较大差异。首先，淡水湖盆面积大，页岩形成的水体相对较深，沉积环境稳定，纹层常常表现为连续而平直；咸化湖盆页岩纹层常常呈波状和断续变化，反映存在一定的水流作用或生物扰动作用。其次，咸化湖盆中易发生混积作用，这是总体环境适宜化学沉积发生，但短期的牵引流又有碎屑注入参与沉积过程形成的产物，导致页岩纹层的成分构成和结构更加多变，存在三元甚至四元纹层结构，而淡水湖盆页岩多以二元纹层结构为主。

三、富有机质页岩、泥岩沉积特征对比

富有机质页岩和泥岩在页岩油经济成矿方面差异很大，有必要从沉积学、岩石组构特征与有机质丰度差异等角度进行比较，以便在页岩油"甜点区 / 段"选择时有所甄别，规避误判。

1.淡水湖盆富有机质页岩、泥岩沉积特征对比

通过上文介绍，不难发现淡水湖盆页岩和泥岩在岩石组构、沉积特征等方面具有明

显差异。页岩呈纹层结构，页理发育，沿层面易剥离，受物源输入和季节性气候变化等影响，藻类及其他有机物、碳酸盐、黏土矿物、粉砂级长英质颗粒及火山灰等成分形成连续纹层。值得一提的是，并不是所有的纹层都易剥离，例如由有机质荧光和沉积物韵律变化形成的纹层就不一定容易剥开，唯那些具有某种矿物或颗粒的定向排列，并具有最小层间粘结力的纹层才具有易剥离特性。泥岩一般呈块状构造，多发育于浅湖—滨湖环境，水体常受到扰动，细粒沉积物注入量大，多数具密度流特征，常常缺少纹理。以鄂尔多斯盆地长 7 段为例，淡水湖盆页岩和泥岩的结构、构造、矿物组成、沉积过程、分布等都具有明显差异，主要体现在以下 6 个方面。

1）岩石成分

长 7 段泥岩和页岩的岩石组分均以黏土矿物（约 52%）和石英（约 31%）为主，且差异较小（表 3-1）。泥岩和页岩的组分差异主要体现在菱铁矿、白云石和黄铁矿，泥岩中菱铁矿、白云石含量显著高于页岩，而页岩中更富集黄铁矿，黄铁矿含量约为泥岩的15 倍。

表 3-1　鄂尔多斯盆地长 7 段泥岩、页岩矿物组分平均含量　　　　　　单位: %

岩相类型	黏土矿物	石英	钾长石	斜长石	方解石	白云石	黄铁矿	菱铁矿
泥岩	51.8	31.1	1.8	7.1	0.5	6.1	0.6	1.8
页岩	52.5	30.5	1.2	6.7	0.7	0.5	9.0	0.5

2）组构特征

泥岩无水平纹理，页岩有水平纹理。泥岩以灰色为主，页岩颜色较深，以黑色为主且具有一定光泽。泥岩含砂较多，断口具有粗糙感；页岩具有水平纹层结构且易裂，含砂量小，断口整齐。泥岩的岩屑通常质软，页岩岩屑则比较坚固并局部剥落。泥岩的有机质赋存状态主要为分散型，页岩的纹层间夹有更多的层状有机质，呈顺层富集。

3）主微量元素

泥岩中 Si、Mg、Ti 和 K 等元素含量比页岩高，页岩中 P 和 S 元素含量比泥岩高。长 7 段泥岩中 K/Al 和 Ti/Al 的值明显大于页岩（图 3-14a），Ti/Al 值较高表明泥岩的颗粒相对较粗。K/Al 值高，与钾长石含量在泥岩中高于页岩一致。页岩中 P/Al 比泥岩高几倍到几十倍（图 3-14b），说明页岩沉积时湖泊生产力更高。泥岩中 Mg 和 Ca 与 Al 元素呈现出负相关的趋势（图 3-14c、d）。页岩中 Mg 与 Al 呈现正相关，可能与绿泥石含量随着黏土矿物含量增加有关（图 3-14d）。

页岩比泥岩更富集 Cu、Mo、U、Sr 和 Cd 等元素（图 3-15）。Mo 和 U 元素与 TOC 正相关（图 3-15a、b），表明微量元素富集与有机质保存有关。Cu、Mo、U、Sr 和 Cd 等微量元素在页岩中的富集，指示了页岩沉积时水体更为缺氧。U/Th、V/Cr 和 V/Sc 等常被用来辨识泥质岩的沉积环境。页岩的 U/Th 值比泥岩高（图 3-15c），且 U/Th 与 TOC 呈正相关（图 3-15d），说明缺氧环境有利于有机质保存。

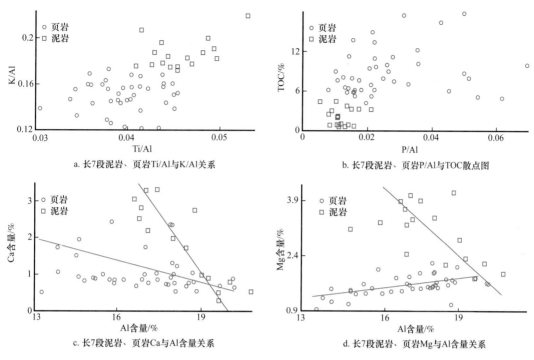

图 3-14　鄂尔多斯盆地长 7 段泥岩、页岩主微量元素特征对比

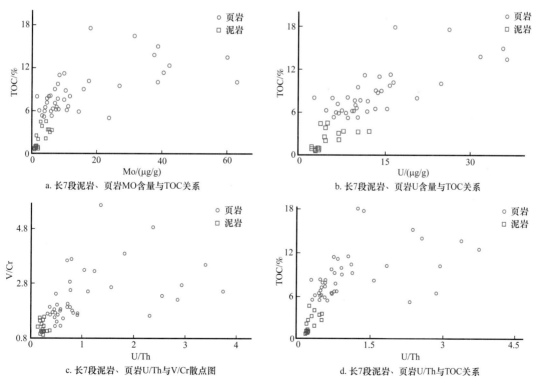

图 3-15　鄂尔多斯盆地长 7 段泥岩、页岩微量元素特征对比

4）有机质含量

长 7 段泥岩、页岩的有机质含量及有机质层内分布，差异比较明显。页岩的 TOC 含量主体介于 6%～16%，是泥岩的近 3～4 倍；岩石密度小于 2.4g/cm³，自然伽马大于 180API，而泥岩的 TOC 含量大多在 2%～6% 之间，岩石密度为 2.4～2.5g/cm³，自然伽马为 120～180API（表 3–2）。从目前勘探结果看，不论是低渗透油藏还是致密型页岩油，处于高 TOC 页岩区内的，高产且经济性较好的井占比明显更高，而位于中低 TOC 泥岩区的井大多产量偏低，且经济性偏差（图 3–16）。

表 3–2　鄂尔多斯盆地长 7 段泥岩、页岩岩相类型（据杨华等，2016）

岩相类型	沉积构造	平均厚度 /m	TOC/%	密度 /（g/cm³）	自然伽马 /API
黑色页岩	纹层 / 页理	16	6～16	<2.4	>180
暗色泥岩	块状 / 垂直节理	17	2～6	2.4～2.5	120～180

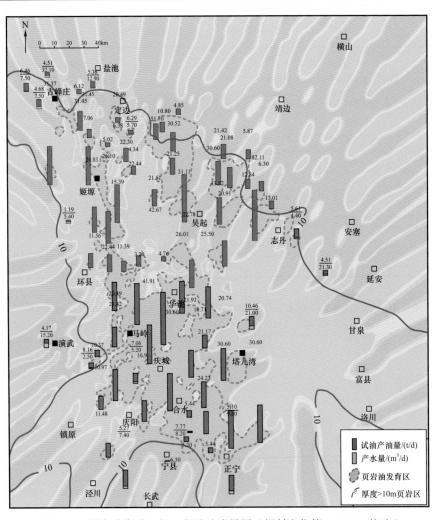

图 3–16　鄂尔多斯盆地长 7 段试油成果图（据付金华等，2022，修改）

5）形成环境

长 7 段泥岩、页岩的 Sr/Ba 比值均为 0.13~0.39，差异较小；泥岩的 B 含量为 23.1~84.2μg/g，平均值为 55.5μg/g；页岩的 B 含量为 19.2~59.8μg/g，平均值为 40.1μg/g（图 3-17a），表明泥岩、页岩沉积时湖盆都属于淡水环境，但泥岩沉积时水体的盐度较页岩略高。长 7 段泥岩和页岩的 Mn/Fe 平均值分别为 0.0075 和 0.0055，Rb/K 平均值分别为 45.67 和 39.35（图 3-17b），表明二者的沉积水体深度相差不大。

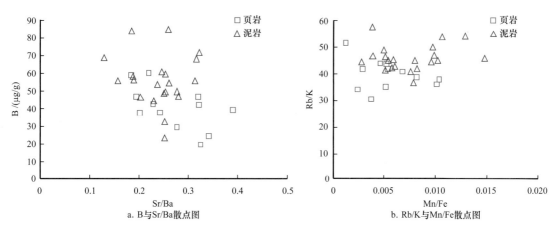

a. B与Sr/Ba散点图　　　　　　　　　　　　　　　b. Rb/K与Mn/Fe散点图

图 3-17　鄂尔多斯盆地长 7 段页岩与泥岩的形成环境对比图

6）分布特征

泥岩和页岩在纵向上呈间互分布，页岩集中在长 7_3 亚段（图 3-18）。平面上，泥岩和页岩则呈侧向交复状态，代表着沉积相带随湖侵体系域的推进、保持与退缩而有空间上的摆动。泥岩主要发育在三角洲前缘、深湖浊流相、半深湖相，页岩则主要发育在深湖—半深湖相区。

长 7 段页岩在盆地分布总体呈西北—东南走向，叠合面积达 $4.3×10^4km^2$，厚度主要为 15~30m，集中分布在马家滩—姬塬—华池一线，最大厚度可达 70~80m（图 3-19a），主要位于姬塬、环县、吴起地区。长 7 段泥岩叠合面积达 $6.2×10^4km^2$，厚度主要为 10~20m，最大厚度可达 60~70m，集中分布在惠安堡、演武和吴起地区，整体具有分布散而不集中、厚度相对较小的特点。泥岩主体分布范围与页岩几乎不重合，特别在页岩集中发育的区域，泥岩厚度很小，这除与相带空间分布变化有关外，也与泥岩多以密度流形成有关，反映了沉积速度快且分布不稳定的特点（图 3-19b）。从长 7_3 到长 7_1 亚段沉积期，页岩分布范围明显减小，代表着自下而上，深湖—半深湖区面积逐渐缩小。

2. 咸化湖盆富有机质页岩、泥岩沉积特征对比

咸化湖盆的页岩和泥岩在矿物成分、沉积组构、分布及成因等方面同样具有明显差异。以准噶尔盆地吉木萨尔凹陷芦草沟组为例，地层平均厚度为 200~300m，其中页岩占比 30%~50%。咸化湖盆的沉积环境垂向变化快，导致岩性频繁交替变化。芦草沟组页岩主要为白云质页岩，泥岩主要为长英质泥岩，二者的差异主要体现在以下 6 个方面。

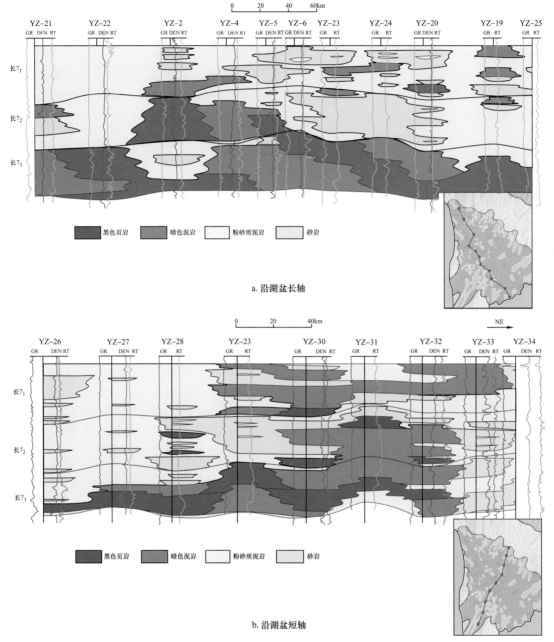

图 3-18 鄂尔多斯盆地长 7 段岩性对比剖面（据付金华等，2013；付锁堂等，2020）

1）沉积构造

芦草沟组页岩沉积构造以水平纹层为主，颜色主要为深灰色—黑色（图 3-20a），反映了总体较深水的安静沉积环境。受湖水底流作用，可见波状层理（图 3-20b），生物扰动构造也比较丰富，以顺层生物扰动为主（图 3-20c）。泥岩多为块状构造，且厚度较大（图 3-20d），通常与快速沉积有关，局部可见比较强烈的生物扰动（图 3-20e）和液化变形构造等（图 3-20f）。

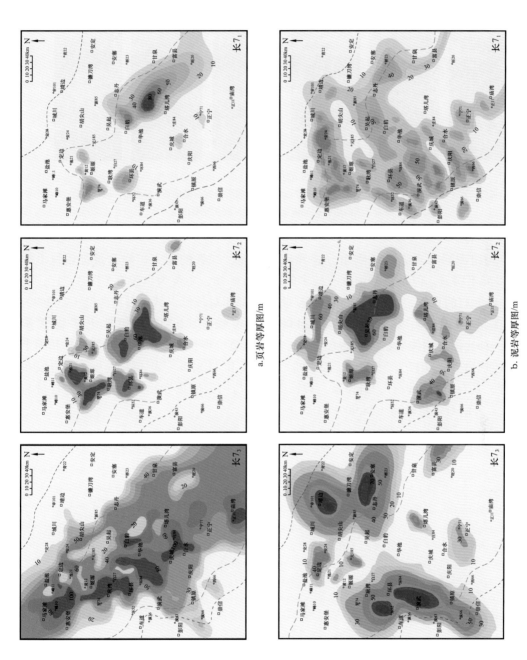

图 3-19 鄂尔多斯盆地长 7_3—长 7_1 亚段页岩和泥岩等厚图（据林森虎，2012）

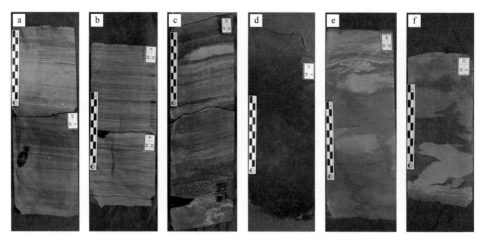

图 3-20 准噶尔盆地吉木萨尔凹陷芦草沟组页岩和泥岩典型沉积构造

a. 页岩，水平纹层构造；b. 页岩，波状纹层构造；c. 页岩，顺层生物扰动构造；d. 泥岩，块状构造；

e. 泥岩，强烈生物扰动构造；f. 泥岩，液化变形构造

2）矿物成分

芦草沟组泥岩和页岩的矿物组分差异比较明显，二者的黏土矿物含量都较低（约10%），差异不明显，但是页岩内含有较多的碳酸盐矿物，主要为白云石（图3-21）。其中含较多白云石的页岩，脆性矿物和黏土矿物含量都相对较低，其中石英含量（23.2%）、钾长石含量（1.67%）、斜长石含量（24.08%）、黄铁矿（0.33%）和黏土矿物含量（7.22%），都比泥岩相关矿物成分的含量低，后者石英、钾长石、斜长石、黄铁矿和黏土矿物的含量分别是34.17%、5.27%、33.93%、1.48%和11.82%（表3-2）。灰质页岩仅在局部发育，其石英、钾长石、斜长石、黄铁矿含量与白云质页岩相近，黏土矿物含量与泥岩相近，方解石含量较高（38.90%）（表3-3）。

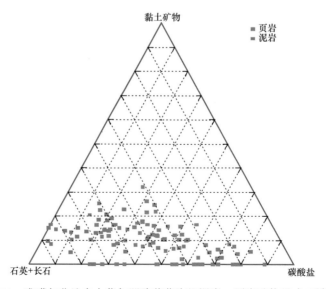

图 3-21 准噶尔盆地吉木萨尔凹陷芦草沟组泥岩、页岩矿物组成三端元图

表 3-3 准噶尔盆地吉木萨尔凹陷芦草沟组泥岩、页岩矿物组分平均含量 单位: %

芦草沟组		石英	钾长石	斜长石	方解石	白云石	黄铁矿	黏土矿物
页岩	白云质页岩	23.20	1.67	24.08	4.34	39.16	0.33	7.22
	灰质页岩	22.51	1.34	15.11	38.90	9.50	0.11	10.40
泥岩		34.17	5.27	33.93	3.90	9.09	1.48	11.82

3）有机质赋存特征

芦草沟组有机质赋存产状主要有四种：连续层状、不连续层状、分散状和碎片状。其中连续层状和不连续层状主要发育在页岩层段，而分散状和碎片状分布的有机质则主要分布在泥岩段。连续层状有机质主要赋存在发育密集型水平层理的页岩中（图 3-22a）。水平层理主要由泥晶碳酸盐岩纹层和含粉砂页岩纹层组成，黑色薄层是有机质富集的结果。不连续层状有机质主要是由粉砂级与泥级颗粒相对集中分布而显现纹理，粉砂级颗粒成分为石英和长石（图 3-22b），粒径介于 0.01～0.06mm，见白云石颗粒与黏土级碎屑颗粒混杂堆积，纹层不发育，即便靠断续分布的有机质脉体和碎屑分布而显示似纹层的存在，一般也模糊不清。这类岩石的石英和长石含量高，反映是在较高能量下的沉积产物。分散状有机质（图 3-22c）主要赋存在泥岩中，该类岩石主要成分为长石，次为石英和泥晶白云石，含少量斑点状黄铁矿。碎片状有机质（图 3-22d）也主要赋存在泥岩中，反映距离物源较近或较高的沉积速率，故保留了一些生物碎屑。

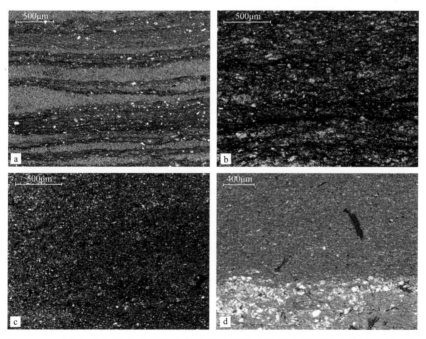

图 3-22 准噶尔盆地吉木萨尔凹陷芦草沟组页岩和泥岩有机质赋存特征典型照片

a. 吉 174 井，3224.5m，页岩，水平层理构造，有机质层状连续赋存；b. 吉 174 井，3120.3m，页岩，有机质层状不连续赋存；c. 吉 174 井，3233.8m，泥岩，块状构造，有机质分散状赋存；d. 吉 174 井，3133.8m，泥岩，块状构造，有机质碎片状赋存

4）有机质含量

芦草沟组泥岩、页岩的有机质含量差异比较明显。页岩的 TOC 含量主体介于 4.1%～13.8%，平均为 7.3%，而泥岩的 TOC 含量多介于 0.5%～5.0%，平均为 2.3%。二者在测井响应特征上的差异较小，可能是由于太过频繁的薄互层导致测井响应的分辨率不足。

5）形成环境

页岩主要为白云质页岩，有两种沉积环境：一种白云质页岩主要形成于深湖静水环境，白云石颗粒非常小，黏土级颗粒主要为长石风化的产物。含丰富有机质，TOC 最高超过 10%，见生物石英（图 3-23）。藻类勃发和水体极度缺氧导致的藻类大量生长和死亡，是有机质被超量保存的重要原因。这类页岩沉积的形成机制与快速事件有关，表现为短暂的"勃发—消亡"特征，可能由火山喷发、湖底热液活动触发。另一种白云质页岩主要形成于浅水湖盆缓坡环境，显微镜下可见清晰纹层结构，有机质顺层连续分布，少量遭生物扰动或事件沉积破坏。这类页岩的形成机制可能为再悬浮搬运，即浅水区沉积的高含水泥质沉积物被再次搬运后在深水区沉积下来，经压实形成透镜状层理或断续波状层理。长石和石英仅在富有机质条带内存在，代表着外源物质的输入。

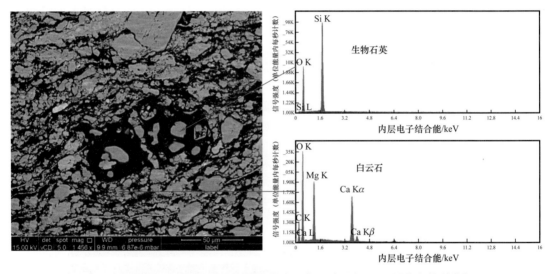

图 3-23　准噶尔盆地吉木萨尔凹陷芦草沟组白云质页岩 SEM 图像与能谱分析

泥岩大多为块状构造，部分可见强烈的生物扰动构造。由于含砂量不同，岩心呈深灰色—浅灰色，无沉积构造，少量见韵律型层理构造，由较粗碎屑和粒屑沿层面方向定向排列形成韵律。有机质呈零散状，无或弱定向排列，反映形成环境接近物源。由于离物源较近，有机质遭到稀释和破坏，有机质丰度较低。

6）分布特征

纵向上，咸化湖盆形成的页岩与泥岩频繁互层分布，厚度从 0.5cm 到 20cm 不等，表现出咸化湖盆垂向变化快的特点（图 3-5 和图 3-6）。平面上，泥岩和页岩的分布在芦草沟组各段变化较大，反映陆相湖盆沉积环境变化较大（图 3-24）。自下而上，芦草沟组可以分为 L1—L6 六段。L6 段在大部分地区主要发育长英质泥岩，页岩零星发育。L5 段依然以长英质泥岩为主，页岩分布范围有明显扩大趋势，主要在凹陷东南部和北部发育。L4 段主要发育碳酸盐岩相和砂岩相，泥岩和页岩零星分布。L3 段以长英质泥岩相为主，在凹陷中西部发育较大面积的页岩相。L2 段主要发育长英质泥岩相，凹陷东北部和其余局部发育一定面积页岩相。L1 段在凹陷内保存面积有限，周缘受到大量剥蚀而缺失，凹陷中部以碳酸盐岩为主，发育较大面积的页岩相，泥岩分布有限，仅在凹陷东南和南部局部发育。总体来说，每段由多种类型岩石的横向相变的混合，泥岩和页岩均有一定程度的发育。

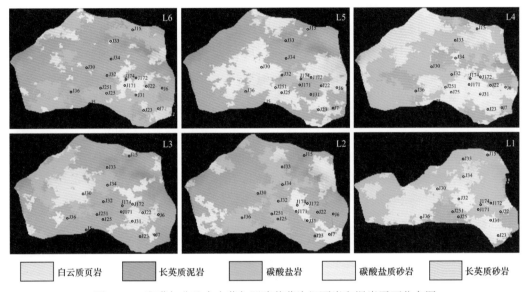

图 3-24　准噶尔盆地吉木萨尔凹陷芦草沟组页岩和泥岩平面分布图

四、页岩层段造岩矿物组成与可改造性

页岩层系的矿物组成是页岩油研究关注的重要方面。从页岩油的吸附态与游离态所占比重来说，显然页岩的矿物组成与含量将直接影响页岩油的单井累计产油量，那些黏土矿物含量少而脆性矿物含量高的页岩段，在烃物质组成相同条件下，被吸附的烃量肯定要少而游离可动烃比例会增加。从页岩可压裂改造性讲，页岩中脆性矿物含量高、黏土矿物含量少或者黏土矿物含量虽然较高但伊利石占比较高（成岩演化阶段高）时，对页岩的可压裂性都是有益的，这对提高页岩油单井产量和增加页岩油单井累计采出量是有帮助的。本单元围绕淡水湖与咸化湖环境中形成的页岩矿物组成与可改造性作专门介绍，以飨读者。

1. 淡水湖盆页岩层段造岩矿物组成

1）鄂尔多斯盆地长 7 段

矿物成分定量分析表明，长 7 段页岩的矿物成分主要为黏土矿物和石英，其次为长石，这三种矿物组分占总矿物含量的 83.9%～99.1%。此外，有少量的碳酸盐矿物和黄铁矿等（图 3-25a）。黏土矿物含量普遍较高，分布在 18.5%～77% 之间，平均为 48.1%，主要为伊 / 蒙混层，占比 60%，其次为伊利石，占比 23%，蒙皂石仅 8%，绿泥石仅 9%；石英含量次之，含量在 3.7%～48% 之间，平均为 29.2%；长石介于 2%～44%，平均为 15.7%，以斜长石为主，其次为钾长石。碳酸盐矿物含量分布在 0～65.1% 之间，平均为 2.9%，主要为方解石，其次为白云石，此外还有少量的铁白云石；黄铁矿含量在 0～21% 之间，平均为 8.2%。整体上，主要矿物（黏土矿物、石英和长石）含量相对较为稳定，碳酸盐矿物和黄铁矿等矿物在不同地区含量差别较大。

泥岩矿物组成与页岩相近，黏土矿物的平均含量为 41.7%（23.2%～60.5%），石英平均含量为 22.2%（13.4%～30.8%），长石平均含量为 28.1%（13.6%～47.5%），碳酸盐矿物平均含量为 7.0%（1.3%～14.8%），黄铁矿平均含量为 0.8%（0～3.3%）。

2）松辽盆地白垩系青山口组

松辽盆地青山口组页岩以长英质矿物为主，碳酸盐矿物含量很低。黏土为主要矿物，含量在 39.3%～60.7% 之间，平均为 49.0%，主要为伊利石，占比 50%～60%，其次为绿泥石，占比 20%～35%，伊 / 蒙混层占比小于 10%，高岭石含量极低。石英含量在 11.9%～28.0% 之间，平均为 20.3%。长石含量在 15.7%～30.7% 之间，平均为 24.1%。页岩的碳酸盐矿物含量较低，在 0～10.5% 之间，平均为 4.9%。大部分页岩样品都含有少量的黄铁矿，但含量小于 5%（图 3-25b）。

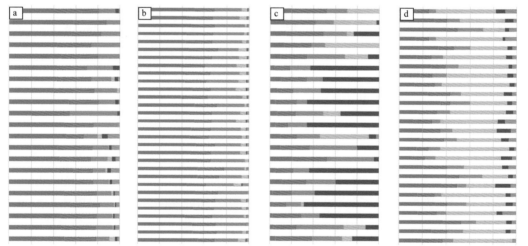

■黏土矿物 　■石英 　■长石 　■方解石 　■白云石 　■黄铁矿

图 3-25　典型淡水和咸化湖盆页岩矿物组成含量分布图
a. 鄂尔多斯盆地长 7 段（据吴颖，2018，修改）；b. 松辽盆地青山口组一段（据曾维主，2020，修改）；c. 准噶尔盆地
吉木萨尔凹陷芦草沟组；d. 渤海湾盆地沙河街组三段下亚段（据夏遵义等，2019，修改）

2. 咸化湖盆页岩段造岩矿物组成

1）准噶尔盆地吉木萨尔凹陷芦草沟组

芦草沟组细粒沉积岩表现出矿物的杂乱混合、有序排列和纹层叠置，垂向上具较

强的非均质性，为典型的混积型细粒沉积岩。页岩段矿物组成具有"两高一低"特点，即高白云石、高陆源碎屑和低黏土矿物（图 3-25c）。页岩的黏土矿物含量较低，平均为 8.7%。钾长石含量较低，介于 1.2%～9.7%，平均为 3.1%；斜长石含量较高，介于 16.5%～42.2%，平均为 23.0%。石英含量较高，平均为 21.9%，与长石相近；碳酸盐矿物含量高，其中白云石含量平均为 38.1%，方解石含量平均为 11.5%。

2）渤海湾盆地沙河街组三段下亚段—四段上亚段

渤海湾盆地古近系沙河街组细粒沉积岩属半深—深湖沉积，在成分组成与组构上比较复杂，黏土矿物含量较低，平均小于 20%（图 3-25d），这与湖盆面积相对较小、水系分散有关，部分凹陷碳酸盐矿物含量高，占比 30%～35%，如大港油田沧东凹陷孔店组二段；沾化凹陷沙河街组三段细粒沉积岩则"灰多云少"特征明显，黏土矿物含量较低，为 20%～30%；长英质和自生碳酸盐矿物含量较高，矿物组成变化较大，几乎不含钾长石，碳酸盐矿物以方解石为主。

3. 淡水、咸化湖盆页岩段可改造性对比

页岩层段的可改造性通常以脆性指数来表征，脆性指数反映岩层压裂后形成裂缝的规模与复杂程度。指数越大，岩石脆性就越强，人工造缝越容易，反之就越难。由于脆性内涵的复杂性，至今业界对岩石脆性没有统一的定义。研究人员出于不同的考虑，提出了众多岩石脆性评价方法，例如通过确定岩石中脆性矿物及塑性矿物含量的办法，来落实岩石的脆性，提出了矿物组分法；利用室内岩石力学实验应力—应变曲线，从中获得弹性参数及其他特征参数来评价岩石的脆性，提出了弹性参数法；运用全应力—应变曲线特征参数以及利用硬度或强度测试得到硬度、强度参数等，提出了特征参数法、硬度法与强度法等。

目前矿物组分法在非常规油气勘探开发评价中应用较广，利用矿物组分计算岩石脆性指数的公式被优化为（Jin 等，2014）

$$\text{BI} = \frac{W_{QFM} + W_{Carb}}{W_{Tot}} = \frac{W_{QFM} + W_{cal} + W_{dol}}{W_{Tot}}$$

式中，BI 为脆性指数；W_{QFM} 为包括石英、长石和脆性云母矿物在内的硅酸盐矿物总含量；W_{Carb} 为包括白云石和方解石在内的脆性碳酸盐矿物的总含量；W_{dol} 为白云石含量；W_{cal} 为方解石含量；W_{Tot} 为矿物总含量。

在淡水湖盆泥页岩的矿物组成中，碳酸盐矿物含量较低，黏土矿物含量相对较高；咸化湖盆泥页岩则含有较多的碳酸盐矿物。鄂尔多斯盆地长 7 段页岩具有典型的黏土矿物含量高的特点，平均含量可达 48.1%，页岩中的石英、长石、碳酸盐与黄铁矿等都列为脆性矿物。从计算结果看，长 7 段页岩脆性指数介于 23%～80%，平均为 51.2%，具备一定的可压裂性。松辽盆地青山口组页岩的脆性指数在 40.3%～59.1% 之间，平均为49.3%，尽管黏土矿物含量较高，但因成岩作用阶段较高，也具备较好的可压裂性。研究表明，当脆性指数超过 20%，页岩就具有一定的可压裂性（Loucks 和 Ruppel，2007）。美

国巴奈特页岩和伍德福德页岩的脆性指数一般超过40%。可见,鄂尔多斯盆地长7段和松辽盆地青山口组页岩的脆性条件都比较好。

吉木萨尔凹陷芦草沟组多种岩石类型的脆性差异不大,泥岩的脆性指数介于27.6%~62.2%,页岩的脆性指数介于21.4%~92.2%,页岩层段平均脆性指数为55.5%;渤海湾盆地沙河街组三段下亚段—四段上亚段页岩段的脆性指数主体介于32%~60%,平均为48.8%,脆性条件比较好。

综合看,淡水和咸化湖盆页岩层段的脆性指数均大于40%,与国外成功开发的页岩油气区的脆性指数接近,表明脆性条件较好。即淡水和咸化湖盆的页岩均具有较好的可改造性。从对比看,咸化湖相页岩的脆性指数相对更高,鄂尔多斯盆地长7段、松辽盆地青山口组和渤海湾盆地沙河街组(三段下亚段—四段上亚段)页岩层段的脆性指数分别集中在40%~70%、40%~60%和40%~60%区间,准噶尔盆地芦草沟组页岩层段的脆性指数集中在50%~80%区间(图3-26)。低黏土矿物含量和高碳酸盐矿物含量是咸化湖盆页岩脆性相对更高的重要因素。

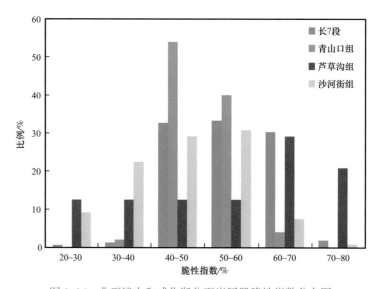

图3-26 典型淡水和咸化湖盆页岩层段脆性指数分布图

第二节 陆相细粒沉积岩有机质富集因素

陆相富有机质泥岩和页岩的形成需要具备两个重要条件:一是生物的高生产力,是保证丰富有机质供给的必要条件;二是保存条件好,即有机物能有最多和最大被保存的概率。陆相湖盆由于盆地类型和演化阶段不同,加之湖盆面积相对较小、多物源注入与湖平面变化等因素,富有机质细粒沉积岩的形成过程多变,主控因素差异大。本节主要以鄂尔多斯盆地长7段和准噶尔盆地吉木萨尔凹陷芦草沟组为例,讨论淡水湖盆和咸化湖盆富有机质细粒沉积岩的形成机制和主控因素。

一、有机质富集过程与动力

1.淡水湖盆有机质富集主控因素

鄂尔多斯盆地长 7 段是在淡水湖盆中形成的富有机质细粒沉积岩。平均厚度 105m，其中页岩占比 30%～50%，长 7$_{1+2}$ 亚段以泥岩为主，长 7$_3$ 亚段是页岩集中段。从实测数据看，细粒沉积岩有机质具有分段富集特点（图 3-27）。

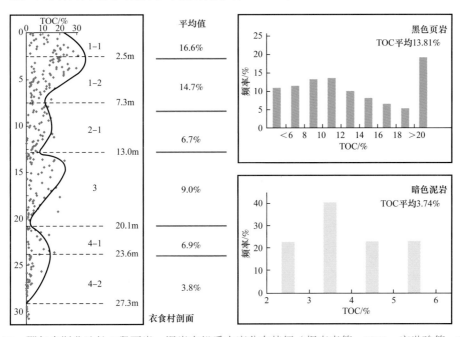

图 3-27　鄂尔多斯盆地长 7 段页岩、泥岩有机质丰度分布特征（据李森等，2019；宋世骏等，2019）

鄂尔多斯盆地长 7 段有机质富集主要受两大因素控制：一是低沉积速率和安静缺氧的还原环境；二是外物质注入作用提供超常的营养物质，为湖泊生物超量繁盛创造了条件。研究表明，低沉积速率和低陆源碎屑供给速度，可有效降低有机质稀释作用，进而增强有机质的保存效率。根据衣食村剖面和瑶页 1 井（陕西铜川地区）长 7 段 3 块凝灰岩样品的 ID-TIMS 测年数据，并利用锆石测年与米兰科维奇旋回分析，长 7 段富有机质页岩段沉积时长约 0.5Ma，平均沉积速率为 5cm/ka，远低于松辽盆地白垩纪的沉积速率（13.5cm/ka）和三叠纪陆相沉积速率（24cm/ka）。米兰科维奇旋回分析表明，长 7$_3$ 亚段页岩段可划分为 5 个天文周期旋回，每一旋回的上升半旋回段与下降半旋回段的 TOC 值与沉积速率具明显负相关性（图 3-28），说明低陆源碎屑的输入对有机质稀释作用降低，有利于富有机质页岩形成。

湖盆水体缺氧环境对有机质保存和富集也必不可少。鄂尔多斯盆地长 7 段页岩中黄铁矿含量普遍较高，在东部志丹、西部环县以及南部铜川等地黄铁矿含量均超过 20%，有机质丰度与黄铁矿含量具明显正相关性。利用黄铁矿粒径可对沉积环境中的含氧量进行半定量判别，黄铁矿粒径指示页岩段沉积时含氧量高低，粒径越小，含氧量越低。

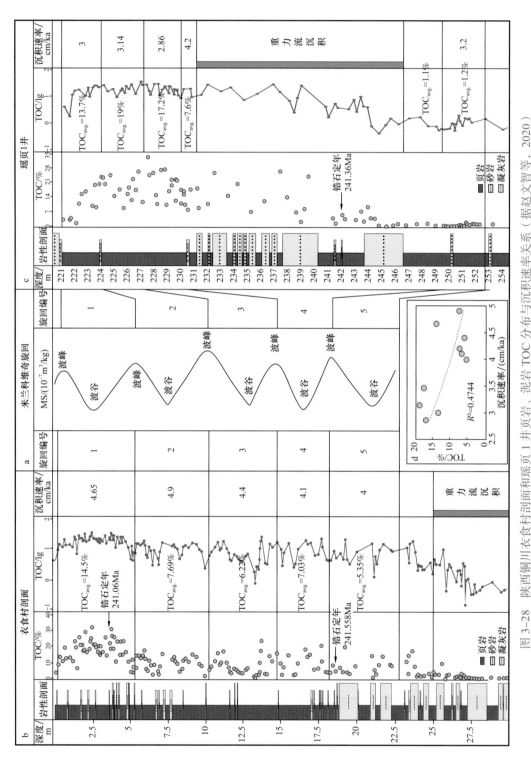

图 3-28　陕西铜川衣食村剖面和瑶页 1 井页岩、泥岩 TOC 分布与沉积速率关系（据赵文智等，2020）

a. 米兰科维奇旋回划分；b. 衣食村剖面；c. 瑶页 1 井；d.TOC 与沉积速率相关性

以衣食村剖面（陕西铜川地区）为例，通过扫描电镜成像技术，统计了 1258 个草莓状黄铁矿的粒径（图 3-29），在 TOC 介于 8%～20% 层段，黄铁矿粒径普遍小于 8μm，平均约 6.5μm，指示硫化还原环境更好；在 TOC 介于 2%～6% 层段，黄铁矿粒径普遍大于 8μm，平均 10.8μm，指示贫氧—弱氧化环境，且随黄铁矿粒径变大，沉积水体的含氧量也逐渐增大。

岩石学分析表明，长 7 段页岩中营养物质极为丰富，富铁和磷，为典型的淡水湖泊富营养环境，湖盆的初级生产力高（杨华等，2016）。微量元素分析也证实了晚三叠世丰富的营养物质来源，以及生物勃发促成了缺氧环境的形成。长 7 段富有机质页岩中 Mo、U、Cu、Pb 等微量元素呈显著正异常，而 Li、Ni、Zr、Sr、Cr 等微量元素相对亏损。一方面反映湖盆水体富无机营养盐，另一方面反映富营养水体促进了生物勃发和高生产力，水生生物对这些元素的吸收，以及高生产力造成的缺氧环境使得这些元素在岩石中形成富集（张文正等，2008）。营养物质来源可能与湖底热液活动有关（张文正等，2010），热液活动提高了水体温度，促进了生物生长。热液中富含 P、N、Cu、Fe 等营养元素，并通过水体循环将营养物扩散到更广泛的水体中，促进湖水中生物勃发。同时高生物生产力又消耗大量水中氧气，促进了缺氧环境形成，有利于有机质保存。

空落型火山灰的注入也对提高湖盆水体的营养成分有促进作用，从统计结果看，凡有薄层凝灰岩发育的层段，都会在凝灰岩层之上出现富有机质页岩段，而在凝灰岩层之下的页岩中，虽然也含有较高有机质，但丰度总体比凝灰岩之上的页岩要低，这说明火山灰从空中沉落到湖水中以后，会迅速分解形成众多有利于生物繁盛的养分，促进提高生物的生产力。但也应该指出，火山灰数量太多也不利于生物的繁盛，这可能与过量的火山灰会导致湖泊水体不利于生物生长有关。

由此可见，鄂尔多斯盆地三叠系富有机质页岩的形成有其特殊的地质条件，是导致有机质超量富集（TOC 最高达 30%）的重要因素，这在中国陆相湖盆沉积中是独一无二的。

2. 咸化湖盆有机质富集主控因素

准噶尔盆地芦草沟组发育于咸化湖盆，平均厚度 200～300m；其中页岩占比 30%～50%，TOC 平均为 7.3%；泥岩 TOC 平均为 2.3%。有机质分布非均质性强，页岩有机碳含量约为泥岩的 2 倍或更高。

芦草沟组沉积期，盆地总体处于干热气候，早期的气温略高，湖盆水体盐度也较高，属于半咸水—咸水，底水还原性较强，且稳定，形成的细粒沉积岩有机碳含量高。从微量元素变化来看，芦草沟组沉积期，水体呈现出加深趋势。期间可能发生过若干次海侵和至少 4 次热液活动事件（图 3-30）。

咸化湖盆的有机质富集受两大因素控制：一是丰富的营养元素；二是有机质有效保存。芦草沟组沉积早期火山物质为生物繁盛提供养料，对有机质富集是一个建设性因素。分析认为火山灰表面盐膜快速水解，促进了水体中 P、Fe、Mo、V 等元素富集，进而促进藻类勃发。由于火山活动多次发生，造成沉凝灰岩与藻纹层间互发育，藻类体高度富集（图 3-31）。准噶尔盆地芦草沟组有机质以菌藻类为主，富有机质页岩中普遍见微米级的藻纹层，与中基性火山灰呈互层分布，这可能是火山灰沉落触发生物繁盛最直接的记录。

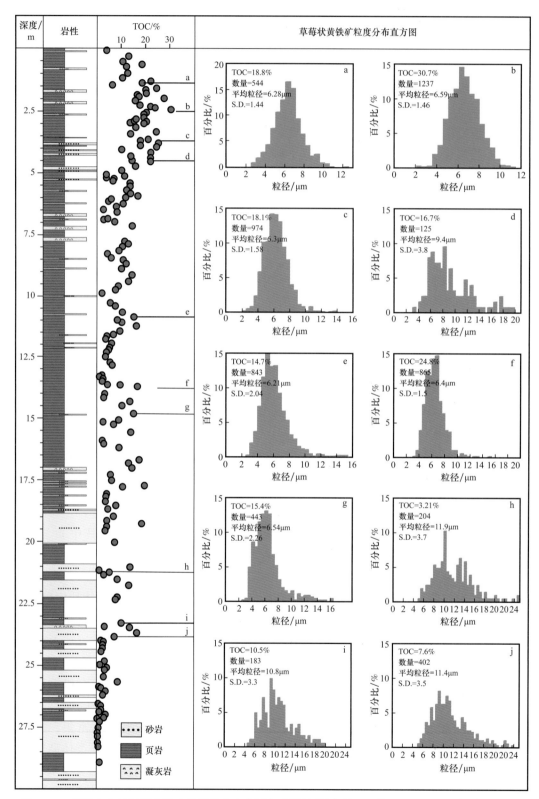

图 3-29 铜川衣食村剖面黄铁矿粒径分布直方图与岩性柱状图（据 Li 等，2019；赵文智等，2020）

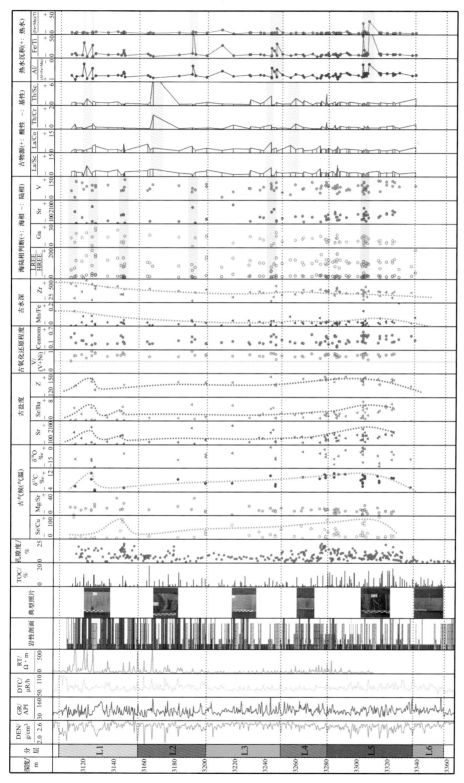

图 3-30　准噶尔盆地吉木萨尔凹陷吉 174 井芦草沟组古环境特征综合剖面

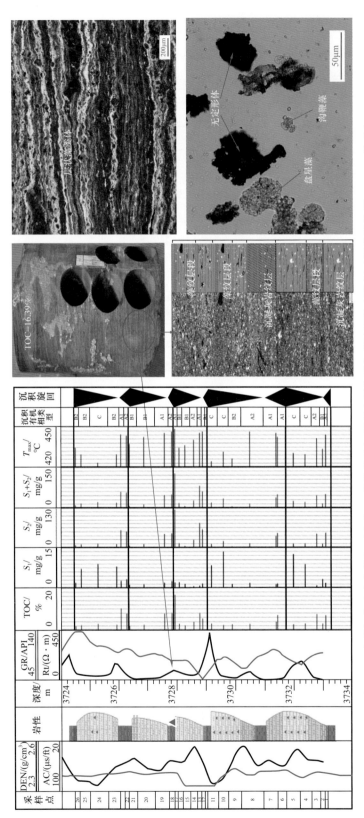

图 3-31 准噶尔盆地吉木萨尔凹陷吉 32 井芦草沟组页岩中凝灰岩与藻纹层发育特征（据曲长胜等，2019，修改）

另外，咸化水体可以促进有机质絮凝，进而提升有机质捕获效率（图3-32）。已经开展的物理模拟实验表明，当盐度从1%增加到3%时，有机质捕获效率提高300%；当沉积物浓度从2%上升至4%时，有机质捕获效率提高100%（图3-33）。因此，咸化环境有机质絮凝是造成有机质富集的重要原因之一。

a. 盐度0.5%，蒙皂石浓度0.5%

b. 盐度0.5%，蒙皂石浓度5%

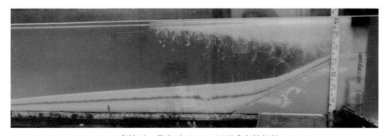

c. 高岭石：蒙皂石=3∶1，可形成有效絮凝

图3-32 咸化湖盆细粒沉积凝絮模拟实验

咸化湖盆易产生水体分层，可以保持相对良好的缺氧还原环境，这也有利于有机质堆积与保存。高TOC段V/Cr、Mo、（Cu+Mo）/Zn值均较高（图3-34），说明水体还原性强，保存条件比低TOC段明显要好。

综上所述，淡水和咸化湖盆中有机质富集虽然过程相近，但机理却有所不同。不论是淡水湖盆还是咸化湖盆，有机质富集主要受控于高生物生产力和良好的保存条件。值得注意的是，在不同湖盆中，有机质富集的主控因素因具体地质条件不同，而在主次地位上有差异，例如在鄂尔多斯盆地长7段，高生物生产力是有机质超量富集的主控因素，其中，适度的火山灰沉落、深部热液输入与放射性物质的参与等因素，是促进生物生产力超高形成的重要条件；而准噶尔盆地芦草沟组有机质富集，虽然也有火山灰沉落和热液注入产生的富营养作用，但原始沉积阶段因湖盆适度咸化，产生的有机质絮凝作用对有机质的富集和保存发挥了重要作用。总体看，淡水环境生物的高生产力对有机质富集具有重要作用，这其中适度的空落型火山物质的加入与热液活动，对湖水营养物质有提升作用，是形成生物高生产力的重要条件，而火山活动带来的放射性物质对生物的生长速度也有促进作用，将在随后的火山活动单元重点讨论；咸化湖盆保存条件略胜一筹，对有机质超量富集发挥的作用更大些。另外，黏土矿物颗粒对有机物的吸附性更强，加上湖水盐度对有机质产生的絮凝作用，使有机物的保存效率和数量提高也是重要原因。

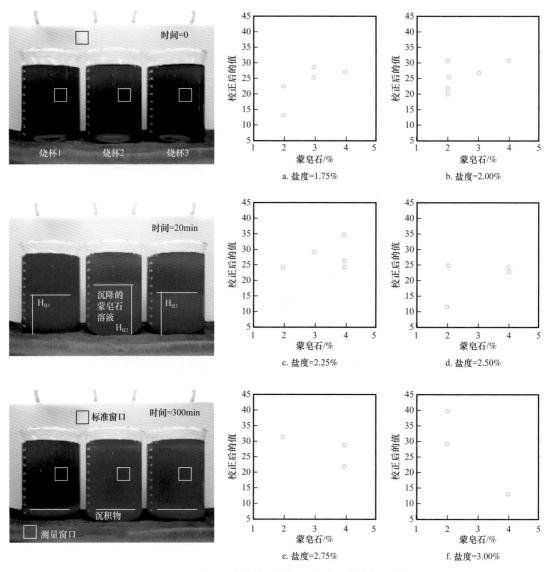

图3-33　不同盐度条件下有机质富集物理模拟实验

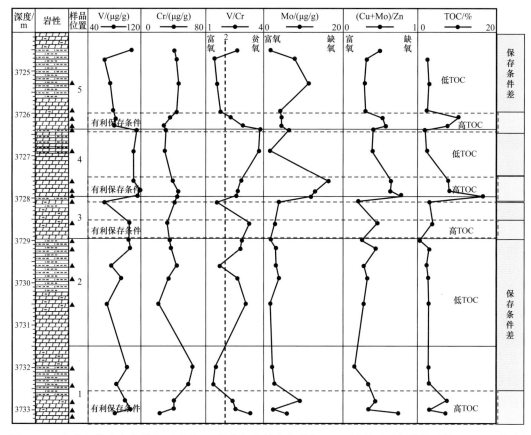

图 3-34　准噶尔盆地吉木萨尔凹陷吉 32 井有机碳保存条件与 TOC 的关系（据曲长胜等，2019，修改）

V/Cr：<2 富氧，2～4.5 贫氧，>4.5 厌氧；（Cu+Mo）/Zn：高值缺氧、低值含氧；Mo：高值缺氧

二、火山活动

1. 火山活动对有机碳形成和保存的影响

研究发现，国内外主力页岩油产层大多伴有凝灰岩夹层，如美国威利斯顿盆地上泥盆统—下石炭统巴肯组（Davies，2004）、阿巴拉契亚盆地中泥盆统马塞勒斯组（Parrish等，2014）、湾岸（Gulf Coast）盆地上白垩统鹰滩组（Dawson，2000）。我国四川盆地下志留统龙马溪组（Su 等，2003）、松辽盆地上白垩统青山口组（高有峰等，2009）、鄂尔多斯盆地上三叠统长 7 段（张文正等，2009）以及三塘湖盆地中二叠统芦草沟组等页岩层段（吴林钢等，2012）都有数量不等的凝灰岩夹层存在。火山灰多数为空落型，落入湖水后，一些矿物质通过水解，向湖水中注入大量营养物质，俗称"施肥效应"，不仅为生物繁殖提供养料，而且火山物质的加入也减少了有机物与氧的接触时间和机会，对有机质的富集和保存都是有利的。据现代火山观测，火山灰沉积可贡献全球有机碳埋藏通量的 5%～10%。

水生生物生产力与水体养分及有效性密切相关（Moore 等，2013）。火山灰沉积在高营养、低叶绿素（HNLC）区域的海水中，会与海水反应产生溶解态的铁离子，成为水生生物繁盛的重要养料（Duggen 等，2010；Olgun 等，2011）。另外，铁元素还可以与钴、锰和锌等微量元素形成共混（Moore 等，2013），成为生物繁盛的复合营养成分。因此，火山喷发带来的火山灰在湖、海水中沉落，光化学能量转换效率明显提高，水生物种分布向富硅藻转变（Boyd 等，2007；Weinbauer 等，2017）。例如在阿留申群岛的 Kasatochi 火山喷出的火山灰沉落以后，来自东北太平洋铁元素的数据表明，这次火山活动导致有机碳产量在 $1.5×10^6 \sim 2×10^6 km^2$ 的区域内增加了约 $1×10^{13}g$，相当于 $6g/m^2$（Hamme 等，2010）。

应该指出，火山灰沉落导致水体富营养物质的作用需要注意适度，也就是说过量的火山灰沉落不仅不会促进水生生物繁盛，反而会抑制生物生长，这是因为表层水体中火山灰负荷过重会导致有毒金属含量过高，使水体 pH 值过低，会抑制生物活性，导致浮游生物死亡（Hoffmann 等，2012；Wall-Palmer 等，2011）。并且，不同的浮游生物类群和群内的个体对火山灰输入强度也有不同的反应（Gomez-Letona 等，2018）。此外，火山灰还可以减弱光照（在大气和海洋表面），从而影响浮游植物的生产力。

火山灰导致沉积物孔隙水中溶解的氧气被吸收，致使在湖底或海底的火山灰沉积物与水体界面的 $2 \sim 3mm$ 范围内，氧气含量可降至零（Haeckel 等，2001）。例如，1991 年在 Pinatubo 火山喷发时，室内模拟显示约 5cm 厚的火山灰沉积物可导致海底沉积物的溶解氧气永久丧失（Haeckel 等，2001）。火山灰沉积事件的间隔时间决定了有机碳保存量的多少。有研究揭示，在火山灰沉积间隔约 150a 情况下，有机碳的保存量是最好的。

沉积物中的有机碳若被吸附到矿物表面，其氧化就会被抑制，增强了长期保存的条件（Hedges 和 Keil，1995）。有机碳与富铁活性胶体（如铁氧化物）络合对有机物的保存至关重要。研究发现，沉积物中平均有 20% 的有机碳会与铁（FeR）络合（Lalonde 等，2012），产生的共价作用很强（Keil 和 Mayer，2014），使有机碳被保存。此外，铁—有机碳络合程度会随氧气含量的减少而增强（Barber 等，2017）。

火山灰颗粒表面的 FeR 丰度较高，因而溶解铁的释放量也比较大，因此火山灰的存在会促进 FeR 的产生。此外，锰（MnR）元素也会与水体中的有机物发生络合作用，所以锰元素在有机碳保存中也发挥着重要作用。据估算，因火山灰的沉落在水体中产生的铁／锰络合作用可增加有机碳的保存量，规模占全球有机碳保存量的 5% 左右。

2. 鄂尔多斯盆地延长组的火山活动

鄂尔多斯盆地的邻近区域在晚三叠世时火山活动比较多，尤以近南缘最甚，致使延长组发育了多层沉凝灰岩，应是同一构造期不同时段多期火山喷发形成的产物。多数为空落型沉凝灰岩，厚度从几毫米至数厘米不等，最大可达 1m。多层薄凝灰岩层在长 7 段底部集中发育，从露头及井下情况看，凝灰岩在盆地南部较多，向东、向北有减弱趋势，层数变少，厚度变小。

火山活动造成湖泊水体营养化和藻类勃发是页岩有机质富集的重要原因。对鄂尔多斯盆地长 7 段露头和岩心观察，发现富有机质层多与凝灰岩伴生，且发现多数富有机质页岩在沉凝灰岩形成之后出现，而在沉凝灰岩之前出现的概率偏小。凝灰岩层数越多，页岩厚度越大，TOC 越高。例如，陕西铜川衣食村剖面长 7_3 亚段，识别出 156 层凝灰岩，且凝灰岩在一定含量区间，与 TOC 呈正相关性（图 3-35）。凝灰岩含量为 5%～7% 时，页岩 TOC 值最高（超过 20%）。因此，适量火山物质注入，可促进生物勃发和繁盛。

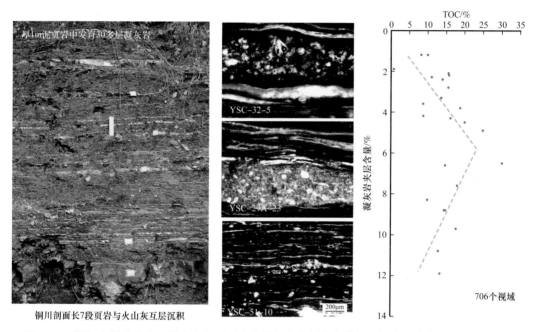

图 3-35　鄂尔多斯盆地长 7 段富有机质页岩及凝灰岩夹层发育特征（据宋世骏等，2019，修改）

凝灰岩营养元素析出实验表明，凝灰岩中溶解的主要是氧化物及碳酸盐矿物，其中 Mn、Ni、Cu、Zn、Ba 等元素溶出浓度较大（表 3-4）。有机酸浓度越高，凝灰岩中释放的微量元素越多。可见，火山物质溶解会促进富营养水体的形成，可提高湖泊的生物生产力。

长 7 段页岩中的营养元素（以 Fe、P_2O_5 为主）含量显著高于凝灰岩，揭示火山灰中的营养元素向湖水转移并富集在页岩层中。统计表明，长 7 段富有机质页岩的 P_2O_5 和 Fe 含量分别为 0.08%～6.24% 与 2.97%～19.15%，平均值分别为 0.54% 和 6.57%。与北美页岩相比（P_2O_5 和 Fe 含量的平均值分别为 0.13% 和 3.95%），长 7 段富有机质页岩具有高 P_2O_5 和 Fe 含量特征。然而，长 7 段凝灰岩的 P_2O_5 和 Fe 含量分别为 0.02%～0.36% 和 0.77%～8.28%，平均值分别为 0.08% 和 1.27%，比新鲜火山灰的 P_2O_5 和 Fe 含量（平均值分别为 0.27% 和 4.90%）要低很多（表 3-5）。这些数据表明，当火山灰沉积后，P 和 Fe 元素从火山灰中转移到了湖盆水体中，并通过生物地球化学循环保存到了之后形成的富有机质页岩中，从而造成了长 7 段凝灰岩中 P 和 Fe 含量低而富有机质页岩中 P 和 Fe 含量高的现象。长 7 段富有机质页岩的 TOC 含量与 P_2O_5 和 Fe 含量具有正相关关系

（图 3-36 ）。因此，频繁而规模适度的火山灰沉落是生物勃发的重要因素，对富有机质页岩形成是建设性的有利条件。

表 3-4 凝灰岩元素析出实验对比结果   单位：μg

元素名称	0.05mol/L 乙酸 30mL+ 凝灰岩样品 2g	0.15mol/L 乙酸 30mL+ 凝灰岩样品 2g	超纯水 30mL+ 凝灰岩样品 2g
Be	0.7	2.5	0
Ti	20.4	0	0
Mn	1540.1	1585.7	0
Co	263	28.1	0
Ni	516.3	378.2	0.6
Cu	524.8	717.5	0
Zn	115.3	89.9	0
Ga	0.3	0.8	0.1
Rb	4.4	4.5	2.3
Sr	29.3	34.0	2.4
Y	3.3	14.3	0
Zr	0.2	0	0
Ba	73.8	123.9	0
Pb	2.9	6.6	0
Th	0.1	0.1	0
U	0.1	1.3	0

表 3-5 凝灰岩、页岩、新鲜火山灰常量元素均值对比表（据袁伟等，2016 ）   单位：%

岩性	Na_2O	K_2O	CaO	MgO	Al_2O_3	SiO_2	TiO_2	P_2O_5	Fe
北美页岩	1.14	3.97	3.63	2.86	16.90	64.80	0.70	0.13	3.95
长 7 段页岩	1.31	2.97	1.11	1.46	15.61	56.96	0.57	0.54	6.57
长 7 段凝灰岩	1.30	2.67	0.42	1.29	21.63	63.61	0.31	0.08	1.27
新鲜火山灰	4.32	1.83	4.81	1.98	15.98	62.11	0.65	0.27	4.90

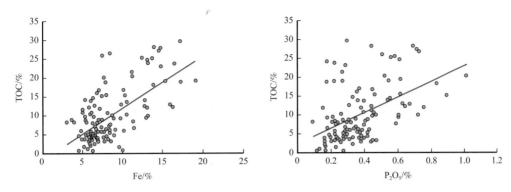

图 3-36 鄂尔多斯盆地长 7 段富有机质页岩 TOC 含量与 P_2O_5 和 Fe 含量关系（据袁伟等，2016）

对长 7 段沉积期湖泊的生物生产力进行计算，结果显示，长 7 段早、中、晚沉积期的生物生产力分别为 2162g/（$m^2 \cdot a$）、1167g/（$m^2 \cdot a$）和 1916g/（$m^2 \cdot a$），长 7 段沉积期的平均生物生产力为 1748g/（$m^2 \cdot a$），是松辽盆地青山口组沉积期湖泊生物生产力的 1.2 倍 [约 1464g/（$m^2 \cdot a$）]，是现代海洋生物生产力的 3.5 倍 [约 500g/（$m^2 \cdot a$）]。

3. 准噶尔盆地芦草沟组的火山活动

石炭纪时期，新疆地区主要洋盆已经关闭，二叠纪进入碰撞造山后的伸展转折期。中二叠世，准噶尔盆地及邻区处于拉张伸展背景下，火山活动较强烈，火山岩沉积占盆地沉积的比例相当高。二叠纪芦草沟组沉积期，火山活动曾频繁出现，同期湖泊水体呈咸化环境，富有机质页岩、沉凝灰岩与云质、灰质岩混杂堆积，形成多岩类细碎屑岩集合体，构成页岩油成矿与赋存的主要载体。

从地震和钻井资料看，吉木萨尔凹陷芦草沟组地层沉积连续，厚度稳定，无法识别出火山通道，岩心中也未见火山熔岩和火山角砾岩等近火山口相岩石类型，指示凹陷区内无火山活动，火山物质主要来自凹陷以外的周缘地区，属空落型凝灰岩，飘落到湖水中的火山物质释放出大量营养元素，促使藻类等低等生物繁盛，加之干旱气候，湖泊咸化且宁静呈还原环境，故有利于有机质的堆积和保存。

综合岩心、薄片观察和 X 射线衍射分析结果，芦草沟组以黑色含凝灰云岩、凝灰质云岩为主。细粒沉积岩中的有机显微组分以腐泥组无定形、沥青质为主，为遭受强烈降解的藻类体（图 3-37a、b），含量占有机质组分总量的 89%，具强烈亮橙黄色荧光，以密集藻纹层形式分布（图 3-37c、d），TOC 最高达 30.1%，平均达 8.4%，说明火山活动期湖盆水体营养充沛，为藻类等低等生物大量繁盛创造了条件，这是有机质在细粒沉积层中超量富集的主要原因。

构造活动减弱或停止后，火山活动随之进入间歇期。这之后受到风浪作用的扰动，湖泊底部沉积物中出现由长英质细粒构成的薄纹层，并逐渐向长英质层与泥晶云质互层或者云质颗粒含量高的块状泥岩过渡，形成的岩石以薄纹层状云质凝灰岩或块状含云凝灰岩为主。在火山喷发间歇期，散落在凹陷周缘的火山物质被地表水风化溶解并带入湖盆中。K^+、Na^+、Ca^{2+} 和 Mg^{2+} 等进入湖泊水体中，使水体保持高养分状态，使藻类等低等生物的初级生产力极高。芦草沟组自下而上，有机质含量呈由高到低的趋势，这是由于沉积环境由早中期的宁静、还原向间歇性动荡和氧化环境转变有关，因而上部沉积时湖盆的保存条件已变差，沉积原始有机物数量就大为减少，故有机质含量明显降低，TOC仅为2.0%～2.9%。

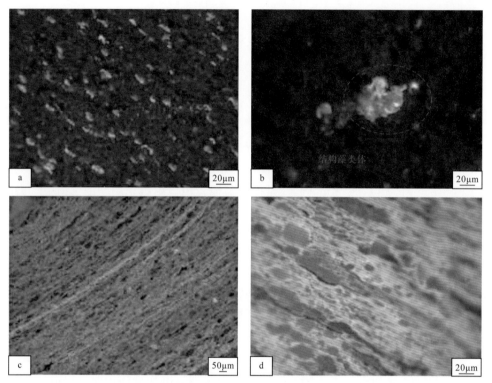

图3-37　准噶尔盆地吉木萨尔凹陷芦草沟组有机组分显微照片（据曲长胜等，2019）

a.吉32井，3733.0m，云质凝灰岩，密集藻纹层，蓝紫光激发荧光，全岩光片；b.吉32井，3733.0m，云质凝灰岩，结构藻类，蓝紫光激发荧光，全岩光片；c.吉32井，3731.5m，含方解石凝灰云岩，有机质呈纹层状分布，蓝紫光激发荧光；d.吉32井，3728.60m，含凝灰云岩，有机质呈纹层状分布，蓝紫光激发荧光

三、热液效应

热液是指比周围环境稍热（5℃或更多）或含有其他营养矿物质的水体。热液侵入是指伴随地壳活动来自地壳深部的热液上侵进入上覆地层或直接进入湖盆水体中，从而在地层中形成溶蚀或矿物质沉淀，或改变湖盆水体矿化度与营养条件的事件地质过程。对湖盆生物生产力来说，热液活动是改变湖盆水体营养含量从而促发湖泊生物繁盛的重要因素，对页岩有机质的富集有重要促进作用，这将是本单元讨论的重点。

1. 热液活动对有机碳富集的控制作用

对现代海底热泉调查发现，大洋海底的热泉温度差异较大，温度从几十摄氏度到数百摄氏度不等。例如红海大西洋深渊Ⅱ槽谷热水喷口的水温为100℃，其邻近处的水温仅56℃；著名的加拉帕斯洋隆轴部黑烟囱的热液喷口处温度达350℃（Rona，1978）。对于热液的来源，目前认为有两种：（1）海底/湖底的海水/湖水受其下部岩浆（岩浆房或高位侵入体）加热，使水体温度升高，同时来自深部岩浆房的物质与海底或湖底发生对流循环，可产生大规模的水岩反应，形成富矿物质热液；（2）来自深源的岩浆热液，直接进入海底或湖盆水体中，热液携带大量矿物质进入海/湖水体中，使营养物质发生明显变化，成为生物繁盛和有机质富集堆积的重要条件。

我国主要沉积盆地普遍具有深部作用活跃的特点（刘池洋等，2000），会触发一系列构造事件，往往伴生一定程度的热液活动。另外，在成岩演化过程中如有火山作用或热液活动参与，会加速有机质的热演化（杨文宽，1983；刘池洋，2010）。目前，有报道发现热液侵入事件致有机质富集的地层有华北克拉通沉积的新元古界青白口系下马岭组（孙省利等，2003；Wang J 等，2006）、塔里木盆地下寒武统玉尔吐斯组（孙省利等，2004；陈践发等，2004；储呈林等，2016）、四川盆地上二叠统大隆组（李红敬等，2009）、鄂尔多斯盆地上三叠统长 7 段（张文正等，2010；贺聪等，2017）、华南地区下寒武统牛蹄塘组（梁钰等，2014；谢小敏等，2015；Zhang K 等，2017；刘天琳等，2018）。

来自地球深部的热液除携带大量热能、化学能和矿物质进入湖盆水体中，不仅改变沉积环境而且提供热能和大量营养物质，而且热液伴生的 H_2S 等气体也有助于底层还原环境的形成，对有机质保存是重要条件。

2. 鄂尔多斯盆地延长组的热液效应

鄂尔多斯盆地隶属华北克拉通，内部长期稳定，盆地内自古生代以来无重大火山事件发生，沉积盖层也未发生大型断裂活动。进入中生代，盆地发生西降东升的掀斜运动，沿着贺兰山南北向造山带，盆地西部持续沉降，而东部整体抬升。盆地南—东南一侧的秦岭地带发生了多次火山活动。大量火山物质喷发后飘落到鄂尔多斯盆地上空，后经沉落形成多层凝灰岩。一些隐性基底断裂也在中生代发生活动，将深部热液流体输送到当时的湖盆中（Yang 等，2005；Zhao，2005；Li 和 Gao，2010）。

通过光学显微镜和 SEM—能谱发现了一些与长 7 段沉积期热液活动有关的沉积现象，如硅质岩、自生钠长石、白铁矿、磷锰矿、层状黄铁矿、碳酸盐结核等多类热液沉积物（图 3-38），表明在中三叠世晚期以来，鄂尔多斯盆地南部热液活动比较频繁而普遍。

对鄂尔多斯盆地 YK1 井采集的页岩样品进行化学成分分析，把分析数据投放在 $SiO_2/（K_2O+Na_2O）$ 与 MnO/TiO_2 和 Fe—Mn—$（Cu+Co+Ni）×10$ 交会图（图 3-39）上，发现这些分析数据均落入热液沉积物区域，与红海热液沉积物接近（Crerar 等，1982；Qi 等，2004）。结合矿物学、岩石学和同位素数据（Zhang 等，2010；Yang 等，2010；Qiu 等，2015），研究证实延长组沉积过程中确有较大规模热液输入。延长组热液来源主要是岩浆热液或地壳深部热液，它们通过基底断裂侵入湖盆水体中，既形成了可识别的、规模不等的热液沉积物，同时也将大量矿物质注入湖水中，从而改变了湖水的营养成分。

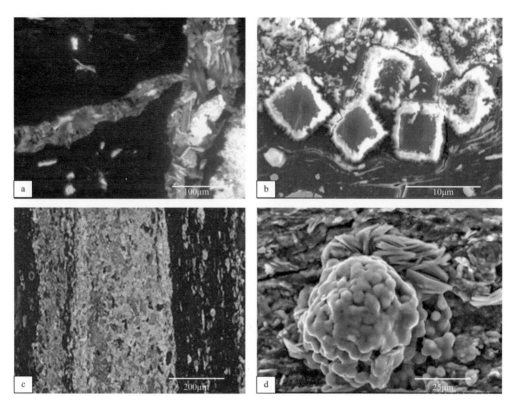

图 3-38 鄂尔多斯盆地长 7 段沉积期典型热液活动特征（据长庆油田内部资料，2018）

a. 里 68 井，2079.8m，长 7 段页岩裂缝中自生钠长石；b. 白 522 井，1951.36m，长 7 段页岩中新发现的磷锰矿；

c. 新 36 井，2188.58m，长 7 段页岩中层状黄铁矿；d. 里 57 井，2337.3m，长 7 段页岩中白铁矿

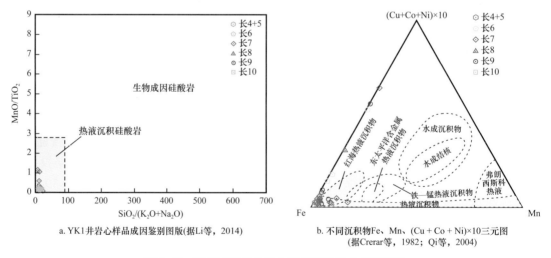

a. YK1 井岩心样品成因鉴别图版（据 Li 等，2014）　　b. 不同沉积物 Fe、Mn、(Cu + Co + Ni)×10 三元图（据 Crerar 等，1982；Qi 等，2004）

图 3-39 鄂尔多斯盆地长 7 段凝灰岩样品成因判识

　　有关鄂尔多斯盆地长 7 段富有机质页岩发育与热液作用有关的报道越来越多，这是因为热液中的 P、Fe、Na、Cu、V、Zn 和 Ni 等营养元素进入湖盆水体后，增加了湖水的营养成分，一些浮游藻类会大量生长，这为有机质超量富集提供了基础，与此同时，热

液带来的硫化氢会增强湖底的缺氧条件，使浮游生物死亡后能够更多地保存下来，这是富有机质页岩形成的又一重要条件（图3-40）。

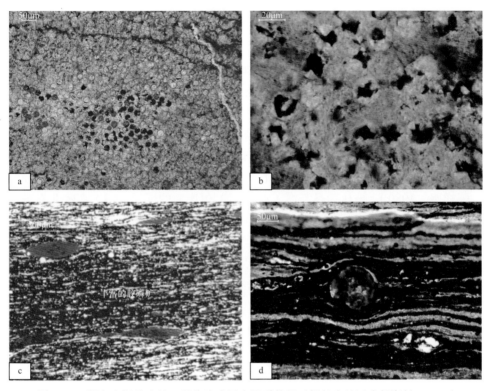

图3-40　鄂尔多斯盆地长7段热液成因有机质特征（据长庆油田内部资料，2018）

a.密集发育的球形钙镁质嗜热微化石；b.球形钙镁质嗜热微化石核部残留有机质；c.黑色页岩中丰富的胶磷矿；
d.页岩有机质纹层中的藻球体

四、海侵作用

海侵对于陆相富有机质页岩形成也具有建设性作用，归结起来主要有以下几点：（1）海侵提供适度的咸化环境，这是富有机质页岩发育的重要条件之一；（2）由于海水与淡水之间化学性质明显不同，海侵可以增加淡水的化学分层，有利于有机质保存；（3）海侵阶段形成的生油岩和海退阶段形成的储层宜形成有利的生储盖匹配，有利于油气大规模聚集成藏。可见，海侵对富有机质页岩形成具有重要意义。

受海侵影响的现代近海盆地以委内瑞拉的Maracaibo湖最为典型，它是南美洲最大的湖泊，面积为$1.63×10^4km^2$，水深30m。湖泊北端有一个长35km、宽3～12km的狭窄水道与加勒比海湾相通，湖面比海平面高18m，在枯水期湖平面下降，受海水侵入的影响，北部湖水呈咸化环境。在丰水期湖平面上升，湖水会被淡化。西南部是卡塔通博河，是注入Maracaibo湖最大的淡水水系，在南部形成淡水环境。因为海水的注入受湖泊枯水期和丰水期影响，具有周期性变化特点，所以湖水的盐度具有分层性（Bernard等，2005）。湖泊中适宜淡水—半咸化环境生长的多种属藻类繁盛，这为有机质富集提供了物质基础。

1. 鄂尔多斯盆地延长组的海侵作用

鄂尔多斯湖盆在中—晚三叠世是否受到过海侵影响，一直存在争议。前人研究发现了部分证明存在海侵的证据：（1）在鄂尔多斯盆地西南侧秦安一带见中—下三叠统海相地层，总厚大于263m，为海相页岩，产腕足类和海相瓣鳃类化石（甘肃省地层表编写组，1983），发育含介壳（腕足类）砂岩、壳灰岩、鲕状灰岩、砂质灰岩和石灰岩；（2）在盆地南缘韩城薛峰川、耀县石川河中三叠统纸坊组发现咸化（或半咸化）相的斜蚌（*Naiaditessp*）化石，在石川河还见其与盘龙介、蠕虫类石灰虫（*Spirorbis*）共生（中国地质科学院地质研究所，1980）；（3）在鄂尔多斯盆地上三叠统延长组中多次发现弓鲛（*Hybodus*）化石，为软骨鱼的弓鲛化石在世界各地一般都发现于海相地层中（刘宪亭，1962；薛祥煦，1980），被认为是与海（或潟湖）相连通的证据；（4）在陕北发现的横山龙鱼（*Saurichthys huanshanensis*）（周晓和等，1957）产于延长组五段，龙鱼常见于北大西洋地区海相三叠系和侏罗系中；（5）在延安一带的张家滩页岩内，除见弓鲛外，还见石灰虫（*Spirorbis*），镜下可见原生白云石自形晶体（张抗，1983）；（6）在长7段底部黑色页岩中发现一些典型的海洋腔棘鱼化石和海相浮游藻类化石及含刺棘鱼化石等（Wang等，2007）。

这些证据表明，三叠纪时期在鄂尔多斯盆地南侧存在一个可能从特提斯海沿秦岭向东伸出的海湾，并且一直残存到晚三叠世。早期海侵至少可以达到现今盆地南缘渭北一带，后期主要以某种峡道方式使海水以有限范围侵入鄂尔多斯盆地中，从而带来海洋—河口环境生存的鱼类的发育。

元素地球化学数据也显示长7段页岩沉积期，可能存在间歇性海侵。其中，元素Sr、Ga、V、Ba含量及Sr/Ba比值可用来判断海侵过程的存在。统计显示，长7段页岩的Sr元素含量平均值为170μg/g，V元素含量平均值为123μg/g，表现出海陆过渡相特征。页岩的Sr/Ba比值主要集中在0.29~0.52之间，平均值为0.41；Ga元素含量主要集中在13.6~20.0μg/g之间，平均值为17.2μg/g，都显示出部分海相沉积特征。因此，长7段沉积期发育的部分富有机质页岩是在受到间歇性海侵影响的湖盆中形成的。

2. 松辽盆地白垩系的海侵作用

松辽盆地通常被认为是典型的陆相湖盆（杨万里，1985），但有越来越多的证据显示白垩系青山口组沉积时，松辽盆地有海侵事件发生，其中古生物证据包括有孔虫类（Xi等，2011）、广盐的鞭毛藻类（Hou等，2000）以及适宜海洋咸水生存的鱼类化石等（冯子辉等，2009）。有机地球化学证据包括一些特殊的生物标志化合物，如伽马蜡烷、β-胡萝卜素、低姥鲛烷/植烷比值（Song等，2013）和黄铁矿硫同位素特征（Cao等，2016）等。

浮游有孔虫仅生活于正常海洋环境，是可靠的指相标志化石，海相有孔虫如果存在就是存在海侵作用的直接证据。松辽盆地发现的有孔虫类型多样，除了底栖的钙质壳和胶结壳有孔虫，还发现有浮游有孔虫分子，且在白垩系中分布比较广泛。几乎所有在松辽盆地白垩系发现的浮游和底栖有孔虫在现今西北太平洋均有分布（Kaiho 等，1993；Nishia，2003）。白垩纪青山口组沉积期松辽盆地是一个近海湖盆，已发现的有孔虫化石应该是由海侵带入松辽古湖盆中的生物。在嫩江组一、二段沉积期也有海侵事件发生，当时松辽盆地发生了大规模湖侵，湖盆以深湖—半深湖环境为主，水域面积比青山口组沉积期还大，甚至超过了现今盆地范围（高瑞祺等，1994）。加之当时海平面比较高，很容易发生湖泊与海洋的沟通。

通过对松辽盆地内广泛存在的甲藻甾烷研究，侯读杰等（1999）提出松辽盆地在白垩纪存在两次海侵事件，分别发生在青山口组一段和嫩江组一、二段沉积期。藻类化石显微组分显示嫩江组一、二段内存在海相藻类化石，如嫩江繁棒藻、小型拟沟裸藻、过渡中原藻、刺状藻等（高瑞祺等，1992）；海侵期形成的咸化环境有利于藻类繁盛，这种环境中形成的藻类具有丰富的生物类脂物且聚合程度低，有利于油气的早期形成（侯读杰等，1999）。由于海侵证据多来自白垩系的泥页岩层段，如青山口组一、二段和嫩江组一、二段泥页岩，因此多数学者认为松辽盆地白垩系富有机质页岩的形成发育与周期性海水侵入有关。海侵事件导致湖盆水体咸化和湖底缺氧，不仅促进了生物生产力的提高，而且有利于有机质保存（王璞珺等，1996；叶淑芬，1996；刘美羽等，2015）。

五、放射性物质的作用

几乎所有有机质超量富集的页岩均富铀，测井曲线显示为高自然伽马值（杨华等，2016；张文正等，2009；Wang 等，2020），这似乎暗示有机质的超量富集除了前面讲到的火山灰沉落、热液侵入带来较多的营养物质、海侵导致湖水咸化与水体分层（有利于生物生产力提高和有机质保存）等原因外，可能还与原始沉积环境中放射性物质超量存在导致生物的生长速度与生长数量过大有关。现实生活中我们知道，遭受放射性物质超剂量辐射极易诱发癌症，癌症说到底就是细胞组织的异常增生。这种异常增生发生在人体上就是癌细胞组织，若存在于自然界实际上就是有机物的超量与超速增长，放在地质历史中去观察，就是有机质的超量富集。本单元重点讨论放射性物质对有机质超量富集的作用。

1. 放射性物质对有机质富集的促进作用

在南非太古宇变质玄武岩的裂隙水中存在一种嗜热细菌，这种细菌依靠地质过程中产生的硫和氢生存了上百万年，而不依赖光合作用。研究发现，铀的放射性作用可以使水分解为 H、OH 和 O^{2-} 等自由基以及 H_2、O_2 和 H_2O_2 等产物。其中，氢分子的存在可使微生物群得以生存和繁衍，这为富有机质页岩的形成提供了基本条件。另外，有研究发现，一些真菌类生物（如黑真菌）不仅不惧怕核辐射，反而能在核辐射下超量生长，这是因为黑真菌含有的黑色素能够吸收核辐射并转化为能被自身利用的化学能，这种转化类似于植物的光合作用。在原苏联的切尔诺贝利和日本福岛的核事故现场都观察到动物

（如老鼠）和植物（如茄子）的超异常生长，比正常环境下的个体都偏大，这说明放射性物质的超剂量辐射对生物的生长速度也有促进作用。从机理来说，与放射性物质会导致细胞组织的异常增生是一致的。种种迹象显示，放射性物质不仅可以让水分解成 H^+、OH^- 和 O^{2-}，使生物在无氧环境中得以生存和生长，而且还可以直接造成生物个体超速生长与数量超规模发育，这些都是促进有机质超量富集的重要条件。

鄂尔多斯盆地长 7 段页岩是富铀的，其中有超过 50% 的铀赋存于胶磷矿中，超过 20% 的铀以吸附方式赋存于有机质中（秦艳等，2009）。长 7 段页岩中藻类极其丰富（图 3-41），这些化石多出现在长 7_3 亚段底部（Zhang 等，2016）。有证据显示，铀的放射性能够为生物的生存和繁衍提供能量（Lin 等，2006）。因此，适当浓度的富氮磷营养物质和放射性物质的存在能够促进蓝细菌的超量生长，提高生物生产力（马奎等，2018）。应该说放射性物质的存在为长 7 段页岩富有机质作出了重要贡献。

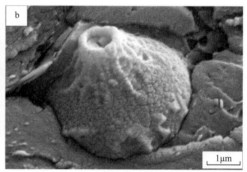

图 3-41　鄂尔多斯盆地瑶页 1 井长 7 段页岩中金藻扫描电镜照片（据赵文智等，2020）

2. 放射性物质对烃源岩热演化的影响

富有机质同时又富放射性元素的页岩层系，在成烃演化过程中，放射性物质如何参与有机质的成烃演化过程，是一个值得关注的科学问题。首先，放射性物质的超量存在不仅对生物繁盛和生长速度加快有作用，而且对有机质向烃类演化的进程也有促进作用，这会在相同热成熟条件下，大大提高有机质向烃的转化速度和效率；其次，放射性物质的存在会让水分解成 H^+、OH^- 和 O^{2-}，使无机氢（H）直接参与烃物质的形成过程，对烃的生成会有促进作用，这也是一个尚未充分认识也未充分关注和论证的重要问题。所以，不要轻视放射性物质在有机质富集与生烃演化和烃产量中的作用，相信这一领域的研究将对油气资源总量、分布乃至成烃成藏规律的认识方面带来超越传统认识的重要变化。

大家知道，铀元素放射性衰变可以生成能量，这种能量对有机质热成熟会有重要促进作用。有研究报道，相对于不含铀的样品，含铀干酪根的演化进程会明显提前（Cassou 等，1984）。有学者对加蓬奥克洛（Oklo）的弗朗斯维尔组和法国洛代夫的二叠系样品开展研究，发现放射性提高了有机质的成熟度，而且越接近铀矿体成熟度越高，其气态烃的干气化程度比不含铀样品明显增高（毛光周等，2012）。一系列模拟实验（毛光周等，

2012，2014）结果显示，铀不仅可以提高有机质的成熟度，降低烃源岩的生烃门限，而且在高温阶段，还可以阻止有机质的过度成熟，有利于烃类的保存。铀可能是未熟—低熟油气生成的重要促进因素之一。

鄂尔多斯盆地长 7 段富铀又富有机质的页岩不仅具备辐射生氢的能量与物质基础，而且还具有较好的氢保存条件。长 7 段页岩的吸附水具高浓度盐类离子和较高含量黏土矿物，这些都是极好的保存条件。通过计算，将含量 $50\mu g/g$ 的铀自长 7 段页岩沉积时放入地层并保持至今（约 200Ma），就可以在每立方米的页岩中生成至少 26L 的外源氢，这部分无机氢如果全部参与烃物质的生成，其数量是很大的，对烃产量的贡献是不容忽视的（赵文智等，2020）。

为求证放射性物质在有机质向烃类转化过程中的作用，开展了放射性物质对有机质生烃催化实验。安排了有放射性物质介入（铀矿与干酪根投放比例 1∶1）与无介入（分为岩样和纯干酪根）实验端，以对比结果的不同。自然界中丰度最高的（占比高达99.27%）^{238}U 半衰期长达 4.5Ga，在实验室无法实现这一自然衰变过程。为此，实验选择了核反应堆中子辐照方法，用于近似模拟生烃过程，即通过热中子轰击，将 ^{238}U 活化为不稳定核素 ^{239}U，迅速启动向 ^{239}Np、^{239}Pu 和 ^{235}U 的衰变，半衰期就大大缩短，仅为 23.5 天、2.3 天和 2.4 万年。在此过程中，所释放的粒子与 ^{238}U 的自然衰变相同，从而实现人工模拟铀衰变。实验在中国原子能研究院 49-2 游泳池式反应堆进行，有机质样品选自鄂尔多斯盆地 ZK808 井的长 7 段富有机质页岩，TOC 含量 12%，R_o 值 0.6%，为低成熟有机质，有机质类型为 II_1 型。从岩样中提取干酪根，然后用放射性铀进行辐照实验。结果显示，放射性辐射可以提高有机质的生烃速度和潜力，产物油气兼备。实验获以下重要结论：（1）在放射性物质辐射作用下，干酪根的产油率可达 20mg/g（HC/TOC），且产油量与辐照剂量正相关（图 3-42）。辐射产油后的干酪根氢指数（HI）仍有 300mg/g（HC/TOC），与辐射前几乎无变化，说明辐射作用可以改变干酪根结构，提高有机质的生烃潜力，提高比例达6%。（2）辐射后的干酪根会产生一定量的气体，主要为 H_2，占比大于 80%，其次为少量 N_2 和 CO_2。H_2 产量与干酪根氢同位素呈正相关，指示氢气系干酪根脱氢成因。（3）辐射照射条件下，干酪根产油率明显提升，但热成熟度却无显著变化，表明放射性作用有利于油气生成，可使有机质在低熟条件下有可观数量液态烃的生成，这一发现与传统的有机质热降解生烃理论不同。（4）辐照后产生的正构烷烃具有双峰构型，且 $\sum C_{\leqslant 21}/\sum C_{\geqslant 22}$ 比值偏小，但随放射性强度增加，比值变大。辐照还产生较

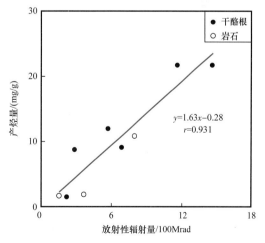

图 3-42　中子辐照剂量与产烃量的关系图
（据 Wang 等，2020）

多不饱和化合物，如烯烃、藿烯和姥姣烯等，说明辐照导致了干酪根官能团的脱除和解聚，同时放射性作用还使碳链被打开，向着低碳数烃类演化（Wang 等，2020）。

第三节　富有机质页岩地球化学特征

当油气勘探领域从以往的源外常规油气藏进入源内的页岩油气藏，对烃源岩地球化学研究和评价的关注重点、尺度与标准都发生了深刻变化，比如常规油气藏形成的有效烃源岩 TOC 下限是 0.5%，而对于页岩油富集成矿的有机质丰度显然要比 0.5% 高很多，这是因为页岩油气是已经成熟的液态和气态烃在烃源岩内部的滞留，没有足够高的有机质丰度，要形成经济性的烃滞留量就很难。又如常规油气藏是从烃源岩排出的油气经运移到圈闭中聚集成藏的，油气从烃源岩中的排出过程可视为穿过一个由黏土颗粒编织的"微纳米网"的"过滤"过程。因此，能进入常规圈闭的油气从烃物质组成上显然缺失了不能穿过微纳米孔隙"网筛"运移出去的那部分高碳数烃物质，所以组分相对比较单一。而在页岩层中滞留的油气，尤其是液态烃，应该是多组分烃物质的混合物，包括小、中、大分子烃类，形如尚未过滤的"豆浆"，是豆汁和豆渣的混合体，且分布极不均质。这种分子大小差异很大的多类烃物质的混合体在地层被打开以后，究竟有多少烃物质可以流出地层，形成产量，目前因试采时间和数量的不充分性，还难以准确回答。对于滞留型页岩油的地球化学评价，如何选择指标和门限才能客观反映页岩油的经济性，目前尚在探索和总结中。虽然现阶段还大多沿用传统的烃源岩评价思路和指标，随着认识和实践的深入，相信页岩油地球化学评价会得到升级和完善。本节本着继承和发展的原则，既兼顾现阶段页岩油评价的思维惯性，也努力将新评价思想纳入其中，以期为页岩油地球化学研究与评价的升级发展起到推动作用。

一、有机质丰度和类型

本单元将围绕陆相烃源岩有机质丰度与母质类型等作阐述，在一般特征介绍基础上，结合现阶段勘探进展，从经济成矿角度出发，提出陆相页岩油富集区 / 段选择评价的相关标准。

1. 陆相页岩有机质丰度

陆相烃源岩有机质丰度差异较大，主要受有机质来源、保存条件及沉积环境等因素控制。营养物质供应充足有利于生物繁盛，还原环境可使更多有机质得到保存，宁静环境和低沉积速率不仅使有机质堆积不被稀释，而且可以形成有规模的分布，是富有机质页岩形成的重要条件。

1）淡水湖盆页岩有机质丰度

以鄂尔多斯盆地为例，长 7 段烃源岩有机质丰度总体较高，以黑色页岩 TOC 最高，一般在 6% 以上，最高可达 30%，平均值在 13% 左右；暗色泥岩 TOC 一般在 2%～6% 之间，最高可达 10% 左右，平均值为 3%～5%。位于三叠纪湖盆西北边缘的冯 75 全取心井经系统分析，长 7 段烃源岩自下而上 TOC 呈逐渐降低趋势，TOC 分布范围为 2%～10%，多数在 4%～9% 之间，平均为 6%；生烃潜力（S_1+S_2）最高达到 45mg/g（HC/ 岩石），为极好烃源岩（图 3-43）。

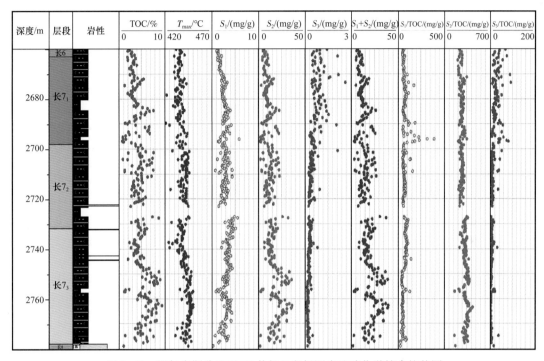

图 3-43　鄂尔多斯盆地冯 75 井长 7 段烃源岩地球化学综合柱状图

　　热解生烃潜力（S_1+S_2）是反映有机质丰度的另一项关键参数。从实测数据来看，长 7 段烃源岩 S_1+S_2 与 TOC 呈现良好的正相关关系，其斜率（S_1+S_2）/TOC 约为 400mg/g（HC/ 岩石），指示长 7 段烃源岩具有较高的生烃潜力（图 3-44）。

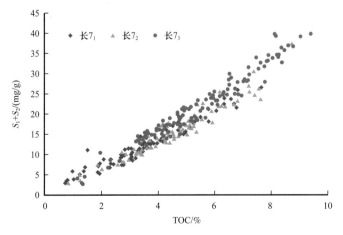

图 3-44　鄂尔多斯盆地冯 75 井长 7 段烃源岩有机质丰度与生烃潜力交会图

从层段上看，无论是 TOC 还是 S_1+S_2，均呈现长 7_3 亚段＞长 7_2 亚段＞长 7_1 亚段的趋势，指示有机质丰度和生油潜力自下而上逐渐降低。

长 7 段烃源岩抽提物和原油稳定碳同位素均在 −30‰ 左右，反映有机质主要来自水生生物，而陆源有机质的贡献较少。生物标志化合物方面，鄂尔多斯盆地烃源岩含有较高的重排藿烷，并呈现规律性变化，与 TOC 的关系呈现先急剧增加然后再缓慢降低特点，即在 TOC 为 3%～6% 区间内达到最大值，而当 TOC 大于 6% 以后，重排藿烷随着 TOC 增加而逐渐降低（图 3-45）。TOC 为 3%～6% 的多为黑色或灰色泥岩而非油页岩，有机质呈分散状赋存在泥岩黏土颗粒间，黄铁矿含量不高，黏土矿物含量却很高。关于重排藿烷成因，一般认为是与有机质的沉积环境和黏土矿物的酸性催化有关。张文正等（2009）通过对比认为，鄂尔多斯盆地延长组高重排藿烷含量主要与有机质形成环境及赋存环境有关，在较浅水的亚氧化条件下，且有机质在黏土矿物中呈分散状态分布，则重排藿烷含量最高；而在缺氧的还原条件下，且有机质呈富集状分布，则重排藿烷的含量就比较低。

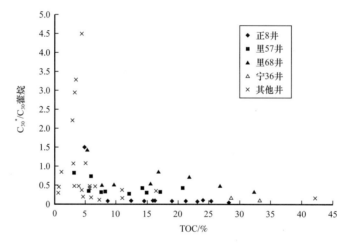

图 3-45　鄂尔多斯盆地重排藿烷含量与 TOC 的关系（据张文正等，2009）

因此，缺氧环境是淡水湖相烃源岩发育的关键因素。对于淡水湖相沉积，营养物质供应充足，藻类繁盛程度高，但水体中氧含量较高，不利于有机质保存。浅水弱氧化环境难以形成高 TOC 烃源岩，而一旦湖水加深形成强还原环境，有机质得以良好保存，就可以形成 TOC 极高的优质烃源岩。鄂尔多斯盆地湖盆中心多口井发育高有机质丰度烃源岩，TOC 可达到 20% 以上，最高接近 40%，远高于湖盆边缘的井。

2）咸化湖盆页岩有机质丰度

咸化湖盆一般具有良好的保存条件，故有利于形成富有机质优质烃源岩。研究发现，咸化湖盆有机质种类相对比较单调，但数量并不少，咸化湖盆生物的生产力不小，只是适应咸化环境的生物种属少一些（表 3-6）。咸化环境更有利于有机质保存，可以形成高有机质丰度的优质烃源岩，且有机质的类型更好，生烃潜力更大。

表 3-6　现代不同盐度湖泊生物生产力对比（据 Kelts，1988）

湖泊名称	国家 / 地区	湖盆类型	湖泊宽与长之比	营养水平	盐度 /‰	生产力 /[g/(m²·a)]
Victoria	东非	裂谷湖	0.712	富养	0.093	680
Lugano	瑞士	非构造湖	0.512	富养	0.3	460
Tanganika	东非	裂谷湖	0.125	富养	0.53	430
Kasumigaura	日本	非构造湖	0.257	富养	18	692
Turkana	肯尼亚	断层湖	0.120	超养	25	300～1500
Suwa	日本	非构造湖	0.175	富养	28	557
Valencia	委内瑞拉	构造湖	0.185	富养	35	821
Mono	扎伊尔	火山湖	0.168	超养	70	1000
Great Salt Lake	美国	残迹湖	0.525	超养	288	1800
Natron	东非	裂谷湖	0.375	超养	300	1200～2900

准噶尔盆地中二叠统芦草沟组是吉木萨尔凹陷主要的富有机质页岩层系，主要岩石类型包括黑色泥页岩、粉细砂岩、白云岩等。如前所述，这是一套在咸化湖盆环境中形成的细粒沉积组合。通过 X 射线分析，原来所称的"黑色泥页岩"，实际上黏土矿物含量极低，一般不超过 5%，主要矿物成分是长石、石英及自生硅质等，同时含有较高的白云石和方解石，主要来自细粒火山碎屑物，即火山尘，而非陆源碎屑物（匡立春等，2012；王绪龙等，2013；支东明等，2019）。长石类矿物以钠长石、正长石和透长石等碱性长石为主，并富含 Sr，指示芦草沟组烃源岩的沉积环境为咸化湖盆，还受到深部热液活动影响。石英晶屑电子探针分析显示，这些热液来自深部岩浆房，并在富含地幔热液环境中经历了某种物理化学变化，其证据是 SrO 含量极高，表明石英颗粒在成岩作用中发生了微量元素的补偿替代作用，这种作用一般发生在 350℃高温条件下，指示深部热液活动的存在。白云石样品中铁白云石 $^{87}Sr/^{86}Sr$ 平均值为 0.705455，与地幔值很接近，其形成与地幔热流有关。Sr/Ba 比值同样反映了盐度较高的咸化环境。

对吉木萨尔凹陷吉 174 井系统取心所作的地球化学分析揭示，芦草沟组湖相烃源岩 TOC 主体分布在 2%～16% 之间，平均约 7%；少数样品 TOC 可达 20% 以上（图 3-46）。生烃潜力一般在 20～80mg/g（HC/TOC）之间，平均为 48.2mg/g（HC/TOC），最高可达 160mg/g（HC/TOC）以上。氯仿沥青"A"含量在 0.2%～1.5% 之间，平均为 0.8%。这些指标均指示芦草沟组发育优质湖相烃源岩。

渤海湾盆地沧东凹陷孔店组二段（以下简称"孔二段"）发育一套咸化湖相优质烃源岩。X 射线衍射分析结果表明，孔二段主要含有石英、长石、方解石、白云石、方沸石、黄铁矿和黏土等多种矿物。其中长石和石英占矿物总量的 34.2%，方解石和白云石占矿物总量的 34.7%，黏土矿物含量为 15.8%，次生矿物如方沸石和黄铁矿等占矿物总量的 10%，无优势矿物。烃源岩抽提物生物标志化合物分析，姥植比（Pr/Ph）在 0.35～1.07

之间，属强还原环境；伽马蜡烷含量较高，指示沉积水体盐度较高；C_{29}甾烷含量高，这里并不是陆源高等植物输入的标志，而是表明有机质可能来自咸化环境中存在的特殊藻类。这一现象在准噶尔盆地二叠系平地泉组/芦草沟组咸化湖相烃源岩中也十分普遍，王绪龙等（2013）认为其来自特殊的生物。沧东凹陷孔二段页岩TOC值主体为3%~10%，最高达12%；岩石热解烃含量（S_2）、氢指数（HI）值均与TOC呈现良好的正相关关系，S_2值最高可达60mg/g（HC/岩石），HI值最高达800mg/g（HC/TOC）（图3-47），代表着烃源岩质量很好，生烃潜力比较高。

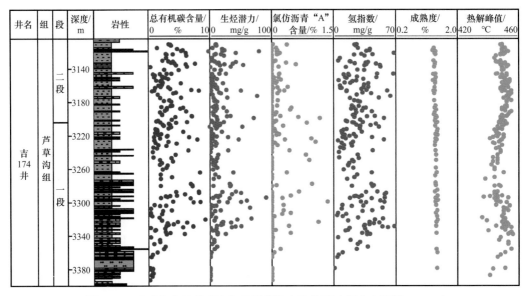

图3-46　准噶尔盆地芦草沟组烃源岩综合柱状图（据支东明等，2019）

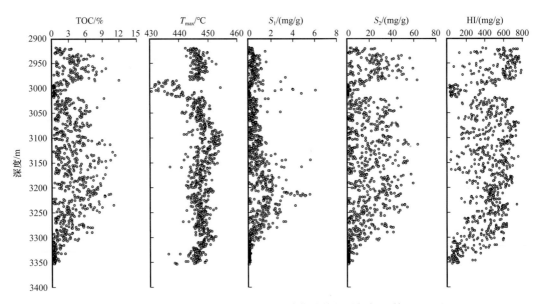

图3-47　渤海湾盆地孔二段烃源岩地球化学特征（据杨飞等，2018）

2. 陆相烃源岩有机质类型

陆相湖盆富有机质页岩主要形成于半深湖—深湖环境，虽不能排除有陆源高等植物的存在，但主体是水生生物。由于空落型火山物质进入水体后，一些矿物质发生水解，为湖盆水体提供较多营养物质，又诱发水生生物生产力的提高，所以陆相页岩有机质主要是Ⅰ型和Ⅱ₁型，少量为Ⅱ₂型。总体看，有机质类型与有机质丰度正相关，低有机质丰度泥岩主要发育于浅—半深湖环境，陆源有机质输入较多，以Ⅱ₂型和Ⅲ型干酪根为主；高有机质丰度页岩多形成于半深—深湖环境，有机质以Ⅰ型和Ⅱ₁型干酪根为主。淡水湖相烃源岩以Ⅱ₁型有机质为主，含少量Ⅰ型和Ⅱ₂型有机质；而咸化湖相烃源岩则以Ⅰ型和Ⅱ₁型有机质为主，少数有机质成熟度较低的样品，其 HI 值最高可达 800mg/g（HC/TOC）以上，表现了极高的生烃潜力。

对于淡水湖相烃源岩，HI 一般与 TOC 呈良好正相关关系，总体呈现"两段式"，即前段在相对低 TOC 段（一般 TOC<5%），HI 随 TOC 增大而增大，表现为线性正相关关系；后段（TOC>5%）HI 随 TOC 增大而保持基本不变，说明对于某种特定类型的有机质，氢指数的增加存在上限，达到这一上限，氢指数就不会随着 TOC 增加而增加。之后 TOC 增加只代表生烃母质总量的增加，而生烃潜力不再增加。图 3-48 分别展示了柴达木盆地北缘侏罗系和鄂尔多斯盆地南缘三叠系低成熟烃源岩 TOC 与 HI 的关系，可以看出柴北缘侏罗的"拐点"出现在 TOC=8% 附近，HI 最高可达 800mg/g（HC/TOC）以上，当 TOC 大于 8% 后 HI 基本稳定在 800mg/g（HC/TOC）左右（图 3-48a）；鄂尔多斯盆地三叠系的"拐点"出现在 TOC=5% 附近，HI 最高为 600mg/g（HC/TOC），随着 TOC 继续增大，HI 基本稳定并呈现一定的下降趋势（图 3-48b）。由此可见，柴北缘侏罗系 TOC 大于 5% 的烃源岩为Ⅰ型，而鄂尔多斯盆地三叠系烃源岩则以Ⅱ₁型为主。

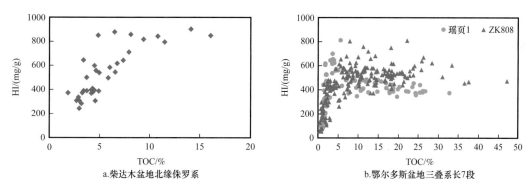

图 3-48　典型淡水湖相烃源岩 TOC—HI 交会图

对于热成熟度相对较高的烃源岩，可以通过岩石热解参数判断有机质类型，HI—T_{max} 和 HI—OI 图版都是评价有机质类型的重要指标（Katz，1995；Peters，1986）。鄂尔多斯盆地长 7 段和少量长 8 段烃源岩主要为Ⅱ₁型有机质，长 6 段、长 8 段、长 9 段和长 10 段均为Ⅱ₂型有机质（图 3-49）。从中可以看出，长 7 段的 HI 要远高于其他层段。而就长 7 段而言，其有机质类型总体为Ⅱ₁型，但长 7₃亚段最好，其次是长 7₂亚段，长 7₁亚段偏低一些。由于埋藏深度相差不大，长 7₃亚段烃源岩成熟度略高于长 7₂亚段和长 7₁亚段，但长 7_3 亚段的 HI 却表现为自上而下逐渐增加的趋势，表明长 7_3 亚段烃源岩生烃潜力更高（杨华等，2013；张文正等，2015）。

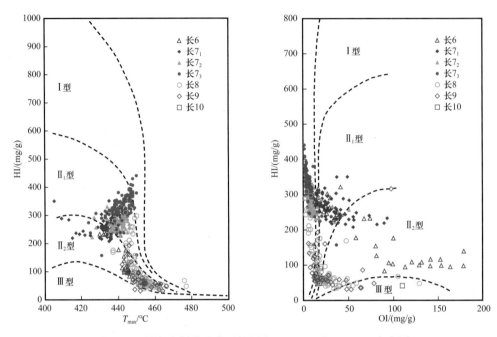

图 3-49　鄂尔多斯盆地典型烃源岩 T_{max}—HI 和 OI—HI 交会图

氧指数（OI）是有机质类型评价的一个辅助指标。在 HI—OI 关系图版上，鄂尔多斯盆地烃源岩 OI 普遍偏低，除部分长 6 段样品外，OI 普遍在 50mg/g（HC/TOC）以下，长 7_3 亚段、多数长 7_2 亚段及部分长 7_1 亚段和长 8 段、长 9 段甚至在 10mg/g（HC/TOC）以下，指示有机质中氧含量低。

无机元素分析也可以指示有机质沉积时的水体环境。P、Ba 等与生物生长相关的营养元素总体呈现自下而上逐渐升高趋势，表明营养物质自下而上逐渐增多，长 7_3 亚段局部出现营养元素富集层段；指示水体氧化—还原环境的 U、Mo 等元素则呈现自下而上逐渐降低的趋势，表明水中含氧量向上逐渐升高。相对而言，底部含氧量更低、有机质保存条件更优越（图 3-50）。

由此可见，对于淡水湖相烃源岩，有机质的保存条件对形成高有机质丰度烃源岩至关重要。在元素交会图上，长 7_3 亚段页岩指示的缺氧程度更强一些，总体处于厌氧—贫氧环境。其次是长 7_2 亚段，多数处于贫氧环境，少数处于厌氧环境。而长 7_1 亚段则整体处于贫氧环境（图 3-51）。反映黑色页岩沉积过程中，水体的还原程度自下而上逐渐减弱，与图 3-49 岩石热解 OI 值反映的结果一致。

有机质来源和沉积环境对有机质类型也有重要影响。如前文所述，生物标志化合物研究表明，长 7 段烃源岩中三环萜烷含量较低，升藿烷尤其是 C_{34}、C_{35} 藿烷含量低，伽马蜡烷含量低，藿烷含量高，指示有机质主要来源于水生浮游藻类，形成于淡水环境（Peters 等，2005），不同于咸化湖盆烃源岩，与中国北方侏罗系烃源岩生物标志化合物特征类似；而较高的重排藿烷和重排甾烷指示有机质经历了较为强烈的酸性催化，与该地区黏土矿物含量较高有关（图3-52）。来自淡水浮游藻类的有机质本应以Ⅰ型干酪根为主，但由于在有机质保存过程中，受到较为强烈的黏土矿物酸性催化作用，致使大量脱氢、脱氧，导致干酪根 HI 和 OI 都很低，形成了Ⅱ$_1$型有机质。

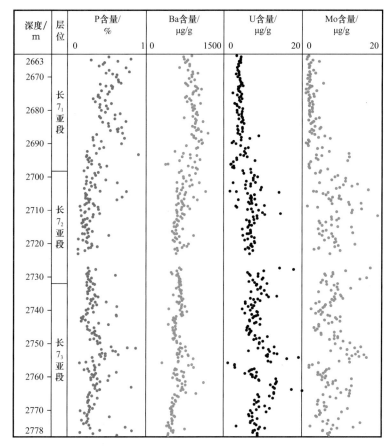

图 3-50　鄂尔多斯盆地冯 75 井长 7 段无机元素纵向分布图

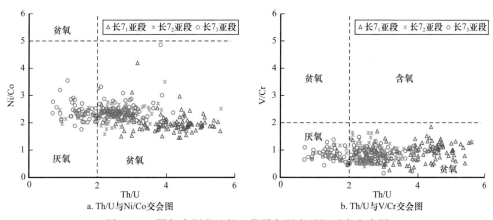

图 3-51　鄂尔多斯盆地长 7 段黑色页岩无机元素交会图

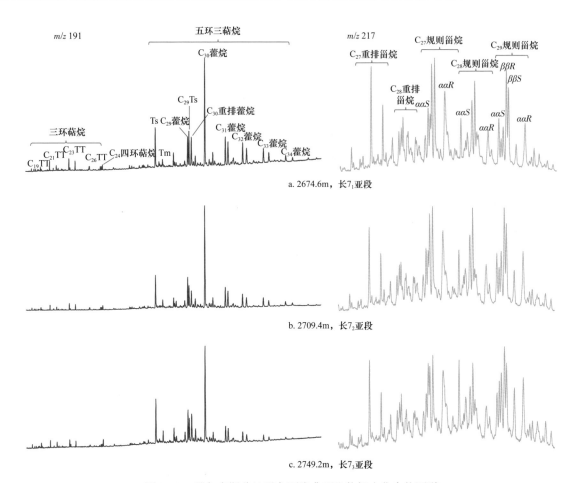

图 3-52　鄂尔多斯盆地黑色页岩典型生物标志化合物图谱

另外，从氯仿沥青"A"碳同位素分析结果看，长 7 段烃源岩氯仿沥青"A"碳同位素分布范围是 $-33.8‰～-31.5‰$，平均为 $-32.8‰$，本应属于 Ⅰ 型有机质，但由于在有机质埋藏过程中，遭受较强烈的脱氧脱氢过程，致使氢含量降低，主要表现为 Ⅱ₁ 型有机质。而长 8 段和长 9 段烃源岩氯仿沥青"A"碳同位素分布范围在 $-29.0‰～-27.3‰$，平均为 $-28‰$。可见前者明显要轻于后者，同样也指示二者有机质来源的差异性，以及有机质类型的差异性。

咸化湖盆沉积页岩由于保存条件较好，页岩中的氢元素得到较好保存，多形成 Ⅰ 型富氢有机质。在 TOC—HI 关系图版上呈现较好的正相关关系，但 HI=600mg/g（HC/TOC）所对应的 TOC 值大致为 1%～2%，明显低于淡水湖相烃源岩，说明咸化湖相页岩有机质的产烃潜力更高，与淡水湖相页岩 HI=600mg/g（HC/TOC）的 TOC 对应值 5% 左右相比，咸化湖盆有机质的 HI 达到 800mg/g（HC/TOC）或更高，有的甚至接近 1000mg/g（HC/TOC）（图 3-53），成烃转化率要高于淡水湖相烃源岩。所以，由于咸化湖相页岩生烃潜力更大，所以页岩油"甜点段"选择的 TOC 标准就可适当放低一点儿，可用母质品质的优秀弥补丰度的不足。

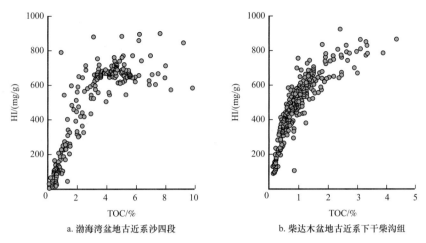

a. 渤海湾盆地古近系沙四段　　　　　　　　b. 柴达木盆地古近系下干柴沟组

图 3-53　中国典型咸化湖相烃源岩 TOC—HI 交会图

在指示有机质类型的 HI—T_{max} 图版上，同样可看到咸化湖相烃源岩以 I 型和 II$_1$ 型为主（图 3-54），少数落在 II$_2$ 型区域内的 TOC 都低于 1%，不属于富有机质页岩范畴。

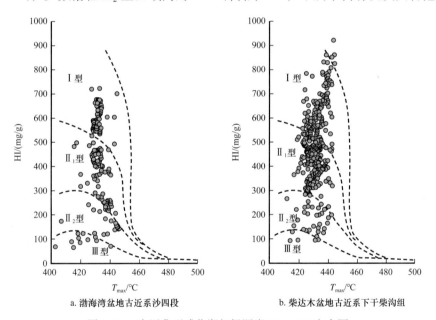

a. 渤海湾盆地古近系沙四段　　　　　　　　b. 柴达木盆地古近系下干柴沟组

图 3-54　中国典型咸化湖相烃源岩 T_{max}—HI 交会图

咸化湖相烃源岩生物标志化合物表现为强还原缺氧特征。饱和烃总离子流图（TIC）上可以看到有机质中富含植烷（Ph），其含量甚至超过了正构烷烃（nC_{18}），而姥鲛烷（Pr）含量较低，姥植比（Pr/Ph）一般小于 0.5，为典型的咸化环境沉积有机质特征（图 3-55）。总离子流图上可明显见到甾烷类化合物，而藿烷类化合物含量却很低，表明甾烷含量远高于藿烷，前者被认为主要来自水生藻类，而后者主要来自细菌。据此可以判断，咸化湖相页岩有机质主要来自水生藻类，而细菌对生烃母质的贡献相对较小。

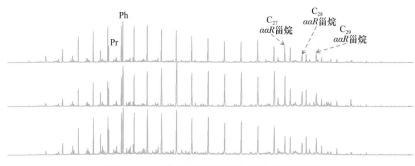

图 3-55　咸化湖相页岩饱和烃总离子流图

　　甾烷生物标志化合物图谱上（m/z217），总体表现为 $C_{27}\alpha\alpha R > C_{29}\alpha\alpha R > C_{28}\alpha\alpha R$ 的 "V" 形或者 $C_{27}\alpha\alpha R > C_{28}\alpha\alpha R > C_{29}\alpha\alpha R$ 的 "L" 形，表明生油母质主要来自水生生物，而高等植物的贡献相对较小。较高的 $C_{28}\alpha\alpha R$ 甾烷指示了较高的水体盐度。萜烷类化合物中（m/z 191），伽马蜡烷含量极高，有时甚至超过 C_{30} 藿烷，C_{34}、C_{35} 藿烷含量也很高，出现 "翘尾巴" 的形态。高伽马蜡烷和高 C_{35} 藿烷反映了高盐度沉积环境，与高植烷、高 $C_{28}\alpha\alpha R$ 甾烷反映的结果是一致的。在生物标志化合物图谱上，几乎看不到淡水湖相烃源岩中常见的重排甾烷和重排藿烷，反映有机质保存过程处于强还原环境，未受到黏土矿物酸性催化（图 3-56）。

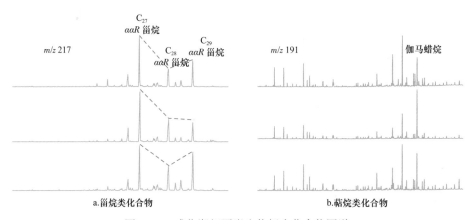

图 3-56　咸化湖相页岩生物标志化合物图谱

　　咸化湖盆页岩有机质稳定碳同位素明显重于淡水湖盆页岩，碳同位素值主要分布在 -26‰～-24‰之间，重于淡水湖泊有机质碳同位素（一般在 -30‰左右），也高于海相烃源岩（一般轻于 -30‰），而与煤系烃源岩相近（一般介于 -27‰～-23‰）。偏高的有机碳同位素值显然不能反映陆相高等植物输入的贡献，而是与咸化湖盆沉积环境有关。在高盐度环境中，由于水中的 $CaCO_3$ 沉淀导致 CO_2 浓度降低，致使自养生物中的 ^{13}C 分馏作用减弱，从而聚集的有机质稳定碳同位素偏重。

　　此外，通过有机质显微组分含量与构成也可以判断烃源岩类型。咸化湖相烃源岩腐泥组占优势，壳质组发育，镜质组与惰质组含量很低，成熟度低的样品还可看到未完全降解的藻类体（图 3-57），属典型的 Ⅰ—Ⅱ₁ 型有机质显微组成特征。

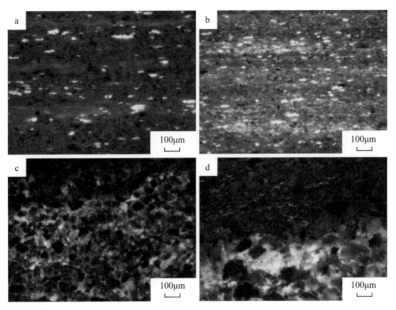

图 3-57　典型烃源岩显微组分荧光照片

a. 柴达木盆地 E_3^2，间断分布藻纹层，TOC 值为 1.59%，HI 值为 640mg/g；b. 柴达木盆地 E_3^2，连续分布藻纹层，TOC 值为 2.64%，HI 值为 745mg/g；c. 松辽盆地青山口组，连续分布藻纹层，TOC 值为 2.93%，HI 值为 712mg/g；d. 松辽盆地青山口组，泥岩中的连续藻纹层，TOC 值为 2.31%，HI 值为 619mg/g

二、有机质成烃演化特征

有机质转化是指在温度和压力作用下，发生从固态干酪根向液态烃和气态烃转变的过程。随着热成熟度不同与母质类型的差异，处在不同热成熟状态的有机质产生液态烃与气态烃的比例、烃物质构成与多组分烃物质混相以后所表现出的流动状态会有很大不同，这会直接影响页岩油的单井产量和单井累计采出量。而烃的吸附是指烃物质在烃赋存环境中被吸附的程度。现阶段看，决定烃吸附程度的因素至少有三个：一是烃物质成分，显然重烃要比轻、中组分烃更易被吸附；二是烃赋存环境无机矿物的构成，蒙皂石和高岭石对重组分烃物质的吸附性更强；三是有机质母质类型与轻、中、重组分烃产生的先后顺序。有机质随热成熟度增加发生降解转化，产生的烃物质如果重烃组分先产出，而轻中组分烃是在重组分烃基础上进一步热裂解的产物，那么重组分烃被吸附就可能在先，轻组分烃就可能最先成为游离态。相反，轻组分烃就可能被先吸附，而重组分烃成为游离态烃的概率就会增加。这两种情况下，烃吸附程度会有很大不同。

本单元将围绕有机质转化与烃吸附问题展开介绍，重点围绕笔者及研究团队研究取得的认识与同行学者研究进展作介绍，以期为读者提供有借鉴意义的观点和结论。

1. 有机质成烃动力学特征

页岩生烃特征与有机质类型、热成熟度密切相关。此外，也与外物质（如放射性物质）的参与有关。一般来说，Ⅰ型有机质生烃活化能较低，因此有机质向烃物质转化所需的能量较低，烃转化更容易；而Ⅲ型有机质生烃活化能较高，烃转化所需的能量也高，烃转化的难度也更大。Ⅰ型有机质分子结构相对简单一些，同时富含氢组分，C–C键更易断裂，在生烃早期主要形成大分子烃类化合物，密度相对较高，后期进一步裂解形成小分子化合物；而Ⅲ型有机质分子结构更复杂，相对贫氢，C–C键能相对较高，不易断裂，但在较高温度条件下断裂，亦可形成中分子—小分子化合物，其密度相对较低，但生成液态烃数量有限。

1）湖相烃源岩生烃母质来源

淡水湖相烃源岩生油母质多为Ⅱ$_1$型有机质。从有机质稳定碳同位素看，以鄂尔多斯盆地长7段页岩为例，其$\delta^{13}C_{沥青 "A"}$一般在 $-34‰\sim-31‰$ 之间，$\delta^{13}C_{干酪根}$一般在 $-31‰\sim-28‰$ 之间，指示有机质主要来自水生生物（图3-58）。四川盆地侏罗系淡水湖相烃源岩

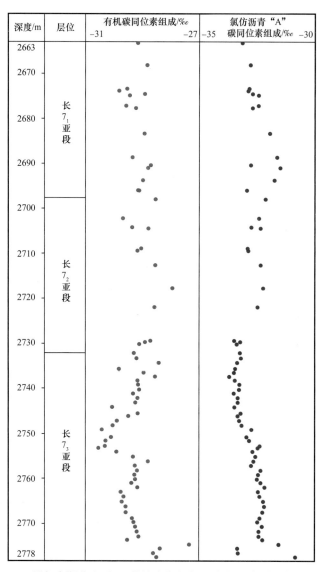

图 3-58　鄂尔多斯盆地冯 75 井淡水湖相烃源岩有机碳同位素纵向分布

稳定碳同位素与之相近，$\delta^{13}C_{沥青 "A"}$ 一般在 -33‰～-31‰之间，$\delta^{13}C_{干酪根}$ 一般在 -30‰～-28‰之间，同样指示有机质来自水生藻类生物。生物标志化合物呈现富藿烷类化合物而贫甾烷类化合物，富重排甾烷和重排藿烷而规则甾烷和规则藿烷含量却不高，指示有机质可能经历了次生改造。此外，这些典型淡水湖相页岩中均富含黏土矿物，黏土矿物的酸性催化作用也是重排甾烷和重排藿烷形成的重要原因。

对于咸化湖相页岩油，生物标志化合物是判定有机质来源的重要依据。如前文所述，水生生物是主要的生油母质，陆源高等植物对有机质的贡献十分有限。有机质形成于缺氧的还原环境，水体盐度较高。在芳香烃类生物标志化合物中，烷基类异戊二烯烷基苯类化合物对指示有机质的沉积环境具有主要的意义。丰富的类异戊二烯烃烷基苯往往指示有机质受到绿硫细菌或紫硫细菌的改造作用，而绿硫细菌或紫硫细菌主要分布在无氧透光带，代表有机质形成于水体较浅但缺氧的还原环境。柴达木盆地西部地区古近系页岩和原油中均存在丰富的烷基类异戊二烯烃烷基苯（图 3-59），反映当时湖盆为浅水但水体极为安静的环境，水系注入量小，沉积物补给缓慢，与该地区高盐度还原环境、陆源碎屑及有机质输入量少是一致的。

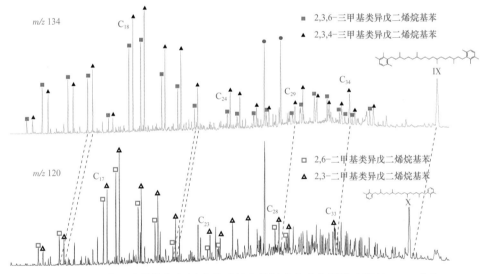

图 3-59　典型咸化湖相烃源岩芳香烃生物标志化合物图谱（跃灰 106X 井）

2）咸化湖盆烃源岩可溶有机质生烃

页岩的早期生烃与母质来源和保存条件密切相关，生物标志化合物已经证实，藻类是咸化湖盆页岩主要的生油母质（Peters 等，1994）。一般认为，淡水湖泊有利于生物的繁盛和有机质富集，而咸化湖泊因盐度过高，不利于生物生存和生长，生物数量较少且种属相对单一（Klemme 等，1991；Fowler 等，2001）。通过对现代淡水湖泊、咸化湖泊和盐湖的生产力统计发现，高盐度湖泊同样具有较高的生物生产力。李国山等（2014）通过对渤海湾盆地古近系咸化湖泊的古生产力研究，发现咸化湖深湖环境发育了富含颗石藻的钙质页岩和泥岩，颗石藻是在秋冬季勃发，生产率极高，冬季氧化作用相对较弱，有利于生物的保存；张林晔等（2003）报道了渤海湾盆地沙河街组四段上亚段沟鞭藻等浮游生物的高生产力；刘传联等（2001）也探讨了浮游藻类勃发对于湖相富有机质页岩形成的重要作用，指出藻类勃发数量巨大，可以形成富含有机质的钙质纹层页岩。柴西地区古近纪具有与渤海湾盆地沙河街组四段沉积类似的古气候和沉积环境，也具备藻类发育的气候条件。周凤英等（2002）、黄第藩等（2003）的研究也曾在柴西地区发现过大量藻类化石，如丛粒藻、颗石藻等，证实该地区存在大量浮游藻类。张永东等（2011）在柴西地区发现了高支链类异戊二烯烃（$C_{25}HBI$），证实硅藻类生物的存在。

模拟实验表明，颗石藻在 R_o 小于 0.7% 的未熟—低熟阶段，氯仿抽提物（即所谓的"可溶有机质"）高达 500mg/g（HC/TOC）以上，生成的饱和烃 + 芳香烃可达 70mg/g（HC/TOC）（图 3-60）。说明咸化环境沉积有机质多为 I 型，在低熟阶段转化形成烃类的潜力较大，转化率较高。

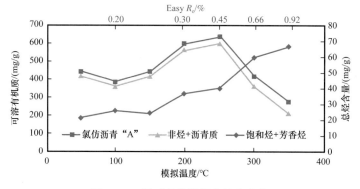

图 3-60　颗石藻热模拟产烃率曲线

3）不溶有机质生烃动力学特征

为搞清有机质生烃动力学特征，特别是不溶有机质在温度再升高以后进一步生烃潜力（相当于热解烃 S_2），选取了三个埋藏相对较浅、成熟度相对较低、生油潜力高的样品开展生烃动力学模拟实验。样品分别选自松辽盆地西北部嫩江组一段、鄂尔多斯盆地西南部长 7 段和柴达木盆地古近系下干柴沟组上段。开展模拟实验意在获取生烃动力学参数。三个样品的常规地球化学数据见表 3-7。

表 3-7　页岩样品初始地球化学参数

盆地	层位	TOC/ %	T_{max}/ ℃	R_o/ %	S_1/ mg/g	S_2/ mg/g	S_3/ mg/g	S_1+S_2/ mg/g	S_2/S_3	HI/ mg/g	OI/ mg/g	S_1/TOC/ mg/g
松辽	嫩江组	7.76	430	0.46	10.7	59.12	1.21	69.82	49	795	16	138
鄂尔多斯	长 7 段	19.17	430	0.52	4.01	96.19	0.53	100.2	181	502	3	21
柴达木	下干柴沟组上段	4.69	436	0.54	9.58	32.79	0.42	42.37	78	699	9	204

生烃动力学模拟使用的仪器是 Rock-Eval 6，升温程序是：将热解仪温度快速升高到 300℃，恒温 3min 除去游离烃，然后分别以 10℃ /min、20℃ /min、30℃ /min、40℃ /min、

50℃/min 的升温速率将热解温度提高到 650℃，获取样品在不同升温速率条件下的产烃率曲线，作为生烃动力学计算的基础数据。

通过生烃动力学拟合计算，获得三个样品的生烃活化能和指前因子（图 3-61）。从中可看出，松辽盆地嫩江组烃源岩热解活化能最低，且相对分散，活化能分布范围在 37～50kcal/mol 之间，主峰为 47kcal/mol，加权平均数为 45.86kcal/mol，指前因子为 $1.96×10^{10}S^{-1}$。鄂尔多斯盆地长 7 段和柴达木盆地古近系烃源岩样品的活化能基本相近，前者主峰为 48kcal/mol，占 80%，其次是 50kcal/mol，占 12%，活化能加权平均值为 48.57kcal/mol，指前因子为 $4.10×10^{10}S^{-1}$；后者的活化能主峰为 50kcal/mol，占 96%，加权平均值为 49.87kcal/mol，指前因子为 $1.49×10^{11}S^{-1}$。综合三个样品分析，淡水湖相和咸化湖盆富有机质页岩具有相近的生烃模式。

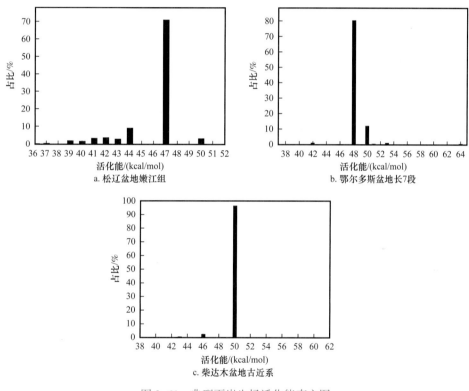

图 3-61　典型页岩生烃活化能直方图

2. 有机质生成烃类组分特征

不同类型页岩生成的烃类组分有较大差异。图 3-62 展示了不同类型有机质气油比（GOR）随有机质生烃转化率变化的趋势。从中可以明显看出，随着有机质转化率增高，气油比逐渐增高，但不同类型有机质增高的幅度和速率有显著差异。Ⅰ型有机质随成烃转化率增高气油比增高的幅度有限，在生油窗阶段几乎一直保持在 $100m^3/m^3$ 以下，说明在这一阶段，有机质以生油为主，生成气体数量较少；要获得更高的气油比，需要更高的成熟度，使重质的烃类发生裂解形成轻烃或气态烃。Ⅱ型有机质随转化率增高气油比缓慢增高，在转化率为 70% 时对应的气油比达到 $200m^3/m^3$，转化率达到 90% 对应的气油比接近 $300m^3/m^3$；Ⅲ型有机质则具有更高的气油比，生油窗内即已获得较高的气油比，当转化率 70% 时对应的气油比超过 $250m^3/m^3$，转化率 90% 对应的气油比达到 $550m^3/m^3$。

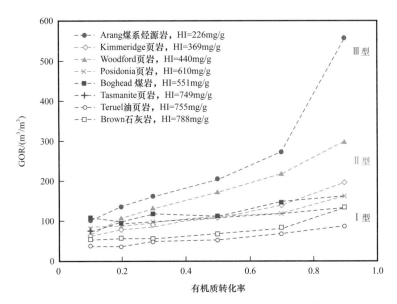

图 3-62　开放体系不同类型页岩形成的气油比与有机质转化率关系

利用封闭体系实验，可模拟不同组分生成量随有机质成熟度的变化关系。从图 3-63 可以看出，Ⅰ—Ⅱ$_1$ 型有机质在生油窗早期（$R_o=0.6\%\sim1.0\%$）以生成非烃（NSO）和重质芳香烃为主（$C_{15+}Aro$），重质饱和烃（$C_{15+}Sat$）含量也很高。随着成熟度的进一步增加，当 R_o 大于 1.0% 以后，非烃和重质烃类开始大量裂解，生成大量轻质组分，CH_4 和 C_{2-5} 快速增多，C_{6-14} 的饱和烃和芳香烃含量也明显增高，但后者在 R_o 大于 1.3% 以后开始降低，表明这些组分在高成熟演化阶段也发生了裂解；至 R_o 大于 2.0% 以后，非烃及 C_{15+} 饱和烃、芳香烃几乎完全裂解，C_{6-14} 的饱和烃和芳香烃含量也都降至 20mg/g（HC/TOC）以下，气态烃占据绝对优势。在气态烃方面，C_{2-5} 含量在 $R_o=2.0\%$ 左右达到最高值，为 140mg/g（HC/TOC），之后开始降低，表明重烃组分在过成熟阶段也发生了二次裂解，而 CH_4 始终保持增长趋势，至 $R_o=2.7\%$ 时达到 160mg/g（HC/TOC）。

Ⅱ$_2$ 型有机质生烃总量要低于 Ⅰ—Ⅱ$_1$ 型有机质（图 3-64）。与 Ⅰ—Ⅱ$_1$ 型有机质相比，Ⅱ$_2$ 型有机质生烃组分有明显差异。在生油窗阶段也是以非烃和重质芳香烃为主，二者总量要远低于 Ⅰ—Ⅱ$_1$ 型有机质，仅为后者的 1/3。非烃和重质芳香烃在 $R_o=1.0\%$ 开始大量裂解，至 $R_o=1.8\%$ 左右裂解殆尽。C_{6-14} 饱和烃和芳香烃含量在 $R_o=1.4\%$ 左右达到最高，约占 Ⅰ—Ⅱ$_1$ 型有机质最大生烃量的 1/2，之后发生二次裂解，含量逐渐降低。至 $R_o=2.0\%$ 左右降至 20mg/g（HC/TOC）以下。C_{2-5} 的生成量也低于 Ⅰ—Ⅱ$_1$ 型有机质，最大生成量仅为 80mg/g（HC/TOC），在 R_o 大于 2.0% 开始二次裂解，而 CH_4 始终保持增长趋势，至 $R_o=2.7\%$ 可达到 120mg/g（HC/TOC），约占 Ⅰ—Ⅱ$_1$ 型有机质的 3/4。

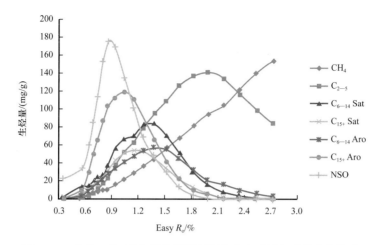

图 3-63　含Ⅰ—Ⅱ₁型有机质的不同烃组分生成量与成熟度的关系

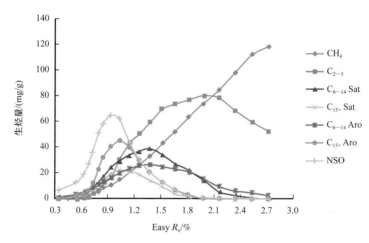

图 3-64　Ⅱ₂型有机质不同烃组分生成量与成熟度的关系

3. 有机质生烃演化阶段

湖相烃源岩的成烃演化总体符合 Tissot 等（1984）提出的经典生烃模式，即存在未成熟—低成熟（$R_o < 0.7\%$）、成熟（$0.7\% \leqslant R_o < 1.3\%$）、高成熟（$1.3\% \leqslant R_o < 2.0\%$）和过成熟（$R_o \geqslant 2.0\%$）四个阶段。未成熟—低成熟阶段又称生物甲烷阶段，以产甲烷菌活动为主，生成的烃类主要是甲烷，生成的液态烃数量很少，难以形成工业聚集。成熟阶段为生油窗，主要形成液态烃，是湖相烃源岩最重要的演化阶段。高成熟阶段以干酪根和液态烃的高温裂解为主，大分子烃类裂解形成小分子烃，以生成凝析油和湿气为主。过成熟阶段则以凝析油和湿气的进一步裂解为主，生成产物以甲烷为主，又称干气阶段。陈建平等（2014）通过对中国典型湖相盆地实际地质样品统计发现，无论是淡水湖相烃源岩还是咸化湖相烃源岩，在成熟演化阶段具有类似的生烃模式，有机质演化符合 Tissot 模式，生油高峰对应的成熟度约为 1.0%，与前文生烃动力学模拟结果是一致的。

然而，从页岩油富集成矿的角度来说，依据 Tissot 模式划分的四个阶段对页岩油的评价尤其是中高熟页岩油评价并不完全适用。例如成熟阶段的下限 R_o 取值 0.7%，该阶段刚刚进入液态烃大量生油阶段，生成的烃物质在构成上，重烃组分偏多，轻烃和气态烃组分偏少，所以烃物质的流动性并不好，这会影响页岩油的经济性。所以，从页岩油的评价讲，应该在有机质低成熟和成熟阶段间找到一个分界线，即 $R_o=0.9\%$，并将 $0.5\%<R_o<0.9\%$ 定义为中低熟阶段，对应于中低熟页岩油，把 $0.9\%<R_o<1.3\%$（有些地区可以下延到 1.6%）定义为中高熟阶段，对应于中高熟页岩油，R_o 大于 1.3%（或 1.6%）定义为高成熟阶段。赵文智等（2020）综合前人已有成果并结合多年研究，提出不同演化阶段源内滞留烃类型与数量的差异性，分为四个阶段：（1）R_o 小于 0.5% 为有机质固态分布段，也是油页岩油主分布段。（2）R_o 为 0.5%~0.9% 时是滞留液态烃、多类沥青物和未转化有机质共存段，也就是中低熟页岩油分布段。该阶段液态烃在页岩中的数量因页岩厚度及与围岩储集（输导）层段的组合关系不同而有较大变化，留滞烃数量最大可达 40%~60%，未转化和高分子半固相有机物含量可达 40%~80%。（3）R_o 为 0.9%~1.6% 时是较高的相对分子质量液态烃大量裂解形成较低的相对分子质量化合物（含天然气）主要阶段，也就是中高熟页岩油分布段。一般油质较轻，气油比较高。（4）R_o 大于 1.6% 是液态烃大量裂解和天然气大量生成阶段，是页岩气主分布段。

总体看，中国陆相页岩油热演化程度普遍偏低，地下烃物质流动性较差，可流动量较少，这可能是目前页岩油勘探开发尚未获得规模性发展的主要原因之一。鄂尔多斯盆地长 7 段页岩有机质热成熟度变化较大，R_o 为 0.7%~1.2%，其中 R_o 小于 1.0% 的区域占比较大，约占页岩总分布面积的 90%；准噶尔盆地二叠系芦草沟组烃源岩 R_o 为 0.5%~1.0%；渤海湾盆地古近系孔二段烃源岩 R_o 为 0.6%~1.2%。从统计看，那些与较高成熟度匹配的探井，页岩油都展示了良好的可动性，如准噶尔盆地二叠系风城组热演化程度高于芦草沟组，主体 R_o 为 0.9%~1.3%，原油密度为 0.85~0.87g/cm³，低于芦草沟组的 0.90~0.92g/cm³，黏度也大大降低，流体可动性大为改善。因此，较高热演化程度可以有效改善油品质量，增加气油比，对原油地下流动性有改善作用。由此可见，中高熟页岩油开发主要依靠水平井和体积压裂技术，需要较高的成熟度以保持油质较轻、可动油比例较高。所以，R_o 大于 0.9% 是个重要门限，以 1.0%~1.3% 为最佳。

三、富有机质页岩滞留烃特征

源内油气藏具有"源内生成、原位滞留富集"特征，页岩内烃滞留数量评价成为页岩油是否有经济性的关注点。烃源岩内滞留烃数量与有机质丰度、热成熟度和排烃效率密切相关。已有多位学者从地球化学与地质综合评价角度对排烃效率予以讨论。很显然，生油岩厚度越大、与输导层间互越差、裂缝越不发育，排烃效率越低，滞留烃数量就越高，反之亦然。要正确判断烃源岩的滞留烃数量，需要对烃源岩厚度、岩性组合与构造条件作综合分析。在未准确评价烃源岩样品取样点及附近地质情况条件下获得的滞留烃数量，不一定能准确代表地下滞留烃的实际，由此对页岩油经济性评价也难免陷入误区。通过模拟实验与理论计算发现，在生烃增压作用下，烃源岩排出烃占总生烃量的比例与有机质丰度正相关，与有机质原始生烃潜力（主要受控于有机质类型）正相关，与有质成熟度正相关。需要说明的是，高 TOC 烃源岩尽管滞留烃占比相对较低，但由于总生烃量大，因此其滞留烃数量会远远高于低 TOC 烃源岩。另外，如果热成熟度不是太高（比如 $R_o<1.0\%$），有机质实际转化为液态烃的数量也不会很大，也就是 S_2 的潜力很高。因此，从烃源岩的排烃效率来说，对于那部分已经形成的液态烃来说，排烃效率可以很高（如鄂尔多斯盆地长 7 段排烃效率达到 80%；张文正等，2009），但留在烃源岩内部的总生烃潜力，如果把 S_2 也计入在内的话，其数量会远远高于排出烃的总量，以鄂尔多斯盆地长 7 段页岩为例，该比例达 75% 左右，远高于占比约 25% 的排出烃。国内外大量勘探实践和研究证实，液态窗范围内烃源岩发生排烃以后的滞留烃数量一般为 40%～60%，均值为 50% 左右。如果烃源岩厚度较大，且生油层与输导层没有形成良好间互，源内滞留烃数量会更多一些。源内液态烃滞留既是页岩油的主要贡献者，也是原位加热条件下较高分子量有机化合物热裂解形成轻质油和天然气的主要母质，对于深层油气来说，滞留烃还是高—过熟阶段常规气和页岩气成藏的优质气源灶。

中国陆相烃源岩岩性组合在淡水湖盆与咸化湖盆是不同的。其中淡水湖盆烃源岩以富有机质页岩为主，黏土含量较高，局部见粉、细砂岩夹层，夹层占地层厚度比小于30%；咸化湖盆以混积岩为主，发育富有机质页岩与碳酸盐岩间互沉积，表现为页岩、粉砂质泥岩、砂质白云岩、白云岩和石灰岩频繁互层。淡水湖盆烃源岩因富含黏土、塑性较强，不易形成裂缝，细、粉砂岩夹层是油气向外排驱的主要通道，也是致密油型页岩油聚集的主要层段。随有机质丰度增大，烃源岩中黏土矿物与有机质对生成烃类的吸附性增强，导致滞留烃含量显著增加。由于高 TOC 烃源岩多形成于水体安静环境，细、粉砂岩夹层少，油气向外排驱不畅，导致滞留烃占总生烃量的比例较高。例如，鄂尔多斯盆地陇东地区乐 85 井长 7_3 亚段是页岩油主力层段，纵向上以富有机质页岩为主，上部为厚约 10m 的泥岩，间互发育 2～3 个细、粉砂岩夹层，单个砂层厚度小于 2m，比例约10%。从分析数据看，这段页岩滞留烃数量为 15～30mg/g（HC/TOC）（图 3-65）。

1.富有机质页岩中滞留烃含量及组成

如前所述，有机质丰度不同，烃源岩滞留烃数量也必然不同。有机质丰度越高，类型越好，单位有机碳生成的油气越多。烃源岩的排烃比例与烃滞留数量都与 TOC 有关，存在 TOC 值最佳区间。以鄂尔多斯盆地长 7 段为例，当 TOC 从 2% 增加至 8% 时，排烃量从 1.5mg/g（HC/TOC）增大到 12mg/g（HC/TOC）。但当 TOC 大于 8% 后，排烃量并没有明显增加（图 3-66）。可见，随 TOC 增大，富有机质页岩中滞留烃比例呈先减小后增大的趋势，而且 TOC 越高，烃类越不易排出，导致更多的烃滞留在页岩内部。在鄂尔多斯盆地近期完成的密闭取心井乐 85 井和蔡 30 井，长 7 段 R_o 值为 0.8%，现场测定具有较高的游离气量，最高为 $1.7m^3/t$，均值为 $1.0m^3/t$。页岩油含量为 8.80～26.77mg/g（HC/TOC），平均值为 18.70mg/g（HC/TOC）。其中 C_{16-} 轻质组分含量平均值为 5.54mg/g（HC/TOC），占总含油量的 31.4%。整体残留生烃潜力较大，TOC 大于 6% 的页岩，残留生烃潜力为 27.53～132.23mg/g（HC/TOC），平均值为 63.88mg/g（HC/TOC）。

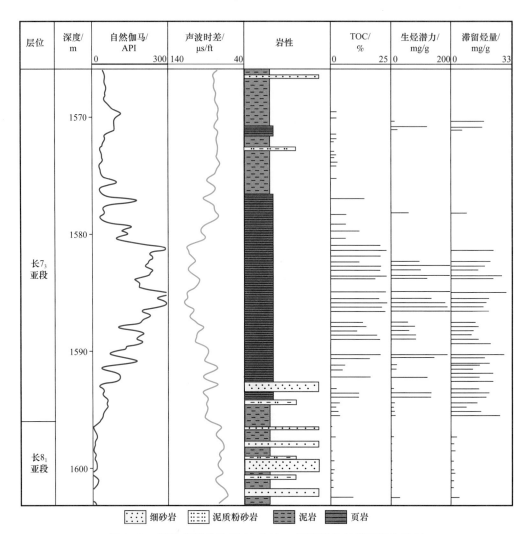

图 3-65　鄂尔多斯盆地乐 85 井长 7₃ 亚段岩性与滞留烃含量图

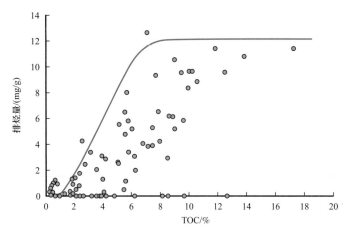

图 3-66　鄂尔多斯盆地长 7 段排烃量与 TOC 关系图

在相同热成熟度条件下，如果烃源岩滞留烃中重组分含量越高，则黏度越大，烃类吸附性也越强，流动性则越差。此外，陆相烃源岩生成的石油烃蜡含量普遍较高，也是增加原油黏度的重要因素。所以，在关注烃源岩有机质丰度的同时，还要关注滞留烃的成分，这对陆相页岩油的单井日产量和累计采出量都有直接影响。烃源岩在排烃过程中会发生明显的组分分馏效应，导致滞留烃与排出烃的族组成差异明显。其中，排出烃源岩的油气饱和烃和芳香烃比例更高，易于流动，而滞留在烃源岩内的可溶有机质则富含非烃和沥青质，黏度大，流动性较差。以柴达木盆地下干柴沟组跃灰 106X 井为例，滞留烃中的非烃、沥青质明显高于原油，重组分含量也明显比原油高（图 3-67），且 C_{27} 之后的环烷烃丰度也高于原油，指示前者可能具有更高的含蜡量和黏度。

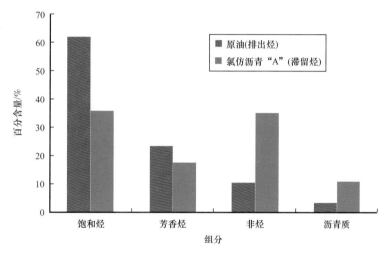

图 3-67　柴达木盆地古近系富有机质页岩中原油和滞留烃族组成对比

其中，原油轻重比参数，即（$C_{21}+C_{22}$）与（$C_{28}+C_{29}$）的比值为 1.18，滞留烃该比值为 0.89，指示排出烃中轻组分更多，特别是 C_{15} 以前的组分更明显（图 3-68）。

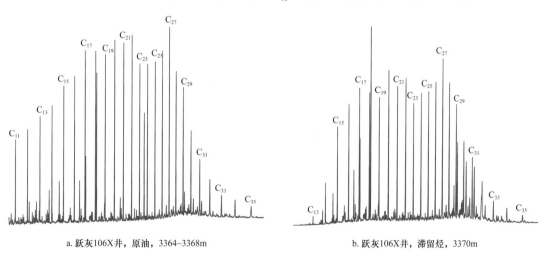

a. 跃灰106X井，原油，3364~3368m

b. 跃灰106X井，滞留烃，3370m

图 3-68　柴达木盆地古近系富有机质页岩中的原油和滞留烃饱和烃气相色谱对比

2. 页岩矿物组合与滞留烃赋存状态

矿物组成不仅对页岩的可压裂性有作用，而且对页岩中烃滞留数量也有重要影响。北美海相页岩油气成功开采经验表明，石英及碳酸盐等脆性矿物含量高的页岩具有较好的可压裂性，对中高熟页岩油开采具有重要意义。岩心观察与岩样粗磨可见，准噶尔盆地咸化湖盆富有机质页岩比鄂尔多斯盆地长 7 段淡水湖盆富有机质页岩质地更坚硬，脆性更好，二者主要差别在于碳酸盐与黏土矿物含量不同，且不同 TOC 对矿物组成也具有一定影响。X 射线衍射矿物分析表明，鄂尔多斯长 7 段 TOC 大于 6% 的层段，石英、长石、碳酸盐、黄铁矿等脆性矿物含量占总矿物含量的 43.9%～85.3%，黏土矿物含量较低，占比小于 40%，平均值为 30%；当 TOC 小于 6% 时，页岩黏土矿物含量为 30.9%～56.1%，平均值为 42.8%。准噶尔盆地芦草沟组碳酸盐矿物含量较高而黏土矿物含量极低，其中碳酸盐、长石与石英等脆性矿物含量占总矿物含量的 80%～90%，黏土矿物含量为 10%～20%，其中黏土矿物含量小于 10% 的样品占比达 30%。

统计数据显示，中国陆相页岩矿物组成对滞留烃含量与页岩生烃潜力都具有重要控制作用。总体看，S_1+S_2 值与黏土矿物及碳酸盐含量呈负相关关系（图 3-69）。在鄂尔多斯盆地长 7 段，随黏土矿物含量从 35% 增至 60%，S_1+S_2 值从 45mg/g（HC/ 岩石）降低至小于 5mg/g（HC/ 岩石）；在准噶尔盆地芦草沟组，随碳酸盐矿物含量从 10% 增至 60%，S_1+S_2 值从 70mg/g（HC/ 岩石）降低至小于 20mg/g（HC/ 岩石）。需要说明的是，对比准噶尔盆地芦草沟组与鄂尔多斯盆地长 7 段页岩可以看出，高黏土矿物含量对滞留烃数量减少和生烃潜力减少的影响更明显，而碳酸盐矿物含量对滞留烃数量减少与生烃潜力降低的影响相对较差。

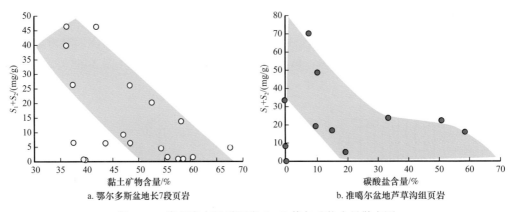

a. 鄂尔多斯盆地长7段页岩　　　　　　b. 准噶尔盆地芦草沟组页岩

图 3-69　湖相富有机质页岩 S_1+S_2 值与矿物含量散点图

从孔隙结构看，陆相页岩中孔隙以黏土矿物粒内孔、长石与碳酸盐溶蚀孔、白云石粒间孔为主。有机孔发育程度极低。因此，高 TOC 页岩如果非黏土矿物含量较高，一定程度上会减小黏土矿物及其粒内孔对滞留烃的吸附作用。而滞留烃总体呈吸附态赋存于有机质内部和黄铁矿表面，或以游离态存在于较大的非黏土矿物的粒间孔和粒内孔中（图 3-70）。

图 3-70　陆相富有机质页岩滞留烃赋存状态

a. 鄂尔多斯盆地，里 147 井，长 7 段，TOC=11.9%，滞留烃呈吸附态赋存于黄铁矿晶间孔及表面；b. 鄂尔多斯盆地，里 251 井，长 7 段，TOC=8.5%，滞留烃呈吸附态赋存于有机质表面；c. 准噶尔盆地，吉 174 井，芦草沟组，TOC=3.6%，滞留烃呈游离态存在于钠长石和白云石粒间孔中

第四节　陆相富有机质页岩综合评价

从陆相页岩油经济成矿角度讲，页岩作为滞留油气的生成母体，也是页岩油的储存载体，评价需要从多方面进行综合判断。目前国内外尚未建立陆相富有机质页岩综合评价方法，亟须加快这一评价方法的研究进程。本书评价内容主要包括有机质生烃潜力、成熟状态、含油气性、岩石特征与保存条件等方面，实际上是一种探索性思考和推荐，有待实践检验和完善。

与北美海相页岩油相比，中国陆相页岩油在含义、发育环境、地质特征、部分开采方式与评价标准等方面均有差异。北美页岩油主要发育于海相页岩层系中，多为与富有机质页岩间互发育的碎屑岩、碳酸盐岩和部分页岩等致密储层中赋存的烃类，主要通过水平井和体积改造方式进行开发生产。北美海相页岩油具有以下特征：（1）油层连续性好、厚度相对较大；（2）所处热成熟度窗口偏高（R_o 为 1.0%～1.6%），油质轻（密度为 0.77～0.79g/cm^3），气油比高（一般为 50～300m^3/m^3）；（3）TOC 普遍较高（平均值多为 3%～5%），油层多存在异常高压，压力系数为 1.3～1.8；（4）储层平均孔隙度较高，一般为 8%～10% 或更高；（5）单井初始产量高（一般为 30～60t/d），单井累计采出量高（EUR 大于 4×10^{4}t）。中国陆相页岩油分中低熟和中高熟两大类。其中中低熟页岩油需通过地下原位加热改质的方法才能开采，与美国页岩油不具可比性。中高熟页岩油因地质特征、开采方式与核心技术等与美国页岩油大致相当，可以进行对比。总体看，中国中高熟页岩油"甜点"厚度相对较小，所处热成熟度窗口以中低为主（R_o 为 0.5%～1.2%，主体为 0.7%～1.0%），所以油质偏重（密度多大于 0.85g/cm^3），气油比低（多小于 100m^3/m^3，主体为 20～80m^3/m^3），烃源岩 TOC 变化较大，多数偏低（2%～3%）；单井初始产量变化较大，单井累计采出量相对较小。由于目前生产时间较短，最终单井累计采出量还难以统计。在设定布伦特油价为 55～60 美元 /bbl 条件下，计算各页岩油勘探试采区要达到商业开发条件的单井累计采出量。从目前试采情况看，单井累计采出量普遍达不到经济开采门限，将是影响陆相中高熟页岩油是否具备规模开发的重要因素。总体看，北美海相页岩油厚度较大，油层连续性较好，处于轻质油—凝析油窗口，气油比较高，具有较高的地层能量，依靠水平井和压裂技术，单井可实现较高初产、较高累计产量以及平台式工厂化作业生产，可以快速实现规模建产，效益比较好。但中国陆相页岩油储层横向变化大，热演化程度偏低，加之陆相原油含蜡量偏高和油层厚度偏小，在地层能量、单井日产量与单井累计采出量等方面存在先天不足。所以，"甜点区（段）"评价和选择难度较大，未来发展规模尚有较大不确定性。

一、陆相富有机质页岩生油气潜力评价

陆相富有机质页岩生油气潜力评价方法主要从有机质丰度、类型和成熟度三方面进行评价，但指标下限与常规烃源岩评价不同。

对于常规油气，根据《中华人民共和国石油天然气行业标准（SY/T 5735—2019）》，对于以生油为主的湖相烃源岩，TOC 大于 0.5% 为有效烃源岩，TOC 大于 1.0% 为好烃源岩，TOC 大于 2.0% 为优质烃源岩。富有机质页岩一般指的是优质烃源岩，即 TOC 大于 2.0%；S_1+S_2 大于 2mg/g（HC/ 岩石）即为有效烃源岩，6mg/g（HC/ 岩石）以上即为好烃源岩，20mg/g（HC/ 岩石）以上为优质烃源岩；氯仿沥青 "A" 含量超过 0.05%、总烃含量超过 0.02% 即为有效烃源岩，氯仿沥青 "A" 大于 0.1%、总烃含量大于 0.05% 即为好烃源岩，氯仿沥青 "A" 大于 0.2%、总烃含量大于 0.1% 即为优质烃源岩。

要形成经济性页岩油资源，则需要更高的有机质丰度。页岩油是已经形成的液态烃在烃源岩内部的滞留，其滞留量大小决定是否有经济可采性，页岩油的有机质丰度下限必须要高，以支撑页岩内部有足够多的烃滞留。有些探区将页岩油"甜点段"的 TOC 下限定为 1%，现在看这个标准有些偏低。应该说，TOC 大于 1% 的页岩在热成熟度和岩性组合（比如页岩段厚度较大，与储层间互频率偏低）适宜条件下，可以获得比较高的初始产量，但很难形成有经济性的单井累计采出量，这是因为有机质丰度偏低，导致滞留烃总量不够大所以有机质丰度标准应该提高。目前看，富有机质页岩的 TOC 至少要大于 2%，以 TOC=3%～5% 为最佳。对于中低成熟度页岩（R_o<0.9%）来说，因页岩中存在的烃物质重组分偏多，流动性差，大部分有机质尚未转化为烃类，处于固—半固相状态，用水平井和体积压裂不能开发，必须采用地下原位加热的办法，通过人工降质转化才能形成液态和气态烃并采出地表，所以有机质丰度下限更高，TOC 至少要大于 6%，且越高越好。

良好的有机质类型对页岩油富集同样具有重要意义。以倾油为主的湖相富有机质页岩，有机质类型与丰度正相关。有机质丰度越高，类型越好，生烃潜力越大。对于低成熟度页岩，表现为 TOC 越高，HI 越高，代表能够生油的有效碳所占的比例越高；但当 TOC 达到某一临界点后，HI 保持稳定，不再升高。低成熟富有机质页岩 HI 最高值受烃源岩沉积环境和有机质类型控制。一般来说，咸化湖盆或者深水湖相强还原条件下形成的富有机质页岩，由于有机质保存条件优越，HI 最高可达 900mg/g（HC/TOC）以上，80% 以上的碳都可以在热成熟生烃过程中转化为油气；而淡水湖盆或者水体相对较浅、水中含氧环境下形成的页岩，HI 一般不超过 600mg/g（HC/TOC），仅有一半左右的碳能够转化为油气。

　　由于页岩油是滞留在源内的烃类，其成分复杂，储集空间连通性差，页岩油流动难度大，因此 Tissot 模式划分的有机质成熟演化阶段并不完全适用于页岩油。根据开采方式的不同，将页岩油划分为中低熟（$R_o<0.9\%$）和中高熟（$R_o>0.9\%$）两类，前者一般产能极低，需通过地下原位加热改质才能获得工业油流，后者可通过水平井和体积压裂改造获得工业产量。对于Ⅰ型和Ⅱ型有机质为主的页岩来说，因直接源自干酪根初次裂解形成的烃类普遍具有较高的密度和黏度，流动性差，要获得易于流动的轻质油，则需要液态烃进一步二次裂解。液态烃在 $R_o=0.9\%$ 左右开始裂解，$R_o=1.3\%$ 开始快速大量裂解，至 $R_o=1.6\%$ 左右大部分高分子量烃类完全裂解为低分子量化合物，并有较多的重烃气体生成，液态烃比重大幅降低，气油比增高，流动性增强；当 R_o 大于 1.6% 则会形成以重烃物质和以甲烷为主的气态烃。因此，中高成熟阶段页岩中轻质油形成的最佳成熟窗口是 $R_o=1.3\%\sim1.6\%$。

　　北美目前获得工业产能的海相页岩普遍具有较高的成熟度，R_o 多在 1.3% 以上，油质轻，产量高且稳定，单井累计产量也大。中国陆相页岩油虽然勘探试采时间不太长，但已有迹象表明，在 R_o 大于 1.3% 的地区可以获得较高的产量。如松辽盆地古龙凹陷青山口组页岩 R_o 超过 1.6%，在湖盆中心已有多口井获得高产；四川盆地川中北部的平昌—达州地区，侏罗系凉高山组页岩 R_o 大于 1.3%，该地区的平安 1 井获日产油超 $100m^3$、日产气超 $10\times10^4m^3$ 的测试产量，尽管目前还不知道这口井最终的累计采出量有多大，但至少可以说，较高成熟度的页岩一定会有较高品质的烃类存在，对形成较高单井产量至关重要。鄂尔多斯盆地三叠系页岩成熟度普遍不高，多数在 R_o 小于 1.0% 范围，局部有 $R_o=1.2\%$ 的条件，但范围很小（图 3-71）。由于有机母质以Ⅱ型为主，形成的烃类以低分子量化合物为主，总体偏轻，目前在致密砂岩储层中已获得较高产量，主要原因还是得益于烃类发生了从烃源岩向致密层中的运移过程，这一过程让相当多的重烃组分留在了烃源岩内部，而让可以从微纳米孔隙中流出的烃物质进入致密储层中，这部分烃组分的流动性比页岩中滞留烃的流动性显然更好。

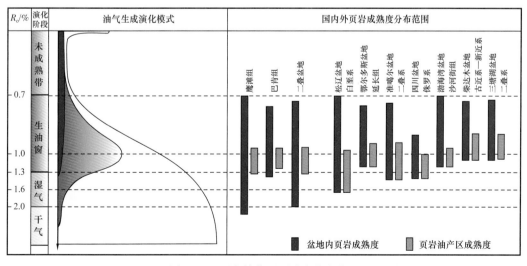

图 3-71　国内外典型页岩成熟度范围

二、陆相富有机质页岩含油气性评价

富有机质页岩含油气性评价主要评价页岩孔隙中储集油气的数量，包括三方面评价内容：一是储集性能评价，包括页岩岩相、基质孔隙度、夹层孔隙度，以及储层的厚度、平面分布面积等，主要反映油气的储集空间；二是岩石孔隙中的油气数量，以含油气饱和度来表征；三是页岩油可流动性评价，即富有机质页岩中的油气有多少是可以流动的。可流动性评价取决于岩石孔隙结构、油气性质及页岩地层的能量场等。孔隙结构中，孔隙连通性、孔喉半径大小、裂缝发育程度等决定岩石的渗透率，而气油比、原油密度和黏度等参数决定油气流动能力，地层压力系数等是油气排出的重要动力，也是多组分烃物质混相以后，在压力驱使下能有更多重烃组分流出页岩地层的重要因素。这些要素综合决定油气是否能从页岩中流出来以及最终能够流出多少。

储集性能评价首先要确定富有机质页岩岩相划分方案，主要依据岩石成分、沉积构造特征及有机质含量三方面因素，划分出相应的岩相类型。其中岩石成分主要包括砂岩、泥页岩和石灰岩/白云岩三种类型，沉积构造主要包括块状、层状和纹层状三种类型，有机质含量可分为富有机质（TOC＞2%）、含有机质（1%＜TOC＜2%）和贫有机质（TOC＜1%）。储集空间主要是孔隙和裂缝，孔隙包括粒间孔、粒内孔、晶间孔、溶蚀孔、有机孔等，在生油窗内，以无机孔为主，有机孔不发育。裂缝包括构造缝、层理缝等，层状和纹层状泥页岩中层理缝发育，是油气重要的运移通道（Leythaeuser D 等，1987）。夹层是指富有机质页岩层段中间夹杂的贫有机质层段，其岩性较粗，泥质含量低，有机质丰度低，但孔隙度相对较高，连通性较好，是可动页岩油主要的储集空间。另外，还要考虑储层的厚度，尤其是夹层的单层厚度、累计厚度及其平面连续性和分布范围，这对页岩油分布有重要作用。

从岩性看，层状页岩储集物性要优于块状泥岩。利用光学显微镜、扫描电镜、氮气吸附等技术手段，对泥岩与页岩在储集性能方面的差异进行研究。以芦草沟组为例，其形成于咸化湖盆，页岩普遍具纹层结构，碳酸盐—钠长石—有机质为最主要的组合类型（图 3-72a—c）。有机质多呈纹层状平行分布（图 3-72b）。孔隙以白云石粒间孔与黏土矿物粒内孔为主，其中白云石粒间孔发育比例高，且孔隙直径明显大于黏土矿物粒内孔（图 3-72d）。泥岩不发育纹层结构，整体以碳酸盐—钠长石基质矿物为主，有机质呈分散状分布于基质矿物间（图 3-72e—g）。孔隙以绿泥石粒内孔为主，白云石粒间孔发育比例低（图 3-72h）。总体看，泥岩孔隙发育程度低于页岩。页岩比孔容（单位质量页岩所具有的孔总容积）主体大于 0.04340cm³/g，明显高于泥岩的 0.00691cm³/g；页岩的 BET 比表面积达到 8.07m²/g，而泥岩仅为 1.68m²/g，前者约是后者的 5 倍。页岩孔径大于泥岩，孔径大于 38nm 的储集空间，在页岩中体积比例达 80%，块状泥岩中该尺度孔径体积仅占 65% 左右，岩石比表面积同样表现出相似特征。

岩石含油气性通常用含油饱和度来确定。而对于富有机质页岩，由于孔隙细小，连通性差，有时也可以通过地球化学方法来测定其含油性，如热解游离烃含量（S_1）、有机溶剂抽提物——氯仿沥青"A"等，而 S_1/TOC 曾被认为是反映页岩油资源的一项重要指标，当 S_1/TOC 大于 100mg/g 时，同时伴随着 TOC 相对偏低、T_{max}"负漂"，可认为该层段为页岩油勘探"甜点段"（Jarvie，2012；金之钧等，2019）。氯仿沥青"A"也是表征页岩含油气性的一项重要指标，其代表的是页岩在粉碎成粉末之后使用三氯甲烷等有机溶剂抽提出来的可溶组分，除了饱和烃和芳香烃外，还有大量的非烃和沥青质。另外，在样品分析前处理过程中，可能会导致轻组分散失致使含油气量评价偏低。最近的研究发现，热解游离烃 S_1 不是游离烃的全部，热解烃 S_2 中也有一部分是可溶烃。通过改进岩石热解升温程序，可获得更加合理的岩石含油量数据（蒋启贵等，2016；Li 等，2019）。

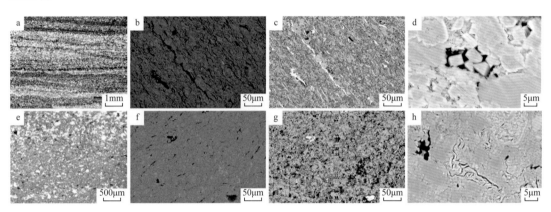

图 3-72　准噶尔盆地芦草沟组纹层状页岩与泥岩孔隙结构典型特征

a.3145m，纹层状页岩，TOC 值 5.34%，暗色部分为有机质与少量黏土矿物，亮色部分为白云石、钠长石及白云石，以白云石为主，单偏光；b.3145m，纹层状页岩，TOC 值 5.34%，黑色有机质呈纹层状，扫描电镜；c.3145m，纹层状页岩，TOC 值 5.34%，粉色为石英，青色为钠长石，紫色为白云石，白色为有机质，b 图对应的矿物组成平面图；d.3145m，纹层状页岩，TOC 值 5.34%，白云石粒间孔与绿泥石粒内孔，扫描电镜；e.3137m，块状泥岩，TOC 值 2.78%，亮色部分为白云石与钠长石，岩石为块状，单偏光；f.3137m，块状泥岩，TOC 值 2.78%，黑色有机质呈分散状，扫描电镜；g.3137m，块状泥岩，TOC 值 2.78%，粉色为石英，青色为钠长石，紫色为白云石，白色为有机质，f 图对应的矿物组成平面图；h.3137m，块状泥岩，TOC 值 2.78%，绿泥石粒内孔，扫描电镜

　　由于页岩中的烃类在取样和分析前处理过程中，会因为压力释放并暴露空气中导致部分烃类的散失，尤其是轻质组分，这会导致对页岩中烃类含量被低估。目前已有学者提出了多种轻烃恢复方法，可在一定程度上对页岩含烃量进行烃补偿和重新校正。气相色谱分析是页岩含油性校正的一项直接方法。首先将页岩油进行色谱分析，获得页岩油饱和烃气相色谱图，并建立不同碳数的质量分数直方图，可以发现，没有经历组分分馏的原油，其摩尔分数的对数与饱和烃碳数呈负线性关系（图 3-73a），而页岩中的滞留烃气相色谱则出现轻组分缺失现象，需要对其进行轻组分补充。一般来说，成熟度越高，轻组分含量越多，在分析过程中造成的轻组分散失量越大，轻烃恢复系数就越大。以古龙页岩油为例，新鲜页岩含烃量约为岩石热解参数 S_1 实测值的 2.3 倍（图 3-73b）。样品在空气中放置时间越长，轻组分散失量越多，恢复系数越大。

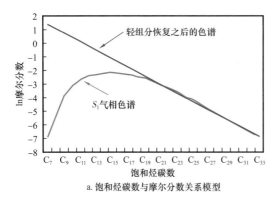

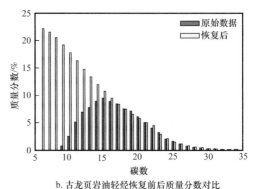

a. 饱和烃碳数与摩尔分数关系模型   b. 古龙页岩油轻烃恢复前后质量分数对比

图 3-73　松辽盆地青山口组页岩岩石热解 S_1 值与轻烃补偿后的烃类分布图

可流动性评价包括流体性质、岩石孔隙结构和地层压力等。流体性质包括原油密度、黏度、气油比等参数，这些参数又与有机质类型和成熟度密切相关。有机质成熟度越高，生成的烃类分子量越小，原油密度和黏度越低，气油比越高，同时产生的源内生烃增压越高，越有利于油气流动。在相同成熟度条件下，Ⅰ型有机质生成的原油密度和黏度偏高，流动性偏差，而Ⅱ型有机质生成的原油密度和黏度偏低，流动性偏好。岩石孔隙连通性越好，渗透率越高，越有利于页岩中滞留烃流动。由于细粉砂岩夹层具有较高的孔隙度和渗透率，其附近的泥页岩更容易排烃，油气的可动性就更高。另外，如果存在异常高压，即便成熟度相同条件下，油气的流动性也会变好。已有的勘探实践表明，页岩油高产井多位于压力系数大于 1.2 的区域。

三、陆相富有机质页岩岩石学评价

富有机质页岩岩石学评价包括矿物成分、岩石力学参数、地应力各向异性等，决定岩石的可压裂性。岩石矿物成分可通过实验室 X 衍射全岩分析获得，分别测定石英、斜长石、钠长石、方解石、白云石、铁白云石、黏土、黄铁矿及少量其他矿物。矿物成分决定岩石的脆塑性，亦即岩石在外力作用下（如大规模水力压裂）破碎的难易程度，是发生脆性破裂还是塑性变形（Palacas，1984；Zumberge 等，2016）。基于岩石的矿物组成，提出了脆性指数 BI，其数值等于（石英 + 碳酸盐）/（石英 + 碳酸盐 + 黏土）。从中可看出，黏土含量越高，脆性指数越低。一般来说，黏土矿物含量小于 30% 时，岩石的脆性较好。我国陆相湖盆烃源岩分析表明，咸化湖相富有机质页岩中黏土矿物含量相对较低，富含方解石和白云石等脆性矿物，岩石的脆性指数较高；而淡水湖相富有机质页岩可能含有较高的黏土矿物，岩石脆性较差。对于黏土矿物而言，高岭石、绿泥石、伊利石和蒙皂石的含量差异，也可能导致脆性的变化，因此需要对黏土矿物的成岩演化阶段进行评价，对于成岩演化阶段较高的页岩，适宜页岩油富集的层段，黏土含量可以适当放宽，允许在 40% 左右。

岩石力学参数主要通过杨氏模量和泊松比来反映。研究认为，杨氏模量越大，泊松比越小，岩石脆性越好。即脆性指数 = 杨氏模量 – 泊松比。为了避免二者数值差异太大，对这两个数据进行归一化处理，确定脆性指数的计算表达式为：脆性指数 =100×（储层杨氏模量 – 目的层段杨氏模量最小值）/（目的层段杨氏模量最大值 – 目的层段杨氏模量最小值）–100×（储层泊松比 – 目的层段泊松比最小值）/（目的层段泊松比最大值 – 目的层段泊松比最小值）。杨氏模量和泊松比一般通过测井来获取，通过高精度密度测井和阵列声波测井，并以岩石力学实验室测量值，标定测井曲线计算值。由于实验室测量值为静态参数，而测井计算值为动态弹性参数，二者可能存在较大差异。常用的解决办法是通过统计分析同一深度段两种来源的弹性参数值，建立二者的回归拟合关系，从而实现静态参数和动态参数的相互转换。

地应力方位、大小及其各向异性特征是岩石学评价的一项重要指标，决定压裂施工能否形成网状裂缝并达到预期效果。地应力包括垂直应力、最大水平应力和最小水平应力。地应力评价主要是水平应力评价，一般用最大水平应力与最小水平应力的比值来表示。数据来源同样是测井，包括电成像测井和阵列声波测井。最小水平应力的计算方法很多，目前常用的是多孔弹性模型；最大水平应力则不能直接测量，需要在计算出最小应力后，采用井眼稳定分析方法不断调整优化求取。测井计算的最大水平应力和最小水平应力，都需要通过实际数据进行校验。

第四章

页岩层系储层特征与评价

当油气勘探从源外进入源内以后，围绕油气赋存环境与赋存特征的研究就发生了很大变化，这其中允许油气"宿住"的储层研究变化最大，不论是研究内容、评价尺度、关注重点与评价技术等，都较以往传统油气成藏的储层研究与评价发生了重大变化。本章将围绕页岩储层基本特征、储集体类型、储层评价预测技术等关键问题进行讨论，目的是为陆相页岩油规模勘探与效益开发提供基础。

第一节　页岩层系储层基本特征

陆相页岩层系储层多形成于半深湖—深湖相，极少数形成于浅湖—半深湖相。岩石类型多样，分布面积大，多在数百平方千米至数千平方千米以上。岩性包括致密砂岩、细粒混积岩、致密碳酸盐岩与页岩四类（图4-1）。从有机质富集程度与岩石脆性看，泥岩不是页岩油经济成矿的有利储层。页岩层系储层物性相对较差，孔隙度多小于12%，主体在6%～8%之间，空气渗透率主体小于1mD，大部分基质覆压渗透率小于0.1mD。孔隙以粒间孔、溶蚀孔为主，亚微米级孔隙与纳米级孔隙占主体，整体连通性中等—较差。

从物性看，致密砂岩储层物性普遍好于混积岩、碳酸盐岩和页岩。以鄂尔多斯盆地长7_{1+2}亚段致密砂岩为例，粒径在0.0625～0.25mm之间，孔隙度介于6%～10%，孔隙直径介于100nm～50μm；松辽盆地北部青山口组页岩，粒径小于0.0625mm，孔隙度介于4%～10%，孔隙直径小于100nm（表4-1）。从储集空间类型看，以黏土颗粒、细碎屑及碳酸盐矿物搭建的粒间孔为主体，此外部分有机质降解转化与碎屑矿物颗粒溶蚀形成的次生孔也占有一定空间。裂缝发育是致密碳酸盐岩储层的特色，致密砂岩、细粒混积岩及凝灰岩中裂缝虽也有发育，但数量要少很多。从含油性看，由于源储组合类型不同，烃源岩有机质丰度、类型与热成熟度不同，页岩层系储层的含油性、含油饱和度与压力系统都变化较大，这是影响页岩油单井产量、单井累计采出量与经济性的重要因素。所以，讨论页岩层系储层分布特征，除了要关注储层的品质，还需关注与之共生的烃源岩品质、热演化状态与保存条件，宜从多角度综合看问题。

一、页岩层系致密砂岩储层

致密砂岩是陆相页岩层系中重要的储集体类型，与富有机质页岩间互共生的致密砂岩一般多形成于深湖—半深湖区，且往往由重力流形成，在地层中占比小于20%，且致密砂岩应和富有机质页岩一道共同为页岩油生产提供产量，否则，只有致密砂岩提供产量而富有机质页岩不提供产量者，应划归致密油范畴。在鄂尔多斯盆地长7_{1+2}亚段所发现的庆城油田目前定名为页岩油田，实际上把原油产量分解到具体层系上，发现几乎百分之百的产量都来自致密砂岩，而页岩的产量贡献几乎为零，严格讲不属于页岩油，考虑到业界已经称之为页岩油，本书将这类页岩油定名为致密油型页岩油，意指虽称其为页岩油，但油藏基本特征与致密油差别不大，开发方式、技术对策等完全可以借鉴致密油开发的成功做法。从更广义的角度看，归入页岩油范畴的致密砂岩除了重力流成因、主体分布在深湖—半深湖区的以外，还有一些致密砂岩形成于浅湖—半深湖区，即半深湖相富有机页岩与三角洲前缘砂的过渡区，可见平行层理、斜层理、小型沙纹层理与重力流的相关构造。

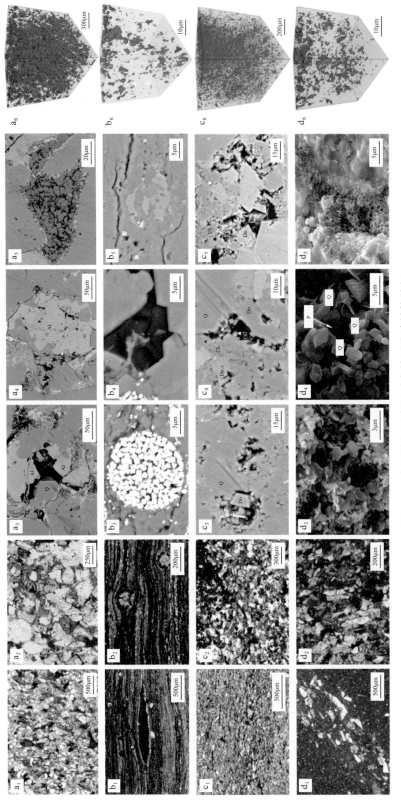

图 4-1 中国陆相页岩层系内储层孔隙结构特征

a_1—a_6. 胡 295 井, 2138.5m, 鄂尔多斯盆地三叠系长 7 段致密砂岩; b_1—b_6. 正 70 井, 246m, 鄂尔多斯盆地三叠系长 7 段富有机质页岩; c_1—c_6. 吉 174 井, 3230m, 准噶尔盆地二叠系芦草沟组云质砂岩; d_1—d_6. 三塘湖盆地二叠系条湖组沉凝灰岩, 马 56 井

表 4-1　页岩层系内主要储集体类型与基本地质特征

储集体类型	致密砂岩	致密碳酸盐岩	泥岩	页岩
岩石类型	长石砂岩、岩屑长石砂岩与长石岩屑砂岩	泥质白云岩、白云质页岩	泥岩	黏土质页岩、长英质页岩
粒径 /mm	0.0625～0.25	0.0005～0.003	<0.0625	<0.0625
孔隙度 /%	6～10	1～13	<3	4～10
平均孔隙度 /%	7.17	5.8	2	6
渗透率 /mD	<0.3	0.03～16	<0.01	<0.1 至 1
平均渗透率 /mD	0.0983	0.28	<0.01	<0.1
孔隙直径	100nm～50μm	0.05～10μm	60～220nm	<100nm
孔隙类型	粒间孔与晶间孔为主，粒间溶蚀孔	有机孔、粒间孔、晶间孔、溶蚀孔	粒间孔和粒内孔	粒间孔、页理缝与晶间孔
埋深 /m	1500～2500	3000～4300	1800～2300	2000～3000
沉积相	三角洲前缘水下分流河道、河口坝、浅湖滩坝和重力流	半深湖—深湖	半深湖	半深湖—深湖
面积 /km²	20000	500	62000	11700
典型地区	鄂尔多斯长 7 段	沧东凹陷孔二段	鄂尔多斯长 7 段	松辽古龙凹陷青山口组一段

1. 岩石学特征

陆相页岩层系内发育的致密砂岩粒度总体偏细，粒径主体介于 0.0625～0.25mm，以细砂、粉砂为主，分选中等，具有成分成熟度与结构成熟度较低的特征。以鄂尔多斯盆地长 7_{1+2} 亚段致密砂岩为例，XRD 揭示石英含量中等，长石含量较高，黏土矿物以伊利石、伊/蒙混层、绿泥石、高岭石为主，其中长 7_1 亚段、长 7_2 亚段岩性以长石砂岩、岩屑长石砂岩与长石岩屑砂岩为主（图 4-2a、b），黏土矿物以伊利石为主，平均含量占黏土矿物总量的 50%，其次为绿泥石、伊/蒙混层以及高岭石。准噶尔盆地吉木萨尔凹陷芦草沟组为一套发育于咸化湖泊、受机械沉积作用、化学沉积作用及生物沉积作用沉积的粉细砂、泥、碳酸盐的混积岩，粉细砂、泥及碳酸盐富集层呈厘米级互层状分布，其中致密砂岩主要为岩屑长石粉砂岩、云屑砂岩、云质粉砂岩（图 4-2c、d），储层粒度普遍较细，碎屑颗粒粒级以小于 0.5mm 为主，其中石英含量为 15%～40%，长石含量为 30%～45%，碳酸盐矿物含量为 10%～30%，黏土矿物含量偏低，普遍低于 10%。

2. 储集性能特征

页岩层系内致密砂岩整体孔隙度普遍小于 12%，空气渗透率小于 1.0mD。从目前已有的统计结果看，不同地区致密砂岩物性差异较大。鄂尔多斯盆地长 7_{1+2} 亚段致密砂岩孔隙度主体介于 6%～10%，平均值为 7.17%，空气渗透率多小于 0.3mD，平均值为 0.0983mD，准噶尔盆地吉木萨尔凹陷芦草沟组致密砂岩包括砂岩与泥质砂岩，孔隙度主体小于 15%，渗透率主体小于 0.1mD。

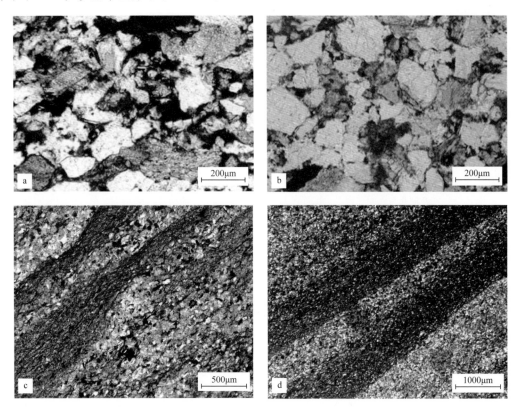

图 4-2　中国陆相页岩层系内致密砂岩储层铸体薄片特征

a. 阳测 3 井，2516.9m，鄂尔多斯盆地三叠系长 7₂ 亚段致密砂岩，粒间孔与溶蚀孔；b. 西 292 井，1885.2m，鄂尔多斯盆地三叠系长 7₂ 亚段致密砂岩，粒间孔与溶蚀孔；c.J174 井，3162.2m，准噶尔盆地二叠系芦草沟组含白云质粉砂岩，白云石微粒、方解石；d.J174 井，3261.23m，准噶尔盆地二叠系芦草沟组含有机质云屑粉砂岩

铸体薄片与扫描电镜研究表明，页岩层系内的致密砂岩储集空间以粒间溶孔、颗粒溶蚀孔为主，见少量原生孔隙，局部发育铸模孔。溶蚀组分以长石、岩屑等为主，钾长石多沿解理面发生溶蚀，石英粒内孔发育较少；粒间孔内多发育蒙皂石、伊利石、绿泥石等黏土矿物。鄂尔多斯盆地长 7₁₊₂ 亚段致密砂岩发育原生孔隙和次生孔隙。其中，原生孔隙以粒间孔和晶间孔为主，粒间孔主要位于石英、钠长石、火山岩岩屑等刚性颗粒之间，发育程度中等，孔隙直径主体介于 1～50μm；晶间孔主要形成于充填孔隙的黏土矿物晶体之间，以高岭石晶间孔和绿泥石晶间孔为主，也可见伊利石晶间孔，发育程度较高，孔隙直径小于 100nm。次生孔隙以溶蚀孔为主，包括粒间溶蚀扩大孔、长石—岩屑颗粒溶蚀孔、方解石溶蚀孔、黏土矿物溶蚀孔等，孔隙直径变化范围较大，从小于 100nm 到 50μm 均有分布。

准噶尔盆地吉木萨尔凹陷芦草沟组岩屑长石粉细砂岩、云质砂岩以粒间孔、粒内溶孔和微裂缝为主（图 4-3）。粒间孔多发育在粉细砂岩和云质粉砂岩中，为研究区页岩油储层主要孔隙类型之一，孔隙之间连通性较好，充填部分有机质或沥青质。微裂缝发育较少，仅在部分方解石储层中发育。晶间孔多以粒内溶孔（钠长石粒内溶孔、钾长石粒内溶孔、白云石粒内溶孔）、晶间孔（伊/蒙混层晶间孔、绿泥石晶间孔、石英晶间孔）为主，孔喉直径多小于1μm，为纳米级孔隙。常规孔隙分析揭示，岩屑长石粉细砂岩有效孔隙度介于0.1%～19%，平均为11%，云质粉砂岩有效孔隙度平均为10.3%，渗透率为0.01mD，孔隙发育程度中等，计算孔隙度为6.8%，连通性中等；从孔隙体积看，优势孔喉直径介于0～20μm，但从孔隙数量看，直径小于2μm的孔隙占据了储集空间的主体。高压压汞实验与气体吸附实验定量评价储集空间特征表明，连通孔喉直径主体介于178nm～2.9μm，气体吸附结果表明该类岩石比表面积介于2.0～5.1m²/g，比孔容介于0.01～0.028cm³/g，采用BJH理论计算的脱附孔隙体积表明，直径介于18～100nm的孔隙占据了100nm以下的储集空间主体。

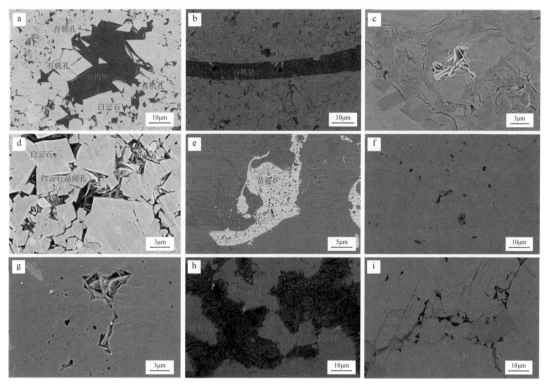

图4-3 吉木萨尔凹陷芦草沟组混积岩储层孔隙类型

a.吉10022井，3478.07m（SEM），云质砂岩，白云石颗粒之间充填有机质，有机质与白云石颗粒之间形成有机孔；b.吉10022井，3336.51m（SEM），云质页岩，长英质颗粒间发育长条状有机质，有机质内发育规则圆形有机孔；c.吉10022井，3340.57m（SEM），云质页岩，矿物颗粒间充填伊/蒙混层，发育伊/蒙混层晶间孔，矿物颗粒内发育针状伊利石，发育伊利石晶间孔；d.吉10022井，3478.07m（SEM），云质粉砂岩，白云石发育白云石晶间孔，晶间孔内充填少量伊利石，发育伊利石晶间孔；e.吉10022井，3338.90m（SEM），含生物碎屑页岩，黄铁矿内部发育零星分布的晶内溶孔；f.吉10022井，3476.18m（SEM），含油砂岩，方解石发育不规则粒内溶孔；g.吉10022井，3340.57m（SEM），云质页岩，钠长石表面发育粒内溶孔，孔隙内发育伊利石；h.吉10022井，3488m（SEM），云质砂岩，发育钾长石粒间孔；i.吉10022井，3476.18m（SEM），含油砂岩，方解石内部发育长直微裂缝及不规则微裂缝

3. 可动（滞留）流体特征

页岩层系内致密砂岩的含油饱和度具有明显变化，其中鄂尔多斯盆地长 7_{1+2} 亚段致密砂岩含油饱和度相对较高，介于 60%～90%，平均大于 75%。流体主要储集在与孔喉直径小于 1μm 连通的储集空间中，大于 1μm 的储集空间中可动流体比例约占 10%。吉木萨尔凹陷芦草沟组页岩油赋存于粉细砂岩、云质粉细砂岩、岩屑砂岩等储层的粒间孔、粒间（粒内）溶孔、晶间孔和少量微裂缝（图 4-4）中，岩心含油饱和度介于 70%～95%，但因原油相对密度偏高，可动油数量并不大，主要分布在喉道半径介于 0.02～0.03μm、0.03～0.05μm 和大于 0.05μm 的储集空间中，其中 25%～28% 的滞留油分布在喉道半径大于 0.05μm 的储集空间中，20%～26% 的滞留油赋存在喉道半径介于 0.03～0.05μm 的储集空间中，喉道半径介于 0.02～0.03μm 的储集空间滞留油含量最低，为 15%～18%。

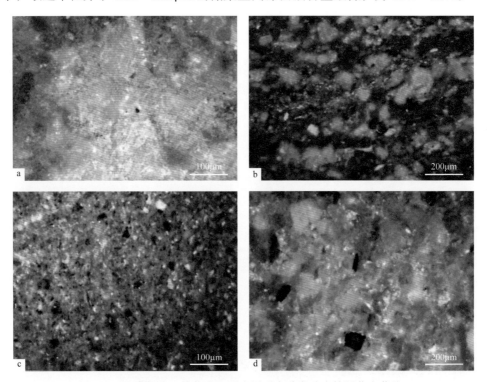

图 4-4　准噶尔盆地芦草沟组页岩层系内致密砂岩储层荧光薄片

a. J10025 井，3549.45m，粉细砂岩；b. J10014 井，3243.04m，云屑砂岩；c. J32 井，3564.13m，云质粉砂岩；
d. J10013 井，3198.71m，岩屑砂岩；据新疆油田内部资料（昌吉油田吉 17、吉 37 井区块二叠系芦草沟组致密油地质
特征研究报告），2017

二、页岩层系碳酸盐岩储层

致密碳酸盐岩也是陆相页岩层系内发育的一类重要储层类型，在渤海湾盆地古近系沙河街组三段（E_1s_3）、四段（E_1s_4）与一段（E_1s_1），柴达木盆地古近系下干柴沟组（E_3g）与准噶尔盆地玛湖凹陷二叠系风城组（P_1f）等均见油气产出。湖相碳酸盐岩是在湖盆咸

化环境下形成的化学沉积，时空分布相对有限，具有储层厚度较小、空间展布规模局限的特征。以渤海湾盆地沙河街组三段为例，致密碳酸盐岩主要集中在束鹿凹陷、东营凹陷、沧东凹陷等地区，有效储层横向变化快，最大累计厚度普遍小于150m，单体分布面积几十平方千米至数百平方千米。

1. 岩石学特征

陆相页岩层系内致密碳酸盐岩储层岩性以石灰岩或泥灰岩为主，白云岩发育比例较低。渤海湾盆地古近系沙河街组三段岩性以泥灰岩为主，岩心与薄片显示纹层结构与非纹层结构间互，非纹层结构的出现可能与生物扰动有关；渤海湾盆地沧东凹陷孔店组二段泥页岩层系主要由石英、长石、白云石、方解石、方沸石、黄铁矿、黏土等矿物组成，脆性矿物含量较高，一般大于60%。碳酸盐矿物（方解石与白云石）、长英质矿物（石英与长石）及黏土矿物平均含量分别为33%、35%和16%。自下而上可划分出薄层状灰云质页岩相、纹层状混合质页岩相、纹层状长英质页岩相和层状灰云质页岩相（图4-5）。柴达木盆地下干柴沟组岩石类型多样，包括致密藻灰岩、致密灰岩、砂屑灰岩、云化泥晶灰岩、鲕粒灰岩及泥灰岩；整体处于中成岩作用阶段，热演化程度（R_o）介于0.7%～1.1%。准噶尔盆地玛湖凹陷风城组发育云质泥岩和泥质白云岩，白云岩纹层发育，且多与泥质岩呈互层产出；白云石粒度以粉细晶—泥微晶为主（图4-6），白云石含量为45%～65%；岩石主要由细晶结构的白云石晶体和泥质构成，白云石呈分散状分布，白云石颗粒之间是泥质和细粉砂级别的长石，部分白云石中可见少量的火山凝灰质碎屑。

2. 储集性能特征

陆相致密碳酸盐岩储层物性更差，部分样品在薄片上几乎见不到孔隙发育。渤海湾盆地沙河街组三段致密泥灰岩可见方解石、黄铁矿晶间孔与粒内溶孔和微裂缝等，孔隙内部未见石油赋存。渤海湾盆地沙河街组三段致密泥灰岩物性呈低孔高渗特征，孔隙度介于2%～8%，其中TOC含量高的灰质页岩，孔隙性较好，胜利油田牛庄洼陷灰质页岩孔隙度最高可达5%～10%，但多数泥灰岩基质孔隙度偏低，总体小于2%，平均值仅为1.36%。但碳酸盐岩储层的渗透率较高，从几微达西到几毫达西不等，平均值可达2～3mD。在CT三维成像图上，致密碳酸盐岩储层具有裂缝发育、孔喉相对孤立、局部发育较大溶蚀孔隙等特征，裂缝呈现定向排列。柴达木盆地下干柴沟组致密碳酸盐岩物性特征与渤海湾盆地沙河街组三段正好相反，呈现高孔低渗特征，孔隙度主体小于7%，部分样品可达9%，平均值为3.3%，空气渗透率主体小于0.1mD，平均值为0.003mD。准噶尔盆地玛湖凹陷风城组碳酸盐岩储层以溶蚀孔为主，微裂缝发育，孔隙度为0.9%～8.7%，平均为3.1%，渗透率为0.08mD。

沧东凹陷孔店组二段发育的碳酸盐岩储层基质孔隙主要为微纳米级的有机孔、粒间孔、晶间孔和溶蚀孔，此外还有裂缝。裂缝包括构造缝、差异压实缝、异常压力缝、层理缝以及微裂缝等，是重要的页岩油渗流通道（图4-5）。孔隙度分布在0.33%～13.22%之间，平均为5.8%，渗透率主要分布在0.02～16.2mD之间。总体来看，致密碳酸盐岩孔隙度与渗透率相关性中等—较差。

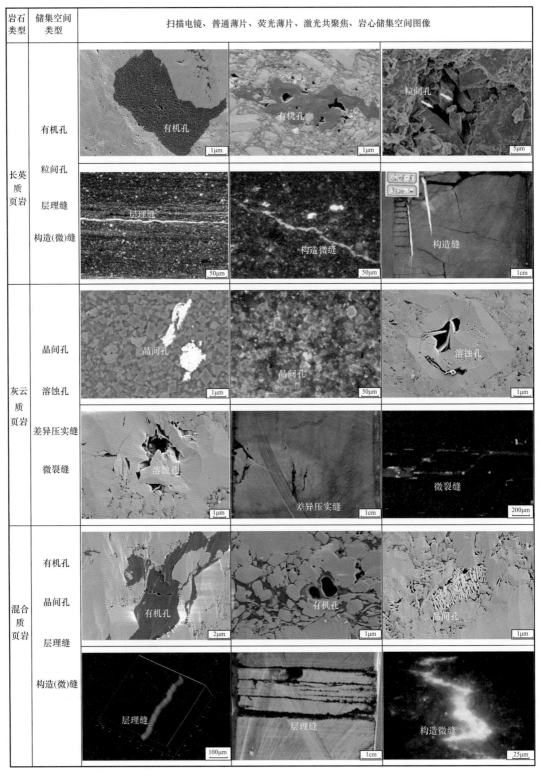

岩石类型	储集空间类型	扫描电镜、普通薄片、荧光薄片、激光共聚焦、岩心储集空间图像

图 4-5　沧东凹陷孔店组二段页岩层系储集空间及类型（据蒲秀刚，2021）

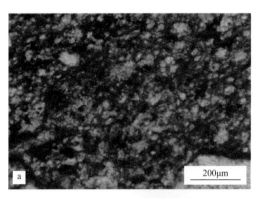
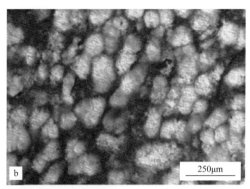

图 4-6 准噶尔盆地玛湖凹陷风城组碳酸盐岩储层

a.FN14，4112m，含碱性矿物泥质粉晶白云岩，由泥微晶结构的白云石晶体和部分泥质构成，见部分长石颗粒；充填于碎屑颗粒间的泥质发褐色荧光，发光强度暗；b.FN14，4166.7m，泥质粉晶白云岩，白云石晶粒间充填褐色泥质；c.MY1，4702.3m，泥质粉晶白云岩，见零散分布的细晶白云石聚集体，内部有硅硼钠石

3. 可动（滞留）流体特征

致密碳酸盐岩储层的含油饱和度差异不大。渤海湾盆地沙河街组三段致密泥灰岩含油饱和度中等，介于 45.1%～74.7%，平均为 65%，主要与源储组合类型密切相关。由于致密碳酸盐岩储层属于源储一体组合，油气同层近距离运聚，生烃增压导致运移动力较大，致使致密碳酸盐岩尽管物性差，但含油饱和度较高。

咸化湖盆的生物种属相对单一，但有机母质的倾油性较好，向烃类转化效率较高，且同等热成熟度条件下形成的烃物质品质较好，所以致密碳酸盐岩储层中的滞留烃数量不一定很高，但其中的可动烃数量则相对较高。柴达木盆地下干柴沟组致密碳酸盐岩中可动烃饱和度约 40%，主体分布在孔喉直径小于 1μm 的储集空间中，比例占 35%。

三、页岩储层

页岩是纯正型页岩油最具代表性的储层，虽然目前揭示和讨论的不多，但却是最值得研究和关注的类型。从页岩油经济成矿角度讲，泥岩不是页岩油最佳成矿岩性，而页岩才是页岩油经济成矿的最佳岩性。前者因沉积速率高，有机质在沉积阶段常常被稀释，导致有机质丰度偏低，黏土矿物含量高且成岩演化阶段低，页理不发育，不论从有机质丰度还是从岩石的易改造性看，泥岩都不利于页岩油富集成矿，后者在有机质富集、孔隙与裂缝发育、岩石脆性与易改造性等方面都比泥岩更好，形成页岩油富集的概率明显较泥岩更大。

1. 岩石学特征

陆相页岩多呈深灰色、黑色，页理发育，由黏土矿物、石英、长石、有机质及黄铁矿等组分构成，黏土矿物含量多在 20%～60% 之间，矿物成分以伊/蒙混层、绿泥石和伊利石为主，伊/蒙混层含量最高，占比 35%～40%（图 4-7）。随着成岩演化阶段增高，黏土矿物会发生相应变化，伊利石与绿泥石含量会增大。石英、斜长石含量一般小于 40%，有机碳含量一般大于 5%，普遍含有黄铁矿，含量多大于 3%。松辽盆地青山口组页岩黏土矿物含量主体在 40%～60% 之间，石英含量为 20%～25%，斜长石含量为 10%～15%；鄂尔多斯盆地长 7 段页岩黏土矿物含量为 20%～50%，石英含量为 10%～20%，斜长石含量为 5%～10%，非晶质含量在 20% 左右；准噶尔盆地芦草沟组页岩黏土含量为 5%～15%，石英含量为 15%～30%，斜长石含量为 20%～35%，普遍含有黄铁矿。松辽盆地青山口组页岩脆性矿物含量最低，黏土矿物含量最高，但由于成岩演化阶段较高，大部分蒙皂石和高岭石矿物都转化为伊利石，不仅析出部分硅质矿物，而且矿物的结晶程度增加，矿物的定向排列性变好，所以页岩的可压裂性也相应提高，弥补了黏土矿物含量高带来的不足。

2. 储集性能特征

陆相页岩沉积粒度普遍小于 0.0625mm，基质孔隙度与渗透率均偏低，基质孔隙度多数小于 5%，渗透率小于 0.1mD，孔喉直径小于 100nm，孔隙类型以多种矿物颗粒粒间孔、溶蚀孔、晶间孔和有机孔为主（图 4-8）。页岩常发育页理缝和生烃增压型微裂缝，可提升页岩储集空间与渗透性。松辽盆地古龙凹陷青山口组一段页岩储集空间类型以黏土颗粒粒间孔、晶间孔、页理缝和有机孔为主。页理缝宽度可达 300nm，水平方向覆压渗透率在 0.011～1.62mD 之间，孔隙直径一般在 1μm 以下。虽然这些孔隙小、连通性较差，但是孔隙数量多，有效孔隙度一般在 2%～8% 之间，平均为 3.4%。对于气油比高、品质好的页岩油来说，古龙页岩发育的纳米级孔隙系统可以允许石油烃在其中储集和较大规模渗流，产量还比较高。

同时，页岩储集性能也受自身微观结构、黏土矿物成岩作用、热演化程度、有机质丰度与有机质类型等多因素影响。以鄂尔多斯盆地长 7_{1+2} 亚段页岩孔隙发育程度为例，总体随样品热演化程度升高，孔隙度先减小再增大，经历了三个阶段演化：一是孔隙快速减小阶段，对应的 R_o 小于 0.5%，受压实作用影响，随埋深增加上覆压力增大，孔隙度明显减小。二是微纳米孔隙快速发育阶段，随着热演化程度升高，R_o 在 0.5%～1.0% 之间（对应的模拟温度为 200～350℃），有机质裂解生烃形成大量有机孔。同时，有机质生烃作用产生大量有机酸，改变了地下流体环境，钾长石等非稳定矿物遭受溶蚀，形成次生孔隙，黏土矿物也随成岩阶段升高粒内孔、晶间孔比例增大。与此同时，岩石抗压强度

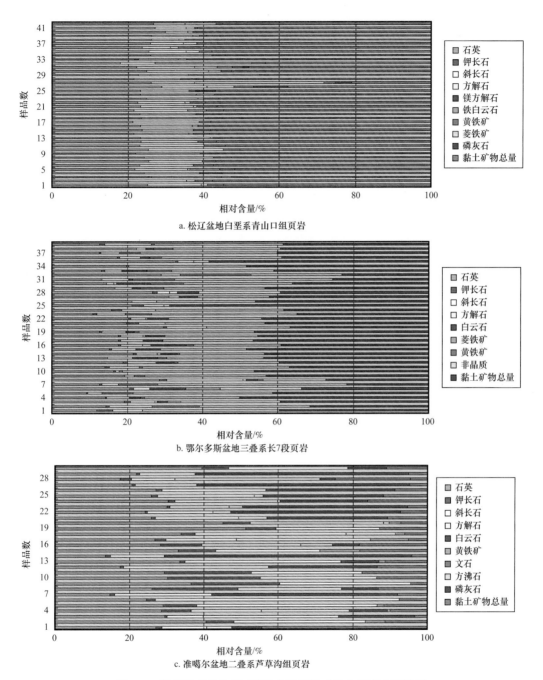

图 4-7　陆相重点盆地泥／页岩全岩矿物成分含量直方图特征

增加，压实作用对孔隙减少的影响变小，孔隙度也由最初的 0.56% 增大至 2% 左右。三是孔隙度保持阶段，对应的 R_o=2.5%～3.5%（对应的模拟温度为 450～550℃），此时有机质的生烃高峰已过，有机孔再增加有限，同时成岩作用进入晚期阶段，岩石骨架抗压性增强，页岩内部相对稳定的流体环境也降低了矿物内部无机孔的明显变化，孔隙系统处于相对稳定状态，孔隙度维持在 2% 左右。

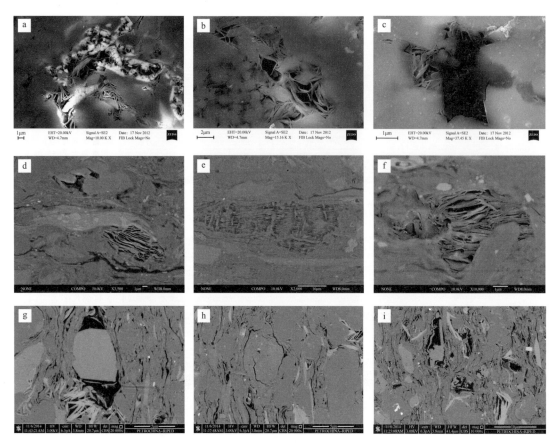

图 4-8　陆相重点盆地页岩储层微观结构特征

a. 吉 174 井，3132.50m，准噶尔盆地芦草沟组灰质泥岩，绿泥石粒内孔，内部发育黄铁矿晶体；b. 吉 174 井，3132.50m，准噶尔盆地芦草沟组灰质泥岩，绿泥石粒内孔；c. 吉 174 井，3132.50m，准噶尔盆地芦草沟组灰质泥岩，有机孔；d. 张 2 井，960m，鄂尔多斯盆地长 7_3 亚段页岩，有机孔与绿泥石粒内孔；e. 张 2 井，960m，鄂尔多斯盆地长 7_3 亚段页岩，伊 / 蒙混层粒内孔；f. 张 2 井，960m，鄂尔多斯盆地长 7_3 亚段页岩，有机孔与伊 / 蒙混层粒内孔；g.H14 井，2079.5m，松辽盆地青山口组黑色页岩，黏土矿物缝；h.H14 井，2079.5m，松辽盆地青山口组黑色页岩，粒间孔；i.H14 井，2079.5m，松辽盆地青山口组黑色页岩，粒内孔

应该指出，除了泥岩和页岩外，还存在一种似泥岩非泥岩或似页岩又非页岩的过渡型细粒沉积，可称为泥页岩，就是有些层段页理很发育，有些层段则页理相对不够发育，但要以块状层理来描述又不够典型，表现为纹层厚度偏大，达数厘米至分米级。这种泥页岩组合，应视有机质丰度高低与页岩段所占比例，可有选择地纳入页岩类储层进行评价，相关层段是否可以升级为"甜点段"评价也应视页岩段规模、有机质含量和滞留烃数量来定。

页岩储层以松辽盆地古龙凹陷青山口组一、二段和嫩江组最典型。鄂尔多斯盆地长 7_3 亚段页岩也很有代表性，但从热成熟度来看，如果没有致密砂岩参与，要形成中高熟页岩油还有难度，所以不能作为中高熟页岩油的主要储层来讨论。但是，从中低熟页岩油原位转化角度看，长 7_3 亚段页岩有机质含量高，页理发育，在地下加热条件下，有机质转化生烃潜力大，页理受热发生剥离、形成可供"人造"石油烃流出地层、形成产量的重要通道。作为"人造"储层，其中的黏土矿物受热以后发生结构与晶形转化，对"人造"孔隙网络的形成与在"人造"石油烃流出过程中发挥什么样的作用，还有待先导试验以后，再总结。

第二节　页岩层系储层多尺度表征技术

页岩本身既可作为烃源岩，又可作为页岩油气的储层，是典型的源储一体。页岩储层的孔隙结构复杂，非均质性极强，表征难度很大。以准噶尔盆地 J-174 井芦草沟组页岩油储层为例，在 53m 的"甜点段"共有 198 个单层，储层评价涉及的描述尺度从宏观的数百米至数千米的地层尺度，到数米至数厘米的岩心尺度，再到几纳米至数百纳米的微观孔隙尺度，跨越的尺度多达 12 个数量级。

页岩内部广泛发育微纳米级的基质孔隙，和尺度不等的微裂缝、层理缝及构造缝等，构成复杂的孔—缝配置体系。不同环境下形成和保持的页岩矿物组成复杂多样，再配上类型、丰度和分布不同的有机质，使页岩储层的表征面临较大挑战。因而，页岩层系储层研究的内容包括储集体类型及分布模式，孔隙类型、成因、结构与储集性及影响因素，储层非均质性、储层敏感性、储层综合评价与地质建模等多个方面。准确表征页岩多尺度孔隙—裂缝结构特征以及组成孔隙壁面的矿物特征，是页岩储层储集空间有效性评价、可动资源量评价、压裂改造评价的重要内容，对页岩油气勘探开发具有重要理论意义和实际应用价值。

页岩储层分析包括从宏观和微观尺度对储层进行定性和定量评价。宏观尺度上，立足页岩油"甜点"富集段的横向连续性与空间非均质性变化，主要通过测井曲线解释、岩心观察描述与井震结合对主要勘探"靶体"进行精细描述；在岩心尺度上，通过肉眼定性观察，依靠 X 射线荧光仪（XRF）、医用 CT 等技术，分析储层岩石元素组成、岩石组构、颗粒粒径分布以及孔、缝、洞分布，在中尺度构建岩石成分与分布、孔隙结构与网络的分布特征；在微观上，通过光学显微镜、微米 CT、扫描电子显微镜、纳米 CT、聚焦离子束扫描电镜（FIB—SEM）等，观察矿物组成、孔隙大小和分布，定量统计岩石矿物组成与不同类型孔隙占比及孔喉配位关系等。同时，借助常规储层评价手段，如 X 射线衍射（XRD）、元素地球化学、包裹体、电子探针、孔渗测量、饱和度分析、压汞分析与气体吸附和核磁共振等技术，完成对页岩储层储集性、孔喉结构、矿物特征与含油气性等全面而系统的综合评价。

本节将重点讨论如何对页岩储层进行多尺度表征的方法与技术流程。

一、页岩储层表征技术现状

在岩心及以上尺度，对页岩储层的表征所采用的研究方法和技术与传统储层基本一致，包括岩心观察、测井曲线分析、岩石薄片分析、医用 CT 全直径岩心扫描以及全直径孔渗物性分析等。近年来，又将大面积 XRF 面扫成像纳入岩心尺度分析中来，发展了以化学地层学为主的页岩储层分析方法，实现了从测井尺度向岩心尺度的升级，同时搭建了岩心尺度与微观尺度之间的桥梁。

目前，国内外对于页岩储层的研究重点集中于岩心尺度至微纳米孔隙尺度。常规储层表征方法不适用于页岩油气储层，需要探索开发新的途径。现今常用的岩石微纳米孔隙结构研究方法，可分为定性观察与定量表征两类。面对复杂的研究对象，单一的表征方法无法实现对储层的全面表征，需要多种方法的集成与综合表征（表4-2）。主要的研究手段包括以多种 X 射线计算机断层成像（CT）、扫描电子显微镜（SEM）为主的图像法，以及以气测孔渗、压汞、流体注入低场核磁共振（NMR）等孔隙定量法。研究的维度包括二维、三维，以及研究孔隙在温压作用下随时间变化的四维特征，研究的尺度从岩心尺度至微纳米孔隙尺度。

表4-2 泥页岩储层微观储集空间表征方法

类型	技术方法	测量范围	观测内容
二维精细表征	光学显微镜	几十微米至毫米级	二维微米—毫米级孔隙结构
	场发射扫描电镜	1nm 至数毫米	二维纳米—微米级孔隙结构
三维重构刻画	微米 CT	1μm 至数毫米	三维纳米—微米级微观孔隙结构与连通性
	纳米 CT	50nm～65μm	
	聚焦离子束扫描电镜	6nm～30μm	
定量体积评价	气体吸附法	0.35nm～200nm	定量评价孔隙结构与空间大小
	高压压汞法	100nm～950μm	

数字岩石技术起源于 20 世纪 90 年代，是利用多尺度表征手段获取岩石内部结构等数字化信息，并对数字化信息进行定量分析，通过各种算法进行数字岩心重建，建立几何模型进行数值模拟研究，从而对储层实现数字化表征的技术（刘建军等，2005；陶军等，2006；姚军等，2010；邹才能等，2014；白斌等，2014）。近年来，随着油气储层研究对象向非常规储层转变，数字岩石技术取得了非常快的发展，不论是原始数据的分辨率还是数字建模的准确性都取得了长足进步。

由于页岩孔喉尺寸小，目前孔隙结构表征技术的发展倾向于提高分辨率和提高表征维度，以获取更全面的微观结构信息。

（1）二维表征技术方面，由常规光学显微镜、激光共聚焦显微镜研究进一步扩展为高分辨率场发射扫描电镜研究（Desbois 等，2009；Nelson 等，2009；Curtis 等，2011）。

（2）三维表征技术方面，由常规医用 CT 扩展到分辨率更高的微米 CT、纳米 CT、聚焦离子束扫描电镜、同步辐射光源等（Milner 等，2010；Gareth 等，2012；田华等，2012；朱如凯等，2013；Wu 等，2016，2019；白斌等，2013）。

（3）定量评价技术方面，由常规压汞进一步扩展为高压压汞，孔喉直径研究范围进一步扩大（朱如凯等，2013；尤源等，2014；吴松涛等，2015；Slatt等，2011）；同时，氮气吸附、二氧化碳吸附、小角散射、电化学、核磁共振等技术也纳入技术系列（吴松涛等，2015；师调调等，2012；蒲泊伶等，2014；肖开华等，2014；蒋裕强等，2014；李腾飞等，2015；朱炎铭等，2016）。

国外学者开展了大量针对致密储层孔喉、分布、连通性与孔喉分类及演化规律等的探索研究（Jarvie等，2007；Chalmers，2008），研究内容多集中于北美海相泥页岩储层微观孔喉结构方面（Javadpour，2009；Loucks等，2009），指出北美海相泥页岩孔喉大小集中于5nm～100nm，孔隙类型有有机孔、黏土矿物粒内孔和粒间孔。同时探索了许多材料化学、物理化学以及应用化学等其他领域的研究方法，比如三维X射线微米CT分析致密砂岩矿物组成和孔隙的三维结构（Golab等，2010），离子束抛光—扫描电子显微镜观察并重构页岩孔隙（Sondergeld等，2012）。虽然国外在页岩储层纳米级孔隙类型和孔喉特征研究方面已取得了较大进展，但由于致密储层与常规储层相比具有物性差、孔喉结构复杂的特点，且具有较高的毛细管压力和束缚水饱和度，目前基于宏观层面获得的次生孔隙形成与演化机理方面的认识仍存在较大争议。

近年来，有效融合多尺度数字岩石分析、数值模拟、物理模拟等技术手段，针对泥页岩储层的储集空间（孔喉、裂缝）、岩石结构（矿物、有机质）、流体特征等方面，建立了多尺度数字岩石评价技术及工作流程，二维大面积分析技术可建立跨越6～7个数量级的多尺度储层表征及非均质性评价，多尺度CT及FIB—SEM联用可精确刻画孔喉和裂缝的三维空间分布。配合传统定量测试方法，为页岩油气储层有效性评价和含油气性定量评价提供技术手段。

二、页岩层系储层岩心尺度表征技术

岩心尺度的储层表征是应对页岩油储层非均质性的有效手段。要精细刻画页岩的储集空间，第一步就是岩心尺度储层非均质性表征。目前，常用的岩心尺度表征方法主要为基于化学沉积学的XRF大面积元素分析、基于场发射扫描电镜的大面积MAPS拼接、柱塞尺度微米CT等相关技术。

1. 岩心尺度二维表征技术

综合大面积元素分析XRF技术（图4-9）、大面积氩离子抛光—高分辨率场发射扫描电镜MAPS技术，构成了二维大面积表征技术序列。分辨率从毫米级到纳米级，样品尺寸从岩心尺寸到立方微米尺寸，分析尺度可跨越七个数量级，可以实现储层孔隙、矿物颗粒、有机质富集条带、滞留油等定量分析表征。全面揭示复杂储层大尺度层理、裂缝、溶蚀孔洞；微米尺度的裂缝、孔隙；纳米尺度喉道、次生孔隙、溶蚀孔隙等结构特征。

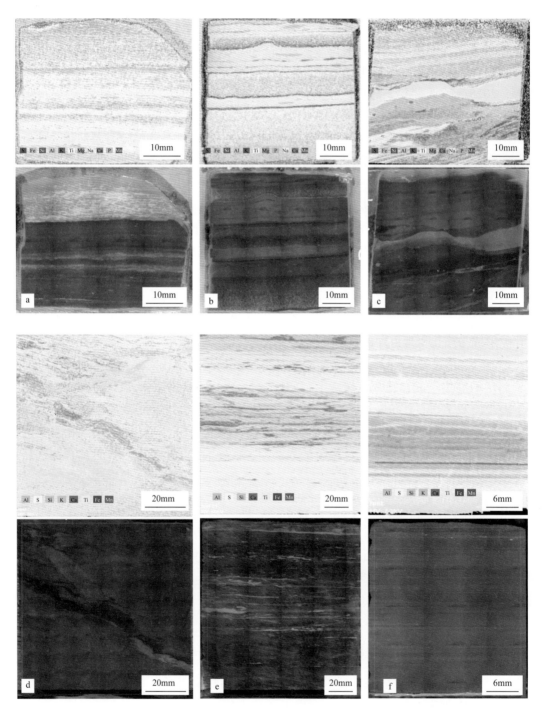

图 4-9　泥页岩 XRF 二维大面积表征揭示毫米级尺度沉积层理及裂缝

a—c. 长庆地区长 7 段泥页岩薄片与元素平面分布图；d—e. 松辽地区青山口组泥页岩薄片与元素平面分布图；a. 白 486 井，1432.85m；b. 白 498 井，1539.3m；c. 池 257 井，1633.7m；d. 古页 1 井，2317.10m；e. 古页 1 井，2341.09m；f. 古页 1 井，2362.6m

大面积元素分析 XRF 技术，是利用样品台的移动，实现微区 X 射线荧光光谱分析面扫，从而对几十厘米尺度的样品进行表面元素分析的方法。可以对不均匀样品、不规则样品进行高灵敏度、非破坏性的元素分析。通常采用多导毛细管聚焦镜或微阵列 FAAST X 射线源实现 X 光的聚焦，以获得高的空间分辨率，达到快速分析。

随着场发射扫描电子显微镜等设备的应用，分辨率不断提高，但随之而来的是分析样品尺寸越来越小。如何解决高分辨率与大视域的矛盾，提高样品研究区域的代表性是关键问题。场发射扫描电镜的大面积拼接技术，是基于扫描电镜压电马达样品台开发的连续扫描成像功能，可以控制扫描电镜样品台移动以及电子束自动扫描过程，生成可缩放的高分辨率样品扫描图（由数以万计的小视野高分辨率扫描图拼接而成）。通常情况下，采集至少 1000 张图像用于拼接，拼接完成后最终的分析尺寸可达 5mm 以上。该分析域足以应对大多数样品分析需要，使分析区具有代表性。

对于岩心尺度的分析，通常微裂缝是研究重点。微裂缝在页岩油气的渗流中具有重要作用，是连接微观孔隙与宏观裂缝的桥梁。存在微裂缝的区域，往往岩石脆性指数较高，易形成微裂缝网络，从而成为页岩微观尺度上油气渗流的主要通道，可以有效改善储层的渗流能力。因此，裂缝发育程度是评价页岩储油性能好坏的重要指标。也应该指出，具有较大的裂缝不一定是有利的，大规模天然裂缝的发育使页岩的封闭性变差，导致轻烃的散失，这将大大影响页岩内部可动烃的数量，对页岩油的经济性至关重要。好的页岩储层是可压裂性好、广泛发育微裂缝的储层。页岩内部若广泛发育微裂缝，就既有利于游离烃的大量存在，又可显著提高储层的渗透性，同时又不破坏页岩的封闭性。虽然微裂缝只占页岩储层储集空间的一小部分，而且发育具有局限性，但是有与无微裂缝发育，对页岩油的聚集和流动却具有重要作用（图 4-10）。

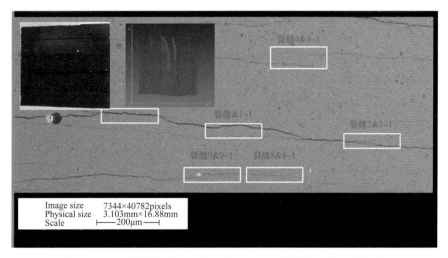

图 4-10　大面积场发射扫描电镜 MAPS 分析显示的岩心微裂缝

2. 岩心尺度三维表征技术

CT 表征技术是目前对非常规储层孔隙三维表征的重要技术，原理是利用 X 射线对岩石样品进行无损探测，根据 X 射线对不同密度物质穿透能力的差异性，区分岩石组分和孔隙。

对于页岩层系样品，不同尺度的 CT 技术都在发挥重要作用。在宏观岩心尺度，主要应用的 CT 设备包括：（1）螺旋式计算机层析成像技术，如医用 CT 技术，可以获得单层 CT 切片，或每 1ft 或者更精细间隔内信息的常用手段，几乎能够连续地获得整个岩心扫描间隔内多张黑白 CT 图像。该技术扫描电压高，速度快，可对全直径岩心进行分析，分辨率相对低，只能达到几百微米级或毫米级别，目前主要应用于全直径长岩心分析与流体充注实验研究等。（2）微米 CT 技术，扫描电压跨度大，可以从几十千伏到几百千伏，样品尺寸从几毫米到全直径岩心，对应的分辨率具有较大差别，是目前 CT 设备中应用最广泛的设备。目前全球微米 CT 最高的分辨率是 0.7μm/ 像素点，按照 2～3 个像素点可以识别一个空间立体图形，微米 CT 可识别的孔隙直径最小只能达到 2μm，目前微米 CT 主要应用于致密砂岩储层的孔隙结构表征、裂缝研究与流体充注实验等。

CT 扫描技术利用几何放大原理对样品进行精细表征，与光学显微镜、扫描电镜等二维表征技术相同，CT 的分辨率与样品的大小是一对不可调和的矛盾，即若要得到高分辨率的图像，表征的样品尺寸必然很小，反之亦然。研究表明，不同岩性对应的最佳 CT 扫描参数具有差异性。对于泥岩样品，医用 CT 与微米 CT 往往难以获得基质孔隙信息，而只能获得裂缝信息。

泥页岩微裂缝表征一直以来是数字岩心领域的薄弱环节，如果能够对微观尺度的裂缝进行准确可靠的定量描述（或称之为精细表征），则可能对大尺度上，如储层尺度或水力压裂尺度，裂缝的三维空间特征进行估计。近年来，利用 CT 技术获得微观尺度上裂缝的三维结构已成为可能。其中，各单条裂缝的精细表征是核心内容，实现了对泥页岩样品中裂缝的成像与定量分析。基于微米 CT 的裂缝分析包括 6 个步骤，具体包括：图像装载、图像切割、图像分割、移除孤岛、裂缝分离和定量分析。针对泥页岩微米 CT 数据，实施裂缝分离后获得裂缝三维分布及形态的渲染图，再进一步定量分析各单条裂缝的位置、大小、形态及方向，并在此基础上给出裂缝几何特征的统计信息，进而采用网格覆盖法来计算三维裂缝的分形维数，实现了对三维裂缝的精细描述。进一步可以利用自有程序 CTSTA 对经过上述处理步骤的数据进行定量分析，获得比表面积、连通性、团簇形态、裂缝方向、各向同性指数等一系列参数，为开展储层大尺度裂缝预测研究奠定了基础。

三、页岩层系储层孔隙尺度表征技术

对于页岩层系孔隙尺度的储层表征，主要研究对象为微观孔隙结构以及微观矿物组成与分布。

微观孔隙结构表征是泥页岩储层研究的重点内容之一，泥页岩孔喉直径小，整体以微米—纳米级储集空间为主。目前表征方法包括图像法与定量法，表征的维度主要为二维和三维。图像法包括扫描电镜、纳米 CT、离子显微镜等高分辨率分析方法，定量法包括压汞分析、气体吸附分析与核磁共振方法等。表征精度从微米级到纳米级，可在一定程度上满足岩石微米—纳米孔隙结构评价要求。图像法可以直接对纳米孔隙进行成像，但由于高分辨率限制了分析区域的选择，无法获得对全岩心的宏观表征。同时，定量法只能间接反映微观孔隙结构特征，无法获得形象化立体模型。因此，两类方法需互相弥补配合。本单元主要介绍图像法常用的技术与进展。

1. 氩离子抛光—场发射扫描电镜技术

针对泥页岩等细粒岩石样品的观察与描述，近年来国内外发展了氩离子抛光—场发射扫描电镜技术，可对样品进行前期处理获得纳米—微米级表面平整度，然后利用扫描电镜背散射获取高质量电子成像数据。场发射扫描电子显微镜（FE—SEM）具有超高分辨率，放大倍数可以在从几十倍到几万倍的观察范围内实现连续可调。这一技术利用一束精细聚焦的电子，扫描岩石样品的表面，从而得到二次电子、背散射电子、X 射线、吸收电子、奥格（Auger）电子等不同类型信号随岩石表面不同而发生的变化，从而获得样品的形貌特征。配合高性能 X 射线能谱仪，具有形貌、化学组分综合分析能力，是微米—纳米级孔喉结构测试和形貌观察的最有效工具。

利用扫描电镜背散射图像既能直接表征微观孔隙的结构与分布，又可对微孔隙进行定量分析。首先利用环境扫描电镜的背散射电子图像进行图像采集，放大倍数通常选择 2000～10000 倍，再将采集到的各类微孔隙图像进行图像处理和参数提取与计算，提供的参数包括面孔率、孔隙直径、喉道宽度、孔隙周长、平均孔隙直径、配位数、分选系数、偏度、尖度、孔喉直径比、比表面、均质系数等。

图 4-11 展示了中国南方海相页岩有机孔情况，页岩中有机质颗粒内部存在丰富的有机质降解形成的纳米孔。该类孔隙以纳米级为主，孔径多为 5～200nm。图 4-12 展示了陆相页岩油岩石样品中的纳米孔隙情况，可见不同类型的页岩样品，纳米孔隙特征差异很大。

2. 三维孔隙结构表征技术

对于页岩储层样品的三维微观孔隙结构表征，最常用的技术手段是微米和纳米 CT 技术以及聚焦离子束扫描电镜（FIB—SEM）成像技术。

近年来，将 CT 原理与 X 射线显微成像技术相结合，即在 X 射线显微实验装置中添加适用于断层扫描数据采集的可旋转样品台并引入 CT 重构算法软件，开展页岩储层微观孔隙结构研究。通过这种方式，发展出了纳米 CT 技术（Nano-CT）。该技术可以说是传统 CT 技术在纳米领域的升级版，它结合了 X 射线显微技术和 CT 技术的优点，可以在几十纳米的空间分辨率上对样品进行全方位无损伤的扫描成像，以实现对微小样品内部三维结构的解析成像。将纳米 CT 技术应用于泥页岩样品，可以在三维微观空间内对样品真实孔隙结构与微裂缝空间分布进行展示，最高可达 50nm。但在实验室 X 射线光源条件下，其分辨率受光源强度、测试距离、样品尺寸和性质等影响。

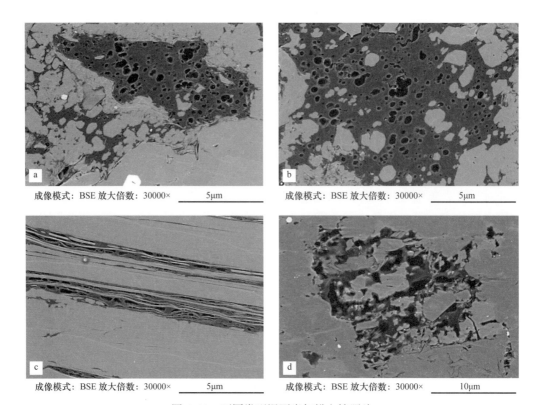

图 4-11　不同类型泥页岩扫描电镜照片

a、b. 威 201 井，2763.7m，四川盆地志留系页岩有机孔；c. 盐 56 井，3042.1m，鄂尔多斯盆地长 7 段页岩片状伊 / 蒙混层粒内孔；d. 公 4 井，2017.4m，四川盆地侏罗系大安寨段泥页岩有机孔

FIB—SEM 技术，是另一种高分辨率三维成像技术方法，为有损表征，其利用入射离子束切割来挖取所需截面，同时利用场发射扫描电镜扫描二维图像，通过消除噪声、提高图像信噪比，最终利用高分辨率二维图像数值重建三维微结构，分辨率可达 5nm，远高于纳米 CT 成像技术，但成本相对高、耗时长且分析体积小（图 4-13）。

3. 矿物微观分布表征

微区矿物组成与分布研究是页岩储层表征的另一重要内容。近年来，各数字岩心公司基于扫描电镜背散射成像及能谱技术开发了微区矿物定量评价系统（如 QEMSCAN 系统），该类系统是基于扫描电镜背散射图像的灰度及 X 射线能谱分析仪进行元素矿物识别，可以实现对储层表面矿物进行宏观和微观的定量分析评价，获得储层岩石表面矿物组成、矿物含量、矿物粒径及矿物组合分布特征等描述，是储层矿物形貌、产状、溶蚀等研究的有效手段，超越了以往的薄片分析技术。

下面列举一个具体页岩层系的应用案例，通过薄片鉴定、能谱分析和 QEMSCAN 认识到准噶尔盆地吉木萨尔凹陷芦草沟组矿物主要包括钠长石、钾长石、石英、白云石、方解石、绿泥石、伊利石及黄铁矿等。利用 QEMSCAN 对吉 305 井上、下"甜点段"样品进行矿物含量的定量分析。具体操作流程包括：对样品依次使用粒度为 9μm、2μm 和 0.5μm 的磨片进行机械抛光；然后，使用徕卡大面积离子抛光仪对样品进行抛光处理，型

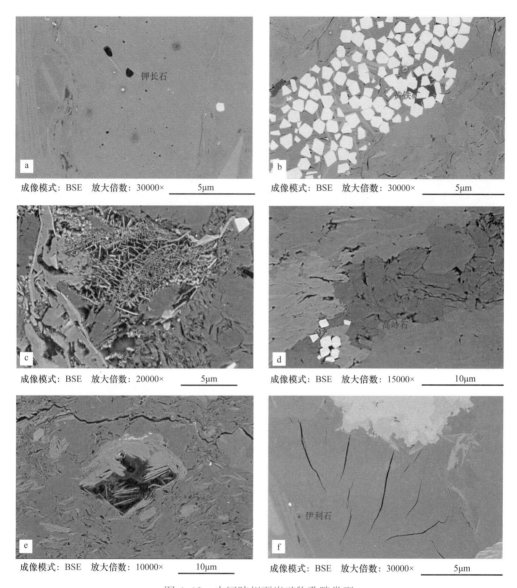

图 4-12　中国陆相页岩矿物孔隙类型

a. 古页 1 井，2372.2m，松辽盆地古龙页岩钾长石粒内孔；b. 古页 1 井，2382.1m，松辽盆地古龙页岩黄铁矿晶间孔；
c. 古页 8HC 井，2390.4m，松辽盆地古龙页岩金红石晶间孔；d. 古页 8HC 井，2397.12m，松辽盆地页岩高岭石晶间孔；
e. 古页 8HC 井，2398.1m，松辽盆地页岩有机孔和微裂隙；f. 古页 8HC 井，2429.13m，松辽盆地页岩伊利石收缩缝

号为 EM TIC 3X，加速电压为 7kV，电流为 2.6μA，每个样品抛光 4h，保证样品表面的
光滑性，避免了常规扫描电镜样品制备后由于表面不平整导致的孔隙假象；再者，在抛
光部位表面镀一层约 5nm 的碳膜，增加样品的导电性，消除荷电积聚的影响。使用 FEI
Quanta 450 型场发射扫描电镜对处理后的样品进行扫描，测试分辨率为 2μm，测试电压
为 15kV，电流为 10nA，工作距离为 13mm。利用 QEMSCAN 获得各矿物的分布和孔隙
分布（图 4-14），进一步可以计算出矿物及孔隙在平面上的面积百分含量，从计算结果可
以认识到在纵向上不同矿物含量变化频繁，规律复杂（图 4-15）。

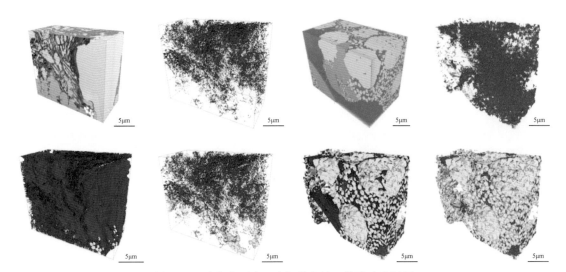

图 4-13　聚焦离子束双束扫描电镜三维孔隙分析图

阳 108 井，2394.5m，四川页岩气；红色代表孔隙网络模型，蓝色代表有机质重构模型，黄色代表黄铁矿骨架模型

　　该样品为吉木萨尔凹陷吉 305 井芦草沟组 3415.64～3415.78m 深度处样品，可以分为三个相带：（1）以 Al 和 Si 为主的相带，Ca 和 Mg 相对较少，在 QEMSCAN 中均显示为泥质粉砂岩，白云石含量小于 25%，总面孔率为 10.10%，孔隙耦合模型中油润湿面孔率为 4.08%，油润湿面孔率所占比例为 40.44%，含油性为油浸（图 4-14a$_1$），以钠长石为主，CT 数据分析孔隙度为 9.17%，在三维空间内孔隙遍布整个空间，连通性较好，为溶蚀扩大粒间孔型储层（图 4-14a$_3$）；（2）显示 Ca 和 Mg 富集相带，中间夹 Al、K 和 Si 富集的细小纹层或细小颗粒，在 QEMSCAN 中显示为粉—砂屑白云岩，总面孔率为 5.67%，孔隙耦合模型中油润湿面孔率为 2.81%，油润湿面孔率所占比例为 67.34%，表现为富含油（图 4-14b$_1$），CT 数据分析孔隙度为 5.63%，在三维孔隙结构中大溶孔相对孤立分布（图 4-14b$_3$），为孤立溶孔型储层，单个溶孔体积更大；（3）Al、K 和 Si 富集相带，Ca 和 Mg 基本无显示，在 QEMSCAN 中显示均为泥质粉砂岩，总面孔率为 5.34% 和 7.37%，孔隙耦合模型中油润湿面孔率为 2.33%，油润湿面孔率所占比例为 31.64%，含油性为油迹（图 4-14c$_1$），CT 数据分析孔隙度为 6.18%，在三维空间上大溶孔相对孤立，为孤立溶孔型储层（图 4-14c$_3$）。

四、页岩储层表征创新技术

　　微观尺度下矿物及流体力学行为服从纳米材料的物理、化学性质，要想充分明确流体在微纳米限域空间内的赋存与运移机理，需要多学科领域前沿技术的交叉。

　　除前述相关孔隙、矿物表征技术外，储层微纳米孔隙表征评价技术得到较快开发和应用，建立了一些特色的技术及工作流程，主要包括：扫描电镜荷电效应对微量残留有机流体的识别与表征；微观孔隙连通性分析的电化学和显影剂技术；通过合成孔径、润湿性、表面微结构可调控纳米材料，开展地层条件页岩油赋存及流动物理模拟，研究单一因素对页岩油赋存及可动孔径下限的影响等。一系列相关技术可有效填补常规储层分析手段的不足，为页岩油储层有效性和含油气性定量评价提供技术支撑。

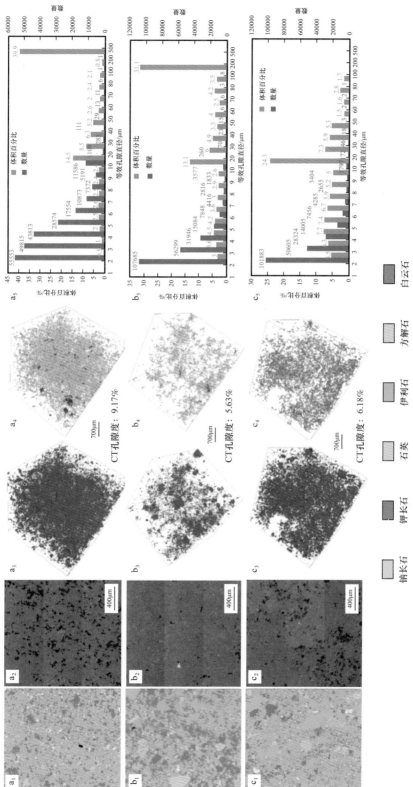

图 4-14　芦草沟组"甜点段"样品 QEMSCAN、扫描电镜和微米 CT 分析图

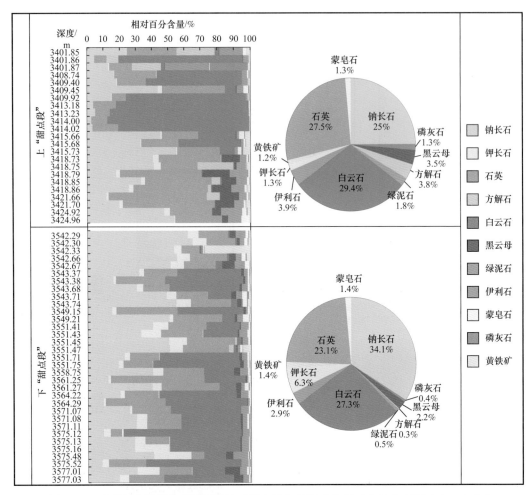

图 4-15　准噶尔盆地芦草沟组页岩油"甜点段"储层矿物相对含量分布图（吉 305 井）

1. 页岩油荷电分布表征技术

在页岩油储层表征中，对残余油在微观领域的直接观测是人们关注的重点。但目前可能观测到样品中残余油的实验方法仅有场发射环境扫描电镜、超高分辨率荧光显微镜等方法。场发射环境扫描电镜可以在保有一定压力的水蒸气条件下对非导电物质进行成像分析，可直接用于残余油分布分析。但是，环境扫描模式下的分辨率比高真空模式下要低，难以清晰刻画 2μm 以下的孔隙，而这类孔隙对致密油储层来说地位很重要；并且环境扫描模式下必须利用 X 射线能谱检测 C、O 元素，以完成对有机质的辨别，但却无法实现对可动残余油及固态有机质的区分，具有局限性。超高分辨率荧光显微镜分析法源于对生物样品的观察，在地质样品表征方面的应用较为欠缺，主要受限于在微纳米尺度下荧光信号弱，且无法有效刻画残余油所占据的孔隙空间结构。

页岩油荷电分布表征技术，是基于高分辨率扫描电镜图像，通过调节成像参数既可表征微纳米孔隙空间，又能有效识别残余油分布的技术。该技术不会将普通有机质与残余油混淆，具有独特的优势。荷电效应是扫描电镜对不导电样品进行成像时常见的现象，会造成图像畸形、异常亮度对比度、图像漂移等，一般通过表面镀导电膜的方式予以消除。在高真空模式下对页岩、烃源岩、含油致密砂岩、含油致密碳酸盐岩和含油凝灰岩等样品进行观察研究，发现在同样低加速电压成像条件下，低熟烃源岩、高成熟页岩、不含油致密砂岩、不含油碳酸盐岩等样品，在扫描过程中不易出现荷电现象，而处于生油窗范围的烃源岩、含油致密砂岩、含油碳酸盐岩等样品易出现荷电现象。通过实验验证，认为导致荷电的主要原因是样品中存在沥青质，即残留油，通过控制成像参数可以区分干酪根及沥青质，并可直接获得残留油在孔隙中的位置（图4-16）（王晓琦等，2015）。

对吉木萨尔凹陷芦草沟组样品进行了残余油荷电分布研究，分别对富有机质区与贫有机质区的荷电现象总结如下：样品总面孔率为11.83%，残余油孔隙面孔率为2.79%，无残余油填充的面孔率为9.04%，残余油孔隙占总孔隙比例约为23.58%。

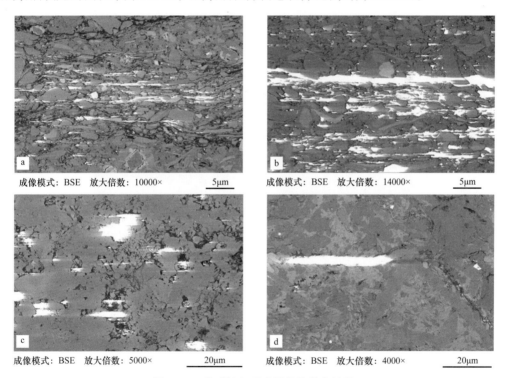

图4-16　典型陆相页岩样品的荷电情况

a. 环317井，2468.3m，长庆长7段泥岩；b. 盐56井，3048.8m，长庆长7段泥岩；c. 吉305井，3572.5m，吉木萨尔凹陷泥岩；d. 英47井，2620.39m，松辽盆地青山口组泥岩；亮色条带即代表样品表面该视域内荷电情况

2. 应用微观流体注入法评价有效储集空间技术

该技术原理是将易荷电的显影剂注入孔隙，通过有机质分布形态及荷电效应刻画致密储层有效储集空间。本书将有效储集空间定义为残留油占据的孔隙空间与可动流体占据的孔隙空间之和，是通过驱油和渗析等方式可以波及的、为原油能在其中流动的储集空间（图4-17）。

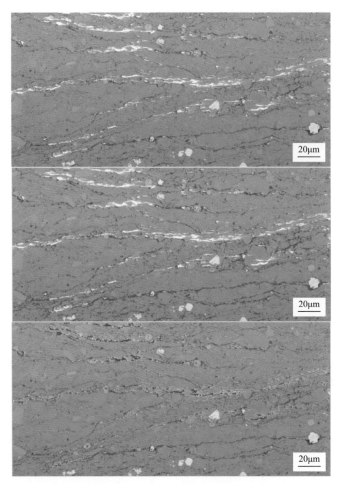

图 4-17　芦草沟组致密残余油分布图像（吉 251 井，3623.2m）
红色表示残余油分布，蓝色为无残余油分布

　　以准噶尔盆地吉木萨尔凹陷二叠系芦草沟组致密油储层样品为例，实验分析表明微纳米级孔隙清晰可见，荷电效应来源于孔隙中填充的残留油，残留油主要分布在部分连片粒间孔中，经荷电显影剂注入后，利用填充形态和荷电效应可以区分残留油孔隙、孤立孔隙及流体填充孔隙（图 4-18）。基于二维孔隙分析数据，总面孔率为 8.29%，残留油孔隙占总孔隙的 28.22%，孤立孔隙占总孔隙的 32.83%，流体填充孔隙占总孔隙的 38.95%。统计认为样品总孔隙中有 67.17% 的孔隙空间为有效储集空间（王晓琦等，2015）。

　　连通的孔喉系统是页岩有效储集空间和孔隙流体潜在的流动通道，某种程度上也反映了水驱或聚合物驱过程中流体可能进入的孔隙空间。相对于纳米 CT 和 FIB—SEM 三维成像分析而言，利用荷电显影剂注入法评价孔隙连通性有以下优势：（1）截面成像区域大，最大可达亚毫米级。引入离子束大面积抛光技术，并结合扫描电镜的大面积拼接成像技术，样品分析区直径可达厘米级，便于大面积观察连通的微—纳米级孔隙展布。（2）直接使用流体注入的实验方法评价连通性，结果更逼近客观实际。

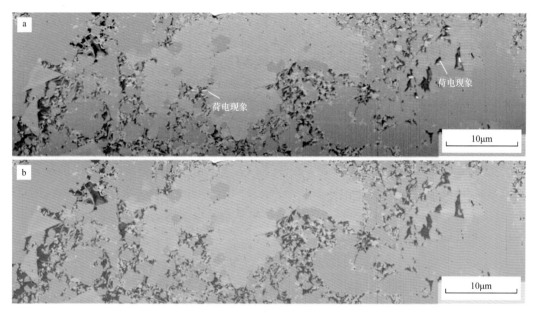

图 4-18　荷电显影剂填充孔隙微观分布图（吉 251 井，3627.4m）

a. 背散射电子图像，有机质在孔隙中均匀填充且有荷电现象；b. 孔隙提取与分类，红色表示未填充孔隙区域，蓝色表示填充孔隙区域

3. 应用电化学沉积评价连通孔隙技术

致密砂岩、页岩等非常规储层中分布有大量小于 50nm 的微小孔隙。由于现今 CT 扫描技术最大分辨率为 50nm，使用常规 CT 扫描技术难以清晰表征这类微小孔隙的结构。为此，开发出一种新的电化学表征方法（Jin X 等，2019），以能表征小于 50nm 的微观孔隙结构。该方法原理是采用电沉积方式，首先在致密岩石的微观孔喉中沉积金属纳米颗粒；然后通过化学方法溶解掉致密储层岩石矿物骨架，保留金属沉积物，对孔隙实现三维打印成像，可反映孔隙连通特征（图 4-19）。

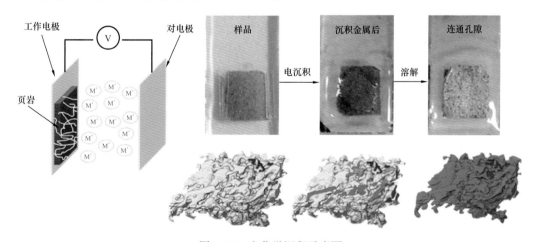

图 4-19　电化学沉积示意图

在电化学沉积过程中，金属离子或络合金属离子只能通过连通的孔喉系统到达电极表面才能发生还原反应。因此，随着金属离子在电极表面还原反应的进行，金属能够逐渐填充整个连通的孔喉系统，直至填满，并即刻还原连通孔隙形态。该方法目前还处于开发阶段，只能刻画储层岩石中连通的孔隙结构，需进一步优化测试方案与参数，以得到较为准确的分析测试结果，从而有效计算连通孔隙所占面积，实现表征连通孔隙特征。

目前国际上比较先进的方法还有在微米 CT 成像的技术基础上，利用显影剂对样品进行湿法充填，对干、湿状态获得的两个图像进行处理，得到一些低于微米 CT 最高分辨率的纳米孔隙的填充情况与连通情况，辅助实现对储集空间的表征。或者利用 Xe 气注入样品，对注入前后的样品进行扫描，同样通过图像处理获得一些常规 CT 图像里无法识别的孔隙，判断样品的连通性。

第三节　页岩储层特征与评价

与常规油气勘探寻找圈闭和评价圈闭有效性不同，页岩油勘探的核心是在页岩油富集因素评价基础上，重点在"甜点"范围内寻找规模有效储层。陆相页岩储层岩性复杂多样，既有致密砂岩，也有致密碳酸盐岩和页岩，储层特征差异大，在沉积环境、储集性能、矿物组成、孔喉结构与有效厚度等方面均具有显著差异，需要在储层评价标准与参数选择上另起炉灶，建立属于自己的标准和参数。本节重点阐述页岩系统储层评价需关注的因素，并选择一些重点区带为例，以阐明有利储层分布特征。

一、页岩储层评价重点内容

储层有效性评价是油气储层研究的重要内容，贯穿于油气勘探、开发及钻井采油全过程。本节重点讨论勘探阶段页岩储层评价重点内容，即储层评价的两个核心内容：有效储集空间和储层含油性评价。从页岩油源储配置关系看，页岩油的储层类型包括纯页岩型（包括鄂尔多斯盆地长 7_3 亚段、松辽盆地古龙凹陷青山口组一段与二段下部）、过渡型（即混积型）（包括准噶尔盆地吉木萨尔凹陷芦草沟组、渤海湾盆地沧东凹陷孔店组二段）与致密油型（包括鄂尔多斯盆地长 7_{1+2} 亚段、四川盆地侏罗系凉高山组与沙溪庙组）。不同类型页岩储层特征具有明显差异（胡素云等，2022），因此对储层评价关注的重点也有不同，下面分三种类型予以介绍。

一是纯页岩型储层：是我国陆相页岩油的重要储层类型，富含有机质、黏土矿物含量高是该类页岩储层的典型特征。同时，热演化成熟度高低对其内部孔隙发育、岩石可压裂性，以及黏土矿物对滞留烃吸附能力与滞留烃流动性和流动量等均具有重要的影响。因此，纯页岩型储层有效性评价需要重点关注以下几个方面：（1）页岩层段厚度、面积与孔隙度；（2）页岩储层孔喉结构及储集空间三维连通性；（3）页岩纹层结构与裂缝发育程度；（4）页岩有机质丰度与热演化程度；（5）页岩内部滞留烃量与可动烃数量。

二是过渡（混积）型储层：是陆相咸化湖盆发育的重要储层类型。与纯页岩型储层具有明显差异，黏土矿物含量低，发育大量白云石与方解石，整体脆性较好，可压裂性能也优于纯页岩型储层。储层内部也发育较高丰度有机质，过渡型页岩储层评价介于致密砂岩储层与纯页岩储层之间。需重点关注的内容包括以下几个方面：（1）储层厚度、面积与有效孔隙度；（2）储层孔隙结构及其与裂缝配置关系；（3）储层含油饱和度与可动油饱和度。

三是致密油型储层：以致密砂岩、致密碳酸盐岩为主，储层本身与致密油储层并无二致，储层内的石油主要来自邻近富有机质页岩的短距离排烃，因此储层评价与致密油储层评价具有相似性，需要重点关注的内容包括以下几个方面：（1）储层岩性、厚度、连续性、面积与有效孔隙度；（2）储层孔隙结构及其与裂缝配置关系；（3）储层含油饱和度与可动油饱和度；（4）储层与富有机质页岩配置关系。

二、页岩储层评价标准

根据三类页岩储层的发育特征，分类予以讨论评价内容与标准。

1. 纯页岩型储层

如前述，影响纯页岩型储层物性特征的主要因素有成岩演化阶段、黏土矿物含量、成分构成与脆性矿物占比等，其中黏土矿物成岩演化阶段可用有机质热成熟度代替，显然热成熟度（R_o）越高，则黏土矿物成岩阶段也会高，黏土矿物中伊利石占比也会高，且黏土矿物的结晶度与定向排列程度也变好。在这种情况下，黏土矿物含量可以放宽到40%～45%；如果成岩演化阶段较低，黏土矿物中蒙皂石和高岭石含量占比较高时，黏土的吸附性会比较高，脆性也较差。这时页岩要成为有效储层，难度较大；此外孔隙空间体积也是纯页岩型储层评价的重要指标，孔隙度越高，储层品质越好。其他指标如 TOC 含量、S_1 含量等，是在保持储集空间、脆性与最低吸附性前提下，确保页岩储集空间中有最大烃滞留量和最多可动烃数量的指标，从页岩储层含油性评价角度来说，也是页岩储层评价重要指标。在借鉴国外已有的评价标准基础上，本节提出纯页岩型储层分级评价标准，具体内涵见表4-3。

表4-3 陆相页岩系统纯页岩型储层分级评价标准

级别	TOC/%	R_o/%	孔隙度/%	S_1/（mg/g）（HC/岩石）	微裂缝	有机孔	黏土矿物
I	>2	>1.0	>4	>6	发育	发育	伊利石、绿泥石为主，见少量伊/蒙混层
II	1～2	0.7～1.0	3～4	4～6	较发育	较发育	伊/蒙混层为主，发育少量伊利石
III	<1	<0.7	<3	<4	不发育	不发育	伊/蒙混层为主

2. 过渡（混积）型储层

与纯页岩型储层相比，过渡（混积）型储层孔隙发育程度较好，且黏土矿物含量低。由于混积岩多数是在咸化湖盆环境中形成的沉积物，而咸化湖盆的生物种属相对比较单一。因此，在过渡（混积）型储层分类评价中需要重视 TOC、游离烃含量、孔隙度、含油气饱和度及微裂缝发育程度等参数评价，具体分级评价标准见表 4-4。

表 4-4　陆相页岩系统过渡型储层分级评价标准

级别	TOC/%	$S_1/$（mg/g）（HC/岩石）	孔隙度/%	含油饱和度/%	微裂缝	黏土矿物含量/%
I	>2	>6	>10	>70	发育	<20
II	1~2	4~6	6~10	50~70	较发育	20~40
III	<1	<4	<6	<50	不发育	>40

3. 致密油型储层

致密油型储层主要是指储集页岩油的储层以致密砂岩和致密碳酸盐岩为主，而与致密储层间互存在的富有机质页岩并不提供产量。除储层的孔隙度和渗透率比一般致密储层更差以外，其他储层特征与致密储层具一致性，油藏开发的能量补充方式、开发对策与产量递减特征等都与致密油藏相当，完全可以照搬致密油开发形成的成功技术和经验。因此，致密油型储层评价重点考虑孔隙度和压力系数，这是其区别于其他两类储层最重要的特征。综合已有的国家评价标准，将致密油型储层评价标准确定为如表 4-5 所示。

表 4-5　陆相页岩系统致密油型储层分级评价标准

级别	分级标准			特征
	孔隙度/%	资源丰度/10^4t/km²	压力系数	资源含义
I	>8	>30	一般>1.3	甜点区，近期可升级、可动用的资源
II	5~8	15~30	1.0~1.3	潜力区，随着技术进步和经济条件改善有望动用的资源
III	<5	<15	<1.0	远景区，品位较差，需要长期探索有效开发技术的远景资源

三、鄂尔多斯盆地长 7 段致密油型储层评价

1. 岩石学特征

从页岩油归类角度讲，鄂尔多斯盆地长 7 段致密储层主要发育在长 7_{1+2} 亚段，其他层段如长 6 段、长 8 段和长 4+5 段等，也发育大量致密储层，但不划归页岩油范畴讨论。长 7_{1+2} 亚段致密砂岩石英含量约 28%，长石含量相对较高，约 36.6%，黏土矿物类型以

伊/蒙混层、绿泥石、高岭石为主，含量为10%～15%。岩性以长石砂岩、岩屑长石砂岩与长石岩屑砂岩为主，粒度偏细，粒径主体介于0.0625～0.25mm，以细砂、粉砂为主，分选中等，具有成分成熟度与结构成熟度较低特征。发育平行层理、斜层理、小型沙纹层理，可见块状砂岩发育。致密砂岩埋深普遍小于3600m，与储层间互的页岩有机质镜质组反射率介于0.7%～1.1%，处于生油窗范围内。储层整体处于中成岩中期阶段，压实作用强，岩石薄片中可见颗粒以线—凹凸接触为主，黑云母等塑性颗粒呈定向排列，胶结作用发育，方解石、铁方解石等碳酸盐胶结发育，可见石英自生加大，且孔隙内见沥青充填，溶蚀作用发育程度差别大，整体非均质性强。

2. 储集性能特征

鄂尔多斯盆地长7段致密砂岩物性较差，孔隙度主体介于6%～10%，平均值为7.17%，空气渗透率多小于0.3mD，平均值为0.0983mD，发育以粒间孔和晶间孔为主的原生孔隙和次生孔隙。其中，原生粒间孔主要位于石英、钠长石、火山岩岩屑等刚性颗粒之间，发育程度中等，孔隙直径主体介于1～50μm（图4-20a）；晶间孔主要见于黏土矿物晶体之间，以高岭石晶间孔（图4-20i—j）和绿泥石晶间孔（图4-20k）为主，也见伊利石晶间孔（图4-20l），发育程度较高，孔隙直径小于100nm。次生孔隙以溶蚀孔为主，包括粒间溶蚀扩大孔（图4-20b）、长石—岩屑颗粒溶蚀孔（图4-20c、d、e、g、h）、方解石溶蚀孔（图4-20d）、黏土矿物溶蚀孔（图4-20f）等，孔隙直径变化范围较大，从小于100nm到50μm均有分布。

三维CT重构孔隙模型表明，孔隙发育程度与储层物性具有直接联系（图4-21）。气测孔隙度从11.1%到9.1%再到5%，二维灰度切片中孔隙发育程度明显要低（图4-21a_1—a_2、b_1—b_2、c_1—c_2），三维模型中孔隙的发育程度也呈现出降低的特征：孔隙体积从$12.6×10^6μm^3$降至$7.5×10^6μm^3$再减小至$5.2×10^6μm^3$（图4-21a_3—a_4、b_3—b_4、c_3—c_4），对应的等效孔隙直径从100～200μm减小至20～62.5μm再减小至2～5μm（图4-21a_5、b_5、c_5）。高压压汞实验结果显示，长7_{1+2}亚段致密砂岩整体表现为孔喉直径小、非均质性强、连通性差的特征，排驱压力介于0.6～6MPa，平均值为1.68MPa；最大孔喉直径介于0.24～2.34μm，平均值为1.3μm；中值压力介于2.58～40.54MPa，平均值为11.22MPa；中值孔喉直径介于0.036～0.58μm，平均值为0.26μm；孔隙直径均值介于21.8～33.26μm，平均值为25.56μm；主流喉道直径介于0.0136～0.92μm，平均值为0.52μm；分选系数介于0.96～2.26，平均值为1.64；歪度介于-0.15～2.08，平均值为0.47；最大进汞饱和度介于73.9%～100%，平均值为91.22%；残余汞饱和度介于63.04%～88.9%，平均值为74.36%；退汞效率介于9%～33.11%，平均值为18.2%，表明孔喉系统的连通性较差。长7段致密砂岩的孔隙直径分布与物性具有良好的相关性。

总体来看，长7段致密砂岩孔喉系统直径主体小于1μm，占比超过95%，其中优势孔喉直径为0.2～0.3μm，占储集空间比例为30%，直径小于100nm的孔喉系统占储集空间比例达到35%以上（图4-22）。

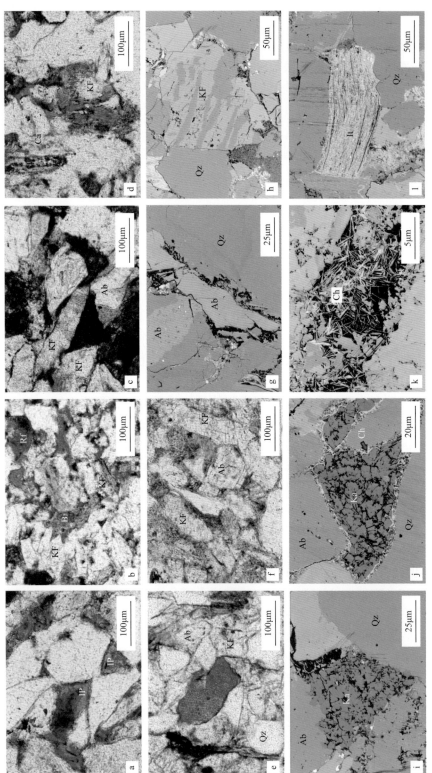

图4-20　鄂尔多斯盆地长7段致密砂岩孔隙类型

IP—原生孔隙，KF—钾长石，Qz—石英，Ab—钠长石，Rf—岩屑，Ca—方解石，Bi—黑云母，Ka—高岭石，Ch—绿泥石，It—伊利石；

a.J11井，1880m，原生粒间孔；b.A17井，1996m，原生粒间孔；c.H29井，2018.60m，长石溶蚀扩大孔发育；d.A17井，2018.2m，长石溶蚀，见方解石溶蚀孔发育；e.A18井，1998.6m，铸模孔，见溶蚀扩大孔与岩屑溶蚀孔；f.A17井，1998m，粒间溶蚀扩大孔与黏土矿物粒内溶蚀孔；g.H29井，2018.6m，长石溶蚀扩大孔与岩屑溶蚀孔；h.H29井，2018.6m，钠长石颗粒溶孔；i.j.A17井，1998m，高岭石晶间孔；k.A18井，1998.6m，绿泥石晶间孔；l.A17井，1996m，伊利石晶内溶孔，见裂缝发育

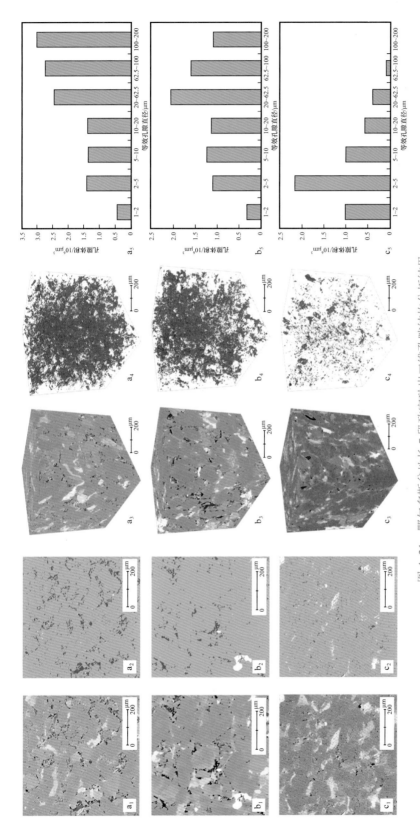

图 4-21 鄂尔多斯盆地长 7 段致密砂岩三维孔隙结构分析结果

1 号系列为 CT 扫描获取的二维平面切片图像，其中黑色部分代表孔隙；2 号系列为二维平面相定义的图像，红色部分为孔隙；3 号系列为三维立体模型，黑色部分为孔隙；4 号系列为三维孔隙立体模型，红色部分代表孔隙；5 号系列为等效孔隙直径分布直方图，本次扫描分辨率为 1μm/像素点，故等效孔隙直径最小值为 1μm；a_1~a_5，样品 H29-16，安 148 井，2376m，孔隙度 =11.1%，渗透率 =0.344mD；b_1~b_5，样品 H29-01，安 148 井，2289m，孔隙度 =9.1%，渗透率 =0.093mD；c_1~c_5，样品 H22-11，安 148-11 井，2380m，孔隙度 =5%，渗透率 =0.02mD

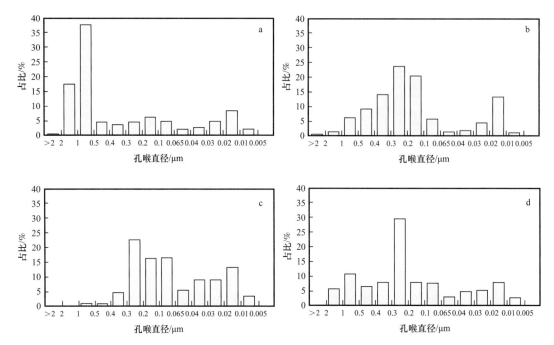

图 4-22 鄂尔多斯盆地新安边地区长 7 段致密砂岩高压压汞孔喉直径分布直方图

a. 样品编号 A26-16，孔隙度 =10.57%，孔喉直径相对较大；b. 样品编号 A26-14，孔隙度 =8.95%，孔喉直径分布相对均匀；c. 样品编号 A23-14，孔隙度 =5.51%，小孔喉占储集空间的主体；d.12 块长 7 段致密砂岩高压压汞样品平均孔喉特征

3. 可动流体特征

密闭取心样品含油饱和度分析表明，长 7 段致密砂岩含油饱和度相对较高，介于 60%～90%，平均值大于 75%。致密砂岩含油饱和度差异极有可能与源储组合类型有关，致密储层物性差，油气运移阻力大，浮力作用受限，因此源储压差和烃浓度差成为油气运聚主要动力。长 7 段致密砂岩为源储一体，油气几近同层运聚，运聚效率比较高，因此含油饱和度也很高。通过对不同地区致密砂岩可动流体进行研究，长 7 段致密砂岩可动流体饱和度在 50% 左右，主要集中在孔喉直径小于 1μm 的储集空间中，大于 1μm 的储集空间中可动流体比例约占 10%（图 4-23）。

4. 储层分布

受频繁构造事件影响，鄂尔多斯盆地长 7 段沉积后期在半深湖—深湖区发生多期次砂质碎屑流与浊流沉积，形成了长 7 段独特的富有机质泥页岩与粉—细砂岩间互的沉积组合，纵向上形成粉—细砂岩与黑色页岩互层组合，平面上多期砂体叠合连片，分布范围较大。钻井揭示，粉—细砂岩普遍含油，构成了长 7 段源内主要的含油富集"甜点段"。

鄂尔多斯盆地近期发现的庆城大油田即是在长 7$_{1+2}$ 亚段砂质碎屑流沉积段发现的大油田。单砂体厚度 2～5m，多期叠合连片发育，叠置砂体厚 10～30m。其中长 7$_2$ 亚段累计砂体厚度 5～15m，长 7$_1$ 亚段累计砂体厚度 10～20m，是厚层泥页岩层系中的有利含油

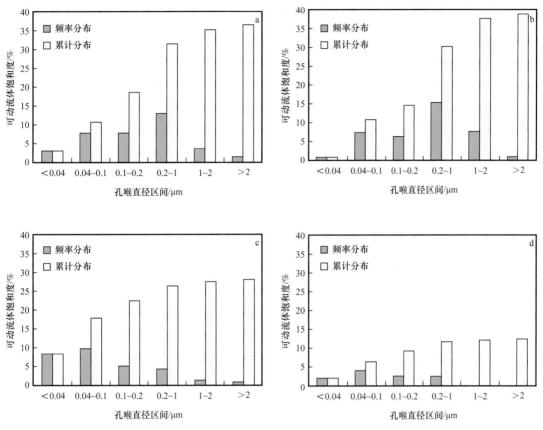

图 4-23　鄂尔多斯盆地新安边地区长 7 段致密砂岩孔喉直径与可动流体分布直方图

a. 样品编号 A263-04，孔隙度 =11.46%，0.2～1μm 的孔喉系统决定了可动流体的分布；b. 样品编号 A263-02，孔隙度 =10.23%，0.2～1μm 的孔喉系统决定了可动流体的分布；c. 样品编号 A236-01，孔隙度 =9.79%，0.04～0.1μm 的孔喉系统决定了可动流体的分布；d. 样品编号 A244-01，孔隙度 =5.23%，0.04～0.1μm 的孔喉系统决定了可动流体的分布

"甜点段"。两套储层空间分布具有较好连续性。其中，Ⅰ类储层主要呈点状或小型面状分布，Ⅱ类储层分布范围更大，主要表现为沿水下分流河道分布，在湖盆中心以砂质碎屑流沉积为主，总体看，Ⅰ + Ⅱ类储层在伊陕斜坡区纵向上叠置，平面上呈大面积展布，总面积达 6000km²，孔隙度为 5%～8%（图 4-24、图 4-25）。但油层厚度薄且多层分布，改造难度较大，油层动用率相对较低。

四、准噶尔盆地芦草沟组过渡型储层评价

如前述，准噶尔盆地吉木萨尔凹陷芦草沟组沉积期，环境主体为咸化半深湖，受内源与陆源供给双重影响，形成了以碳酸盐质泥岩、硅质泥岩、碳酸盐岩、碳酸盐质砂岩和硅质砂岩等混积岩储集体（表 4-6），垂向上可以分成六段，各段均有高 TOC 泥页岩，为页岩层系石油聚集提供了有利的油源条件。

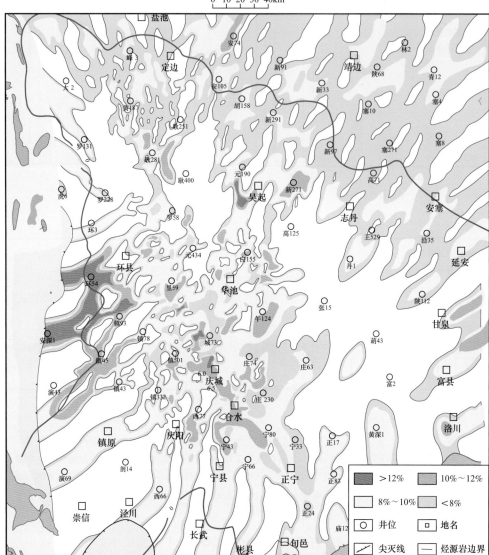

图 4-24　鄂尔多斯盆地长 7_1 亚段致密油型储层孔隙度平面分布图

表 4-6　准噶尔盆地二叠系页岩层系储集体类型统计表

岩石类型	有机质丰度 /%	占地层厚度比 /%
碳酸盐质泥岩	6.2	28
硅质泥岩	3.2	17
碳酸盐岩	2.3	20
碳酸盐质砂岩	1.1	15
硅质砂岩	0.7	20

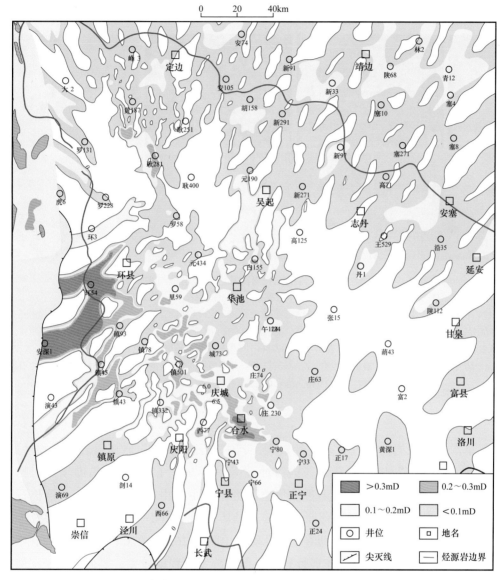

图 4-25 鄂尔多斯盆地长 7_2 亚段致密油型储层渗透率平面分布图

1.岩石学特征

吉木萨尔凹陷芦草沟组混积岩岩性复杂、矿物组成变化大。岩性包括碳酸盐岩、碎屑岩及火山碎屑岩等，储层以云质粉细砂岩、云屑砂岩、砂屑云岩及微晶—晶云岩为主，黏土矿物含量低。根据 139 块 XRD 资料统计，芦草沟组混积岩石英含量为20.9%，钾长石含量为 3.6%，斜长石含量为 21.8%，方解石含量为 11.9%，白云石含量为 24.5%，铁白云石含量为 1.7%，黄铁矿含量为 0.9%，黏土矿物含量为 13.3%，其他组分含量为 1.4%。岩心与薄片资料显示，混积岩粒度细，粒径小于 0.25mm，主体粒径介于 0.0625～0.125mm，岩心中可见纹层结构发育（图 4-26a），薄片中见残留沥青

（图 4-26b）与微晶白云石颗粒（图 4-26c）。

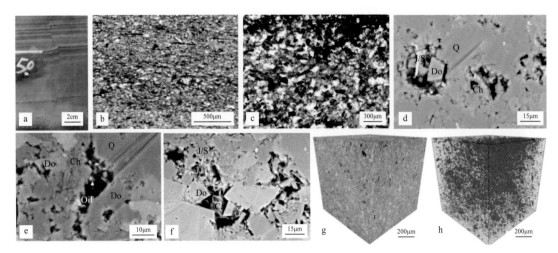

图 4-26　准噶尔盆地芦草沟组混积岩薄片、扫描电镜与纳米 CT 孔隙模型

Q—石英，Do—白云石，I/S—伊／蒙混层，Ch—绿泥石，Ca—方解石，Oil—石油；

a. 吉 174 井，3230m，岩心照片，见纹层结构与小型断层发育；b. 吉 174 井，3230m，光学显微镜照片，微裂缝发育；
c. 吉 174 井，3235m，光学显微镜照片，蓝色铸体，见粒间孔发育；d. 吉 174 井，3235m，场发射扫描电镜照片，粒间
溶蚀孔发育，见绿泥石与白云石充填；e. 吉 174 井，3235m，场发射扫描电镜照片，见石油赋存于孔隙中；f. 吉 174 井，
3235m，场发射扫描电镜照片，粒间孔发育，见白云石与伊／蒙混层；g. 吉 174 井，3230m，纳米 CT 三维岩石模型，
混积岩；h. 吉 174 井，3230m，纳米 CT 三维孔隙模型，红色为孔隙，裂缝不发育

2. 储集性能特征

芦草沟组混积岩孔隙发育差异性较大，其中白云质砂岩与砂屑云岩储层物性最好，孔隙发育程度最高，以粒间孔及粒内溶蚀孔（图 4-26c—f）为主。借助场发射扫描电镜观察，芦草沟组混积岩发育多种储集空间类型，主体由石英、白云石、钠长石等骨架颗粒构成孔隙格架，内部发育原生白云石晶体（图 4-26d—e）、伊／蒙混层及绿泥石（图 4-26f），并发育石油或残余沥青充填孔隙中（图 4-26e）。在 CT 重构的三维孔喉系统中，致密混积岩微小孔隙整体连通性较好，但裂缝发育程度较差，要低于致密碳酸盐岩（图 4-26h）。

芦草沟组混积岩储层物性变化大，孔隙度主体介于 4%～14%，平均值为 8.36%（图 4-27a），空气渗透率主体介于 0.01～10mD，平均为 2.59mD（图 4-27b）。孔隙度与空气渗透率的相关性差，一方面与致密混积岩岩性复杂，分析时未按照单一岩性进行分类有关，另一方面也反映了致密混积岩孔隙结构相对复杂（图 4-27c）。从孔径分布看，致密混积岩孔喉直径介于致密砂岩与致密碳酸盐岩之间。在高压压汞曲线上，显示连通的孔喉占比相对较高，直径小于 1μm 的连通孔喉占储集空间的比例达到 89%，直径小于 100nm 的连通孔喉占储集空间的比例超过 35%（图 4-27d）。

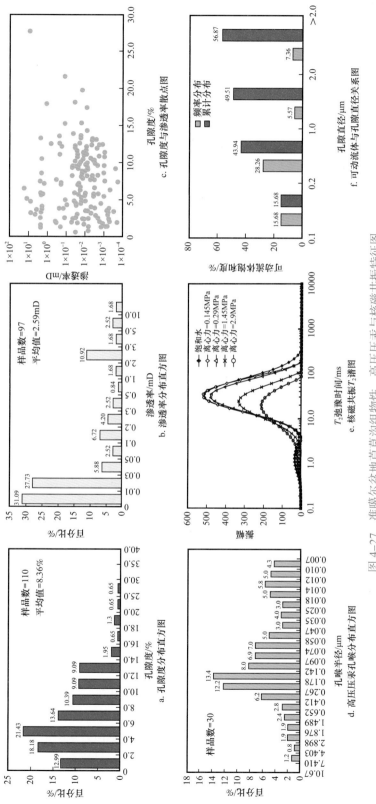

图4-27 准噶尔盆地芦草沟组物性、高压压汞与核磁共振特征图

3.可动流体特征

根据密闭取心岩心样品含油饱和度测定结果,芦草沟组混积岩储层含油饱和度较高,主体介于80%~95%,平均为90%。需要注意的是,芦草沟组原油密度较大(0.89~0.91g/cm³)、黏度较高(50℃条件下45.65~434.92mPa·s),这在一定程度上限制了流体的可流动性,也许是含油饱和度偏高的一个重要原因,所以对芦草沟组来说,高含油饱和度不一定代表可动烃比例一定就高。

通过核磁共振与离心实验,芦草沟组混积岩储层可动流体饱和度横向变化很大,总体可动流体饱和度介于20%~56%之间,主要分布在直径为0.2~1μm的孔喉中,占比达28.26%,直径大于1μm的孔喉中可动流体占比约13%(图4-27e、f)。需要注意的是,芦草沟组储层有相当一部分可动流体饱和度小于30%。

4.储层分布

芦草沟组不同类型储层的含油性差异很大。其中,Ⅰ类储层主体以油浸和油斑为主,孔隙度主体大于8%,覆压渗透率大于0.02mD;Ⅱ类储层主要为油斑和油迹,孔隙度介于5%~8%,覆压渗透率介于0.004~0.1mD;Ⅲ类储层孔隙度主体小于5%,主要为油迹或不含油(图4-28)。

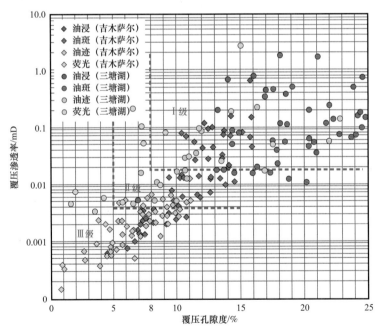

图4-28 芦草沟组储层分级评价标准与含油性关系散点图

在上"甜点段",Ⅰ类储层主体分布在吉32-H、吉175、吉37等井区,面积达113.3km²;Ⅱ类储层主要分布在外围,包括吉173、吉172、吉30等井区,面积达186.9km²;Ⅲ类储层分布面积较小,主要分布在凹陷的中南部和西部,面积约42.7km²(图4-29)。

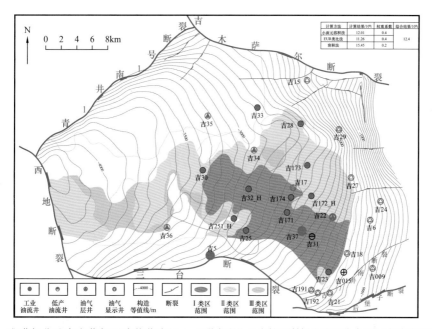

图 4-29 准噶尔盆地吉木萨尔凹陷芦草沟组上"甜点段"不同级别储层平面分布图（据郭旭光，2019）

在下"甜点段"，不同类型储层展布与上"甜点段"具有相似性，但展布方向略有不同。总体看，有利储层分布范围更大。其中，Ⅰ类储层呈北东—南西方向，主要分布在吉 32-H、吉 175、吉 251-H 等井区，面积为 110.8km²；Ⅱ类储层主要分布在外围区，包括吉 36、吉 28 等井区，面积为 369.3km²；Ⅲ类储层面积较小，主要分布在凹陷北部，面积约 193.6km²（图 4-30）。

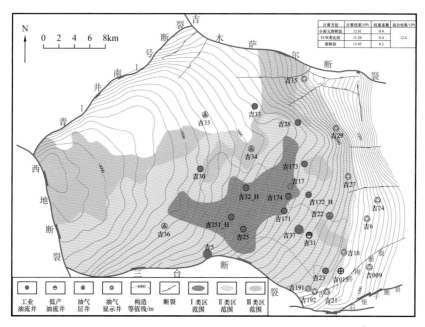

图 4-30 准噶尔盆地吉木萨尔凹陷芦草沟组下"甜点段"不同级别储层平面分布图（据郭旭光，2019）

CHAPTER 5

第五章

陆相中高熟页岩油富集条件与分布特征

本章讨论的陆相页岩油富集条件与分布特征主要是指中高熟页岩油的富集与分布。中低熟页岩油的富集分布主要与控制有机质超量富集的沉积环境以及在特定环境中堆积的有机母质优势组分在中低成熟度下被催化的条件（如放射性物质对干酪根解聚和驱使氢物质从干酪根结构中析出）和向烃物质转化的能力有关。陆相页岩油富集受多重因素影响，首先有机质丰度高低是页岩油富集的物质基础，这是控制滞留烃数量的关键要素；其次是热成熟度，这是控制页岩油品质与可流动性的重要因素；最后是源储结构，即滞留烃赋存环境的岩石学特征与岩性组合，显然连续沉积厚度较大的纯页岩层与源储频繁间互组合相比，在相同热成熟度条件下，后者烃源岩的排烃效率会远大于前者。众所周知，页岩油主要是已形成油气在烃源岩内部的留滞，所以页岩连续厚度大留滞的石油烃数量就会多，而源储频繁间互组合则会使烃源岩向紧邻的储层中排出更多的烃流体，从而使烃源岩内部滞留烃数量变少，且烃重组分数量变多。此外，页岩储层厚度、物性条件、微裂缝发育程度、脆性矿物含量与保存条件等都对页岩油富集、分布与经济性有重要控制作用。所以页岩油富集区/段形成是诸多地质要素在三维空间匹配组合的结果。本章从中国陆相页岩油几个典型探区的实际情况出发，围绕中高熟页岩油富集条件与分布特征进行总结，以期对未来勘探发展有所启发。

第一节　陆相页岩油富集条件

中国陆上广泛发育和分布多层系陆相页岩油，大范围、多类型湖盆烃源岩和源内多类型储层紧密接触，为页岩油规模聚集创造了有利条件。

一、陆相页岩油主要地质特征

中国陆相页岩油分布时代整体较新，从二叠纪至古近纪—新近纪都有分布，地质时代跨度大，分布面积较广，单个页岩油分布面积从几十平方千米到几万平方千米不等（表5-1）。从已有勘探揭示情况看，富有机质黑色页岩主要形成于二叠纪、三叠纪、侏罗纪、白垩纪、新近纪和古近纪的陆相坳陷盆地与裂谷盆地中，总体上从西部到东部，页岩油赋存层位具有由老向新的变化规律（赵贤正等，2019；张林晔等，2014）。陆相富有机质黑色页岩为中国陆上松辽、渤海湾、鄂尔多斯、准噶尔等大型产油区已知常规和非常规油气聚集的主力烃源岩（表5-1和图5-1），自然也是中高熟页岩油富集分布的主要层段。

表5-1　中国主要含油气盆地陆相富有机质页岩特征参数表

盆地	层系	TOC/%	干酪根类型	R_o/%	厚度/m	有利面积/km²
鄂尔多斯	长7段	3.0~25.0	I—II₁	0.7~1.2	5~60	43000
松辽	白垩系青山口组	1.1~4.2	I—II	0.5~1.7	200~600	15000
	白垩系嫩江组	1.5~15.0	I—II	0.4~0.7	5~20	10000
准噶尔	二叠系芦草沟组	2.0~14.0	II	0.5~1.0	100~240	1200
	二叠系平地泉组	2.0~11.0	II	0.5~1.0	20~200	650
	二叠系风城组	1.0~6.0	I—II	0.9~1.3	30~300	2000
四川	侏罗系大安寨段	1.0~3.0	II为主	0.9~1.7	20~80	10000
三塘湖	二叠系芦草沟组	1.0~6.0	I—II	0.7~1.3	20~300	600
柴达木	古近系下干柴沟组	0.4~2.6	I—II₁	0.4~1.3	100~600	5200
渤海湾	古近系沙河街组	1.2~16.0	I为主	0.5~1.1	20~120	15000
	古近系孔店组	1.0~8.0	I为主	0.6~1.2	10~150	1000

总体看，相较于北美海相页岩油而言，中国陆相富有机质页岩具有地层时代较新、受构造影响较大、非均质性更强、相变更频繁、岩性更复杂、黏土矿物含量更高与"甜点"分布区相对偏小、母质类型与有机质丰度变化大、热演化程度相对偏低、液态烃黏度较高以及气油比偏低等特殊性，这些特征都会直接影响陆相页岩油的经济可采性与未来发展规模（图5-2）。

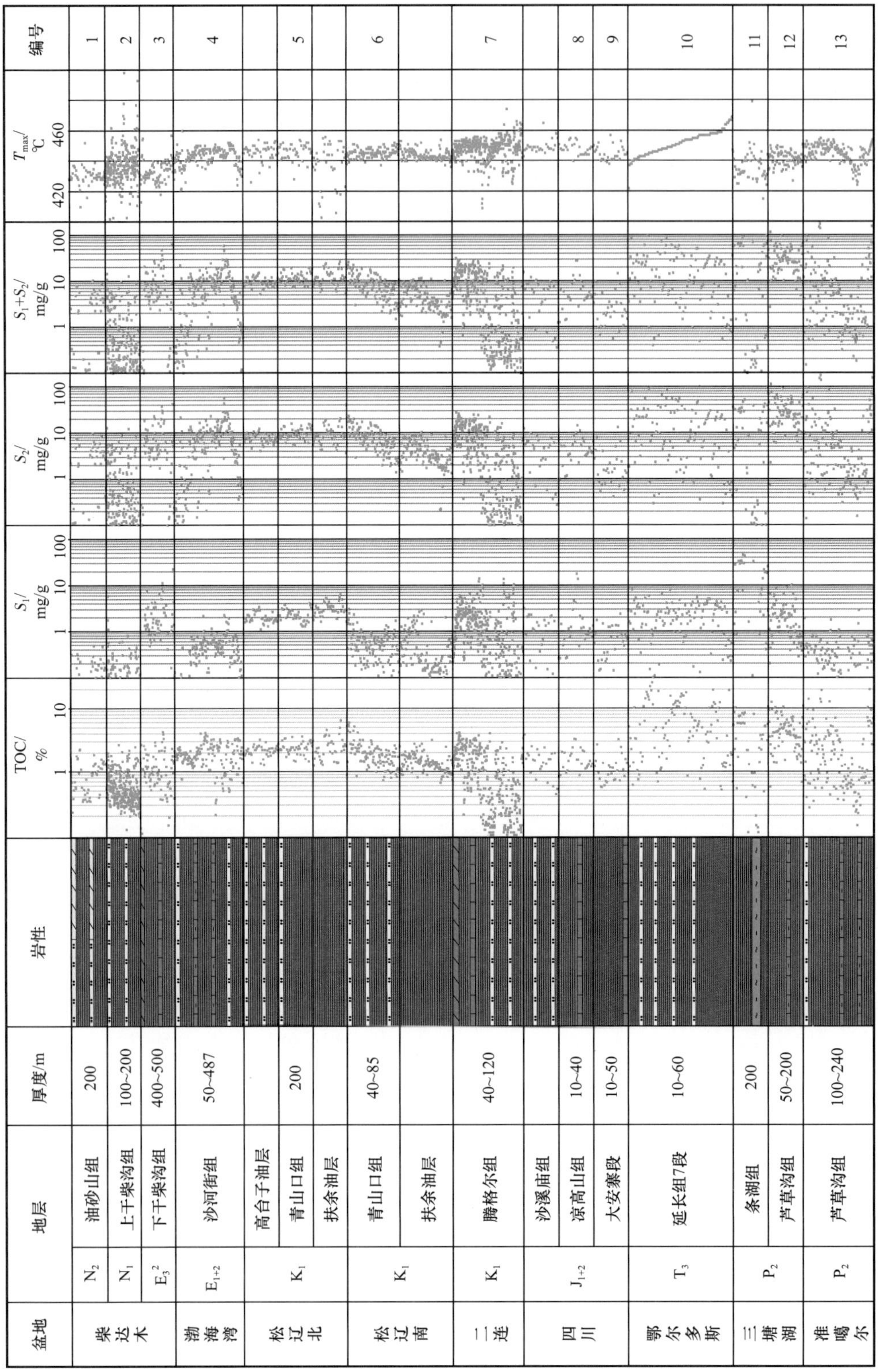
盆地
地层
厚度/m
岩性
TOC/%
S_1/mg/g
S_2/mg/g
S_1+S_2/mg/g
T_{max}/℃
编号
柴达木
N_2 油砂山组 200 1
N_1 上干柴沟组 100~200 2
E_3^2 下干柴沟组 400~500 3
渤海湾
E_{1+2} 沙河街组 50~487 4
松辽北
K_1 高台子油层
青山口组 200 5
扶余油层
松辽南
K_1 青山口组 40~85 6
扶余油层
二连
K_1 腾格尔组 40~120 7
四川
J_{1+2} 沙溪庙组
凉高山组 10~40 8
大安寨段 10~50 9
鄂尔多斯
T_3 延长组7段 10~60 10
三塘湖
P_2 条湖组 200 11
芦草沟组 50~200 12
准噶尔
P_2 芦草沟组 100~240 13
1
10
100
420
460

图 5-1 中国陆上主要盆地陆相页岩层系地球化学综合柱状图

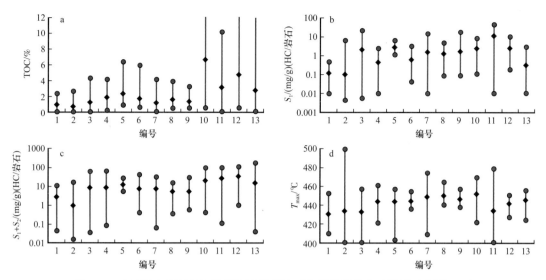

图 5-2　中国陆上主要盆地陆相页岩层系地球化学参数分布（编号对应图 5-1）

二、陆相页岩油富集条件

1. 广泛发育的多类型富有机质页岩是页岩油富集的物质基础

富有机质页岩是页岩油得以形成的物质基础。中国陆上主要含油气盆地主要发育克拉通坳陷盆地、裂谷盆地与拉分盆地等。在发展历史上具有多期演化特点，发育多套富有机质烃源岩，其中部分优质烃源岩层段是页岩油有利富集层位。古生代末期以前，中国大陆主要为海水覆盖，沉积海相地层。自二叠纪以来，受大型坳陷与裂谷盆地控制，发育数个汇水有深度、水体又有规模的湖盆，形成了淡水、咸水、微咸水等三大类沉积组合，为陆相多套富有机质页岩形成提供了有利条件（表 5-2）。

陆相烃源岩类型多样，有机质丰度差异较大，热演化历史和母质类型也有较大不同，致使生烃门限和生烃总量有较大变化。在烃源岩分级评价时，很难用统一的地球化学参数去标定不同沉积环境下烃源岩的品质分级，应根据实际情况选择不同的评价标准。比如，柴达木盆地古近系咸化环境形成的烃源岩，虽然有机质丰度和成熟度均较低，但因母质类型好、生烃时间早、转化效率高的特点，可以弥补有机质丰度偏低的不足，也能形成有规模的页岩油资源（张斌等，2017）。

2. 源内分布的多类型储层是页岩油富集的重要条件

如前述，页岩油主要是已形成的石油烃在烃源岩内部的留滞，所以烃源岩内部储层的识别与评价就显得十分重要，也是页岩油勘探兴起后，储层地质学研究的延伸和发展的重要方向。越来越多的实验室微观观察与测试资料揭示，呈连续分布且有规模的微纳米级储集空间是页岩油得以规模聚集的重要条件。陆相页岩富集段广泛发育细粒碎屑岩、碳酸盐岩与泥页岩等多类型岩石组合，这些岩性都含有大量微纳米级孔隙空间，可以成为页岩油富集分布的储集体。根据页岩储层主要岩性类型，可将中国陆相页岩储层划分为三类，即碎屑岩型、混积型、纯页岩型。碎屑岩型储层以鄂尔多斯盆地上三叠统长 7_{1+2} 亚段、松辽盆地上白垩统青山口组一段和二段下部所夹碎屑岩致密储层为代表，陆源碎屑供给较为充足，主要为三角洲—湖泊重力流相碎屑岩，具有砂泥互层、砂少泥多的特点。混积型储层以准噶尔盆地二叠系芦草沟组为代表，此外，渤海湾盆地孔店组和沙河街组四段与柴达木盆地古近系下干柴沟组等也发育混积型储层。该类储层沉积阶段，陆源碎屑供给相对不足，而内源沉积作用占主导，所以碳酸盐沉积占比较高，同时随着季节和气候变化，还会间歇有碎屑的注入，形成碳酸盐岩与薄层碎屑岩间互发育，两种岩类都较致密且富含有机质，具页理发育、脆性较高与源储一体的特点。纯页岩型储层以松辽盆地上白垩统青山口组、嫩江组和鄂尔多斯盆地长 7_3 亚段为代表，主要发育于深湖—半深湖相区，具有黏土矿物含量高、脆性矿物含量较低，能否成为页岩油有效储层主要取决于成岩演化阶段的特点。其中，黏土矿物成岩演化达至中成岩后期阶段以上，大部分蒙皂石消失，并转化为伊利石的页岩段，因脆性变好，可压裂性提高，可以成为页岩油富集的储层。而成岩阶段偏低的纯页岩段，因黏土矿物含量高，岩石塑性高，加之蒙皂石吸附性较强，不能作为中高熟页岩油"甜点段"目的层选择目标，如果是有机质超量富集段，可以作为中低熟页岩油原位转化目标层。

表 5-2　中国中—新生代陆相湖盆烃源岩形成环境及参数表

盐度	咸水—半咸水	微咸水		淡水—微咸水
盆地	准噶尔	松辽		鄂尔多斯
层位	二叠系芦草沟组	松辽北部青山口组	松辽南部青山口组	三叠系延长组
沉积相	咸化湖泊	浅湖—深湖	半深湖	半深湖—深湖
TOC/%	2~14	1.1~4.2	1.1~2.5	3~25
S_1/（mg/g）	0.01~3	0.1~10	0.04~3	2~12
S_2/（mg/g）	0.06~110	5.8~37.6	0.7~14	0.3~46.1
R_o/%	0.5~1.0	0.5~1.7	0.4~1.0	0.7~1.2
有机质类型	Ⅱ	Ⅰ／Ⅱ	Ⅰ／Ⅱ	Ⅰ／Ⅱ$_1$
厚度/m	100~240	200~600	60~300	5~60
有利面积/km²	870	15000	2200	30000
环境	缺氧底水环境	缺氧水体	缺氧水体	缺氧水体
古气候	炎热—温暖气候	温暖潮湿	温暖潮湿	温暖
火山灰	整个凹陷均有分布	局部发育		常见

陆相页岩层系一般纹理发育，页理纹层厚度一般为微米—毫米级，横向连续或断续分布。湖盆沉积期气候和沉积环境变化会影响水体温度、盐度、陆源碎屑注入量与内碎屑沉积分布等。物源供给沉积物速率与强度又会影响沉积物成分、粒度、有机质含量等变化，这些都是页理和纹层发育的重要条件。纹层一般具有二元或三元结构，二元结构为粉砂与黏土 / 有机质或碳酸盐与黏土 / 有机质呈高频变化；三元结构为粉砂、黏土 / 有机质和碳酸盐呈高频互层。页岩中的单个孔隙都很小，几纳米到几十纳米不等，但总孔隙度比较大。

页岩储层评价是我国陆相页岩油经济性与可利用性评价的关键因素。页岩油气革命的发生和发展，将推动页岩从传统的"生—盖"系统变为"生—储—盖"完整的系统，其中页岩作为储层的新定位是这一变革的关键。与传统的砂岩、碳酸盐岩储层相比，页岩储层具有有机质含量高、黏土矿物含量高、孔隙微小、孔喉结构复杂、渗流能力差与非均质性强等特点，目前如何客观评价页岩储层的储集性能仍处于探索总结阶段。可以从储层评价的关键参数入手，加强孔隙度、含油量、游离可动烃量占比、有效厚度等关键参数测量方法与标准的研究，以便建立陆相页岩储层地质评价方法和标准，为陆相页岩储层客观评价提供科学工具。

三、重点探区陆相页岩油富集条件

近年来，中国陆相页岩油勘探在鄂尔多斯、松辽、准噶尔和渤海湾等盆地相继获得了重要突破，证实陆相多套优质烃源岩内滞留了大量石油烃，具有较丰富的资源潜力和良好的勘探前景。以鄂尔多斯盆地庆城、松辽盆地古龙凹陷、准噶尔盆地吉木萨尔凹陷和渤海湾盆地沧东凹陷等重点探区为重点，发现优质烃源岩发育、有利储层分布、热成熟度与烃类流体的流动性以及页岩油富集段的顶底板封闭性等是控制页岩油富集与经济可采性的主要因素。

1. 致密油型页岩油富集条件

现以鄂尔多斯盆地庆城页岩油为例，分析致密油型页岩油富集条件。晚三叠世早期，受华北陆块与扬子陆块拼合作用的控制，鄂尔多斯盆地西南部形成了大型内陆湖盆。长 7 段沉积期是湖盆鼎盛发育期，湖盆面积 80% 以上为半深湖—深湖环境，页岩层系分布面积超过 $6.5 \times 10^4 km^2$，厚层页岩主要分布在湖盆中心区（图 5-3），初步预测长 7 段页岩层系石油资源量超过 $70 \times 10^8 t$（付锁堂等，2020）。目前中国石油已建成陇东三个试验区，实现了页岩油商业开发，展现了良好的上产能力。2020 年产油近百万吨（付锁堂等，2021）。近期刚刚发现的庆城大油田，主要层位是长 7_{1+2} 亚段粉细砂岩，是在深湖区由砂质碎屑流形成的致密砂岩，属于本书所称的致密油型页岩油。深入剖析庆城源内油田富集条件，发现主要富集因素包括优质烃源岩、砂质储层段、优质烃源岩高强度排烃与充注等（付锁堂等，2020）。

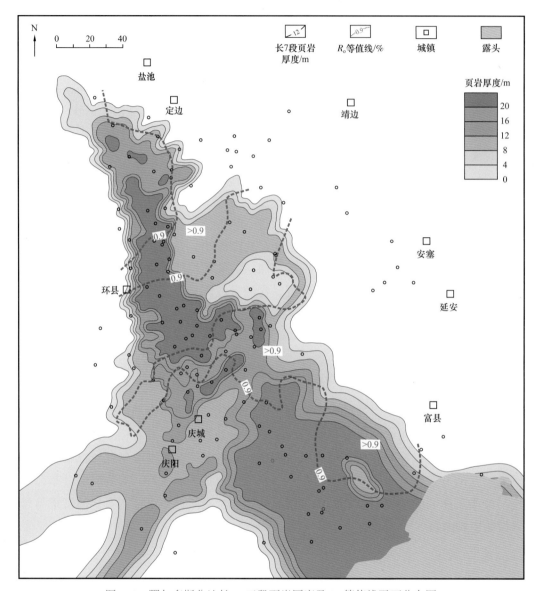

图 5-3　鄂尔多斯盆地长 7_3 亚段页岩厚度及 R_o 等值线平面分布图

（1）湖相优质烃源岩是页岩油形成的物质基础。长 7 段湖相优质烃源岩厚度大、分布广，其中黑色页岩生烃潜力大。页岩厚度主要分布在 5～25m 之间，平均厚度为 16m，最大厚度可达 60m，分布面积为 $4.3×10^4km^2$。黑色页岩具异常高自然伽马和电阻率、异常低岩石密度和低电阻等测井响应特征，有机质纹层发育，有机质类型主要为 II_1 型和 I 型；TOC 为 6.0%～16.0%，最高为 32%，平均为 13.8%；游离烃（S_1）含量为 2.0～12.0mg/g（HC/岩石），平均为 4.2mg/g（HC/岩石）。R_o 为 0.7%～1.2%，平均 T_{max} 达 447℃，已达热演化成熟阶段。厚层黑色页岩和较高 R_o 对页岩油富集区分布具有明显控制作用。

（2）富有机质页岩夹持的细粒碎屑岩为页岩油主要富集段。长 7 段沉积期为大型淡水汇水盆地，陇东一带为主要受南西向物源体系控制的辫状河三角洲—重力流—湖泊沉积体系。庆城油田所在区域为重力流沉积分布区，单砂体厚度为 2～5m，叠置砂体厚度为 10～15m，多期砂体叠合连片分布，范围较大，砂岩储集体主要分布在中上部的长 7_2 亚段和长 7_1 亚段。其中，长 7_2 亚段累计砂体厚度为 5～15m，长 7_1 亚段累计砂体厚度为 10～20m，这为大油田形成提供了有利储集条件。

（3）微纳米孔喉系统使储层既致密又具较好储集性能。庆城油田长 7_2 亚段和长 7_1 亚段储集体主要为灰色、灰褐色岩屑长石细砂岩和长石岩屑细砂岩，石英、长石和岩屑的平均含量分别为 40%、20% 和 20%；储层孔隙类型以长石溶孔、粒间孔为主，另见少量粒间溶孔、岩屑溶孔和微裂隙。长 7_2 亚段和长 7_1 亚段储层的面孔率分别为 1.17% 和 1.08%，平均孔径分别为 24.52μm 和 19.39μm。

（4）源内烃流体高强度充注形成高含油饱和度油藏。庆城油田长 7 段页岩油具源储共生特征，优质烃源岩与储集体具良好配置关系。生烃增压、黏土矿物脱水作用产生的异常剩余压力大于 12MPa，且主体区压力大于 24MPa，由于油气高强度生烃产生的烃浓度差与生烃增压在源储之间产生的压力差，使得石油烃在源储之间发生的短距离运移不论在规模和数量上都是巨大的，这弥补了长 7_{1+2} 亚段储层因孔喉细微和复杂而成藏难度大的不足，也形成了大面积连续分布油藏。

2. 纯正型页岩油富集条件

以松辽盆地古龙页岩油为例，松辽盆地青山口组沉积期为一大型开阔湖盆，期间还曾发生过短暂海侵，致使青山口组湖相页岩沉积总体为淡水、局部时段为微咸化湖泊沉积物。其中半深湖—深湖相黑色页岩覆盖面积大于 $4.5×10^4km^2$，青山口组一段和二段面积分别为 $4.2×10^4km^2$ 和 $2.8×10^4km^2$，厚层页岩主要分布在齐家—古龙、三肇和长岭等主体凹陷（图 5-4），初步估算青山口组页岩油远景地质资源量在百亿吨以上。目前中国石油在古龙等凹陷青山口组一段和二段下部页岩油勘探中已取得重要突破，有多口水平井获得较高产油气流，其中位于古龙凹陷深部位的古页油平 1 井以青山口组一段下部纯页岩为"甜点"靶层，经钻探试油获得日产油 30.5t、日产气 $1.3032×10^4m^3$ 的高产油气流，标志着纯正型页岩油勘探获得重要突破（孙龙德等，2021）。古龙页岩油属于已形成油气在烃源岩内部的原位滞留，轻、中和重烃组分与沥青质等更大分子的半固相有机质混合在一起，分布具强非均质性，且烃物质赋存环境黏土矿物含量高，孔隙结构复杂，可动烃数量既与热演化程度和保存条件有关，也与人工建立的流动环境（主要是保持多组分烃物质混相流动的条件）有关。该类型页岩油在世界上尚无成功开发先例，所以剖析古龙页岩油的富集条件，发现有机质丰度、烃源岩成熟度、储集空间、地层超压与顶底板保存条件等对纯正型页岩油富集与经济可采性影响较大。

（1）有规模的厚层富有机质页岩是页岩油富集的物质基础。松辽盆地青山口组沉积期，温暖湿润气候有利于藻类生长和繁盛，高地温梯度、较频发的火山活动和数次海侵事件使湖盆极富营养物质，为湖盆具有较强的原始生物生产力创造了条件。同时，较深水环境和海侵事件引起的湖水分层有利于出现大范围缺氧带，造就了页岩中有机质的超量富集。青山口组一段和二段下部以连续分布的厚层页岩为主，TOC 主要为 2.0%～3.5%，平均值为 2.2%，其中青山口组一段 TOC 主要为 2.0%～4.0%，平均值为 2.7%；有机质类型以 I 型干酪根为主，少部分为 II_1 型，呈层状分布的藻类是有机质主要贡献者，游离烃（S_1）含量随 TOC 增大而增大。

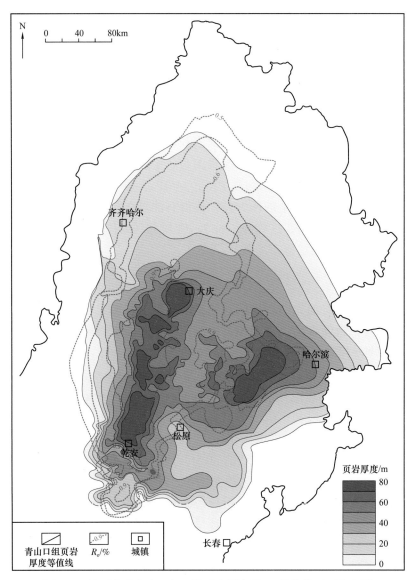

图 5-4　松辽盆地青山口组一段页岩厚度及 R_o 等值线平面分布图

（2）热演化程度是控制页岩油富集和可流动性的关键要素。齐家—古龙凹陷青山口组一段和二段页岩的含油性既与有机质丰度有关也与成熟度关系密切。页岩中游离烃（S_1）含量随热演化程度增大呈增大趋势，总体上 R_o 在 0.6%～1.7% 之间，当 R_o 大于 0.9% 时，可以发现页岩有机质干酪根结构中的氢含量明显减少，同时页岩内部吸附烃和游离烃数量都明显增加，代表着固体有机质向液态烃的转化明显增强。在 R_o 大于 1.0%

之后，S_1 普遍大于 3mg/g（HC/ 岩石），高值区 S_1 可达 10mg/g（HC/ 岩石）以上，一般在 4～15mg/g（HC/ 岩石）之间。随着 R_o 增加，气油比明显增加，最高气油比大于 1200m³/m³，生产气油比在 300～500m³/m³ 之间，原油密度也明显变轻。当 R_o 达到 1.2% 以上时，原油密度小于 0.83g/cm³，油质更轻，有利于页岩油从黏土颗粒和有机质形成的微纳米孔隙中流动。

（3）页理缝和基质孔隙是页岩油富集的重要条件。古龙页岩储集空间类型多样，广泛发育页理缝、粒间孔、黏土矿物晶间孔和有机孔等，这是古龙页岩油赋存的主要储集空间，孔隙直径一般在 1μm 以下，场发射扫描电镜下可见水平缝、黏土矿物晶间孔、粒间孔等均含油，最小含油孔隙为 9nm。从镜下观察看，古龙页岩的微纳米孔隙主要有两类 6 种类型：一类是无机孔缝，包括粒间孔、粒内孔、晶间孔和页理缝、生烃增压缝与少量构造缝等。岩心观察见书页状页理缝，宽度一般在 0.2～1mm 之间。青山口组一段页理最为发育，页理宽度一般小于 0.5mm。平面上古龙地区页理发育程度比其他地区更好。在扫描电镜下，页理缝宽度可达 300nm。另一类是有机孔缝，包括有机质生烃转化产生的有机孔、有机质和无机物接触边缘形成的微裂缝等。页岩的总孔隙度较高，主要分布在 6%～12% 之间，平均为 9.6%；有效孔隙度主要分布在 4%～10% 之间，平均为 6.2%，主要"甜点段"平均孔隙度可达 6.1%。总体看，古龙页岩纳米级孔隙储集空间较大，这是纯页岩储层能有较高生产能力的重要原因。

（4）顶底板保存条件是页岩油富集高产的必要条件。青山口组一段、二段下部页岩油的顶板保存条件很好，是一套厚度近百米的深湖—半深湖相泥页岩。只有部分可以切穿青山口组一段、二段顶部的次级断层，才可以破坏页岩油顶板的封闭性，且离开次级断层一段距离后，保存条件依然可以保持。而底板则变化较大，青山口组一段与下伏直接接触的地层是泉头组四段碎屑岩，这是一套砂多泥少的沉积层系，其中的扶余油层就是青山口组一段烃源岩形成的油气在源储压差驱动下发生向下运移形成的石油聚集。所以，如果青山口组一段烃源岩与下伏泉头组四段砂岩直接接触，而后者又具有一定的孔渗条件，则青山口组一段形成的烃类就会向下运移到扶余致密砂岩中，而且留滞在青山口组一段页岩中的烃物质，不仅数量会减少，而且可动烃组分也减少，这会直接影响青山口组一段页岩油的单井日产量和单井累计采出量，对页岩油开采的经济性有重要影响。显然，顶底板保存条件的优劣，不仅反映在页岩层内部滞留烃的品质与气油比大小，而且也直接影响地层能量，亦即地层压力。那些顶底板封闭性好的区域，往往呈现异常高压。青山口组一段地层压力系数普遍大于 1.2，中心区域压力系数可达 1.5 以上。古龙页岩储层异常高压为生烃增压所致，超压出现的深度与有机质大量生烃的深度基本一致。压力系数与页岩 S_1 含量也具正相关关系，这为石油烃穿过由黏土颗粒和有机质转化形成的微纳米孔隙、形成连续性产量提供了重要动力。

3. 过渡型页岩油富集条件

本单元以渤海湾盆地沧东凹陷页岩油和准噶尔盆地吉木萨尔凹陷页岩油为例，分析过渡型页岩油富集条件。

1）准噶尔盆地吉木萨尔凹陷页岩油

准噶尔盆地东部吉木萨尔凹陷中二叠统芦草沟组形成于残留海封闭以后衍生出的湖泊环境，水体总体是深水与浅水环境交替变换的咸化湖泊环境，发育一套岩性较细的浅湖—深湖相富有机质混积岩，面积为 1278km²，纵向上发育上、下两套厚层页岩，下部厚度普遍大于 100m，上部厚度普遍大于 50m，基本上呈满凹分布（图 5-5）。储层岩性

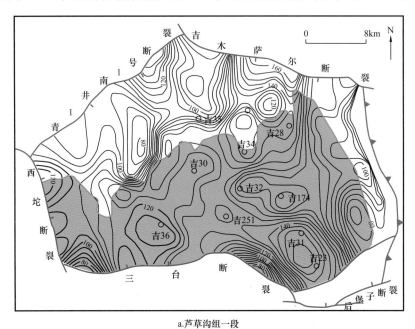

a.芦草沟组一段

b.芦草沟组二段

图 5-5　准噶尔盆地吉木萨尔凹陷烃源岩与页岩油有利区分布（据新疆油田内部资料，2018）

主要由砂质碎屑岩、碳酸盐岩与泥质、灰质和云质碎屑岩组成，在本书分类中归入过渡型页岩油范畴。吉木萨尔凹陷页岩油富集主控因素包括咸化湖盆富有机质烃源岩规模分布，保证有充足页岩油的留滞；混积型多类储层相对高的孔隙度确保相对较高的含油饱和度以及顶底板的封闭性使液态烃有较好的流动性。

（1）咸化湖盆富有机质厚层烃源岩是页岩油富集的物质基础。吉木萨尔凹陷中二叠统芦草沟组形成于持续沉降的咸化湖盆环境，湖水盐度较高，石膏假晶、黄铁矿、古鳕鱼化石等代表咸化湖盆缺氧还原环境的标志物广泛分布，发育厚度很大的浅湖—半深湖沉积。烃源岩包括页岩、白云岩与泥质灰岩类等多种类型，各类岩性 TOC 和生烃潜力均较高，TOC 为 0.2%～19.9%，平均为 4.6%，有机质以Ⅰ型与Ⅱ$_1$型为主，生烃潜力（S_1+S_2）为 0.14～161.50mg/g（HC/岩石），平均为 31.40mg/g（HC/岩石）。其中页岩类（含纯页岩、白云质页岩和灰质页岩）有机质丰度最高，TOC 为 4%～12%，平均为 7%，局部可达 20%，生烃潜力为 20～80mg/g（HC/岩石），平均为 48.20mg/g（HC/岩石），局部高达 60mg/g（HC/岩石）以上，为一套有规模的优质烃源岩，是芦草沟组页岩油得以形成的物质基础。

（2）混积型多类高孔储层为页岩油富集提供储集条件。吉木萨尔凹陷芦草沟组储层成因受控于机械沉积、化学沉积和生物沉积等多种作用。共发育上下两套页岩油"甜点段"，上部主体沉积微相为席状砂和沙坝，下部优势沉积微相为远沙坝、席状砂。储层多为粉细砂岩、页岩和碳酸盐岩层，三者呈厘米级互层状分布。芦草沟组共发育五类岩石，包括碳酸盐质泥岩、硅质泥岩、碳酸盐岩、碳酸盐质砂岩与硅质砂岩。除发育毫米级与微米级孔隙外，还发育大量的纳米级孔隙，储集空间包括原生残余粒间孔、次生粒间溶孔、粒内溶孔、晶间孔和微裂缝等孔隙类型。在物性方面，五种岩性孔隙度介于 2%～22%，主体在 10% 左右，渗透率介于 0.0001～20mD，主体小于 1.0mD。碳酸盐岩、碳酸盐质砂岩与砂岩孔隙度主体小于 20%，但优于泥岩类样品（主体孔隙度小于 10%），云质粉细砂岩储层物性较好，孔隙度为 12%～20%，渗透率整体小于 1mD；孔隙类型方面，碳酸盐岩、碳酸盐质砂岩与砂岩以粒间孔与溶蚀孔为主，而泥岩类以黏土矿物粒内孔为主，有机孔发育程度较低；优势孔喉直径方面，含碳酸盐泥页岩介于 7～100nm，泥页岩介于 7～78nm，含碳酸盐砂岩介于 25～142nm，砂岩介于 178nm～2.9μm，碳酸盐岩介于 18～650nm。因此，总体看，有利储层排序为碳酸盐质砂岩、砂岩、碳酸盐岩、碳酸盐质泥岩与泥岩。

（3）源储一体配置有利于形成高含油饱和度页岩油聚集。如前述，芦草沟组多为白云岩和碎屑岩的混合岩类，是一种典型的源储叠置组合。单层厚度多为厘米级，粉砂岩和白云岩储层既发育储集空间，也含有较丰富的生烃母质，既是储层也是烃源层。其中白云岩 TOC 均值达 3.07%，生烃潜力（S_1+S_2）均值为 15.8mg/g（HC/岩石），属于好烃源岩范畴。这为储层形成高含油饱和度创造了条件，从分析测试看，含油饱和度普遍大于 60%，中值为 73.4%，最高可达 95%。

（4）成熟度偏低、油质偏稠与顶板封闭性缺失区页岩油可动烃量少。吉木萨尔凹陷芦草沟组页岩油总体偏稠，地面原油密度为 0.89～0.91g/cm³，平均为 0.9g/cm³，气油比较低，只有 $13\sim24m^3/m^3$，其中上"甜点段"为 $17\sim24m^3/m^3$，下"甜点段"为 $13\sim14m^3/m^3$。50℃原油黏度上"甜点段"平均为 $53.03mPa\cdot s$，下"甜点段"平均为 $166mPa\cdot s$。吉木萨尔凹陷芦草沟组页岩油层中部埋深在中东部区小于 3800m，向中西部深度加大，超过 4000m，最大可达 4500m 以上。烃源岩热成熟度 R_o 主体为 $0.8\%\sim1.0\%$，只在中西部大于 4000m 范围，预测热成熟度有可能大于 1.0%。总体看，芦草沟组页岩油尽管时代是中国陆相页岩油中最老的，但热成熟度并不算高，这是芦草沟组油质较稠的主要原因之一。其次是顶板的保存条件与白垩纪末抬升造成的地层大量剥蚀。芦草沟组之上覆盖的是梧桐沟组，二者之间为角度不整合。梧桐沟组（时代与上乌尔禾组相当）岩性为一套洪积—冲积相砂砾岩夹泥岩和煤线沉积，横向变化较大。如果梧桐沟组泥岩与芦草沟组接触，且有较大分布范围，则芦草沟组页岩油顶板封闭性就存在，页岩油留滞量，特别是流动性相对好的轻烃组分含量就会相对高一些。如果是砂砾岩与芦草沟组页岩直接接触，则芦草沟组页岩中的可动油就会向上运移到梧桐沟组成藏，自然就减少了芦草沟组页岩中烃的留滞量，特别是可动烃部分就会更少，这会大大影响上"甜点段"的单井累计采出量以及资源的经济可动用性。另外，吉木萨尔凹陷区自白垩纪末期以来一直处于抬升状态，白垩系及以下地层的剥蚀厚度大于 2000m。在这样一个抬升背景下，抬升减压会导致页岩层中滞留的烃类流体发生体积膨胀。如果没有良好的保存条件，就会导致烃物质因扩散而大量散失，特别是流动性较好的那部分轻烃组分，散失的可能性更大。研究发现，芦草沟组上、下"甜点段"之间存在厚度约 80m 的碳质泥岩和钙质泥岩。对于下"甜点"来说，保存条件要好于上"甜点"，但实际上，下"甜点"的原油黏度、相对密度和气油比都比上"甜点"差，这就说明后期抬升剥蚀过程让下"甜点段"散失了较多的可动组分，或者通过扩散运移到了上"甜点段"，致使上"甜点段"尽管保存条件差，但原油物性条件却变好。

总而言之，芦草沟组页岩油在成藏条件上存在几项有利因素，同时在烃源岩热成熟演化、后期保持与保存方面存在先天不足，这是决定该区页岩油经济性与开发规模的重要因素，值得该区在页岩油勘探时予以重视。

2）渤海湾盆地沧东凹陷页岩油

沧东凹陷是渤海湾盆地黄骅坳陷的一个次级凹陷，古近系孔店组二段（以下简称孔二段）沉积期经历了由半干旱到温暖湿润再到干旱炎热的演化过程，形成淡水—半咸水、偏还原的内陆闭塞湖盆，发育一套厚层富有机质页岩，面积达 $1187km^2$，主体厚度大于 50m（图 5-6）。通过连续取心井系统实验分析，明确了高丰度多类型有机质、高长英质含量及高纹层发育程度、中等热演化程度控制页岩油富集。

（1）多类型高丰度有机质是页岩油富集的基础。孔二段沉积时气候属于亚热带潮湿气候，为淡水—半咸水封闭型湖盆，水生生物繁盛，有机质古生产力较高，且构造活动弱，粗碎屑供给少。孔二段页岩主要分布在湖盆中心区，厚度一般在 $50\sim300m$ 之间，TOC 为 $0.13\%\sim12.92\%$，平均为 4.87%，II_1 型和 I 型为主的多类型有机质，R_o 为 $0.5\%\sim1.1\%$，主体在 $0.7\%\sim1.1\%$ 之间，为页岩油规模富集奠定了较雄厚的物质基础。

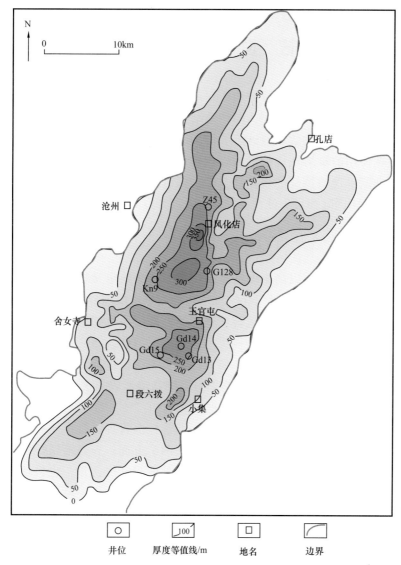

图 5-6　沧东凹陷孔二段页岩厚度等值线平面分布图（据大港油田内部资料，2019）

（2）适中的热演化程度是页岩油富集的关键要素。热演化程度决定游离烃量大小。经统计，孔二段烃源岩中滞留烃在 R_o 为 0.82% 时达到最大，占总生烃量的 60%。R_o 为 0.77%～0.92% 时，滞留烃量均能达到总生烃量的 50% 以上，是页岩油最有利的滞留范围。较高的热演化程度可以提高烃类气油比，降低干酪根吸附油量，增强烃类流动性，一般水平井试油产量高于 10t/d，埋深大于 3300m。

（3）高脆性矿物组成与高密度纹层结构是页岩油富集的重要条件。高长英质含量与高有机质丰度的良好匹配是沧东凹陷孔二段页岩层系的重要特征，官西和官东地区有机质丰度与长英质含量之间存在较为良好的正相关关系。纹层密度与长英质含量及 TOC 也呈明显的正相关性，纹层发育程度越高，长英质含量及 TOC 也越大。储层中游离烃含量较高，平均含油饱和度为 50%。

第二节　陆相页岩油富集特征

本节以我国目前勘探揭示的页岩油主要勘探试采区为解剖对象，从成藏要素、滞留烃品质与数量以及保存条件等方面，归纳总结陆相页岩油富集特征与主控因素，探讨了陆相页岩油富集区评价及参数取值这一关键问题，努力提出一些富有指导性的建议，以期对各探区正在使用的页岩油评价标准提供建设性的参考意见。同时，通过对页岩油富集条件与页岩油基本地质特征的规律性总结，探讨目前学术界与工业界尚未充分关注的问题，以期对推动中国陆相页岩油规模勘探与效益开发有所裨益与借鉴参考。

一、高有机质丰度是页岩油富集的物质基础

有机质富集是指有机质以高丰度富集态存在于一个稳定又较大范围连续分布的集中段，本书把有机质丰度（TOC）大于 6% 的层段称为有机质超量富集段，岩性主要是黑色页岩或油页岩，是中低熟页岩油原位转化选择的主要层段。如果热演化程度与成岩阶段适宜，也是中高熟页岩油富集段的特例类型。把 2%＜TOC＜5% 且主峰在 3%～4% 区间的层段定义为高有机质丰度富集段，主要岩性为页岩，也包括部分泥质灰岩、泥质云岩和灰质、云质页岩与泥灰岩等，这是中高熟页岩油富集形成的主要丰度区间。把 TOC 大于 2% 定义为页岩油富集段取值门限；而把 TOC 小于 2% 的泥页岩层段定义为常规油气藏形成有效烃源岩段，按常规油气藏的烃源岩评价标准管理。有机质高丰度富集是页岩油富集成矿的基础。页岩油在源内的富集表现在两个方面：一是滞留烃数量要大；二是滞留烃品质要好。后者不仅是指原油相对密度、黏度与轻烃含量，也包括页岩油的烃物质组分构成，因为不同组分烃物质混相以后导致的流动性是不一样的。所以，滞留烃的品质也包括轻、中、重烃的成分组成与所占比例。决定页岩中滞留烃数量与品质的因素主要包括有机质丰度、有机质类型与热成熟度，三要素对页岩内部游离烃与吸附烃的相对数量都具有重要影响。有机质丰度代表了在温度作用下，发生向烃类转化物质总量的多少，在相同热成熟度和相同岩性组合与排烃条件下，有机质丰度越高，页岩中留滞的烃物质总量就越大。有机质类型不仅决定了有机质向烃类转化的难易程度，而且对产液态烃和气态烃的数量与比例也有重要影响。显然 I 型有机质产液态烃的门限比较低，产液态烃的数量比较多；II$_1$ 和 II$_2$ 型有机质则产液态烃门限相应要高，相同热成熟度条件下，产液态烃的比例要低，生成气态烃的比例相应增加（但总量不一定最大）。而热成熟度则是在相同有机母质条件下，改善页岩油品质的重要条件。当然页岩油的品质除与热成熟度有关外，还与保存条件的好坏有很大关系，相关内容将在后续相关章节介绍。在温度作用下，有机质向烃类转化，形成的烃物质有两种赋存状态：一是被黏土吸附；二是呈游离态或存在于烃源岩内部的微纳米孔隙、裂缝与页理层面中，或者在超压作用下运移到其他有孔隙或可储存的层位。有机质丰度、类型与热成熟度是页岩油得以富集的先决条件和基础，值得准确把握评价标准，只有选好标准，才能选准"甜点段"，才会获

得经济有效益的产量，才能避免低效井、无效井甚至空井。

1. 有机质丰度

中高熟页岩油"甜点段"或称富集段应该用什么样的有机质丰度标准来选择，到目前为止，国内尚无统一标准。有些探区选择页岩油钻探靶体时，TOC 取值在 1.0%～1.5% 之间，有些探区 TOC 取值大于 2.0%，还有些探区则以 TOC 大于 2.5% 为标准。已有的钻探实践表明，在 TOC 小于 1.5% 甚至小于 2.0% 的范围内，如果没有裂缝存在（有裂缝参与页岩油聚集的发现，严格讲应列入裂缝型油藏范畴），要获得经济突破是比较困难的，主要原因是有机质丰度偏低，将影响烃源岩内部滞留烃总量，因此出现非经济性页岩油的可能性比较高。当然，如果遇到极端情况，即烃源岩保存条件极佳，形成的烃物质几乎没有发生向源外的运移。如果有这样的情况发生，尽管有机质丰度偏低，也有形成经济性页岩油富集的可能性。为了避免较多低效和无效井发生，建议对页岩油勘探选区评价的 TOC 标准定为大于 2.0%。初期勘探阶段为了尽快控制主力层段，获得较好的效益，可以把 TOC 取值提高到 2.5%～3%。本书认为，页岩油是已形成油气在烃源岩中的滞留，评价重点为其经济可采性，亦即单井累计采出量要有经济性，而单井产量是不是有经济性不是关注重点，页岩油的地质资源量也不是评价重点。所以，应该从资源的经济可动用性出发，提高页岩油"甜点段"取值的 TOC 下限标准。只有这样，才能保证有较高比例的探井获得商业突破，同时降低低效井和无效井比例。

以大港油田沧东凹陷为例，统计显示，在 TOC 小于 2% 以前，烃源岩中滞留烃数量（以 S_1 代替）随 TOC 增大而增大，当 TOC 大于 2% 以后，特别是在 2%～2.5% 范围，S_1 总量随 TOC 增加而增长的趋势变缓，TOC 大于 2.5% 以后，随 TOC 增加，S_1 变化不大，峰值大致在 9.2～9.5mg/g（HC/ 岩石）之间（图 5-7）。

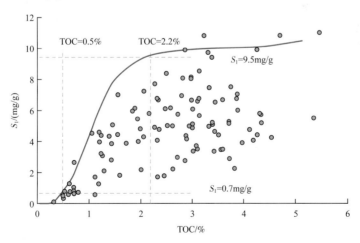

图 5-7　沧东凹陷孔二段滞留烃数量与 TOC 关系图

2. 有机质类型

良好的有机质类型对页岩油的富集同样具有重要意义。图 5-8 展示了我国典型陆相

页岩油源岩 T_{max} 与 HI 关系。可以看出，陆相页岩有机质类型主体为 Ⅰ—Ⅱ₁ 型，氢指数较高，主要分布在 150～800mg/g（HC/TOC）范围内，而氧指数（OI）大都小于 20mg/g（HC/TOC），说明我国陆相页岩有机质类型较好，为倾油型母质。尽管总体有机质类型较好，但长 7 段、芦草沟组与孔二段页岩也发育少量的 Ⅱ₂ 型干酪根（图 5-8）。需要指出的是，鄂尔多斯盆地长 7 段低成熟度烃源岩 HI 与 TOC 的关系并不完全呈正相关关系，TOC 大于 5% 的优质烃源岩 HI 主体分布在 400～600mg/g（HC/TOC）之间，属典型的 Ⅱ₁ 型有机质（图 5-8a），这可能与有机质的保存条件有关。研究发现，鄂尔多斯盆地长 7 段烃源岩形成的原油生物标志化合物中富含重排甾烷和重排藿烷，指示有机质经历了黏土矿物酸性催化，导致烃源岩早期大量脱氧和脱氢，与烃源岩形成于酸性环境、富含黏土矿物密切相关（Peters 等，2005）。这些 Ⅱ 型有机质生成的油气，具有较低的分子量和较低的密度及黏度，更易于流动，有利于获得较高的单井产量。准噶尔盆地芦草沟组烃源岩则形成于咸化环境，黏土矿物含量低，没有发生酸性催化，形成的烃类分子量较大，油气密度相对较高。从干酪根有机岩石学数据来看，我国陆相烃源岩发育的干酪根类型较好，有机显微组分多以无定形体为主，占比达 85%～99%，见少量形态组分（源于刺球藻）和孢子体，很难找到镜质组等陆源有机组分，表明其母质主要为湖生低等生物（藻类和菌类），有利于生油。

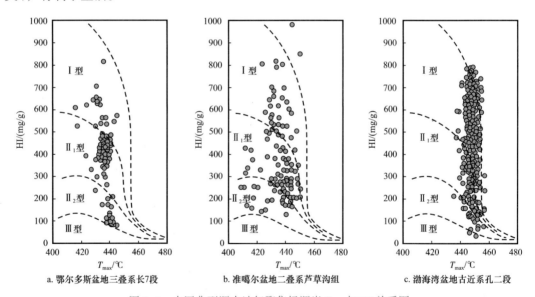

a. 鄂尔多斯盆地三叠系长 7 段　　b. 准噶尔盆地二叠系芦草沟组　　c. 渤海湾盆地古近系孔二段

图 5-8　中国典型源内油气聚集烃源岩 T_{max} 与 HI 关系图

3. 有机质成熟度

烃源岩热成熟度对源内滞留烃数量、品质与页岩油的经济可采性等均具有重要影响。传统的常规油气成藏是已成熟油气在压实作用下发生初次运移，离开烃源岩以后，依靠水的浮力作用，在一个适宜的部位（称为圈闭）通过由分散到集中的过程形成油气藏。所以，传统的常规油气藏都有一个富集成矿的过程。因此涉及常规油气藏成藏的烃源岩评价，只关注几个方面：一是烃源岩成为有效烃源岩的有机质丰度门限，如 TOC 须大于

0.5%；二是石油液态窗的上下门限，这是决定石油勘探黄金带的重要依据，如 R_o 大于 0.5% 为低熟油上限，R_o 大于 0.7% 为液态窗上限，R_o 小于 1.3% 为液态窗下限等，在 0.7%＜ R_o＜1.3% 区间就成为石油的勘探黄金带；三是只关注在温度作用下有机质发生向液态烃和气态烃转化的宏观趋势与变化，而对烃源岩的生烃数量、烃类品质、排驱效率与在烃源岩内部滞留烃数量等都未及讨论。如前述，页岩油是已经成熟的石油烃在烃源岩层内的留滞，滞留烃的数量高低与品质优劣将决定页岩油的经济可采性，对滞留烃数量与品质的评价不亚于常规油气藏成藏聚集条件的评价。所以，从页岩油富集成矿的角度看，Tissot 的生烃演化模式显然过于粗泛，特别是液态窗范围的划分过宽。实际上，在液态窗内，页岩油富集成矿差异很大，比如在液态窗 R_o 0.7%～0.8% 范围产生的液态烃组分偏重，轻烃数量少，气油比低，此外固体有机质也未充分向石油转化，所以产生的液态烃不仅油质偏稠，而且数量有限。如果以该阶段的烃源岩作为页岩油的勘探主要目的层段，则单井累计产量与经济性就很难保证。而在 R_o 大于 0.9% 甚至大于 1.0% 的区间，不仅形成液态烃的品质和数量都会大大提高，而且生成气态烃的数量也会增加。该阶段的页岩油则单井产量、单井累计采出量与经济性都会大大改观（图 5-9）。所以，从页岩油富集区／段优选来说，应该对 Tissot 生烃模式作进一步细化。赵文智等（2020）在综合前人研究并结合自己团队多年研究成果，从页岩油勘探评价角度将烃源岩演化划分为四个阶段：（1）R_o 小于 0.5% 为有机质固态分布段，对应于传统的未熟油阶段，是油页岩油主要分布段。（2）R_o 为 0.5%～0.9% 是中低熟页岩油主分布段，烃源岩内呈滞留液态烃、多类沥青物和未转化有机质共存。该阶段滞留页岩中的液态烃数量因页岩连续厚度不同，及与围岩储集层段组合关系不同而有较大变化，滞留量可达 40%～60% 或者更高，未转化有机质可达 40%～80%。（3）R_o 为 0.9%～1.6% 是中高熟页岩油分布段。该阶段跨越了传统生烃模式的液态窗下限，包括凝析油—湿气带的一部分。该阶段为液态烃大量生成段，油质轻，气油比高，烃物质的流动性好。（4）R_o 大于 1.6% 是液态烃大量裂解和天然气大量生成阶段，为页岩气主分布段。总体看，我国陆相页岩油热演化程度普遍偏低，这可能是目前页岩油勘探开发尚未获得规模性开发成效的主要原因之一。因此，在页岩油勘探早期阶段，若要少打低效井和无效井，就要准确选择页岩油富集段，选准热成熟度窗口至关重要。一般而言，陆相中高熟页岩油的热成熟度（R_o）下限建议取值 0.9%，但具体到每个探区，还需结合其他地质条件，对下限门限作适当浮动。比如原始有机母质类型好又环境适宜（如咸化环境与存在超量放射性物质）的页岩段，在成熟度不是很高条件下产生的烃物质分子量较低，流动性较好，或页岩连续厚度较大、滞留烃数量较高的层段，适当把热成熟度指标 R_o 下压至 0.8% 甚至 0.7% 也是可以探索的门限。此外，除了上面谈到的因素外，热成熟度下限的选择还应考虑其他地质条件，以准噶尔盆地吉木萨尔凹陷芦草沟组页岩油为例予以说明。吉木萨尔凹陷在白垩纪末发生一次大规模抬升，地层剥蚀量超过 2000m。这次抬升导致芦草沟组页岩中滞留的石油烃有相当一部分轻烃组分因抬升从烃源岩中散失，对页岩油的富集是个较大的破坏因素。另外，上"甜点"的顶板保存条件较差，梧桐沟组砂砾岩直接覆盖在芦草沟组页岩之上，使上"甜点"中部分石油烃运移到梧桐沟组形成常规油藏，导致上"甜点"可动烃数量减少。这两个因素

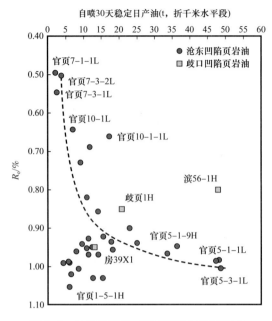

图 5-9　沧东凹陷孔二段页岩油试采产量与
R_o 关系图（据大港油田内部资料，2021）

都对芦草沟组页岩层中滞留烃数量、品质有很大负面影响。在这种情况下，如果 R_o 门限取值偏低（比如 R_o 取 0.9%）就更加不利于获得较好的页岩油累计采出量，需要把 R_o 门限再提高，比如取到 1.0% 甚至更高。又如长庆油田长 7_{1+2} 亚段致密油型页岩油，由于源储组合配置好，高丰度优质烃源岩形成的大量液态烃依靠强大的生烃压差把大量液态烃运移到相邻的砂岩中，形成高饱和度烃类聚集。这种情况下，R_o 取值 0.7%～0.8% 也是可以的。而对于纯正型页岩油而言，因为滞留烃主要赋存于由黏土颗粒和有机质构成的微纳米孔隙中，不仅允许烃物质流动的孔喉环境很复杂，而且还面临着黏土矿物和有机质对烃物质的吸附作用，所以页岩油富集段选择的 R_o 下限值必须要高，以 R_o 大于 1.0% 为宜。只有这样，页岩中滞留的烃物质流动性才会好，才能保证单井有较高的产量和经济性。

二、滞留烃组分和数量是页岩油经济可采性的重要保证

滞留烃是多组分烃物质的混合物，分布极具非均质性，是决定页岩油富集和高产的主要因素。页岩中滞留烃的产出面临三道"关卡"，这是传统油气藏研究关注比较少的：一是需要经过由黏土颗粒或有机质热降解形成的无机和有机微纳米孔喉网络的过滤，因此并非所有烃类物质都可以从微纳米孔隙中产出来，烃物质的产出是特定孔喉特征、赋存环境温压条件与烃物质相态三因素综合的结果；二是烃物质成分构成决定页岩油的产出量，取决于多组分烃物质混相以后对流动性改善的程度；三是黏土矿物成分、结构与含量对烃组分的优先吸附顺序、吸附量与游离烃构成及流动门限。

上述说明，页岩中滞留烃数量和品质是页岩油富集区/段评价的重要内容。但不可否认，对陆相页岩油的勘探与试采已开展多时，但对滞留烃构成、流动性和气/液/固多相耦合环境中的烃流动条件与流动量既研究涉猎较少也知之甚少，亟待加大基础研究力度，以更好地指导页岩油生产。

1.烃源岩滞留烃量

源内油气具有"源内生成、原位滞留富集"的特征，滞留烃评价成为关注的重点。烃源岩内部滞留烃含量与其排烃效率密切相关，已有多位学者从地球化学与地质综合评价的角度予以讨论（赵文智等，2005，2011；张文正等，2006；陈建平等，2014）。很显然，

在烃源岩厚度越大、与输导层间互越差且缺少断裂或裂缝等不利于烃类从烃源岩中排出的条件下，排烃效率越低，则滞留烃含量越高，反之亦然。要正确判断烃源岩的滞留烃含量，需要对烃源岩厚度、岩性组合与构造条件作综合分析后才能客观取值。在未准确评价分析样品取样点及附近地质条件情况下的滞留烃含量分析结果，不能准确代表地下烃源岩中滞留烃含量的真实结果，由此对页岩油资源总量与经济性的评价都难免会陷入误区。通过模拟实验与理论计算发现，在生烃增压作用下，烃源岩排出烃占生烃总量的比例与有机质丰度呈正相关关系，与有机质原始生烃潜力（有机质类型）正相关，与有机质成熟度正相关（郭小文等，2011）；富有机质页岩中滞留烃比例与有机质原始生烃潜力呈负相关关系。需要说明的是，在高 TOC 条件下，有学者研究认为，油页岩地下的排烃效率高达 80%（张文正等，2006）。对于该排烃效率的理解需要把握以下几点：一是该排烃效率是指烃源岩中已形成液态烃的排烃比例，实际上鄂尔多斯盆地长 7 段烃源岩已形成烃类的数量仅占烃源岩总生烃量（S_1+S_2）的三分之一，如果换算到总生烃量的排烃效率，实际上只有 24% 左右；二是相对于烃源岩中已形成的液态烃而言，排出烃的数量占比较高，而滞留烃比例较低。但由于高 TOC 页岩具有较雄厚的生烃物质，生烃总量较大。尽管排出烃占比较高，但滞留烃总量仍远远高于中低 TOC 页岩中滞留烃的数量，也许后者的排烃效率并不高，而滞留烃占比较大。国内外大量勘探实践和研究证实，液态窗范围内烃源岩中滞留烃所占比例一般在 40%～60% 之间（Jarvie 等，2007），均值为 50%。如果烃源岩厚度较大，且烃源岩与输导层间互条件不理想，烃源岩内部滞留烃数量可能更多。源内残留液态烃既是页岩油的主要贡献者，也是在后续温度升高以后进一步热裂解形成天然气的主要母质（赵文智等，2005；Jarvie 等，2007），是高—过成熟阶段常规气藏和页岩气藏形成的优质气源灶之一（赵文智，2012）。

岩性组合对烃源岩滞留烃含量具有重要影响。中国陆相烃源岩岩性及组合与沉积环境密切相关，淡水湖盆与咸化湖盆烃源岩岩性组合有较大不同，其中淡水湖盆烃源岩以富有机质页岩为主，黏土含量较高，局部见粉砂岩、细砂岩与泥质粉砂岩夹层，但砂岩夹层占地层厚度比例小于 20%；咸化湖盆以混积岩为主，发育富有机质页岩与碳酸盐岩间互沉积，表现为页岩、粉砂岩、云质泥岩、砂质云岩、白云岩和石灰岩等频繁互层。淡水湖盆中发育的烃源岩由于富含黏土矿物，塑性较强，不易形成裂缝，细砂岩和粉砂岩夹层是油气向外排驱的主要通道。随着有机质丰度增大，烃源岩中黏土矿物与有机质对生成烃类的吸附性增强，导致滞留烃含量显著增加。由于高有机质丰度烃源岩往往对应于安静的水体环境，细砂岩和粉砂岩夹层少，油气向外排驱的通道不畅，导致滞留烃占生烃总量比例较高。例如，鄂尔多斯盆地陇东地区乐 85 井长 7_3 亚段是页岩油主力段，纵向上可见以富有机质页岩为主，上部发育厚度约 10m 的泥岩，其间间互发育 2 个细砂岩夹层与 2 个粉砂岩夹层，单个砂层厚度小于 2m，总体比例仅为 10% 左右，但滞留烃含量主体介于 10～30mg/g（HC/岩石）[10～30kg/t（HC/岩石）]（见图 3-65），这是一个滞留烃含量相当高的页岩段，是对页岩油的形成很有利的层段。

为准确选择和评价页岩油富集段，如何使用滞留烃数量与品质指标，现阶段还没有统一方案，各探区使用指标也不一致。目前应用较多的指标有三项，一是热解 S_1 峰值，用于代表烃源岩内部滞留烃数量。目前多数探区富集段选择的 S_1 取值下限为 2mg/g（HC/岩石），实际上从试采统计结果看，有商业开采价值的页岩油，S_1 取值应该大于 4mg/g（HC/ 岩石）。二是可动油指数（OSI，国内也称滞留烃超越效应），这是国外率先提出并最常使用的一个指标，计算式为 S_1/TOC，单位为 mg/g。据大港油田对沧东凹陷孔二段页岩油的统计，在一定的 TOC 值范围内，随 TOC 增长，OSI 会增加，当 TOC 超过某一数值（在大港油田孔二段，TOC 为 2.7%～3.0%）时，由于烃源岩的 S_1 值会有最大饱和值即上限，而 TOC 是在 OSI 计算式中处于分母位置，所以 OSI 会随 TOC 进一步增加而变小。对此，有学者认为，当 TOC 大到一定程度后，对可溶烃的吸附性会变大，是 OSI 减小的重要原因（图 5-10）。笔者并不完全认同，在 TOC 达到一定数值后，OSI 减小主要是因为计算式的分母增加过快而分子数值达到峰值后产生的结果，与有机质的吸附性虽有关系但不是主要原因。在大港油田的统计数据中，满足页岩微纳米孔隙和黏土颗粒吸附以后，产生可流动烃的 OSI 门限为 100mg/g，与国外统计数据是一致的。该数值代表了滞留烃可以开始流动的门限，亦即页岩中开始有流动烃的起始门限，并不代表存在经济性页岩油富集的门限。要形成工业性的可动烃数量，OSI 取值 100mg/g 显然是不够的，应高于该数值。实际上 TOC 大于 2% 的页岩中 OSI 值远高于 100mg/g，多数都大于 200mg/g，最高可达 500～600mg/g。因此，建议把 OSI 大于 150mg/g 作为经济性页岩油富集段选择下限，高于该数值才有可能形成较好的页岩油产量。三是气油比（GOR），这是反映地下滞留烃品质的一个重要指标，但因多数探区一些关键井的试采时间不够长，加之页岩油富集段保存条件有差异，几个重点探区的气油比变化较大。要确定一个合理的 GOR 门限值作为经济性页岩油富集段评价的标准看来为时尚早。本书以大港油田沧东凹陷孔二段和大庆油田古龙凹陷青山口组一段页岩油为基础，参考胜利油田在渤南和博兴等洼陷沙河街组四段上亚段—沙河街组三段下亚段页岩油试采获得的数据，试着对陆相页岩油富集段 GOR 下限和最佳取值提出参考意见。大港油田孔二段目前试采的页岩油主要富集段 R_o 在 0.5%～1.05% 区间，代表了从中低熟到中高熟的过渡段。试采井区断层较多，如果剔除断层对轻烃散失的影响，从统计看，GOR 取值大于 80m³/m³ 可作为富集段气油比下限（图 5-11）。济阳坳陷樊页平 1 井沙河街组四段上亚段 R_o 值为 0.75%，已试采 367 天，GOR 值为 75～88m³/m³。大庆油田古龙页岩油热成熟度较高，以古页油平 1 井为例，目前试采井段 R_o 值大于 1.5%，获得的 GOR 值可代表高成熟阶段页岩油的品质状态。古页油平 1 井试采初期气油比高达 1200m³/m³，试生产阶段，稳定气油比在 300～500m³/m³ 之间，目前的气油比为 300m³/m³ 左右（图 5-12）。考虑到我国多数探区陆相页岩油热演化程度集中在 R_o=0.7%～1.2%，其中 R_o=0.8%～1.2% 是页岩油富集段分布的主要窗口，本书建议适当压低古龙页岩油 GOR 的取值，即 GOR=300m³/m³ 作为富集段气油比最佳取值上限，把沧东凹陷孔二段 GOR 门限值与 GOR 最大值的平均值，即 150m³/m³ 作为气油比最佳取值下限。这样，陆相页岩油富集段的 GOR 门限取值为大于 80m³/m³，最佳区间为150～300m³/m³。

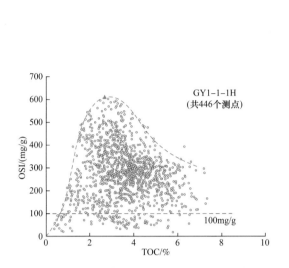

图 5-10　沧东凹陷孔二段重点井 TOC 含量与可动油指数关系图（据赵贤正等，2020）

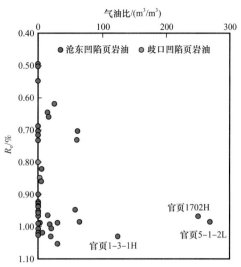

图 5-11　大港油田页岩油气油比与 R_o 关系图（据大港油田内部资料，2021）

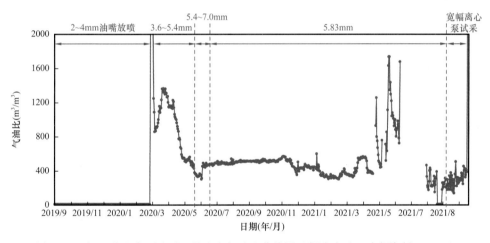

图 5-12　松辽盆地古页油平 1 井生产气油比曲线图（据大庆油田内部资料，2021）

值得一提的是，北美海相页岩油占比较大的是致密油型和过渡型页岩油，多聚集于相对致密的碎屑岩与碳酸盐岩层中，这部分页岩油都存在一个短距离运移和富集过程。所以，可动油指数（OSI）对于"甜点段"选择比较有效，而对我国陆相纯正型页岩油来说就不一定完全适应，特别是在高 TOC 页岩段，也就是在随 TOC 增加、OSI 减低段，建议不使用 OSI 作为评价指标，以防误导。实际上，TOC 越高，说明形成滞留烃的物质基础越雄厚，滞留烃的总量会随 TOC 增大而变得更多，不会像 OSI 反映的那样会降低。当然 TOC 增加以后，对液态烃的吸附量肯定会增加，但相对于 TOC 增加对滞留烃总量的贡献来说，吸附作用不会超过对可动烃的贡献。

还应该提及的是，有关滞留烃品质的评价目前尚处于定性判断阶段，还没有具体评价标准。随着页岩油勘探与试采的不断发展，这方面的资料会越来越多，标准也会逐渐明朗。

2. 烃源岩滞留烃地球化学特征

对滞留烃地球化学特征的分析和研究应该关注三种情况：一是有机质在温度作用下发生向烃类的转化，形成的烃物质一部分滞留在烃源岩内部。从组分构成来说，滞留烃是轻、中、重组分烃物质，以及含杂原子的重质组分（如胶质和沥青质）与有机质残渣构成的混合体。所以滞留烃地球化学研究更应该关注烃组分构成、占比与多组分烃物质混相以后导致的烃混合物的物理化学性质变化，研究的精细化程度更高。二是富有机质页岩段顶底板的保存条件，这是影响滞留烃组分构成的重要因素。对于烃源岩顶底板为具孔渗性的储集岩时，一部分石油烃会运移到上下的储层中，在靠近储层的顶部和底部层段，部分轻、中组分烃物质就会减少，滞留烃中的重烃组分和重质组分占比就会增加。以柴达木盆地下干柴沟组跃灰 106X 井为例，原油和滞留烃族组成与饱和烃气相色谱对比看，滞留烃中的非烃、沥青质明显高于排出油，重组分含量也明显高于排出油（见图 3-67），且 C_{27} 之后的环烷烃丰度也要高于排出油，指示前者可能具有更高的含蜡量和黏度。其中，排出烃的轻重比参数 $[(C_{21}+C_{22})/(C_{28}+C_{29})]$ 为 1.18，滞留烃为 0.89（见图 3-68），指示排出烃中轻组分更高。另外，对于与储层呈间互分布的烃源岩的排烃来说，又可以分为两种类型，一种是富有机质页岩厚度偏小且与储层有较大接触面积。这种情况下，烃源岩的排烃效率会很高，相应的烃源岩中滞留烃数量会较低，且烃物质组分偏重，比例偏大。另一种是富有机质页岩厚度较大且有机质丰度较高，生烃量很大，除了给与之紧邻的储层提供足够多烃物质之外（如鄂尔多斯盆地长 7_3 亚段页岩），仍有相当多的烃物质滞留在烃源岩内部，依然可以形成有规模的页岩油富集段。以鄂尔多斯盆地长 7 段致密油型页岩油为例，长 7 段是典型的烃源岩与致密砂岩间互构成的"三明治"组合，烃源岩的顶底板都直接与具孔渗性的砂岩接触。近期完成的密闭取心井乐 85 井和蔡 30 井开展了滞留烃含量统计分析，长 7 段页岩 R_o 值为 0.8%，现场测定含有较高的游离气量，最高为 $1.7m^3/t$，平均值为 $1.0m^3/t$。页岩含油量为 8.8～26.77mg/g（HC/TOC），平均值为 18.70mg/g（HC/TOC），其中 C_{16-} 轻质组分含量平均为 5.54mg/g，占总含油量的 31.4%。整体残留生烃潜力较大，TOC 大于 6% 的页岩中残留生烃潜力为 27.53～132.23mg/g（HC/TOC），平均值为 63.88mg/g（HC/TOC）。三是在一个连续厚度较大的富有机质页岩段内，由于从顶底到烃源岩内部的排烃效率有所不同，因此滞留烃的数量、烃组分构成与重质组分数量都会有较大变化，这是滞留烃地球化学研究应特别关注的问题，不能从一点或有限点的采样分析推广至对整个层段的评价，对样品点需要空间定位，然后根据代表性合理取值。

三、储层岩性组合与矿物构成是页岩油富集高产的重要条件

坦率讲，页岩油是一种贫矿，就是含油丰度低，单井累计产量总量低，经济性较差。导致页岩油贫矿的原因，除了前面讨论的与滞留烃品质与数量有关的烃源岩条件外，储

层品质差也是重要原因。因此，讨论陆相页岩油的富集分布，一定要分析研究控制页岩油富集的储层因素。从储层角度看，页岩油富集所面对的主要环境有三个特征：一是孔喉微小且复杂，主要为微纳米孔隙，这导致允许烃物质留滞的空间总量不可能很大；二是纯页岩储层的黏土矿物含量高，对烃物质有较高的吸附性；三是页岩层系的岩性组合，一套富有机质页岩与多层具较高孔渗性的碎屑岩或碳酸盐岩构成的组合，显然会比只发育纯页岩的层系在物性条件与形成滞留烃总量（严格讲应该称为致密油聚集）方面要好。而页理十分发育、富有机质页岩段厚度较大的页岩又显然比有机质丰度与厚度相当的泥岩要好很多，前者的页理缝在生烃作用下形成异常高压缝的机会更大。而在有机质丰度相当的页岩层系，脆性矿物占比高的又会比占比低的储集物性更好。

本单元从页岩储层岩性组合、层理构造与矿物组成等方面总结页岩油富集对储层的基本要求，以期建立相应的评价依据。

1. 储层岩性组合与层理构造

陆相页岩油储层组合分为纯碎屑岩型和碎屑岩、碳酸盐岩与页岩混合型（即混积型）（本书称过渡型）及纯页岩型三大类。（1）碎屑岩型储层主要由重力流或牵引流形成的三角洲前缘分流河道砂、滨浅湖滩坝与砂质碎屑流等砂体构成，往往与富有机质页岩间互或大面积直接接触，不仅具有接受烃物质输入的有利条件，而且自身的储集物性也较好。以鄂尔多斯盆地长 7_{1+2} 亚段致密砂岩为例，孔隙度大于 7%，主体为 8%～11%，渗透率大于 0.05mD，主体大于 0.08mD。（2）混合型储层，即业界所称的混积型组合，本书称之为过渡型组合，由致密碎屑岩、致密碳酸盐岩及部分页岩构成，包括粉细砂岩、泥、粉晶云岩，泥质页岩与灰质泥岩、泥灰岩等。孔隙类型相对多样，既有粒间孔，又有晶间孔，既有溶孔又有裂缝，物性条件是继碎屑岩型组合之后相对较好的类型。以准噶尔盆地吉木萨尔凹陷芦草沟组为例，黏土矿物含量低（<15%），孔隙度大于 8%，主体在 10%～11% 之间，渗透率为 0.003～0.10mD，储集性能相对较好。要不是后期抬升作用导致轻、中组分烃散失，加之页岩油顶板保存条件较差，芦草沟组页岩油不仅富集程度高，而且单井累计产量也不会低。大港油田沧东凹陷孔二段储层岩性组合也属于混合型，黏土矿物含量小于 30%，有效孔隙度大于 4%，以大于 6% 为优质"甜点段"。（3）纯页岩型储层组合，是在深湖—半深湖环境形成的以泥页岩为主的沉积组合，表现为黏土矿物含量高，以纳米级孔隙为主，页理发育等特征。纳米孔隙分为有机孔、无机孔、有机缝和无机缝四个亚类；孔隙类型包括有机孔、粒间孔、粒内孔、晶间孔、有机缝、成岩缝与构造缝等。这是页岩油储层里物性条件偏差的一类，需要较好的滞留烃品质与较高的孔隙压力配合，才会有相对较高的页岩油产量和单井累计采出量，否则要形成工业产量难度较大。以松辽盆地古龙凹陷青山口组一段页岩油为例，纳米孔隙孔径有两个区间，分别为 2～32nm 和 128～1000nm，页岩总孔隙度为 6%～15%，平均为 9.6%，有效孔隙度为 4%～10%，平均为 6.2%。基质渗透率极低，因发育页理缝，空气渗透率为 0.2～14.6mD，27MPa 覆压条件下水平渗透率为 0.01～1.6mD。在水平裂缝发育条件下，有较好的渗透性。另外，沿着有机质形成的纹层，可由有机孔形成相对高渗水平层，渗

透率规模可达毫达西级，但横向分布不规则。

总之，页岩储层不论是碎屑岩型、混合型还是纯页岩型，都需要有一定的储集空间，有效孔隙度至少应大于4%，而且越高越好（图5-13），如果配上较大且稳定分布的单层厚度（以10m左右为佳），则形成的页岩油"甜点段"品质会比较好。

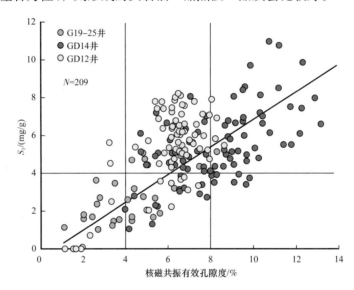

图5-13　沧东凹陷孔二段页岩核磁共振有效孔隙度与S_1关系图（据韩文中等，2021）

2.矿物组合

对页岩油来说，作为滞留烃赋存的主要环境，页岩层系的矿物组合不仅影响压裂改造形成人造缝的难度，而且对烃类吸附数量与流动性也有重要影响。所以，关注矿物组合是页岩油富集评价的重要内容之一。

应该说，对于以致密碎屑岩为主要产层的页岩油，矿物组合的关注点既有组成岩石骨架的颗粒成分构成，也有胶结物成分与含量。前者对页岩的脆性有重要影响，后者对烃类的吸附与流动性则有重要作用。关于碎屑岩型储层评价与传统的低渗透—致密油藏评价没有大的区别，在此不再赘述。

讨论与页岩油留滞有关的矿物组合，最重要的是关注纯页岩与混积岩两大类。纯页岩在松辽盆地古龙凹陷青山口组一、二段和鄂尔多斯盆地长7_3亚段最具代表性，不仅要关注黏土矿物含量，还要关注黏土矿物成分构成与在黏土矿物总量中所占比例，这不仅影响滞留烃的被吸附数量，而且对页岩的可压裂性也有重要影响，是页岩油储层评价的重要内容。

松辽盆地古龙凹陷青山口组一、二段主要发育层状页岩、纹层状页岩和泥岩，大部分层段页理发育，局部层段显示中层—厚层状，页理不太发育。根据笔者对岩心的观察，那些页理不够明显的中层—厚层细粒沉积岩应归入泥岩更合理。页岩段局部夹薄层白云岩和粉砂岩，夹层厚度一般小于10cm。古龙页岩为长英质页岩和黏土长英质页岩，黏土矿物含量较高，占比32.8%～36.3%，脆性矿物含量为63.7%～67.2%，其中石英含量为

33%～35%，长石含量为18%～24%，碳酸盐矿物含量为7%，黄铁矿含量为4.4%。在黏土矿物中，伊利石占主体，比例大于70%，其次是绿泥石，占比小于15%，伊/蒙混层占比小于10%，高岭石含量小于5%，不含蒙皂石。古龙页岩尽管黏土矿物含量较高，但因成岩演化阶段偏高（处于中成岩晚期），大量的蒙皂石已经转化为伊利石，并在压实作用下矿物呈定向排列。蒙皂石在向伊利石转化过程中还析出硅质，形成自生石英，这一过程增加了页岩的脆性，改善了储层的可压裂性。从松辽盆地古龙页岩的实际情况看，页岩要成为有效储层，在成岩演化阶段偏高时，可允许黏土矿物含量相对较高，比例可达40%左右。

鄂尔多斯盆地长7_3亚段为长英质页岩，脆性矿物以石英、长石为主，占比约45%（其中石英含量为35%，长石含量为10%），其次是碳酸盐和黄铁矿，含量各占5%左右。黏土矿物含量较高，平均值为45%，其中伊/蒙混层矿物含量最高，占比25%，其次为伊利石，含量平均为12%，绿泥石与高岭石含量分别为5%和3%（图5-14a）。总体看，长7_3亚段页岩的成岩演化阶段较低，处于中成岩早中期阶段，因成岩演化偏浅，黏土矿物含量偏高，不仅对页岩油吸附性较高，而且不利于压裂改造。因此，从页岩的可压裂性与减少滞留烃吸附量两方面来说，处于中低成岩阶段的纯页岩段不宜作为中高熟页岩油勘探靶体选择的重点，如果TOC含量很高，应该是中低熟页岩油原位转化目的层段的重要选择对象。

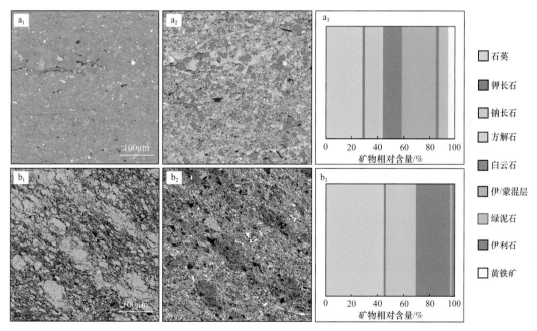

图5-14　中国典型陆相页岩造岩矿物平面组成图

a. 鄂尔多斯盆地三叠系长7段；b. 准噶尔盆地二叠系芦草沟组

过渡型页岩，即主要由化学和牵引两种作用形成的混积岩，矿物成分包括碎屑、黏土和碳酸盐。混积岩包括泥灰岩、砂质灰岩、泥质灰岩、泥质云岩、石灰岩、白云岩与碎屑岩等多种岩性。以准噶尔盆地吉木萨尔凹陷芦草沟组为例，石英含量大于 40%，白云石次之，大于 20%，钠长石含量在 15% 左右，黏土矿物含量小于 5%（图 5-14b）。因存在碳酸盐沉积，岩石脆性较高，黏土矿物含量较低。吉木萨尔凹陷芦草沟组和沧东凹陷孔二段，黏土矿物含量小于 18%。从矿物组合看，在物性条件、黏土矿物含量与减少对滞留烃吸附量等方面，对页岩油富集是有利的。

四、顶底板具封闭性保持超压且多留滞轻、中组分烃类是页岩油富集的重要保证

如前述，页岩油是已成熟的石油烃在烃源岩中的留滞，滞留烃数量和品质决定页岩油是否经济可采。除了有机质丰度、类型与热成熟度外，保存条件是决定滞留烃数量、品质与地层能量的关键因素，应给予足够重视。有学者认为，页岩油可以依靠自封闭性形成聚集，实际上这样的判断只对吸附烃和有吸附烃占据孔隙喉道较大空间、从而对低能量的可动烃形成阻挡条件下才有意义。如果把页岩油只有经济产量而无经济累计采出量作为判断页岩油是否具有经济价值的重要指标，靠页岩的自封闭性很难形成有经济累计采出量的页岩油富集段。

以准噶尔盆地吉木萨尔凹陷芦草沟组为例，页岩层系有机质丰度高（TOC 平均为 5.16%），储层孔隙度平均为 11%，热成熟度 R_o 为 0.8%~1.1%，除凹陷东部边缘埋藏较浅部位热成熟度略低以外，芦草沟组页岩分布的主体部位热成熟度处于有利窗口范围，油层厚度（上下"甜点"总计厚度 31m）和含油饱和度（$S_o > 70\%$）等指标均已达到优质富集段水平，但芦草沟组页岩油总体却表现出油质偏稠（原油密度 0.89~0.91g/cm³），且下"甜点"虽然埋深略大但原油密度比上"甜点"更高；地层原油黏度较高（6.5~31.9mPa·s），且下"甜点"黏度高于上"甜点"；GOR 低（仅 13~24m³/m³），且下"甜点"GOR 较上"甜点"更低。在页岩油发现初期，提交有井控制的 I、II 类有利区带地质资源量 9.18×10⁸t，经进一步评价钻探和试采，提交探明地质储量仅 1.53×10⁸t。笔者研究后认为，造成芦草沟组页岩油品质和可采性变差的主要原因，是白垩纪末出现的大规模抬升与芦草沟组页岩顶板保存条件较差所致。从地震资料解释看，白垩纪末造成的地层剥蚀量超过 2000m，致使大量轻烃因抬升卸载发生体积膨胀而散失，是地下原油密度和黏度变高变稠的主要原因。此外，芦草沟组顶部为一不整合，上覆梧桐沟组砂砾岩直接盖在芦草沟组页岩之上，使上"甜点"留滞的部分可动烃运移到梧桐沟组聚集，从而减少了上"甜点"可动烃的数量。那些在梧桐沟组存在常规油藏的范围，要在芦草沟组保持有经济性的页岩油富集就比较困难（图 5-15）。

相似的情况也见于松辽盆地古龙页岩油，特别是青山口组一段页岩油，底板是泉头组四段砂岩，那些具备储集条件的部位，青山口组一段形成的石油会在压差和烃密度差驱使下运移进入泉头组四段，形成致密油藏。相应的青山口组一段滞留烃数量就会减少而且品质会变差。随着试采数据越来越多，这一特征就会水落石出。

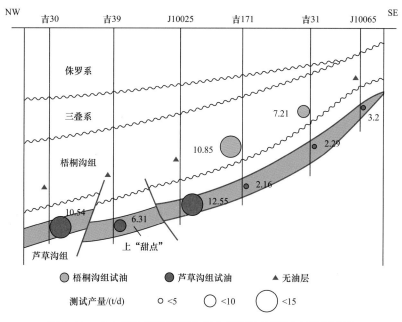

图 5-15　吉木萨尔凹陷芦草沟组与梧桐沟组测试产量剖面图

第三节　陆相页岩油富集区／段分布特征及评价

选准选好页岩油富集区／段是陆相页岩油获得突破发现并顺利进入工业开发的先决条件。陆相中高熟页岩油富集分布包括垂向主要富集段与平面主要富集区两方面。本节将围绕陆相页岩油平面与垂向分布特征谈谈粗浅认识。

一、陆相页岩油富集区／段地质内涵

页岩油富集区／段，是指烃源岩层系内部滞留烃最富、流动性最好，目前技术条件下可以实现经济开发的页岩油分布区／段。从富集成矿角度讲，那些有页岩油产量但没有经济性累计采出量的页岩油不能称为是页岩油富集段。如果以后理论和技术有突破，较大幅度改善了页岩油的采收率和经济性，或者工程技术进步与管理创新较大幅度降低了成本，从而降低了页岩油经济开发的门槛，到那时对页岩油富集段的选择标准也会自动下调，到时候一些现阶段尚不能归入富集段的页岩油可以升级评价，再纳入也不迟。

陆相页岩油具有两个基本特征：一是大面积连续分布，但资源丰度总体偏低；二是无自然工业产能，需经人工改造才能形成工业产量。因此，页岩油富集区／段评价包括寻找"高丰度资源区／段"和易于形成"人工渗透率区／段"两项内容。在目前技术条件下，依靠水平井体积压裂、"工厂化"作业等技术，高丰度资源区／段具有"两大三高一保"的特点。"两大"是指页岩油富集区分布面积大和富集段厚度较大；"三高"是指有机质丰度高、热成熟度高与滞留烃含量高；"一保"是指页岩油富集段的顶底板保存条件好，这是富集区／段评价的地质内涵。人工渗透率区／段具有"三高两低一发育"特点。"三高"是指脆性矿物含量较高、微纳米孔隙度较高与纯页岩段成岩阶段较高；"两低"是指黏土矿物含量较低与地应力场的水平应力差较低；"一发育"是指天然裂缝（包括生烃增压缝、成岩缝与构造缝）发育，有利于通过人工改造形成较好的缝网，这是富集区／段评价的工程内涵。本节重点就页岩油富集区／段的地质内涵进行介绍和讨论。

二、陆相页岩油富集区／段主要类型

我国陆相页岩油按照页岩油聚集与开采特征可以分为三大类（图5-16）：一类为致密油型页岩油，是指页岩油主要聚集在与烃源岩呈间互发育的致密碎屑岩或碳酸盐岩储层中，其中储油层段基本上不具备生油和供烃能力，成藏机理和油气产出特征与传统的致密油藏基本一致；二是纯正型页岩油，亦即在纯页岩地层段形成的页岩油，其成藏机理与油气从地层中的产出特征都独具特色，且国内外都尚无成熟开发案例可以借鉴；三是过渡型页岩油，是指储层岩性具多元性和生储一体化的页岩油富集类型。其中储层既有纯页岩也有致密碎屑岩和碳酸盐岩，在成藏机理和油气产出特征上兼有致密油藏和纯页岩油藏两种特征。另外，页岩、碳酸盐岩和砂岩都具有生烃能力，呈源储一体，本书用过渡型来表述，更多的是关注和强调这类页岩油在成藏机理与开发特征上既有致密油藏的特点又有纯页岩油藏的某些特征，不能用"混积型"这样一个更多的是反映沉积学特征的术语来概括。致密油型页岩油以鄂尔多斯盆地长 7_{1+2} 亚段发现的庆城油田为代表。在这类页岩油中，与致密砂岩呈间互分布的富有机质页岩并不提供产量。致密砂岩中的石油烃来自近邻的页岩，烃类有短距离运移，不像烃源岩内部滞留的烃物质往往是轻、中、重烃组分和有机质重质组分与固体残渣的集合体，在烃物质组成上有相对均一性。对这类油藏的开发可借鉴低渗透和致密油藏开发已经成熟的方法及技术。纯正型页岩油是指在一套富有机质的页岩层系中由黏土颗粒与其他无机矿物堆积和矿物转化形成的及有机质降解产生的微纳米孔隙中滞留且富集成矿的石油资源，具有原位留滞特征。烃物质呈轻、中、重组分与有机质重质组分（主要为胶质和沥青质）的混合体，流动性受控于滞留烃品质、滞留烃宿住环境的矿物构成与吸附性、地层能量与微纳米孔隙结构等，以松辽盆地古龙凹陷青山口组一、二段页岩油为代表。对纯正型页岩油目前尚无成熟开发理论和技术，需通过足够多试采案例探索完善以后方能成案。过渡型页岩油是在由化学和牵引流（含重力流）两种作用形成的混积岩层系中富集的页岩油资源，以准噶尔盆地吉木萨尔凹陷二叠系芦草沟组页岩油最典型，此外大港油田沧东凹陷孔二段及胜利油田博兴、牛庄和渤南等洼陷的沙河街组三段下亚段—四段上亚段都有分布。如上述，过渡型页岩油独立列出，是因为岩性组合的二元性，主要由致密砂岩、致密碳酸盐岩和富有机质页岩组成，三者都提供产量，所不同的是产量贡献比例不同。其中致密砂岩中的石油聚集和渗流特征与致密油藏相似；页岩段的烃流动特征与纯页岩相当，而碳酸盐岩段与前述二者又不同（比如碳酸盐岩段基质孔隙与裂缝变化大，对石油富集与烃流动性都有影响），所以这类页岩油的开发方式与对策需要在对主要产量贡献段落实基础上，有选择筛选开发技术与对策。

页岩油类型	岩性剖面	源储结构	典型实例
致密油型	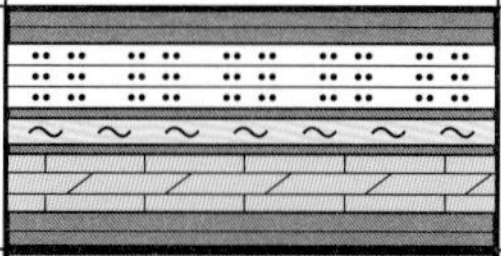	上生下储 下生上储 源储共存	鄂尔多斯盆地长7段致密砂岩型庆城油田 松辽盆地青山口组高台文致密砂岩油层
过渡型	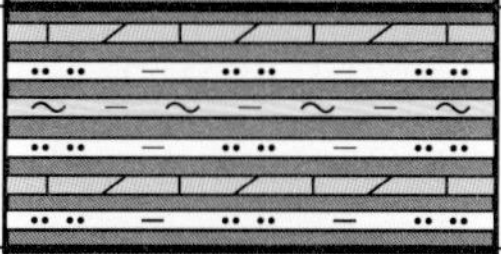	源储共存 上生下储 下生上储	准噶尔盆地芦草沟组砂质云质混积过渡型吉木萨尔凹陷页岩油田 渤海湾盆地孔二段长英质碳酸盐质混积过渡型沧东凹陷页岩油田
纯正型		源储一体	松辽盆地青山口组一段古龙页岩油 渤海湾盆地沙河街组四段东营页岩油

图 5-16 中国陆相页岩油富集区 / 段主要类型

三、陆相页岩油富集区／段分布特征

1. 有外物质注入或海侵事件的深湖—半深湖区是页岩油主要富集区

前已述及，有机质丰度高（TOC 门限＞2%，以 3%～4% 为佳）、母质类型为Ⅰ和Ⅱ₁型且有规模分布的页岩是页岩油富集的物质基础。适合这样的烃源岩发育的环境主要是在湖盆深水—半深水区，且半深湖以上的湖盆面积较大。这里所说的外物质主要是指来自湖泊环境以外的物质注入，包括火山灰沉落、放射性物质催化作用与来自地壳深部的热液注入等。此外，间歇性海水的注入不仅能通过适度改变水体盐度提高湖盆生物的生产力，而且会使湖盆水体发生垂向分层，提高对有机质的保护作用。有关外物质注入提高湖盆水体营养条件、促进生物繁盛，导致深湖—半深湖静水区沉积的页岩层系具有超量富集的有机质，已有多位学者作了论证（Moore 等，2013；Duggen 等，2010；Olgun 等，2011；Boyd 等，2007；Weinbauer 等，2017；刘池洋等，2000，2010；杨文宽，1983；张文正，2010 等；贺聪等，2017；Yang 等，2005；Wang 等，2007；冯子辉等，2009；Hou 等，2000；叶淑芬，1996；刘美羽等，2015；毛光周等，2012，2014；赵文智等，2020），以鄂尔多斯盆地长 7₃ 亚段页岩为例，最高 TOC 超过 30%，平均 TOC 达 13.8%。综合这些学者的认识，主要有以下诸点：（1）适量的火山灰沉落并快速水解，促进水体中 P、Fe、Mo、V 等元素富集，改善湖盆水体的条件，有利于藻类生物勃发，从而使有机质超量富集。（2）放射性物质不仅参与生物的超量和超速生长，而且还对有机质的生烃过程有催化作用，具体表现为① 加速干酪根解聚，增加生烃量，提高比例达 6%；② 促使有机质加快向低碳数烃类演化，在相同热成熟度条件下，有放射性物质参与，有机质生成轻烃比例更高。（3）适度咸化水体促进有机质絮凝，提高有机质捕获效率。咸化湖盆细粒沉积与有机质富集物理模拟表明，当盐度从 1% 增加到 3% 时，有机质捕获效率提高 300%（赵文智等，2020）。

2. 具备"四高一保"条件的页岩段控制页岩油主要富集段分布

从垂向分布看，陆相页岩油富集"甜点段"具有"四高一保"特征，准确把握这些特点，对选准页岩油勘探靶区和靶段，不仅获得较高单井产量而且获得较大单井累计采出量，从而提高页岩油开发经济性都具有重要意义。"四高"是指：（1）高 TOC 含量，最低门限取值大于 2%，最佳区间为 3%～4%，这是确保烃源岩内部留滞足够多烃物质、以支撑获得经济产量的物质基础；（2）高烃留滞量，以 S_1 大于 2mg/g（HC/岩石）为最低门限，最佳取值为 4～6mg/g（HC/岩石）；OSI 大于 100mg/g 为门限，以 OSI 大于 150mg/g 为最佳，这是确保有足够多可动性滞留烃、以支撑页岩油形成经济产量的重要条件；（3）高成熟度，以 R_o 大于 0.9% 为门限，最佳区间大于 1.0%。这是保持滞留烃中有较高比例轻烃组分和较好流动性的关键因素；（4）高气油比，以气油比大于 80m³/m³ 为门限，最佳大于 150m³/m³，这是地下滞留烃在多类烃物质混相条件下，能够驱使较多重烃组分从微纳米孔喉流出，并实现最大采出量的重要保证。"一保"就是保存条件，即页岩油富集段顶、底板的封闭性要好。页岩油富集段顶底板封闭性体现在：（1）保超压。以使页岩油富集段有足够地层能量，支撑获得最大累计产量，一般压力系数大于 1.2，且越高越好。（2）保轻烃不散失。滞留烃中轻—中组分烃的数量对页岩油经济可采性有重要影响。轻烃不散失就意味着页岩油经济性的改善，是做大页岩油经济开发资源蛋糕的重要条件。（3）保最大采出量。保存条件好的页岩层系不仅烃物质滞留量高，而且轻组分特别是气态烃含量高，这将直接影响页岩油单井累计采出量。

3. 有利岩相岩性组合控制富集区分布

作为常规油气成藏的有效烃源岩，评价其有效性的指标下限取值总体偏低，如 TOC 大于 0.5%，这是因为常规油气成藏有一个油气由分散到富集的过程。对于页岩油来说，是油气在烃源岩内部的滞留。就是说，不是所有有烃源岩的地方都一定有页岩油富集成矿。所以，作为页岩油富集成矿的烃源岩，不仅需要指标高而且需要良好的岩性组合：（1）页岩组合是页岩油富集成矿的最佳岩性段，而泥岩不是页岩油富集成矿的优势岩性段。页岩沉积于深湖—半深湖环境，沉积速率低并伴有程度不等的化学沉积作用，有机质丰度高、页理发育、基质孔隙度较高、黏土矿物含量相对较低、脆性较高，富有机质页岩集中段连续分布范围较大，是页岩油经济成矿的最佳层段与主要"甜点"富集区。泥岩多形成于浅湖—滨湖环境，沉积速率快且多具有密度流特征，有机质丰度相对较低（以鄂尔多斯盆地长 7_3 亚段页岩为例，泥岩 TOC 为 2%～6%，页岩则为 6%～16%，二者相差两倍）、页理不发育、黏土矿物含量高、脆性较差且基质孔隙不发育，不是页岩油富集成矿的主要目的层（赵文智等，2020）。（2）页岩层系厚度控制烃滞留数量，也一定程度控制了页岩油的富集分布。页岩厚度大、与砂岩间互频率低的页岩层系排烃效率比较低，滞留烃量就高；页岩厚度偏薄、与砂岩间互频率较高的页岩层系排烃效率就高，相应的烃滞留量就低。（3）储层品质与规模对页岩油富集有重要控制作用。陆相页岩层系广泛发育陆源碎屑岩、碳酸盐岩与泥页岩等多类型储集体。由于气候、环境、物源供给变化等影响沉积物成分、粒度、有机质含量、内碎屑碳酸盐含量的变化，形成不同纹层、微纳米级孔隙发育，具有较好的储集性能，为页岩油富集提供了较大聚集空间。反之，对页岩油富集和经济性不利。

四、不同类型陆相页岩油有利富集区分布评价

1. 致密油型页岩油有利富集区分布

以鄂尔多斯盆地三叠系长 7 段为例，其中长 7_{1+2} 亚段发育致密油型页岩油，在长 7_3 亚段还发育中低熟页岩油，资源总量很大，本书暂未讨论。致密油型页岩油是效益开发的主要目标，"甜点"主要分布在湖盆中部半深湖—深湖区，已提交探明储量 $11.53×10^8t$，是今后较长时期内增储上产的现实领域。在庆城油田发现基础上，围绕外围"甜点"区扩展实施整体部署，新落实含油面积超 $2000km^2$。目前，陇东地区近 $6000km^2$ 有利范围已得到控制。由重力流形成的致密油型页岩油整体储量有望达到 $30×10^8t$。为进一步拓展湖盆周边三角洲前缘成因的致密油型页岩油，通过甩开勘探，在陕北吴起—志丹—安塞地区新落实有利含油面积近 $2000km^2$，初步发现了储量规模近 $5×10^8t$ 的新区带，三角洲前缘靠近深湖区的致密油型页岩油，近期勘探也获得重要苗头。加上 2014 年探明的亿吨级新安边油田，陕北新安边—吴起—志丹—安塞地区在三角洲前缘末端砂体中，发现有利含油面积累计达 $3000km^2$，提交探明地质储量和预测地质储量合计超 $3×10^8t$，总体落实了 $10×10^8t$ 储量规模，是页岩油增储上产重要的后备领域。

2. 纯正型页岩油有利富集区分布

1）松辽盆地北部古龙页岩油有利富集区分布

以松辽盆地北部古龙页岩油为例，松辽盆地青山口组一、二段发育纯正型页岩油（或称纯页岩型），目前正在开展国家级页岩油勘探开发示范区建设。青山口组一段和二段下部厚层泥页岩主要分布在齐家—古龙、三肇与长岭等主要凹陷区，横向分布稳定，厚度一般为 30～80m。有机质丰度较高，TOC 主体处于 1%～8%，西部平均为 2.41%，东部平均为 3.81%，整体东部凹陷高于西部凹陷；有机质类型以 I 型和 II_1 型为主，西部以 II_1 型为主（齐家凹陷局部存在 I 型），东部主要为 I 型；热演化程度（R_o）处于 0.6%～1.2%，齐家—古龙地区为 1.0%～1.6%，三肇地区为 0.6%～1.2%，西部古龙地区 R_o 大于 1.0% 范围为 $8700km^2$，东部地区 R_o 大于 1.0% 范围为 $1060km^2$。综合应用岩相、TOC、滞留烃含量、R_o、气油比与脆性矿物含量等多项参数，评价青山口组页岩油一、二类有利区面积为 $1.46×10^4km^2$。其中一类区面积为 $2778km^2$、二类区面积为 $11800km^2$。大庆油田测算页岩油远景地质资源量为 $151×10^8t$，其中，R_o 大于 1.2% 的高成熟轻质油带资源量大于 $54.58×10^8t$，天然气为 $1.62×10^{12}m^3$。目前，古龙地区已提交页岩油预测地质储量 $12.68×10^8t$。

2）长 7_3 亚段纯正型页岩油有利富集区分布

此外，在长 7_3 亚段纯页岩段热成熟度（R_o）大于 0.7% 区域也存在纯正型中高熟页岩油，目前也开展了直井体积压裂改造试验，有 14 口井获工业油流，突破了出油关。2019

年部署城页 1 井和城页 2 井两口水平井，开展纯正型页岩油风险勘探攻关试验，两口水平井试油分别获 121.38t/d 和 108.38t/d 高产油流，也开启了探索纯正型页岩油中高熟区勘探发展的序幕，从城页 1 井 31 块岩心样品分析结果看，R_o 值分布在 0.72%～1.11% 之间，平均为 0.93%，压力系数在 0.8～0.9 之间。当然，由于热成熟度总体不高的原因，鄂尔多斯盆地长 7_3 亚段纯页岩段主要发育中低熟页岩油，需要地下原位转化技术突破才能实现大规模开发利用。所以，中高熟纯正型页岩油在鄂尔多斯盆地的发展潜力究竟有多大，还有待进一步研究和试采落实。从目前认识看，半深湖—深湖区厚层页岩夹有薄层粉、细砂岩，分布面积广，源储配置条件有利。R_o 大于 0.7% 的面积约 $2.6×10^4 km^2$，估算纯正型页岩油远景地质资源量约 $60×10^8 t$，是下一步中高熟页岩油攻关探索的潜在领域。如果按照本书提出的 R_o 大于 0.9% 和压力系数大于 1.2 作为中高熟页岩油的选区与选段的成熟度和地层能量门限，鄂尔多斯盆地中高熟纯正型页岩油的分布范围和资源潜力还需再落实，肯定会比已经预测的资源量要低。

3. 过渡型页岩油有利富集区分布

这里以准噶尔盆地吉木萨尔凹陷芦草沟组页岩油和渤海湾盆地沧东凹陷孔二段页岩油为例，进行陆相页岩油有利富集区分布评价。

1）准噶尔盆地吉木萨尔凹陷芦草沟组

准噶尔盆地吉木萨尔凹陷芦草沟组页岩油属于本书所称的过渡型页岩油，分布面积为 $1278×10^4 km^2$，埋藏深度为 1000～4500m，页岩油分上、下"甜点"，累计厚度为 25～30m。主要岩性为砂屑白云岩和白云质粉砂岩，孔隙度为 7.8%～25.5%，平均为 13.8%，油层渗透率为 0.01～9.47mD，平均为 0.096mD，物性较好。密闭取心分析，芦草沟组储层含油饱和度中值高达 73.4%。其中 I 类云质岩储层面积为 $460km^2$，II 类云质岩储层面积为 $594km^2$。页岩油有利区资源量为 $11.12×10^8 t$，其中，I 类区资源量为 $2.98×10^8 t$，II 类区资源量为 $6.2×10^8 t$，III 类资源量为 $1.95×10^8 t$。准噶尔盆地芦草沟组是我国启动的第一个陆相页岩油示范建设区，目前已探明页岩油地质储量 $1.53×10^8 t$，累计完井 180 口，其中水平井 101 口，已累计采油 $59.3×10^4 t$，累计建产能 $80.11×10^4 t/a$。

2）渤海湾盆地沧东凹陷孔二段

沧东凹陷为渤海湾盆地黄骅坳陷的一个次级构造单元，面积为 $1760km^2$，其中孔二段页岩油有利分布面积为 $430km^2$，属于本书所称的过渡型页岩油。富有机质页岩段具有高频纹层结构、高有机质丰度、高长英质等脆性矿物与低黏土含量的"三高一低"特征。TOC 主要分布在 2%～6% 之间，平均为 4.9%，最高可达 12.9%。页岩矿物组合主要由石英、长石和碳酸盐矿物组成，其中碳酸盐矿物平均含量为 34%，主要为微晶—泥晶级方解石和白云石；黏土矿物平均含量仅 16%。长英质纹层是页岩油富集的主要空间，其次是碳酸盐纹层。优选 TOC、R_o、S_1、OSI 与黏土含量等五参数作为富集区/段评价要素，落实沧东凹陷孔二段页岩油"甜点"分布面积 $260km^2$，7 个富集层累计面积为 $2062km^2$，计算沧东凹陷孔二段页岩油井控储量为 $10.96×10^8 t$。目前已有稳定生产水平井 25 口，日产油规模 300～350t。

应该说，陆相页岩油是一个全新领域，不论是页岩油富集规律与分布特征，还是页岩油流动机理与开发对策，都尚处于研究早期阶段，尚有许多科学技术问题亟待解决。所以，对页岩油的勘探开发要进入一个如常规油气藏那样的驾轻就熟状态，不仅面临诸多挑战，而且尚需时日。本书就陆相页岩油富集条件与分布特征作了粗线条的归纳总结，算作现阶段研究认识的总结升华，相信随着研究、勘探和试采的不断深入，随着一些科学问题和机理的逐步破译，陆相页岩油富集与分布理论还会继续完善。本书愿做推动陆相页岩油成藏理论与开发技术进步的阶梯，希望能有更多学者为完善中国陆相页岩油勘探开发理论贡献聪明才智。

编写本章的另一个目的，是希望在陆相页岩油勘探开发早期就能尽快建立富集区/段选择评价标准，以降低低效井和无效井发生的概率。由于现阶段尚无成熟理论指导，一些探区在笔者看来是不可能获得经济性发现的地区和层段打了不少井，虽然也获得了较高初始产量，看似取得了重大突破。实际上，如果用单井累计采出量是否能达到经济性来衡量，目前尚难肯定这些井是否有经济性，还有待时间检验。因此，本书提出了富集区/段选择的参数指标，是希望有助于提高有经济性探井比例，并能指导减少低效和无效井数量。

CHAPTER 6

第六章

页岩油勘探开发技术

北美海相页岩油成功的勘探开发实践表明，工程技术在改善页岩油经济性和实现大规模开发利用方面占有十分重要的地位。所以，讨论陆相页岩油的勘探开发问题离不开对海相页岩油相关技术内涵与地位的介绍。本章重点介绍北美海相与我国陆相中低熟及中高熟页岩油领域使用的勘探开发关键技术，并就相关技术内涵、技术优势与存在问题作画龙点睛式讨论，以期为读者提供更全面的视角，更好把握页岩油勘探开发全过程的技术对策。

第一节 北美海相页岩油勘探开发技术

导致北美海相页岩油勘探开发取得成功的关键因素有以下方面：一是超前部署的基础研究认识到页岩层系中以吸附态和游离态存在大量滞留烃物质，只要找到经济途径就可以"变废为宝"；二是有一批像乔治·米歇尔（George Mitchell）这样的油藏工程师敢于"吃螃蟹"，面对未知勇于探索创新，而且具有不达目的誓不罢休的坚韧；三是工程技术的进步，让不可能变为可能，其中长井段水平井钻井、多段体积压裂改造技术与微地震监测技术等领域的颠覆性进步，让存在于页岩微纳米孔隙中的油气获得释放，并在人工缝网帮助下，实现了低丰度分布的石油烃"积细流以成江河"，让原来认为没有经济性的资源变成了经济可开发利用的资源。现在看来，页岩领域工程技术的进步关键是两步：第一步是如何利用新技术把页岩油气"拿"出来；第二步是如何依靠技术创新降低成本，实现有利可图的勘探开发。

本节重点介绍与页岩油有关的地质评价、钻完井技术、开发方案、压裂改造等方面的技术进展，以期为我国陆相页岩油勘探开发技术进步与依靠技术支撑陆相页岩油实现快速健康发展提供参考依据。

一、地质评价

开展页岩地质评价是优选页岩油富集区/段、从而实现效益勘探的关键环节。地质评价包括烃源岩品质评价、储层品质评价、"甜点"富集区/段评价与产能预测等。要做好地质评价首先是整体认识页岩油滞留地质条件，再对制约页岩油富集区/段形成分布的诸多地质要素进行综合评价。在此基础上，按多因素最佳匹配的区/段列为页岩油地质"甜点"，作为页岩油勘探和试采的重点目标。本书前面诸多章节的论述，都是页岩油地质评价的重要内容，为避免重复，本章不作过细重复性介绍，仅就北美页岩油富集区/段选择与地质评价的标准和主要内容作粗线条介绍，以期为我国陆相页岩油地质评价提供借鉴。

1. 烃源岩评价

富有机质烃源岩是页岩油规模富集的物质基础。由于海相页岩横向分布稳定，面积普遍较大，多数面积大于 $5 \times 10^4 km^2$。因此，可以比较容易通过钻井及地震预测进行横向识别和追踪。北美地区页岩油主要产区富有机质页岩厚度多在 40m 左右。TOC 大于 2%，多数在 3% 以上，最大超过 20%（见表 2-2），有机质类型以 II 型为主，部分 I 型，氢指数（HI）平均大于 400mg/g，部分可达 500~700mg/g，热成熟度（R_o）最佳窗口为 0.9%~1.3%，主体达 1.3%~2.0%。气油比（GOR）多数大于 $100m^3/m^3$ 最高大于 $850m^3/m^3$；压力系数普遍偏高，在 1.3~1.8 之间。烃源岩品质偏好，是海相页岩油单井产量（30~60t/d）和单井累计采出量偏高（$>4 \times 10^4 t$）的重要原因。

2. 储层评价

储层评价是决定水平段井眼轨迹与多段压裂方案的基础。页岩油储层评价重点关注储层物性、脆性与厚度。北美海相页岩油储层整体属于致密储层，孔隙度达到 4% 以上，渗透率一般为 0.04～1mD。储层厚度为 3.1～12.2m，储层质量比较好。储集空间类型以粒间孔、有机孔及多类裂缝为主。如前述，威利斯顿盆地巴肯组中段孔隙类型主要为粒间孔和溶蚀孔，其中云质粉砂岩物性较好，孔隙度主体介于 8%～12%，渗透率平均为 0.04mD；砂质白云岩孔隙度大于 3%，渗透率小于 0.1mD，脆性矿物含量为 50%，含油饱和度为 50%～71%。西部海湾盆地鹰滩组页岩与威利斯顿盆地巴肯组相似，但有机孔发育程度更高，主要表现在有机质内部发育大量纳米级微孔，为油气提供了较多的储集空间（图 6-1）。储层孔隙度为 5%～8%，渗透率为 0.3～3.0μD，平均为 0.7μD。

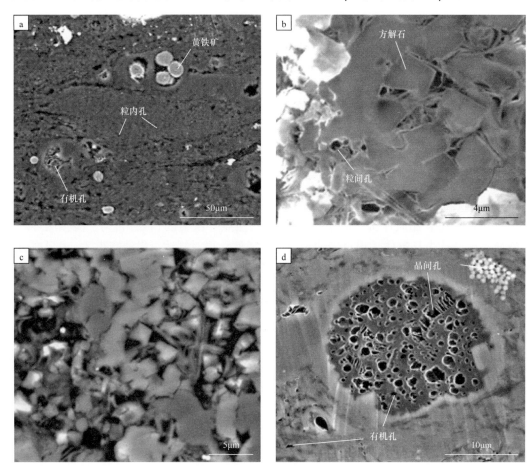

图 6-1　鹰滩组储层储集空间典型电镜照片（据 CNPC—Shell 页岩油项目组，2014）
a.有机孔与粒内孔；b.方解石粒间孔；c.黏土矿物粒内孔与方解石粒间孔；d.有机孔

3. 资源潜力评价

本单元以威利斯顿盆地巴肯组为例，介绍北美海相页岩油资源潜力评价的流程与评价参数取值要求。为落实巴肯组上段与巴肯组下段资源潜力，首先对优质页岩平面分布进行成图，在此基础上，落实优质页岩厚度、TOC 含量与平面变化以及 HI 等关键参数。巴肯组上段与下段的富有机质页岩厚度与 TOC 差异很大，下段页岩分布有限，但厚度较大，而上段页岩分布广泛但厚度偏薄（图 6-2a、b）。图 6-2c、d 为巴肯组上段页岩和下段页岩的 TOC 分布图。总体看，沿着盆地东部边缘，巴肯组页岩有机质含量较低（TOC＜10%）（图 6-2c、d）；盆地中部巴肯组上段页岩和巴肯组下段页岩的 TOC 含量较高，TOC 大于 17%（图 6-2c、d）；蒙大拿州中部和东部巴肯组页岩 TOC 含量中等（TOC 含量为 13%～17%）。根据美国岩心公司分析资料，未成熟巴肯组页岩在北部加拿大境内的 TOC 含量平均超过 20%，高于美国未成熟巴肯组页岩的 TOC 含量（＞17%）。在盆地东部，由于有 Ⅲ 型干酪根输入，HI 小于 300mg/g（HC/TOC）。盆地中部埋藏深度偏大，有机质类型主要为 Ⅱ 型干酪根，巴肯组页岩的 HI 在 500～650mg/g（HC/TOC）之间。蒙大拿州中部和东部 HI 快速降低，可能与热演化成熟度较高有关。在巴肯组埋深最大的区域，HI 低于 100mg/g（HC/TOC）。通过经验方法恢复原始的 HI，以落实研究地质历史时期巴肯组页岩的生烃效率，以便更客观地评价资源潜力。采用体积丰度（有译容积法的）与体积法评估页岩油资源潜力，是目前美国经济地质调查局等机构最为通用的做法。

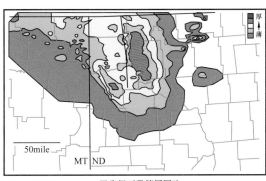

a. 巴肯组下段等厚图/ft

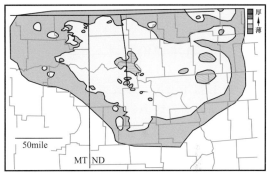

b. 巴肯组上段等厚图/ft

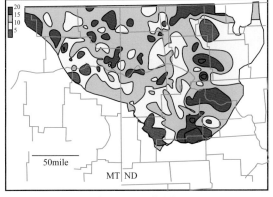

c. 巴肯组下段TOC等值线图/%

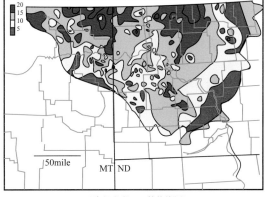

d. 巴肯组上段TOC等值线图/%

图 6-2 巴肯组关键参数平面分布图（据 Jin 和 Sonnenberg，2013）

MT—蒙大拿州；ND—北达科他州

4. 页岩油"甜点"评价

页岩油"地质甜点"是一个"体"的概念，具有平面分布区和纵向层段三维含义，按质量和品位分级评价。平面分布区评价包括对远景区、有利区、核心区和"甜点区"进行识别和划分，纵向层段评价包括对远景段、有利段、核心段和"甜点段"进行识别。关于"甜点段"评价，EOG 石油公司建立了较为系统的评价流程，具体为：（1）开展沉积相研究，首先判断目的层是否为深水沉积，进而划定远景段；（2）开展目的层的层序地层结构及岩性特征研究，优选有利沉积环境区的最有利层段，作为核心层段；（3）在最有利层段内，根据有机质含量、含油饱和度等参数，寻找最优质的页岩油富集段，即"甜点段"。

除"地质甜点"外，页岩油评价还涉及"工程甜点"和"经济甜点"。"工程甜点"关注岩石可压裂性、地应力各向异性等方面；"经济甜点"关注资源丰度、资源规模、原油品质、埋深、地面条件等内容。北美勘探实践表明，海相页岩油"甜点"评价应重视三类"甜点"的空间匹配及综合评价。"地质甜点"的评价可有效指导水平井井组部署和水平井靶点位置选择，结合工程参数，对水平段的压裂级数、簇数、级 / 簇间距、压裂规模等均具有很好的指导作用。威利斯顿盆地通过对巴肯组页岩开展烃源岩、含油（滞留烃）量、压力系数、资源量等综合地质评价，最终锁定了盆地中东部的页岩油"甜点区"（图 6-3）。

二、测井评价技术

利用测井资料，开展页岩油评价，涉及烃源岩品质评价、储层品质评价与含烃饱和度评价等方面。烃源岩品质评价主要是有机质丰度评价。在仅有常规测井资料时，依据烃源岩一般具有高声波时差、高中子孔隙度、高电阻率与低密度的特征，采用 Passy 于1990 年提出的 $\Delta LogR$ 方法，利用三孔隙度测井与电阻率测井资料来计算 TOC 含量；在有核磁共振测井资料时，也可以利用 Jacobi 于 2008 年提出的核磁共振和密度测井相结合的方法计算 TOC 含量。该方法依据的原理是，由于干酪根与地层流体密度相近，干酪根在密度测井上易被识别为孔隙，而核磁共振测井仅响应于地层流体，干酪根在核磁共振测井上表现为骨架，因此利用密度测井与核磁共振测井分别确定的孔隙度的差值，可计算干酪根体积，进而可将干酪根体积转换为 TOC 含量。在采集利用脉冲中子源的地层元素能谱测井资料时，由于其可以同时测量非弹性散射伽马能谱和俘获伽马能谱，对非弹性散射伽马能谱解析后，可获取地层总碳含量，从总碳含量中扣除无机碳含量，就可得到有机碳含量。

在储层品质评价方面，国外主要有三类方法值得学习和借鉴，一是 Paul Craddock 提出的产油指数法；二是 Freedmann 提出的综合利用密度、核磁共振及元素测井资料的含烃体积计算法；三是由 Vivek Anand 等介绍的二维核磁共振计算孔隙流体法（利用 T_1/T_2 识别页岩储层孔隙流体类型）。

产油指数（RPI）法的基本原理是，地层中总有机碳含量通常为固体（干酪根、沥

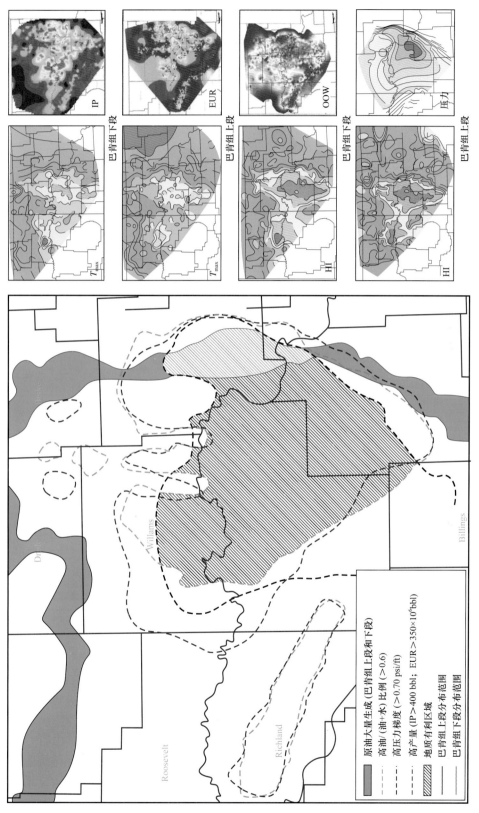

图6-3　巴肯组"甜点区"与相应的地质条件图（据崔景伟等，2015）

青）和液体（孔隙中油气）碳含量的总和，对于页岩油而言，干酪根中有机孔的贡献比固体骨架矿物中无机孔的贡献要小得多，因为干酪根会吸附页岩油并发生膨胀。此外，固体沥青的存在还会堵塞有效运移通道。因此目前经济技术条件下真正反映页岩油产出能力高低的参数是油的碳含量与总有机碳含量的比值。利用核磁共振测井计算含油体积并将其转换为油的碳含量，最终得到油的碳含量与总有机碳含量的比值，可利用该参数识别页岩油"甜点"发育段。图 6-4 为产油指数法在北美二叠盆地的一个应用实例。该实例中产油指数大于 0.1 的层段是页岩油"甜点段"。

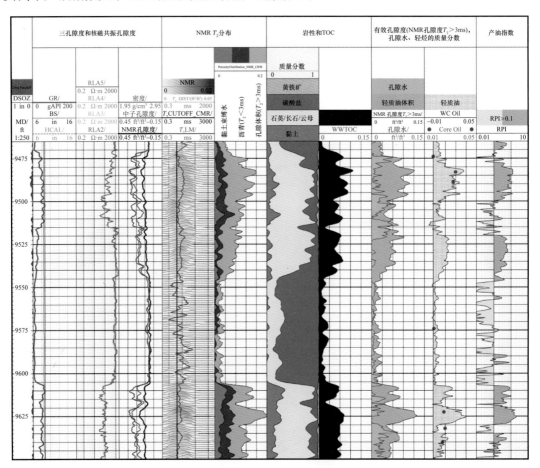

图 6-4　北美二叠盆地巴肯组含油气系统产油指数法应用实例

含烃体积计算法考虑了轻烃对地层密度和核磁共振孔隙度测井值的影响与干酪根对地层密度测井值的影响两方面。联合页岩储层地层密度、核磁共振孔隙度与 TOC 含量的岩石物理响应方程，推导出具有较好解释精度的页岩油—致密油储层总孔隙度、流体体积和干酪根体积。图 6-5 为二叠盆地页岩油—致密油井的含烃体积法评价结果。在该案例中测井段进行了取心，图 6-5 中上部和下部分别是斯帕贝瑞组和狼营组岩心分析结果（用红色菱形块表示）。图 6-5 中深度道右侧第 1 道是根据元素测井处理得到的矿物含量，第 2 道为由元素测井数据得到的 TOC 结果与岩心分析值的对比，第 3 道显示全井段密度孔隙度与核磁共振总孔隙度，第 4、第 5 和第 6 道分别为计算得到的页岩总孔隙度（PHI）、干酪根体积（VKER）及总烃体积（VHC）。第 4 道—第 6 道的测井预测值和岩心分析值非常接近，代表着这种方法解释的精度水平。

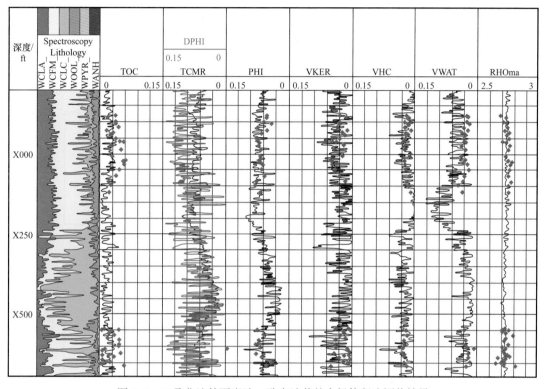

图 6-5　二叠盆地某页岩油—致密油井的含烃体积法评价结果

　　二维核磁共振测井法的基本原理是，不同组分如沥青、黏土束缚水、毛细管束缚水及可动油在核磁共振纵向弛豫时间 T_1 与横向弛豫时间 T_2 上会有不同的分布区，可用 T_1 和 T_2 谱的交会图进行不同孔隙液体的识别评价。图 6-6 为鹰滩组不同孔隙流体组分的 T_1—T_2 分布图，可见对沥青、束缚水和可动烃的区分与识别还是显而易见的。图 6-7 为二维核磁共振测井法在鹰滩组的应用实例，图中的第 7 道为利用二维核磁共振测井得到的含油体积与岩心分析 S_1 结果的对比，二者吻合比较好。

　　由于页岩储层需要压裂改造才能获得工业油流，国外非常重视利用资料对页岩地层工程品质进行评价。通常需要采集阵列声波或者扫描声波测井资料，利用各向异性模型计算地层水平主应力大小，利用弹性模量法计算地层脆性指数，为评价地层可压裂性提供决策依据。

　　在"甜点"判识方面，突出在储层品质与工程品质评价基础上的综合评价。其中，储层品质和工程品质均好的层段定为一类"甜点段"，压裂试油可获得较理想的结果，储层品质和工程品质均最差的列为四类层，一般压裂后无工业产量。居于二者之间的，视储层和工程品质倾好或倾差，列为二、三类"甜点"。

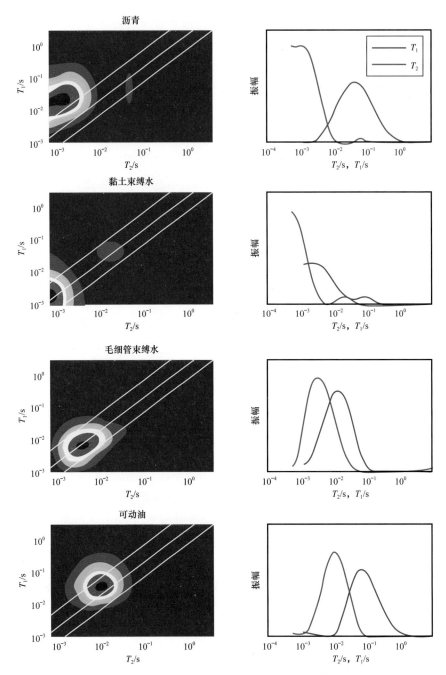

图 6-6　鹰滩组不同组分的核磁共振 T_1—T_2 分布图

三、钻完井技术

水平井钻完井技术是北美页岩油勘探开发最关键的技术之一，并在实践中不断优化和完善。以威利斯顿盆地巴肯组为例，1987 年利用割缝衬管完井技术完成了巴肯组上段

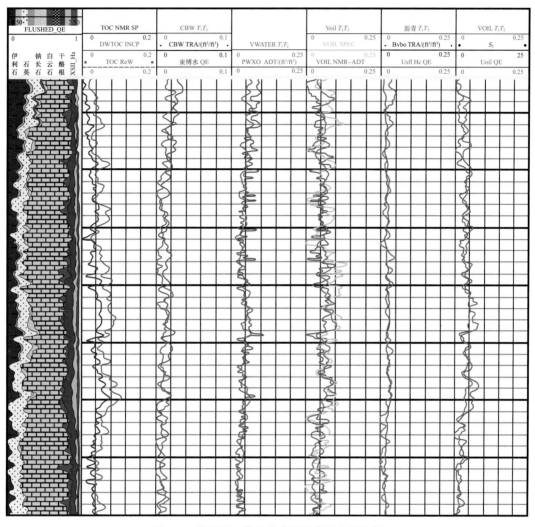

图 6-7　鹰滩组二维核磁共振测井法应用实例

页岩的第一口水平井；2008 年以后借鉴页岩气开发的成功经验，大规模使用水平井钻完井与水力压裂技术，推动巴肯组石油资源实现规模开发。目前，威利斯顿盆地巴肯组主要完井方法是尾管 / 套管固井 + 桥塞多级射孔完井和裸眼多级完井系统，其中裸眼多级完井系统旨在提高多级压裂的重复性和可靠性。根据 Daniel 等对巴肯组某一区块水平段长度和分段完井段数相似井的研究，发现使用裸眼多级完井系统后，单井平均初始日产油量为 202t（1474bbl），比尾管 / 套管固井 + 桥塞多级射孔完井产量（930bbl/d）提高了 58%（图 6-8），同时平均 30 天和 60 天的采油速度分别增加了 48% 和 57%。因此，在水平段长度和分段数相近情况下，裸眼多级完井系统明显优于尾管 / 套管固井完井。

　　近年来，西部海湾盆地鹰滩组页岩层系水平井钻井面临 8 个方面挑战：（1）储层埋藏偏深，平均井深 4300m，垂深 2500m，水平段长度约为 1600m，对钻井设备、定向井技术、钻井液技术等都提出了更高要求；（2）造斜点深，造斜率（12°～15°）/30m，造斜井段扭矩及摩阻大，深部地层滑动钻进面临困难；（3）水平井段长，定向水平井轨迹控制要求高；（4）造斜井段泥岩厚度大，断层发育，井壁不稳定等问题突出，钻井施工存在较大风险；（5）地层非均质性强，机械钻速变化大，对钻头稳定性要求高；（6）全井钻井和建井周期长，钻井成本高，以一口井深4200~4500m、水平段长度1600m的井为例，单井钻井周期15天，单井钻井成本为1750万~2100万元（250万~320万美元）；（7）受井场限制（土地的有效使用），对定向井轨迹要求高；（8）上覆奥斯汀组白垩层整体为低压，易造成钻井液漏失，井壁失稳也会对批量钻井作业造成影响。

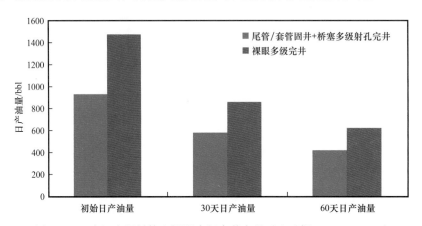

图6-8　巴肯组水泥衬管和裸眼多级完井产量对比（据Daniel，2010）

针对上述问题，石油公司与工程作业公司研发了应对技术，包括：（1）优选钻井模式。采用在一个平台上钻多口水平井的布井方式（图6-9），多口井依次进行一开、二开的批钻作业。采用平台化钻井模式具有减少单井井场占用土地面积、实现批钻作业提高作业效率、钻井液重复利用率高、节省钻井周期等优点，在提高效率的同时有效降低成本。（2）优化井身结构。针对单井平均机械钻速低、易出现憋压憋扭矩、全井套管费用高等问题，通过对早期作业资料以及钻完井、压裂现场作业数据分析对比，对井身结构优化，使全井平均机械钻速提高20%，全井段套管费用降低约15%。（3）优选钻头。为了提高作业效率，按照"优先选用PDC钻头、提高机械钻速，增加单钻头总进尺、确保3个钻头三趟钻具完成全井钻井作业"的原则，选用PDC钻头进行鹰滩组页岩钻井作业。（4）优化钻井液。上部井段作业时，优选水基钻井液，提高钻井液的携砂性能，保证井眼清洗效率，实现快速钻进；大曲率造斜井段及水平段作业时，由于页岩储层的层理或者裂缝发育、蒙皂石等吸水膨胀且水平段设计方位须沿最小主应力方向等特性，优先选用油基钻井液，防止黏土膨胀，钻井液油水比维持在75∶25左右，保持高的钻井液流变性能，强化井眼稳定性，预防钻井液漏失，减少摩阻和扭矩，提高机械钻速，确保了钻井作业安全快速完成。

二叠盆地狼营组页岩油钻完井技术近期进步也很大，借助长水平井侧钻和优化完井技术，狼营组页岩层系石油产能得到较大提高。狼营组水平井段的平均长度从2005年的750m增加到2018年的2500m。通过水力压裂过程中更有效地使用砂量或支撑剂以及拉链式压裂，进一步提高了完井效率。狼营组生产井数量从 2005 年的 2200 口增加到 2018 年的 7750 口。根据美国能源信息署（EIA）预计，狼营组产量贡献将继续推动二叠盆地产量增长。截至 2018 年 9 月，狼营组的原油日产量约为 $14×10^4$t，天然气日产量约为 $1.14×10^8$m³，原油产量占二叠盆地原油总产量的三分之一，天然气产量占二叠盆地天然气总产量的三分之一以上。

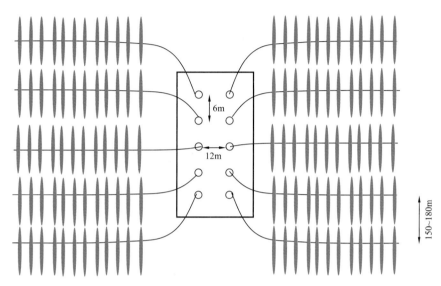

图 6-9　北美地区 Pad 钻井模式布井方式示意图（据黄伟和，2019）

北美海相页岩油在长井段水平井井眼轨迹控制技术方面也取得重要进展。旋转导向钻井技术是在 20 世纪 90 年代问世的一项高新钻井技术。北美页岩油钻井作业中，主要使用第二、三代旋转导向工具，其造斜率可达 15°/30m 以上，可满足复杂井眼轨迹钻进，缩短钻井周期，缩短靶前距，增加油藏揭露面积，如巴奈特组页岩水平井通过高造斜率旋转导向系统，其靶前距缩短了 180m 左右，增加了水平井段的泄油面积。以 2012 年鹰滩组页岩一口设计造斜率为 8°/30m 三维水平井为例，应用贝克休斯公司高造斜率旋转导向系统和定制 PDC 钻头一次下井钻进 3217.8m，完成了直井段、造斜井段和水平井段的钻进，实现了二开一趟钻完钻，共用时 5.95 天，平均机械钻速为 27.43m/h，比邻井缩短 2.5 天，节省钻井费用大约 8 万美元。

在高效破岩技术方面，北美主要石油公司也开展了大量研究工作。目前，PDC 复合片全角度脱钴技术成熟，显著提升了切削齿的抗研磨性和热稳定性，大幅延长了钻头寿命，提高了机械钻速和长水平段的钻进能力。除钻头脱钴技术外，在 PDC 钻头其他方面的技术也得到了快速发展，如 Smith 公司的 StingerPDC 钻头，其将 PDC 中心的常规复合片更换成锥形金刚石镶齿（CDE）使钻头保持居中状态，增加钻头稳定性，同时提高了钻头中心区域的破岩；贝克休斯公司的 Talon™ 3D 钻头，通过 StaySharp™ 切削齿、缩短保径等技术改善了钻头的水力效率、导向控制能力和可靠性，延长钻头运行寿命；贝克休斯公司的 Ulterra CounterForce PDC 钻头，采用独特的切削齿结构来降低钻头的扭矩和振动，以增加稳定性、提高机械钻速；Smith 公司的 ONYX 360 钻头，在 PDC 钻头靠近外边缘处安装了可 360° 自旋转的 PDC 复合片，靠牙齿的旋转实现均匀研磨和受热，起到了冷却牙齿作用，提升了切削部件的耐久性；同时，Smith 公司的钢体 PDC 钻头 Spear，专用于页岩油井，通过改善外形和增强水力能量提高岩屑运移能力和机械钻速，在美国下井 6000 余次，机械钻速提高 22% 以上；哈里伯顿公司新型 Energy Balance 钻头，利用最佳位置和导向牙轮、动态平衡切割结构和 ANTI-TRACKING 反轨道设计方法，使钻头处于近平衡状态，大幅提高轴承寿命，降低不必要的起下钻风险。以美国西部海湾盆地鹰滩组页岩作业区的一口水平井为例，应用定制的 $8^1/_2$in SpearSDi513 钢体 PDC 钻头，配合斯伦贝谢公司 $6^3/_4$in PowerDrive Archer 系统（长度 5.05m，最大造斜能力 15°/30m），一次下井钻开表层套管鞋后一趟钻完成直井段、造斜井段和水平段进尺共计 3277.8m，实现二开一趟钻工艺，平均机械钻速为 16.76m/h，用时 8 天，比邻井节省 4 天。

在钻井液技术方面，北美一开始采用以柴油基为主的油基钻井液，对环境污染比较严重。后来利用矿物油基钻井液取代柴油基钻井液，降低油基钻井液毒性和钻井液中芳香烃含量，减少后期处理成本和对环境的影响，虽然成本增加，但减少了后期 HSE 操作成本，提高了综合效益。同时将钻井液循环利用，既节约成本又可以减少对环境的污染。据报道，西南能源公司在 Fayetteville 页岩区采用钻井液重复利用技术降低钻井液成本 48%，降低后期处理成本 55%，减少基础油 31%。近年来，因环保要求提高，部分区域甚至限制了油基钻井液的使用，各大油气服务商开发了多种适合页岩开发的个性化高性能水基钻井液体系。如 Newpark 公司研制了环保型高性能水基钻井液 Evolution 体系，该体系获得了第九届 Word Oil 最佳钻完井液和增产液体类大奖、勘探与生产（E&P）"工程技术创新特别贡献奖"，已成功应用于北美密西西比系、海因斯维尔组、巴奈特组页岩和加拿大页岩油区块，钻速和润滑性能与油基钻井液相当。针对海因斯维尔组、Cotton Valley 组及巴奈特组页岩分别形成了密度为 $1.90\sim2.30$g/cm^3、$1.50\sim1.70$g/cm^3、$1.10\sim1.20$g/cm^3 的三套高中低密度配方，已先后应用于 4000 余口井，最深井深 7753m、最长水平段 4300m、最高密度 2.4g/cm^3、最高温度 203℃。Evolution$^®$ 水基钻井液在海因斯维尔组页岩水平井中应用，造斜后机械钻速达 $27.45\sim36.6$m/h，水平段最大单日进尺 339m，页岩水平段钻进过程中没有出现坍塌等复杂情况，电测、下套管等一次到底，为安全快速钻井提供了有效保障。斯伦贝谢公司研制了多种适用于页岩水平井的环保型高性能水基钻井液体系，包括 UltraDril 体系、Kla-Shield 体系和 HydraGlyde 体系等。UltraDril 体系主要使用了页岩稳定剂 UltraHib、聚合物包被剂 UltraCap 和钻速增效剂 UltraFree 等，能够提供良好的抑制性、润滑性、井眼净化能力和较高机械钻速，其无毒性使钻井作业产生的钻屑可直接排放，完钻后钻井液可回收使用，大大降低了钻井成本，目前该体系已成功用于环境敏感地区的高活性页岩钻井。Kla-Shield 体系主要使用了液体聚胺页岩抑制剂 Kla-Stop、聚合物包被抑制剂 Idcapd、架桥剂 Safe-Carb、两种润滑剂 Lotorq 和 Lube-776 等，该体系已成功用于北美 Alaska 区块页岩钻井；HydraGlyde 体系主要由低分子量聚合物包被剂 HydraCap、氨基页岩抑制剂 HydraHib 和钻速改进剂 HydraSpeed 组成，在得克萨斯的狼营组页岩区应用，可提高钻速 21%，降低摩阻 22%。哈里伯顿公司针对美国不同页岩区的页岩地层开发出了相应的环境友好型水基钻井液——ShaleDril 水基钻井液体系。这些个性化水基钻井液可替代油基钻井液，对页岩膨胀、坍塌等有很强的抑制作用，并具有很好的润滑性，可增强井壁稳定性，改善井眼清洗效果，提高钻速，并且钻井液可重复利用，减少钻屑的处置费用，降低钻井液综合成本。贝克休斯公司针对页岩地层开发了一种水溶性页岩控制及井壁稳定剂——Shale-Plex，将其加入公司的 PepforMax 钻井液体系或 Terra-Max 钻井液体系，可有效改善岩屑及井壁的稳定性，增强钻井液的润滑性。

辅助破岩工具，主要是在钻具中增加一个辅助工具，以提高钻头破碎岩石的能力，如扭力冲击器、水力振荡器（加压器）、岩屑清除器等。阿特拉能源公司研制的扭力冲击器（TorkBuster）近些年已得到了广泛应用，机械钻速提高 150% 以上，钻头寿命延长 50%，在国内昌吉油田吉 34 井开展了阿特拉公司的扭力冲击器 +U416M 钻头提速试验（蒋建伟等，2013），单只钻头进尺、钻速相比牙轮钻头分别提高了 247.3% 和 98%，减少两次起下钻时间，同比节约钻井时间约 8 天，为该区页岩油钻井提速提效增添了新的技术手段。

四、压裂改造技术

与钻完井技术一样，压裂技术是实现页岩油资源经济开发的关键技术之一。在页岩油开采过程中，面临流体流动能力差、产能低、产量递减快等难题，压裂改造是建立人工流动通道，实现页岩油提产增效的关键措施之一。体积压裂与重复压裂是目前北美地区页岩油资源开发最常用的两项关键技术（Weijers L 等，2019；Ciezobka J 等，2018）。

1. 体积压裂技术

体积压裂是指在水力压裂所形成的主裂缝基础上，通过加大注入流体规模，再形成多条分支裂缝，从而在三维空间对储层进行有规模的改造。产生的分支缝可以沟通储层的天然裂缝，能够增大井筒与储层有效接触面积，提高增产效果。通过模拟单一裂缝与体积压裂所形成复杂裂缝时的压力分布可看出，体积压裂形成的复杂裂缝系统使得压力波及范围较大，有效缓解了单一裂缝直井在开发后期导致的近井低压问题。目前体积压裂技术主要包括水平井多井同步压裂技术、水平井分段"两步跳"压裂技术以及水平井多井"错位"同步压裂技术。

1）水平井多井同步压裂技术

水平井多井同步压裂是指在平行的两口及以上水平井同时进行压裂改造，利用产生较大的地层压力，在储层中可创造更复杂的裂缝系统，以扩大井筒与储层的有效接触面积（M Rafiee 等，2012）。同步压裂施工的示意图见图 6-10，①—④为压裂施工顺序。多井同步压裂利用应力干扰形成的复杂缝网，与常规压裂相比，效果更好。同步压裂技术也存在其局限性，首先两口井的干扰作用只有在裂缝尖端产生，储层被改造的程度较小，增产措施不够明显。其次，扩大压裂裂缝的长度可以改善应力干扰所带来的增产效果，然而这种效果改善会间接导致压裂井之间的窜流，对油田生产产生负面作用。因此，在施工时，必须优化压裂裂缝长度。例如，200m 井间距时，在交错布缝的条件下，优化压裂裂缝长度为 140～150m，这样既能增大单井有效驱替范围，又能有效避免井间窜通。

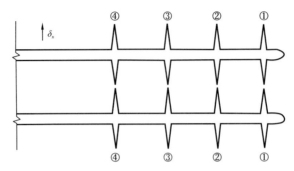

图 6-10　同步压裂示意图（据 M Rafiee 等，2012）

2）水平井分段"两步跳"压裂技术

"两步跳"多段压裂技术是在美国得克萨斯州率先使用并取得明显成效的技术，业界也把水平井分段"两步跳"称为得克萨斯州"两步跳"技术（M Y Soliman 等，2010）。技术作业时，首先从最远处进行压裂，接着向井方向移动，重复压裂，随后在前两次压裂段中间进行第三次压裂，使两段裂缝形成一定干扰，这样可以充分利用岩石的应力场，形成应力松弛缝，可更好沟通各个压裂段之间的页岩储层，增大体积压裂改造效果，有效增加单井产量。压裂施工示意图见图 6-11，①—⑤依次为压裂施工顺序。在现场施工时，"两步跳"压裂技术要求较为严格，需要使用特殊的井下作业工具，如果操作不当，还会造成井筒壁面的地应力发生反转，产生纵向裂缝，从而导致油井砂堵甚至井壁坍塌。

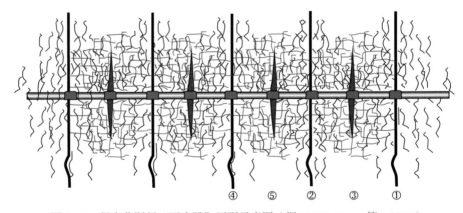

图 6-11　得克萨斯州"两步跳"压裂示意图（据 M Y Soliman 等，2010）

3）水平井多井"错位"同步压裂技术

由于多井同步压裂以及得克萨斯州"两步跳"压裂技术在现场使用时都有其局限性，因此可以将两种压裂技术巧妙结合，形成"错位"同步压裂技术（M Rafiee 等，2012）。"错位"压裂技术结合了前两种压裂技术的优点，其作业过程与多井同步压裂技术类似，依次从井眼最远端向井根方向进行压裂（流程见图 6-12），唯一不同的是，A 井和 B 井的井位正好错开，因此，B 井①处裂缝尖端附近的压裂效果就会受 A 井①和②应力共同干扰的作用；同时，"错位"同步压裂中间主裂缝宽度和长度受应力干扰影响较小，降低了应力反转的概率以及砂堵的风险，从而形成较为复杂的缝网系统，依此类推。B 井压裂作业位置都会受 A 井两处压裂效果的作用，从而改善了同步压裂以及"两步跳"压裂的不足，在现场操作时，无需特殊的井下作业工具，降低了施工过程的难度。

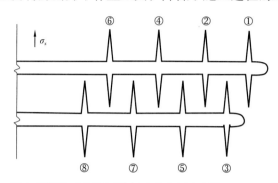

图 6-12　得克萨斯州"错位"同步压裂示意图（据 M Rafiee 等，2012）

2. 重复压裂技术

重复压裂技术，顾名思义，就是在先前已实施过压裂的井筒二次或多次实施再压裂的技术。已压裂过的层段，由于油藏自身或工艺方面原因，产量递减到需要进行二次或更多次压裂，才可能维持足够高的产量，这种压裂作业称为重复压裂，也简称复压。页岩油在开采一段时间后，地层能量会大大降低，投产前形成的人工裂缝会由开启状态转为闭合状态，重复压裂会形成一个应力区带，延伸原有裂缝，或者提高砂量以增加裂缝导流能力。北美勘探实践表明，重复压裂主要使用封堵剂等对油层中的高渗裂缝进行封堵，迫使低渗裂缝开启并提高压裂效率。若压裂过程中，压裂液向最小应力方向发展，并未形成裂缝网络，那么储层就未得到较好动用，同时封堵剂向最小应力方向增加会导致油层中含水量增加。由于出水，油井产量会逐渐递减。因此，重复压裂在暂堵材料和工艺及压裂设备方面仍有难点需要突破。从北美页岩油生产实践看，压裂过程中存在蠕变、裂缝复杂程度较低、压裂覆盖率低、改造不充分、邻井压裂影响导致单井丧失产能或降产等问题。生产评价已证实，只有 64% 的射孔簇对生产有显著贡献，还可以对剩余 36% 进行压裂改善。重复压裂技术是解决这些问题比较有效的措施。

重复压裂作用机制主要有以下几种：（1）开启新的裂缝，使产量较大幅度增加；（2）使原有裂缝重新开启，或延伸原来裂缝长度，增加改造体积；（3）解堵通道，开启裂缝面，增加导流能力；（4）增加有效支撑剂，建立有效导流能力。目前的重复压裂工艺可以分为 3 大类（表 6-1）：

（1）用连续油管可控封隔器工艺管柱。该工艺管柱能通过连续油管带压拖动一次性完成多段射孔，利用双封单卡封隔方式从连续油管加砂压裂，依次完成分层段改造。国外主要运用井下工具或可降解暂堵材料进行重复压裂。

表 6-1　重复压裂工艺对比分析

工艺名称	操作性		适用范围
	优点	缺点	是否适用于页岩油
连续油管可控封隔器工艺	操作快捷，能够定点进行有效封隔；定点改造；可进行多段施工	无法达到页岩油改造施工排量	否。无法满足大排量施工，管径小，摩阻大，井口施工压力高，连续油管井口与管径承压值低
Eseal 工具封隔工艺	能够重新建立井筒完整性；有效封堵无产能段，重新改造有效储层段	对封隔材料质量要求高；价格相对较贵；操作工序较多，需要配套设备	能。能够重新定点射孔，重新改造
可降解暂堵工艺（国内采用暂堵球）	价格相对便宜；操作快速便捷，工艺简单；能够有效暂堵已改造位置；改造完毕后，暂堵能够自动降解，对井筒无影响	停泵后，对孔眼封堵将失效；无法进行多段重复改造，仅适用于少段改造	否。国内页岩油均采用多段改造，无法实现有效封堵多段，只能进行笼统重复压裂
可降解暂堵工艺（国外采用暂堵颗粒 + 暂堵粉末等）	价格相对便宜；操作快速便捷，工艺简单；到位封堵后，无论停泵与否，都可保持封堵	投放暂堵材料时，投放方式对配套设备存在一定的要求	能
其他常规重复压裂工艺	能够实现定点有效封隔，定点有效改造	无法满足页岩油水平井大排量、多段重复压裂改造的要求	否

（2）采用 Eseal 工具，封堵产能无贡献段，重建井筒内的完整性，进行重复压裂如图 6-13 所示。截至目前，利用 Eseal 工具在巴奈特组、马塞勒斯组、鹰滩组等完成了多口井的重复压裂作业，效果比较理想。

（3）采用可降解暂堵材料对页岩井进行重复压裂，属于最常用、最方便的方法。根据压裂设计，暂堵已射孔眼，重新射孔，进行压裂改造如图 6-14 所示。每孔需 2.3kg 暂堵材料进行封堵，可承压 69MPa。

五、开发模式

页岩油开发面临的主要挑战是整体有效可动用程度低、开发技术参数与成熟的生产制度不明确以及提高采收率的技术对策尚待试验落实等。本书讨论的页岩油开发方式，主要针对纯正型页岩油和过渡型页岩油，不包括致密油型页岩油，后者的开发方式、开发方案与开发技术实际上与低渗—特低渗透油藏的开发基本没有太大区别，二者单井产量的递减方式基本相同，如何补充地层能量以实现较高的采收率可以参照低渗—特低渗透油藏开发政策执行。而纯正型页岩油的开发经验国内外都尚无先例。过渡型页岩油除部分致密砂岩和致密碳酸盐岩生产油气外，还有一部分产量来自页岩层段，其开发方式更近似于纯正型页岩油而不同于致密油型页岩油，建议参照纯正型页岩油来落实开发方式和方案。正如本书前面有关章节所述，页岩中留滞的石油烃是由轻、中、重组分烃物

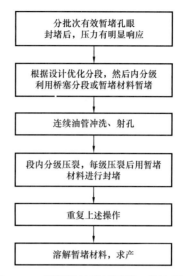

图 6-13 Eseal 工具重复压裂工艺流程图　图 6-14 暂堵材料重复压裂工艺流程图

质构成的混合物，且有极强的空间非均质性。如果把常规油藏中烃物质也看作是多组分烃物质混合物，其充其量为经过烃源岩层内黏土颗粒构成的微纳米孔隙过滤后的烃类物质，成分构成相对均一，这就好比是经过纱包过滤的豆浆。而页岩地层中的石油烃实际上是轻、中、重烃组分和重质组分（沥青、胶质和含杂原子的化合物等）的混合体，各组分含量与构成差异明显，就好比刚刚被碾磨好的豆浆与豆渣的混合体，并未经过纱包的过滤。在这种情况下，要让页岩油从页岩的微纳米孔隙（还有若干微裂缝及层理缝）中流出实际上有很大的不确定性，首先要满足黏土矿物对石油烃的吸附，然后才有可游离烃流动。其次是黏土颗粒组成的微纳米孔喉网络能够允许什么组分的烃物质通过其流出。很显然，烃物质分子过大，流动性不好，就很难通过微纳米孔隙系统流动，也就谈不上流出了。再次是多组分烃物质混相以后导致的流度变化，将对石油烃，尤其是部分重烃物质的产出有十分重要的促进作用。而决定页岩油烃物质流度改善的程度又与轻烃和中烃组分的比例有关，显然轻组分多，分子小，易流动性好，自然从页岩微纳米孔隙中产出的就多。最后，页岩层系的自封闭性与温压环境也对页岩油的产出数量有重要影响，在保存条件有利的页岩中，轻组分烃被滞留其中的数量就多，自然能够产出的石油烃比例就高，而压力比较高的情况下，当轻、中、重组分烃混相且改变了流度以后，驱使更多的重组分烃从黏土颗粒构成的微纳米孔隙中流出的概率就高。总而言之，页岩油的开发方式尚未形成，需要新的试采摸索才能逐渐明晰至成型。

北美的页岩油严格讲并非真正的页岩油，而是从与页岩构成互层层系的致密砂岩和碳酸盐岩中产出，应该划归致密油范畴。本章对该页岩油开发方式的介绍，其成功和可借鉴之处也只适用于我国陆相致密油型页岩油，而纯正型页岩油开发在开发方式选择上是不能完全照搬北美方式的，这是本章需提示读者该注意之处。当然，这里说的重点是页岩油开发方式与生产制度方面，关于开发井的钻井方式与布井方式等，如工厂化作业（井工厂）、勘探开发一体化以及地质工程一体化、开发工程一体化等作业方式都是相同的，实际上页岩油与致密油乃至非常规资源开发，实际上并无不同。

为了实现页岩油高效开发，一体化勘探已不单是一种作业方式，更是一种渗透到页岩油从勘探到开发全过程的理念。总结北美海相页岩油的成功经验发现，做到了两个一体化：一是地质工程一体化，二是工程开发一体化。地质工程一体化中的"地质"泛指以油气藏为中心的地质建模、地质力学、油藏表征、油气藏工程评价等，而不是简单的地质学科上的"地质"；"工程"是指在勘探开发过程中，对从钻井到生产全过程工程技术及解决方案进行针对性筛选、优化并指导作业实施。地质工程一体化，就是围绕提高单井产量这个关键，以三维地质模型为核心，以储层综合评价为重点，开展与储层地质特征、力学特征等地质条件相适应的工程体系整体部署和实施作业。工程开发一体化指的是将工程作业与油藏开发相结合，做到边钻井、边压裂、边生产，用最短的周期和最有效的方式，获得页岩油最大产量。常说的井工厂作业模式就是工程开发一体化的具体表现方式。井工厂作业是利用一系列先进钻完井技术、装备和通信工具，达到对整个建井过程涉及的多项因素进行系统管理和优化，以实现批量钻井和批量压裂的整体部署与实施。这种作业方式可快速移动钻机，以对单一井场中的多口井进行批量钻完井和脱机作业，以流水线方式，实现边钻井、边压裂、边生产。目前，井工厂作业模式已由接替流水线作业升级为同步流水线作业（图6-15），实现了在同一井场，多种作业有序并行。同时引入大数据分析，开展资源定位、井位选取、方案筛选、参数优化与远程调控等技术和措施的整体优化与实践。

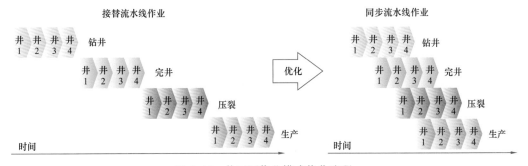

图 6-15　井工厂作业模式优化流程

北美页岩油井工厂作业成熟。一般井工厂平台采用钻丛式水平井的方式，每个井场钻16～20口井，水平段长度一般超过1500m，每口井压裂20级以上。如霍恩河（Horn River）一个比常规井场面积大一些的井场可容纳2部钻机，井场设计钻28口水平井，每口井压裂20段以上。而在北达科他州亚特兰大平台（Continental Resources 公司）钻14口井，最长水平段井的井深可达9754m。Encana 公司在二叠盆地页岩油生产区采用井工厂进行立体开发，单井场作业井由8口增加到16口；井网间横向间距由200m缩小到85～145m，井网间纵向间距为85m；钻井完井成本与传统单井开发方式相比，降低19%。

常见水平井分段压裂改造方式包括同步压裂、交替压裂和拉链式压裂等，为适应井工厂作业，同步压裂技术与拉链式压裂技术是最为常见的技术。其中，拉链式压裂技术的应用最为广泛，即同一井场1口井压裂，1口井进行电缆桥塞射孔联作，两项作业交替进行并无缝衔接，这种交叉式的作业对设备和场地的要求比同步压裂要低。同时，从现场实践看，拉链式压裂对形成复杂缝网也十分有利，可以提高油藏增产体积，并有效提高压后产能。

页岩油全生命周期开发模式与致密油相似，均可分为初期准自然能量开发和中后期补充能量开发两个阶段。而中后期补充能量开发阶段包括注水、注气驱替和注水、注气吞吐两种主要方式，其中，注水、注气驱替仅对致密油型页岩油存在一定增产效果，注水、注气吞吐更适宜过渡型页岩油和纯正型页岩油。

1. 准自然能量开发阶段

页岩油由于其地质条件复杂，储层物性较差，开发过程中一般没有外来能量的补充，主要依靠自然能量进行衰竭开采。而体积压裂水平井压裂施工过程中压裂入地液进入地层后，抬升了地层压力，当油井投产后，也对其开发过程起到了补充能量的作用。因而，将储层压裂液驱替弹性能、地层弹性能（岩石和流体）和溶解气的弹性能统称为准自然能量，是致密油乃至页岩油衰竭开发初期的主要驱动能量。同时，根据压裂入地液返排前后能量的释放顺序，将准自然能量开发分为：压裂投产、压裂液返排和弹性驱替三个过程，压裂液和储层流体的弹性能为体积压裂水平井衰竭开发的准自然能量，构成压裂液弹性驱、岩石流体弹性驱和溶解气驱三种驱替方式，不同能量的释放时机对产能变化规律有较大的影响。

目前国内外页岩油开发初期均为准自然能量开发模式，包括准噶尔盆地吉木萨尔凹陷芦草沟组过渡型页岩油、鄂尔多斯盆地长 7_1 亚段致密油型页岩油以及松辽盆地青山口组古龙纯正型页岩油等不同类型陆相页岩油。其中，准噶尔盆地吉木萨尔凹陷芦草沟组过渡型页岩油下"甜点"58号平台采用立体布井，单层井距为200m，水平段长度为1800m，初期产量可达50t/d，但压力快速下降（图6-16），目前单井平均投产180天，油压由最初的32MPa降至3MPa，累计产油5755t，属于压裂液弹性驱阶段，呈现压力和产量同步快速递减的特征。

鄂尔多斯盆地长 7_1 亚段西233华H6平台为典型致密油型页岩油开发平台（图6-17），其单层井距为200～400m，水平段长度为1500～2000m，初期产量约15t/d，目前平均投产800天，单井累计产油6922t，开发动态特征表现为初期稳产，之后能量不足，产量同步递减。

松辽盆地青山口组古页油1平台为纯正型页岩油开发平台，部署12口水平井，水平段长2000～2500m，为井距200m、300m、350m、400m、500m立体水平井组，截至2021年11月底，12口水平井压裂全部完成，平均采液量为48138m³，平均采砂量为1744m³，目前正在试油，4口井见油，平均累计产油251.8m³。

2. 补充能量开发阶段

1）注水驱替开发

水驱开发模式的使用与北美页岩油多为致密油型有关。这类油藏的基本地质特征与

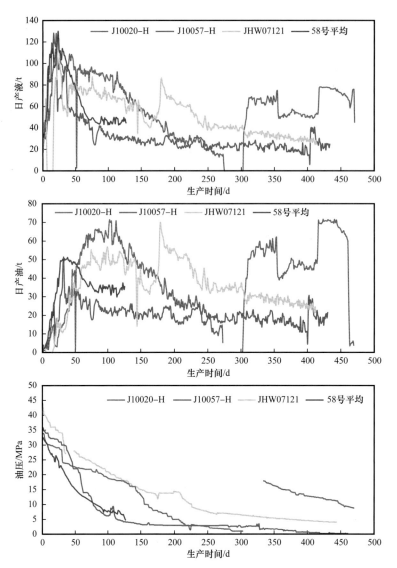

图 6-16　准噶尔盆地吉木萨尔凹陷芦草沟组过渡型页岩油 58 号平台生产曲线

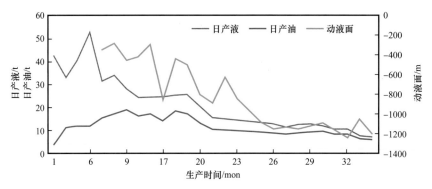

图 6-17　鄂尔多斯盆地长 7_1 亚段华 H6 平台生产曲线（12 口井）

低—特低渗透油藏并无明显差别，采取注水补充能量，是比较成熟的开发方式。水驱开发成本最低，实践表明，注水技术是最经济有效的采油方法，但在纯正型页岩油和过渡型页岩油开发方面仍不易实现。Iwereet 于 2012 年模拟巴肯组页岩水驱对采收率的影响表明水驱提高采收率可达 6.7%；Fakcharoenphol 于 2012 年提出注水可增大地层压力、降低储层温度，使页岩裂缝开启或产生新裂缝，提高致密储层原油的采收率；Morsy 利用鹰滩组页岩数据，对储层岩样进行水渗吸驱油模拟实验，发现优化 pH 值和液体含盐浓度可提高巴奈特组页岩采收率；Takahashi 和 Kovscek 分析了不同盐水化合物对硅质页岩样品吸水性的影响，发现 pH 值高可改变岩石润湿性，使岩石从亲水向强亲水改变；Makhanov 认为霍恩河（Horn River）页岩吸液作用可以使流体从裂缝运移到基质中（何接等，2017）。

1994 年，子午线石油公司（Meridian Oil Company）在美国北达科他州巴肯地区通过 9660# 井向巴肯组上段注水，未获成功。1995 年，在加拿大布法罗古力油田（Buffalo Coulee Oil field）开展水驱试验取得成功。2008 年，克雷森特普恩特公司（Crescent Point Company）在巴肯组开展了小规模注水研究和先导试验，从试验结果看，采收率可提高 7%～10%。截至 2011 年底，数据显示，第一个试验区的 2 口生产井日产量为 14～21t，预计采收率可从 19%（一个单元网部署 8 口水平井）提高到 30%（刘新，2016）。

2）注气驱替开发

在常规油藏中，气驱往往比注气吞吐更为常用。气驱就是把气体（二氧化碳和无氧或低氧含量空气）注入地下，发挥气体分子小、易流动的特点，与地下原油形成混相、近混相或非混相，达到提高原油采收率的开发方式。注气法可以提供驱油动力、保持油藏压力。当油藏压力高于最小混相压力时，注入剂与地下原油充分溶解，可极大降低原油黏度，促进原油流动。万涛等模拟实验表明，注气法可以使致密油的采收率提高到 22%。注气类型包括注空气、注烟道气、注烃气以及注二氧化碳。与注入水相比，二氧化碳黏度和密度更小，液体注入性能更加优越，这也是致密储层能较大幅度驱替原油的关键所在。此外，注二氧化碳还可处理由动力企业排出的二氧化碳废气，降低气体排放量。大多数二氧化碳气体能够保存在油藏内部，如大孔道、贼层。然而，如果页岩或致密储层具备天然裂缝网络，或者具有能够连通注入井和采油井的水力裂缝，注入气将极容易发生气窜，从而导致波及系数非常低（Sheng 和 Chen，2014）。为了避免这些问题，最好采用注气吞吐。但无论如何，气驱仍然是一种重要的提高采收率方法，特别是在渗透率高于页岩储层的致密储层中。

加拿大萨斯喀彻温省 Viewfield 油田属于致密油型页岩油，通过一口垂直于 9 口水平开采井（南北向）的中央水平注入井（东西向），进行非混相连续注气（图 6-18）。其中，井身长度大约为 1mile，采用多级水力压裂。该项目于 2011 年 12 月启动，最初在 500psi 的注入压力下，注入速率为 $300 \times 10^3 ft^3/d$。当 2012 年 3 月增加压缩系数时，在 1000psi 的注入压力下，注入速率增加至 $1 \times 10^6 ft^3/d$。随即，在两个井网中发生了气窜。到 2012 年 7 月，原油产量降至 53bbl/d。修井后，9 口开采井的采油量持续增加，总采油量高达 295bbl/d。井网的平均采收递减率从注气前的 20% 下降到注气后的 15%。该项目清楚地表明，减缓气窜使得气驱作业顺利开展（天然气换油率为 $6.5 \times 10^3 \sim 10 \times 10^3 ft^3/bbl$），原油产量增加了约 10%（Schmidt 等，2014）。

从该试点测试中，能够得出以下几个要点：（1）注采比为 1∶9 是该项目取得经济效益的关键因素。这一比率远低于水驱的典型比率（1∶1）。这种做法降低了地面基础设施成本，增加了开采时间。（2）与注水相比，注气所需的资本投资较少，且天然气是一种对地层无伤害的注入流体。

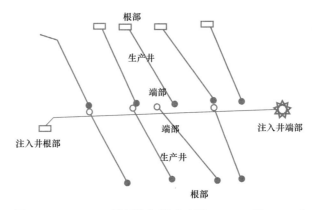

图 6-18　Viewfield 油田注气模式（据 Schmidt 等，2014）

2012—2013 年，在美国北达科他州巴肯组致密油型页岩油进行水驱试验未获成功后，于 2014 年改为气驱（Hoffman 和 Evans，2016）。其中水平注入井被四口水平开采井所包围。开采过程中使用了采出的天然气。在 2014 年中期，以 $1.6 \times 10^3 \text{ft}^3/\text{d}$ 的速率注入气体 55 天，其中注入压力为 3500psi。在天然气注入后的几个月内，四口开采井的产量均有所增加。注气 1 周后，东部开采井的天然气产量增加至 $160 \times 10^3 \text{ft}^3/\text{d}$，即在该井中，约 10% 的注入天然气正在被采出。该井随后关闭了 1 个月。重新开井后，产气速率较高，产油速率在短时间内达到峰值，然后恢复至正常下降趋势。北部邻井的产油率增加了三倍，这可能是受到长距离压裂冲击的影响。在这种情况下，气驱作业能够明显提高原油产量。

国内气驱也主要用于致密油型页岩油，2013 年 4 月对鄂尔多斯盆地安 83 区长 7 段致密油型页岩油开展了空气泡沫驱试注试验，2014 年 1 月该区实施体积压裂，试验停止。累计注入地下体积 12885m³、0.06PV，完成设计量的 19.3%。试验井组安 231-45，日注气（地下体积）32m³，日注泡沫液 15m³，气液比 2∶1。试验后，井组生产形势好转，单井日产油由 0.59t 增加到 0.84t，含水由 65.9% 下降到 26.6%（图 6-19）。试验结果表明，空气泡沫在致密油型页岩油藏具有较好的注入性；空气泡沫驱降低了试验井组含水；试验未发生气窜。

3）吞吐补能开发

在页岩和致密储层中，由于气体的超低渗透率和高注入率，注气是首选开采方式，也可采用驱替或吞吐方式。同样，由于基质的超低渗透率，压力下降大部分发生在注入井附近。一般需要很长时间，注入气体才能将石油驱替入生产井。因此，驱替模式失去了以往的优势。相反，在吞吐模式下，注入和产液发生在同一口井中，在注入期间，油井附近的压力会迅速增加，并且在井进入采油模式后可以迅速生产液体（气、油和水）（Sheng 和 Chen，2014）。注入的好处在于可以很快得到回报，并且注入—焖井—采油过程可以重复（多轮次）。这种优势可持续很长一段时间，吞吐方法是首选方式，可采用注水吞吐、注气吞吐等多种方式。

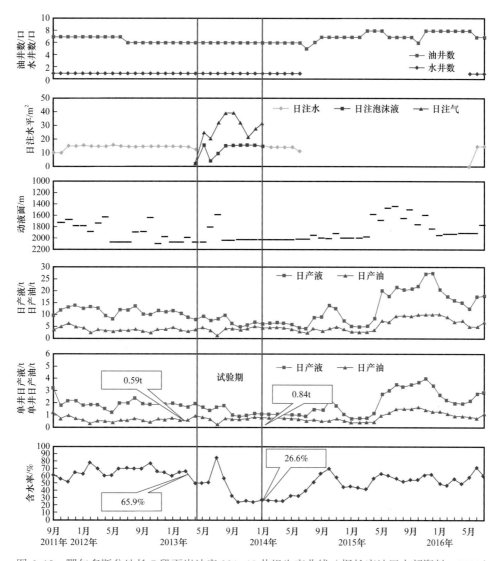

图 6-19　鄂尔多斯盆地长 7 段页岩油安 231-45 井组生产曲线（据长庆油田内部资料，2019）

（1）注水吞吐补能开发。

注水吞吐主要利用可发挥油层毛细管力，通过岩石亲水性吸收水分，大量注入水被吸收到岩石，一些水分被滞留在岩石的缝面小孔隙中，一些在基质微孔中，而孔隙和基质中的油则被水驱动，一般原油会沿着高渗通道运移，注入水则在重力作用下分布在下部及低渗透的孔隙中，同时恢复地层压力。国内鄂尔多斯盆地安 83 井区长 7 段致密油型页岩油、准噶尔盆地吉木萨尔凹陷芦草沟组过渡型页岩油均尝试了注水吞吐补能的开发模式，但开发效果差异明显。

2015 年前后，在安 83 井区部署了 8 口井，进行注水吞吐。在这 8 口井中，其中 6 口井进行了一个轮次，而另外 2 口井进行了两个轮次。通过注水作业，7 口井的采油量增加。吞吐井的增油量为 456t，而邻井的增油量为 1127t。在进行了一个注水轮次的 6 口井中，有 2 口井，即 AP53 井和安 120 井，并未出现压力增加，但邻井的增油量为 497t。其余 4 口井的注入压力提升至 7.25MPa，且原油产量增加。例如，AP83 井的注水量为5100m³，焖井时间为 45 天，从 AP83 井注入的水抵达 2 口邻井，即 AP48 井和 AP84 井。截至 2016 年 6 月，AP83 井的日增油量为 2.71t，累计增油量为 361t，而其邻井 AP48 井和 AP84 井的日增油量为 4.52t，累计增油量为 596t。2014 年，在原油产量较高的 AP20井和 AP21 井进行了第二轮次。与第一个轮次相比，增油量较低。

而准噶尔盆地吉木萨尔凹陷芦草沟组过渡型页岩油上"甜点"水平井 JHW019 井2018 年 8 月后进行注水吞吐试验，累计注水 11063m³，由于井况等问题，吞吐后日产油不足 3t，未能见到较好的效果（图 6-20）。

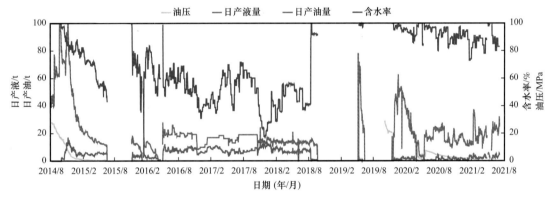

图 6-20　准噶尔盆地吉木萨尔凹陷 JHW019 井注水吞吐前后生产曲线（据新疆油田内部资料，2022）

（2）注气吞吐补能开发。

注气吞吐的开采机理主要有两个方面，即补充地层能量，同时注入气可以溶解到原油中，降低原油黏度，增加含油饱和度。目前国内外已开展的矿场试验注入介质以 CO_2为主，蒙大拿地区 Burning Tree-State 油田巴肯组为致密油型页岩油。2009 年初，对36-2H 井进行了注 CO_2 吞吐采油作业，该水平井采用一段式水力压裂进行增产，在 45 天内向井中注入了约 $4500 \times 10^4 ft^3$（2570t）CO_2，焖井 64 天（Hoffman 和 Evans，2016）。从2010 年 1 月到 3 月，石油产量逐渐增加，2010 年 3 月，石油峰值产量达到了 44bbl/d（比注气吞吐试验前 14 个月都要高）。

国内致密油型页岩油在鄂尔多斯盆地安 83 井区采用注 CO_2 吞吐，2016 年在新安边油田安 83 井区长 7 段油藏部署 1 口定向井及 2 口水平井进行 CO_2 吞吐试验。目前安 83 井区已完成定向井 1 口、水平井 1 口第一轮次吞吐试验。其中，定向井（安 237-25 井）试验后邻井见效明显（图 6-21），见效井 9 口，见效比例 47%，见效时间 14～35 天，平均单井日增油 0.7t，累计增油 290.8t。中高含水井降含水效果尤为突出，见效井综合含水降低 20%；见效井含盐上升，扩大了波及体积。水平井（安平 115 井）吞吐效果有待观察，目前生产形势稳定。

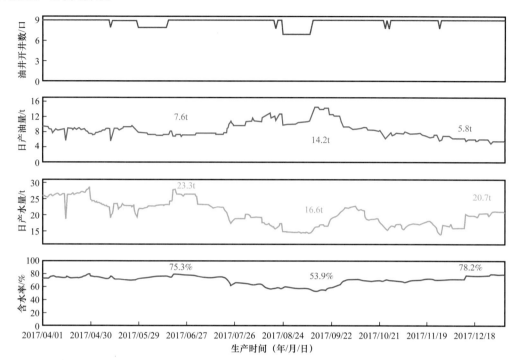

图 6-21　鄂尔多斯盆地安 83 井区致密油型页岩油注 CO_2 吞吐周围见效井开采曲线
（据长庆油田内部资料，2019）

准噶尔盆地吉木萨尔凹陷芦草沟组过渡型页岩油上"甜点"水平井 JHW020 井 2018 年 9 月后进行注 CO_2 吞吐试验，累计注水 3889m³，由于注入量过小，效果不明显（图 6-22）。

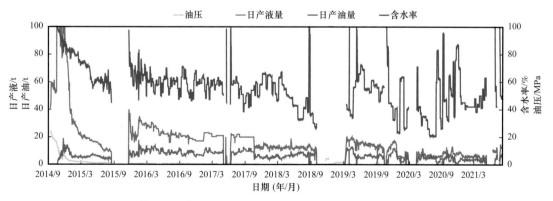

图 6-22　准噶尔盆地吉木萨尔凹陷芦草沟组过渡型页岩油 JHW020 井生产曲线
（据新疆油田内部资料，2022）

4）化学驱补能

化学驱是指通过注入化学剂改变岩石润湿性，降低液体界面张力，提高原油地下可流动性与流动量的开发方式，目的是提高原油采收率。包括注表面活性剂、碱性驱、聚合物驱等。注表面活性剂可以使原油在地下产生泡沫或乳化液以提高流动性；注碱可提高 pH 值；注聚合物可改善对地下原油的波及效率。实验数据显示，加入表面活性剂的原油采收率在 40% 以上。北美页岩油开发使用化学驱尚无案例报道，涉及化学驱现场试验有关文献也不多。国内暂无化学驱的现场试验。

第二节　陆相中高熟页岩油勘探开发技术

一、地震评价技术

页岩油储层总体表现为低孔低渗，但横向分布相对稳定。那些物性较好、含油饱和度较高的层段，横向变化却较大，这既与沉积环境、有机质富集分布和热成熟度有关，也与岩性组合、脆性矿物含量及有机母质类型有关。页岩油富集区/段（也称"甜点"）地震评价技术就是在对页岩油地质条件与特征认识基础上，把涉及页岩油含油丰度评价的地质模型与关键参数选准，然后通过正反演手段，建立页岩油含油丰度与地震响应之间的对应关系，再应用高分辨率、高保真三维地震资料对烃源岩品质、储层分布、物性与含油性变化，以及脆性和各向异性等进行空间分布预测，从而实现对页岩油"地质甜点"与"工程甜点"的评价。

中国陆相中高熟页岩油有三大类：（1）致密油型，典型代表是鄂尔多斯盆地长 7_{1+2} 亚段。如前述，致密油型页岩油是由致密砂岩与富有机质页岩构成的"三明治"式组合，其中油气主要富集在致密砂岩中，富有机质页岩主要是油气母岩，本身并不产油。（2）纯正型，典型代表是松辽盆地古龙凹陷青山口组，为一套富有机质页岩层系中含有的油气资源，是已形成的油气在烃源岩内部的留滞，主要分布在由黏土和无机矿物颗粒构成的与有机质热降解产生的微纳米孔隙及各种微裂缝、层间缝中，含页岩油储层与非储层之间不存在明显岩性组合变化。（3）过渡型，典型代表是准噶尔盆地吉木萨尔凹陷芦草沟组、大港油田沧东凹陷孔二段与胜利油田沙三段下亚段—四段上亚段。过渡型页岩油的含义是指由混积作用形成的页岩沉积组合，储层不仅有致密砂岩，也有致密碳酸盐岩和页岩。不同类型页岩油的地震评价技术总体思路相似，均为基于宽方位、保幅、高分辨率叠前地震资料，通过高精度叠前反演，综合地质、测井、地震及工程信息，利用地震属性或反演弹性参数进行页岩油"甜点"综合预测，建立测井、地震、地质、工程一体化的页岩油"甜点"评价技术体系。文献调研也显示，国内外页岩油气地震预测技术并没有超出常规油气地震预测技术的大范围，很多是常规地震技术的升级应用。所不同的是，页岩油富集区/段地震评价更强调地震评价与测井评价的紧密结合，重视岩心、钻井信息的标定，对预测精度要求更苛刻，同时对保幅、宽方位、宽频地震资料处理有更高要求。

还应该指出，不同类型页岩油储层地震评价技术也有其特殊性。大庆古龙页岩油富集段主要发育在青山口组一段和二段下部，平面上分布比较稳定，岩性以纯页岩为主。相应的地震评价流程包括岩石物理敏感参数分析、叠前地质统计学反演、叠后叠前综合裂缝识别以及地质工程多参数综合评价。鄂尔多斯盆地长 7_{1+2} 亚段页岩油则为典型湖相优质烃源层内部的油气聚集，储层以细砂岩、粉砂岩为主。页岩油"甜点"分布主要有三个特点：一是纵向砂泥交互分布，横向变化快；二是页岩含油饱和度整体较高，储层主要受物性控制而渗透率极低；三是脆性矿物含量高、裂缝发育。相应的地震评价技术包括叠后波阻抗反演识别高 TOC 烃源岩，地质统计学反演识别薄砂岩储层；用叠前反演得到泊松比参数预测储层含油性。在岩性、含油性、烃源岩特性地震预测基础上，应用神经网络多信息融合方法实现页岩油"甜点"预测。准噶尔盆地吉木萨尔凹陷二叠系芦草沟组过渡型页岩油分布段，烃源岩广覆式分布，储层与烃源岩呈互层状发育并连续分布，但储层横向变化较大，非均质性较强。地震"甜点"预测评价技术以地质物探一体化为基础，通过储层特征参数井震联合反演的方法，综合评价页岩油有利区带（余再超等，2021）。

1. 页岩油富集区 / 段地球物理响应特征

为使读者清晰了解我国陆相页岩油的特征与差异，本单元分区介绍页岩油的地球物理响应特征。如前述，松辽盆地古龙页岩油富集段主要发育在青山口组一段及二段下部，岩性以纯页岩为主。古龙页岩具有高于其他盆地页岩地层的强各向异性特征，纵波各向异性参数普遍大于 0.45。这一特征与古龙页岩的黏土矿物含量高及黏土矿物定向排列程度、页理发育程度等因素密切相关（赵海波等，2021）。

图 6-23 展示了古龙页岩纵波速度各向异性特征，图中纵轴表示垂直层理方向的纵波速度 v_p（0°），横轴表示平行层理方向的纵波速度 v_p（90°）。可见在不同方向上页岩的纵波速度差异显著大于云质岩和粉砂岩。由于古龙页岩纵波速度各向异性强度与页理缝发育程度关系密切，因此可通过纵波各向反演表征页理缝发育程度。同时，古龙页岩油富集段具有低纵波阻抗、低纵横波速度比的特征（图 6-24），这为利用叠前弹性参数反演预测古龙页岩油富集区提供了岩石物理依据。

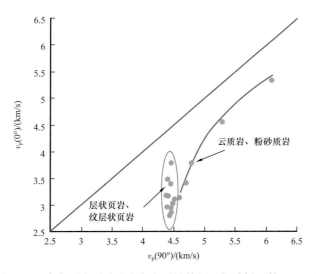

图 6-23　古龙页岩纵波速度各向异性特征（据陈树民等，2020）

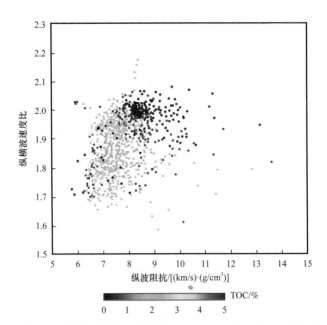

图 6-24　古龙页岩油富集段纵波阻抗与纵横波速度比交会图（据大庆油田内部资料，2021）

　　鄂尔多斯盆地长 7_{1+2} 亚段致密油型页岩油，岩性主要为致密砂岩和泥页岩两大类。图 6-25 是长 7 段页岩典型井测井曲线特征，页岩油富集段表现为高 TOC 含量、高声波时差等响应特征。在地震剖面上，长 7_1 亚段底界为零相位特征，横向连续性差，长 7_2 亚段底界地震反射特征为强波峰，横向较连续（图 6-26）。

　　吉木萨尔凹陷芦草沟组纵向上发育上下两个页岩油"甜点段"，总体厚度大且全区分布稳定，内部发育多套薄层"甜点"。上"甜点段"分为 4 个小层，下"甜点段"分为 6 个小层。"甜点段"岩性多为白云岩、碎屑岩与页岩互层，页理发育。芦草沟组二段主要为粉砂岩、白云岩与泥岩的互层组合，芦草沟组一段为粉砂岩与泥岩组合。图 6-27 是吉木萨尔凹陷芦草沟组页岩油地层典型井测井响应特征，页岩油富集段表现为高电阻率、高 TOC 特征，但在常规声波、密度和自然伽马测井曲线上无显著响应。在地震剖面上，上"甜点段"表现为强波峰、中低频的反射特征，横向连续性较好；下"甜点段"表现为中弱波谷、中低频的特征，横向变化较快。地震剖面上"甜点段"振幅强弱变化能够较好反映"甜点"横向变化特征（图 6-28）。

2. 烃源岩评价技术

　　用地球物理手段开展烃源岩特征评价，是一个成本低、覆盖面大、快捷高效的途径，国内外都在探索利用这种手段实现对页岩油富集（"甜点"）区 / 段快速而准确的评价。烃源岩品质评价是页岩油"甜点"预测的关键内容，评价包括总有机碳含量（TOC）和有机质成熟度（R_o）两个指标。从地球物理信息响应来看，TOC 与弹性参数关系较密切，而有机质成熟度与地震弹性参数间的关系目前还处于探索阶段。所以，这里仅介绍利用地震技术评价烃源岩的 TOC 含量。

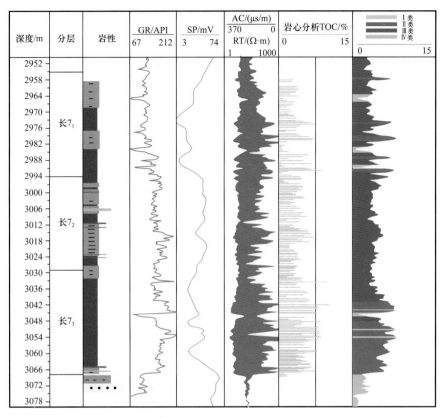

图 6-25　长 7 段页岩油地层测井响应特征（据长庆油田内部资料，2020）

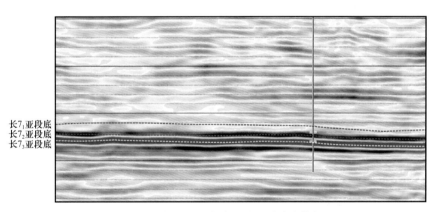

图 6-26　长 7 段页岩油地层地震响应特征

　　松辽盆地古龙页岩油富集层段和鄂尔多斯盆地长 7$_3$ 亚段高 TOC 层段均具有明显低纵波阻抗特征。图 6-29 是古龙页岩油富集段纵波阻抗与 TOC 交会图，从中可见 TOC 与纵波阻抗有较好的相关性，相关系数达 0.81。因此，在叠后地震反演基础上，可利用纵波阻抗与 TOC 的回归关系预测 TOC。

　　图 6-30 是古龙地区 A15—A3—A17 连井线 TOC 预测结果（王团等，2021），色标从红到蓝代表了有机质丰度的高低。

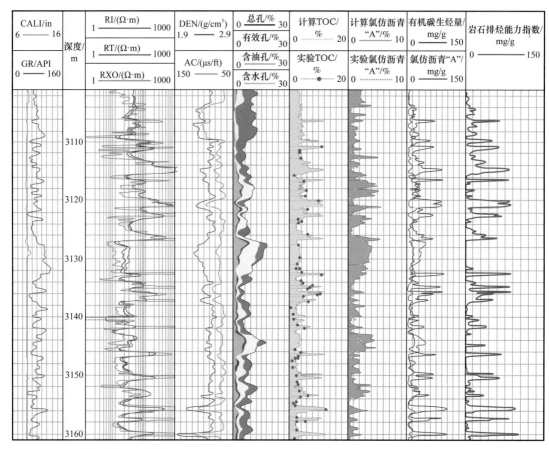

图 6-27　吉木萨尔凹陷芦草沟组页岩油地层吉 174 井测井响应特征（据新疆油田内部资料，2019）

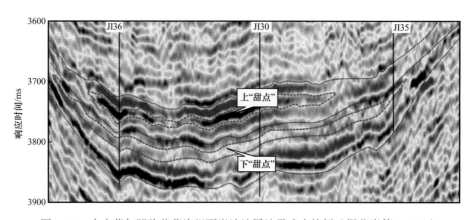

图 6-28　吉木萨尔凹陷芦草沟组页岩油地层地震响应特征（据董岩等，2020）

　　准噶尔盆地吉木萨尔凹陷芦草沟组页岩油 TOC 与弹性参数无明显统计关系，如图 6-31 所示，吉 174 井 TOC 与纵波阻抗的相关系数只有 0.50。因此，不能采用地震反演波阻抗回归的方法估计 TOC。在实践中常采用叠后特征曲线反演技术，通过选择与 TOC 关系较为密切的测井曲线（如电阻率）作为特征曲线，建立相应的特征参数模型，在特征

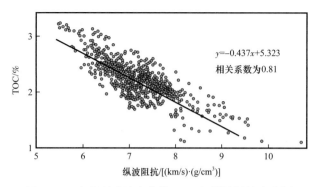

图 6-29 古龙页岩油富集段 TOC 与纵波阻抗交会图

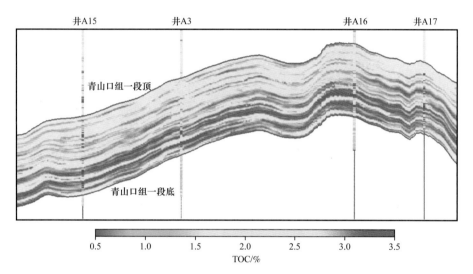

图 6-30 古龙地区 A15—A3—A16—A17 连井线 TOC 预测结果

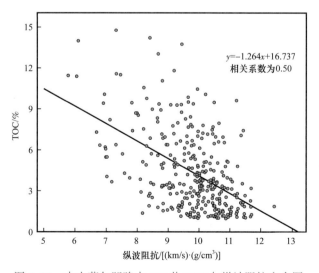

图 6-31 吉木萨尔凹陷吉 174 井 TOC 与纵波阻抗交会图

曲线反演的基础上实现 TOC 预测。图 6-32 是应用叠后特征曲线反演方法得到的吉木萨尔凹陷页岩油烃源岩 TOC 分布图（王小军等，2019），从预测结果看，TOC 的平面变化和沉积相空间变化与实际钻探揭示情况吻合较好。

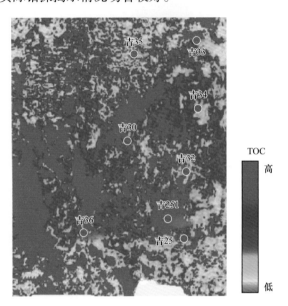

图 6-32 吉木萨尔凹陷芦草沟组页岩油烃源岩 TOC 分布图

3. 储层预测技术

储层预测包括岩性预测和物性预测两方面。针对陆相不同类型页岩油的岩性组合、物性特征与含油性横向变化，可分类各有侧重地开展储层预测评价。对于古龙页岩油，储层岩性以纯页岩为主，相应的储层预测只涉及单一的物性预测。长 7_{1+2} 亚段页岩油储层为泥页岩中夹的薄层粉细砂岩，故相应储层预测涉及砂体识别和砂体物性预测两方面。长 7_{1+2} 亚段砂泥岩纵波阻抗差异明显，故可在波阻抗反演基础上完成岩性识别。古龙页岩油富集层和长 7_{1+2} 亚段页岩油富集层孔隙度与波阻抗间均存在较好线性关系，故可在叠后波阻抗反演基础上实现页岩油富集层物性预测。

图 6-33 是古龙页岩油富集层总孔隙度与纵波阻抗交会图，从中可见古龙页岩油富集段总孔隙度与纵波阻抗之间存在较好的线性关系。在反演波阻抗的基础上可实现孔隙度预测，图 6-34 是古龙地区 A2—A18 连井线孔隙度预测结果（王团等，2021）。

吉木萨尔凹陷芦草沟组页岩油富集段岩性较为复杂，包括砂屑云岩、粉细砂岩、云质粉砂岩和云屑砂岩，背景岩石为云质泥岩，不同岩性波阻抗有较大叠置，基于常规波阻抗反演的岩性识别难度较大，可采用前述特征曲线反演方法预测岩性。同时，吉木萨尔凹陷芦草沟组页岩油富集层孔隙度与波阻抗之间无明显统计关系，如图 6-35 吉 174 井纵波阻抗与总孔隙度交会图所示。通常在正演模拟和井震综合分析基础上，通过非线性回归实现孔隙度预测，图 6-36 是吉木萨尔凹陷芦草沟组页岩油储层物性预测结果（王小军等，2019），与页岩油富集区实钻结果吻合较好。

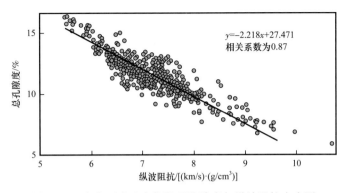

图 6-33　古龙页岩油富集段总孔隙度与纵波阻抗交会图

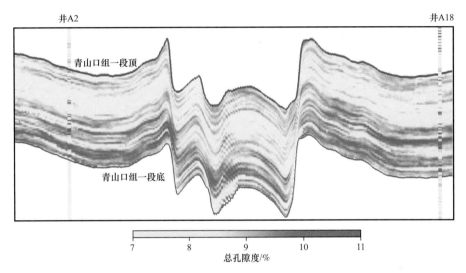

图 6-34　古龙地区 A2—A18 连井线孔隙度预测结果

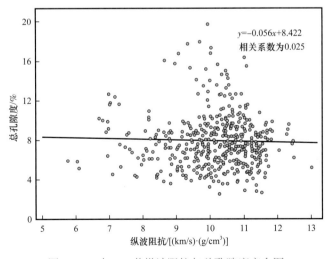

图 6-35　吉 174 井纵波阻抗与总孔隙度交会图

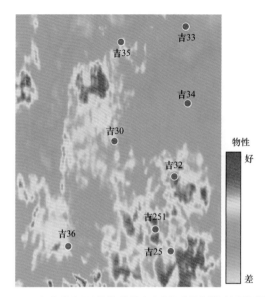

图 6-36　吉木萨尔凹陷芦草沟组页岩油储层物性预测结果

4. 含油性预测技术

含油性预测是利用地震资料实现页岩油富集区平面分布与变化评价最快捷的方式之一。以大庆古龙页岩油为例，青山口组一段—二段下部页岩油富集段具有低纵波阻抗、低纵横波速度比的特征，但含油性参数与弹性参数间统计关系的离散度较大。通常在叠前地质统计学反演的基础上，以单井游离烃含量 S_1 作为主变量，叠前反演弹性参数作为协变量，采用协模拟方法得到游离烃含量数据体（赵海波等，2021）。

吉木萨尔凹陷芦草沟组页岩油富集层含油性与弹性参数之间无显著统计关系，通常采用频率衰减梯度属性和瞬时品质因子属性进行含油性预测，效果还比较好（匡立春等，2020）。

5. 裂缝预测技术

裂缝发育程度对页岩油勘探开发起着重要作用。裂缝不仅是储集空间，同时也是页岩油最佳流动通道。利用地震资料开展裂缝预测，是发现页岩油"甜点区／段"空间分布比较有效的方法手段。

高角度裂缝预测的主要技术手段是叠后地震属性分析，如相干体、蚂蚁体、曲率体和机器学习裂缝检测技术等（王团等，2021）。相干体可以检测地震波同相轴的不连续性，在相干体基础上，采用断层增强技术可以突出断层、微断裂和地质体边界的特征。曲率属性可以表征平面上某点的弯曲程度，通过地质体自身曲率变化识别小断层。蚂蚁体对地震资料细微变化、地层扭动极其敏感，可以对断裂进行精细解释。高角度裂缝一般表现出较强的方位各向异性特征，并且具有微观、中观和宏观的多尺度性，米级以上裂缝在地震剖面上通常有明显响应，厘米级以下小尺度裂缝在地震剖面上很难识别，但是大量高密度小尺度裂缝组成的裂缝发育带引起的地震异常可能是大尺度的，从而可以在地震剖面上识别。这部分小尺度裂缝可以采用方位各向异性 AVO 反演方法来描述（卢明辉等，2020）。

水平层理缝可在纵向上产生岩石各向异性，因此可借助地震纵波各向异性参数来表征，其中裂缝发育段纵波各向异性强度也比较高。古龙页岩中存在大量定向排列的页理缝，青山口组一段页岩纵波各向异性参数为 0.59～0.93，平均值为 0.66；青山口组二段页岩纵波各向异性参数为 0.45～0.59，平均值为 0.52（赵海波等，2021）。岩石物理分析揭示，古龙页岩纵波速度各向异性强度与页理缝发育程度关系密切，因此可通过纵波速度各向异性强度来表征页理缝发育程度。图 6-37 是古龙页岩油富集层各向异性强度地震预测结果，从图中可见，预测结果与钻井揭示页理缝发育情况相一致，纵向上青山口组一段下部"甜点段"页理缝最为发育。图 6-38 是高角度缝与页理缝的叠合显示，高角度缝以构造缝为主（图中红色与绿色部分），在断裂带附近连续，呈碎片状；页理缝在全区连续发育（图中黄色部分）（王团等，2021）。

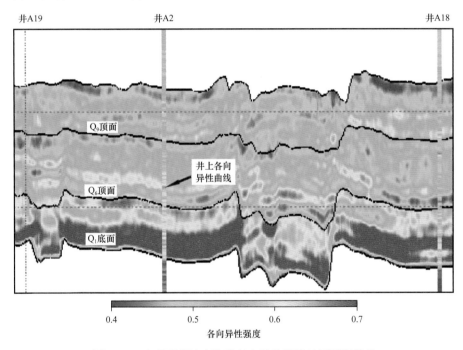

图 6-37　古龙页岩油富集段各向异性强度地震预测结果

6. 脆性预测技术

脆性是指在应力加载条件下，岩石破裂前在较大范围表现出的弹性行为。页岩脆性受岩性、矿物组分、TOC、有效应力、温度、成岩作用、成熟度和孔隙度等多种因素影响。石英、方解石和长石等矿物具有脆性，而黏土矿物和杂基等颗粒更具塑性（匡立春等，2020）。岩石脆性对天然裂缝、人工压裂缝均有较强影响，脆性系数越高，储层可压裂性越好，越容易形成缝网。脆性指数定量评价对水平井"甜点"靶体选择和压裂改造效果作用很大。目前常用的脆性预测方法是利用归一化弹性模量和泊松比的加权平均来表征脆性，相应的计算公式为

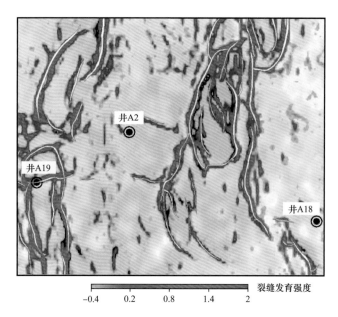

图 6-38　古龙页岩油富集段裂缝发育强度地震预测结果

$$\text{BI} = w_E \Delta E + w_\sigma \Delta \sigma \tag{6-1}$$

式中，BI 为脆性指数；ΔE 和 $\Delta \sigma$ 分别为归一化杨氏模量和归一化泊松比；w_E 和 w_σ 分别为对应于归一化杨氏模量和归一化泊松比的权系数。

通常把弹性模量和泊松比的权系数均定义为 0.5，但由此估计出的脆性指数与实测值之间存在较大误差。为消除这类误差，可利用岩石力学参数测量实验建立以应力—应变曲线为基础的岩心脆性指数，并以此为依据刻度杨氏模量和泊松比的权系数，得到更为合理的脆性指数（王团等，2021）。朱军等（2020）在庆城油田长 7_1 亚段脆性指数预测中，发现杨氏模量权系数为 0.81、泊松比权系数为 0.19 时拟合脆性指数与实测脆性指数的相关性最大。在叠前弹性参数反演基础上，计算归一化杨氏模量 ΔE 和归一化泊松比 $\Delta \sigma$，然后运用式（6-1）可计算得到脆性指数。应用上述方法得到松辽盆地古龙页岩油富集段的脆性指数如图 6-39 所示（王团，2021）。其中归一化杨氏模量与归一化泊松比对应的权系数分别为 0.6 和 0.4，与长 7_1 亚段页岩油脆性指数预测时采用的权系数有较大差异，看来需要因地而异，找到最佳匹配参数，方能实现最佳预测。

综合上述，利用地震正反演手段，配合地质、测井和工程评价相关资料，对页岩油富集区 / 段预测评价还处于发展过程中，技术的成熟程度远未达到炉火纯青状态，还需要在未来的实践中进一步发展和完善。当地质和工程参数如 TOC 含量、岩性组合、物性、含油性及脆性等条件与地震相关参数如纵波阻抗、泊松比、杨氏模量、方位各向异性之间存在较好相关性时，利用宽方位、保幅和高分辨率的三维地震资料，通过地震属性分析和高精度叠前反演技术进行页岩油富集区 / 段评价，可以取得比较理想的预测结果。地震技术在松辽盆地古龙凹陷青山口组和鄂尔多斯盆长 7_{1+2} 亚段页岩油烃源岩评价、储层物性预测、含油性预测、裂缝检测与脆性指数评价中都取得了较好的应用效果；而在准噶尔盆地吉木萨尔凹陷芦草沟组页岩油富集区/段预测中，由于储层岩性复杂，上述主要地质和工程参数与地震相关参数之间的相关性不够好，常规地震反演和属性分析技术在页岩油富集区/段评价中效果就不够理想。通常选择与TOC和储层参数关系较为密切的电阻率曲线、核磁共振测井孔隙度曲线等作为特征曲线，建立相应的特征参数模型，在特征曲线反演基础上实现对TOC和储层参数的预测。

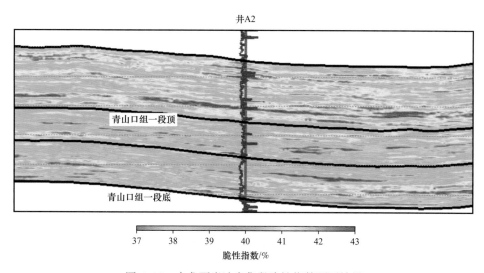

图 6-39　古龙页岩油富集段脆性指数预测结果

　　为进一步发挥地震技术在页岩油富集区评价中的作用，应加强页岩油烃源岩和储层的岩石物理测试与分析工作，明确TOC、孔隙度、地层压力、裂缝等对弹性参数和地震反射特征的影响，落实"地质甜点"要素和"工程甜点"要素的敏感参数及其与地震属性参数之间的关系。同时，应进一步加强地质、测井、压裂等跨学科的长期合作，通过各学科数据信息的相互刻度、约束和验证，构建地质、地震、测井、工程多学科一体化的页岩油富集区/段评价技术体系。

二、测井评价技术

　　如前述，我国典型探区的陆相页岩油可分为致密油型页岩油、纯正型页岩油和过渡型页岩油三种类型，梳理分析这三类典型页岩油地层测井响应特征，吸收借鉴国外页岩油测井评价思路及先进技术，形成中国陆相页岩油测井评价对策与技术系列，主要包括烃源岩品质评价、储层品质评价、工程品质评价与页岩油富集段综合判识技术等。

1. 典型陆相页岩油测井响应特征

　　鄂尔多斯盆地长7段致密油型页岩油"甜点"主要富集于与烃源岩间互的致密砂岩中，烃源岩与储层的测井响应特征差异明显。图6-40为一口井的长7段页岩油测井资料综合成果图，在2063～2072.8m井段烃源岩发育，具有较高的TOC，测井响应上

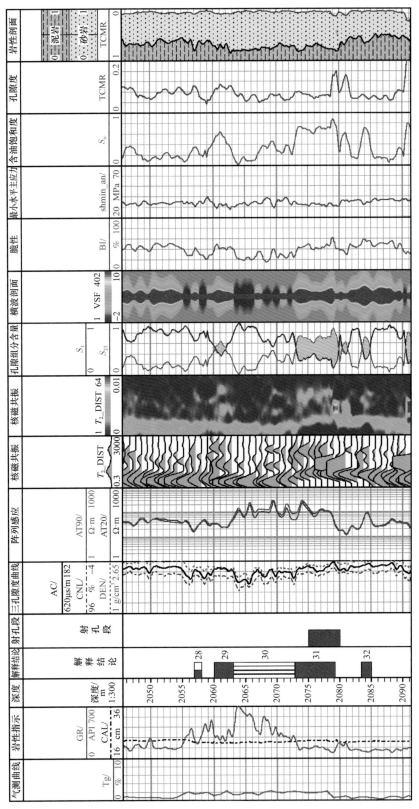

图 6—40　鄂尔多斯盆地城 96 井长 7 段页岩油测井综合成果图

具有高自然伽马（236.1～706.8API）、高声波时差（277.8～371.6μs/m）、高中子孔隙度（24.6%～51.9%）、低密度（2～2.45g/cm³）、高电阻率（71.4～308.01Ω·m）的特征。另外，在核磁共振T_2谱上，一般呈靠左侧的单峰特征。在烃源岩附近及其内部（如2060～2063m、2072.8～2079.2m、2083.4～2085.0m），发育重力流成因的致密砂岩，为页岩油富集段。对2075～2080m井段压裂后获工业油流，其自然伽马为77～165API，声波时差为225～276μs/m，中子孔隙度为17.3%～26.3%，密度为2.45～2.53g/cm³，电阻率为86.9～125.6Ω·m，其核磁共振T_2谱一般呈双峰特征，反映其具有相对较好的孔隙结构；压裂段黏土含量相对较低，总孔隙度为7%，含油饱和度为53%～76%，脆性指数为40%～50%。

松辽盆地北部古龙凹陷青山口组纯正型页岩油，主要存在于由黏土颗粒和无机矿物及有机质降解形成的微纳米孔隙中。地层具有相对较高的黏土矿物含量，纹层很发育，源储一体。图6-41为一口井的青山口组一段、二段页岩油测井资料综合成果图，2452～2584m井段压裂后获油流，日产油1.42t。从岩心及电成像测井资料均能明显看出，青山口组薄互层十分发育，自然伽马、声波时差、中子孔隙度、密度及电阻率曲线呈锯齿状，核磁共振T_2谱一般呈位置偏左侧的单峰特征，反映储层孔隙结构较差。压裂段依据岩性扫描测井获得的TOC平均值为2%，自然伽马平均值为132.8API，声波时差为101.8μs/m，中子孔隙度为21.3%，密度为2.46g/cm³，电阻率为4.7Ω·m，黏土矿物含量为31.8%，总孔隙度为10.1%，有效孔隙度为3.9%，含油饱和度为46.5%，脆性指数为31.3%。

过渡型页岩油以吉木萨尔凹陷芦草沟组和渤海湾盆地沧东凹陷孔二段为代表，地层岩性较为复杂，长英质与碳酸盐矿物组分混积，烃源岩与储层互层发育。图6-42为吉木萨尔凹陷一口井的芦草沟组页岩油测井资料综合成果图，3475～3479.3m、3480.2～3481.6m、3491～3493.9m井段烃源岩发育，具有较高声波时差（231～356μs/m）与电阻率（202～549Ω·m），页岩油"甜点"主要富集于紧邻烃源岩的储层中（29#：3472.4～3475m，34#：3481.6～3487m，37#：3493.9～3498m、39#：3500.1～3504.3m），受矿物组分复杂等因素影响，储层自然伽马、电阻率等常规测井响应差异较大（电阻率变化范围为20.9～382.1Ω·m，一般云质含量高时，电阻率较高，长英质含量高时，电阻率相对较低），难以直接根据其高低识别"甜点"发育段，但"甜点段"的核磁共振T_2谱一般具有明显的双峰或偏中间及右侧的单峰特征，可利用这一特征来识别评价"甜点"，效果比较理想。页岩油"甜点段"黏土含量为8%～19%，总孔隙度为12%～18%，含油饱和度为64%～84%，脆性指数为40%～60%。图6-43为大港油田沧东凹陷一口井的孔二段页岩油测井资料综合成果图，该段与芦草沟组地层特征相似，岩性较为复杂，源储呈互层分布，三孔隙度及电阻率测井曲线在页岩油分布段呈锯齿状频繁波动，难以直接根据电阻率高低识别"甜点"发育段，但"甜点段"的核磁共振T_2谱具有明显的双峰特征，左侧峰是黏土束缚水的响应，右侧峰是页岩油体积弛豫的响应。其中，3196～3236m井段压裂后获工业油流，黏土含量为7%～37%，总孔隙度为5.9%～19.1%，含油饱和度为20%～40%，脆性指数为35%。

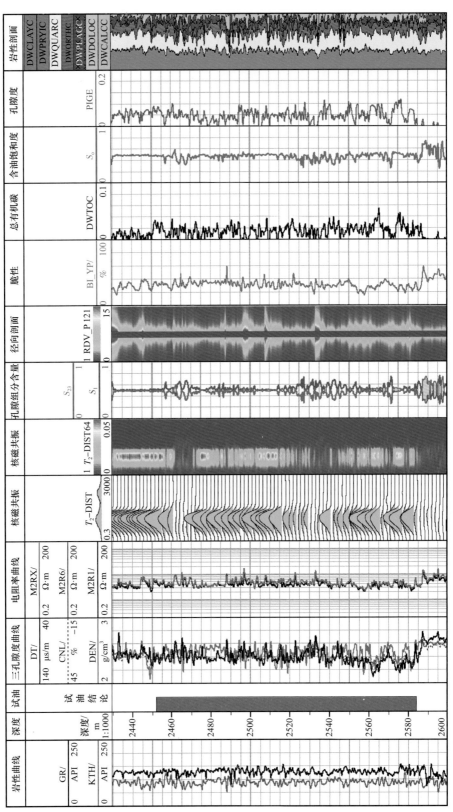

图 6-41　古页 1 井青山口组一段、二段页岩油测井综合成果图

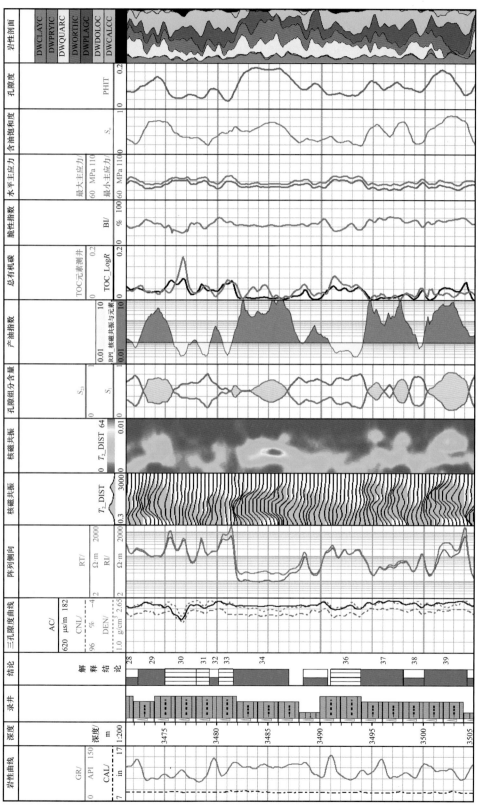

图 6-42　吉木萨尔凹陷芦草沟组 J10024 井页岩油测井综合成果图

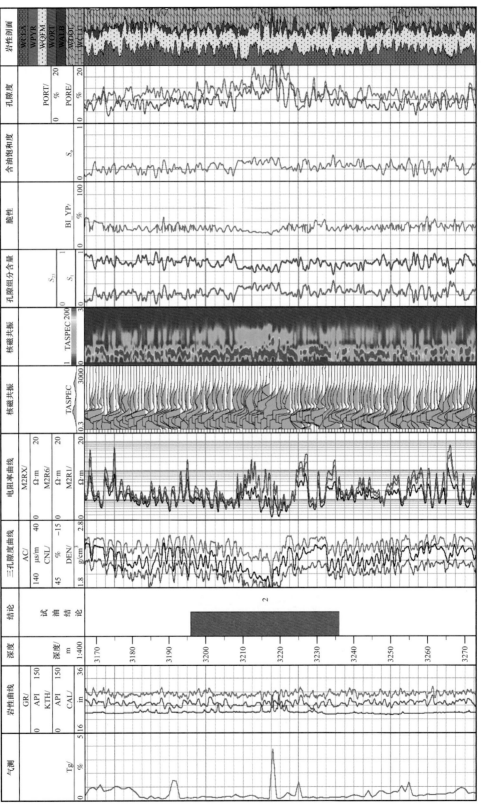

图 6-43 沧东凹陷官 108-8 井孔二段页岩油测井综合成果图

2. 页岩油测井评价面临的挑战

与常规储层相比，页岩具有很多独特的测井岩石物理性质，对测井评价构成了挑战，为了获得可靠的储层参数，必须直面并克服这些挑战性因素。

第一，页岩矿物基质组分通常较为复杂，含有多种矿物，包括石英、方解石、白云石、黏土、云母、长石、黄铁矿、菱铁矿、硬石膏和其他微量矿物等，单靠常规测井资料难以准确定量评价矿物类型及含量，难以准确获得地层骨架参数，对物性及孔隙结构评价难度大。许多测井方法（例如介电测井、声波测井、中子测井和密度测井）的资料解释需要明确矿物基质的物理性质。举例来说，为了从地层密度测量值得到孔隙度，必须知道无机矿物骨架（即页岩储层除有机质以外的部分）的基质密度。

第二，页岩孔隙分为三种类型，即粒间孔、粒内孔和有机孔。其中，干酪根热降解转化为烃类物质以后，残余干酪根骨架会形成众多微纳米级孔隙，即有机质孔隙。这部分孔隙不仅可以储集油气，而且对石油烃有较大吸附性。利用测井资料预测页岩的总孔隙度和有效孔隙度都比较容易实现，但要量化分出有机孔和无机孔的比例，目前还有难度。

第三，页岩中含有多种孔隙流体，包括多种烃类流体、自由水、黏土束缚水和不可动油。页岩中可动烃和不可动烃的数量，既与孔隙结构有关，也与热成熟度有关，还与地层的压力环境有关。显然，热成熟度高，烃物质中轻烃比例就高，可动烃数量就大；地层压力高时，在相同烃物质构成情况下，可动烃部分也会增加。虽然，利用核磁共振测井资料可以定性评价地层中可动烃数量，但由于尚未建立核磁共振 T_2 谱与实验室分析数据间的定量关系，目前利用测井资料还不能定量评价页岩油的可动烃与吸附烃比例。

第四，页岩孔隙孔径和粒径都非常小。粒间孔径和粒内孔径为 10～3000nm，有机质孔径为 5～500nm（Loucks 等，2012），这意味着页岩孔隙比表面积非常高，因而表面效应对介电常数、电阻率和核磁共振弛豫时间测井值的影响显著增强。若没有考虑页岩储层复杂的表面效应，会造成测井计算值误差较大，难免导致错误的解释结论。

第五，页岩储层孔隙度较低，造成测井值信噪比较低，会影响储层参数预测精度。

第六，与常规储层相比，预测页岩储层流体体积更具挑战性，特别是在页岩层系内，烃源岩和储层的电阻率无明显区分界限，利用电阻率或烃／水扩散系数差异进行流体识别均不可行。此外，页岩储层孔径极小，分子扩散作用会受到显著影响，而且孔隙流体表面弛豫时间和自由弛豫时间非常短（例如黏土束缚水和沥青），为毫秒级或更低，导致不同扩散系数流体的核磁共振测井响应差异不大。

3. 中国陆相页岩油测井评价技术与对策

如前述，陆相页岩油是油气在烃源岩层系内部的留滞，赋存环境的基质矿物组成比较复杂，发育的储集空间基本是微纳米孔隙系统，总体复杂且规模较小。此外还发育一些程度不等的裂缝，表现出较强的非均质性。可动烃数量因烃组分差异大而有较大变化。对这类低丰度低品位资源的识别评价，传统的测井系列需要作出适度调整，才能更有针对性。

在测井资料采集方面，针对岩性复杂，应更加重视元素测井、一维与二维核磁共振测井及阵列声波测井资料采集，为烃源岩、储层及工程品质评价提供资料基础；针对水平井等复杂井况环境，应加强过钻杆测井及产液剖面测井资料采集，以支持"甜点"识别评价；同时要与国际先进技术对标，积极发展自主产权的测井采集装备体系，实现电缆测井技术高性能化、水平井测井技术导、测、探配套化及测井资料质量控制的智能化。

在处理解释方面，深化测井岩石物理响应机理研究，系统建立不同物性及孔隙结构条件下不同流体组分的纵、横向弛豫时间交会图版，指导建立流体评价标准，同时深化声电各向实验分析技术，指导各向异性及可压裂性测井评价方法的建立。

4. 页岩油典型测井评价方法介绍

1）烃源岩品质测井评价方法

TOC 是衡量烃源岩品质的关键参数，也是页岩油形成的物质基础。烃源岩中有机质由两部分组成，一部分为已生成的石油烃类，另一部分为固体干酪根。前者可溶于有机溶剂，后者一般不溶于有机溶剂，是一种高分子聚合物，成分和结构很复杂，具有低密度、高声波时差、高中子孔隙度、高电阻率等物理特征。根据烃源岩有机质的特点和物理性质，前人研发了多种应用地球物理测井信息估算 TOC 的方法，包括基于常规测井及元素全谱测井的两大类计算方法。

（1）基于常规测井的 TOC 测井评价方法。

电阻率—孔隙度曲线叠加法是一种基于常规测井资料对地层总有机碳含量进行定量评价的常用方法。基本原理是采用反向刻度的方法在同一曲线道上同时显示电阻率与孔隙度曲线（电阻率曲线从小到大按对数刻度，孔隙度曲线从大到小按线性刻度），看二者的幅度差异。在贫有机质的地层段，电阻率与孔隙度曲线（通常选用声波时差曲线）重合，而在富有机质的地层段，二者出现差异，且随着有机碳含量增加，电阻率测井值增高，声波时差增大，二者差距增大。

电阻率曲线与声波时差曲线的距离 ΔlgR 按如下公式计算：

$$\Delta \lg R = \lg\left(\frac{R_t}{R_{基线}}\right) + k\left(\Delta t - \Delta t_{基线}\right) \qquad (6-2)$$

式中，ΔlgR 表征电阻率和声波时差曲线的距离；R_t 为地层电阻率，$\Omega \cdot m$；$R_{基线}$ 为贫有机质层段对应的电阻率测井值，$\Omega \cdot m$；Δt 为地层声波时差，$\mu s/ft$；$\Delta t_{基线}$ 为贫有机质层段对应的声波时差测井值，$\mu s/ft$；k 为刻度系数，当 1 个电阻率单位（对数刻度）对应的声波时差为 $50\mu s/ft$ 时，该系数为 0.02。

式（6-2）中的声波时差测井值可用体积密度或中子孔隙度替换，k 值应根据替换后的实际情况（1 个电阻率单位对应的密度或中子孔隙度值）来取值。

在非烃源岩段，孔隙度小，电阻率小，经重叠刻度后 ΔlgR 基本为零。在富有机质烃源岩段，孔隙度曲线向孔隙度增高方向变化，电阻率也升高，ΔlgR 数值随有机质含量增加而变大。

　　在有机质含量相当情形下，有机质热演化程度越高，有机质的电阻率就越高。因此，有机质热演化程度对 $\Delta\lg R$ 的影响较大，应用 $\Delta\lg R$ 计算时，需要对成熟度进行校正。Passey 利用大量岩心和测井数据统计分析后，提出了基于成熟度校正的总有机碳含量计算公式：

$$TOC = \Delta\lg R \times 10^{2.297-0.1688\times LOM} \tag{6-3}$$

式中，TOC 为总有机碳含量，%；LOM 是与有机质成熟度相关的参数。

　　图 6-44 为利用电阻率—声波时差曲线叠加法计算 TOC 的成果图，总体看测井计算结果与岩心测量结果有很好的一致性，在电阻率与声波时差曲线距离较大的层段，测井计算与 TOC 测量结果都较高，反之亦然。

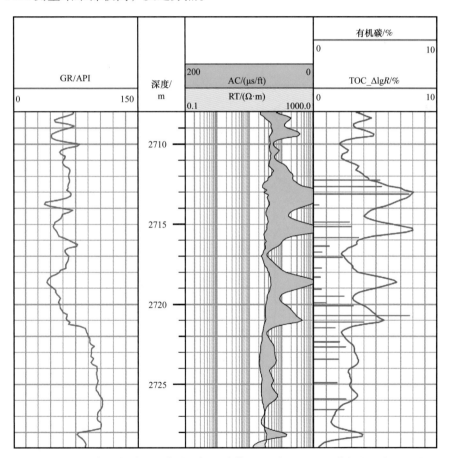

图 6-44　电阻率—声波时差曲线叠加法计算 TOC 成果图（准噶尔盆地吉 174 井）

　　（2）基于元素全谱测井的 TOC 测井评价方法。

　　元素全谱测井技术（如斯伦贝谢公司的 LithoScanner 和贝克休斯公司的 Flex 等）不仅可测取伽马射线俘获谱，而且可测量出伽马射线散射谱。因此不仅可获知硅、钙、铁、硫、钛、钆、氯、钡和氢等元素含量，还可求得碳、镁、铝、钾、锰和钠等元素。通过对氧化物闭合处理，从中计算出总碳含量及总无机碳含量，二者相减可得到总有机碳含量。图 6-45 是元素全谱测井计算 TOC 成果图，将总有机碳含量测井计算结果与岩心测量结果作对比，二者有很好的一致性。图 6-42 是吉木萨尔凹陷测井实例，第 11 道为元素全谱和常规测井两种方法计算的 TOC，二者整体变化趋势一致，但局部细节存在一定差异。由于电阻率受影响因素较多，如地层岩性及物性变化等都能引起电阻率变化，所以元素全谱法计算的 TOC 精度更好。图 6-42 中第 34 层长英质含量增加，电阻率相对较低，受此影响常规测井法计算的 TOC 偏小，而元素全谱法的计算结果表明该段 TOC 值较高，与实际情况吻合好。

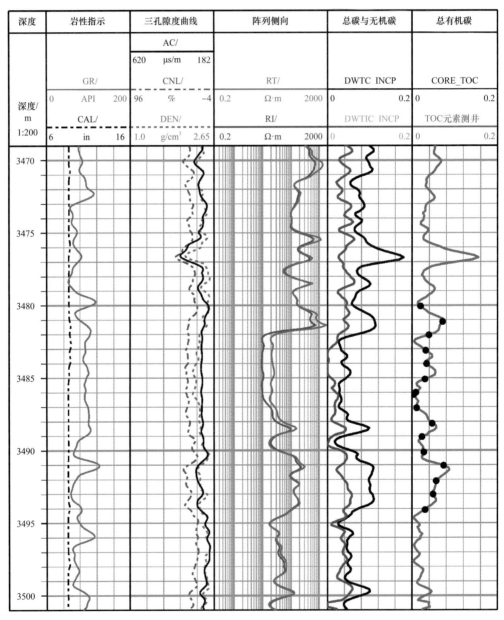

图 6-45　元素全谱测井计算 TOC 成果图（准噶尔盆地 J10024 井）

2）页岩油储层品质测井评价方法

储层孔隙结构与含油性评价是页岩油储层品质测井评价的两大核心内容。储层孔隙结构指地层孔隙及喉道大小、几何形态与连通性等。在实验室可利用孔渗测量、压汞、核磁共振、铸体薄片、CT等开展定性观察和定量分析。对连续井段评价时可借助核磁共振测井资料进行。含油性是反映地层中烃含量多少的物理量，一般可用含油饱和度或产油指数等参数来表征。含油饱和度是地层含烃总体积与地层总孔隙体积的比值，而产油指数是与油相关的有机碳含量与总有机碳含量的比值。这两个参数均可利用测井资料通过一些处理分析在连续井段范围内获得。

（1）页岩油储层孔隙结构特征。

页岩油储层孔隙结构特征一般具有以下特点：一是孔渗关系分散，相近孔隙度条件下对应的渗透率差异较大；二是微纳米级孔隙发育，排驱压力较高，一般大于1MPa。

图6-46为鄂尔多斯盆地长7段与吉木萨尔凹陷芦草沟组页岩油孔渗关系图，从图中可见页岩储层孔渗关系复杂，相近孔隙度条件下渗透率差异达1～2个数量级，且芦草沟组储层比长7段更为致密。整体排驱压力大于1MPa，吉木萨尔凹陷部分样品超过10MPa（图6-47、图6-48）。

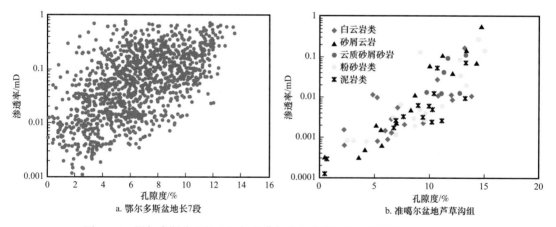

图6-46 鄂尔多斯盆地长7段与准噶尔盆地芦草沟组页岩油储层孔渗关系图

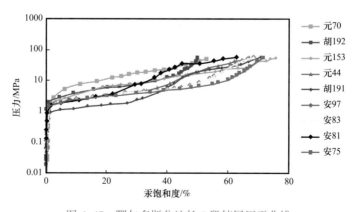

图6-47 鄂尔多斯盆地长7段储层压汞曲线

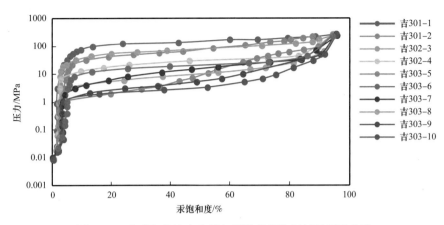

图 6-48　准噶尔盆地吉木萨尔凹陷芦草沟组储层压汞曲线

（2）基于核磁共振测井的孔隙结构测井评价方法。

核磁共振测井是目前对页岩油储层孔隙结构进行评价最有效的技术之一。由核磁共振测井得到的 T_2 谱能够反映不同大小孔隙的分布，提取其在总孔隙系统中的百分含量，可用于评价储层孔隙结构优劣。该方法最早起源于对低渗透储层孔隙结构主控因素及测井表征方法的研究，被称为三组分百分比孔隙结构分类判别方法，其具体内涵主要包括以下要点：

① 对具代表性的不同孔隙结构岩心样品进行核磁共振及压汞实验，以压汞曲线形态及排驱压力为依据对岩心孔隙结构进行标定分类。其中孔隙结构最好的定为一级，排驱压力小于 0.1MPa；孔隙结构较好的定为二级，排驱压力为 0.1～0.5MPa；结构较差的列为三级，排驱压力为 0.5～1MPa；四类及以上的最差，排驱压力大于 1MPa。

② 系统分析不同孔隙结构样品的压汞曲线、核磁共振 T_2 谱及其累计孔隙度曲线，落实控制孔隙结构优劣的关键因素，形成对不同尺寸孔隙在总孔隙中所占百分量的表述。

③ 从核磁共振实验数据中提取小、中等与大尺寸孔隙在总孔隙中的百分比，以 S_1、S_2 和 S_3 示之。S_1、S_2、S_3 求取可在核磁共振 T_2 谱中，X_1（ms）以下的孔隙组分在总孔隙中的百分含量为 S_1 值；X_1～X_2（ms）得到的孔隙组分百分数为 S_2，X_2（ms）以上的孔隙组分在总孔隙中的百分比定为 S_3。应该指出，X_1、X_2 的具体取值因地区而异，一般 X_1 小于 15ms，15ms$<X_2<$100ms。

④ 确定不同孔隙结构类型的 S_1、S_2 及 S_3 之间相对变化规律，形成判断孔隙结构类型的标准。对于低渗透储层而言，判别标准如表 6-2 所示。当 S_3 最大时孔隙结构最优，为Ⅰ类；当 S_1 最大时孔隙结构最差，为Ⅳ类；当 S_2 最大且 S_3 大于 S_1 时，孔隙结构较好，为Ⅱ类；当 S_2 最大且 S_1 大于 S_3 时，孔隙结构较差，为Ⅲ类。

对于页岩油储层，通常 S_1 占绝对优势，无法直接沿用上述标准，为此将判别标准调整为：当 S_2+S_3（简记为 S_{23}）大于 S_1 时，孔隙结构相对较好，通过压裂一般可获得工业油流；当 S_1 大于 S_{23} 时，孔隙结构差，压裂获得工业产量的难度很大。

⑤ 利用从核磁共振测井数据中提取的 S_1、S_2 和 S_3，按照已经确定的标准实现对评价层段孔隙结构的快速评价和分类。

表 6-2　基于核磁共振测井的低渗透储层孔隙结构类型判别准则

储层分类	S_1	S_2	S_3	排驱压力 /MPa
I 类	小	小	大	<0.1
II 类	小	大	中	0.1～0.5
III 类	中	大	小	0.5～1
IV 类	大	小	小	>1

（3）页岩油含油性测井评价方法。

页岩油含油性评价可以用总含油饱和度来表征，该参数可基于核磁共振测井资料按式（6-4）计算得到

$$S_{总油} = 1 - S_{wir} \qquad (6-4)$$

式中，$S_{总油}$ 为总含油饱和度；S_{wir} 为束缚水饱和度，可由核磁共振测井资料得到。

另外，页岩油含油性还可以用产油指数来表征，将一维核磁共振测井与元素或常规测井相结合，按式（6-5）计算产油指数，从而实现对含油性优劣的评价：

$$RPI = 100 \cdot \frac{\left[W_{C\_oil}\right]^2}{W_{C\_org}} \qquad (6-5)$$

式中，RPI 为产油指数；W_{C_oil} 为可动油中碳元素含量，%，可从一维核磁共振测井得到；W_{C_org} 为总有机碳含量，%，可从元素或常规测井得到。

图 6-49 为吉木萨尔凹陷芦草沟组页岩油压裂层段孔隙结构及含油性测井评价成果图。射孔段所在深度大尺寸孔隙组分 S_{23} 占绝对优势，孔隙结构较好，含油饱和度为 60%，RPI 大于 0.1，试油获得工业油流，日产油 3.54m³。

图 6-50 为吉木萨尔凹陷页岩油压裂干层段孔隙结构及含油性测井评价成果图。射孔段所在深度小尺寸孔隙组分 S_1 占优势，孔隙结构较差，含油饱和度小于 40%，RPI 小于 0.1，压裂未获工业油流。

3）页岩油工程品质测井评价方法

页岩油工程品质测井评价内容主要包括脆性指数、孔隙压力与地应力等。利用测井资料准确获取相关参数对于优选压裂试油层段、优化试油完井方案、提高试油成功率等都具有重要意义。

（1）脆性指数测井评价方法。

岩石脆性与其矿物组分、弹性力学参数及其所受应力环境等因素相关，常以脆性指数度量其大小，是评价常规储层可压裂性的一个重要指标。关于脆性的含义，国内外学者有许多说法。A Morley 等将脆性定义为材料塑性的缺失；L Obert 和 W I Duvall 以铸铁和岩石为研究对象，认为达到或超过屈服强度即破坏的性质为脆性；Jesse V H 认为材料断裂或破坏前表现出极少或者没有塑性形变的特征为脆性。脆性有以下内涵：

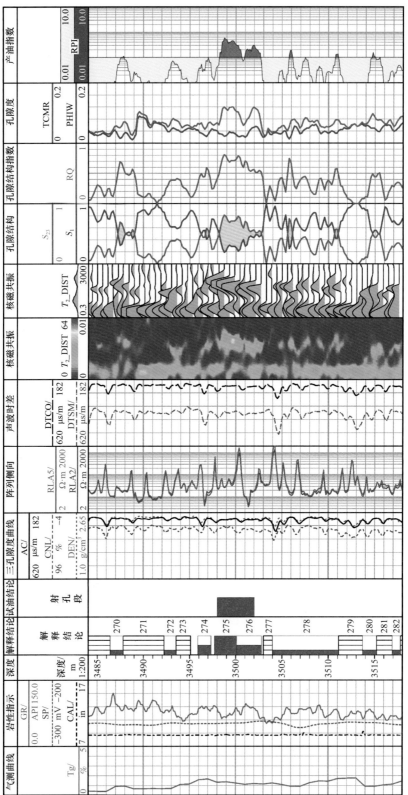

图 6-49　压裂油层段孔隙结构及含油性测井评价成果图（准噶尔盆地吉 42 井）

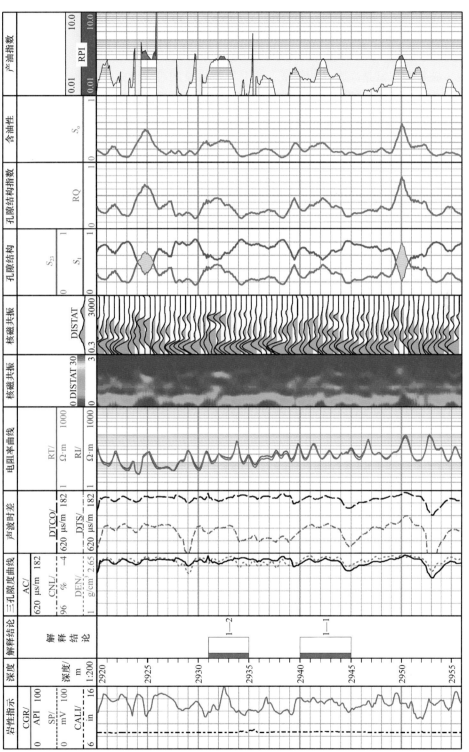

图 6-50 压裂干层段孔隙结构及含油性测井评价成果图（准噶尔盆地吉 303 井）

① 脆性是材料的综合力学特性，与弹性模量、泊松比等单一力学特征参数有区别。

② 脆性是材料的一种能力，需同时兼顾内在和外在条件。脆性是以内在均质性为前提，在特定加载条件下表现出的特性。

③ 脆性破坏是在非均匀应力作用下，产生局部断裂，并形成多维破裂面的过程。碎裂范围大、破裂面丰富是高脆性的特征，也是宏观可见的表现形式。

统计发现，现有的脆性表征方法有 20 多种，H Honda 和 Y Sanada 提出硬度和坚固性差异；V Hucka 和 B Das 建议试样抗压强度和抗拉强度的差异；A W Bishop 用应力释放的速度。这些方法大多针对具体的问题，适用于不同学科。

对于地层岩石脆性，目前国内外学者主要基于实验观测和地球物理数据开展评价，可分为三种：

① 在实验室对岩心进行破裂实验，记录应力与应变的关系，从中提取若干定量参数来评价脆性好坏，或者观察岩心破裂时产生裂缝的特征，如单条裂缝或者网状缝等，来定性判断岩石的脆性强弱。优势是结果比较直观准确，不足是应用范围小，无法连续评价地层的脆性，且应力—应变参数的方法不完善，缺少对岩石破裂前的脆性描述。

② 岩性参数指示法，利用脆性骨架矿物的体积含量与总骨架体积含量的比值等参数来评价脆性强弱。该类方法不适用于岩性复杂地层，且存在多解性，岩性参数值相同但应力条件不同时也可能导致脆性特征不同。

③ 动态弹性参数法，利用密度与纵、横波时差或速度测井数据计算杨氏模量、泊松比等，并将这些参数组合起来进行脆性评价。该类方法在北美页岩油气藏广泛应用，在国内不同探区也有较好的应用效果。但应注意其多解性，当研究区同一目标层位的埋藏深度不同时，较高的动态弹性参数值可能并非是高脆性引起，也可以由于应力条件不同所致。

该方法利用阵列声波测井资料计算岩石的杨氏模量和泊松比，然后按如下公式计算脆性指数：

$$BI_E = 100\% \times \frac{E - E_{\min}}{E_{\max} - E_{\min}} \tag{6-6}$$

$$BI_v = 100\% \times \frac{v - v_{\max}}{v_{\min} - v_{\max}} \tag{6-7}$$

$$BI = \left(BI_E + BI_v \right) / 2 \tag{6-8}$$

式中，BI_E 为利用杨氏模量计算的岩石脆性，%；E 为杨氏模量测井值，GPa；$E_{\min}$ 为目的层杨氏模量最小值，GPa；$E_{\max}$ 为目的层杨氏模量最大值，GPa；BI_v 为利用泊松比计算的岩石脆性，%；v 为泊松比；$v_{\min}$ 为目的层泊松比最小值；$v_{\max}$ 为目的层泊松比最大值。

当地层岩性和应力环境复杂时，弹性模量法难以准确判别脆性好坏。在这种情况下，可从阵列声波测井中提取纵、横波速度径向剖面，利用速度发生衰减的径向位置变化，判断地层的脆性特征。钻头钻遇脆性较高地层时，由于机械破坏作用在近井壁附近形成微裂隙，纵、横波在径向方向会产生明显的速度衰减。因此纵横波速度衰减所对应的径向位置与井筒中心线的距离越远，地层脆性越高。

图6-51为一口鄂尔多斯盆地长7段页岩油井的脆性指数评价成果图。该实例中两种方法有较好的一致性。整个井段可以分为两段，2040m以浅，自然伽马较小，孔隙结构较好，脆性指数较高（60%）；2040m以深，自然伽马逐渐增加，孔隙结构变差，脆性指数较小（平均值40%），表明地层自上而下逐渐从高脆性储层过渡为低脆性偏塑性的层段，对应于致密烃源岩发育段。

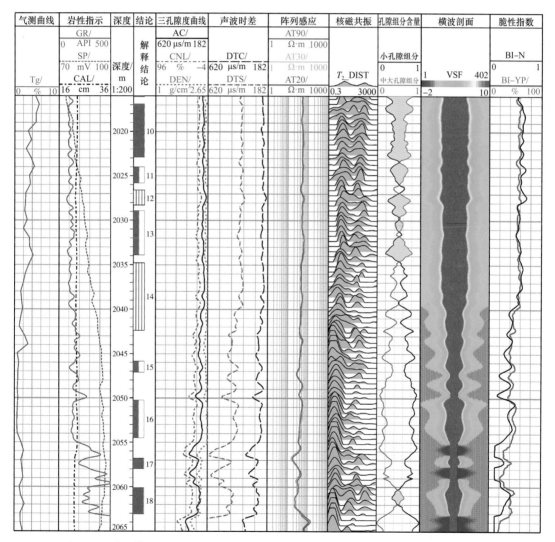

图6-51　弹性模量法及速度径向剖面法评价脆性指数成果图（鄂尔多斯盆地城96井）

（2）孔隙压力测井评价方法。

受欠压实作用或生烃增压作用影响，非常规（含页岩油）储层往往存在异常超压现象，准确计算地层孔隙压力，对于定量评价地层的工程品质具有重要意义。

针对欠压实引起的孔隙压力异常，利用 Eaton 方法计算地层孔隙压力，计算方法见式（6-9）：

$$p_p = \sigma_v - (\sigma_v - p_{pnorm}) \times \alpha \times \left(\frac{DT}{DT_{norm}}\right)^n \tag{6-9}$$

式中，p_p 为地层孔隙压力，MPa；σ_v 为地层上覆压力，MPa；p_{pnorm} 为当前深度的净水压力，MPa；DT 为当前深度的声波时差，$\mu s/m$；DT_{norm} 为正常压实条件当前深度的理论声波时差值，$\mu s/m$；α 为 Eaton 系数；n 为 Eaton 指数。

针对生烃增压引起的孔隙压力异常，利用 Bowers 方法计算地层孔隙压力，计算方法如下：

$$p_p = \sigma_v - \left(\frac{v_{MAX} - 5000}{A}\right)^{1/B} \left(\frac{v - 5000}{v_{MAX} - 5000}\right)^{U/B} \tag{6-10}$$

式中，p_p 为孔隙压力，MPa；σ_v 为地层上覆压力，MPa；v_{MAX} 为正常压实段地层波速—有效应力关系曲线与异常压力段地层波速—有效应力关系曲线的交点所对应的地层波速，ft/s；v 为地层波速，ft/s；A、B 为正常压实段地层波速与有效应力的函数关系中的经验系数，取决于实际情况；U 为卸载系数。

（3）水平主应力测井评价方法。

地应力是最重要的工程参数之一，其大小与方位在三维空间内的差异与变化是控制油气富集区分布、水力压裂缝网扩展、地层破裂压力和坍塌压力大小的重要因素，对油气开发方案编制及油井工程设计等具有重要意义。

页岩油地层由于薄互层发育，具明显的弹性各向异性，需要采用基于各向异性模型的方法来评价最小水平主应力分布，公式如下：

$$\sigma_h = \frac{E_h}{E_v} \frac{\mu_v}{1 - \mu_h} (\sigma_v - \alpha p_p) + \frac{E_h}{1 - \mu_h^2} \varepsilon_h + \frac{E_h \mu_h}{1 - \mu_h^2} \varepsilon_H + \alpha p_p \tag{6-11}$$

式中，σ_h 为最小水平主应力，MPa；α 为 Biot 系数；p_p 为地层孔隙压力，MPa；σ_v 为垂向应力，MPa；ε_h、ε_H 分别为最小和最大构造压力系数；E_h、E_v 分别为水平和垂直方向上的杨氏模量，GPa；μ_h、μ_v 分别为水平和垂直方向上的泊松比。

垂直方向杨氏模量 E_v 的计算公式为

$$E_v = C_{33} - \frac{2C_{13}^2}{C_{11} + C_{12}} \tag{6-12}$$

水平方向杨氏模量 E_h 的计算公式为

$$E_{\mathrm{h}} = \frac{\left(C_{11} - C_{12}\right)\left(C_{11}C_{33} - 2C_{13}^2 + C_{12}C_{33}\right)}{C_{11}C_{33} - C_{13}^2}$$ （6-13）

垂直方向泊松比 μ_{v} 的计算公式为

$$\mu_{\mathrm{v}} = \frac{C_{13}}{C_{11} + C_{12}}$$ （6-14）

水平方向泊松比 μ_{h} 的计算公式为

$$\mu_{\mathrm{h}} = \frac{C_{12}C_{33} - C_{13}^2}{C_{11}C_{33} - C_{13}^2}$$ （6-15）

式中，C_{11}、C_{33}、C_{12} 和 C_{13} 是表征应力与应变关系的刚性系数，其中 C_{12} 可由刚性系数 C_{11} 和 C_{66} 得到

$$C_{12} = C_{11} - 2C_{66}$$ （6-16）

上述一系列刚性系数由纵横波时差、密度曲线及刚性系数转换规律确定。其中 C_{66} 较为关键，国外一般通过斯通利波反演得到水平横波速度来求取，该方法一般只适用于慢地层。我国陆相页岩油压裂层段绝大部分都集中在快地层中，通过配套声各向异性实验及规律分析后，在快地层中，C_{66} 可通过纵横波各向异性系数与黏土含量关系来求得。因此在计算最小主应力过程中需要注意地层的快慢属性。

图 6-52 为一口鄂尔多斯盆地长 7 段页岩油井的综合成果图。图 6-52 中 X08—X24 井段，VSF 显示为快地层，近井壁地层的横波速度小于远端地层的横波速度，脆性指数 BI 为 58%。黏土含量 VCL 为 24%（由元素俘获测井得到），从斯通利波反演得到的水平横波速度接近垂直横波速度，由此计算的横波各向异性系数接近 0。采用基于水平横波速度的方法计算刚性系数 C_{66} 并由此最终计算得到的最小水平主应力（25.99MPa）与基于各向同性模型的计算结果（25.2MPa）十分相近，与实际测试资料得到的结果（30.33MPa）差距较大，相对误差达 14.3%；而采用基于黏土含量的方法计算得到刚性系数 C_{66} 并由此最终计算得到的最小水平主应力（28.73MPa）与实际测试资料得到的结果较接近，相对误差为 5.3%。

图 6-53 为同一口井在 X10—X12 井段的电成像成果图。从该图可以清晰地看出，在 1m 深度间隔内，黏土含量呈交替变化，显示明显的互层状特点，属于典型的横观各向同性地层。

图 6-54 为吉木萨尔凹陷芦草沟组页岩油一个压裂试油井段的水平主应力测井评价成果图。该井最终射孔段位于 3498～3502m，计算的最小水平主应力平均值为 74.2MPa，相对误差为 8.6%；该段下部隔挡层最小水平主应力平均值比其上部地层高 3～5MPa，压裂缝更容易向上延伸。通过压裂井段裸眼和压裂后各向异性大小、速度径向剖面的综合分析结果表明，该井段压裂后，压裂缝向上延伸 31m，向下延伸 8m，压裂缝向上延伸更显著，与地应力评价结果十分吻合。

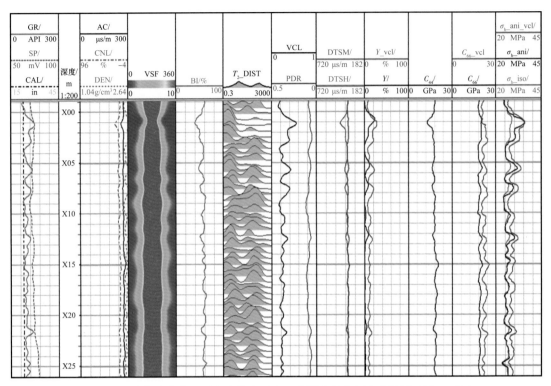

图 6-52　鄂尔多斯盆地页岩油井水平主应力测井综合评价成果图（城 96 井）

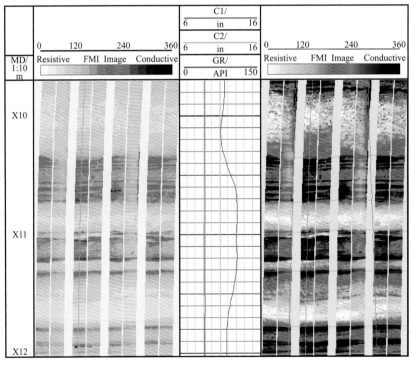

图 6-53　鄂尔多斯盆地长 7 段页岩系统典型油井电成像成果图（城 96 井）

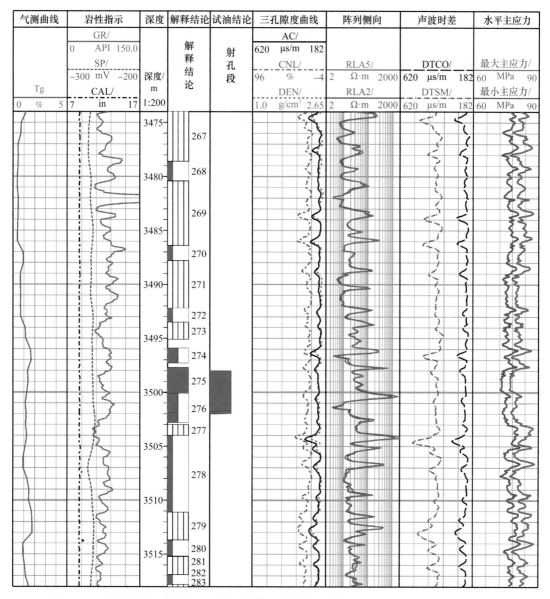

图 6-54 准噶尔盆地芦草沟组页岩系统典型油井水平主应力测井评价成果图（吉42井）

三、页岩油"甜点"评价预测技术

页岩油"甜点"预测评价需要在地质评价基础上，利用测井和地震相结合，对页岩油富集区／段进行三维空间描述，从而实现对"甜点"三维空间分布评价。

如前述，"地质甜点"评价涉及资源富集"甜点"的确定，应该按照本书基于现阶段勘探试采进展总结提出的标准，严格筛选。在各探区勘探初期阶段，特别是对页岩油富集因素与经济可采性尚不明确前提下，执行标准宜从严不宜从宽，比如有机质丰度指标，一定要在 TOC 大于 2% 甚至大于 2.5% 的层段选择靶体，这是保证有足够多滞留烃数量的基础，而对 TOC 小于 2%，特别是只有 1%～1.5% 的层段，如果页岩层系没有裂缝发育，要形成有较好经济性的页岩油富集比较困难，建议不宜打井；又如热成熟度下限的选择，建议以 R_o 大于 0.9% 为门限来确定水平段靶体选择，以保证有较高的可动烃数量支撑获得较好经济性的单井累计采出量。还有页岩油"甜点段"顶底板保存条件也要给予足够重视，这是在有机质丰度、热成熟度与"甜点段"相当条件下，决定页岩层系内能否有足够多可动烃数量与最大采出量的关键。

利用测井资料对页岩油"甜点段"进行垂向分布与分级评价，是页岩油"甜点"评价的重要内容。这方面的评价需要结合压裂试油、储层品质及工程品质测井评价结果，综合优选关键参数，可建立利用常规及新技术测井资料识别评价页岩油"甜点"发育段的测井方法。当储层品质和工程品质都好时，"甜点段"压裂后能获得较高产量，可评价为一类产层；当储层品质好、工程品质差或者当储层品质差、工程品质好时，压裂后产能相对较低，可为二类产层；当储层品质差、工程品质也差时，压裂后一般无工业产能。

图 6-55 为鄂尔多斯盆地长 7 段页岩层系一个压裂试油井段的"甜点"评价成果图。根据储层品质及工程品质评价结果，优选了储层品质及工程品质俱佳的压裂试油层段，使其主要集中在孔隙结构好、地应力相对较小、脆性指数较高的有利层段，最终压裂试油获得高产，日产油 25.25t。

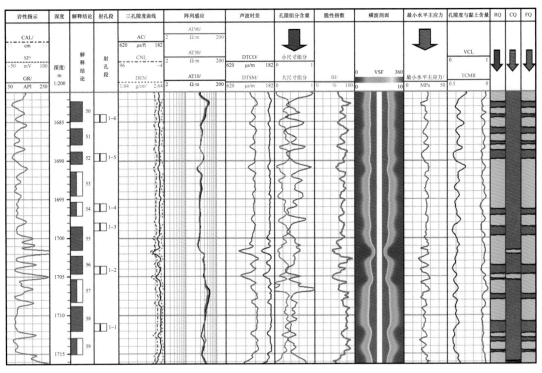

图 6-55　鄂尔多斯盆地页岩油"甜点"评价成果图（乐 25 井）

图 6-40 至图 6-43 所示的三种类型页岩油的应用实例表明，核磁共振测井资料对于页岩油"甜点"评价非常重要。它受岩性变化影响较小，能有效表征复杂岩性地层的孔

隙结构特征，较准确地定量评价页岩油孔隙度及含油饱和度，而传统的电阻率方法由于受岩性变化影响显著，无法在页岩地层中有效应用。同时压裂段及射孔位置的选择，要考虑地层可压裂性，三个实例均选择储层品质及工程品质较好的深度段进行压裂试油，获得了较理想的结果。

利用地震资料开展页岩油"甜点段"平面分布预测，是实现页岩油"甜点"三维空间分布评价的重要内容。这项评价是在综合地质与测井评价基础上，把井资料转化为对地震资料的标定，然后利用地震资料横向连续性优势，做到对"甜点段"平面分布的工业成图，从而达到对页岩油"甜点"分布与分级的评价，为钻探井位确定提供支撑。

与海相页岩油相似，陆相页岩油"甜点"评价是规模勘探与效益开发的重要环节。由前述可知，我国陆相页岩油根据热演化成熟度，可划分为中高熟页岩油与中低熟页岩油两大类，二者在进行商业化开发过程中采用的技术路线具有本质差别。本单元内容重点介绍中高熟页岩油"甜点"评价的主要技术路线。关于中低熟页岩油的相关内容，将在第三节中重点介绍。

根据在"甜点"评价中的重要性，可对评价参数赋予不同的权重。地质、工程及经济分别赋予 0.5、0.3、0.2 权重。不同单项参数的分级应赋予不同的权重，Ⅰ、Ⅱ、Ⅲ类"甜点"宜分别赋予 0.6、0.3、0.1 权重。

（1）统计评价单元的优势岩相厚度、优势岩相厚度百分比、页岩夹层组合关系、埋藏深度、OSI、S_1、气油比、原油密度、TOC、R_o、有机质类型、孔隙度、渗透率、裂隙率、脆性矿物含量、泊松比、杨氏模量、水平两向主应力倍数、压力系数、EUR、投资收益率单项参数在Ⅰ级、Ⅱ级、Ⅲ级的对应比例，计算单一参数的评价因子 Pi，见下列公式：

$$\text{Pi} = (a \times \text{Pi}Ⅰ + b \times \text{Pi}Ⅱ + c \times \text{Pi}Ⅲ) / (\text{Pi}Ⅰ + \text{Pi}Ⅱ + \text{Pi}Ⅲ) = a \times \text{Pi}Ⅰ / (\text{Pi}Ⅰ + \text{Pi}Ⅱ + \text{Pi}Ⅲ) + b \times \text{Pi}Ⅱ / (\text{Pi}Ⅰ + \text{Pi}Ⅱ + \text{Pi}Ⅲ) + c \times \text{Pi}Ⅲ / (\text{Pi}Ⅰ + \text{Pi}Ⅱ + \text{Pi}Ⅲ)$$

式中，Pi 分单一参数评价因子；PiⅠ、PiⅡ、PiⅢ 分别是Ⅰ、Ⅱ和Ⅲ级单一参数对应的统计数据；a，b，c 分别是Ⅰ级、Ⅱ级、Ⅲ级参数对应的权重。

（2）完成单一参数评价因子计算后，将所有单一参数乘以对应权重后进行累加求和，计算评价单元的综合评价指数 EI 值，见下列公式。根据 EI 值进行"甜点段"优选排队。

$$\text{EI} = \sum_{i=1}^{n} \text{Pi Qi}$$

式中，EI 为"甜点段"综合评价指数；Pi 为单一参数评价因子；Qi 为单一参数评价权重；n 为单一评价参数数量。

（3）进行页岩油"甜点"评价。在计算工区内所有单井评价单元 EI 值基础上，绘制评价单元 EI 等值线图。综合 EI 等值线图，绘制"甜点区"综合评价图。不同区域 EI 分类值可根据实际情况确定。推荐 EI ≥ 0.45 为Ⅰ类"甜点区"；0.45 > EI ≥ 0.3 为Ⅱ类"甜点区"；EI < 0.3 为Ⅲ类"甜点区"。

四、页岩油压裂改造技术

我国陆相页岩油与北美海相页岩油的油藏特征差异明显,普遍具有埋藏深度偏大、非均质性强、类型多样、裂缝发育程度低、黏土含量偏高、脆性较差与地层压力系数偏低等特点,决定了陆相页岩油的压裂改造技术既要充分吸收北美页岩油压裂改造技术的优秀之处,又要在适应中国页岩油特征基础上实现技术创新发展。

1. 技术发展历程

从 2011 年开始,中国石油在长庆、吉林、大庆、吐哈等陆相中高熟页岩油试采区开展压裂技术先导性试验和应用。在引进国外成功经验和技术的基础上,不断探索创新,压裂技术取得了长足进步。总体看,发展经历了三个阶段:一是直井体积压裂阶段;二是水平井体积压裂阶段;三是缝控压裂阶段。

(1)直井体积压裂阶段历时两年左右,从 2011 年开始到 2012 年。吐哈油田、长庆油田、新疆油田先后在芦 1 井、马芦 1 井、吉 25 井获得勘探发现,发现了三塘湖盆地条湖组、长 7_{1+2} 亚段、二叠系芦草沟组页岩油等。随后进行了直井常规压裂和体积压裂探索,旨在通过直井体积压裂形成复杂裂缝网络,以提高单井产量,但均未能获得理想突破(吴奇等,2011)。

(2)水平井体积压裂阶段大致持续了三年时间(吴奇等,2012;吴奇等,2014;胥云等,2018),从 2013 年至 2015 年。2013 年开始进行水平井体积压裂技术先导试验,在吐哈油田三塘湖盆地条湖组页岩油通过对比应用裸眼封隔器分段压裂技术、套管内封隔器滑套分段压裂技术及速钻桥塞多段分簇压裂技术,优化确定了以速钻桥塞 + 多段分簇射孔 + 复合压裂的技术思路。但实践表明,致密储层流体流动距离短、启动压力高、储层压力系数低,单井产量递减快,产量三年递减 85%,难以实现效益开发。因此,采用井群差异化设计与工厂化模式,通过构建裂缝,注入功能性流体,补充地层能量,用人造高渗区重构地下相对完整的渗流场,达到压裂、增能、驱油三功能协同增效的目的。初步取得成效,积累了经验。

(3)缝控压裂阶段,从 2016 年开始至今都在延续。微地震监测表明,页岩储层体积压裂难以形成网状缝,总体仍呈条带状复杂分布。现场取心也未观察到复杂缝。从而让我们认识到国内天然缝普遍欠发育的页岩储层,用水平井体积压裂难以打碎储层。2016 年中国石油勘探开发研究院压裂技术团队提出建立缝控压裂技术体系(雷群等,2018)(图 6-56),将人工裂缝的长度、间距、缝高等参数设计,充分与储层物性、应力环境和井控储量相结合,通过缝、井、藏优化匹配,形成缝控基质单元以提高采收率,结合成本控制,提高页岩油开发效果。压裂技术发展为长水平段、小井距、细分切割的高密度完井模式,形成纵向上立体交错、平面上井间交错布缝和平台式作业的立体开发模式。以吐哈油田三塘湖盆地条湖组页岩油水平井为例,井间距从早期的 400m 调整为目前的 100m,单段压裂簇数由 3~5 簇提升至 6~10 簇,簇间距从 30~40m 缩小到 8~12m。长庆油田长 7 段页岩油水平井井距由前期 600~1000m 缩小至 200~400m,单段簇数由

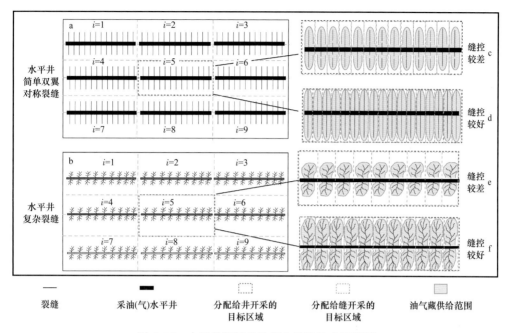

<table>
<tr><td>—
裂缝</td><td>▬
采油(气)水平井</td><td>▯
分配给井开采的
目标区域</td><td>▯
分配给缝开采的
目标区域</td><td>▮
油气藏供给范围</td></tr>
</table>

图 6-56　水平井缝控改造优化设计技术目标图

2~3 簇提至 5~14 簇，簇间距由 22~30m 缩至 5~12m（翁定为等，2018）。

2. 关键技术

如前述，北美地区页岩油开发成功的秘诀之一就是地质工程一体化，说穿了，就是从油藏地质特征入手，因需使用工程技术，从而达到产量、成本控制和成效的最大化。地质工程一体化也是实现陆相页岩油效益勘探开发的重要途径，以"提高产量、采收率和降低作业成本"为目标，将油藏地质认识有效用于指导工程设计和实施，从而实现对油藏的最优化开发。以地质工程一体化精细建模为基础，全面开展地质工程一体化钻井、压裂、施工监测以及工程作业后系统评估分析。地质工程一体化中有一个重要环节就是油层的体积改造，实现油层体积改造的最有效技术就是体积压裂。体积压裂实施前需要进行方案设计（雷群等，2019，2020；吴宝成等，2019），主要包括以下重要环节。

（1）水平井段箱体优化设计。综合考虑地层构造走向、地应力分布、"地质甜点"分布，沿最小主应力方向布置水平井井眼轨迹，为获得最大改造成效提供有利井眼方位。根据储层"甜点"展布特征，设计水平井段长度，以最大化和最优化为原则，增加水平井筒与油藏接触面积，减少单位面积上所需钻井平台数量，减少地面工程量。同时，兼顾"甜点"储层钻遇率与井眼轨迹平滑度，以提高水平井机械钻速为目标，精准设计水平井轨迹和导向方案，确保水平段处于最佳改造位置。

（2）改造模式优选。基于实际储层展布和工程品质参数，在当前主体工艺技术允许条件下，优选压裂技术路线。对于硬度大、脆性高、天然裂缝发育、水平两向应力差较小等易打碎的储层，可实施大规模滑溜水体积改造；对脆性不高、天然裂缝不发育、水平两向应力差较大等不易打碎的储层，采用细分切割与小规模快速压裂，配套使用分段多簇射孔技术、快速可钻式桥塞工具、不同粒径支撑剂组合、段塞式注入、全程低黏滑溜水与大液量高排量等工艺技术与设计，以提高裂缝复杂程度，形成缝控基质单元，从而增大泄油面积和储层改造体积，使单位面积上可动用储量较大幅度增加，提高储量动用程度。

（3）改造参数优化设计。采用分簇限流射孔技术，缩小段（簇）间距，即在每一个压裂段内采用分簇射孔技术，通过缩小每簇裂缝之间的距离，来缩小流体从基质向裂缝渗流的距离。以鄂尔多斯盆地陇东地区长 7 段页岩油为例，每段内一般分 5～10 簇压裂，簇间距 5～20m，段长 40～80m。簇间距由储层流体的渗流能力决定，可采用压裂软件和油藏数值模拟软件进行优化。每簇的射孔眼数由每段内的簇数确定，总的孔数根据分簇限流原理，一般控制在 50 孔以内，利用有限孔数产生的摩阻来实现对各簇裂缝的开启，确保水平井中每簇的有效开启和延伸，从而较大幅度提高剖面动用率和改造效果。结合地质工程一体化优选的"甜点"靶体，采用非均匀布段（簇），保证每簇均匀进液，提高"甜点"改造效率。

（4）布井布缝优化设计。根据以往施工经验，结合人工造缝评估结果，进行井距优化设计，使人工裂缝对井间储层达到最大和最佳改造与控制，保证井间基质孔隙流体向裂缝的渗流距离最小。同时，缩小井距降低了平台压裂时对压裂裂缝长度的要求，有利于压裂技术作用发挥到极致。如前述，采用交错布缝方式，利用两条缝间区域的诱导应力场，增加地层内裂缝的复杂程度，从而增大储层改造体积，同时可避免对称布缝时两井发生连通导致井间干扰的风险。

（5）低成本施工材料优选。相较于常规储层改造，页岩油大规模体积改造由于压裂液及支撑剂用量大，压裂材料成本占压裂总成本的 30%～40%，是实现压裂作业降本增效的关键环节之一。近年来，压裂液朝着研发变黏滑溜水、可回收滑溜水及提高滑溜水使用比例的方向发展，而支撑剂逐步向石英砂替代陶粒的方向大踏步迈进。

全程滑溜水液体体系配方简单，配制方便，降阻性能好，有利于提高泵注排量，靠液体流速确保携砂能力。中国石油勘探开发研究院（RIPED）研发的变黏滑溜水体系，浓度在 0.01%～0.1% 之间，黏度在 2～30mPa·s 内可调，可以实现滑溜水与携砂液的自由转换，变黏前降阻率为 80%，变黏后为 70%。低成本可回收滑溜水降阻率达到 78%，成本降低 30%。长庆油田 EM30、EM50 型滑溜水体系得到广泛应用，在 0.03%～0.08% 浓度下液体的降阻率可达 70%～80%。近年来我国页岩油改造滑溜水比例也逐年上升，目前约占 70%。吐哈油田在三塘湖盆地二叠系条湖组页岩油的压裂中，滑溜水应用比例由 36.5% 提升至 82.8%；新疆油田吉木萨尔凹陷页岩油滑溜水比例提升至 50%～60%。

支撑剂的研究及应用以石英砂替代陶粒为主，可大幅降低压裂材料的费用。通过实验方法论证石英砂替代陶粒的可行性，建立了在考虑应力状态、铺置浓度和生产制度下的导流能力评价方法，明确了页岩油水平井多段、多簇压裂模式下支撑剂有效受力可降低 50%～60%，石英砂能满足 3500m 以浅页岩油储层导流需求。此外，平行板物理模拟实验及数值模拟结果表明，全程40～70目与70～140目石英砂组合，小粒径石英砂的密度低、粒径小，液体携带时运移距离更远，更有利于支撑远端分支缝的形成，且可以多层铺置提高加砂量，确保一定的导流能力，可以较好地满足页岩油储层流体渗流需求。室内实验表明，在2.5kg/cm²的铺砂浓度下，50MPa压力下的70/140目石英砂导流能力为0.79～1.04D·cm，渗透率为2.83mD，是页岩油基质渗透率的数千倍。因此，石英砂可以满足页岩油储层改造以增加导流能力的需求。

（6）裂缝监测技术配套。水力裂缝监测与动态评估技术在页岩油开发中是一项重要技术，对开发井网部署和井距优化、水平井眼方位和水平段长度优化、段间和簇间距确定、改造效果及工艺参数优化调整、转向压裂有效性评价与重复压裂措施选择等都具有十分重要的作用。常用的水力裂缝监测技术有：①直接监测法，利用地面地下测斜仪测试技术、微地震波测试技术、大地电位法测试技术等实现远场监测，利用井温测井、示踪剂、声波测井和分布式光纤等实现近井监测；②间接评估法，利用净压力分析、试井分析和生产动态资料分析等达到监测目的。目前被广泛接受的是水力裂缝测斜仪测试技术和微地震波测试技术。近年来，为了更准确认识裂缝形态，示踪剂和分布式光纤监测技术也获得了广泛应用（图6-57、图6-58）。同时，为了更加直观准确分析裂缝形态和支撑剂运移铺置，借鉴北美非常规油气现场试验的做法，各油田相继开展了在压裂井附近钻井取心试验。

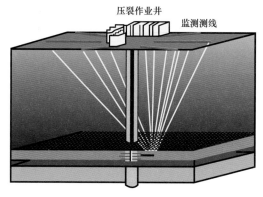

图6-57　地面微地震裂缝监测图

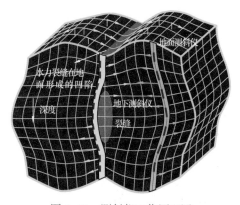

图6-58　测斜仪工作原理图

3. 现场实施效果

在引进国外成功压裂技术和经验、不断探索创新基础上，国内已初步建立了支撑中高成熟页岩油开发的体积压裂改造技术体系。截至2020年底，我国已建成页岩油产能400×10⁴t/a，其中鄂尔多斯盆地长7段为300×10⁴t/a，准噶尔盆地吉木萨尔凹陷为100×10⁴t/a，三塘湖盆地条湖组为20×10⁴t/a，渤海湾盆地孔店组＋沙河街组为5×10⁴t/a。

体积改造技术的不断进步支撑了中高熟页岩油试采开发的起步与成长。吐哈油田三塘湖盆地条湖组页岩油运用体积压裂技术，水平井井间距从初期的400m，调整到目前的100m，缝间距由初期的30～40m，逐步缩小为目前的8～15m，段压裂簇数由3～5簇提升至 6～10 簇，单井日产油由初期的 13.5t 增加到 17.0t，与同区块邻井相比，平均单井产量提高 25.9%，邻井见效率由 11.6% 提高到 80%，缝控程度由 42.1% 提高到 85.2%，综合递减率下降到 20%，区块预测采收率由 2.5% 提高到 10.2%（图 6-59）。

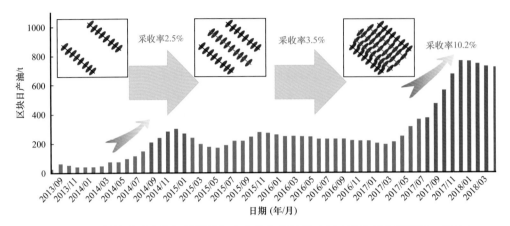

图 6-59　三塘湖盆地条湖组页岩油加密布井布缝效果（据吐哈油田内部资料，2021）

长庆油田陇东示范区采用"密集布缝、井组设计、少段多簇"的压裂技术，推广应用 58 口井，井间距由 600～1000m 缩至 200～400m，单段由 2～3 簇提至 5～14 簇，簇间距由 22～30m 缩至 5～12m，微地震监测裂缝控藏程度由 50%～60% 提升至 90% 以上（图 6-60），单井产量由 10～12t/d 提升至 18t/d 以上，首年递减率由 40%～45% 降至 35% 以下（图 6-61），一举扭转产能建设被动局面，助力长庆油田陇东致密油型页岩油示范区日产原油突破 1000t，建成 50×10^4 t/a 产能。

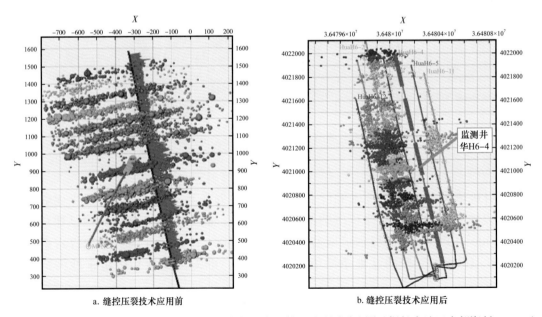

图 6-60　长庆油田陇东页岩油缝控压裂技术应用前后微地震监测对比图（据长庆油田内部资料，2021）

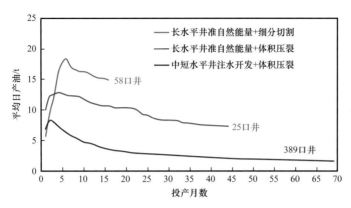

图 6-61 长庆油田陇东长 7 段页岩油不同压裂技术效果对比图（据长庆油田内部资料，2021）

缝控压裂技术在吉木萨尔凹陷页岩油试验区应用 44 口井，单段簇数由 3～4 簇提升至 5～9 簇，簇间距由 15～60m 缩小至 9～15m，单井压裂总簇数由 79 簇增加至 160 簇（图 6-62），加砂强度由 1～1.5t/m 提高到 3～4t/m（图 6-63）。试验区单井产量由 5～10t/d 提高至 50～110t/d，5.5mm 油嘴自喷最高日产 116.8t，较勘探评价和先导试验阶段提高 1～3 倍，提产效果显著，目前已建产能 71.9×10⁴t/a，预计 2025 年达 200×10⁴t。

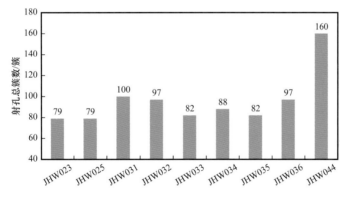

图 6-62 吉木萨尔凹陷页岩油单井总射孔簇数变化图

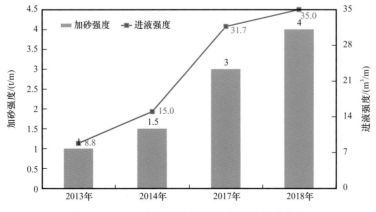

图 6-63 吉木萨尔凹陷页岩油砂液强度变化图

同时，低成本施工材料的规模推广等为页岩油降本增效提供了有效途径。2017年以来，创建了鄂尔多斯、玛湖等石英砂推广应用六个示范区，推进了长庆、新疆等油气田石英砂替代陶粒现场试验，石英砂占比由不足30%增加到61%，年用量由2014年的$62 \times 10^4 t$提高到2019年的$275 \times 10^4 t$（图6-64），单井成本节约135万～348万元，百万吨产能降低成本近3亿～5亿元，两年节约成本约15亿元，展示出良好的经济效益与未来应用前景。

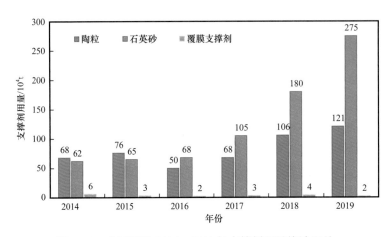

图6-64　中国石油2014—2019年支撑剂用量统计汇总

五、钻完井工艺技术

实现陆相页岩油效益开发的关键途径有二：一是较大幅度提高单井累计采出量，确保页岩油效益开发；二是要规模降低工程成本，以降低页岩油经济开发门槛。这两大关键途径均与钻井工程密切相关。提高单井累计采出量的关键是在做好页岩油"甜点"评价基础上，提高水平井段优质储层钻遇率，确保完井后的储层改造效率，保证控制储量规模与泄油能力；而降低工程成本，关键是降低钻井工程成本，通过强化技术和管理措施，在保证单井产量和较高采收率前提下，提高钻井作业效率，从而有效降低作业成本。

陆相页岩油和北美海相页岩油相比，存在两大不同：一是页岩储层品质较差，在储层连续性、厚度、分布面积和物性条件等方面都不如北美海相页岩好；二是页岩地层比北美更为复杂，特别是黏土矿物含量、脆性指数与压力系数等都比海相页岩要差。因此，海相页岩油（北美地区）单井初始产量更高，单井累计产油量较大，经济效益总体比陆相页岩要好。陆相页岩"地质甜点"和"工程甜点"识别难度较大，对水平井段钻井作业要求更高，影响钻井速度，导致钻井作业面临着提速不增效矛盾。此外，陆相页岩地质构造较复杂，横向非均质性强，地层压力与地应力系统较复杂，塌、漏、溢、卡等复杂难钻地层较多。如江苏潜江坳陷古近系—新近系潜江组盐下页岩系面临着盐岩蠕动和地层缩径等问题；河南泌阳凹陷核桃园组页岩极易出现井壁垮塌掉块；渤海湾盆地济阳坳陷沙河街组页岩因断层复杂存在破碎带；松辽盆地青山口组、嫩江组大套泥页岩面临井眼易失稳等。这就要求不同地区不同构造条件下的页岩油水平井主体钻完井技术和工艺应因地制宜，存在差异，这增加了页岩油钻完井技术优选的难度。

根据中国陆相页岩油地质特点面临的工程环境，本单元重点介绍陆相页岩油钻完井关键技术，以飨读者。

1. 丛式井平台立体开发技术

丛式井平台立体开发技术，是指在同一个井场内集中布置和建设多口甚至批量可开发不同层系的相似井（如定向井、水平井等），以流水线方式实施钻井、完井和压裂等主要工程作业，可节约工程作业时间和成本。该技术的关键点有：（1）具有大批相似井组成的丛式井；（2）可同时开发多套层系；（3）以标准化的工程装备和工程服务，节约工程作业成本为目标。以中国石油在鄂尔多斯盆地长 7 段开发为例，说明丛式井平台立体开发技术内涵。

长 7 段是一套以泥页岩为主、间夹薄层粉细砂岩构成的岩性组合，储层主要是致密砂岩，纵横向非均质性强，且呈低压特征。以单套油层为对象进行开发时，常常出现储层钻遇率低、采收率低、单井产量递减快、开发成本高等问题，效益开发难度大。通过实施丛式井平台立体开发技术，实现了单井与平台累计采出量最大化目标，有效提高了经济效益和储量动用规模。以 H40、H60 平台为例，通过前期地质—工程一体化"甜点"优选，在 H40、H60 平台附近建立井场，采用三套小层交错大井丛立体开发，分别组合水平井 20 口和 22 口，水平段长为 1500～2000m，实现了多个小层的一次性动用（图 6-65）。其中 H60 平台同层井距为 300m，平面井距为 150m，控制地质储量为 $600×10^4$t。22 口水平井的地面设施置于一个 86m×43m 的井场范围内，井口间距优化为 6m，双钻机间距为 30m，单平台节约占地 $13.3×10^4m^2$，较常规单井场占地缩小 97%；通过推广大井丛立体式布井，形成"平台小工厂、区域大工厂"的生产组织方式，形成了以"大井丛水平井立体实施、平台连续供水、高效施工装备配套、钻试投分区同步作业"为特色的工厂化作业新模式，解决了黄土塬地区用地难、设备动迁难的问题，大幅提高了作业效率，产能建设周期提高 40%，单井产量提高 30% 以上，单井投资下降 10%，储量动用程度提高 30%，取得了"创新、智能、高效、绿色"的成果。

可以看出，通过丛式井平台技术，可取得以下效果：

（1）井场地面诸多井口之间相距很近，但每口井要钻达的地下目标相互偏离井场较远，能有效扩大开发控制范围，提高单井产量；

（2）可实现单井场多层系立体开发，大幅增加单个作业平台井数，实现超级井场，减少井场用地，摊薄吨油成本；

（3）在统一平台部署的井型具有较大相似性，为标准化工程装备和工程服务提供便利，实现多口井共用钻机设备、钻井液罐、水处理系统以降低作业成本，也为集中钻井生产组织管理资源、提高物料供应效率、降低生产成本提供了机会。

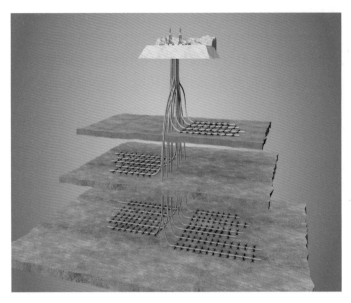

图 6-65　H40 三套小层交错大井丛立体开发布井示意图（据李国欣等，2021）

2. 工厂化作业技术

工厂化作业是基于丛式井平台部署，在同一井场围绕众多相似井的建设目标任务，采用标准化的工程装备与技术服务，以流水线方式批量实施钻井、完井和压裂等的高效作业模式，可节约大量的工程作业时间并规模降低成本。

从鄂尔多斯盆地长 7 段页岩油、准噶尔盆地吉木萨尔凹陷页岩油工厂化钻井实施分析看，成功实施工厂化作业需要四个要素：（1）工厂化作业理念。就是建立在丛式井平台开发技术基础上，对早期分散部署的井及其完井工艺工序进行集约化管理，以提高作业效率。以鄂尔多斯盆地长 7 段页岩油 H100 平台建设为例，率先建立丛式井平台立体开发模式，平台内部署 31 口水平井，为后续工厂化作业提供了条件。吉木萨尔凹陷页岩油开发过程中也采用了双层"甜点"立体平台开发模式，单平台部署井 10 口以上。在表层钻进时采取批量化钻井，表层以下采用双钻机联合作业，实现批量钻井。（2）使用现代化高性能装备。工厂化作业属于规模化生产，需要相应的技术设备。国内外各相对成熟的页岩油钻井，多采用快速移动功能的钻机，实现同一井场近距离快速动迁。同时根据页岩油区的具体地质条件配备相应高性能钻井泵，并在钻井提速方面选用高效 PDC、高效马达、旋转地质导向工具设备等，确保高效完成钻井作业。（3）拥有先进的技术工艺。以高度集成的工厂化作业，必然离不开先进的技术作支撑。如准噶尔盆地玛湖油田玛 18 井区水平井工厂化钻井中，开展了系列钻头优选、直井段 MWD＋螺杆 +PDC 钻头钻具使用、造斜段和水平段旋转导向工具 +PDC 钻头钻具优化、XZ 高性能水基钻井液等技术，形成了玛 18 井区工厂化水平井钻井技术体系，单井完井周期明显缩短。（4）执行现代化技术管理。主要建立以信息化为基础的技术管理模式，通过智能化技术应用和过程信息化管理，实现系统设计和协同化作业，让钻完井作业工序协同，避免了工序干扰。如长庆油田长 7 段页岩油水平井作业中，实施了智能化管控技术，从油田开发开始，采用自动化、智能化、数字化，建立了现代化生产管理流程，通过方案优化、技术革新、管理升级等多项措施，在 2018—2020 年，在水平段长度逐年增长、压裂段数增加、压裂规模增大的情况下，水平井单井投资平均降低 10% 以上。

3. 页岩油钻井专用钻机

北美页岩油开发过程中，开发出页岩油钻井专用钻机，可满足大井丛平台工厂化钻井作业需求。与传统钻机相比，在载荷能力方面没有本质区别，但在快速平移能力、自动化程度、远程监控以及环保性能方面都具有自身优势。国内借鉴北美模式也对钻机进行了改造，但主体偏向于钻井平移性，近年来对钻机远程监控和环保性方面也做了大量工作，取得了显著进展，但在自动化程度方面还存在较大差距。

井间快速平移功能是钻具免拆卸又能具有高移动性，为钻机高移动性的显著特征之一。常规钻机拆卸式动迁安装工期一般在 3～4 天甚至更长，页岩油专用钻机实现非拆卸式钻机平移。平移方式主要有滑轨式和步进式两种类型。滑轨式钻机需要在钻机底座上安装滑轨，依靠液压平移装置推动钻机在滑轨上移动，可分为单向平移和双向平移两种类型；步进式钻机也叫自走钻机，其平移系统主要由液压顶升装置、液压平移装置和控制装置组成，无须预先铺设滑轨，可将钻机整体抬起、平移和下放，实现钻机移动。与滑轨式钻机相比，步进式钻机不但移动效率高而且可提供任意方向移动，同时还可降低钻机整体结构磨损，成为北美工厂化作业钻机的主流配置。如美国 Veristic 公司研发的 8 方向"米"字步进式液压快速移动钻机实现了移动速度 0.2m/min，2 小时以内即可完成钻机井间移动。国内在钻机平移方面，主要采用滑动平移方式，井间移动一般需要 1 天以上，钻井移动方向和移动效率还有进一步提升空间。

高自动化性能是页岩油专用钻机的另一重要特性。北美页岩油工厂化作业钻机多属自动化钻机，大部分配备了顶驱、铁钻工、动力猫道和钻机集成控制系统等，少部分配备了自动井架工，提高了钻井工作效率和钻井安全性。国内页岩油钻机多配备顶驱装置，在铁钻工、动力猫道、钻机集成控制系统和自动井架工方面配置还较少。

远程监控功能是页岩油专用钻机的重要配置。北美页岩油全部实现远程监控系统，如 DART 系统和 FDC 系统等，可实现施工现场钻机的整体远程监视与控制，而且可以把现场大量的施工和工况数据实时传输到远程监控中心，供技术人员监控、分析、指导和处理现场问题，提高了工厂化作业的管控水平和工作效率。中国石油近年来工程作业智能支持系统（EISS）快速发展，并开始应用于页岩油钻井作业，已经实现了钻进过程的远程监控。

环保性能是为适用新形势要求，在页岩油钻机配备上开发的新功能。随着各国对油气作业环保要求的提高，页岩油气开发在环保方面的投入越来越大，对页岩油专用钻机要求噪声小、污染轻，对钻机驱动方式、钻进过程中产生的废弃物处理等都提出了新要求。目前国内大部分页岩油勘探、试采和开发区，钻机已采用电力驱动，甚至采用网电代油驱动；在钻井废弃物处理方面，基本都采用了不落地技术，环保能力明显提高。

应用专门定制的高自动化页岩油专用钻机，前期会增加一定的投资成本，但随着页岩油规模开发，却可显著提高页岩油钻井周期，有效降低钻井成本，因而总体效益可实现最大化。以北美应用的 Veristic 公司 8 方向"米"字步进式快速移动自动化钻机为例，34 天完成 Fayetteville 组 5 井组井工厂钻井作业，平均单井钻井周期降为不到 7 天。

4. 高性能钻井液技术

页岩油高效钻井作业离不开高性能钻井液保证，这是实现页岩油安全、快速钻进的重要元素。页岩储层以泥页岩为主，岩石稳定性差，易发生水化膨胀和剥落掉块，局部微裂缝发育，井壁坍塌、漏失等复杂井况常有发生。长水平井段钻井作业对钻井液性能具有更高要求：（1）必须具有较高的抑制黏土矿物膨胀和封堵微裂缝的性能，以稳定页岩井壁；（2）必须具有很好的携岩能力与较高的井眼清洁能力，以保证长水平井段钻井安全与效率；（3）必须具有很好的润滑性能，以实现钻具防磨降阻和提高能量传递效率；（4）必须具有较好的储层保护能力，最大限度减少储层伤害。

与北美地区一样，我国早期的页岩油勘探试采也采用油基钻井液体系。为了兼顾性能和环保，一般采用污染较低的白油而不是柴油作为基础油。同时为了降低钻井液成本，通常在直井段采用水基钻井液，进入造斜段和水平段后改用油基钻井液。目前页岩油储层油基钻井液技术已基本成熟，全面实现了国产化，在各页岩油探区都得到广泛应用。但在强化油基钻井液封堵能力、清除高密度有害固相方面还有待进一步完善和提高。国内外现场应用表明，钻井过程中油基钻井液可有效抑制泥页岩水化膨胀，稳定井壁；油基钻井液润滑性好，定向滑动钻进不托压；热稳定性好，井底高压条件下油基钻井液滤失量小，有利于保护油气层。然而，相比水基钻井液，油基钻井液的成本过高、钻屑难处理、环保压力大。此外，由于页岩油开采需要大型水力压裂作业，对固井质量要求高，采用油基钻井液完钻的井，由于长期的浸泡，套管壁和井壁岩石表面都发生了润湿反转而亲油，在井壁和套管壁上形成了一层油基钻井液油膜，导致井壁和套管清洗困难，滤饼难以清除。水泥石和套管、水泥石和井壁岩石的表面胶结强度低，严重影响到固井质量。

近年来，各大油服公司对高性能水基钻井液开展了大量研究工作，并有针对性地研发了个性化页岩水基钻井液体系，取得了显著成效。目前已有多种体系在现场进行试验，如混油钻井液体系、复合盐水钻井液体系、有机盐钻井液体系，以及基于聚胺、聚合醇、铝合物、有机硅、纳米等材料的高性能水基钻井液体系。混油钻井液体系虽可提高水基钻井液的各项性能指标，但无法彻底解决油基钻井液的污染问题；盐水钻井液体系在抑制性方面具有优势，但具有一定的氯离子含量，满足不了环保要求，适用范围较小；有机盐钻井液体系能够兼顾页岩油钻井需求和环保要求，但成本过高。以聚合物新型环保处理剂为核心开发的高性能水基钻井液，基本能够满足页岩油水平钻井需要，但目前整体仍处于试验阶段，应用井数较少，是最具有替代油基钻井液潜力的产品和发展方向。

以中国石油四川、云南页岩地层长水平井钻井为例，在常规水基钻井液基础上引入强抑制剂、含纳米材料的高效封堵剂、液体—固体复合型润滑剂、表面活性剂等，主要靠大量材料的强化复配，处理剂类别达 10 种以上，在实钻过程中表现出与油基钻井液性能相近的特点。但在钻进水平段超过 1000m 后，润滑性能表现不如油基钻井液，封堵造壁能力弱化，携岩能力降低并出现困难，主要是润湿和流型调控、纳米封堵、表面水化抑制等关键材料性能还不完全过关，造成后期摩阻高、扭矩大、钻速低，需要现场反复补充和调整处理剂加量，增加了成本。由于国内页岩地层与北美不同且导致井壁失稳机理存在差异，完全照搬国外的技术经验不一定适用，需要结合我国地下实际，持续不断攻关研究，今后还需要进一步完善发展低成本环保型高性能水基钻井液。

5. 钻井参数实时优化技术

钻井作业是一个高度动态化的复杂过程，井下情况往往与预期判断有较大差异，需要采用系统优化钻井理念和方法不断调整钻井参数，提高钻井作业效率，而不是单纯依靠某一单项技术、单项工具和装备能力的提升。钻井参数实时优化的核心是建立井筒工程数字化平台，通过随钻测录井数据的实时采集，利用分析优化模型和算法准确、计算快捷的软件系统，依靠经验丰富的钻井工艺团队的优化决策，将控制指令发送给地面装备和井下工具，实现地面地下闭环双向数据传输和控制，从而保证钻机在最佳钻井参数下作业。

以新疆油田玛湖玛 131、玛 2 和凤南 4 等示范区为例，实施钻井参数实时优化技术的工作通常包括：（1）区块优化。通过对目标区已钻井情况分析，找出影响钻井效率的因素（包括方法、参数、设备、工具、钻井液、钻具组合等），建立基于单井的一维和基于区块的三维地质力学模型，为单井和区块钻井液密度窗口设计和钻井液密度确定、钻头优选等提供依据。（2）单井优化。在对邻井分析基础上，对工艺、参数和方法进行优化，对钻机装备配套能力（提升能力、机泵系统、顶驱系统、钻井液固控系统）进行设计，并优化井底钻具组合（测量工具、钻头、动力钻具等）。（3）钻进实时优化。在钻井作业过程中，实时采集钻井测录井数据并进行实时评价（包括科学计算分析、大数据分析、经验分析等），找出影响性能趋势变化的关键影响因素并及时干预，确保钻井参数最佳优化（胡贵，2016）。现场应用后玛 131 区块，平均水平段长度为 1829m，比应用前的 1617m 增加 13%，钻井周期为 56.02 天，单井节约 10 天，周期缩短 15%；凤南 4 区块，平均水平段长度为 1504m，比应用前的 1305m 增加 15%，钻井周期为 33.82 天，单井节约 25 天，周期缩短 43%。玛 2 区块，平均水平段长度为 1413m，与应用前的 1408m 基本持平，钻井周期为 51.21 天，单井节约 31 天，周期缩短 38%，效果显著。

目前，该技术逐步在页岩油试采与开发区块推广应用，如鄂尔多斯盆地长 7 段页岩油、松辽盆地古龙页岩油等。

6. 长水平井段水平井钻井技术

页岩油的效益开发需要采用长甚至超长水平井段开发方式，以提高单井产量和单井累计采出量。长水平井段钻井时存在摩阻扭矩大、滑动钻进托压、机械钻速低和储层地质导向识别程度低等问题，需要开展三维井眼轨道设计与轨迹控制、高效破岩钻头与辅助提速工具、高性能钻井液、长水平井段固井完井等关键技术配套，同时还要重视井身结构优化设计、钻进参数优化等。

以鄂尔多斯盆地陇东长 7 段页岩油开发为例，水平井段长度从早期的平均 800m，逐步提升到目前的 2000m，最长达到 5060m。水平井段不断延伸，攻关配套了基于空间圆弧＋六段制大偏移距三维水平井井眼轨道设计技术、基于大排量高压降的动力钻具和 PDC 钻头的激进钻井方式、以无固相水基钻井液为主体的高性能钻井液技术，以旋转导向、方位伽马、电阻率为主的精确导向技术，以及以水力振荡器、倒划眼稳定器、盲板式套管悬浮器和通测接头为主的降摩减阻工具等。2020 年在华 H40 平台完成水平井 20 口，水平段总长 40280m，平均钻井周期 16.97 天，建井周期 25.33 天；华 H60 平台完成 22 口，总进尺 88157m，水平段总长 33141m，平均钻井周期 18.06 天，建井周期 26.47 天。井深 7339m、水平段长度达到 5060m 的华 H90-3 井在 2021 年 6 月 8 日顺利完井，储层钻遇率 88%，进一步刷新了亚洲陆上水平段最长纪录。

鄂尔多斯盆地页岩油长水平井段钻井技术的快速进步，有力推动了陆相致密油型页岩油的开发建产节奏。目前，各页岩油探区都在积极发展长水平井段钻井完井技术，松辽盆地古龙页岩油水平段长度已达到 2000m，吉木萨尔凹陷页岩油水平井段长度达到 3000m。

7. 开发方案优化与工艺

按照页岩油主要地质特征与开发面临的主要矛盾，陆相页岩油可分为低压力、高黏土含量、低流度和低孔隙四种类型。不同类型页岩油的储层特征、开发特点、开发面临的突出矛盾存在较大差异。如果简单套用北美页岩油开发模式，难以有效解决中国陆相不同类型页岩油有效开发面临的实际问题（表 6-3）。

低压力型页岩油以鄂尔多斯盆地长 7_{1+2} 亚段储层为典型代表，长 7_{1+2} 亚段页岩油单个"甜点体"规模较小，平面上叠置连片，但井间差异大。由于长 7_{1+2} 亚段页岩油层压力低，压力系数仅为 0.70~0.85，初期产量约 12.9t/d，属于中等水平，但月递减率稍偏高，约 12.3%，1 年累计产量约 4139t，衰竭式开发采收率仅为 7%~8%。因埋深不是很大，单井累计采出量平均为 2.3×10^4t，最高达到 4.2×10^4t，所以，低压力型页岩油经济效益还比较好。纯页岩储层黏土含量偏高，古龙页岩黏土含量高（30%~40%，平均为 36.3%），属于高黏土型页岩油。储层页理缝发育，TOC 为 1.5%~6%，R_o 普遍大于 1.2%，最高可达 1.67%，孔喉细小（纳米孔占比 90% 以上，孔喉峰值为 6nm，总体小于 30nm，但是流体性质较好，气油比达 45.8%，生产气油比为 100~2000m³/m³，目前从生产特征看，见油返排率偏高，普遍在 40% 以上，同时由于储层基质孔喉偏小，发育孔缝双重储集空间，基质孔隙供油能力还不清，生产压力下降较快，采用大规模滑溜水压裂，宽幅电泵排液生产，在降低界面张力、高剪切强度下油水乳化严重，对开发效果具有较大影响。准噶尔盆地二叠系芦草沟组页岩油流度偏低，原油密度大（$0.89\sim0.92g/cm^3$）、地层原油黏度高（$11\sim22mPa\cdot s$），流体流动性差，属低流度型页岩油。开发初期产量高，约64.9t/d。吉172H井截至2021年底累计生产3367天，产油量达2.82×10^4t。从生产时间比较长的典型井试采看，经济效益有待提高。准噶尔盆地二叠系风城组页岩油属低孔隙型页岩油，云质储层致密，油层孔隙度偏低，平均孔隙度为4%，稳产能力弱，钻井提速难度大，压裂施工压力高，有效动用难度大。

表6-3　国内重点盆地页岩油开发特征统计表

类型	典型盆地	典型层位	典型特点	开发特征	突出矛盾
低压力型	鄂尔多斯	长7_{1+2}亚段	油层压力低，压力系数为$0.70\sim0.85$	（1）初期产量中等：12.9t/d （2）月递减率低：12.3% （3）累计产量高：平均为2.3×10^4t，最高为4.2×10^4t	衰竭式开发；采收率低
高黏土型	松辽	青山口组一段	黏土含量高，30%～40%；孔喉细小，纳米孔占比大于90%，孔喉峰值为6nm	（1）气油比高：$300\sim2000m^3/m^3$ （2）初期产量较高：16.5t/d （3）月递减率低：5% （4）试采时间不够长，累计产量存在未定性	压力下降快；原油乳化严重
低流度型	准噶尔	芦草沟组	原油密度大（$0.89\sim0.92g/cm^3$）、地层原油黏度高（$11\sim22mPa\cdot s$）	（1）初期产量高：64.9t/d （2）月递减率高：20.8% （3）累计产量变化大：吉172H井生产8.5年，累计产量为2.82×10^4t	流体流动性差，单井投资高、效益差
低孔隙型	准噶尔	风城组	油层孔隙度低，平均为4%，渗透率为0.047mD	（1）初期产量中等：12.88t/d （2）埋深增大：大于4000m （3）累计产量偏低：1211t（310天）	低孔、超低渗，油井初期产量中等，稳产能力弱，有效动用难度大

　　长庆、大庆、新疆、吐哈、吉林等油田均在积极探索适合本地区页岩油的井型、井网及开发方式和工艺技术，并取得了一定的开发效果，但仍存在采收率低、有效驱替系统难以建立、经济效益差等突出问题。水平井体积压裂模式下的准自然产能衰竭式开发是目前陆相页岩油开发的主要方式，初期高产，但第1年递减率达35.5%，后期产量大幅降低。衰竭式开发的采收率偏低，长庆油田页岩油平均采收率为7%～8%。

　　同时，对鄂尔多斯等盆地页岩均积极开展开发方式转换的探索试验，包括注水补能、CO_2驱、CO_2吞吐等试验，虽取得了一定的成效，但总体效果仍有待提高。在注水补充能量开发技术探索方面，由于水平井体积压裂在单井控制范围内形成了复杂缝网，注水开发易造成水窜，见水风险大，建立驱替系统难。鄂尔多斯盆地安83井区53口注水开发水平井中初期见水不明显，但1年左右见水比例达到49%，注水开发见水风险大。长庆油田还进行了周期注水试验，对缝网连通、注采反应敏感的储层实施周期注水，显示出一定的降低水平井递减率的潜力。安 83 井区水平井 27 口、周期注水井 28 口，注 3 天停7 天、注 5 天停 5 天、注 10 天停 10 天，对应水平井 27 口，月递减率由实施前的 9.8% 降至 6.6%。安平 83 井组还进行了注水吞吐试验，阶段累计增油 1595t，结果表明注水吞吐具有水驱和吞吐双重效果，提高了阶段日产量及累计产量，是补充能量的有效方式。

另外在探索 CO_2 驱补充能量开发技术和空气泡沫驱补充能量技术方面，鄂尔多斯盆地安 231-45 井空气泡沫驱补充能量取得了一定效果，主向油井含水率下降明显，侧向油井产量稳步上升，综合含水率从 65.9% 下降到 25.8%，单井日产油有所上升。该技术有待进一步验证。

第三节 陆相中低熟页岩油勘探开发技术

中低熟页岩油是指热成熟度（R_o）介于 0.5%～0.9%（或更低）的页岩层系中含有的液态烃与半固相—固相有机质的统称，依靠现有水平井和体积改造技术无法实现商业开发，需要地下原位转化技术对多类有机质进行改质从而形成人造油气藏。

与中高熟页岩油相比，中低熟页岩油资源类型、赋存方式、烃物质流动性与开发方式等都差异明显：（1）有机质转化率低，有 40%～100% 的有机质尚未转化为油气，处于半固相—固相状态；（2）有机孔不发育、储集空间连通性差、孔隙度和渗透率低；（3）页岩层系成岩演化低，黏土矿物含量高、地层塑性大；（4）液态烃以未熟和低熟石油烃为主，轻烃含量低、油质偏稠，流动性差，未转化有机物呈固态—半固态。

国际上一些大油公司都已看到中低熟页岩油巨大的资源潜力，因此早在二三十年以前就开始了相关的基础研究工作，并致力于中低熟页岩油开发技术的探索，普遍认为利用地下原位转化途径可能是实现中低熟页岩油商业开发的唯一途径，具体方式则有多路径探索，有相当多的技术工具已经处于成熟状态，技术的成熟度约 90%（如地下电加热工具与工艺技术）。本节重点介绍中低熟页岩油"甜点"评价技术与原位转化开发技术主要类型、技术内涵与研究现状等，以期为读者全面了解原位转化技术内涵，并致力于我国中低熟页岩油原位技术开发与资源利用发展，共同推动中国陆相页岩革命的发生。

一、"甜点"评价预测技术

1."甜点区"评价标准

中低熟页岩油主要采用原位转化的方式开采，成本比中高熟页岩油要高，因此"甜点区 / 段"选择标准更高，评价参数也有较大不同。优选中低熟页岩油原位转化有利区主要考虑以下三个方面：生烃潜力（S_1+S_2）、"甜点段"厚度及保持高温（350℃）条件与是否具备经济开发的规模。

（1）生烃潜力（S_1+S_2）是决定页岩油能否进行原位转化的物质基础，代表着页岩中已经形成的石油烃与温度升高以后还可再形成石油烃的总量，单位为 mg/g（HC/ 岩石），其数值越高，表明页岩在加热条件下，产生石油烃的数量越大。影响页岩生烃潜力的因素主要是有机碳含量与有机质类型，有机碳含量高代表着形成石油烃的物质总量丰富，加热以后产生油气的总量就大；而母质类型则决定了生烃潜力的优劣，其中倾油型母质主要由藻类和细菌等原核生物组成，以 I 型为主，部分为 II_1 型，生烃潜力高，代表着产油率高。

（2）"甜点段"连续厚度及保持高温（350℃）条件。约旦和美国科罗拉多先导试验揭示，富有机质页岩段连续厚度最好大于 10m。此外连续分布范围也应不小于 $50km^2$，以保证一旦取得试验井组经济产量突破后，能够支撑建设一定规模的产能并可稳产足够长时间。另外，富有机质页岩加热后，能够维持持续升温并保持高温（350℃）环境稳定也是中低熟页岩油"甜点区/段"选择的重要条件。决定页岩段具不具备上述条件的因素：一是页岩地层含活动水，含水率要低（<5%），这是页岩受热后，保持地层能量不过大损耗，并可持续升温的重要条件。长 7 段页岩中含水率普遍较低，平均仅为 0.3%，对长 7 段页岩原位转化极为有利。二是断层不发育，页岩段顶底板封闭性好，稳定性盖层厚度大于 2m，使页岩层加热后能量主要在较封闭环境中蓄聚，热散失少，地层加热升温快。高温腔体扩散快，保持好。长 7_3 亚段页岩段断层不发育，原位转化条件有利。

（3）页岩油"甜点"原位转化的经济性。这是中低熟页岩油"甜点"选区/段要考虑的关键因素。在原位加热井组实施前，基于实验室数据和相关参数，测算的产出与投入比大于 1 的地区才可能作为有利区。

（4）页岩中杂原子含量不宜太高，因为杂原子含量高会产生较高含量硫化氢或氮气，会增加硫化氢和氮气处理成本。

依据中低熟页岩油"甜点"选择要素，将页岩油原位转化"甜点区/段"关键评价参数确定为 TOC、R_o、页岩厚度、含水率、地层封堵性及工业开发的经济性，具体数值如表 6-4 所示。

表 6-4　鄂尔多斯盆地长 7_3 亚段页岩油原位转化"甜点区"参数及标准表

参数名称	工业开发区参数标准
TOC/%	>6
R_o/%	0.5～0.9
HI/（mg/g）（HC/岩石）	>300
TOC 大于 6% 的厚度占比 /%	>90
TOC 大于 6% 的累计厚度 /m	>15
埋深 /m	<2500
目的层顶底板厚度 /m	>2
页岩含水率 /%	<1
IRR/%	>8

2. "甜点区" 评价关键技术

鉴于页岩油原位转化尚处于起步阶段,"甜点区/段"评价预测技术尚处于探索总结中,现阶段"甜点区/段"评价主要采用多因素叠合法进行,其中关键技术包括页岩含油量评价技术、页岩原位转化油气生成评价技术、页岩原位转化资源评价技术等。

准确评价页岩已生成的油量是一件比较困难的事情,页岩油主要有游离态和吸附—互溶态两种赋存形式。游离态页岩油主要赋存在裂缝及孔隙中,而吸附—互溶态页岩油主要在无机矿物表面和干酪根表面。其中干酪根表现为吸附—互溶方式,有干酪根表面吸附、页岩油与干酪根的非共价键吸附以及有机大分子的包络互溶等形式。已生成的轻质烃类易挥发,不易检测。而重质烃类则可用常规三氯甲烷进行抽提。页岩中已生成烃类的定量检测方法一方面应用不同低温措施保证密闭取心的页岩中轻烃不挥发,包括岩心现场冷冻,现场应用有机溶剂浸泡等;另一方面应用极性更强的溶剂或长时间抽提将储集于纳米孔隙或弱键吸附在干酪根分子结构中的大分子烃抽提干净。

页岩油地下原位转化油气生成过程与地质历史时期油气生成具有相似性,也存在较大的差异,准确评价油气生成的质量和组分是今后发展的主要方向。

原位转化资源丰度与"甜点区/段"评价密切相关。原位转化资源丰度与页岩含油量、页岩潜在生油量等紧密相关,优选与页岩油原位转化油气生成量有关的参数参与计算原位转化资源丰度与资源量是今后主要发展方向,目前参数的确定与量化表征还在研究中,需要先导试验落实。

3. 实例介绍

根据页岩油原位转化"甜点区/段"选择参数标准(表6-4),编制了鄂尔多斯盆地长 7_3 亚段页岩 TOC、R_o、HI、厚度、含油量、含气量、目的层埋深、目的层顶底板等单因素工业化图件,图6-66至图6-69是上述单因素研究的部分代表性图件。将上述图件进行平面网格化,根据相应的公式计算在不同油价下 IRR 大于 0 时页岩油的原位转化产油与产气丰度。根据产油气丰度并叠合目的层埋深、顶底板厚度,结合典型井含水率分析开展了鄂尔多斯盆地长 7_3 亚段页岩油原位转化"甜点区/段"的评价与优选。

此外,在实施了密闭取心的乐85井中,开展了密闭取心样品的含水率测试。测试结果表明,页岩有机碳含量越高,含水率越小,高有机质丰度页岩段含水率小于 0.3%。上述各种单因素叠合,综合优选评价四个地区为"甜点区":湖盆西北部耿湾地区、中部马岭—华池地区、中南部合水地区、东南部庙湾地区。

二、中低熟页岩油开发技术

1. 原位转化技术主要类型

原位转化技术是通过人工加热的方式使地层中多类有机物发生向油气转化的过程,并将焦炭等残留物留在地下,可称之为"地下炼厂"。目前,世界上多个研究机构和油公

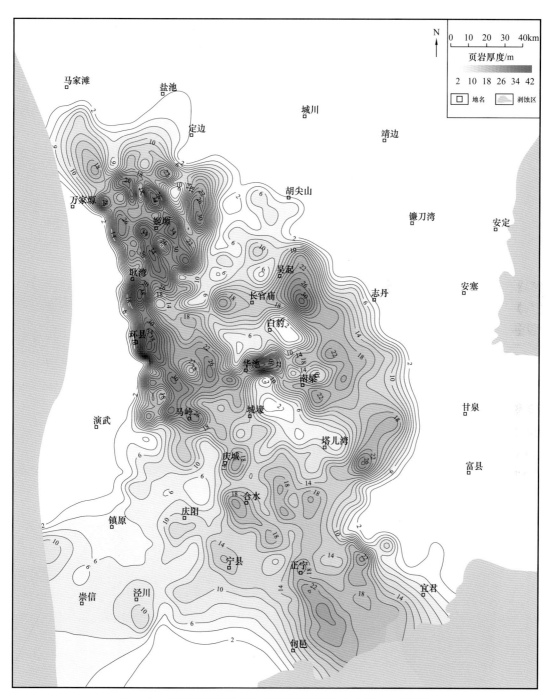

图 6-66 鄂尔多斯盆地长 7₃ 亚段页岩段 TOC 大于 6% 厚度图

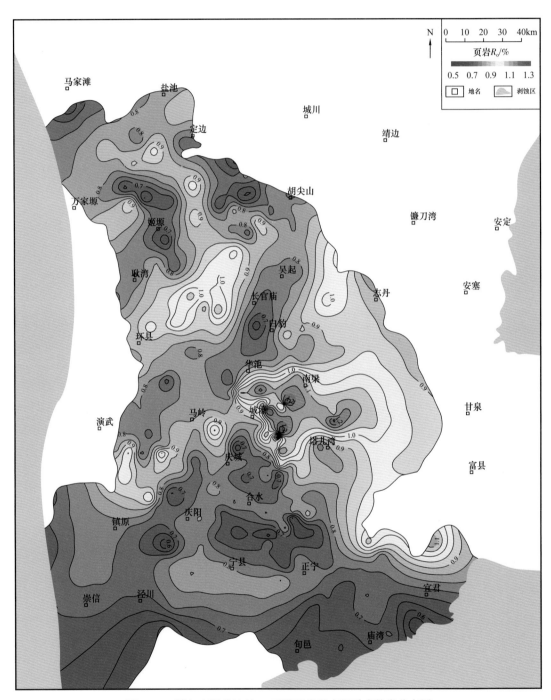

图 6-67　鄂尔多斯盆地长 7_3 亚段页岩段有机质成熟度分布图

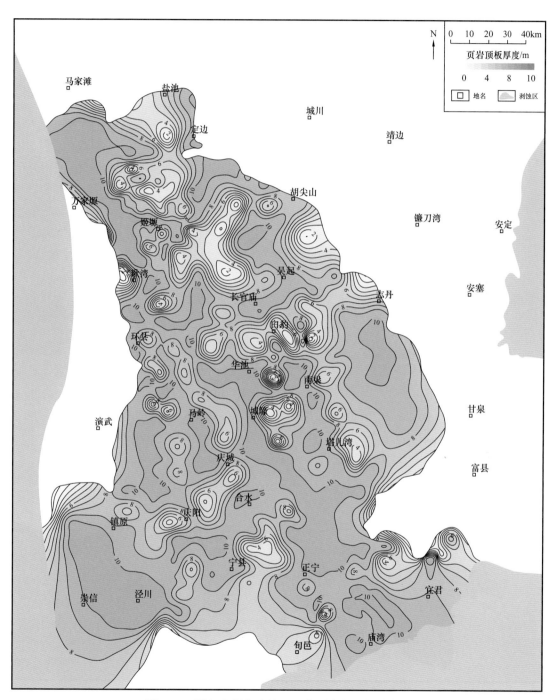

图 6-68　鄂尔多斯盆地长 7_3 亚段页岩段顶板厚度图

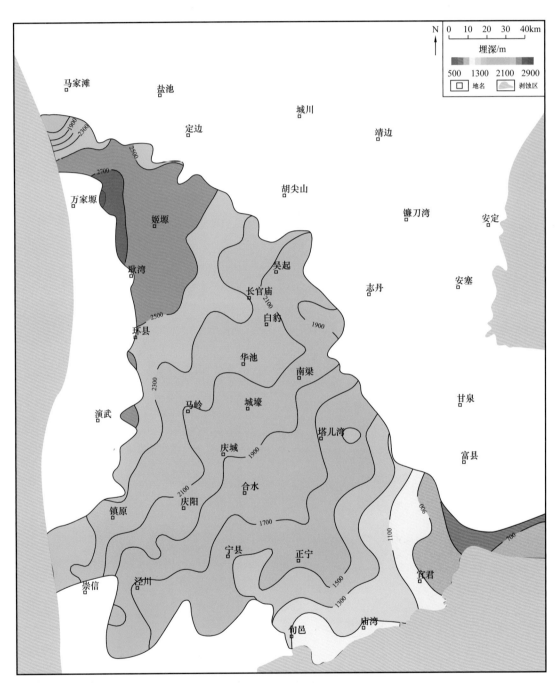

图 6-69 鄂尔多斯盆地长 7$_3$ 亚段页岩段埋深图

司都在致力于原位转化技术研发（Beer 等，2008；Crawford 等，2008；Fowler 和 Vinegar，2009；Hascakir 和 Akin，2010；Speight，2012；Petkovic，2017；Yang 等，2017；姜鹏飞等，2015；王磊等，2015；刘德勋等，2009；杨阳，2014）。根据加热方式的不同，目前涉及的原位转化技术主要有三种类型：一是以热传导为代表的电加热技术，如壳牌的 ICP 技术、埃克森美孚的 Electrofrac 技术等；二是气体或液体对流加热技术，如雪佛龙的 CRUSH 技术、General Synfuels International 的 Omnishale 技术、以色列的 TS 技术以及吉林大学的注氮气、太原理工注蒸汽和众诚集团的注气燃烧等技术；三是以微波为代表的辐射加热技术，如斯伦贝谢的临界流射频、劳伦斯利弗莫尔国家实验室（LLNL）的射频加热等技术。

1）电加热技术

电加热技术是以热传导方式进行地下原位加热。技术内涵是将电加热器放至页岩地层内，通过接触传热方式将热能传递到页岩层中，直至加热温度达到干酪根裂解温度，干酪根与重质烃裂解形成石油和天然气并采出（图 6-70）。从实验室研究与现场试验情况看，该技术相对成熟，可实时对加热温度和压力进行调控，且环境污染小。技术的不足是热量传导速度相对较慢，加热周期较长，作业成本相对较高，要实现中低熟页岩油快速开发利用有一定难度，也就是说，依靠这种技术对页岩油开发不能想搞多快就能搞多快。

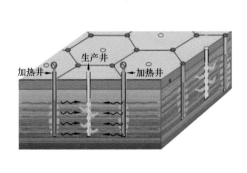

a. 壳牌ICP技术　　　　　　　　　　　b. 埃克森美孚Electrofrac技术

图 6-70　电加热原位开采技术示意图（据汪友平等，2013；Tanaka 等，2011）

这里介绍一项与地下原位电加热有关的技术，即高压—工频电加热技术（简称 HVF 法），是由吉林大学与俄罗斯托木斯克理工大学共同研发的快速加热原位转化技术。

HVF 法技术原理如图 6-71 所示，其基本原理是利用高压电流对高阻物体的放电作用，原位击穿高阻物体（页岩），并在高阻层中形成高温的等离子体通道，使两个电极间的电阻降低，再通过等离子体通道通入常规工频电，产生加热作用，即可对页岩油矿层进行加热，使有机质发生裂解向油气转化。该技术击穿时间短，加热速度快且能量利用效率较高。

相关实验装置如图 6-72 所示，采用高压工频发生器和 HVF 法油页岩原位裂解实验台，通过 8000V 电压的击穿实验发现，油页岩的击穿过程是放电和老化共同作用的结果，电极局部温度可达1200℃,加热通道以面状向两侧扩展,油页岩通道温度可达600℃。同时实验也证实了HVF法加热效率非常高,加热2小时即可有油气产出。目前技术尚处于浅层油页岩油加热试采阶段,对深度超过2000m及以上的深层页岩油开采是否适用尚无技术论证与先导试验验证。

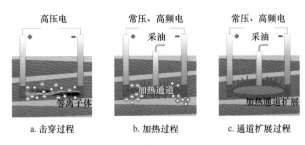

图6-71　高压—工频电加热法技术原理图

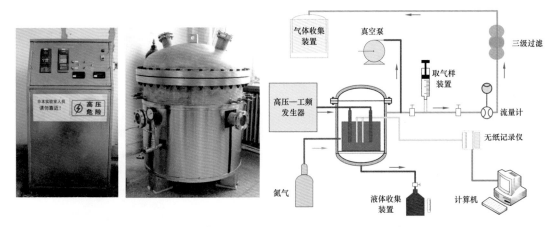

图6-72　高压—工频电加热法油页岩原位裂解实验装置

2)热对流技术

热对流技术是以热对流方式进行地下原位加热。技术内涵是通过人工压裂在页岩地层中形成缝网,然后注入二氧化碳、热水、氮气或烃类等高温流体,通过热对流方式使地层达到有机质降解温度,生成的烃类物质随流体从井中采出(图6-73)。该技术成本相对较低,热传递速度快,但因页岩地层塑性强,压后缝网易闭合,热能较难达到非裂缝干预区,无法保证热流体与页岩地层间有足够的接触面积与热对流体积,因此页岩有机物的地下改质存在不充分性,利用率比较低。目前,这类技术尚在探索中。

3)热化学转化技术

热化学转化技术是由局部化学反应触发的强化学热化诱导有机质发生降解转化过程。技术内涵是通过向地下注入高温空气与烃类气体混合物,以对流方式加热页岩层,有机质裂解后生成高温可燃气体,与注入空气中的氧气接触发生氧化或者燃烧反应放出更多热量,从而实现持续循环加热(图6-74),保持页岩有机质裂解反应"墙"持续向外推进。该技术主要利用页岩中固定碳的化学反应热,提供干酪根热裂解所需热量;通过控制注入的空气数量，实现对地下燃烧反应充分性的控制。该项技术的优势是投入能量少，利用不断反应产生的气体加热完成有机质原位裂解（Sun 等，2014）。技术的不足之处是，与热对流加热技术类似，热量传递过快，可能会造成能量的浪费和有机质转化不完全。

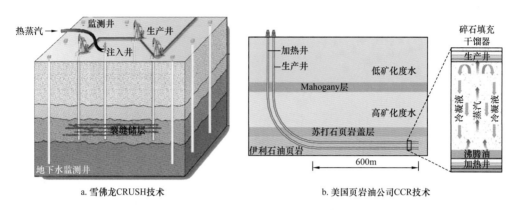

a. 雪佛龙CRUSH技术　　　　　　　　b. 美国页岩油公司CCR技术

图 6-73　热对流加热原位开采技术示意图（据汪友平等，2013；Tanaka 等，2011）

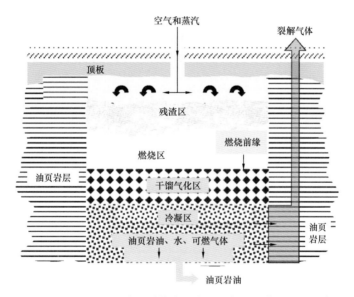

图 6-74　MIS 原位开采技术示意图（据 Lee 等，2014）

局部化学反应法（简称 TS 法）是由吉林大学和以色列合作研究开发的一种原位加热转化技术。技术主要针对埋藏浅、矿层薄、资源品位较低的油页岩等勘探对象，具有较好的应用前景。

4）辐射加热技术

辐射加热技术是以热辐射方式进行页岩层加热。目前正在探索的技术主要有两种：一是斯伦贝谢的临界流射频（RF/CF）技术，通过射频方式对页岩地层加热后，再向井内注入超临界二氧化碳，驱动生成的油气流至井筒并采出；二是劳伦斯利弗莫尔国家实验室（LLNL）的无线射频原位加热技术（图6-75）。该技术的优势是：热量传递速度快，穿透能力强，并可控制地下有机质转化过程。技术的不足是：技术成熟度较低，且应用过程复杂，技术方案的可行性、稳定性还有待现场试验验证。

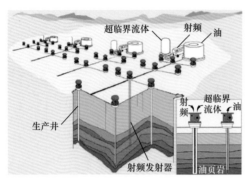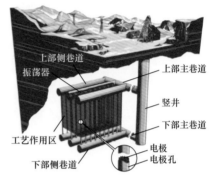

a. 斯伦贝谢临界流射频技术　　　　b. 劳伦斯利弗莫尔国家实验室无线射频原位加热技术

图6-75　辐射加热原位开采技术示意图（据Burnham等，2006）

5）临界水热转化技术

临界水（CW）法包括近临界水（NCW）法和超临界水（SCW）法，主要适用于埋藏较深（>800m）的页岩油（含油页岩）地层，其特点是利用近/超临界水的超高活性与传质特性实现地下页岩有机质低温高效裂解产生人造油品的过程，是一种比较高效的新型页岩原位转化技术。

该方法通过井下加热器在地下将注入的水加热至近临界或超临界状态，再以临界水作为传质（是因浓度差异产生的扩散过程）介质和提取剂，向地下油页岩层进行渗透、浸润和溶胀，同时使油页岩内部的固体有机质发生热裂解，并将产生的油气流至井底。

近临界水是一种高温压缩液态水，具有卓越的传热传质能力、酸碱催化作用以及对有机质的溶解能力，因而可以在较低温度下实现油页岩裂解，原理如图6-76所示。

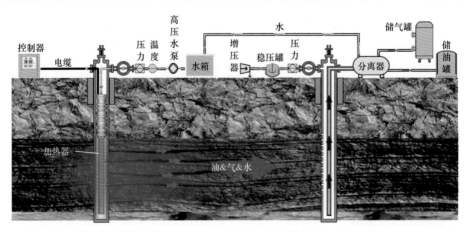

图6-76　近临界水原位转化技术（NCW法）技术原理示意图（引自孙友宏等，2021）

吉林大学通过自主研发的近临界水循环浸提模拟实验装置和油页岩高温高压三轴渗流模拟系统，模拟SCW法油页岩原位转化开采工艺，对松原、桦甸、抚顺和农安等不同地区油页岩开展了原位裂解提取实验，系统分析了近临界水温度、压力、时间等因素的影响。

在近临界条件下，由于油页岩中黏土矿物的水热膨胀，容易产生沿层理方向的微裂隙，大大促进近临界水的传质与提取效果。同时，由于近临界条件下水能够提供大量氢，在促进干酪根裂解的同时，使烯烃转化成烷烃，对有效提升产油品质和数量都有帮助。此外，利用水的传质特性，通过添加水溶性或分散型催化剂，能够有效渗透到油页岩内部，促进干酪根的裂解与油气产出物的释放。

实验室研究证实了近临界水可以在相对较低的温度下（350℃）有效裂解油页岩中的干酪根，油页岩油收率可超过90%，高于传统地面干馏工艺，且该方法对各种品位油页岩均可以实现有机质裂解产油。

超临界水无表面张力，因其温度和压力更高，具有比近临界水更高的扩散性和反应性，更易进入低渗层进行传热传质并促进干酪根的裂解。

西安交通大学郭烈锦院士领导的团队通过可视化釜式反应器研究了页岩样品在超临界水作用下的转化特性，并通过自主研发的超临界水注采综合平台实现了对超临界水原位开采提高采收率方法的时态模拟，分析得到重质油、多环芳香烃及干酪根等有机质在超临界水中的相行为及化学转化特征。

通过实验证实了超临界水能够有效扩大波及体积、提高采收率和热利用效率，并提升原位转化油品质量。在超临界水的酸化和扩孔作用下，不仅可以有效促进页岩中有机物的裂解和产出物的轻质化，而且有助于油气地下的运移过程。产出油品的柴油馏分高达90%以上。

应该指出，由于近临界水和超临界水方法都是在有水参与条件下进行的，在有机质受热发生降解时，难免会有CO_2的产生，其数量和对环境造成的负面影响，是目前尚未评估的问题，需要后续相关技术转入工业放大时考虑。另外，该项技术目前尚处实验室研发阶段，技术可行性有待先导试验验证。

2. 原位转化先导试验现状

先导试验是突破地下原位转化技术关、经济关的关键。围绕油页岩和中低熟页岩油原位转化开采面临的技术难题，国内的吉林大学、众诚集团和太原理工大学等已开展了多个现场试验，主要侧重于浅层油页岩和富油煤热转化；国外壳牌、埃克森美孚、道达尔等油公司和以色列技术团队也开展多个埋深在500m以浅的油页岩热转化试验，并有几组试验取得了良好效果，为深层页岩油开发、能量投入产出比评价与关键技术优选等都做了很好的技术准备。

1）壳牌电加热技术先导试验

壳牌投资30亿美元于30年前就开展了油页岩资源原位转化技术研发。1996年以来，先后开展了不同规模的现场先导试验（表6-5）。1996—2005年间，壳牌在科罗拉多州

Mahogany 先导试验区，针对绿河组富有机质页岩，采用直井井网加热方式，开展了三期现场先导试验。通过先导实验，证实基于电加热方式研发形成的原位转化技术，基本具备工业化应用条件（Fowler 和 Vinegar，2009）。

表 6-5　壳牌原位转化现场试验情况简表

试验名称	主要目的	时间（年）	加热井数/口	总井数/口	深度/m
Mahogany 现场试验	ICP 技术基本测试	1996—1998	6	26	40
深地层加热器测试	ICP 技术工程试验，加热器功能和操作性示范	2002—2009	21	45	200
Mahogany 流动水隔离试验	ICP 技术工程测试，冷冻墙示范	2002—2004	2	53	400
Mahogany 示范项目	ICP 验证评价采收率	1998—2002	38	101	180
Mahogany 示范项目（南部）	ICP 技术验证确定采收率	2003—2005	16	27	120
冷冻墙试验	流动水隔离技术示范/大型冷冻墙试验	2007—2011	0	233	500
北部现场试验 + 大长度加热器测试	验证用于商业规模开发的加热器技术	2012—2014	8	11	350
约旦现场试验	约旦油页岩 ICP 技术应用可行性	2012—2016	7	17	250

第一期先导试验于 1996—1998 年实施并获成功。该次试验采用直井六边形井网，加热井 6 口、生产井 1 口，井距 2.5m。加热页岩层厚度 17.4m，埋深 30.5m，加热时间半年。现场试验期间，试验区累计产油 31.9t、天然气 36.8m³，采出率为 60%。这期先导试验基本验证采用加热电缆进行井下加热，对油页岩地下原位转化技术方案基本可行。

第二期先导试验于 1998—2002 年实施，但因加热器技术尚不成熟，致使先导试验失败。该次试验采用直井三角形井网，在第一期现场试验技术积累基础上，试验井数增加，加热井 38 口、生产井 15 口，井距明显放大，达到 6.1m。加热页岩层厚度 46m，埋深 160m。试验过程中，因加热器加热过程中局部出现高温热斑，引发加热器故障而失败。这次先导试验表明，壳牌研发的加热器，制造工艺存在缺陷，不能满足较长时间的高温加热工况需求。

第三期先导试验于 2003—2005 年实施，再获成功。该次先导试验在改进加热器制造工艺基础上，采用直井回型井网，加热井 16 口、生产井 2 口，加热井井距 3～4.3m，加热井与生产井井距 1.9m。试验井场加热页岩层厚度 34.4m，埋深 103m。该次试验加热时间 15 个月，累计产油 251.8t，采出率为 62%。这次先导试验，一是验证了加热器制造工艺日趋成熟，生产流程配套、技术方案可行；二是实验室模拟实验参数得到了先导试验验证，证实实验室模拟数据合理可靠。

2）吉林大学/众诚集团对流燃烧加热先导试验

吉林大学/众诚集团基于实验室分析结果，利用高温气体热对流燃烧加热原位开采技术，开展了三期现场先导试验。第一期现场试验于2013年选择在吉林农安实施，部署直井7口，包括注气燃烧井2口和生产井5口，井距5m，目的层埋深小于100m，油页岩层厚7.6m，平均含油率在6%左右。试验期间，加热15天后开始产出天然气，加热18天后产出液态石油。第二期现场试验于2014年选择在吉林扶余—长春岭青山口组油页岩开展原位转化与化学干馏试验，初试期间产油5.20t，中试期间产油8.86t。第三期现场试验于2016年选择在吉林扶余油页岩开展试验，部署直井8口，其中注气燃烧井2口、生产井4口、检测井2口，目的层埋深477~488m，油页岩层厚9m，平均含油率为6.43%。工程自2016年7月开始，应用自主新开发的井底产热技术及装备、精准体积压裂技术和气驱地下空间封闭技术等开展试验，于2020年9月20日成功出油。截至2021年9月，已累计产出油页岩油3t，裂解气$1.8 \times 10^4 m^3$。

3）以色列热化学技术先导试验

2006年，以色列利用热化学技术开展了一口直井先导试验，试验井井深74m，加热4个月后产出轻质油，产油量约3bbl/h、天然气约1400m³/h。相关技术在中国进行了两次现场试验，第一次现场试验于2015年在吉林农安实施，直井2口，井深小于100m，井距5m，加热1个月后产出轻质油，累计产油1.6t、天然气1500m³，油收率约为45.8%。第二次现场试验于2017—2020年在吉林扶余实施，直井3口，井深约480m，井距15m，试验中因压裂后油页岩裂缝快速闭合，导致无法注入压裂液与支撑剂，未获理想效果。

4）西安交通大学超临界水技术试验

近20年来，西安交通大学郭烈锦院士团队不断探索，将高温高压超临界水技术应用于煤气化制取富氢气体，结合火力发电，形成了煤炭超临界水气化制氢发电多联产技术，推动了煤炭高效洁净无污染转化利用（程洪莉等，2017；李永亮等，2008）。煤电转化效率超过40%，比相同规模的燃煤发电机组效率高出6%~8%。在宁夏盐池县太阳山野外基地建设了12个并联和12个串联的气化反应器示范装置，验证了模块化放大模式的可行性。近期相关技术人员就该项技术对页岩油原位转化的可行性与应用也在探索，有望形成页岩油原位转化新技术。

三、中低熟页岩油原位转化关键技术

原位转化是通过地下加热的方式，把富有机质页岩中已经形成的液态烃轻质化、对多类沥青和尚未转化的固体有机质降质化，形成高品质液态烃和天然气，是真正意义上的"人造油藏"，效益开发涉及选好富集区/段、把控好原位转化关键技术、确定最佳加热窗口与升温速率等关键技术难题。

1. 中低熟页岩油有利区与有利段评价技术

原位转化技术能否规模应用，需要做好生烃潜力与规模、地层能否达到并保持高温（超过350℃）与能否实现经济开发三方面评价。

生烃潜力与规模是能否开展原位转化的物质基础。影响页岩生烃潜力与规模的主要因素包括页岩有机碳含量、有机质类型、富有机碳页岩连续厚度、分布面积与热成熟度等因素。

地层能否达到并保持高温（超过350℃）是原位转化的基本条件。据壳牌在约旦和美国科罗拉多现场进行的先导试验，适合原位转化的页岩必须满足两方面条件：一是页岩含水率小于5%，否则，如果页岩层系富含活动水，将会大幅增加能耗和成本；二是断层不发育，地层封堵性好，这样才能保障对页岩地层加热时，能量散失最小，且升温速度快。

经济开采是原位转化是否可行的基本前提。以油价为约束条件，经评价确定的原位转化有利区/段，在投入产出比方面必须大于零，以保证原位开采的经济性。

因此，中低熟页岩油有利区/段评价应以页岩的地质品质、页岩工程参数、原位转化资源丰度、原位转化内部收益率（IRR）等为前提条件。做好富集区/段优选，是中低熟页岩油原位转化工程实施和取得成功的第一步，必须把相关基础和实验工作做扎实。本单元以鄂尔多斯盆地长 7_3 亚段页岩为例予以阐述。

1）页岩地质品质评价

（1）有机质丰度。

有机质丰度评价强调 TOC 必须达到可供页岩油地下原位转化的最低门限，且在此基础上越高越好，这是在原位加热条件下产生更多烃流体的基础，也是实现原位开采经济性的重要保证。为了准确选择原位转化"甜点段"，对中低熟富有机质页岩按地质因素聚类分析的办法进行分类，以选出最适合地下原位转化的层段。参与聚类分析的地质因素共有 18 项，包括 TOC、总硫含量（TS）、热解 S_1、热解 S_2、干酪根类型指数、黏土矿物含量、黄铁矿含量、P、Ti、Zr、Al、V、Cr、U、Th、Ba、Sr、Mg 元素含量等。基于地质统计学聚类分析，鄂尔多斯盆地南部长 7_3 亚段中低熟页岩（ R_o=0.6%～0.9%）可以分为三类（Lin 等，2019），且三类页岩的岩石有机地球化学和古沉积环境指标差异明显（表 6-6）。三类页岩均形成于潮湿温暖气候条件下的半深—深淡水湖泊环境，Sr/Ba 比值普遍小于1，水深相近（表 6-6）。Ⅰ类页岩定义为湖泊生物高生产力（P/Ti 值越大指示生产力越高）、强还原环境（U/Th 和 V/Cr 值越大指示还原程度越强），盐度相对偏高（Sr/Ba 值越大指示盐度越高），气候相对温凉（Mg/Sr 值越大指示气温越高），同时伴有适度空落型火山灰沉积和深部热液活动。形成的页岩以黑色为主，TOC 介于 5.5%～41.5%，概率分布 25%～75% 的 TOC 区间值为 10%～17.6%，平均值为 14.6%；生烃潜力（ S_1+S_2 ）介于 13.3～244.4mg/g（HC/岩石），其中概率在 25%～75% 之间的 S_1+S_2 区间值为 32.2～87.6mg/g（HC/岩石），平均值为 67.8mg/g（HC/岩石）。Ⅱ类页岩形成于高生产力、弱还原环境，空落型火山灰或水成型火山灰要么沉积数量偏高，要么缺少空落型火山灰与深部热液注入，岩性以暗色页岩为主，TOC 介于 0.28%～9%，概率分布 25%～75% 的 TOC 区间值为 2.35%～5.23%，平均值为 3.8%；生烃潜力（S_1+S_2）介于 1.24～56.8mg/g（HC/岩石），概率分布 25%～75% 的 S_1+S_2 区间值为 11.6～24.2mg/g（HC/岩石），平均值为 17.3mg/g（HC/岩石）。Ⅲ类页岩形成于低生产力、弱还原环境，盐度相对偏低，气温相对偏高，陆源物质注入量偏高，空落型火山灰和深部热液影响偏弱，沉积速率偏高，岩性以暗色泥岩为主，页岩为辅，TOC 介于 0.18%～7.07%，概率分布 25%～75% 的 TOC 区间值为 0.56%～1.6%，平均值为 1.4%；生烃潜力（S_1+S_2）介于 0.04～16.3mg/g（HC/岩石），概率分布 25%～75% 的 S_1+S_2 区间值为 0.64～3.06mg/g（HC/岩石），平均值 2.6mg/g（HC/岩石）。通过地质聚类分析，确定长 7 段满足地下原位转化条件的页岩有利区、"甜点区"和先导试验区的 TOC 下限分别取值为 6%、10% 和 15%，对应于Ⅲ类页岩的 TOC 最大值、Ⅱ类页岩的 TOC 最大值（亦为Ⅰ类页岩 TOC 的第一四分位数）和Ⅰ类页岩的 TOC 平均值（Lin 等，2019）。同理，对应的生烃潜力（S_1+S_2）下限约为 25mg/g（HC/岩石）、45mg/g（HC/岩石）和 70mg/g（HC/岩石）（图 6–77）。其中Ⅰ类和Ⅱ类页岩分布区可满足原位转化的品质要求。

表 6–6 鄂尔多斯盆地南部长 7 段页岩分类及关键指标对比（平均值）

页岩类型	地球化学指标			古水深指标	
	TOC/%	S_1/（mg/g）	S_2/（mg/g）	Rb/K	Zr/Al
Ⅰ	14.6	4.6	63.2	44.74	7.79
Ⅱ	3.8	2.1	15.2	41.85	7.63
Ⅲ	1.4	0.6	2.0	42.31	7.63
页岩类型	古氧化还原性指标		古生产力指标	古盐度指标	古气温指标
	U/Th	V/Cr	P/Ti	Sr/Ba	Mg/Sr
Ⅰ	5.08	1.85	1.26	0.41	6.66
Ⅱ	0.99	0.84	0.48	0.35	12.60
Ⅲ	0.39	0.90	0.33	0.27	17.35

（2）热成熟度。

通过生烃热模拟实验，按热成熟度（R_o）0.5%～0.9% 的标准确定适合开展原位转化的页岩地层平面展布。理论上讲，热成熟度越低，干酪根热转化率越低，原位加热转化生成烃类的潜力越大，但如果 R_o 小于 0.5% 的页岩，热转化需要的能量较多，成本会增加；如果热成熟度偏高（$R_o>1.0$%），干酪根已大量转化为油气，并可能有相当数量的已成熟烃类发生了运移，页岩的原位转化生烃潜力也将大幅下降，会影响原位转化的产烃数量和经济性。基于原位转化潜力评价与经济性分析，确定长 7_3 亚段满足原位转化的页岩段 R_o 介于 0.5%～0.9% 最好。鄂尔多斯盆地长 7_3 亚段页岩目前 R_o 介于 0.6%～1.2%，主体分布在 0.7%～0.9% 之间，从热成熟度看，适合页岩油地下原位转化开发。

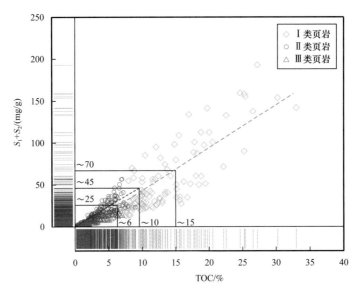

图 6-77　鄂尔多斯盆地长 7 段不同类型页岩 TOC 与（S_1+S_2）分布范围

（3）富有机质页岩连续段厚度。

壳牌在约旦和美国科罗拉多现场先导试验表明，满足原位转化的富有机质页岩段连续厚度最好大于 10m。鄂尔多斯盆地长 7_3 亚段页岩以系统取心井为基准点，利用岩心校正测井资料，建立测井岩相岩性模板，开展盆地重点区长 7_3 亚段富有机质页岩岩相解释与厚度统计，从结果看，长 7_3 亚段富有机质页岩厚度为 15～60m。结合电加热方式原位转化技术需求，通过热场模拟，确定适合开展原位转化的页岩段连续厚度应大于 15m，富有机质页岩连续厚度可以满足原位转化要求。

2）页岩工程参数评价

（1）封堵性。

封堵性包括页岩层系纵、横向封堵性两个方面。纵向封堵性评价主要是指页岩层系顶底板封盖能力评价，要求富有机质页岩段顶底板岩层空气渗透率小于 0.01mD。横向封堵性评价主要是关注断层与裂缝发育程度，可利用高精度地震反演结果开展页岩层系断裂与裂缝发育程度识别评价。结果表明长 7_3 亚段页岩断层和裂缝都不发育，原位转化横向封堵性较好。

（2）含水率。

基于岩心密闭取心含水率测量数据，结合测井资料建立含水率评价模型，开展含水率评价。长 7_3 亚段页岩含水率普遍较低，平均为 0.3%，有利于原位转化技术实施。

3）原位转化资源丰度评价

根据页岩生烃热模拟实验结果，计算拟合页岩油原位转化资源丰度。将长 7_3 亚段富有机质页岩取样，送至壳牌原位转化实验室完成了 3 组热模拟实验。在压力 500psi 和 100psi 条件下，两口井岩心样品的产出油量分别为 36kg/t（HC/ 岩石）、47kg/t（HC/ 岩石），产出气量分别为 22.5m³/t（HC/ 岩石）、26m³/t（HC/ 岩石），产出的油气当量分别为 54kg/t

（HC/岩石）和 65kg/t（HC/岩石）。一个具代表性的露头样品在压力为 100psi 时，产出的油、气和油气当量分别为 52kg/t（HC/岩石）、26m³/t（HC/岩石）和 73kg/t（HC/岩石）。以热模拟实验数据为基础，结合长 7_3 亚段页岩有机碳含量、有机质类型与热成熟度数据，可求得长 7_3 亚段页岩原位转化产出的原油丰度，平均为 $140×10^4t/km^2$，最大可达 $420×10^4t/km^2$ 以上。从原位转化产出的石油丰度结果看，鄂尔多斯盆地长 7_3 亚段页岩原位转化资源潜力巨大。

4）原位转化内部收益率（IRR）评价

内部收益率取决于产出油气数量多少与投入成本高低。其中，产出油气数量的控制因素已如上述，本部分重点介绍可能的成本投入。

长 7_3 亚段页岩油原位转化内部收益率评价主要考虑固定投资和操作成本两方面因素。固定投资包括生产井钻完井、加热井钻完井、加热设施及安装、地面处理与集输、供电电网及变电站、地面基础设施投资和废弃费用等；操作成本包括燃料、人员、动力、测井试井、现场维护、油气处理、运输、矿场管理及其他等直接费用。对评价的原位转化区进行粗化和均一化处理，按照布伦特油价 60 美元 /bbl 计算，长 7_3 亚段页岩油原位转化内部收益率，以 IRR 大于 0 的区域作为原位转化有利区。

2. 原位转化油藏数值模拟与布井技术

原位转化是利用人工加热方式促使富有机质页岩中液态烃轻质化和多类有机物降质化的过程，需消耗的能量较多，成本相对较高。由于受热岩层中不同组分黏土和不同类型有机物的蓄热与热传导能力不同，加热过程中不同配比的多类有机物发生相态转化后诱发的地层内部能量与体积变化不同，因而原位转化的能量投入产出比变化较大，需要客观把握原位转化过程中的能量投入与产出关系，这是决定中低熟页岩油地下原位转化是否有经济性和可行的关键要素。为此，需要逼近地层环境的固/液/气多尺度、多场与多相态耦合的油藏数值模拟技术，以判定原位转化的能量投入产出比，并指导落实最优加热窗口与升温速率、加热井与生产井井距，达到最佳原位转化与生产效果。

1）油藏模拟关键参数

原位转化油藏模拟关键参数包括油藏（热）物性参数和电加热器的关键操作参数。油藏热物性参数包括页岩热传导率、岩石体积热容、页岩孔隙度、页岩渗透率、气油比、原油密度等，页岩油热裂解温度下限为 343℃。油藏模拟根据单热源和多热源不同排列方式模拟加热器表面温度 650℃条件下，热传导的范围，对加热井的布井方式和间距的优化提供依据。从实际样品热模拟实验可以看出，只有单个水平加热井的情况下，不存在叠加效应，因此，热扩散作用将导致大量热损失。加热器表面温度 650℃条件下，加热 6 年达到高达 343℃的有效半径范围仅 2m（图 6-78）。

单个水平方向上布置有 5 个平行加热井，加热 6 年纵向有效热场半径为 2.5m（图 6-79）。具有 3 个加热井的三角形井网优于一排 5 个加热井，使得热源的叠加效应更加明显（图 6-80）。井间区域的升温速度快，加热 6 年后有效加热半径也大得多，为 4.4m，而圆形边部的热损失很小，所有这些都证明了三角形井网加热是较佳的加热井配置。

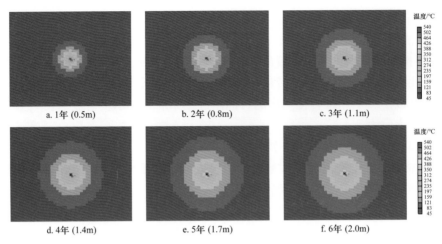

图 6-78　单热源热场随加热时间变化图（有效热场半径）

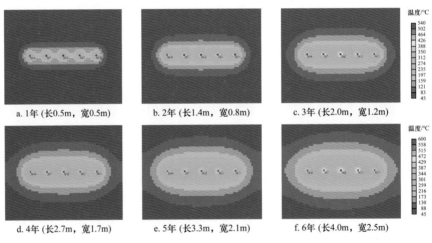

图 6-79　单排 5 个热源热场随加热时间变化图（有效热场范围）

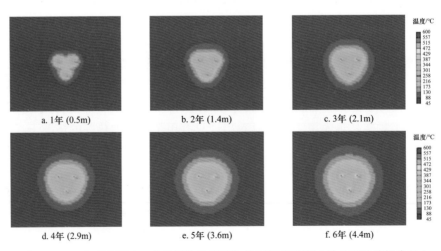

图 6-80　三角形井网（三个热源）热场随加热时间变化图（单井有效热场半径）

2）油藏模型参数与井网结构优化

美国页岩技术公司（ShaleTech）应用公司专有的原位开发油藏工程模拟系统对先导试验区进行油藏建模。油藏模型结合油藏流体密度、黏度、成分特征和气体/液体PVT，干酪根、石油、天然气和活性矿物的化学反应动力学，以及岩石特性/表征（所有这些动态参数和模型覆盖了ICP试验期间将出现的极端温度和压力范围）。中国石油选择鄂尔多斯盆地具备代表整个盆地长7_3亚段中等品质的页岩开展原位转化油藏数值模拟，根据模拟结果，选择水平井三角形加热井网和四层结构布井方式开展先导试验（图6-81），该井网包括三角形结构的10口水平加热井，其中嵌套了2口水平生产井。

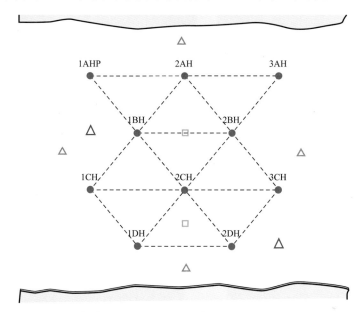

图6-81 鄂尔多斯盆地长7段ICP先导试验井组结构设计示意图

3）开发井距优化模拟

（1）温度场变化特征。

图6-82和图6-83显示了井网的温度场随时间的发展变化。每个加热井位置温度最高，热量从各个加热区径向向外伸展，直到在某个时刻会合。从图6-82和图6-83中可以看出，一年后，井网的所有独立加热区已经联结成一个大面积加热区，7.5m井距在3年内先导试验区就能达到目标温度，6.5m井距在2.5年内达到目标温度。

（2）孔隙度/渗透率变化特征。

原生状态的纳米多孔油页岩几乎是不可渗透的。由ICP/IUP产生的孔隙度增加导致渗透率的增大，从而使得地下流体流向生产井，因此孔隙度随加热时间的增大是ICP/IUP的重要特征。数值模拟结果表明（图6-84、图6-85），1年后，所有热解区域仍然与蓝色不可渗透未加热页岩分离，此时油气产量很低，孔隙流体压力非常高，滞留的流体继续热解。但到第2年底，所有热解区域都完全连接到了生产井，从而允许早期油气采出。ICP/IUP会大幅增加孔隙度，孔隙度从初期的8%增加到终期的35%。

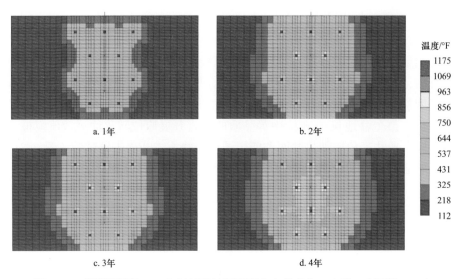

图 6-82　模拟预测的 ICP 先导试验油藏温度分布的变化：方案 1（间距 7.5m）

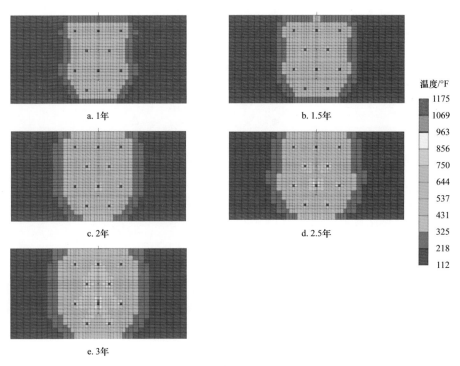

图 6-83　模拟预测的 ICP 先导试验油藏温度分布的发展：方案 2（间距 6.5m）

（3）干酪根转化特征。

数值模拟结果表明，随着加热时间的持续推进，ICP 作用使得干酪根随时间逐渐耗尽（图 6-86、图 6-87），未转化的原始干酪根区和完全转化的干酪根之间的过渡区域很小。6.5m 井距方案 3 年后页岩含油饱和度达到均一。

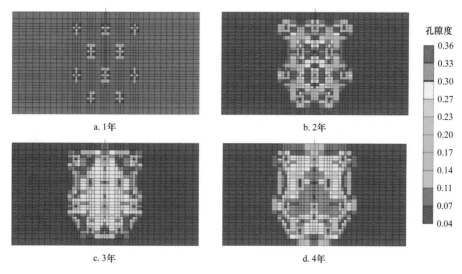

图 6-84　模拟预测的 ICP 先导试验孔隙度分布变化：方案 1（间距 7.5m）

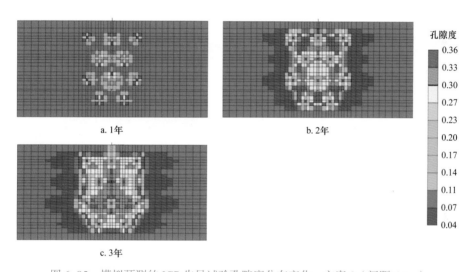

图 6-85　模拟预测的 ICP 先导试验孔隙度分布变化：方案 2（间距 6.5m）

3. 原位加热工程技术

如前述，中低熟页岩油原位转化技术有多条路径，究竟哪一条是最佳路径，眼下要准确回答为时尚早。中国石油已经启动了鄂尔多斯盆地长 7_3 亚段页岩油原位转化先导开发试验，选择的技术路线就是地下电加热方式。所以，这里以电加热方式为例，作重点介绍。

加热开采实际上是通过对地层加热使干酪根发生热降解转化形成油气（ICP），以及重质烃物质发生轻质化形成天然气和轻质油（IUP）的过程，加热技术的可行性、稳定性与经济性是确保原位转化工程落地和推进的关键。对比国内外现有加热技术，ICP/IUP 技术进行了大量的实验室研究和现场试验，技术相对成熟，加热工具和工艺技术成熟度大于 90%。

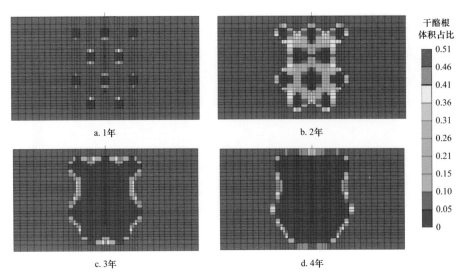

图 6-86　模拟预测的 ICP 先导试验干酪根演化：方案 1（间距 7.5m）

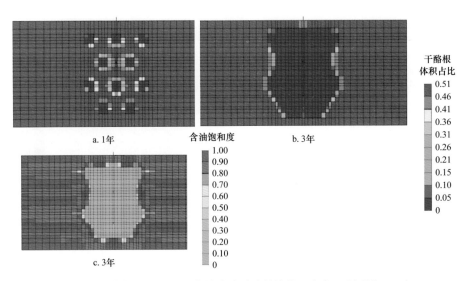

图 6-87　模拟预测的 ICP 先导试验干酪根演化：方案 2（间距 6.5m）

最大限度增加页岩加热体积是页岩油原位开采的基本追求。中国石油正在组织实施的鄂尔多斯盆地长 7_3 亚段页岩油原位转化先导试验，采用的是 ICP/IUP 技术，主要涉及以下技术。

1）加热器及辅助系统工艺技术

这是电加热技术的核心，目前壳牌研发的加热器是矿物绝缘加热电缆，工作温度达650℃，允许高腐蚀环境（H_2S、H_2、CO_2）下稳定运行 5 年以上，可以支撑地下原位转化持续不间断的热能供给。辅助系统包括供电、测试、加热工具下入等配套装置和子系统，可以保障加热器的顺利下井、安装及后续运行、监测与控制等。图 6-88 是加热器现场试验井设计，显示了加热器输入电功率、加热器温度、油藏平均温度和压力随时间的变化。

2）磁定位钻井技术

长 7_3 亚段页岩油原位转化先导试验采用水平井方式开采，与目前致密油等非常规资源水平井开发不同，其水平井的井距更小，以达到用最短时间建立地下均匀受热体，从而实现最早采油和最佳动用资源，同时又不浪费能量的目的。基于模拟计算，水平井井距设计为 6.5m。因水平井井间距很小，且要保证水平段的平行钻进，钻井导向的作业精度要求非常高，磁定位导向钻井技术是实现这一精度要求的可行方案。

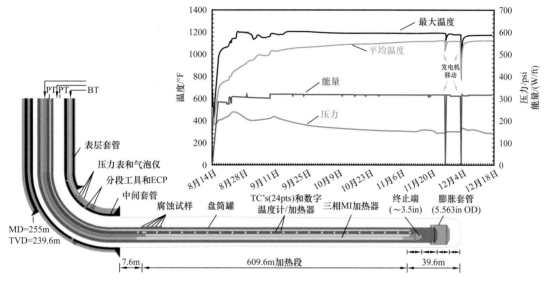

图 6-88　加热器现场试验井设计图

3）原位转化开采控制与环境监测技术

涉及的关键技术包括电加热器局部出现高温热斑处理、监测井布井与监测、超高温高腐蚀原位转化油气采出与环境监测技术等。国际上仅壳牌开展了相关研究，他们基于现场先导试验，形成了相应的技术并积累了经验。

四、原位转化技术未来发展展望

中低熟页岩油原位转化开发利用是决定陆相页岩革命能否发生的主体，原位转化技术是一项具有前瞻性、战略性的颠覆性技术，高效、安全、经济、绿色开采是未来技术发展的关键。未来技术攻关的重点包括以下四个方面：

一是发展高丰度有机质富集区 / 段评价优选技术。重点研究倾油型有机质超量富集控制因素与富集机理、页岩形成环境与页理形成机制，构建页岩有机质丰度与类型、页岩层系有机质富集程度与热成熟度、页岩含水率与封堵性等评价指标体系，确保原位转化能够选好页岩富集区、选准富集段。

二是攻克页岩油原位转化规模化商业化开采关键技术。重点研究原位转化机理与模型、高效安全环保开采技术、原位催化技术、动态油藏模拟技术、规模化开发配套工艺、关键装备国产化制造等，以支撑实现原位转化规模效益开发利用。

三是攻克页岩油原位转化伴生资源回收利用和新能源综合利用技术。重点研究原位转化余热回收利用、副产品综合利用、CO_2原位地下埋存、风光电等新能源综合利用等技术，不仅实现原位转化绿色低碳发展，而且有效降低成本，进一步改善原位转化开发的经济性。

四是攻克原位转化页岩油与邻近致密油层一体化开采技术。重点研究原位转化开发产生的热扩散对邻近油层原油流度改善与提高产量方面的作用，探索形成原位开发与致密油开发一体化开发技术，优化钻井布井及井眼轨迹设计，优化加热窗口与加热时间设计，建立原位转化与近井近层一体化开发效益成本综合评价方法等，建立页岩油原位转化与多类型油气资源一体化工业化开发新模式。

通过持续的基础理论攻关和关键技术创新，页岩油原位转化技术有望成为推动陆相页岩革命发生的利器。这项利器的打磨和走向成熟需要若干先导试验的测试和完善，也需要在实践中优化和进步。相信中低熟页岩油商业开发取得突破的那一天，一定是页岩油原位转化技术取得突破和产业化规模发展起始的时间，笔者期待这一天能早日到来。

CHAPTER 7

第七章

陆相页岩油勘探试采案例

如前述，中国陆相页岩油资源潜力巨大，包括中高熟和中低熟页岩油两大类。前者可以用相对成熟的水平井和体积改造技术进行开发，只要能突破经济效益开发关，就可以积极组织规模建产；后者需要地下原位加热改质技术突破技术成熟与稳定性和经济性开发两个关口，才能实现大规模开发利用，一旦取得成功，将带来一场陆相页岩油革命。这两类资源能否成为支撑我国原油年产量 2.0×10^8 t 长期稳产，甚至在此基础上实现大规模上产的资源基础，现阶段还尚难作答。中高熟页岩油卡在经济效益上，唯有通过试采，在技术进步和管理创新基础上较大幅度降低成本或提高单井累计采出量，才能判定中高熟页岩油未来在产量贡献上的地位；中低熟页岩油则卡在技术成熟度与经济开发两道关口上，需要先开展先导试验，不断优化和完善技术，同时落实资源的经济可采性、规模与分布，在此基础上才能评价中低熟页岩油的未来地位。

本章以我国陆上几个重点盆地或地区正在开展的中高熟页岩油勘探与试采为重点案例，介绍相关情况，以期为读者了解并分析判断我国陆相页岩油发展形势与未来地位提供认识窗口。

第一节　准噶尔盆地吉木萨尔凹陷芦草沟组页岩油

一、基本情况

吉木萨尔凹陷位于准噶尔盆地东部，隶属东部隆起带的西南部，为次级凹陷，北以吉木萨尔断裂为界，南以三台断裂为界，西以老庄湾断裂和西地断裂为界，向东逐渐过渡到古西凸起，面积为1278km²，是一个在上石炭统褶皱基底上发育起来的西断东超的箕状凹陷，内部构造平缓，总体产状为一西倾单斜，发育一些小规模逆断层，对芦草沟组页岩油顶底板封闭性有影响。从石炭纪至今，吉木萨尔凹陷经历了海西、印支、燕山和喜马拉雅等多期构造运动，各期构造运动在凹陷西部以沉降为主，东部以抬升为主。在北部和南部同期发生断裂和抬升活动，北部活动强度大于南部。白垩纪末期发生的抬升运动对该区页岩油的聚集和散失有重要作用，在吉木萨尔凹陷主体范围，特别是中东部地区，该期运动导致的地层剥蚀量超过2000m（图7-1）。芦草沟组目前埋藏深度为1000~4500m，地层厚度为200~300m。这就意味着现今埋深在3000~3200m之间的页岩油层，历史上都曾处在5000~5200m的深度。

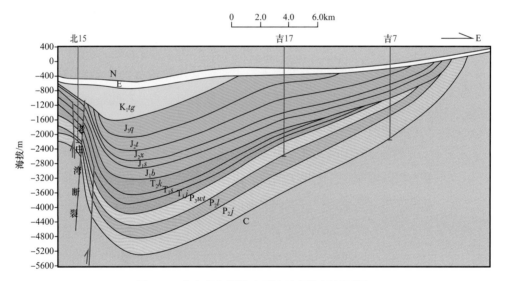

图7-1　吉木萨尔凹陷东西向地层格架剖面图

芦草沟组沉积期，湖盆沉积中心位于靠近西地断裂的北部，地层厚度达到5000m左右，北部地区一般达到3000m以上，东部一般小于2600m。吉木萨尔凹陷沉积环境为典型的近海湖盆，从芦草沟组沉积早期到晚期具有由敞流湖盆逐渐变为闭流湖盆、水体逐渐咸化的特点。受构造、气候、沉积物供给等因素影响，湖盆处于深水、浅水不断变换的环境，沉积物往往沿湖盆边缘至盆地中心呈环带状分布，在湖盆边缘形成白云质砂岩，向湖盆中心形成砂质白云岩、泥质白云岩。受沉积期气候周期性变化影响，湖平面变化频繁，在吉木萨尔凹陷内形成了广泛发育由泥晶白云岩、粉砂岩和泥页岩组成的混积岩组合，自下而上发育两个沉积旋回。下部旋回底部，湖盆水体较浅，陆源供给较强，发育南北两个三角洲沉积体系，在湖盆内范围较大。随着湖平面上升，南北两侧三角洲逐渐萎缩，在湖盆中部发育大量湖相泥岩。随着气候变干旱，湖盆水体较封闭，湖平面逐渐下降，三角洲向湖盆内进积，由于陆源沉积物供应速率较低，加之湖盆水体盐度升高，形成以泥晶白云岩夹薄层白云质粉砂岩为主的混积岩。之后，随着气候由干旱变为潮湿，湖平面上升，整个湖盆中部又出现大量湖相泥岩，夹少量浊流成因的粉细砂岩，南部发育规模有限的云坪沉积。最后，随着湖平面再次下降，南部物源向湖盆推进，湖盆中部发育泥晶白云岩。由于湖平面的周期性波动，形成了厚层白云岩夹薄层粉砂岩的沉积特征。

芦草沟组沉积单层薄、韵律性强，碎屑岩与碳酸盐岩混积，黏土矿物含量低。纵向上，划分为上下两个"甜点段"（图 7-2），上"甜点段"主要沉积相类型为浅湖相、滨浅湖相、滨湖相云泥坪相，主要岩性为砂屑白云岩和白云质粉砂岩，物性较好，是页岩油主要赋存段。下"甜点段"主要为浅湖相夹半深湖相；其中，浅湖相白云质粉砂岩是页岩油"甜点段"发育的优势相带。总之，上"甜点段"优势沉积微相为三角洲前缘远端组合，岩性以白云岩夹粉砂岩为主，凹陷中、南部地区为有利微相发育区。"甜点段"间泥岩含量相对较高，主要是中—厚层白云质 / 灰质 / 粉砂质泥岩与泥晶白云岩互层，粉砂岩含量少，以薄层出现。下"甜点段"优势沉积微相为三角洲前缘远端组合，岩性以粉砂岩与白云岩互层为特征，发育于凹陷中、南部地区。沉凝灰岩、陆源碎屑与火山碎屑岩等主要出现在下"甜点段"。

芦草沟组页岩油勘探始于 21 世纪前十年的末期，2010 年为扩大吉木萨尔凹陷东斜坡二叠系勘探成果，本着寻找新层系、探索新领域的思想，开始以二叠系芦草沟组为目的层的油气勘探。当年部署实施了吉 25 井（图 7-3）。该井于 2010 年 8 月 20 日开钻，11 月 10 日完钻，在芦草沟组见良好油气显示。2011 年 9 月经压裂后抽汲，获平均日产油 18.3t 的工业油流，提交预测储量 6115×10^4 t，发现了吉木萨尔凹陷芦草沟组页岩油。

为了进一步落实资源，按照直井控分布、快速落实资源的思路，随后展开了大规模评价钻探，相继部署探井、评价井 20 口，其中 15 口井 20 层试油获油流，证实芦草沟组页岩油层满凹分布，规模较大。

2012 年以后，重点开展了以提高单井产量为目标的水平井提产试验，采用水平井 + 体积压裂方式实施了吉 172H 井，该井水平段长 1209m，采用 15 级压裂，初期日产 59.1t，已累计生产 2591 天，累计采油 2.135×10^4 t。

在此基础上，基本查明吉木萨尔凹陷页岩油有利区远景资源量为 11.12×10^8 t，随后进入开发试采阶段。2013—2014 年，围绕上"甜点段"芦草沟组二段开辟试采试验区一块，一次部署水平井 10 口，水平井井距 300m，同时，勘探外甩实施水平井 3 口。13 口水平井均获得油流，初期日产油 4.6～40.6t，目前累计产油 1203～21250t，平均为 9366t。其中，累计生产时间最长的 JHW172 井累计生产时间达到 3089 天，累计产油 2.85×10^4 t。

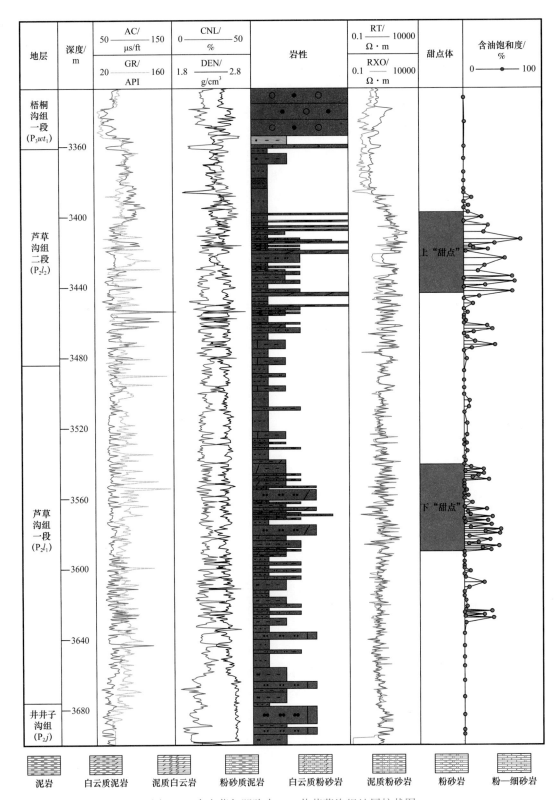

图 7-2 吉木萨尔凹陷吉 305 井芦草沟组地层柱状图

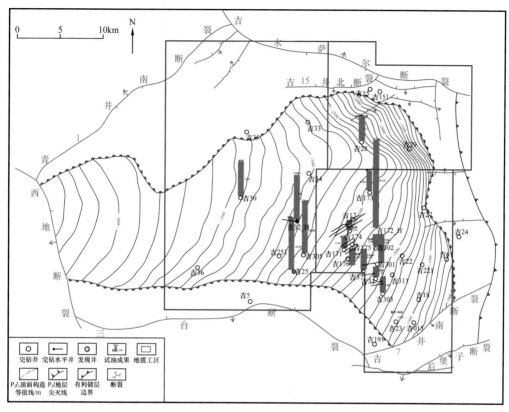

图 7-3　吉木萨尔凹陷二叠系芦草沟组页岩油勘探成果图

2016 年前后，在前期开发先导试验基础上，重点开展了开发技术攻关，采用水平井 + 细分切割体积压裂技术，在吉 37 井区实施开发试验水平井 2 口（JHW023、JHW025）。JHW023 井初期最高日产油 75.1t，平均日产油 23.0t，目前累计产油达 27436t；JHW025 井初期最高日产油 92.1t，平均日产油 16.9t，累计产油 20361t。

在经过一段时间勘探试采之后，认识到芦草沟组页岩油不仅具有较大资源总量，而且能够形成较大的单井累计采出量，当然也面临一些技术和经济动用方面的挑战，亟待通过系统的试验区建设，优化完善技术，建成一定规模的生产能力。2019 年，开始申报国家级陆相页岩油示范区建设，2020 年 1 月获国家能源局、自然资源部批准，设立新疆吉木萨尔陆相页岩油示范区，启动了吉木萨尔页岩油百万吨产能建设工程。截至 2020 年底，芦草沟组页岩油新疆油田公司矿区内已完钻井 180 口，其中水平井 101 口，直井 79 口，已探明页岩油地质储量 1.53×10^8t，动用地质储量 1911.25×10^4t，累计建产能 80.46×10^4t/a，累计产油 59.3×10^4t。

二、富集控制因素与分布特征

为准确把握吉木萨尔凹陷芦草沟组页岩油富集因素与分布特征，这里有必要把与页岩油富集分布特征有关的地质参数重述一下。芦草沟组是一套咸化湖盆沉积的碳酸盐岩与碎屑岩构成的混积岩组合，总体表现出高有机质丰度（TOC 主体为 4%～12%，平均为 7%）、高脆性矿物含量（>80%）、低黏土含量（<15%）、储集空间较大（孔隙度为 4%～14%，平均为 8.4%）与热演化程度适中（R_o 介于 0.8%～1.1%）的特点。但原油密度偏高（平均为 0.88～0.91g/cm³）、凝固点偏高（4～44℃）和黏度较高（50℃地面原油黏度平均为 73.45mPa·s），而且下"甜点段"黏度（平均为 166mPa·s）高于上"甜点段"（平均为 53mPa·s）；气油比低（平均为 17.2m³/m³），其中下"甜点段"气油比（平均为 13.7m³/m³）低于上"甜点段"（平均为 20.7m³/m³）。上"甜点段"原油抽提物组分中饱和烃含量相对较高，下"甜点段"原油抽提物的芳香烃含量高。

1. 优质成熟烃源岩与高脆性良好储层控制页岩油分布

芦草沟组烃源岩主要发育在上、中、下 3 段泥页岩段，划分为纯泥岩、灰质泥岩、白云质泥岩、粉砂质泥岩 4 类，各类岩性具有不同的地球化学特征（图 7-4）；基于凹陷内 18 口井 270 余件烃源岩样品 TOC 测定与热解分析等实验数据，烃源岩干酪根类型总体上为 I 型和 II₁ 型，少数为 III 型；TOC 和生烃潜力（S_1+S_2）变化较大，TOC 主体为 0.2%～19.9%，平均为 4.6%，生烃潜力（S_1+S_2）为 0.14～161.50mg/g（HC/岩石），均值为 31.40mg/g（HC/岩石），整体上为优质烃源岩（邱振等，2016）。

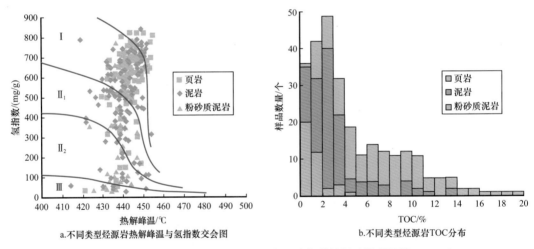

a.不同类型烃源岩热解峰温与氢指数交会图　　b.不同类型烃源岩TOC分布

图 7-4　吉木萨尔凹陷芦草沟组烃源岩地球化学特征（据邱振等，2016）

（1）页岩类（页岩、白云质页岩和灰质页岩）。主要为 I—II₁ 型有机质，TOC 一般为 4%～12%，平均为 7%，局部高达 20%；生烃潜力一般为 20～80mg/g（HC/TOC），平均为 48.2mg/g（HC/TOC），局部高达 160mg/g（HC/TOC）以上。

（2）泥岩类（泥岩、白云质泥岩和灰质泥岩）。主要为 I—II₂ 型有机质，TOC 一般为 2%～4%，平均为 3.2%，局部高达 13%，生烃潜力一般为 5～35mg/g（HC/TOC），平均为 21mg/g（HC/TOC），局部高达 80mg/g（HC/TOC）以上。

（3）粉砂质泥岩。主要为 II₂—III 型有机质，TOC 一般小于 2%，平均为 1.4%，局部高达 4.7%，生烃潜力一般小于 12mg/g（HC/TOC），平均为 6.3mg/g（HC/TOC）。

以 TOC 变化作为识别标准，分别统计凹陷内 16 口井中页岩（TOC>4%）、泥岩（TOC 为 2%～4%）和粉砂质泥岩（TOC 为 0～2%）的累计厚度；页岩、泥岩和粉砂质泥岩占烃源岩总厚度比例分别为 24%～42%、18%～28% 和 35%～57%。其中，页岩主要发育在上部、中部和下部泥页岩段及上部致密储层段，泥岩和粉砂质泥岩在各岩性段均有分布。凹陷内 18 口井 135 件芦草沟组烃源岩样品 R_o 主要分布在 0.6%～1.2% 之间，平均为 0.83%；统计凹陷内芦草沟组 300 余件烃源岩样品的热解峰温为 430～450℃，平均为 440℃，说明烃源岩总体处于成熟阶段。

凹陷内页岩油分布有利区与芦草沟组一段、二段的烃源岩分布具有很好的一致性。芦草沟组一段烃源岩在凹陷区内，TOC 整体大于 1%，特别是页岩油分布区的烃源岩 TOC 都大于 4%，反映了烃源岩对页岩油富集分布的控制作用。芦草沟组一段存在好和较差质量的烃源岩层，一段上部的烃源岩品质优于下部，上部地层中约一半样品的 TOC 大于 2%，平均为 2.86%，近一半的样品生烃潜力大于 10mg/g（HC/TOC），平均为 9.84mg/g（HC/TOC）。芦草沟组二段 TOC 分布在 0.84%～13.86% 之间，页岩油分布区烃源岩 TOC 都在 3.5% 以上，生烃潜力分布在 5.14～254.43mg/g（HC/TOC）之间，大部分样品氯仿沥青 "A" 含量大于 0.1%。其中，二段上部地层的烃源岩质量最好，约 90% 的样品 TOC 大于 2%，平均为 4.59%，生烃潜力平均为 24.43mg/g（HC/TOC）。吉 32 井和吉 174 井附近的烃源岩有机质丰度最高。

芦草沟组上、下 "甜点段" 原油性质存在一定差异，除了油源存在一定差异外，主要与白垩纪末期发生的大规模抬升导致烃类流体膨胀，轻烃向上覆地层中扩散有很大关系，这就是为什么上 "甜点段" 埋藏浅但气油比却比下 "甜点段" 高，以及上 "甜点段" 的原油密度和黏度却比下 "甜点段" 低的原因，这将在下文中讨论。

芦草沟组共发育 5 类岩石，包括碳酸盐质泥岩、硅质泥岩、碳酸盐岩、碳酸盐质砂岩与硅质砂岩。孔隙度介于 2%～22%，主体小于 10%，渗透率介于 0.0001～20mD，主体小于 1.0mD（图 7-5），但碳酸盐岩、碳酸盐质砂岩与砂岩孔隙度（主体<20%）优于泥岩类（主体<10%），云质粉细砂岩储层物性较好，孔隙度为 12%～20%，渗透率整体小于 1mD。孔隙类型方面，碳酸盐岩、碳酸盐质砂岩与砂岩以粒间孔与溶蚀孔为主，泥岩类以黏土矿物粒内孔为主，有机孔发育程度较低。优势孔喉直径方面，含碳酸盐泥页岩介于 7～100nm，泥页岩为 7～78nm，含碳酸盐砂岩为 25～142nm，砂岩为 178nm～2.9μm，碳酸盐岩为 18～650nm。总体看，有利储层排序为碳酸盐质砂岩、砂岩、碳酸盐岩、碳酸盐质泥岩与泥岩。

页岩油游离烃的富集 "甜点段" 与岩性和物性存在密切关系，"甜点体" 岩性以白云质粉细砂岩、砂屑白云岩、岩屑长石粉细砂岩为主。根据岩石薄片、铸体薄片、扫描电镜等分析，芦草沟组页岩油 "甜点段" 的储集空间主要为原生和次生孔隙，以溶孔、剩余粒间孔、页理缝为主，见缝合线，微裂缝欠发育。页岩油储层孔隙以微米孔、微纳米孔为主，粉细砂岩好于砂屑白云岩。上 "甜点段" 储层覆压孔隙度为 5.27%～19.84%，平均为 10.84%，覆压渗透率为 0.0004～1.95mD，平均为 0.014mD；下 "甜点段" 覆压孔隙度为 5.64%～20.72%，平均为 11.2%，覆压渗透率为 0.002～2.764mD，平均为 0.009mD。

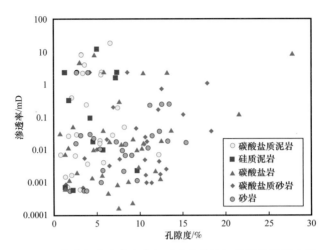

图7-5 准噶尔盆地吉木萨尔凹陷芦草沟组储层物性散点图

总体看，混积型沉积组合中，脆性矿物含量高，黏土矿物含量低，孔隙度相对较高，上、下"甜点段"平均孔隙度大于10%，页岩油的含油饱和度比较高（平均>80%），对页岩油富集是有利的。但是，由于后期抬升作用导致轻组分大量散失，致使原油密度和黏度都变高，流动性变差，这也是高饱和度页岩油单井累计采出量偏低、经济性偏差的主要原因。

2. 源储间互紧密接触有利于富集，但保存条件差制约页岩油的经济性

芦草沟组烃源岩与云质细粒储层互层分布，表现为源储一体、近源成藏、整体含油特征。其中云质岩或白云石含量较高的粉细砂岩段钻井油气显示明显，取心见原油外渗，含油饱和度与云质岩厚度、白云石及粉砂、细砂含量呈明显正相关，泥岩段或泥质含量较高的层段含油性较差。

在上、下致密储层段内部（分米级尺度上），源储组合表现为互层型。在厘米级尺度上也具有源储共生组合关系；在长约35cm的岩心上，自下而上按岩性变化，依次钻取6个样品（图7-6），分别为灰黑色页岩和深灰色白云岩。灰黑色页岩TOC较高，依次为12.5%、13.0%、23.7%和21.0%，TOC与S_2呈正相关性。两个深灰色白云岩因含有原油，表现为相对较高的TOC（3.17%和6.88%），具有较低的S_2［19.2mg/g（HC/岩石）和48.9mg/g（HC/岩石）］和较高的S_1/TOC（169mg/g和110mg/g），是典型页岩油特征，源储共生组合关系具有普遍性，增加了源储接触面积，使得烃源岩能够高效排烃，保证页岩油高效聚集，聚集效率高达33.3%，形成大面积连续分布（邱振等，2016）。

如前述，芦草沟组页岩油的形成在储层较高脆性、较高孔隙度、高含油饱和度与"甜点段"厚度较大（上、下"甜点段"累计厚度>20m）等方面具有有利条件，同时存在原油密度较高（0.88~0.91g/cm³）、黏度较高（50℃地面原油黏度平均为73.45mPa·s）与凝固点偏高（4~44℃），以及气油比低（13.7~20.7m³/m³）等不利因素。其中，一个值得关注的现象是，上"甜点段"比下"甜点段"埋藏浅，但气油比却比下"甜点段"高，原油密度和黏度都比下"甜点段"低。对此，一些学者认为是油源条件不同所导致的。

不过笔者认为这可能与白垩纪末期前后发生的大规模抬升作用导致滞留在页岩层系中的轻烃较大规模散失不无关系。此外，芦草沟组顶板的封闭性不够好，使一部分液态烃运移至上覆梧桐沟组砂砾岩中，形成常规油藏，导致芦草沟组上"甜点段"可动烃数量减少也是原因之一。因此，在分析评价陆相页岩油富集分布因素时，除了关注有机质丰度、热成熟度、滞留烃数量与储层品质外，还要关注页岩油主要富集段的顶底板保存条件，是决定页岩油可流动烃数量的关键因素，会直接影响页岩油的经济性与发展前景。

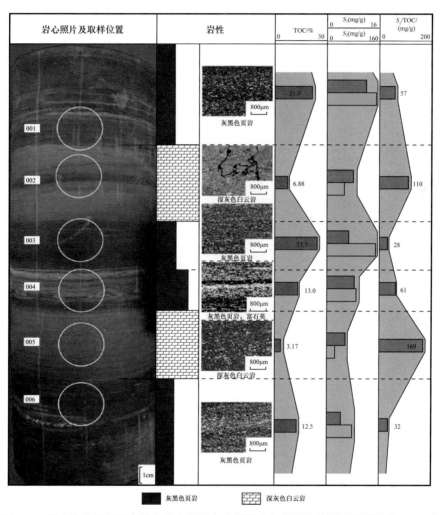

图 7-6　芦草沟组源储组合纵向分布及相应生烃潜力与含油性特征（据邱振等，2016）

3. 顶板和隔层具备封闭性的"三高一避"区控制上、下经济"甜点"分布

吉木萨尔凹陷芦草沟组页岩油共发育上、下两个"甜点段"，总体含油饱和度比较高，横向连续性比较好，分布范围较大（图 7-7、图 7-8），上、下甜点叠合面积超过1100km²，其中上"甜点"油层厚度为 0.5～20.8m，平均厚度为 9.4m，下"甜点"油层厚度为 0.5～19.8m，平均厚度为 8.1m。

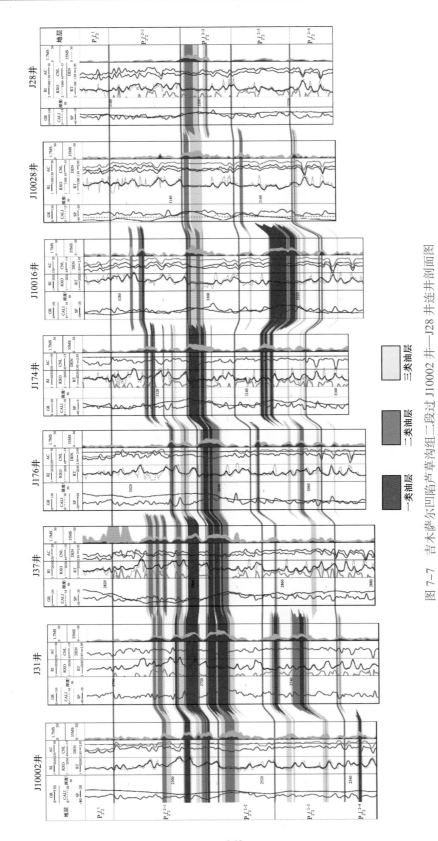

图 7-7　吉木萨尔凹陷芦草沟组二段过 J10002 井—J28 井连井剖面图

一类油层　　二类油层　　三类油层

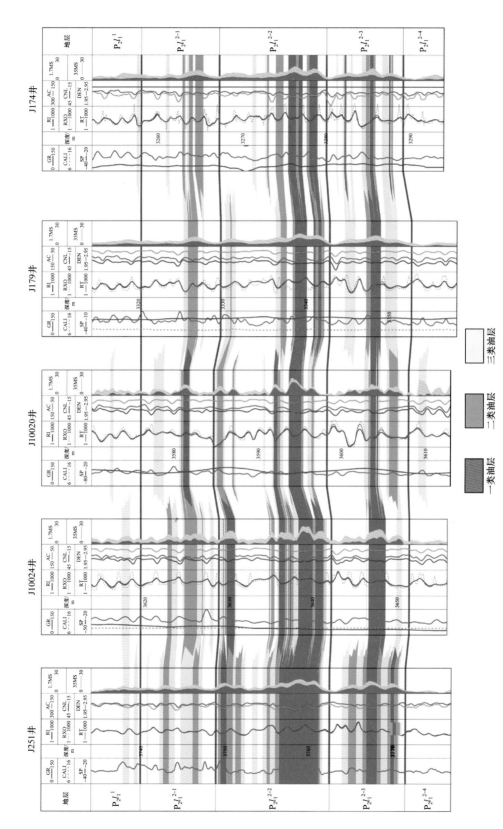

图 7-8 吉木萨尔凹陷芦草沟组一段一段过 J251 井—J174 井连井剖面图

最初井控页岩油远景地质资源量为 11.12×10^8t，其中一、二类远景资源量为 9.18×10^8t。后经进一步钻探和试采，到目前为止，已经落实的探明地质储量仅有 1.53×10^8t，动用地质储量仅有 2613.7×10^4t，说明芦草沟组页岩油"甜点"富集因素尚在认识过程中，还需要深化总结。基于目前研究看，芦草沟组页岩油经济可动用性较好的"甜点区/段"至少与以下因素有关：（1）有机质丰度要高，这是确保页岩油有足够多滞留烃量的基础；（2）储层具备较高的脆性矿物含量和孔隙度，以保证压裂造缝和储集空间体积较大，以支撑有较大规模的累计采出量；（3）高热演化程度，这是确保滞留烃有较好的品质和气油比，以支撑有更多可动烃数量；（4）顶板保存条件，从目前试采看，凡芦草沟组上覆地层梧桐沟组存在油层的区域，上"甜点"中滞留的可动烃数量将大大减少，对上"甜点"资源经济动用性会有负面影响；（5）隔层封闭性好且白垩纪末抬升剥蚀较小区，下"甜点"的可动烃数量比较高，经济性会比较好。从目前钻探揭示情况看，芦草沟组上、下"甜点"间存在厚度约 150m 的隔夹层，主要岩性为云质泥岩、云质页岩和碳质泥岩，有机质丰度较高，90% 的样品 TOC 大于 2%，平均为 4.59%。这套隔层封闭性总体较好，但在白垩纪末期存在较大规模抬升剥蚀区，如吉木萨尔凹陷中东部地区，地层剥蚀量超过 2000m，这期抬升导致下"甜点段"轻烃因扩散而散失，是导致下"甜点段"原油密度增加、黏度变大和可动烃数量减少的重要原因。

总之，决定芦草沟组经济性"甜点"分布的因素，对于上"甜点"来说是"三高一保"，即高脆性、高孔隙度与成熟度，一保就是顶板保存条件，这应该成为上"甜点段"下一步探井和试采井选择的重要参考；而对于下"甜点段"来说，具备"三高一避"条件的地区应有最佳可动烃滞留量，因而经济性会变好。这"三高"是高 TOC、高热成熟度与高孔隙度；"一避"就是避开白垩纪末大规模抬升剥蚀区，而应在抬升和剥蚀规模较小区域选择钻探井位，这些区域会有最好的气油比和最大可动烃滞留量，因而单井产量和单井累计采出量都会变好，值得下一步探井、评价井甚至试采井位选择时关注。

三、页岩油试采形势与启示

吉木萨尔凹陷芦草沟组页岩油储层具有互层频繁、单层厚度薄、埋深偏大与低孔、特低渗特点，同时也具备储层脆性好、压力系数高的"工程甜点"优势。目前试采开发主要采取水平井加体积改造与工厂化作业模式，部分井区已经进入开发建产阶段，但要按照国家页岩油示范区建设要求，在 2023 年建成年产 170×10^4t 看来还面临诸多挑战，既要在页岩油"甜点"富集因素研究上进一步深化认识，以支撑准确落实经济性"甜点区/段"分布，又要在提高采收率和降低成本途径方面取得技术与管理突破，方能扩大建产规模。

1. 页岩油水平井试采特点

吉木萨尔凹陷页岩油普遍采用水平井压裂一次性完井、衰竭式开采方式，其生产特征与常规油藏具有较大差别，主要表现如下。

1）产量早期递减快，后期相对稳产周期长

页岩油产量早期以来自人工裂缝和天然裂缝介质中的原油产出为主，产量较高，随着开发进程，裂缝内易流动的原油大部分被采出，单井产量大幅度递减，递减到一定程度后，来自基质孔隙的页岩油开始发挥作用，原油渗流慢，产量低，但稳产时间较长。吉木萨尔凹陷页岩油水平井产量递减趋势符合双曲递减规律。典型井 JHW172 投产第 1 年平均日产油 26.2t，第 2 年递减率为 62.7%，第 3 年受转抽影响年递减率较小为 10.4%，第 4 年递减率为 20.6%，第 5 年递减率为 16.5%，第 6 年递减率为 13.8%，递减率逐年降低（图 7-9），生产井在较低的产油水平上有一个较长的稳产期，该井目前累计生产时间为 3089 天，累计产油 2.85×10^4t，预计 15 年可累计产油 4.02×10^4t。

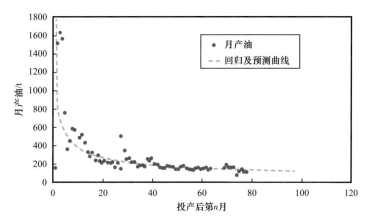

图 7-9　JHW172 井产油曲线及生产趋势预测

2）含水下降速度、稳定含水差异大

吉木萨尔凹陷芦草沟组源储一体，油气注入充足，岩心分析含油饱和度中值高达 73.4%，储层具有中性—偏亲油润湿性，理论上产出水应该全部为压裂液，随着压裂液返排率的增加，含水应逐渐下降，并趋近于零。但从实际生产情况看，不同层位、不同区域的水平井，含水下降速度差异较大，其中上"甜点段"水平井含水下降慢，稳定含水 20%～90%，平面上差异大。部分单井或平台井组在已经排尽压裂液的情况下，地层仍有水产出。下"甜点段"整体含水下降快，压裂液返排率低，稳定含水介于 10%～20%，比较集中。

分析认为，受储层品质和大规模体积压裂影响，储层经过改造后，润湿性发生改变，部分束缚水转变为自由水，参与了水的产出，但不同的储层品质，束缚水参与程度不同。

3）普遍存在井间压裂干扰，干扰后产能恢复时间长

开展了不同水平井井距（200m、260m、300m）和变井距（260m 到 60m）的开发试验。示踪剂监测和生产动态统计显示，水平井压裂干扰普遍存在，被干扰井次占比大于 90%，被干扰段数占全部改造段数的 30.2%，其中具有明显裂缝沟通特征的压裂段数占比 12.3%。具有明显干扰的压裂段与三维地震解释的断裂特征高度吻合。老井受到邻井压裂干扰后，主要表现为压力、含水快速上升，产能快速递减。随着压裂液返排，地层压

力下降，裂缝闭合，井间干扰减弱，生产可逐渐恢复，受干扰影响时间在 3~6 个月不等（图 7-10）。

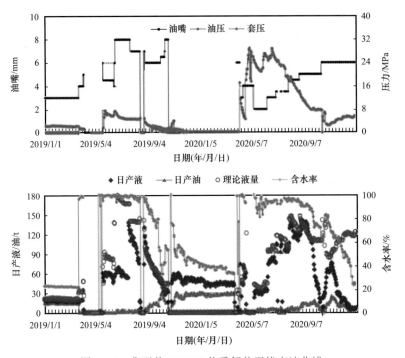

图 7-10　典型井 JHW25 井受邻井干扰产油曲线

2. 试采启示

影响吉木萨尔凹陷页岩油水平井开发效果的因素多而复杂，包括储层"甜点"品质、优质储层钻遇率、页岩油品质与可动烃数量、体积压裂规模和改造方式、排采制度等，经过近十年探索实践，有以下几点启示。

1）"甜点"品质是影响水平井产能的基础条件

芦草沟组沉积微相类型主要有云沙坪、云泥坪、砂质坝、砂质滩、潟湖、水下沙堤和浅湖泥七种。沉积微相控制岩性，岩性决定储层物性和含油性。岩心观察和高压压汞实验数据分析显示，沙坝沉积属于有利储层，大于 60% 的样品都达到优质储层标准，孔隙度大于 12% 甚至大于 13%，其次是远沙坝，90% 的样品能够达到有利储层的标准，孔隙度大于 10%（图 7-11）。据岩心实验和核磁共振测井结果，芦草沟组页岩油以表面吸附态和游离态赋存于孔隙中，游离油是主要可动用部分，其含量多少代表着水平井可开发动用的物质基础，决定了单井累计采出量和经济性。从统计看，水平井产能高低与可动储量丰度大小呈正相关性（图 7-12），而可动烃数量除了与热成熟度有关外，主要与白垩纪末期出现的抬升剥蚀和芦草沟组顶板的封闭性有关，这就是本书特别强调保存条件在页岩油富集中重要地位的原因。因此，可动储量丰度是水平井选择的重要条件，也是页岩油开发部署的主要依据。

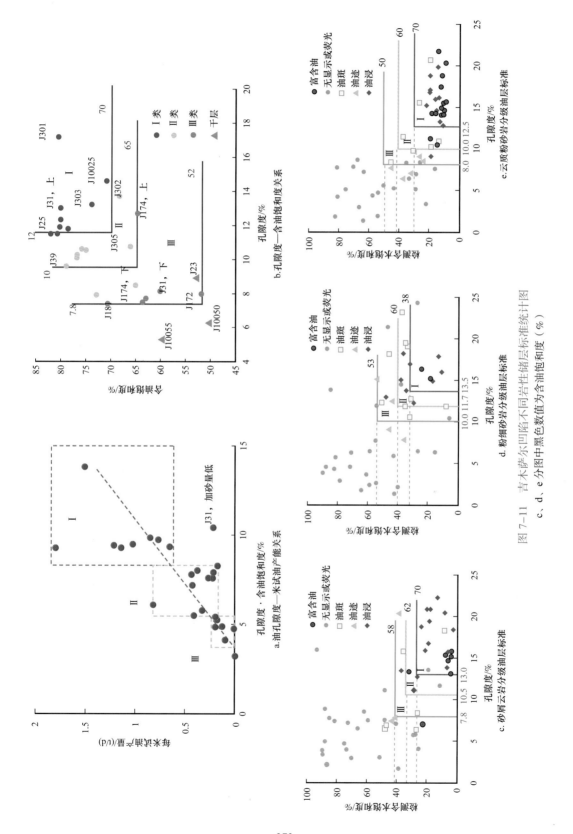

图 7-11　吉木萨尔凹陷不同岩性储层标准统计图
c、d、e 分图中黑色数值为含油饱和度（%）

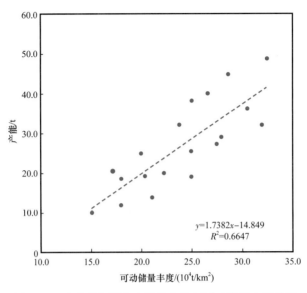

图 7-12　吉木萨尔凹陷水平井产能与可动储量丰度关系

2）优质"甜点"钻遇率是水平井获得较高产量的重要保障

吉木萨尔凹陷上、下"甜点"厚度为 8～10m，且油层呈薄互层状，特别是下"甜点"主力油层仅厚 1.5～2.0m；水平层理缝较发育，使压裂缝在纵向上的穿透能力有限。从偶极子声波测井和井温测井结果看，体积压裂所造成的裂缝纵向延伸半缝高 5～21m，射孔段上部延伸长度优于下部。室内物理模拟实验显示，当储层发育水平层理缝时，人工缝易沿水平层理缝扩展，影响垂直缝高。2018 年因井控程度低，构造、储层认识不足，完钻的 JHW38 井水平段位于上"甜点"顶部，距主力油层 12～25m，压裂后基本未形成产能。在同一地区、同一目的段后期完钻投产的 JHW42 井，油层钻遇率为 86%，平均日产油达到 44.8t，含水率为 40%，说明压裂缝纵向上沟通能力有限，单纯靠压裂很难充分动用油层。

由于油层厚度薄，井眼轨迹控制难度大。在开发初期，井控程度不高，油层钻遇率普遍偏低，2012—2014 年完钻的 14 口水平井平均油层钻遇率为 72%，而Ⅰ类油层钻遇率仅为 22.9%，第一年平均日产油量仅为 8.6t。随着旋转导向技术和元素录井技术的应用，水平井优质油层钻遇率大幅度提高。2020 年完钻的 10 口井Ⅰ+Ⅱ类油层钻遇率平均为 86%，投产后一年期内平均日产油 30t。统计表明，水平井一年期产油量与优质油层钻遇率正相关（图 7-13），因此水平段在油层内特别是最优质的"甜点段"内穿行，是水平井获得高产的重要保障。

此外，JHW44 井光纤产液剖面测试结果也说明，Ⅲ类油层及非油层段产出油率很低，25% 的井段产油仅占 3.8%，产量贡献较小，如图 7-14 所示。

3）人工复杂缝网是页岩油提产的有效手段

微地震监测和页岩油储层压裂模拟结果揭示，在分段、分簇、密切割的体积压裂条件下，人工复杂缝网规模（SRV 体积）主要取决于加砂强度，从统计结果看，加砂强度越大，单井一年期产能越高，预测累计产油也越高（图 7-15）。相同加砂强度下，单井产能和累计产油量的不同主要受储层品质、原油品质和压裂液强度的影响。

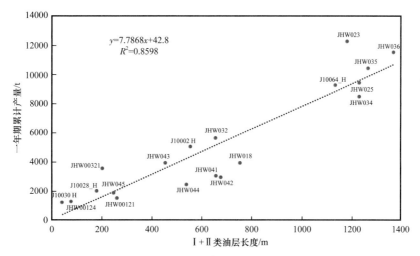

图 7-13　吉木萨尔凹陷水平井钻遇 I + II 类油层长度与一年期产量关系

大排量、大液量、密切割体积压裂技术已经成为页岩油水平井提高产能的主体技术手段，但合理的压裂规模需要综合考虑投入与产出比。吉木萨尔凹陷页岩油水平井水平段主体为 1800m，段间距为 45m，簇间距为 15m；采用压裂用液强度 30m³/m、加砂强度 3.0m³/m 的主体工艺，在满足"三高一保一避"条件的有利"甜点"分布区，预计 15 年的单井累计采出量可以达到 $4×10^4$t，但是否能有那么长的连续生产时间，由于试采时间不够，现阶段给出肯定或否定的结论都为时尚早。如果单井累计采出量能达到 $4×10^4$t，在布伦特油价 45 美元 /bbl 条件下，累计投入产出比可以达到 1∶2.3，就会具有较好的经济效益。

4）焖井有利于提高渗吸效率，提高单井产量和累计采出量

芦草沟组页岩油中部埋深为 3053～3770m，地层温度为 84～101℃，地层原油黏度为 8.49～31.88mPa·s，凝固点为 4～44℃。水平井体积压裂施工后，大量常温压裂液（$3×10^4$～$7×10^4$m³）进入地层，井筒周围地层温度急剧降低，原油流动性变差，渗吸效率损失 50% 以上，为减少冷伤害，压裂后需要焖井。从井筒温度监测来看，水平井压裂用液 $3.5×10^4$m³，压后焖井 35 天，地层温度可以恢复到原始状态。

室内实验显示，焖井能够在高压条件下增加压裂液进入储层的深度，提高波及体积；压裂液与储层长时间接触，有利于岩石润湿性改变，提高渗吸效率。现场统计揭示，水平井压裂后随焖井时间延长，无油排液期大幅度缩短，焖井 40 天，85% 的井投产后 3 天内即可见油，部分井投产即见油。以 JHW23 井、JHW25 井为例，二者地质条件、水平段长度和改造规模相似，JHW23 井焖井 56 天，自喷期内累计产油 $2.04×10^4$t，累计产水 9380m³，较没有焖井的 JHW25 自喷期累计产油增加 3140t，减少出水 5235m³，如表 7-1 所示。

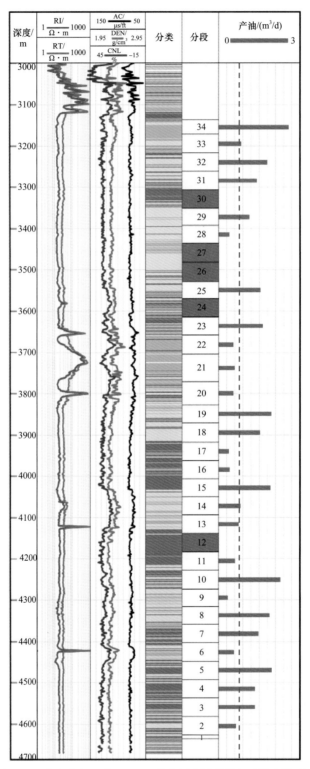

图 7-14　吉木萨尔凹陷 JHW44 井产剖监测结果与油层分类对比

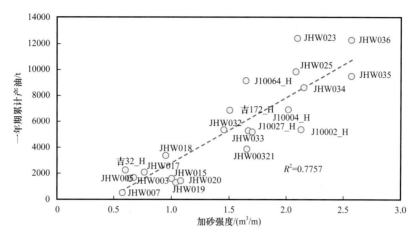

图 7-15　吉木萨尔凹陷页岩油储层加砂强度与一年期累计产油量关系图

表 7-1　典型井焖井与未焖井投产效果对比

井号	水平段长度 / m	压裂液 / m³	加砂量 / m³	焖井时间 / d	自喷期累计产液 / t	自喷期累计产油 / t	自喷期累计产水 / t
JHW23	1246	37408	2480	56	29780	20400	9380
JHW25	1248	38097	2475	—	31845	17230	14615
对比	2	689	-5		2065	-3170	5235

5）合理的排采制度有利于充分发挥水平井的生产能力

页岩油初期高产有利于快速收回投资，但是不是最佳开采制度有待思考。合理控制采油速度才能获得最大采油量。北美基本采用快速回收投资的方式组织生产，但对于我国陆相页岩油来说，资源丰度低、经济效益差，如果不选择最佳开发方式和制度，就可能达不到经济开发门限。因此，在开发政策上，初期应适当控制压力和产量，让地层保有充足的能量，尽可能延长相对高产生产周期，最大限度提高单井累计采出量。

与常规油藏的系统试井不同，由于页岩油投产后无外来液体和能量补充，投产后流动压力和含水率持续下降，特别是初期自喷阶段，压力和含水率均呈持续下降趋势，对工作制度不敏感。通过实践探索，现场采用日产油量、每产百立方米液压降幅度、气油比、含砂率等作为参数绘制系统试井曲线（图 7-16）。

当油嘴由小变大，日产油量逐渐上升，但当油嘴大于 3mm 时，每产百立方米液压降幅度增大，表明随着工作制度的放大，能量损耗加大；当油嘴达到 3.5mm 时，地层出现压裂砂返吐现象，容易造成井筒堵塞。因此合理的工作制度选择主要考虑保持较高产量；每产百立方米液压降幅度较小，含砂率较小，能够保持稳定生产的油嘴。这样既能充分利用地层能量又不破坏缝网结构，同时还可以保持油井产能的稳定与较高的单井累计采出量。

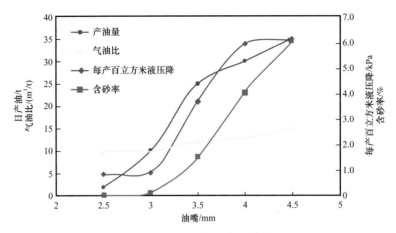

图 7-16　JHW19 井系统试井曲线

6）二氧化碳驱是页岩油提高采收率的重点方向

如前述，页岩油主要采用水平井加体积改造方式开发，因此初始采油速度较高，但产量递减快，一次采收率低，只有5%～10%。国内外资料调研表明，二氧化碳在原油中具有较好的溶解性和较强的萃取能力，通过与原油接触，发生扩散、溶解、抽提和混相作用，可有效降低原油黏度和界面张力，具有良好的注入能力，是提高页岩油采收率的有效方法之一。芦草沟组储层微纳米孔隙发育，地层原油黏度较高，室内研究测定吉木萨尔凹陷页岩油与二氧化碳的混相压力为42.3MPa，在地层压力条件下（49.4MPa），二氧化碳能快速混溶于原油中，使原油体积膨胀，增加原油的弹性能量，随着溶解度增加，膨胀系数增加较快，原油黏度降低，大大提高原油的流动性，特别与下"甜点"原油黏度高有较好的契合性。2019年选择JHW43井开展前置二氧化碳压裂试验，与邻井A、B、C井对比，在相同的压裂液返排率条件下，JHW43井较邻井压力保持程度提高20%，表现出较强的生产能力（图7-17），预计单井累计采出量高5000～8000t。目前现场正在扩

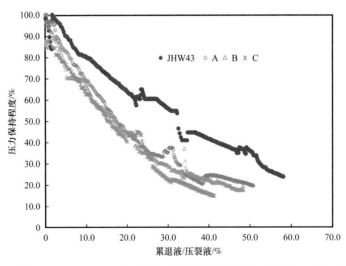

图 7-17　JHW43 井前置二氧化碳压裂累退比与压力保持程度关系

大试验规模，进一步开展效益评价工作。

四、发展潜力与对策

1. 资源潜力与开发部署

准噶尔盆地吉木萨尔凹陷面积为 $1278km^2$，二叠系芦草沟组有利区地质资源量为 11.12×10^8t，其中，一类区资源量为 2.98×10^8t，二类区资源量为 6.2×10^8t，三类区资源量为 1.95×10^8t。从资源规模看比较大，但从资源经济性评价，可动用资源比例将大打折扣。所以，未来吉木萨尔凹陷芦草沟组究竟能建多大产能，目前还有未知数，需要在提高采收率和降低工程成本两方面发力并见到明显成效以后，方能预估产量规模。

截至 2020 年底，吉木萨尔凹陷二叠系芦草沟组新疆油田矿权内共计完钻水平井 102 口，投产水平井 90 口，累计动用地质储量 2613.7×10^4t。从已动用储量分区水平井产能评价看，上"甜点"一、二类区和下"甜点"一、二、三类区开发效益较好，可作为最现实的建产区域，上"甜点"三、四类区及下"甜点"四类区原油黏度高，储层物性和含油性较差，可动油比例偏低，是未来后续稳产的接替资源。

目前，有利区剩余地质储量为 1.64×10^8t，其中一、二、三类区经济可动用储量为 8906.7×10^4t。上"甜点"经济可动用储量为 1935.5×10^4t，主要位于 $P_2l_2^{2-3}$，共计 1230.1×10^4t，其次是 $P_2l_2^{2-2}$，共计 598×10^4t。下"甜点"经济可动用储量为 6971.2×10^4t，主要位于 $P_2l_1^{2-2}$，共计 3923.1×10^4t，以一类区储量为主，其次是 $P_2l_1^{2-3}$，共计 1330.3×10^4t，以二类区储量为主（表 7-2）。

表 7-2 一、二、三类区储量统计表

层位	一类区 面积/km²	一类区 储量/10⁴t	二类区 面积/km²	二类区 储量/10⁴t	三类区 面积/km²	三类区 储量/10⁴t	四类区 面积/km²	四类区 储量/10⁴t	下"甜点"高黏区 面积/km²	下"甜点"高黏区 储量/10⁴t	总计储量/10⁴t
$P_2l_2^{2-1}$					9.75	107	34.95	109.74			216.74
$P_2l_2^{2-2}$	3.76	145.87	2.4	62.84	27.43	389.33	108.6	757.67			1355.71
$P_2l_2^{2-3}$	11.85	484.52	17.05	469.57	20.87	276.04	140.74	1259.55			2489.68
小计		630.39		532.41		772.74		2127			4062.54
$P_2l_1^{1-1}$					7.99	162.5	80.59	382.96			545.46
$P_2l_1^{1-2}$					4.78	80.14	83.8	484.2			564.34
$P_2l_1^{1-3}$			1.38	36.31	43.61	884.28	44.97	341.17	9.57	95.73	1357.49
小计				36.31		1126.92		1208.33		95.73	2467.29
$P_2l_1^{2-1}$					14.68	554.64	114.09	707.78	31.1	439.75	1702.17

层位	一类区		二类区		三类区		四类区		下"甜点"高黏区		总计储量/10^4t
	面积/km^2	储量/10^4t	面积/km^2	储量/10^4t	面积/km^2	储量/10^4t	面积/km^2	储量/10^4t	面积/km^2	储量/10^4t	
$P_2l_1^{2-2}$	52.56	2309.17	22.32	896.47	44.88	717.44	50.36	466.48	44.71	1026.99	5416.55
$P_2l_1^{2-3}$	4.45	167.04	6.48	188.91	60.05	974.3	69.63	724.85	46.69	735.83	2790.93
小计		2476.21		1085.38		2246.38		1899.11		2202.57	9909.65
合计		3106.6		1654.1		4146.04		5234.44		2298.3	16439.48

上、下"甜点"一、二、三类区主体基本探明,资源落实,油层展布清楚,已具备进行开发部署的条件。根据前期开发试验和油藏工程论证,纵向上按照 $P_2l_2^{2-1}+P_2l_2^{2-2}$、$P_2l_2^{2-3}$、$P_2l_1^{1-2}+P_2l_1^{2-2}$、$P_2l_1^{2-3}$ 四套层系部署。鉴于上"甜点"平面非均质性强,地质条件差异明显,区域水平井试采效果不理想,上"甜点"仅在一、二类区的剩余储量区部署开发井;下"甜点"在一、二、三类区均安排开发井部署。井距按照单层200m、纵向立体交错100m,共计部署水平井449口,水平段长平均为1996m,单井累计采出量预测为 3.44×10^4t/a,新建产能 335.3×10^4t/a。其中,上"甜点"水平井85口,产能 64.36×10^4t/a;下"甜点"水平井364口,产能 270.94×10^4t/a。按照国家页岩油示范区建设规划,到2023年产量达到 170×10^4t,目前看虽有挑战,但油田正在积极组织,力争实现目标。

2. 主要开发风险

(1)"甜点"非均质性强,平面差异明显,部分区域"甜点"厚度减薄、品质变差,原油黏度高,水平井生产效果差。

受白垩纪末期抬升构造运动影响,上"甜点"顶面与上覆二叠系梧桐沟组呈明显的角度不整合接触,上"甜点"顶部泥岩厚度变化较大,且局部发育多条小断裂和穹隆构造,影响到上"甜点"的封闭性,使上"甜点" $P_2l_2^2$ 的水平井产量在很小的范围内就有明显差异,特别是在上覆梧桐沟组存在油层的区域,芦草沟组上"甜点"的单井产量和累计采出量都会减小,并表现出随生产时间延长,产出水矿化度明显增高的特征。因此,前期作为主要开发层系的上"甜点" $P_2l_2^2$,因顶板封闭性不好,部署范围和开发潜力都大打折扣。下"甜点"虽然埋藏深度较上"甜点"加深约150m,但原油黏度明显高于上"甜点",且平面变化较大,高黏区水平井表现为压降大、低产液和低含水生产特征。这主要是由于白垩纪末期发生的抬升剥蚀过程,造成下"甜点"大量轻烃散失,不仅增大了原油密度、黏度和流动难度,而且减少了可动烃数量。对于地下原油黏度大于30mPa·s的高黏区,因现阶段开采经济性偏差,未列入开发部署。

(2)纵向多层系立体开发部署方式、合理井距与水平井长度仍需试验落实。

2021年在下"甜点"核心区压裂投产的58号平台,采用小井距纵向两套井网立体交错开发,共部署8口井($P_2l_2^{2-2}$5口,$P_2l_2^{2-3}$3口),两层纵向跨度10m,单层井距200m,

错层相距100m。水平段长度为1800m，油层钻遇率平均为91.6%，平均单井设计产能为25t/d。采用密切割＋强化体积压裂改造思路，设计总施工用液量为$55×10^4m^3$，加砂$5.74×10^4m^3$，单井平均用液量为$6.89×10^4m^3$，加砂7169m^3，加砂强度为4.0m^3/m，全石英砂组合70/140目、40/70目、30/50目比例为1：3：6，段间距平均为45.5m，每段平均8簇。压裂改造均匀，压裂干扰以小幅度压力升高为主，上升幅度大于6MPa的仅占4%，主要为微裂缝沟通。投产后相较于周围单井生产的水平井，表现为井口油压和含水快速下降，油压快速下降期即为含水快速下降期。对比投产初期88天生产数据，58号平台单井（3.0mm油嘴）日产液48t，较老井（3.5mm）日产液84t低，日产油较老井低19.6t，平均单井累计产油2939.1t，比老井高277.6t。测试分析认为，水平井井筒出砂堵塞明显，是造成油压下降的主要原因，同时也存在井距偏小、井控储量偏低、井间压裂存在干扰等不利影响。如何充分动用纵向多层"甜点"储量，同时权衡单井效益开发仍需进一步试验才能优化。

（3）油藏埋深大、物性差、流度低，单井产能差异大，抗经济风险能力弱。

开发方案经济评价显示，按布伦特50～60美元/bbl阶梯油价测算，贴水58元/t条件下，方可达到基准收益率大于6%的要求，且单井累计采出量测算时间按15年累计。如果单井稳定生产时间达不到那么长时间，单井累计采出量还要相应减少，那样的话，经济效益会进一步变差。因此，开发方案效益对油价、产量及投资依赖性较大，整体抗经济风险能力较弱。

（4）油区位于地面敏感区，开发部署和设施建设受到制约。

吉木萨尔凹陷页岩油区位于吉木萨尔县和兵团红旗农场、107团，地面广泛分布村镇、工业园区、农田、水库、林场等环境敏感区，平台水平井部署受到限制，征地、环评、地面设施建设等难度较大。本着建设绿色、智能页岩油田的理念，新疆油田在开发建设页岩油田的同时，加大少人高效智能化油田建设力度，强化生产作业全过程环境保护，最大可能减少对环境的不利影响，力争建设成为高效、智能、绿色的国家级陆相页岩油示范区。

3. 发展对策

（1）注重资料录取，深化基础研究，把支撑有效益的规模开发基础做扎实。

油区三维地震资料包括25m×50m三维满覆盖面积413.6km^2，面元25m×25m三维满覆盖面积438.24km^2。2020年重新采集处理面元12.5m×12.5m高精度三维满覆盖面积374.96km^2。共完钻180口井，其中直井79口（探井17口，评价井16口，开发井46口），水平井101口。取心井34口，取心总进尺1660.45m，岩心实长1590.55m，收获率为95.79%。分析化验数达5362个，测压资料9个，流体分析241个，PVT取样6个。开展了烃源岩评价、岩矿分析、力学参数测试、流体赋存与可动性评价等多项基础实验研究，形成了混积岩性划分、核磁共振原油可动性评价、地应力计算等测井七性定量评价方法，建立了"甜点"分类、平面有利分区等方法。这些基础工作对进一步优化开发方案、推进技术进步并选择最佳技术对策、指导水平井纵向选择开发层系、平面优选部署区等都十分重要。

（2）开展大量矿场试验，确定水平井有效建产方式。

吉木萨尔凹陷芦草沟组页岩油已累计试油 43 口井 87 层，获工业油流 37 口井 61 层；试采井数 100 口，其中直井 12 口，水平井 88 口。开展了不同井距、不同水平井段长、不同开发层系动用、多层立体部署等大量现场试验，确定了目前 4 套主力开发"甜点层"，200～300m 井距，1800～2500m 水平井段，平台式立体部署模式。钻井采用两开井身结构，$5\frac{1}{2}$in 水平井段套管固井完井方式。压裂主体采用 45m 段长，15m 簇间距，2.0m³/m 全石英砂加砂强度，液砂比 10～12m³/m³，密切割体积压裂改造方式，同时试验更密切割、更大加砂强度的压裂改造方式，也取得较好效果。

（3）探索市场化自主建产模式，推动页岩油开发实现更好效益开发。

新疆油田公司 2019 年 12 月成立吉庆油田作业区，按油公司模式负责页岩油开发建设管理，作业区现有员工 356 人，按"四办四中心"扁平化管理架构，加大油田物联网建设，实现少人高效管理。2020 年作业区原油产量完成 71.9×10⁴t。产能建设由作业区组建运营一体化、放权充分、自主经营新型高效项目经理部，实现对页岩油开发从地质研究到钻、采、地面的全过程、全生命周期管理。2021 年按市场化招标引进渤海钻探、长城钻探、西部钻探等多家施工单位。施工效率明显提高，2021 年平均水平段长度为 1980m，平均钻井工期为 34.49 天，完井工期为 48.55 天，实现百万吨投资指标控减 30%，为实现页岩油效益开发又迈进一步。

第二节　渤海湾盆地沧东凹陷孔二段页岩油

一、基本情况

沧东凹陷为渤海湾盆地黄骅坳陷的一个次级构造单元，位于沧县隆起、徐黑凸起及孔店凸起之间，面积约为 1760km²，是在早期碟状坳陷型湖盆基础上，经区域性拉张作用形成的坳—断转换型湖盆，形成了现今南皮斜坡、孔东斜坡、孔西斜坡、孔店构造带及舍女寺断鼻等五个构造单元。

孔二段沉积期古气候以湿润为主，半干旱气候为辅，总体上经历了由半干旱到温暖湿润再到干旱炎热的演化过程，这为淡水—半咸水、偏还原的内陆封闭湖盆发育创造了条件。孔二段沉积期十大物源环湖供给，形成了平面上呈环带状、空间上具有三层包壳结构的沉积体系。其中内环为细粒沉积区，厚度为 400～600 m，面积达 1187km²，纵向上可进一步划分出全区能追踪对比的 21 个小层（图 7-18）。页岩层系底界埋深为 3000～4500 m，压力系数通常为 0.96～1.27。

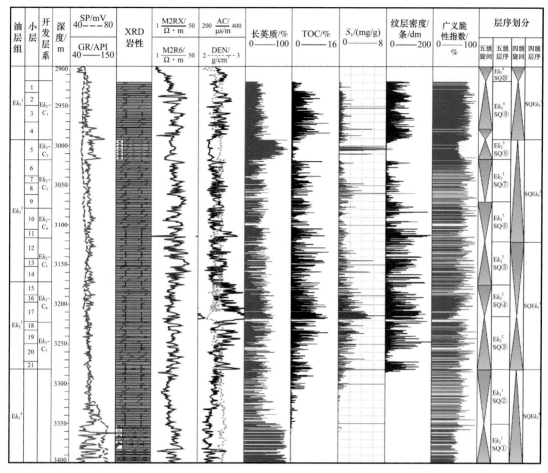

图 7-18　沧东凹陷孔二段高分辨率层序地层综合柱状图（以 G108-8 井为例）

　　沧东凹陷孔二段细粒岩性段具有高频纹层结构、高有机质丰度、高长英质等脆性矿物含量、低黏土含量的"三高一低"特征。G108-8 井孔二段钻井揭示 338.5m 高丰度页岩段，纹层发育密度可达 11000 层/m，长石、石英、白云石、黏土等矿物层纵向相互叠置，属于深湖相纹层型页岩（图 7-19）。孔二段细粒岩性段以粉砂级—泥级矿物为主，粒径普遍小于 0.0625mm，其中粒径小于 0.0039mm 的矿物占比达 75% 以上。矿物成分复杂多样，主要由陆源碎屑、碳酸盐、黏土及其他矿物（方沸石、黄铁矿、菱铁矿等）组成，陆源碎屑平均含量大于 50%，主要为黏土级石英和长石颗粒；碳酸盐平均含量为 34%，主要为微晶—泥晶级方解石和白云石；黏土矿物平均含量仅为 16%。基于矿物组成及纹层结构特征，孔二段细粒岩性段岩石类型可识别出长英质页岩、混合质页岩和灰云质页岩三个大类（图 7-20）。孔二段页岩有机质类型主要为 I 型和 II_1 型，其中 I 型干酪根占比约 70%，II_1 型干酪根约占 20%，还发育有部分 III 型干酪根。TOC 值主要分布在 2%～6% 之间，平均值为 3.45%，最高可达 12.92%。

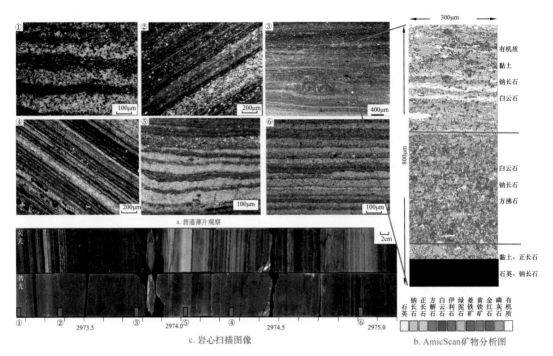

图 7-19 沧东凹陷孔二段不同尺度高频纹层结构及岩矿组分特征

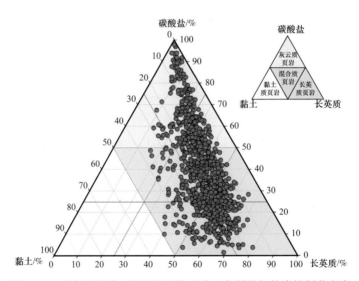

图 7-20 沧东凹陷孔二段页岩矿物组分三角图及细粒岩性划分方案

　　沧东凹陷孔二段页岩油勘探研究始于 2008 年，针对沧东凹陷古湖盆开展了系统的层序地层学、沉积学等基础地质研究。2012 年以前，以构造、岩性地层等常规油气藏为主的勘探阶段，钻遇沧东凹陷孔二段泥页岩段的过路井共计 111 口，均不同程度见到良好的油气显示。2013—2017 年，加强了对油气显示较好的泥页岩段的老井复查与常规压裂改造工作，先后对 15 口直井进行了测试，13 口井获得工业油流，最高产量达 47.1t/d，但产量不稳定。2013 年 8 月，在孔二段湖盆中部部署系统取心井 G108-8 井（图 7-18），连续整体取心进尺 500m，心长 495.7m，进行了 52 项共计 12000 余块次分析联测，获得了重要的基础地质数据，推动了理论认识与技术方法的进步。2017 年底，部署实施两口先导科学试验井，即 GD1701H 井和 GD1702H 井，均获得工业油流，最高日产油分别达到 75.9m³ 和 61m³，日产 20t 以上稳产超 300 天，率先实现了深湖相页岩油水平井高产稳产的突破。2018 年以来，进一步明确了页岩油富集规律，形成了纹层页岩油富集层评价标准与方法，识别水平井钻探靶层箱体厚度 10～20m；工程工艺上形成全程滑溜水连续加砂、个性化分段分簇压裂等新技术对策；开发方案上优化水平井方位、长度等关键参数等；管理上成立大港油田页岩油勘探开发指挥部、非常规实验中心等部门，有力助推了沧东凹陷孔二段页岩油进入水平井工业开发新阶段，2021 年页岩油产量突破 10×10^4t。

沧东凹陷孔二段页岩层系是中国湖相过渡型页岩油的典型代表，基于扎实的基础研究和理论认识创新，采用水平井加体积压裂等技术手段率先实现了湖相页岩油单井高产和较长期稳产的重大突破。

二、富集控制因素与分布特征

1. 多类型高丰度有机质是页岩油富集的物质基础

沧东凹陷孔二段沉积期为淡水—半咸水坳陷型内陆封闭湖盆，沧县隆起、孔店凸起和徐黑凸起等向湖盆输入大量碎屑物质、有机质及富营养物质，沉降速率相对较高、保存条件良好。湖盆中部半深湖沉积区沉积了厚层暗色长英质页岩、混合质页岩夹少量含灰白云质页岩及粉砂岩等细粒沉积物，主力烃源岩面积达 1187km²，最大厚度达 369m，其中厚度大于 50m 的面积为 1071km²，厚度大于 200 m 的面积达 270km² 以上，烃源岩最大厚度区主要分布于湖盆中部 Z45—KN9—G128 井区及 GD13—GD14—GD15 井区，平均厚度在 250m 以上（图 7-21），面积达 140km²，为页岩油的形成与富集提供了充足的物质基础。

通过对 1200 余块次岩石热解峰温和氢指数关系的综合分析，孔二段页岩层系以 I 型及 II₁ 型干酪根为主，同时存在一定量 II₂ 型及 III 型干酪根，其中长英质页岩、混合质页岩主要为 I 型干酪根，发育少量 II 型及 III 型干酪根，含灰白云质页岩中 I—III 型干酪根均发育。通过对不同类型干酪根在不同热演化阶段的生烃能力研究，I 型干酪根 R_o 为 0.6%～1.0% 时，单位有机碳生成的滞留烃量比其他类型干酪根高 1 倍以上。此外，还存在一定量来源于陆源高等植物的 III 型干酪根，以生气为主，较高的气油比有助于降低页岩油黏度和密度，改善流动性能，提高重质烃类在井筒中的举升能力。

1200 余块次 TOC 测试结果统计表明：官东地区 GD12 井、GD14 井样品的 TOC 主要为 1.0%～4.0%，平均为 2.46%，TOC 大于 2% 的样品可达 61.5%，TOC 小于 0.3% 的样品小于 7.4%；官西地区 G108-8 井的 TOC 平均为 3.45%，TOC 大于 2% 的样品占 60.7%，TOC 大于 4% 的样品占 36.4%，TOC 小于 0.3% 的样品平均为 8.1%。不同岩类 TOC 统计发现，长英质页岩的 TOC 平均可达 5.41%，其次是混合质页岩，TOC 平均为 3.49%，含灰白云质页岩的 TOC 平均可达 1.89%，证实了孔二段页岩层系整体属于好烃源岩。

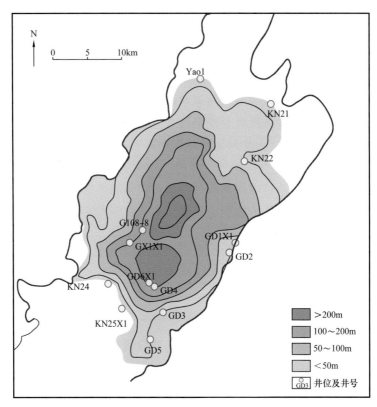

图 7-21　沧东凹陷孔二段页岩厚度平面分布图

通过对沧东凹陷 G108-8、GD12、GD14 等井 S_1 与 TOC 之间关系研究，发现 S_1 随 TOC 增大，表现出稳定低值、快速上升和稳定高值"三段性"分布特征。其中，稳定低值阶段对应的 TOC 多在 0.5% 以下，S_1 一般小于 0.8mg/g（HC/岩石），生成的烃类相对较少，且多以吸附状态赋存，属于难开发利用的资源；快速上升阶段对应 TOC 为 0.5%~2.2%，生成的烃类明显增多，在满足干酪根和无机矿物吸附以后，开始出现游离烃，可充注微纳米储集空间，属于具备一定可动烃潜力的资源；稳定高值阶段对应 TOC 大于 2.2%，该阶段 S_1 可达到 9.6mg/g（HC/岩石）以上，且随着 TOC 上升，S_1 值基本稳定，说明在地下地质环境烃滞留量达到了极限（图 7-22），满足吸附后多余的烃物质以游离烃方式发生了向源外的排出和运移，该阶段应该是具备较高勘探潜力的页岩油富集段，是页岩油勘探的首选。研究表明，适宜页岩油富集的 TOC 下限为 2%，最优范围为 3%~5%，S_1 下限为 2mg/g（HC/岩石），富集段 S_1 以 4~5mg/g（HC/岩石）为佳。

2. 适中的热演化程度是可动性页岩油富集的重要条件

通过 G77 井样品（岩性为长英质页岩，TOC 为 5.24%，R_o 为 0.35%）常规热压模拟实验及干酪根溶胀实验研究，发现烃源岩中滞留烃在 R_o 为 0.82% 时达到最大，约占总生烃量的 60%；R_o 为 0.77%～0.92% 期间，滞留烃量达到总生烃量的一半以上，是页岩油最有利的演化范围（图 7-23）。孔二段烃源岩的 R_o 主要为 0.6%～1.2%，处于主要生油阶段，烃源岩滞留烃量占总烃量的 15%～60%。通过对 G108-8 井与 GD14 井同一层段、不同岩类的热演化程度和地球化学热解资料分析，在地层处于较低成熟演化阶段（R_o 为 0.68%）时，有机孔发育程度较低，三大岩类中含灰白云质页岩赋存的游离烃 S_1 最多，含量为 1.1mg/g（HC/岩石）；处于较高热演化阶段（R_o 为 0.96%）时，有机孔更加发育，滞留烃量明显增加，长英质页岩和混合质页岩中的游离烃 S_1 都高于含灰白云质页岩，平均可达 3.5mg/g（HC/岩石）。揭示热演化程度对有机孔的发育和游离烃富集程度均具有明显控制作用。

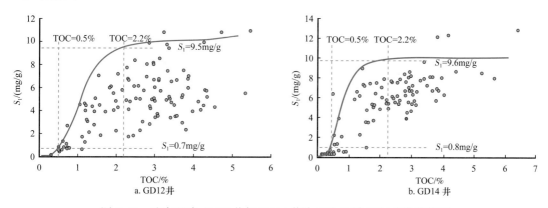

图 7-22　沧东凹陷 GD12 井与 GD14 井孔二段 S_1 随 TOC 变化趋势图

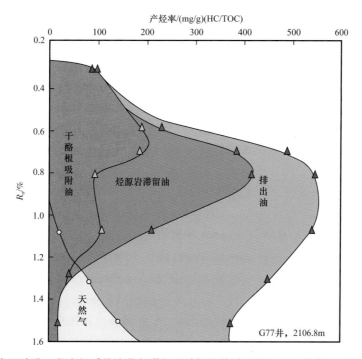

图 7-23　沧东凹陷孔二段有机质热演化与滞留可动烃的关系（基于 G77 井低成熟样品热压模拟）

通过对 20 余口直井孔二段试油产量与埋藏深度对应关系的分析研究，发现在埋藏深度大于 2700m 时产出页岩油概率较高，主要集中于 2700～4300m 深度，且随深度增大产量有增加趋势。试油产量大于 10t/d 的井段，深度基本都在 3300m 以深。直井试油产量最高的井为 G1608 井，试油段深度为 4100m，产油量达 47.1t/d；水平井试油产量最高的井为 GD1701H 井，试油段深度平均为 3851.53m（垂深），最高产油量为 66.8t/d，气油比为 76.89m³/m³，这是由于随着热演化程度增高，干酪根热降解生成烃类的分子量不断减小，气油比不断增大，原油密度和黏度不断变小，有利于烃类在地层中流动。平面上，页岩层系 70 余口见到油气显示的过路井基本都分布于 R_o 大于 0.5% 的区域。可见热演化程度不仅影响页岩层系中烃滞留数量，同时对滞留烃的相态也具有控制作用，适中的热演化程度可提高烃类气油比，降低干酪根对烃的吸附量，不仅增加可动烃数量，也提高烃类流动性，从而有利于提高页岩油单井产量。

3. 高脆性矿物含量与高频纹层结构是页岩油富集的关键要素

通过对 1000 余块次样品 TOC 与长英质含量（石英与长石）相关关系分析，官东地区 GD12 井及 GD14 井样品的 TOC 平均为 2.46%，长英质含量平均为 53.1%；官西地区 G108-8 井样品的 TOC 平均为 3.45%，长英质含量平均为 34.2%。官东地区的有机质丰度略低但长英质含量较高，这是由于两个地区物源供应方向、物源供应强度、供应物质组成与热演化程度等多种因素综合影响造成的。两个地区的有机质丰度与长英质含量之间均存在较为明显的正相关关系。通过对 G108-8 井岩心开展大视域高分辨率扫描电镜观察及矿物能谱扫描鉴定发现，有机质纹层与长英质纹层呈互层分布，顺层分布的有机质条带中常混杂石英、长石等矿物，进一步佐证了有机质与长英质矿物之间良好的伴生关系。高长英质含量、高有机质丰度相耦合是沧东凹陷孔二段页岩的典型特征，反映了湖盆外部陆源碎屑在输入的同时，也携带了大量的营养物质，造成了盆内细菌、藻类等低等生物繁盛，说明富含石英、长石矿物的长英质页岩沉积层也是生烃母质最富集的层段。此外，高长英质含量可有效提高压裂改造程度，G108-8 井利用石英 + 碳酸盐矿物以及长英质矿物 + 碳酸盐矿物 + 方沸石计算的脆性指数分别为 51.4% 和 82.0%；GD12 井及 GD14 井利用石英 + 碳酸盐矿物以及长英质矿物 + 碳酸盐矿物 + 方沸石计算的脆性指数分别为 49.6% 和 91.4%。

基于页岩层系的地质特征，定义岩心尺度上单层厚度小于 1cm 为纹层，1～10cm 为薄层，大于 10cm 为厚层。为明确纹层发育程度与页岩油富集程度之间的关系，以 10cm 长度为基本统计单元，对 G108-8 井 338.5m 纯页岩层系岩心的纹层发育情况进行了精细统计。结果显示，平均单层厚度小于 1cm 的纹层占比达 70% 以上，纹地比（累计纹层厚度 / 岩心长度）整体可达 72%；纹层密度（纹层数 / 岩心长度）主要为 10～58 条 /dm，最高可达 196 条 /dm，平均为 33 条 /dm。其中，长英质页岩的纹层密度最大，平均可达 49 条 /dm；其次是混合质页岩，纹层密度平均为 38 条 /dm；含灰白云质页岩的纹层密度平均为 13 条 /dm。研究发现，纹层密度与长英质含量及 TOC 均呈明显的正相关性，纹层发育程度越高（纹地比及纹层密度越大），长英质含量及 TOC 均越大。为精细刻画微观尺度的纹层发育特征，对 G108-8 井深度为 3115.9～3115.97m 的岩心进行二维 X 射线荧光光谱（XRF）元素扫描和连续岩石薄片磨制与拼接。该段岩心长 7cm，岩性为长英质页岩，长英质含量平均为 58.4%，TOC 平均为 7.4%，二维 XRF 元素扫描可清晰地反映出 Ca、K 等元素的含量在纹层中的微观差异变化。通过磨制的 7 张岩石薄片，拼接成 100 个视域，将 7cm 长度岩心完整的镜下特征展现出来，镜下统计出共 780 余条纹层，纹层密度达 1110 条 /dm。荧光岩石薄片的镜下观察发现，油质沥青顺层分布特征清晰，常发蓝白色中—亮光。对比 G108-8 井 3338.02m 处矿物组成相似但呈块状构造的泥岩，其长英质含量平均为 60.2%，TOC 含量平均仅为 0.54%，整体发微弱深褐色荧光甚至无荧光，由此可见纹层的发育特征对页岩油的富集具有重要的影响。纹层的发育程度对页岩油富集的影响主要体现在两个方面：（1）影响有机质的赋存方式。纹层比较发育的地层，有机质顺层富集，有机孔顺层集中，同时生烃过程中形成的酸性流体对上、下紧邻长英质或碳酸盐纹层的溶蚀改造规模大，易于形成顺层密集的溶蚀孔隙，更有利于油气聚集和运移。（2）顺层有机质与岩层之间的结合力相对薄弱，生烃增压过程中易于形成大量层理缝，与顺层发育的大量有机孔及无机孔等构成优势缝—孔系统，有利于页岩油的储集、渗流及保存。这种优势缝—孔的耦合控制了页岩油的富集与流动。

孔二段页岩层系主要发育基质孔隙和裂缝两大类储集空间，其中基质孔隙发育纳米级至微米级有机孔、粒间孔、晶间孔、粒内孔、溶蚀孔等，但以无机孔为主，占比 80%以上，有机孔虽然占比较少，但孔喉半径较大，对油气的渗流作用不可小觑；裂缝主要包括层间缝、构造缝、异常压力缝、成岩收缩缝以及构造活动、溶蚀、有机质收缩等作用形成的各类微裂缝（图 7-24）。

页岩层系本身既是烃类生成的来源（烃类供体），也是烃类聚集的场所（储集载体），且页岩油储集空间具有双孔结构，即干酪根的有机孔和矿物基质无机孔同时存在。通过对 TOC 与孔隙度之间的相关关系研究发现，无论官东地区还是官西地区，孔隙度随着 TOC 的增大，均呈现先迅速降低，再缓慢变大的趋势。其中，GD12 井在 TOC 为 0.25% 时，孔隙度最高达 7.2%，随着 TOC 增至 2.3%～2.5% 时，孔隙度快速降低为 0.6%～1.8%，之后孔隙度随着 TOC 增大逐渐上升；G108-8 井在 TOC 较低时孔隙度最大可达 10.84%，随着 TOC 增大至 2.8%～3.2%，孔隙度迅速降低至 0.35%～2.2%，之后孔隙度随着 TOC 增大呈缓慢增大趋势。分析认为，有机质丰度较低时，以矿物基质的无机孔为主，岩性以含灰白云质页岩为主（主要发育晶间孔）。当有机质丰度超过一定临界范围，有机孔逐渐占据主导地位，岩性主要为高有机质丰度的长英质页岩和混合质页岩。通过大视域高分辨率扫描电镜分析发现，页岩层系中集群式发育微米—纳米级晶间孔、有机孔、微裂缝，且非均质性较强，横向多受纹层约束，其中高丰度中—高熟页岩顺纹层分布的有机孔十分发育，局部面孔率达 30% 以上，低丰度页岩无机孔较为发育，局部面孔率可达 15% 以上。表明页岩层系的有机质丰度不仅决定生烃量大小，同时对储集空间的发育也有着重要影响。

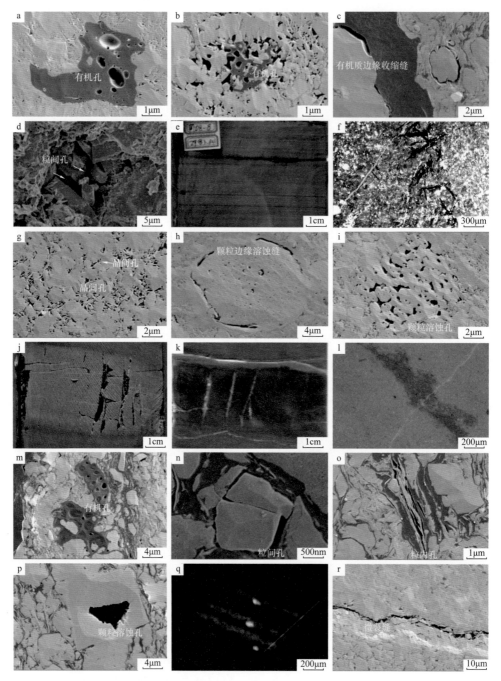

图 7-24 沧东凹陷孔二段页岩储集空间类型薄片与扫描电镜镜下图像

a.扫描电镜，长英质页岩，有机孔；b.扫描电镜，长英质页岩，有机孔；c.扫描电镜，长英质页岩，有机质边缘收缩缝；d.扫描电镜，长英质页岩，粒间孔；e.岩心，长英质页岩，层间缝；f.普通薄片，长英质页岩，构造微裂缝；g.扫描电镜，灰云质页岩，晶间孔；h.扫描电镜，灰云质页岩，颗粒边缘溶蚀缝；i.扫描电镜，灰云质页岩，颗粒溶蚀孔；j.岩心，灰云质页岩，异常压力缝；k.岩心，灰云质页岩，异常压力缝；l.荧光薄片，灰云质页岩，构造微裂缝；m.扫描电镜，混合质页岩，有机孔；n.扫描电镜，混合质页岩，粒间孔；o.扫描电镜，混合质页岩，粒内孔；p.扫描电镜，混合质页岩，颗粒溶蚀孔；q.激光共聚焦，混合质页岩，层理缝；r.扫描电镜，混合质页岩，微裂缝

4."四高一中"条件控制页岩油富集区 / 段分布

通过对沧东凹陷孔二段页岩油的形成与富集条件开展综合分析，目前初步发现"四高一中"，即"高有机质丰度、高长英质矿物含量（低黏土矿物含量）、高频纹层、高超越效应与中等热演化程度"是控制湖相页岩油富集分布的重要条件，但随着研究工作的不断深入，新的认识还会不断出现，页岩油成藏理论会不断完善。

矿物成分、有机质及其空间的组合排列形式（即纹层发育特征）是页岩层系从根本上控制页岩油形成的基础静态要素，可用组构相来表征；热演化程度与吸附烃量是决定页岩油游离烃量多少的关键动态要素，可用超越效应来表征。

基于矿物组分、纹层发育程度、不同岩性纵向叠置关系及测井曲线的特征，孔二段页岩层系可定量划分出 4 种不同类型的组构相：纹层状长英质页岩组构相、纹层状混积页岩组构相、薄层状含灰白云质页岩组构相及厚层状含灰白云质页岩组构相。通过对 G108-8 井页岩层系组构相划分与地质参数统计分析，纹层状长英质页岩组构相的长英质含量最高、纹层发育程度最大、TOC 平均值最高；储集空间以有机孔、粒间孔、层理缝及微裂缝为主；FMI 成像测井可见纹层密集发育，电测井曲线呈刺刀状频繁变化，具有高电阻率、中—高声波时差、低密度测井值的特征，处于中等热演化程度时，页岩油最为富集。次有利的组构相类型为纹层状混积页岩组构相，具有相对较高的长英质含量、纹层发育程度及有机质丰度，页岩油富集。薄层状含灰白云质页岩组构相具有中等长英质含量、纹层发育程度及有机质丰度，但储集物性及脆性矿物含量较高，页岩油较为富集。厚层状含灰白云质页岩组构相长英质含量、纹层发育程度及有机质丰度均较低，页岩油富集程度一般。

国内外大量研究及勘探实践证实，对于非裂缝性、致密的低孔渗泥页岩来说，S_1^*/TOC 是表征泥页岩层系是否具有较高游离烃量的关键参数，该地球化学比率将地层总含油量（可动烃 + 吸附烃，以 S_1^* 表示）与 TOC 归一化，降低了热演化程度及有机质吸附效应等，可有效表征页岩层系流动烃类量的大小，并指示潜在可采油量。由于干酪根与烃类的某些组分，尤其是大分子化合物的极性相近，因相似相溶原理，会呈现互溶的溶剂化现象，同时干酪根中的有机孔也会滞留吸附生成的烃类，但这种溶剂化和吸附过程不易区分，本书统称为吸附。当干酪根满足自身吸附以后才能进行排烃，因此认为干酪根最大吸附量小于排烃门限时的含油量。以排烃门限对应的含烃量来确定干酪根最大吸附量是合理的。研究证实，沧东凹陷孔二段排烃门限深度为 2900m，热演化成熟度（R_o）为 0.5%。由 S_1^*/TOC 与深度的变化关系可以看出，处于 2900m 以浅，在排烃门限之前，除局部区域存在早生早排现象以外（火山烘烤所致），S_1^*/TOC 曲线整体变化平缓；进入排烃门限以后，呈快速上升趋势，此时，排烃门限对应的 S_1^*/TOC 处于拐点位置，其值约为 70mg/g，按照平均轻烃恢复系数为 1.35～1.50，门限深度对应的 S_1^*/TOC 约为 100mg/g（即每 1g 有机质吸附约 0.1g 烃类），以 100mg/g 为吸附临界值（阈值），在超过吸附临界值之前，原油流动会遇到阻力，因此将这种超过有机质自身吸附量（超越阈值）的烃类数量称为超越效应，以可动油指数（OSI）示之。OSI（S_1^*/TOC）值越大，可流动烃类含量越高，为更加清晰地表示这种超越效应，一般将 S_1*/TOC 同数值范围刻度（与单位无关），如果 S_1* 数值大于 TOC 数值，则表示出现超越效应。

通过对 10 余口处于大量生油阶段（R_o 为 0.68%～1.02%）的单井组构相划分与 S_1*/TOC 的统计分析，建立了湖相页岩油优势组构相—滞留烃超越效应富集模式，其中纹层状长英质页岩组构相的长英质含量平均大于 40%，岩心尺度纹层比达到 90% 以上，纹层密度平均为 40 条/dm 以上，S_1*/TOC 平均可达 180mg/g 以上，游离烃含量最高、超越效应最为明显，是当前页岩油勘探的首选目标层系；其次是纹层状混积页岩组构相，长英质含量平均在 30%～40% 之间，岩心尺度纹层比主要为 75%～90%，纹层密度集中于 30～40 条/dm，S_1/TOC 平均可达 135mg/g 以上，游离烃含量高、超越效应显著，是页岩油勘探的重要层系；薄层状含灰白云质页岩组构相的长英质含量平均在 20%～30% 之间，岩心尺度纹层比多为 60%～75%，纹层密度主要为 20～30 条/dm，S_1/TOC 平均在 105mg/g 以上，具备一定的游离烃含量，超越效应较好，是页岩油勘探的潜力层段；厚层状含灰白云质页岩组构相的长英质含量多为 10%～20%，岩心尺度纹层比为 45%～60%，纹层密度多为 10～20 条/dm，S_1/TOC 平均在 75mg/g 以上，超越效应相对一般。受基准面旋回变化影响，4 类优势组构相纵向呈规律性变化。湖侵体系中、晚期—高位体系域早、中期，陆源碎屑供应能力强，湖盆水域面积较大，水体分层现象明显，易于形成富含长英质矿物的高频纹层，主要发育纹层状长英质页岩组构相，其次为纹层状混积页岩组构相，页岩油超越效应最好。湖侵体系域早、中期—高位体系域中、晚期，陆源碎屑供应能力相对偏弱，湖盆水域面积偏小，水体相对清澈，易于形成碳酸盐纹层，以薄层状含灰白云质页岩组构相及厚层状含灰白云质页岩组构相为主，页岩油超越效应一般。由此可见，湖侵体系域中、晚期—高位体系域早、中期的沉积体系是寻找湖相页岩油"甜点"的重要位置。

沧东凹陷孔二段具有大面积连片含油特征，但富集程度差异较大。根据储层厚度、岩石组合类型以及上下烃源岩有机质丰度、成熟度等指标，平面上可划分为三类"甜点区"（图 7-25）。一类为最有利区域，其 R_o 大于 0.9%，TOC 大于 5%，OSI 大于 180mg/g，成藏组合类型以厚层长英质页岩、纹层状混合岩类为主，主要分布于官东小集—王官屯、风化店—沈家铺一带，面积为 140km²；二类其次，其 R_o 介于 0.7%～0.9%，TOC 介于 3%～5%，OSI 介于 150～180mg/g，成藏组合类型以纹层状混合岩类模式、厚层白云岩模式为主，主要分布于官东段六拨地区、沧州南等地区，面积为 90km²；三类区以成熟度较低的白云质泥岩类和泥页岩类为主，岩相类型主要为互层式中高有机质丰度中层白云质泥岩相及厚夹层式高有机质丰度厚层泥岩相，R_o 小于 0.6%，TOC 一般在 2%～3% 之间，OSI 介于 100～150mg/g，面积约为 50km²，主要分布在东南部风化店—望海寺地区。

三、页岩油试采形势与启示

自 2017 年 GD1701H 井采用水平井加体积改造技术开展试采以来，大港油田页岩油试采开发已经走过近五个年头，页岩油年产量已达到 10×10^4t。应该承认，页岩油试采尽

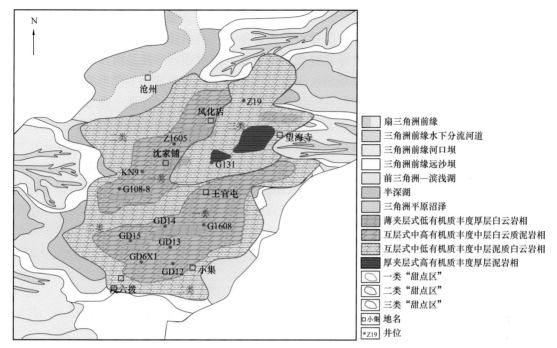

图 7-25 沧东凹陷孔二段"甜点"评价图

管时间较长，但仍嫌不够充分，尚需更多井的实践才能让指导生产的标准和方法更加成熟。现在看来，大港油田页岩油的勘探开发尚有以下方面有待未来试采开发进一步明确：一是"甜点段"选择标准尚未统一，特别是对于"资源甜点"和"工程甜点"的选择标准目前还不一致，这主要体现在可动烃数量的差异以及造成这种差异的主要控制因素尚未梳理完成，一些指标的选择还存在交叉，这主要是对一些参数的地质含义还尚未完全搞清楚，比如超越效应 OSI 值，似乎该数值越大对页岩油的产量与单井累计采出量越有利，因而为了确保低熟条件下能有足够多烃类产出，所以强调低熟条件（比如 $R_o < 0.7\%$）下，OSI 值应该更高，这就与中高熟条件下 OSI 取值偏低出现了矛盾。实际上，在低熟条件下烃物质的流动性较差，不仅单井产量不高，更重要的是单井累计采出量上不去，后者是需要足够长的试采时间才能明朗。所以，低熟页岩油本身就不适合利用水平井与体积改造技术进行开发，在这种情况下，OSI 并不是最佳评价指标，如果人为地赋值会造成参数间的"打架"。至于"工程甜点"与"资源甜点"之间评价标准的不同，既有实际差异的原因，也有试采不充分导致的"误区"。首先，从现阶段积累的认识来看，"工程甜点"在储层孔隙性、脆性与对烃类的吸附性以及可流动烃所占比例等四方面存在优势，而在接受烃物质输入能力、保存条件、连续性与分布规模等四方面可能有先天不足，也就是说，当与"工程甜点"相间互的烃源岩品质不够好，则可能影响"工程甜点"的含油饱和度、烃物质组成；而陆源碎屑物质输入的稳定性又会影响"工程甜点"的连续性与规模。这些因素都对"工程甜点"的单井累计采出量有重要影响。所以，不能从"工程甜点"有较高的单井产量就判断"工程甜点"一定会好，还应该从单井累计采出规模评价其优劣，恐怕是更全面的判断。对于"资源甜点"来说，在滞留烃数量、地层能量、

保存条件与资源丰度等方面有优势，而在黏土含量、脆性、孔隙体积与对烃物质的吸附性等方面存在先天不足。后者有可能影响"资源甜点"的单井产量与累计采出量。但这也不是绝对的，其中有两个重要因素完全可以改变"资源甜点"的品质，一个是热成熟度，另一个是保存条件。如果热成熟度比较高，且保存条件较好，不仅生成的轻烃组分多，而且有足够多烃物质能够保存在烃源岩层内，在此情况下，即便"资源甜点"的吸附烃数量略高一些，也会有足够多烃物质流出地层，形成的产量和累计采出量也不会小；另外，页岩油开发的方式和方法尚在探索中，目前尚未形成比较成熟的生产制度，比如采取什么样的作业制度才能保持多组分烃物质在地下有最佳混相，支撑有更多的重烃物质能够流出地层，因而会有最大的单井累计采出量，这是需要足够多的试采实践才能逐步明朗化的。所以，在这个时间点上开展页岩油试采形势与启示总结颇有意义，相信会对未来推进页岩油健康发展有重要启示。

1. 重点水平井生产现状

2017 年底，针对科学探索试验井 GD1701H、GD1702H 两口水平井，按照工厂化钻探、拉链式体积压裂、放喷求产方式开展试采，两口井都实现了高产和相对稳产，其中 GD1702H 井压裂 21 段 1283m，压裂液 41099m^3，加砂 1343m^3，试采 1000 天（图 7-26），最高日产油 55t，平均日产油 12.8t，大于 20t 日产量的时间为 307 天，累计产油 1.14×10^4t，累计产气 62.1×10^4m^3，返排率为 42.44%。2020 年 4 月，受邻井压裂干扰，开井后产量受影响，压裂干扰前连续生产 631 天，平均日产油 17.23t，阶段累计产油 1.09×10^4t，预计单井累计采出量为 3.06×10^4t，布伦特油价 65 美元 /bbl 条件下，内部收益率为 6.19%。

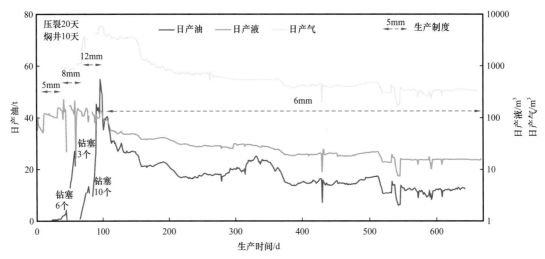

图 7-26　沧东凹陷 GD1702H 井页岩油试采曲线

2021 年新投产的 GY5-1-1L、GY5-1-9H、GY1-1-9H、GY1-5-1H 等 4 口井日产油获百吨高产。其中 GY5-1-1L 井压裂 16 段 945m，压裂液 30133m^3，加砂 2522.6m^3，6mm 油嘴放喷求产 4 小时，日产油 208m^3，试采 226 天平均日产油 24.6t（图 7-27），截

至 2021 年 10 月中旬累计产油 5405t，返排率为 8.39%，预计该井单井累计采出量为 3.14×10^4t。

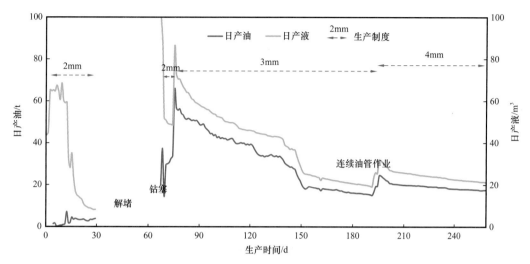

图 7-27 沧东凹陷 GY5-1-1L 井页岩油试采曲线

截至 2021 年 10 月，沧东凹陷孔二段 7 个井场稳定生产水平井共 25 口，日产油 300～350t，累计产油 15.2×10^4t（图 7-28）。

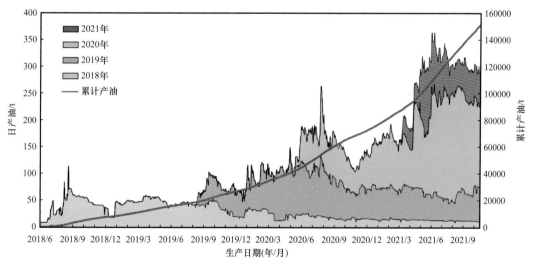

图 7-28 沧东凹陷孔二段页岩油产量变化曲线图

2. 水平井开发生产规律

1）页岩油递减规律

结合已投入生产的水平井生产特征，明确页岩油生产需要经过焖井、排液、钻塞、解堵、下泵等多环节，经历自喷生产与机械采油两个阶段。其中自喷生产阶段产量呈指数递减，水平段 400～600m 预计自喷期 4～6 个月，水平段 1000m 以上预计自喷期

10～12 个月，折算递减 60%～85%。机械采油阶段划分为台阶状递减阶段和稳定生产阶段，台阶状递减阶段产量达最高值后开始递减（10 个月时间），平均递减 53.7%，月递减 7.8%。当月递减小于 3% 时进入稳定生产阶段，月递减 1.5%～3%，稳产期长（图 7-29）。

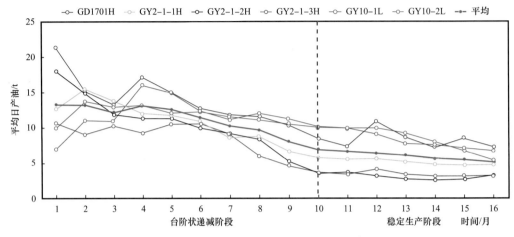

图 7-29 页岩油采油稳产井机械采油阶段月平均日产油量变化图

2）采出页岩油烃类组成时移特征

在页岩油水平井试采进程中，采出烃组分随时间变化而发生较大变化，特别是重烃组分构成变化更明显。GY5-1-9H 井在试采过程中共取样化验 8 次，原油色谱图显示，在试采初期以双峰型为主，轻质组分占比较高（图 7-30），生产 5 个月以后重烃组分含量整体呈增多趋势，由双峰型向单峰型转变。考虑到工程作业因素影响，在两次作业间隔时间内原油组分呈现出规律性变化。即 C_1—C_{13} 轻质组分含量呈规律性减少，而 C_{14+} 组分含量随时间推移，相对含量明显增加（图 7-31）。同时 C_1—C_8 轻质组分含量比例与原油日产量呈一定的正相关性，轻质组分含量高，则原油产量较高（图 7-32）。

3. 水平井效益开发技术对策

页岩油产量与富集层钻遇率、水平段压裂长度、最大主应力夹角、改造体积等呈正相关关系，水平段长度每增加 100m，日产油量可增加 2～3t，井眼轨迹方向与最大主应力夹角越大压裂效果越好，压裂改造体积越大产量越高，这些因素是决定水平井单井累计采出量的关键条件。下一步要探索垂直主应力方向、跨断层钻探不同富集段，通过优化井位轨迹设计、精准钻探最优靶层、增加改造体积，实现 1500～2000m 长水平段的提产。

市场化运作引入先进技术和服务，形成有序市场竞争，创新管理机制，实现合作共赢，探索页岩油效益开发新途径。采用效益倒逼、工作量一体化总承包、指标激励的方式，对页岩油新井产能建设实施工程总承包，以完成工作量、工程质量、实施效果确定结算价格。

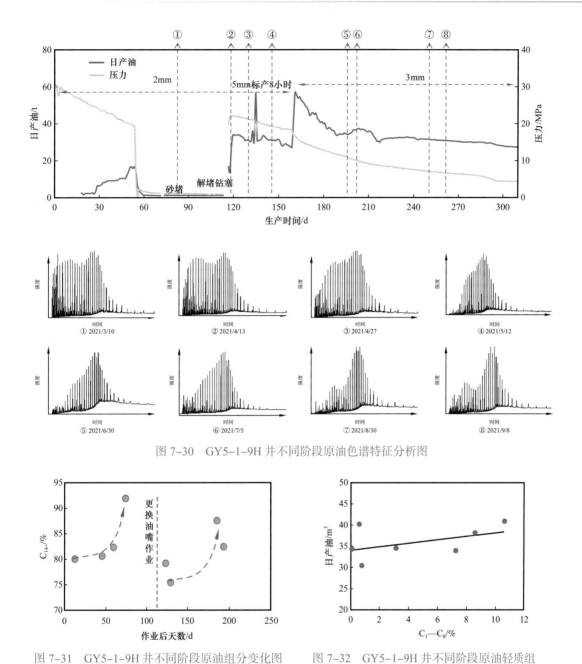

图 7-30　GY5-1-9H 井不同阶段原油色谱特征分析图

图 7-31　GY5-1-9H 井不同阶段原油组分变化图　　图 7-32　GY5-1-9H 井不同阶段原油轻质组
分含量与日产油量关系图

　　通过钻完井提速和低成本压裂试验，不断降低单井投资。目前主要采用立体式布井、平台式钻井、工厂化压裂、拉链式施工，平均单井建井周期由 118 天降至 70 天；全程滑溜水替代瓜尔胶压裂液，提升石英砂比例达到 70% 以上。

四、发展潜力与对策

从成藏机制上看，目前国内页岩油突破主要是三类：一是经短距离运移成藏的致密油型，比如在鄂尔多斯盆地长 7_{1+2} 亚段发现的庆城油田；二是烃源岩内部留滞成藏的纯正型，以松辽盆地古龙凹陷青山口组一段、二段下部为代表；三是咸化湖盆发育的过渡型，储层包括致密碳酸盐岩、细粒碎屑岩与纯页岩，以渤海湾盆地黄骅坳陷沧东凹陷孔二段和胜利油田沙河街组四段上亚段—三段下亚段等页岩油为代表。

沧东凹陷孔二段页岩油兼有留滞和短距离运移两种特征。考虑页岩油孔隙度、含油饱和度难以准确测定问题，首创页岩油质量含油率资源量测算方法，以单位质量岩石所含可动烃的比率计算页岩滞留可动资源量。沧东凹陷孔二段页岩油"甜点"平面分布面积为 260km²，7 个富集层累计面积为 2062km²，计算沧东凹陷孔二段页岩油井控储量为 $10.96×10^8$t，目前已形成 $10×10^4$t/a 的生产能力。

同属黄骅坳陷的歧口凹陷发育沙河街组三段一亚段（简称沙三¹）、沙河街组一段下亚段（简称沙一下）和东营组三段等三套优质页岩层系，目前沙三¹ 和沙一下也相继获得重要突破。沙三¹ 页岩油富集段厚 150～450m，有利勘探面积达 1200km²，TOC 为 1%～4%，有利富集段 TOC 介于 2.02%～2.76%；R_o 介于 0.7%～1.7%，测算页岩油资源量为 $21.5×10^8$t，部署实施的歧页 10-1-1H 井钻探靶体 R_o 介于 0.7%～0.8%，TOC 平均为 2.76%，测试最高日产油 115m³。沙一下页岩油富集段厚 20～40m，有利勘探面积为 800km²，TOC 为 1%～5.5%，有利段介于 2.5%～3.88%；R_o 介于 0.35%～1.0%，测算页岩油资源量为 $3.6×10^8$t。钻探的歧页 1H 水平段靶体 R_o 介于 0.7%～0.75%，TOC 平均为 3.88%，测试最高日产油 80m³。大港黄骅坳陷孔二段、沙三¹、沙一下三套页岩层系"甜点"资源量累计达 $36×10^8$t，为页岩油工业开发奠定了较雄厚的资源基础。目前，大港页岩油规划"十四五"末年产页岩油 $50×10^4$t。如果工程降成本与技术提高单井累计采出量有较大的进展，同时歧口凹陷页岩油试采在连续生产与单井累计采出量方面取得较好成效，从长远看，大港页岩油产量也具有上产 $100×10^4$t/a 的可能性。

沧东凹陷厚层过渡型页岩油要进入持续稳定的勘探开发进程，尚面临许多理论认识与技术瓶颈问题亟待解决，主要体现在：（1）如何针对大面积分布厚层"甜点"提高页岩油富集层的评价精度，如何进一步优化关键评价参数及合理取值，以及制订合理又简洁可行的评价方法，以实现钻探靶体的精准优选，提高最优富集段钻遇率、单井产量和单井累计采出量。（2）页岩油可动油量定量表征研究比较薄弱，尚缺有效评价手段，尤其是对密度和黏度较高的页岩油，针对"资源甜点"和"工程甜点"选层的标准应该如何区别对待，比如"资源甜点"是否侧重热成熟度更高一些（比如 $R_o>0.9\%$）的层段，以提高可动烃数量，而"工程甜点"则适当可放宽热成熟度选择下限（比如 R_o 取值 0.75%～0.8%），都需要足够多的试采才能见分晓。另外，在保存条件较好或有异常高压存在条件下，页岩层系中滞留的可动烃数量会比较多，也会对页岩油的单井累计采出量有重要影响，这时应该如何组合评价参数，才能选准最佳钻探靶体，也有待实践逐步明确。（3）如何提高水平井单井产量的措施还需深化研究，包括生产作业制度合理选择、生产制度稳定性与合理产量控制等。这些都需要科研人员超前思考，超前研究，强化"产学研用"深度融合，假以时日才能逐步解决。

沧东凹陷过渡型页岩油的率先突破与工业开发的起步，预示着陆相页岩油有规模的经济效益开发正在悄然迈出可喜一步。今后，通过提高单井产量、单井累计采出量和市场化运作，较大幅度降低成本，陆相页岩油将是我国老油田未来现实稳产甚至上产的重要接替资源，对实现我国原油产量长期稳产意义重大。

第三节　鄂尔多斯盆地长 7 段页岩油

一、基本情况

鄂尔多斯盆地长 7_{1+2} 亚段发育的陆相页岩油本书定义为致密油型页岩油，是因为正如本书前面所述，原油主要产自与富有机质页岩间互的致密砂岩中，而页岩本身并不提供产量。此外，从成藏特征与开发方式和开发对策来说，这种页岩油与我国已有的致密油没有太大区别。所以，本书为了既尊重业界称谓又不违页岩油技术内涵，将其列入页岩油范畴，但对其成藏特征总结和开发方式与对策选择，建议参照致密油执行。

鄂尔多斯盆地晚三叠世发生的印支运动使扬子板块北缘与华北板块发生挤压碰撞，在盆山耦合作用下，形成了鄂尔多斯大型内陆坳陷湖盆。长 7 段沉积期是鄂尔多斯盆地中生代最大湖泛期，也是湖泊热流体活动的高峰期，湖泊中藻类和浮游生物的极度繁盛为富有机质泥、页岩沉积奠定了物质基础，形成了面积达 $6.5 \times 10^4 km^2$ 的半深湖—深湖区，发育了一套以富有机质页岩、暗色泥岩为主的，厚度达 100m 以上的富有机质页岩层系（图 7-33）。长 7 段自上而下细分为长 7_1 亚段、长 7_2 亚段和长 7_3 亚段。其中长 7_1 亚段和长 7_2 亚段频繁发育的重力流砂体与富有机质页岩间互共生。借助生烃产生的超压，油气近源充注到致密砂岩中，形成高含油饱和度油层。主要特点是源储共生，大面积连续分布，含油饱和度大于 70%，气油比一般介于 $60 \sim 100 m^3/m^3$；无自然产能，需采用水平井体积压裂改造等工艺技术才能获得工业产量。

鄂尔多斯盆地长 7 段主要发育致密油型和纯正型两类页岩油。结合相带分布、岩性组合、源储配置等特征，在致密油型页岩油中可进一步划分为重力流型和三角洲前缘型页岩油两个小类。纯正纹层型页岩油主要是在砂地比 5%~20% 的深湖—半深湖区发育的泥页岩夹粉细砂岩薄层构成的组合中，纹层很发育；而纯正页理型则是以黑色页岩为主，薄砂层很少，砂地比小于 5% 的沉积组合，页理十分发育（表 7-3）。聚焦两大类 4 小类页岩油，长庆油田开展了为期 10 余年的地质理论和关键技术攻关研究，取得一系列理论技术创新发展。这些创新理论技术有力支撑了致密油型页岩油勘探开发取得革命性突破，建成了国内第一个百万吨级整装页岩油示范区，成功探索出内陆湖盆低压页岩油规模效益开发模式，成为国内陆相致密油型页岩油规模效益开发的先行者。

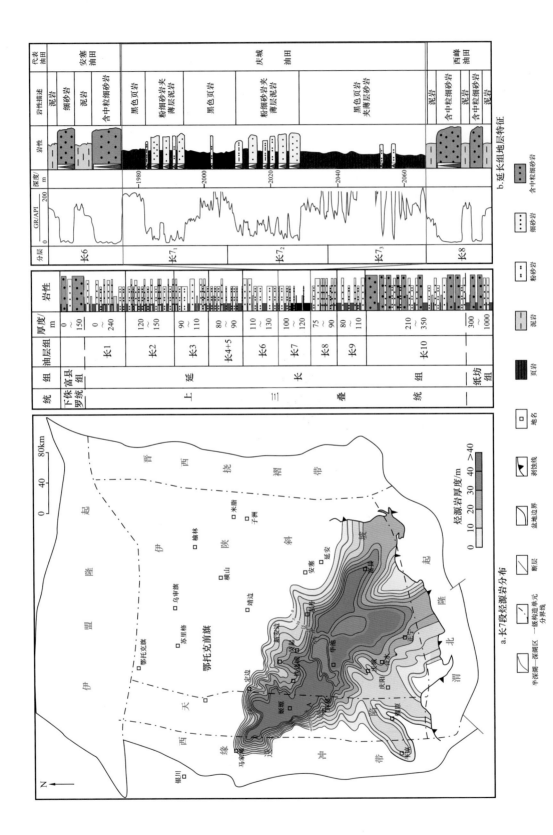

图 7-33 鄂尔多斯断陷盆地长 7 段沉积期期湖盆范围及延长组地层概况

表 7-3　鄂尔多斯盆地长 7 段页岩油类型划分表

"甜点"类型		岩性示意图	岩性组合	砂地比/%	单砂体厚度/m	开发方式	勘探现状	代表区块
致密油型	重力流型		半深湖—深湖泥页岩夹多薄层叠置砂岩	>20（一般<30）	>5	水力压裂	规模效益开发	庆城油田
	三角洲前缘型		三角洲前缘多期叠置厚层细砂岩夹泥岩	一般<30	5~10	水力压裂	落实规模含油富集区	新安边油田志靖—安塞地区
纯正型	纹层型		半深湖—深湖厚层泥页岩夹薄层粉—细砂岩	5~20	2~4	水力压裂	风险勘探露出苗头	城页井组
	页理型		半深湖—深湖黑色页岩为主	<5	<2	中—低成熟度原位转化	原位转化现场试验	正 75 井区

黑色页岩　暗色泥岩　粉砂岩　细砂岩

鄂尔多斯盆地真正意义上的页岩油勘探始于 2011 年，2011—2017 年以页岩油地质目标评价研究和提高单井产量技术攻关试验为重点，2018 年以来，集成创新关键勘探开发技术，实现了规模勘探和效益建产，2019 年发现了庆城十亿吨级页岩油大油田。鄂尔多斯盆地页岩油的勘探开发历程主要分为以下三个阶段（图 7-34）。

1. 勘探早期阶段（2011 年以前）

20 世纪 70 年代以侏罗系勘探为重点，在中生界石油整体勘探过程中，有 40 余口井在陇东地区长 7 段钻遇油层，有 6 口井获得工业油流。虽然在局部发现油藏，但限于当时的地质认识和工艺技术水平，难以有效开发动用，且并未认识到长 7 段巨大的勘探潜力，虽有钻遇油层，也被视为无开采价值油层，未予足够重视。20 世纪 80—90 年代，油源对比分析和生烃潜力评价，明确了长 7 段烃源岩是对盆地中生界石油资源形成最重要的烃源岩。20 世纪 90 年代之后，在盆地长 8 段勘探过程中开始兼探长 7 段，共有 200 余口井在长 7 段试油获工业油流，提交控制储量 5132×10⁴t、预测储量 6913×10⁴t。该阶段明确了湖盆中部长 7 段具备形成大油田的基本地质条件。通过稀井广探，落实了多个有利区，但直井试采情况差，产量递减快，无法实现经济有效开发。如何有效提高单井产量是困扰长 7 段展开勘探和规模有效开发的最大挑战。

图 7-34　长庆油田致密油型页岩油生产直方图

2. 技术攻关阶段（2011—2017 年）

2011 年以来，地质认识上实现了长 7 段页岩层系从"单一烃源岩"到"源储一体"认识的重大转变。同时，借鉴北美海相页岩油勘探开发理念和经验，以水平井 + 体积压裂为主要技术手段，在西 233、庄 183、宁 89 井区开展了水平井攻关试验。试验区 25 口水平井试油平均日产超百吨，自投产以来呈现出良好的稳产潜力，截至目前平均单井累计产油超过 2×10^4t，最高单井累计产量达到 4.2×10^4t，试验区累计产油 53.99×10^4t，目前平均单井日产油还有 5t，呈现出良好的稳产潜力，坚定了推进页岩油规模勘探开发的信心。

3. 规模勘探开发阶段（2018 年至今）

2018 年以来，按照"直井控藏、水平井提产"的思路，通过整体部署，分步实施，加快推进开发示范基地建设，实现了页岩油勘探的重大突破。2019 年，在湖盆中部发现了储量规模超 10×10^8t 的中国最大页岩油田——庆城油田，其中新增探明地质储量 3.58×10^8t，新增探明和预测地质储量合计超 10×10^8t，实现了长 7 段页岩油勘探的历史性突破。2020 年庆城油田提交探明储量 1.43×10^8t，2021 年提交探明储量 5.50×10^8t，庆城油田累计探明储量已达 10.52×10^8t。

截至 2020 年，围绕庆城地区长 7_1 亚段、长 7_2 亚段"甜点段"共实施直井 248 口，其中 225 口井获工业油流，69 口单井产量超过 20t/d，控制有利含油范围 $3000km^2$。庆城大油田开发示范区已完钻水平井 154 口，平均水平段长度 1715m，投产 97 口，平均单井初期日产油 18.6t，目前日产油 11.4t，已建产能 $114\times10^4t/a$，日产油水平 1003t，建成了长 7 段页岩油开发示范区。

纯正型页岩油主要分布在长 7_3 亚段，按夹不夹薄层粉—细砂岩，分为纹层型与页理型两个亚类。纹层型岩性以厚层泥页岩夹薄层粉—细砂岩为主，烃源岩与储集体呈一体化共生发育，在异常高压持续充注下，流动性好的原油就近充注，有利于形成大面积连续分布的高饱和度页岩油。在岩相特征、储集性能和烃类赋存特征等研究基础上，针对纹层型页岩油开展了页岩段直井体积压裂改造试验，14 口井获工业油流，突破了出油关。2019 年在华池地区东南部部署城页 1 井和城页 2 井两口水平井开展纹层型页岩油风险勘探攻关试验，两口水平井试油分别获 121.38t/d 和 108.38t/d 的高产油流，有力助推了纹层型页岩油的勘探进展。2020 年针对纹层型页岩油部署的岭页 1H 井、池页 1H 井在长 7_3 亚段油层钻遇率分别为 60% 和 57%，目前正在压裂中。页理型页岩油以富有机质页岩为主，不夹砂岩薄层，但常夹有薄层凝灰岩。这套页岩是中低熟页岩油原位加热改质形成人造石油烃的有利层位。长庆油田超前优选正 75 井区，拟开展页岩油原位加热转化攻关试验。

二、富集条件与分布特征

1. 大型宽缓坳陷湖盆富有机质沉积为页岩油规模富集提供雄厚物质基础

受印支运动影响，晚三叠世形成了东部宽缓、西部陡窄的不对称大型内陆坳陷湖盆。长 7 段沉积期为湖盆发育鼎盛期，形成了"水深面广"的格局，高丰度优质烃源岩大面积分布。长 7_3—长 7_1 亚段沉积时期，湖盆逐渐萎缩，水体深度变浅，物源区碎屑供给能力增强，砂体类型及规模呈现明显差异（图 7-35）。长 7_3 亚段沉积期湖盆中部发育零星分布的重力流砂体；周边发育小规模的三角洲砂体，厚 5～15m；长 7_2 亚段沉积期以重力流、三角洲沉积砂体为主，湖盆中部砂体较薄（5～10m），周边砂体较厚（5～15m），砂体分布具有一定规模；长 7_1 亚段沉积期砂体规模进一步增大，局部砂体厚 15～20m，形成大面积复合连片分布。

有机地球化学测试资料（图 7-36）表明，长 7 段黑色页岩的有机质丰度达到高—极高。TOC 主要分布于 6%～14% 之间，最高可达 30%～40%；残留可溶有机质含量即氯仿沥青"A"大都分布于 0.6%～1.2% 之间，最高可达 2% 以上；热解生烃潜力（S_1+S_2）主要为 10～50mg/g（HC/ 岩石），最高可达 150mg/g（HC/ 岩石）以上。长 7 段黑色页岩有机质丰度极高，为优质烃源岩，在陆相盆地中极为罕见。与高—极高有机碳含量相比较，其氯仿沥青"A"和生烃潜力明显偏低，这可能与黑色页岩发生了较大规模的排烃过程有关，具体机理还有待进一步深化研究求证。

长 7 段暗色泥岩为鄂尔多斯盆地已发现的大量致密油藏的成藏提供了油源，但是不是页岩油成藏的有效烃源岩，特别是作为纯正型页岩油的形成，目前尚难定论，主要是因为泥岩的有机质丰度总体偏低，且黏土含量高，页理不发育，这些都构成了页岩油经济成矿的致命弱点。长 7 段暗色泥岩的 TOC 主要分布于 2%～6% 之间，比黑色页岩有机质丰度低，但与中国其他陆相盆地相比，属于较好烃源岩。氯仿沥青"A"含量大都为 0.2%～1.17%，平均含量为 0.65%（145 块样品）。热解生烃潜力（S_1+S_2）主要分布

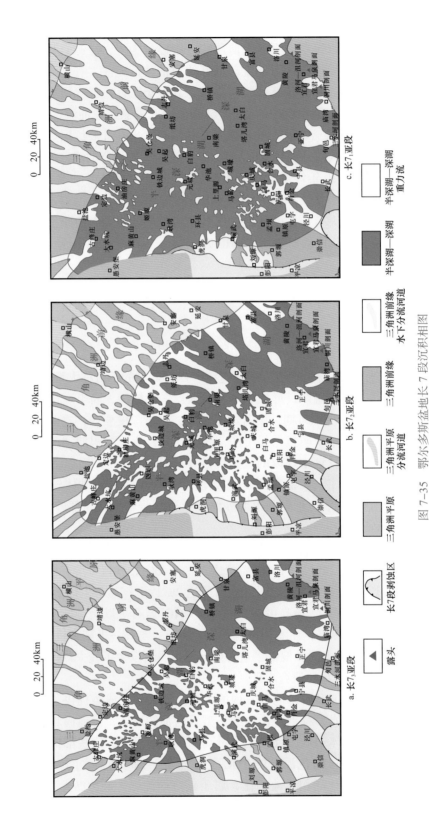

图 7-35 鄂尔多斯盆地长 7 段沉积相图

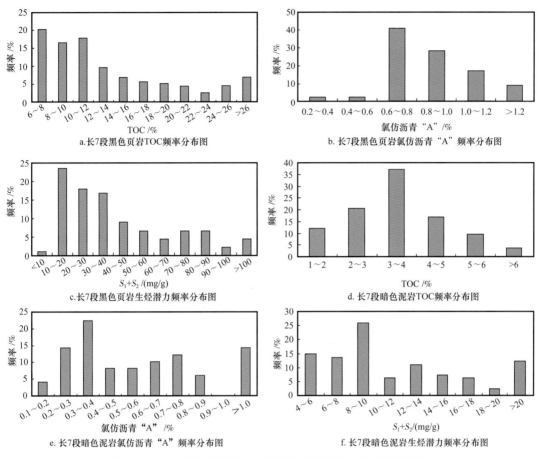

图 7-36　长 7 段黑色页岩、暗色泥岩有机地球化学参数统计图

于 4～20mg/g（HC/ 岩石）之间，平均生烃潜力约为 11mg/g（HC/ 岩石），其中 S_1 为 0.51～4.34mg/g（HC/ 岩石），平均为 2.11mg/g（HC/ 岩石）（169 块样品）。黑色页岩热解 S_1 为 1.4～8.90mg/g（HC/ 岩石），平均为 4.02mg/g（HC/ 岩石）（220 块样品），氯仿沥青"A"含量为 0.4061%～1.5055%，平均为 0.7809%（144 块样品）。两类烃源岩均达到形成富集页岩油资源级别。

黑色页岩的有机质类型主要为 I 型、II_1 型和 II_2 型，暗色泥岩有机质类型主要为 II_1 型、II_2 型和少量 III 型（图 7-37）。受湖平面振荡影响，两类烃源岩在整个长 7 段叠合连片，构成页岩油富集的物质基础，其中暗色泥岩可能以产气为主，可提高长 7 段页岩油气油比，降低页岩油黏度和密度，提高流动性，是实现长 7 段低压页岩油效益开发的重要因素。

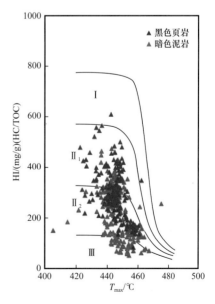

图 7-37　长 7 段泥页岩有机质类型

长 7 段黑色页岩、暗色泥岩干酪根的 Py—GC—MS 分析显示，主要由丰富的长链烷烃与长链烯烃组成，而其他化合物含量较低，如苯系物含量低，说明黑色页岩、暗色泥岩油源岩母质类型较好。结合显微组分分析，干酪根母体主要为藻质素。类异戊二烯烃化合物含量较低，说明成熟度较高。未检出芳基类异戊二烯化合物（图 7-38），这类化合物一般形成于盐度较高、水体较浅、强还原沉积环境，反映烃源岩有机质形成于淡水湖泊环境，且水体较深。

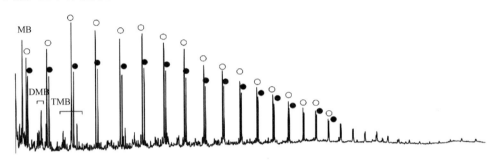

图 7-38 鄂尔多斯盆地长 7 段暗色泥岩干酪根热解产物总离子流图
MB—甲苯；DMB—二甲苯；TMB—三甲苯；○—正构 -1- 烯；●—正构烷烃

分析结果显示，长 7 段黑色页岩氯仿沥青"A"族组成中烃类（饱和烃 + 芳香烃）含量在 45%～60% 之间，饱 / 芳比较低，分布区间为 0.86～3.00，并且饱 / 芳比随着 TOC 的增大而降低（图 7-39）。长 7 段黑色页岩相对较低的烃类组分含量和饱 / 芳比反映可溶有机质性质与干酪根类型（腐泥型为主）之间存在明显矛盾，产生这一矛盾的原因可能是黑色页岩的高排烃效率所致。长 7 段暗色泥岩沥青"A"族组成中烃类（饱和烃 + 芳香烃）含量较高，大都在 50%～90% 之间，绝大部分样品的饱 / 芳比大于 2。

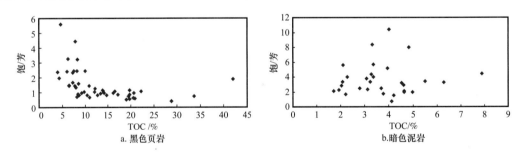

图 7-39 长 7 段黑色页岩、暗色泥岩 TOC—饱 / 芳比交会图

镜质组反射率测试结果表明，长 7 段富有机质页岩绝大部分地区均已达到了成熟阶段，R_o 为 0.9%～1.2%，处于生油高峰期。此外，饱和烃各组分呈奇偶均势（OEP 为 0.95～1.21），甾烷异构化指数 $C_{29}\alpha\alpha\alpha$ 甾烷 $20S/（20S+20R）$ 平均为 0.50，C_{29} 甾烷 $\alpha\beta\beta/（\alpha\beta\beta+\alpha\alpha\alpha）$ 平均为 0.42，C_{31} 藿烷 $22S/（22S+22R）$ 主要分布于 0.44～0.57 之间，均达到或接近其热平衡终点值，同样反映长 7 段富有机质页岩已经达到了较高的成熟阶段。

烃源岩的地球化学研究表明，长 7 段优质烃源岩形成于深水、强还原、淡水—微咸水的陆相湖泊环境，生物来源单一，以低等水生生物为主，具有贫稳定同位素 ^{13}C、姥植均势—植烷优势、低伽马蜡烷等特征，有机母质类型为腐泥型。

长 7 段优质烃源岩的高累计产油率与低—较低的沥青"A"转化率存在明显反差，尤其 TOC 大于 10% 的样品，其沥青"A"转化率仅为 5% 左右（图 7-40）。高累计产油率与低沥青"A"转化率、较低的残余产气率等特征反映油源岩已发生强烈的排烃作用。

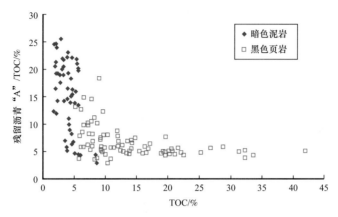

图 7-40 鄂尔多斯盆地长 7 段优质烃源岩残留沥青"A"/TOC 与 TOC 关系图

残留烃中极性组分富集，饱和烃、芳香烃含量较低。盆地中生界原油以饱和烃、芳香烃等轻质组分为主，然而长 7 段、长 9 段烃源岩残留沥青"A"中非烃、沥青质等大分子组分相对富集，随着烃源岩 TOC 含量增加，极性组分含量也升高（图 7-41）。对于 TOC 大于 10% 的样品，极性组分含量可高达 50%～80%，说明优质烃源岩发生了轻—中组分烃类的强烈排出过程，使得残留烃中富含重质组分。

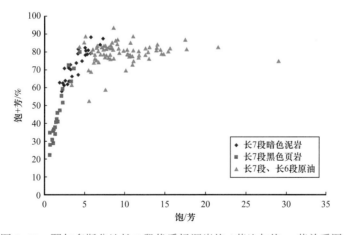

图 7-41 鄂尔多斯盆地长 7 段优质烃源岩饱 / 芳比与饱 + 芳关系图

残留烃组分的稳定碳同位素较重。烃源岩的强排烃作用不仅会使地质色层效应显现，而且可引起排烃过程中的同位素分馏效应积累。长 7 段优质烃源岩的饱和烃单体烃稳定碳同位素值明显重于原油，排烃作用较强的长 7 段黑色页岩残留正构烷烃的稳定碳同位素组成明显重于中等排烃程度的长 7 段、长 9 段暗色泥岩（图 7-42）。

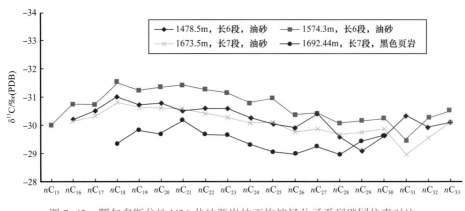

图 7-42　鄂尔多斯盆地 N36 井油源岩的正构烷烃分子系列碳同位素对比

残留烃的分子化合物中重排藿烷含量偏高。在盆地长 6 段及以上层位和侏罗系延安组所发现的原油和油砂抽提物中重排藿烷含量均较低，然而长 7 段烃源岩残留烃组分中重排藿烷含量偏高。说明优质烃源岩的强排烃作用使分子化合物含量发生变化，在油源对比过程中要加以注意。

烃源岩的排烃过程（初次运移）应进一步细分为干酪根自身吸附饱和后的一级排烃—逐步产生游离烃与泥页岩滞留烃接近饱和—饱和后的二级排烃—提供石油成藏的油源。

姬塬及全盆地绝大部分长 6 段及以上原油以低 C_{30} 相对丰度为特征（图 7-43）。

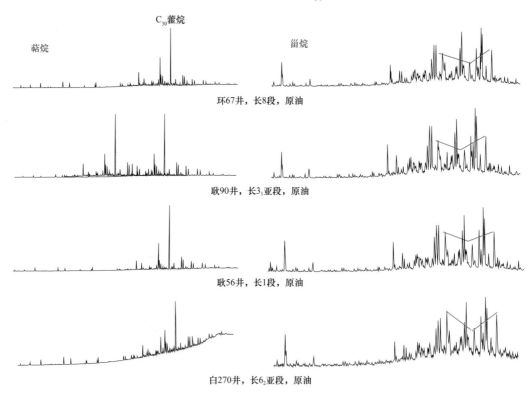

图 7-43　鄂尔多斯盆地延长组原油甾萜烷分布图

　　滞留烃中游离烃与吸附烃成分构成差异明显。通过游离烃分级萃取法、烃类族组分互溶实验、无机重液分离—吸附烃研究试验等方法，对盆地长 7 段不同类型和品质烃源岩中游离烃、吸附烃开展研究，结果表明游离烃特征表现为高饱和烃、较高的芳香烃与非烃、低—极低沥青质，吸附烃表现为低饱和烃、低芳香烃、低非烃、高—极高沥青质，形成鲜明对比。并且，泥页岩样品中吸附烃含量随有机碳含量增加而增加，说明吸附烃主要赋存于干酪根中。根据页岩残留沥青 "A" 与有机碳含量关系图及其线性回归方程式，可以得到干酪根对烃类的吸附能力大概为 39.4mg/g，且被吸附的主要为极性组分。当 TOC 为零时，沥青 "A" 为 0.2561%，该值大致反映了游离可溶烃量与黏土矿物吸附量之和（图 7-44）。由于页岩中黏土矿物含量偏低，对烃的吸附能力相对较弱。因此，富有机质页岩较高的沥青质含量因主要存在于干酪根结构中，故不会显著影响页岩油的可流动性，但这是针对致密油型页岩油而言是如此的，对于纯正型页岩油则未必是这样，需要给予高度关注。

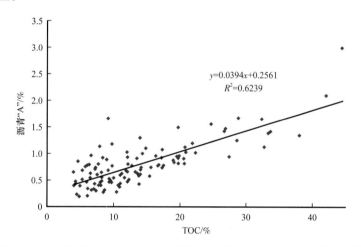

图 7-44　鄂尔多斯盆地中生界优质烃源岩有机碳含量与沥青 "A" 关系图

　　长 7 段沉积期湖盆的古纬度为北纬 31.03°，比现在所处的纬度（35.1°）偏南 4° 多，相当于现在长江沿线一带的位置，其温度与湿度均相对较高。地球化学指标显示长 7 段沉积期古气候温暖湿润，水体为淡水环境，沉积物是在强还原的条件下形成的；长 7 段沉积期盆地整体上均表现为超富营养湖，火山灰沉积物及湖底热液活动提供丰富的生命元素是长 7 段沉积期生物勃发的重要因素（表 7-4）。高生产力、低稀释、低消耗、强还原的湖盆环境为富有机质泥页岩的形成奠定了基础。

表 7-4　鄂尔多斯盆地长 7 段沉积期古气候、古水体环境微量元素判别参数表

层位	古气候指标	古盐度		氧化还原指标	古生产力 / g/（m²·a）
	Sr/Cu	Sr/Ba	Rb/K$_2$O	V/（V+Ni）	
长 7$_3$	0.88～29.37/8.19（50）	0.06～0.94/0.38（80）	2.52～7.37/4.41（81）	0.51～0.97/0.79（82）	2162.5

续表

层位	古气候指标	古盐度		氧化还原指标	古生产力/ g/（m²·a）
	Sr/Cu	Sr/Ba	Rb/K₂O	V/（V+Ni）	
长 7₂	1.75～28.22/7.20 （61）	0.07～0.88/0.34 （79）	2.52～7.57/4.30 （76）	0.68～0.97/0.78 （76）	1167.0
长 7₁	2.54～26.70/6.71 （62）	0.13～0.91/0.33 （80）	1.70～7.11/4.11 （77）	0.59～0.91/0.77 （76）	1915.7
结论	湿热	淡水	淡水	还原	超富集营养

注：0.88～29.37/8.19（50）＝ 最小值～最大值/平均值（样品数）。

2. 多类型储集空间为页岩油聚集成藏提供重要保证

受物源供给强度、湖盆底床坡度及水体季节性变化作用，因滑塌形成的砂质碎屑流和浊流等沉积体在盆地不同部位形成不同组合类型。在湖盆陡坡的坡脚和缓坡的湖底平原深水区，各类砂岩叠置连片分布，但砂体叠置产状、连续性、非均质性与物性条件有不同，差异较大。粉—细砂岩夹层是长 7 段致密油型页岩油形成的主要储集体，通过微纳米 CT、扫描电镜等手段开展储层特性定量评价，广泛发育粒间孔、溶蚀孔、黏土矿物晶间孔等，是页岩油主要的储集空间类型（图 7-45）。多类型的储集空间是长 7 段页岩油规模成藏、"甜点"富集高产的重要条件。

应用场发射扫描电镜、双束电镜、微纳米 CT 扫描成像等测试技术对细粒砂岩储层进行表征，发现长 7 段发育丰富的微纳米级多尺度孔隙，孔隙类型多样，形态各异。定量分析发现，细粒砂岩储层各尺度孔隙呈连续分布特征，其中大孔隙和中孔隙比例不高，小孔隙和微孔隙数量最高（图 7-46）。采用孔隙体积评价不同尺度孔隙对细砂岩储集空间的贡献率，发现小孔隙所占的体积最大，大孔隙所占孔隙体积次之，而微孔隙和纳米孔隙虽然数量较多，但所占体积较小，样品的归一化统计得到细粒砂岩储层中 2～8μm 尺度孔隙体积占总孔隙体积达 65%～86%（图 7-46）。通过 CT 成像和数字岩心算法结合，实现细粒砂岩储层孔喉网络系统定量表征，长 7 段储层孔隙配位数较低，配位数为 2～4 的占比达 83.1%，平均配位数为 2.5。长 7 段细砂岩储层孔喉尺度小，孔隙半径主要为 2～8μm，喉道半径为 20～150nm，但小尺度孔隙数量众多，弥补了单个孔隙体积小的不足，使长 7 段源内油藏储层具有与低渗透储层相当的储集能力（图 7-47）。

3. 源储一体，烃物质源内微运移在致密砂岩段形成富集"甜点"

通过对典型井岩心详细观察分析，长 7 段大段泥岩、页岩中均或多或少发育重力流成因的薄层粉、细砂岩夹层，单层规模小，但多层叠置具有大面积分布特点。城页 1 井导眼段长 7₃ 亚段共 42m 岩心观察表明，长 7₃ 亚段主要发育黑色泥页岩夹细砂岩、粉砂岩与薄层凝灰岩。岩心及含油性分析表明，各类岩性普遍含油。细砂岩顶底与深湖相暗色泥页岩突变接触，形成良好的源储配置关系。细砂岩储层平均粒径为 0.12mm，TOC 平均为 2.3%，

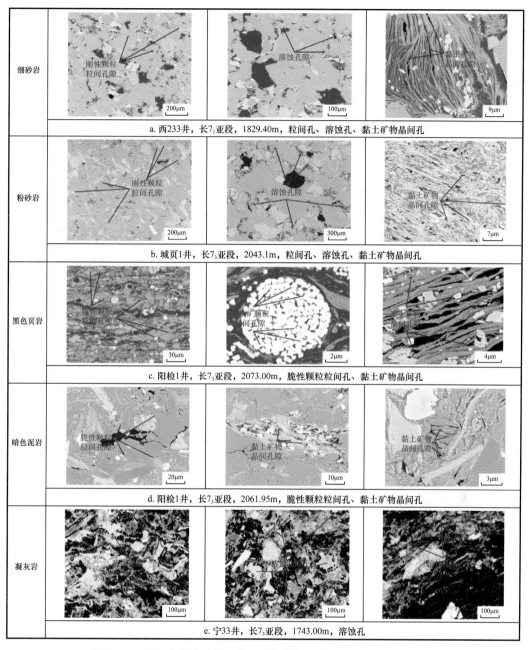

细砂岩 | a. 西233井，长7₁亚段，1829.40m，粒间孔、溶蚀孔、黏土矿物晶间孔

粉砂岩 | b. 城页1井，长7₃亚段，2043.1m，粒间孔、溶蚀孔、黏土矿物晶间孔

黑色页岩 | c. 阳检1井，长7₃亚段，2073.00m，脆性颗粒粒间孔、黏土矿物晶间孔

暗色泥岩 | d. 阳检1井，长7₃亚段，2061.95m，脆性颗粒粒间孔、黏土矿物晶间孔

凝灰岩 | e. 宁33井，长7₃亚段，1743.00m，溶蚀孔

图 7-45　鄂尔多斯盆地长 7 段 5 类细粒沉积岩性主要孔隙类型照片

平均核磁共振有效孔隙度为 5.2%，储层孔隙结构好，石英、长石含量一般为 55%～78%，岩石脆性高，可压裂性好；粉砂岩平均粒径为 0.10mm，TOC 平均为 3.6%，平均核磁共振有效孔隙度为 3.8%，储层孔喉连通性一般，石英、长石含量为 50%～70%，脆性指数多小于 42%，可压裂性一般。泥页岩中的生油母质已达成熟阶段，流动性较好的成熟原油就近充注，易形成高含油饱和度的页岩油储层，是页岩油勘探的重要"甜点段"之一。

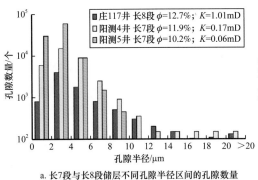
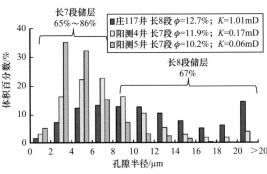

a. 长7段与长8段储层不同孔隙半径区间的孔隙数量

b. 长7段与长8段储层不同孔隙半径区间的孔隙体积百分数

图 7-46 鄂尔多斯盆地长 7 段、长 8 段储层不同孔隙半径区间孔隙体积与孔隙数量对比图

a. 镇393井，长7₂亚段，2090.14m，孔喉半径分布

b. 镇393井，长7₂亚段，2090.14m，孔喉连通体积

c. 庄193井，长7₁亚段，1735.25m，孔喉半径分布

d. 庄193井，长7₁亚段，1735.25m，孔喉连通体积

图 7-47 鄂尔多斯盆地长 7 段砂岩储层三维孔喉网络特征

以 G135 井为例，长 7_3 亚段以高有机质丰度的泥页岩为主，TOC 最高可达 17%，长 7_1 亚段和长 7_2 亚段以泥页岩夹粉细砂岩、泥质粉砂岩为主，二者构成良好的源储互层。根据地层色层效应分析，饱和烃和芳香烃在源内的可移动性高于极性组分，长 7_3 亚段滞留烃中极性组分含量最高，饱和烃和芳香烃含量最低，而长 7_1 亚段和长 7_2 亚段滞留烃的组分含量则恰恰相反，表明有机质丰度更高的长 7_3 亚段生成的烃类物质发生了微运移，聚集到有机质含量并不很高的长 7_1 亚段和长 7_2 亚段内。同时长 7_3 亚段平均 TOC 为 8.32%，滞留烃 S_1 平均为 3.81mg/g（HC/ 岩石），长 7_1 亚段和长 7_2 亚段 TOC 平均分别为 2.62% 和 4.61%，滞留烃 S_1 平均分别为 2.21mg/g（HC/ 岩石）和 3.19mg/g（HC/ 岩石），

也表明高丰度有机质段是排烃的主体，而有机质丰度偏低的泥质粉砂岩、粉砂岩、泥质云岩、细砂岩和云质粉砂岩等是富集的"甜点"（图 7-48）。

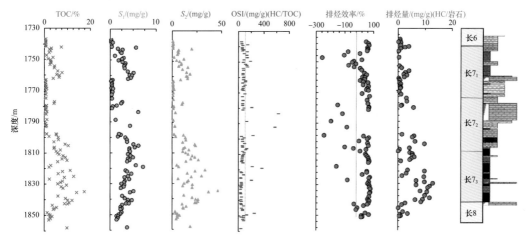

图 7-48　鄂尔多斯盆地 G135 井长 7 段地球化学剖面

此外，在张 22 井长 7 段富有机质页岩段还观察到页岩段因有机质丰度不同而在层间发生烃微运移的现象。该井长 7 段页岩共计 67m，TOC 纵向可以划分为三段，即两个高 TOC 段和一个低 TOC 段。最顶部的 38m 页岩段 TOC 平均值为 7.3%，抽提产率为 3.4mg/g（HC/ 岩石），最下部一段页岩厚 22m，TOC 平均值为 4.95%，抽提产率达 6.1mg/g（HC/岩石）。中间一段页岩厚 7m，TOC 最低，仅 3.0%，但抽提产率介于 8～12mg/g（HC/ 岩石），是页岩油最富集的层段，即"甜点段"。从运聚动力来看，陆相页岩油富集动力以烃饱和浓度差扩散驱动为主，有机地球化学参数表明，长 7_1 亚段和长 7_2 亚段"甜点段"族组分与上下烃源岩段具有明显差异。"甜点段"饱和烃含量为 81%，高于上下烃源岩段的 65%～66%，同时 C_8 浓度从 0.17mg/g 降低至 0.07mg/g，基于此计算的排烃量与排烃效率表明，"甜点段"以运移富集为主，聚集量最大超过 0.1mg/g；而上下烃源岩段以排烃为主，排烃效率介于 40%～60%。因此，相对低 TOC 页岩层段也能接受来自邻层高 TOC 层段微运移烃输入的机会，值得钻探靶体选择时关注。

三、页岩油试采形势与启示

1. 重点探评井试采情况

陇东页岩油重点探评井区主要为西 233、庄 183 和宁 89 三个井区。

西 233 井区 10 口页岩油水平井目的层均为长 7_2 亚段，初期平均日产油 13.9t，含水 29.7%；目前平均日产油 4.58t，含水 28.5%；截至目前平均投产时间为 3048 天，平均单井累计产油 $2.3×10^4$t，最高单井累计产量达到 $4.2×10^4$t，试验区累计产油 $23.11×10^4$t。

庄 183 井区 10 口页岩油水平井目的层均为长 7_1 亚段，初期平均日产油 14.1t，含水 33.4%；目前平均日产油 7.1t，含水 14.3%；截至目前平均投产时间为 2763 天，平均单井累计产油 2.5×10⁴t，最高单井累计产量达到 2.8×10⁴t，试验区累计产油 24.82×10⁴t。

宁 89 井区 5 口页岩油水平井目的层均为长 7_1 亚段，初期平均日产油 8.1t，含水43.3%；目前平均日产油 4.6t，含水 28.9%；截至目前平均投产时间为 2311 天，平均单井累计产油 1.3×10⁴t，最高单井累计产量达到 1.8×10⁴t，试验区累计产油 6.52×10⁴t。

2. 重点探评井试采规律

1）排液规律

华池区、合水区 19 口探评井通过试油抽汲，返排率为 37.3%，投产含水率即下降至60%；投产 1 个月返排率为 43.1%，含水率下降至 40%，含盐稳定（华池区 25～35g/L，合水区 12g/L）（图 7-49）。

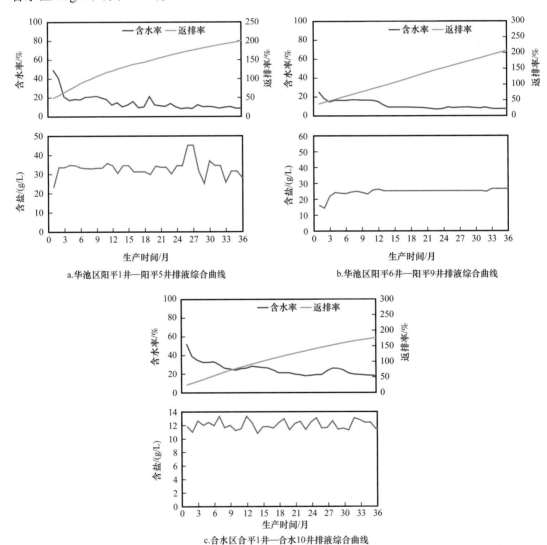

a. 华池区阳平1井—阳平5井排液综合曲线

b. 华池区阳平6井—阳平9井排液综合曲线

c. 合水区合平1井—合水10井排液综合曲线

图 7-49 鄂尔多斯盆地页岩油探评井排液综合曲线

2）动液面变化

华池区、合水区探评井动液面对比显示，阳平1井—阳平5井、合平1井—合平10井第1年内动液面月平均降幅分别为38m、35m，阳平6井—阳平9井自喷52个月（图7-50）。

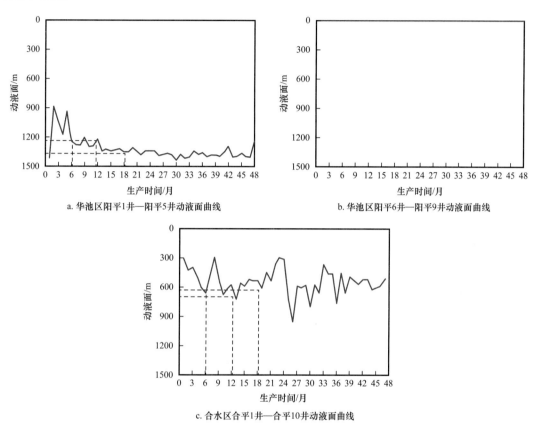

a. 华池区阳平1井—阳平5井动液面曲线   b. 华池区阳平6井—阳平9井动液面曲线

c. 合水区合平1井—合平10井动液面曲线

图7-50 鄂尔多斯盆地页岩油探评井动液面变化曲线

3）生产气油比变化

阳平6井—阳平9井投产初期放喷，液量控制在22m³/d左右，流饱比控制在1.5，生产气油比稳定在20m³/t，稳产形势好，平均单井累计产油3.6×10⁴t，地质储量采出程度5.3%（图7-51）。

阳平1井—阳平5井初期液量达到30m³/d，流饱比低于1.0，导致地层过早脱气，初期生产气油比达到500m³/t，地层能量快速下降，递减大，平均单井累计产油1.22×10⁴t，地质储量采出程度5.1%（图7-52）。

阳平1井—阳平5井生产9个月压裂液弹性驱结束，进入岩石和流体弹性驱阶段，含水26.8%，采出程度1.0%；流饱比低于0.8，初期日产气高达4000m³，开发20个月进入溶解气驱，产量递减快，采出程度2.0%（图7-52）。

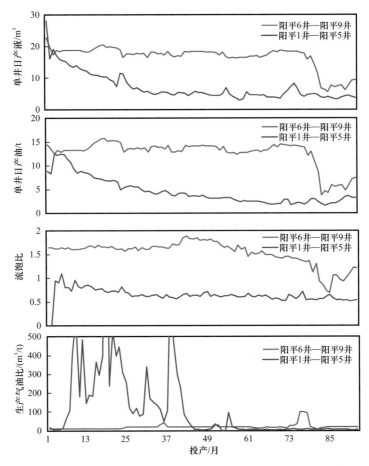

图 7-51 鄂尔多斯盆地阳平 1 井—阳平 5 井与阳平 6 井—阳平 9 井生产对比曲线

阳平 6 井—阳平 9 井生产 17 个月压裂液弹性驱结束，进入岩石和流体弹性驱阶段，含水 9.2%，采出程度 1.0%；流饱比控制在 1.5 以上，日产气控制在 300m³ 以内，生产形势平稳；开发 6 年半进入溶解气驱阶段，产量大幅下降，采出程度 4.8%。

4）递减规律

2012—2014 年，部署水平段长度 1500m 左右的准自然能量开发页岩油水平井 20 口，其中西 233 区 4 口井（阳平 6、阳平 7、阳平 8、阳平 9）由于原油流动性较好、全烃含量较高且压裂改造规模大，开发效果较好，生产初期表现为稳产；剩余 16 口井投产后产量快速下降，符合双曲递减。

阳平 1 井—阳平 5 井水平段长 1500m，井距为 300～600m，符合双曲递减，第 1 年递减 41.2%，第 2 年递减 29.2%，第 3 年递减 22.6%，第一年累计产油 3745t，预测前三年平均单井累计产油 7016t，实际前三年平均单井累计产油 7007t（图 7-53）。

合平 1 井—合平 10 井水平段长 1500m，井距为 1000m，符合双曲递减，前三年递减率分别为 28.6%、18.1%、13.2%，第一年累计产油 5161t，拟合前三年平均单井累计产油 10584t，实际累计产油 11451t（图 7-54）。

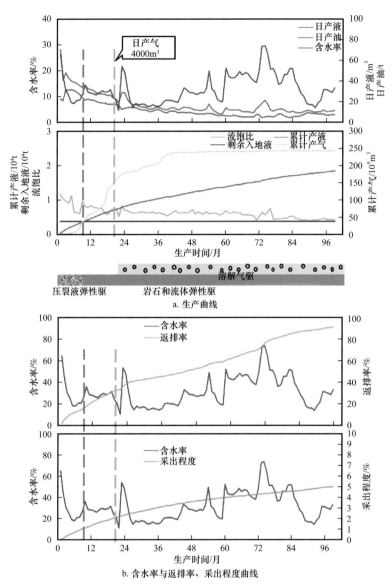

a. 生产曲线

b. 含水率与返排率、采出程度曲线

图 7-52 阳平 1 井—阳平 5 井生产曲线与采出程度曲线

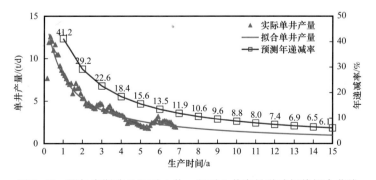

图 7-53 鄂尔多斯盆地阳平 1 井—阳平 5 井产量递减规律拟合曲线

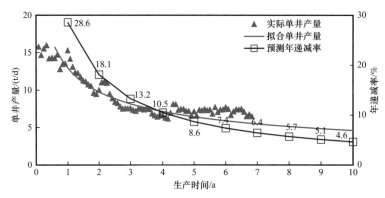

图7-54 鄂尔多斯盆地合平1井—合平10井产量递减规律拟合曲线

受改造方式、改造强度、入地液量与生产制度影响，页岩油准自然能量开发水平井投产后产能、含水率、动液面、生产气油比等参数差异较大。矿场实践表明，合理的改造强度、焖井时间与采液强度有利于提高水平井初期产能，同时保证后期的长效稳产。

3. 开发实践与启示

采用长水平井、小井距开发，大幅提高单井产量，综合矿场实践、油藏特征和单井投资，以及技术经济因素分析，优化确定出合理水平段以1500~2000m为主。示范区全部采用长水平井开发，开发效果较好，目前已完钻水平井488口，平均水平段长度为1682m，投产272口，初期单井日产油由9.6t升至18.6t，水平井前两年累计产油大于7000t；通过井下微地震、物理模拟、数值模拟及经济效益分析，优化出示范区水平井井距为300~400m。陇东页岩油示范区水平井井距主要为300~400m，其中初期采油速度由0.6%~0.8%升至1.8%，采收率由5.1%~6.0%升至9.0%，提高了采油速度和采收率。

优化全生命周期生产制度，提高累计产量。基于页岩油渗吸机理和气油比较高的特点，创新页岩油生产制度，提出焖井补能降含水、合理生产降递减提累计产量的全生命周期生产制度。基于页岩油储层渗吸机理，创新性提出投产前焖井制度。根据岩心渗吸实验、矿场统计，优化出页岩油水平井合理焖井时间为2个月左右。示范区页岩油溶解气油比较高，达到107.2m³/m³。溶解气驱阶段井底压力过低会造成气体析出，大量气体聚并形成气泡后，产生贾敏效应，形成附加阻力。溶解气驱渗流阻力实验显示，低于饱和压力（10MPa）后，渗流阻力升高显著。数值模拟亦表明，与合理生产相比，放压生产初期产量高，但三年累计产油比控压生产低。水平井初期合理流动压力应保持在饱和压力附近，采出程度较高，后期进行控液稳产，形成压焖采一体化增产技术，示范区单井累计采出量从1.8×10^4t上升至2.8×10^4t。

四、发展潜力与对策

"十三五"期间长庆油田分公司依靠地质理论创新，明确了长7段多类型页岩油规模富集成藏的地质条件，形成的配套技术为页岩油效益开发提供了重要技术保障。致密油型页岩油是长 7 段页岩油效益开发的主要目标,"甜点"主要分布在湖盆中部半深湖—深湖区长 7_1 亚段、长 7_2 亚段和湖盆边缘三角洲前缘末端长 7 段,整个盆地已提交探明储量 11.53×10^8t(图 7-55),是今后较长时期内增储上产的现实目标。在庆城油田发现基础上,围绕外围"甜点区"扩展实施整体部署,新落实含油面积超 2000km²。目前,陇东地区近 6000km² 有利范围得到控制,由重力流形成的致密油型页岩油整体储量有望达到 30×10^8t。为进一步拓展湖盆周边侧向运聚成藏的三角洲前缘成因的致密油型页岩油,加大甩开勘探力度,在陕北吴起—志丹—安塞地区新落实有利含油面积近 2000km²,初步发现了储量规模预计近 5×10^8t 的新区带,三角洲前缘靠近深湖区范围形成的过渡型页岩油,近期勘探也获得重要苗头。加上 2014 年探明的亿吨级新安边油田,陕北新安边—吴起—志丹—安塞地区在三角洲前缘末端砂体中发现有利含油面积累计达 3000km²,提交探明地质储量和预测地质储量合计超 3×10^8t,总体落实了 10×10^8t 储量规模,是页岩油增储上产重要的后备领域。针对纯正型页岩油开展了页岩段直井体积压裂改造试验,14 口井获工业油流,突破了出油关。2019 年在华池地区东南部部署城页 1 井和城页 2 井两口水

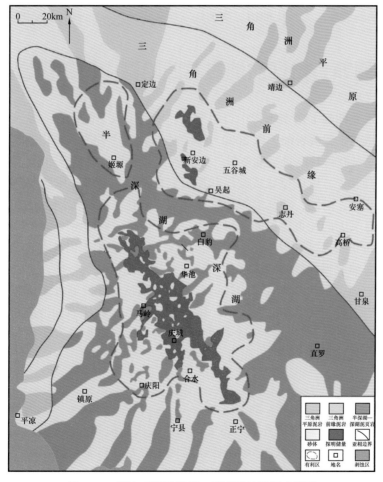

图 7-55 鄂尔多斯盆地长 7 段页岩油勘探成果图

平井开展纯正型页岩油风险勘探攻关试验，两口水平井试油分别获 121.38t/d 和 108.38t/d 高产油流，有力推动了纯正型页岩油的勘探发展。半深湖—深湖区厚层页岩夹薄层粉、细砂岩组合分布面积广，源储配置条件有利，烃源岩成熟区（$R_o>0.7\%$）面积约 $2.6\times10^4km^2$，估算页岩油远景资源量约 60×10^8t，是下一步页岩油攻关探索的潜在领域。地下原位加热转化技术是有望实现中低熟页岩油资源有效开发利用的关键技术，基于原位加热转化技术对中低熟页岩油进行评价，原位转化资源潜力十分巨大，资源规模达数百亿吨，长 7_3 亚段页岩油原位转化现实性最好。"十四五"期间，将持续探索原位转化油气生成与产出机理，建立热—流—固三场耦合和固—液—气三相耦合理论模型，加快关键技术设备引进，推动先导试验实施进展。

"十四五"期间，长庆油田将围绕页岩油富集机理、多学科"甜点"综合评价和压裂增产等关键理论和技术问题，加强攻关，做好顶层设计，统筹规划，通过地质、地震、测井、储层改造等多学科联合，创新内陆湖盆低压页岩油勘探理论和配套技术。继续扩大庆城油田的勘探成果，加强庆城油田外围勘探，落实规模含油富集区；积极拓展盆地周边三角洲前缘致密油型页岩油勘探新领域，开拓新的含油富集区；持续加大科研攻关力度，积极探索纯正型页岩油新类型，为长庆油田二次加快发展和保证国家能源安全提供资源保障。

第四节　松辽盆地古龙凹陷青山口组页岩油

松辽盆地古龙凹陷上白垩统青山口组一段、二段（以下简称青一段、青二段）页岩油是典型的陆相纯正型页岩油，以 2020 年初在古页油平 1 井测试获得高产为标志，随后多口井钻探和测试获得较高页岩油产量，标志着大庆古龙凹陷页岩油勘探取得重要突破。古龙凹陷青一段、青二段以层状或纹层状泥页岩为主，与新疆吉木萨尔凹陷芦草沟组和鄂尔多斯盆地长 7_{1+2} 亚段，乃至渤海湾盆地沧东凹陷孔二段都不同，在古龙凹陷发现的页岩油是真正意义上的纯页岩里面产出的油，油质很轻，原油密度为 $0.79g/cm^3$，原始气油比超过 $2000m^3/m^3$，这是古龙页岩油能从页岩微纳米孔隙中产出并有较高产量的重要原因。在古龙页岩油取得突破后，大庆油田研究人员从沉积储层特征、页岩油"甜点"形成条件与富集机理、有利富集区分布特征与有效工程技术开发等方面快速开展了大量基础研究，也获得了重要成果和创新认识，并于 2020 年在《大庆石油地质与开发》上发表了专辑。本节围绕古龙页岩油勘探试采历史、页岩油形成富集基本条件与分布特征、开发试采形势与未来发展前景等进行介绍，以飨读者。

一、基本概况

松辽盆地中央坳陷区包括齐家—古龙凹陷、大庆长垣和三肇凹陷等二级构造单元，是古龙页岩油勘探目标区（图 7-56）。松辽盆地主要发育白垩系沉积层序，其中青山口组、嫩江组是盆地两期大规模湖侵形成的半深湖—深湖相地层，广泛发育厚层暗色页岩（图 7-57）。

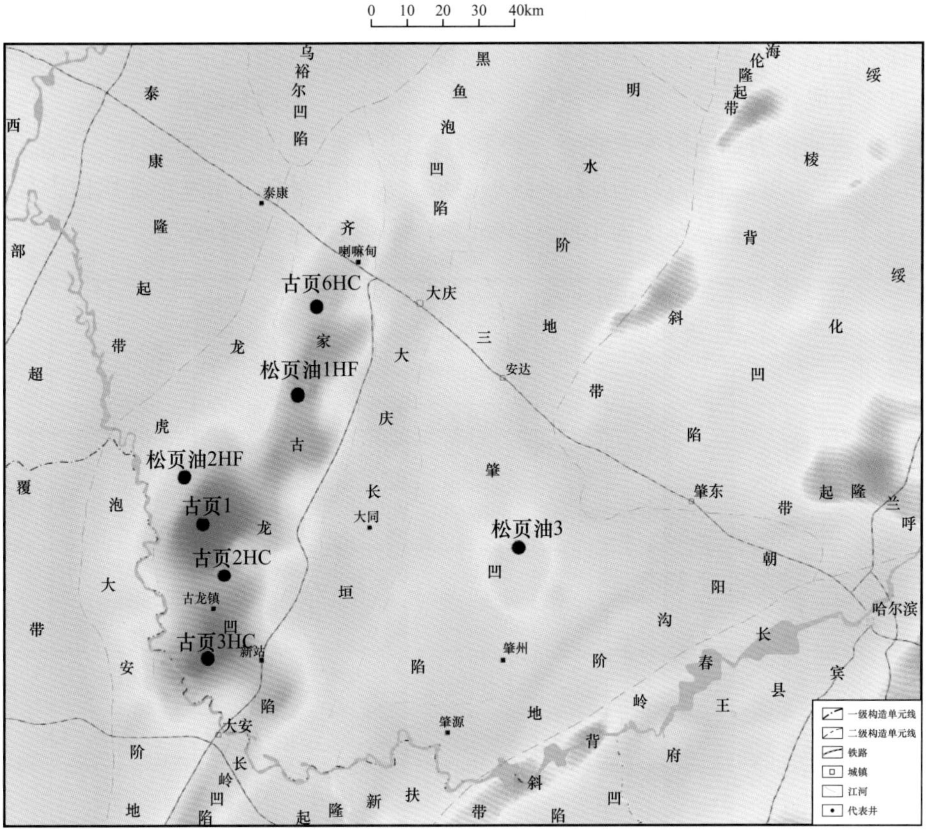

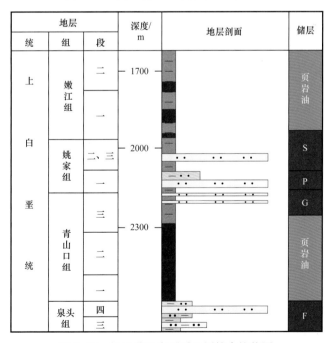

图 7-56　松辽盆地北部构造地理位置图

地层			深度/	地层剖面	储层
统	组	段	m		
上白垩统	嫩江组	二	1700		页岩油
		一			
	姚家组	二、三	2000		S
		一			P
					G
	青山口组	三	2300		页岩油
		二			
		一			
	泉头组	四			F
		三			

图 7-57　松辽盆地白垩系地层综合柱状图

古龙页岩油主要分布在青一段和青二段下部，中央坳陷区几乎全部沉积了巨厚的半深湖—深湖相富有机质页岩，厚度为 90～270m，面积在 $3 \times 10^4 \text{km}^2$ 以上。页岩有机质丰度高，热演化成熟度适中，且地层超压，有利于页岩油的形成和富集。

古龙页岩油主力油层段发育在青一段和青二段下部，根据岩性、电性、含油性（S_1+OSI）和有机质丰度、孔隙度与压力系数等参数，纵向上可划分出 9 个油层段，分别命名为 Q_1—Q_9（图 7-58），总厚度为 106～149m，单层厚度为 10～25m。

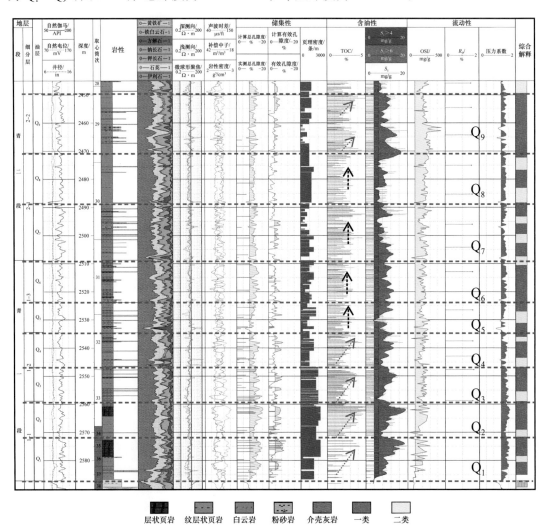

图 7-58　松辽盆地古龙凹陷青山口组页岩油主力油层段划分与分布

松辽盆地北部青山口组页岩中油气显示最早见于 20 世纪 60 年代，在多口钻遇泥页岩层段的井中发现沿着层理面常有原油渗出。当时认为，泥页岩作为生油岩存在渗油现象是正常的，尚未认识到泥页岩地层可以形成工业产量。大致以 2000 年为时间界限，之前主要是运用常规油气成藏理念，围绕泥页岩裂缝油气藏开展了一些探索工作，也可称为页岩油的探索准备阶段。1981 年在古龙地区钻探了英 12 井，在青一段泥岩裂缝中见到良好油气显示，试油获得日产油 3.83t、气 441m³ 的油流，实现了泥岩裂缝油藏勘探的突破。1983—1991 年为泥岩裂缝油藏探索准备阶段，1983 年部署钻探了英 18 井，在青一段泥岩裂缝发育段厚 93.87m 段试油获 1.7t/d 油、21m³/d 气的低产油气流。1989 年又先后部署哈 14 井、哈 18 井。其中哈 14 井在泥岩裂缝段用 HST 测试获 0.72t/d 低产油流；哈 18 井在泥岩裂缝段实施 MFE 测试获 0.92t/d 低产。该阶段的探索一方面证实泥岩裂缝的含油性，同时也认识到泥岩裂缝含油的复杂性和强非均质性。为进一步探索泥岩裂缝油藏的产油能力，1998 年在古龙凹陷他拉哈向斜西北部钻探了古平 1 井，该井于 1999 年 5 月完钻，水平段长度为 1001.5m，测井揭示青一段有差油层 732m，对主要油层段采取筛管完井，试油获日产 1.51t，效果不理想，此后勘探放缓，转入以研究为主。

2000—2010 年这 10 年是松辽盆地北部页岩油勘探沉寂期，实际投入工作量不大。

从 2010 年开始进入页岩油认识深化阶段，中国石油设立了重大专项，开展页岩油专项研究，优选脆性较好的泥页岩段，通过改进压裂液配方和工艺技术，以哈 18 井老井重新压裂，采用分级压裂技术，用纤维转向压裂液和陶粒支撑剂，对青山口组泥岩进行两段改造，获日产 3.58t 油流，提高产量 5.6 倍。从 2011 年开始采用致密油勘探理念和技术，对与烃源岩间互的、资源品位更低的致密砂岩型页岩油展开探索，针对青二段致密砂岩型页岩油部署齐平 1 井，该井获日产 10.2t 的工业油流，试采 721 天累计产油 1074t；齐平 2 井获日产油 31.96t。2016 年大庆油田与中国地质调查局沈阳地质调查中心合作，共同开展了松页油 1 井、松页油 2 井的井位部署与设计，在齐家凹陷南部部署完钻了松页油 1 井，在古龙西部巴彦查干地区部署了松页油 2 井。两口井都进行了长井段取心，完成了多项基础分析化验，优选青一段页岩油富集层进行压裂，分别获得日产 3.22t 和 4.93t 的油流，证实古龙凹陷青山口组页岩油储层具备产油能力。

为了进一步探索页岩油勘探的价值与地位，也得益于国内其他探区在陆相页岩油勘探中获得突破的启发，开始转变勘探观念，向半深湖—深湖区资源规模更大的纯页岩层系进军。从 2018 年开始继续与中国地质调查局合作，在已获得油流的松页油 1 井、松页油 2 井基础上，部署钻探了松页油 1HF 井和松页油 2HF 井，分别获日产 11.9t 和 9.8t 的工业油流，展示了古龙页岩油良好的含油性。为实现页岩油实质性突破，几乎是与松页油 1 井、松页油 2HF 井部署的同时，大庆油田在古龙凹陷深部位钻探了古页 1 井，经过大井段取心和分析化验，深化了对纯页岩储层特征及含油性的认识。2019 年针对古页 1 井底部高有机质页岩段，实施钻探了古页油平 1 井，该井垂直井深 2544.9m，水平段长 1562m，按照体积改造理念，开展了大规模压裂改造技术试验，并取得成功，获日产油 30.5t、日产气 13032m³ 的高产工业油气流，实现了古龙页岩油勘探的历史性突破，开启了松辽盆地纯正型页岩油大规模勘探与试采生产的新历程。

截至 2021 年底，古龙凹陷青一段 + 青二段页岩油共有试采井 18 口，其中水平井为 3+12（当年仅生产 2 个月）口，累计产油 2.7×10⁴t（2021 年当年生产 1.8×10⁴t），产气 1147×10⁸m³。

根据最新一轮资源评价，松辽盆地北部青山口组中高熟页岩油有利区面积为 1.46×10⁴km²，预测页岩油地质资源量为 151×10⁸t，天然气资源量为 1.9×10¹²m³。2021 年古龙页岩油已提交预测地质储量 $12.68 \times 10^8 t$，经过试采，如果依靠理论认识和技术进步有效提高采收率和单井累计采出油量；依靠工程技术进步和管理创新较大幅度降低成本，能突破经济开发关，松辽盆地北部地区陆相纯正型页岩油将具有广阔的勘探开发前景，对支撑大庆油田可持续发展具有重要意义。

二、富集控制因素与分布特征

与国内其他陆相页岩油发育区相比，松辽盆地北部古龙页岩油在有机质类型与热演化程度、页岩岩石组构、物性特征、含油性与流动性以及页岩油富集分布控制因素等方面都有其自身特点，以现有分析化验资料和研究认识为基础，概括如下。

1. 页岩油形成的地质背景与条件

松辽盆地晚白垩世青山口组沉积时期为湖泛期，湖盆范围广。松辽盆地北部湖区面积超过 $7.0 \times 10^4 km^2$，半深湖—深湖相沉积面积超过 $3 \times 10^4 km^2$，淡水、温暖潮湿、还原、欠补偿、伴有有限火山喷发事件的沉积环境（图 7-59），有利于有机质的富集和保存，发育大面积的青一段、青二段黑色泥岩和页岩。青一段在古龙凹陷分布厚度大，一般为 70～90m，青二段厚度普遍大于 100m，古龙地区超过 200m（图 7-60）。除青山口组外，嫩江组一段、二段沉积时期，也发育深湖—半深湖相黑色泥岩，分布面积超过 $9.0 \times 10^4 km^2$。中央坳陷区嫩江组一段黑色泥岩厚度超过 100m，嫩江组二段黑色泥岩厚度超过 160m。嫩江组一段、二段泥页岩成熟度偏低，成熟烃源岩局限在古龙凹陷中心很有限部位。

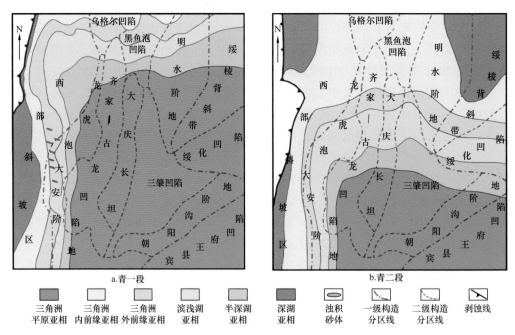

图 7-59　松辽盆地北部青一段、青二段沉积相图（据王玉华等，2020）

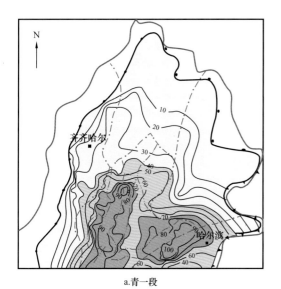

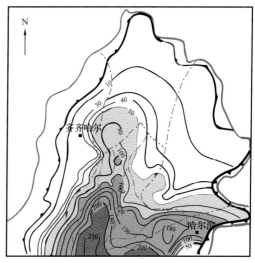

a.青一段　　　　　　　　　　　　　　　　b.青二段

◇ 盆地边界　◇ 一级构造分区线　◇ 二级构造分区线　／ 超覆线　／ 剥蚀线　⑤ 厚度等值线/m

图 7-60　松辽盆地北部青一段、青二段暗色泥岩厚度图（据王玉华等，2020）

依据古生物和地球化学资料分析，松辽盆地青山口组沉积时期，气候温暖潮湿，富营养淡水湖泊中，藻类繁盛，同时湖水深度较大，盆内深部热流体较活跃，地温梯度较高，火山喷发也较为活跃，为水体生物勃发提供了丰富的 P、Fe 等营养元素，湖盆水体营养化触发高生物生产力。由于古湖泊水体较深，出现大面积的缺氧—厌氧带，使得沉积物中丰富的有机质得以良好保存，为松辽盆地北部页岩油富集提供了丰富的物质基础。有机质丰度是生烃强度的重要影响参数，通过对古龙地区 12 口长井段富有机质页岩的地球化学分析表明，纵向上青一段有机质丰度高于青二段，青一段 TOC 平均为 2.4%，青二段 TOC 平均为 1.8%。平面上，青一段在齐家—古龙凹陷到三肇凹陷等广大地区有机质丰度都比较高，TOC 以 2.0%～4.0% 为主，且三肇凹陷优于齐家—古龙凹陷，其中古龙地区 TOC 普遍大于 2.0%，部分钻井证实高达 10%，三肇地区 TOC 平均为 3.0%。青二段有机质丰度相对低，TOC 一般为 1.0%～2.0%，平均为 1.5%。青二段下部有机质丰度较高，是页岩油较有利的发育层段（图 7-61）。青一段和青二段有机质类型以 Ⅰ 型和 Ⅱ₁ 型为主（图 7-62），青一段氢指数（HI）可达 1000mg/g（HC/TOC），青二段氢指数也在 700mg/g（HC/TOC）左右，生油母质主要为层状藻，生油潜力大。

通过青山口组烃源岩生烃动力学研究，在四方台子组—嫩江组沉积末期，烃源岩开始陆续进入成熟阶段。当 R_o 达到 0.75% 时，干酪根生油可满足自身吸附并开始有排烃发生。随着埋藏深度进一步增加，R_o 达到 1.0% 以上时，干酪根生烃转化率快速增加，烃源岩进入快速生排烃阶段，在生烃作用下地层原始压力也不断增大，地层能量充足，油质变好。根据松辽盆地北部青一段、青二段 40 口井共 283 个页岩岩心样品实测分析，青山口组成熟度随埋深增加呈增大趋势，R_o 一般分布在 0.5%～1.6% 之间。平面上看，青一段 R_o 以齐家—古龙凹陷最高，为 0.75%～1.7%，大庆长垣、三肇凹陷 R_o 为 0.5%～1.0%；青二段 R_o 较青一段有所降低，但在齐家—古龙凹陷 R_o 相对较高，为 0.75%～1.5%，大庆

· 425 ·

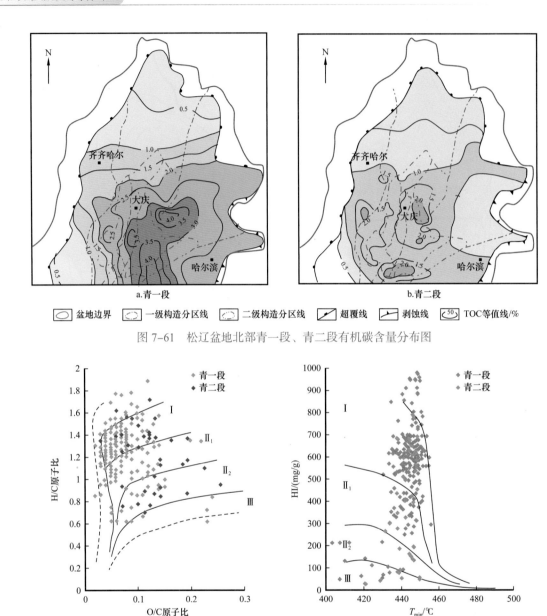

图 7-61　松辽盆地北部青一段、青二段有机碳含量分布图

图 7-62　松辽盆地北部青山口组有机质类型划分图

长垣、三肇凹陷 R_o 为 0.4%~0.9%，整体上齐家—古龙凹陷和三肇凹陷是主要生油气中心（图 7-63）。原油实测数据分析表明，成熟度越高，原油密度越小，黏度越低，地层压力系数也越大，成熟度高的齐家—古龙凹陷内部压力系数在 1.57 以上，证实了成熟度是决定页岩油形成和富集的关键因素。

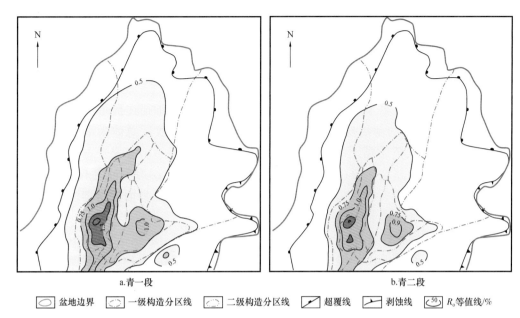

a.青一段　　　　　　　　　　　　　　　　b.青二段

◯ 盆地边界　⬡ 一级构造分区线　⬡ 二级构造分区线　／ 超覆线　⟋ 剥蚀线　⬭⁵⁰ R_o等值线/%

图 7-63　松辽盆地北部青一段、青二段成熟度分布图

依据松辽盆地北部地区 10 余口井的岩心观察及样品分析测试数据，将青山口组页岩岩相划分为 5 大类，即页岩相、泥岩相、粉砂质岩相、灰质岩相及云质岩相。其中页岩根据岩石组构特征可细分为纹层状页岩和层状页岩（图 7-64）。通过青山口组三口系统取

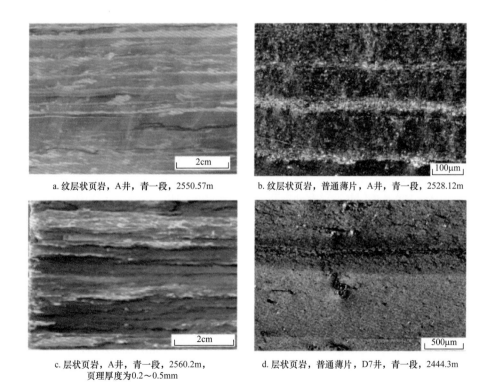

a. 纹层状页岩，A井，青一段，2550.57m　　　　b. 纹层状页岩，普通薄片，A井，青一段，2528.12m

c. 层状页岩，A井，青一段，2560.2m，
页理厚度为0.2~0.5mm　　　　d. 层状页岩，普通薄片，D7井，青一段，2444.3m

图 7-64　松辽盆地北部青山口组页岩特征与薄片照片

心井共计 765m 岩心的观察描述，纹层状页岩最发育，累计厚度占页岩总厚度的 85% 左右。从颗粒成分构成看，古龙地区青山口组多以长英质泥页岩为主，其次为混合质泥页岩和碳酸盐质泥页岩，黏土质泥页岩不发育。由于受沉积古物源输入、气候与水体环境变化的影响，古龙页岩层系中见密集发育的石英、方解石、白云石等细粒纹层，纹层厚度一般小于 1cm。对古页 1 井岩心剖面扫描及微尺度薄片精细描述揭示，在 7cm 的岩心范围内见大于 0.5mm 的薄纹层达 22 层，每米可达 310 层，纹层总体为水平层理。方解石、白云石纹层与长英质黏土矿物一般呈突变接触，纹层平直。齐家—古龙地区纹层状页岩最为发育，纹层厚度一般在 1mm 左右；三肇凹陷该类纹层最厚可达 1cm。不同纹层之间矿物组分存在差异，导致力学性质不同，容易沿不同纹层界面发生剥离，这对于井下压裂沿层面形成水平缝十分有利。

古龙页岩页理缝比较发育。岩心见书页状页理缝，厚度一般在 0.2～1mm 之间，青一段页理最为发育，页理厚度一般小于 0.5mm；平面上古龙地区页理发育程度比其他地区更好。在扫描电镜下，页理缝宽度可达 300nm。模拟地层状态下的覆压渗透率，水平方向渗透率在 0.011～1.62mD 之间，垂直方向渗透率小于 0.0001mD，相差超过千倍。页理缝是古龙页岩油富集的主要空间之一，更是油气地下渗滤流动的重要通道，对页岩油富集高产具有重要意义。在对页岩储层实施大规模体积压裂后，试油井具有较好的返排能力，说明储层具有较好的渗透性。古龙页岩储集空间类型多样，以黏土矿物粒间孔、晶间孔、页理缝为主，其次发育有机孔（图 7-65）。孔隙直径一般在 1μm 以下。虽然这些孔隙小、连通性差，但是孔隙数量多，有效孔隙度一般在 2%～8% 之间，平均为 3.4%。主要"甜点段"平均孔隙度可达 6.1%。总体看，古龙页岩纳米级孔隙储集空间较大，这是纯页岩储层能有较高生产能力的重要原因。

古龙页岩的含油气性比较好，岩心实测及二维核磁共振分析，平均含油饱和度在 45% 以上；主力"甜点段"的含油饱和度为 76%～88%。宏观岩心观察古龙页岩含油气性明显，岩心沿页理面、纵向缝普遍见油膜或荧光显示；钻井过程中遇青山口组经常发生气侵现象。扫描电镜分析发现，石油以游离态、吸附态赋存在基质孔隙、微裂缝内，可见油膜呈连续状态贴附在孔隙内壁。激光共聚焦揭示，页岩内石油整体呈孤立状分布在孔隙内及页理缝内，局部沿纹层和页理面呈富集特征。青一段岩心现场实测游离烃 S_1 一般为 1～10mg/g（HC/ 岩石），最高达 22mg/g（HC/ 岩石）。其中主力"甜点段"青一段中下部 S_1 平均在 5mg/g（HC/ 岩石）以上。平面上，齐家—古龙凹陷含油性最好，青一段 S_1 一般为 4～8mg/g（HC/ 岩石），三肇凹陷青一段 S_1 一般为 2～5mg/g（HC/ 岩石）（图 7-66）。整体看，古龙页岩的含油性好，呈现大段连续含油特征，在油质比较好的条件下，地下可动烃数量比较多，如果热成熟度不够高（以 $R_o<0.8\%$），尽管含油性好，是否能有足够多的可动烃量，将决定页岩油的经济可采性，还有待试采结果回答。

古龙页岩热演化程度较高，气油比较大，总体看页岩油的流动性较好。由于古龙页岩生烃量大，有机质及无机矿物吸附油气达到饱和状态以后，在青一段和青二段下部的"甜点段"就会出现石油超越效应，即可动油指数（OSI）整体超过 100mg/g，而且随着

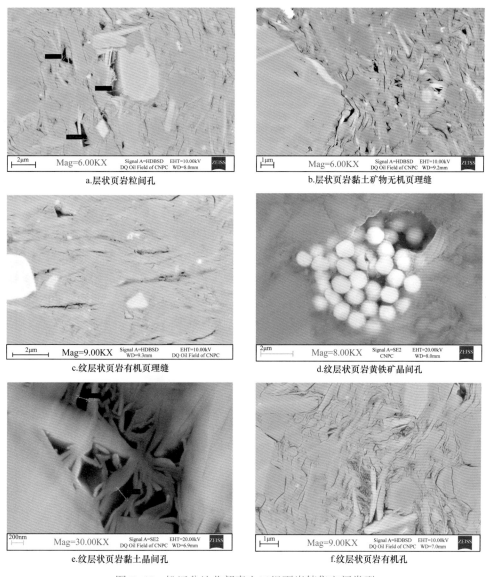

图 7-65　松辽盆地北部青山口组页岩储集空间类型

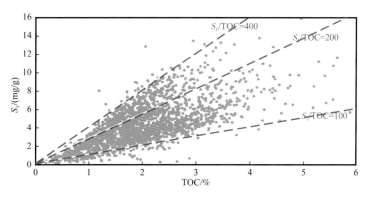

图 7-66　松辽盆地北部青山口组页岩油含油性特征

埋藏深度增加，可动油指数明显增大，最高可达400mg/g，可动油超越效应更加明显，表明页岩油可动性变好（图7-67）。同时，古龙页岩油原油物性好，20℃下原油密度一般为0.79～0.83g/cm³，黏度一般为3～15mPa·s，生产气油比一般在80～500m³/m³之间，气油比较高，说明高热演化程度和良好的保存条件对改善页岩油品质和地下流动性具有重要控制作用。古龙页岩油储层压力较高，压力系数一般在1.2～1.5之间，试油井也证实了地层能量充足，古页油平1井等多口井增产改造后，一直自喷产油。总体来看，国外页岩油主要为轻质油和凝析油，国内多个探区因热成熟度不够高，页岩油油质多数较重，这是影响页岩油单井累计采出量经济性的重要因素，而古龙页岩油是国内不多的油质轻、黏度低、地层压力大、流动性好的页岩油之一，这是高黏土含量纯页岩地层能够形成较高单井产量并具有一定稳产能力的重要因素。

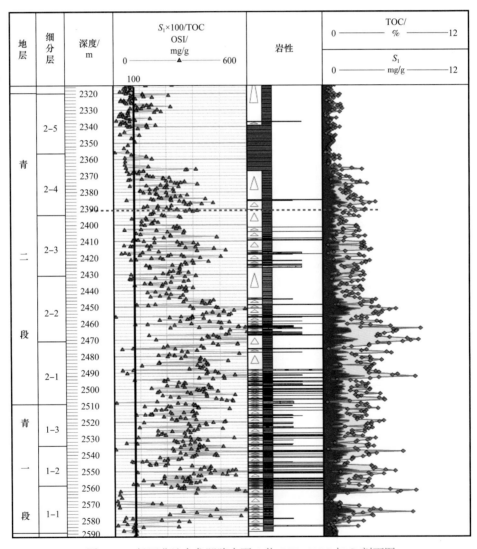

图7-67　松辽盆地古龙凹陷古页1井OSI、TOC与S_1剖面图

2. 页岩油富集主控因素与分布特征

松辽盆地北部页岩油气勘探与开发试采尚处于早期阶段，很多地质认识还处于探索总结阶段，未来还有很大完善和发展空间。为了让地质研究能有效指导勘探行稳致远，本单元就现阶段认识进展进行归纳，以期对推动古龙页岩油勘探加快发展有所助益，同时也希望引起业界共鸣，通过深化研究共同推动纯正型页岩油富集与分布理论的完善和发展。

1）"四高一有利"控制页岩油"甜点段"形成分布

以实验分析数据和有限试油试采结果为基础，结合测井综合评价结果，特别是通过对古页1井和朝21井两口热成熟度不同的页岩油井开展密集取样分析及岩心厘米级精细描述，开展古龙页岩储集性、含油性、原油流动性与储层可压裂性的"四性"特征研究，提出古龙页岩油"甜点"分布特征和划分标准，列于表7-5、表7-6中。

表7-5 古龙页岩油富集层综合评价参数表

参数	一类层	二类层	三类层
S_1/（mg/g）	≥6.0	4.0～6.0	≥2.0
TOC/%	≥2.0	≥1.5	≥1.0
有效孔隙度 /%	≥6.0	≥4.0	≥3.0
总孔隙度 /%	≥8.0	≥6.0	<6.0
含油饱和度 /%	≥55	45～55	<45
页理密度 /（条 /m）	≥1000	500～1000	<500
脆性矿物含量 /%	≥40		≥30
连续厚度 /m	≥2.0		

表7-6 古龙页岩油富集区综合评价参数表

参数	一类区	二类区	三类区	备注
成熟度 /%	≥1.2	1.0～1.2	0.75～1.0	核心
压力系数	≥1.2	<1.2		核心
高富层占比 /%	≥60	40～60	<40	核心
气油比 /（m³/m³）	≥50	<50		关键
富集面积 /km²	≥200	100～200	<100	参考
原油密度 /（g/cm³）	≤0.8	0.8～0.84	>0.84	参考
原油黏度 /（mPa·s）	≤10	10～15	>15	参考

这里所说的"四高"是指高有机碳含量、高滞留烃含量、高热演化程度和高孔隙度；"一有利岩相"是指层状和纹层状页岩。

古龙页岩储集性"甜点"主要分布在青一段—青二段下部，岩心实测总孔隙度为6.2%～11.6%，有效孔隙度为2.3%～7.1%。位于古龙凹陷深部位的古页1井烃源岩R_o高达1.67%，页岩总孔隙度为6.4%～11.6%，有效孔隙度为3.4%～7.1%，尤以青一段底部纹层状、层状页岩相物性最好，总孔隙度为7.9%～11.6%，有效孔隙度达5.2%～7.1%，由于页理缝发育，水平渗透率可达0.58～3mD，青一段底部发育2层高有机质层状、纹层状页岩"甜点层"，总孔隙度平均分别为11.5%和9.9%，是古龙页岩优质储集性"甜点"。

有机碳含量、游离烃含量是评价古龙页岩含油性的重要参数。已有的有限探井揭示，古龙页岩TOC多数大于2%，S_1大于4mg/g（HC/岩石）属于一类含油"甜点层"。从古页1井青山口组含油性参数变化特征看，TOC和S_1在青二段2-2层组中部具有明显突变特征，2-2层组中部以下的各层含油性整体都能达到一类"甜点层"标准，是松辽盆地北部页岩油主要"甜点段"，以1-2、1-1层组含油性最好，S_1平均在4mg/g（HC/岩石）以上，含油饱和度为42.9%～63.7%，是古龙页岩油优质"甜点段"。随着埋深增加，热成熟度增大，在油气大量生成和游离油增加的同时，地层压力也增高，同时原油物性随着轻组分增多而变好，原油黏度降低，流动性变好。图7-68是古龙页岩随热成熟度增高，干酪根的氢指数（HI）、生烃转化率（氯仿沥青"A"/有机碳）与页岩层内部吸附烃和游离烃数量的变化。从图7-68中清晰可见，在R_o从0.9%向1.0%过渡时，干酪根的氢含量明显减少，代表着烃类的大量生成，与烃转化率的变化形成良好的镜像对应关系。同时，页岩层内的吸附烃和游离烃数量都明显增多，说明R_o在0.9%～1.0%阶段是页岩油滞留富集的重要窗口。古龙地区烃源岩多数都已进入高成熟演化阶段，R_o在古龙地区普遍大于1.0%，最高超过1.6%，因此对页岩油滞留富集是个有利条件。由于高热演化条件

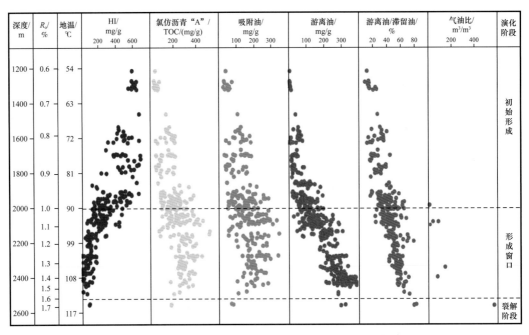

图7-68　松辽盆地古龙页岩油生烃演化模式（据大庆油田内部资料，2021）

产生烃的数量较大，大量滞留烃在烃源岩内部积聚，会造成地层压力增高，地层的内能明显变大。古龙地区一类"甜点段"压力系数平均在 1.30～1.56 之间，压力系数高，说明地层滞留烃数量较多，地层能量充足，如果再有良好的原油品质和地下较好的可流动性配合，单井获得较高的累计采出量就有机会，资源的经济性就有较大概率。应该指出，三肇凹陷区烃源岩从母质丰度和滞留烃含量来说，比古龙凹陷还要好，但热成熟度总体偏低，R_o 主体为 0.5%～0.75%，烃源岩刚进入液态窗门限，原油密度大，黏度高，气油比低（5～10m³/m³），原油地下流动性较差。此外，地层压力系数为 1.0～1.2，整体处于常压状态，这可能是影响该区页岩油经济可采性的重要因素，有待通过已钻探井的试采观察。

力学特征是页岩油储层评价的核心要素之一，直接关系到页岩油增产改造实施及单井产量。通过脆性矿物含量法评价，古龙页岩的"甜点层"脆性矿物含量中等，平均在 40% 左右。不同岩性脆性矿物含量不同，其中层状页岩和纹层状页岩脆性矿物平均体积分数分别为 41.4% 和 43.7%。古页 1 井青一段、青二段 254 块 X 射线衍射全岩样品分析表明，岩石矿物以陆源石英、长石为主，其体积分数为 40%～50%，其次是黏土矿物，体积分数一般为 35%～40%，其中脆性矿物体积分数平均在 40% 左右，青一段中上部—青二段下部的脆性矿物体积分数大于 45%，厚度为 151.63m；其他层段脆性矿物体积分数为 40%～45%。泊—杨法力学参数计算表明储层脆性指数一般为 31%～41.6%，青一段下部脆性指数小于 35%，青一段中上部至青二段下部"甜点层"，脆性指数平均为 33%～38%，从下到上脆性指数逐渐增加，但总体看，古龙页岩的脆性较低，且黏土矿物含量较高，这些对于页岩地层的可改造性与提高页岩油可流动比例来说都不是好消息。庆幸的是，古龙页岩的成岩演化阶段比较高，总体处于中成岩中后期，这导致岩石固结程度高，黏土矿物大部分已转化为伊利石，从矿物晶格中析出水和硅质成分，不仅增加了脆性，而且也降低了对滞留烃的吸附性。这些对页岩油的提产和增加单井累计采出量又是有利的。总之，古龙页岩油能不能获得较高的单井产量和单井累计采出量，决定了页岩油未来发展的规模与地位。这其中有两类"甜点"值得关注，一类是"资源甜点"，以 Q_2 下部为代表，即 TOC 高（TOC>3% 甚至>4%）、滞留烃含量高 [S_1 含量>5mg/g 甚至>6mg/g（HC/岩心）] 与黏土矿物含量也高（平均>45%），总孔隙度高（7.9%～11.6%）但有效孔隙度略低（平均 3.2%，核磁共振测井解释孔隙喉道中值半径<0.1μm），滞留烃因有机质丰度高而吸附量偏大，脆性矿物石英主要为自生石英，呈分散状分布，所以岩石脆性较差；另一类是"工程甜点"，以 Q_2 中上部为代表，表现为 TOC 中等（TOC<2.5%），滞留烃数量偏低一些 [S_1 在 2.0～3mg/g（HC/岩心）之间]，但可动烃数量相对较高，总孔隙度略低但有效孔隙度较高（平均 4.8%，核磁共振测井解释孔隙喉道中值半径>4μm），黏土矿物含量（平均 40% 左右）与"资源甜点"相当，而脆性矿物石英主要来自陆源输入，呈层状分布，地层脆性较好。从目前有限井不充分测试来看，似乎"资源甜点"的单井产量不如"工程甜点"的好，基于有限井示踪剂追踪对比分析，前者试采产量在 6～10t/d 之间的概率较高，而后者试采产量小于 5t/d 的概率较大。当然，目前针对测试产量与具体油层的小层对比还有不同意见，究竟哪一类"甜点"的经济性更好，目前尚难定论，有待进一步更精细的工作和试采才能明朗。这里把问题提出来，是认为其重要性不可小觑，因为"资源甜点"的规模更大，分布范围更广泛，一旦成为页岩油经济产量的主要贡献者，则资源总量肯定超过"工程甜点"；而"工程甜点"的规模相对较小，分布范围也有限，如果未来是经济产量的主要贡献者，将会大大降低页岩油资源规模与地位，二者孰重孰轻值得高度关注。

层状和纹层状页岩岩相控制着优质"甜点段"的发育分布。系统联测分析化验揭示，高有机质层状页岩和高有机质纹层状页岩储集性、含油性均较好。据页岩取心井系统分析，古龙凹陷青山口组页岩主要发育 5 大类 11 亚类岩相，其中高有机质纹层状岩相和高有机质层状岩相的 TOC 和 S_1 均为高值，其中高有机质层状页岩相 TOC 和 S_1 分别为 3%～6.1% 和 3.4～9.5mg/g（HC/岩石）；高有机质纹层状页岩 TOC 和 S_1 分别为 2%～4% 和 2～8.3mg/g（HC/岩石）（图 7-69）。另外储层分析表明，层状页岩相主要发育矿物粒间孔、晶间孔和页理缝，总孔隙度为 11.6%，纹层状页岩相发育页理缝、碳酸盐晶间孔和溶孔，形成复杂的孔缝网络体系，储集性好，孔隙度为 7.9%；块状泥岩相主要发育黏土矿物晶间孔，孔缝连通性最差，孔隙度为 5.3%。通常情况下，储集性越好，含油性越高，表现为储集性与含油性呈良好的正相关关系。目前产出的页岩油，主要源自孔缝系统发育的层状和纹层状页岩相。

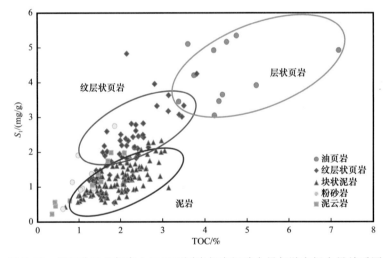

图 7-69　松辽盆地北部青山口组不同岩相有机碳含量与游离烃含量关系图

2）顶底板封闭性和异常高压是页岩油富集高产的重要因素

页岩油是已成熟的石油烃在烃源岩内的留滞，滞留烃数量和品质决定页岩油是否经济可采。除了有机质丰度、类型与热成熟度外，页岩油富集段顶底板的封闭性是决定滞留烃数量、品质与地层能量高低的关键因素。

松辽盆地古龙凹陷页岩油是在纯页岩地层中已形成油气的留滞，由于页岩孔隙总体为微纳米级，加之孔喉结构复杂，要让原油尽可能多地从地层中流出来，就需要有更多的轻烃组分留在烃源岩内部，否则如果地层中滞留的多是重烃组分，那要形成有经济性的产量就很难。所以，页岩油"甜点段"顶底板的封闭性对纯正型页岩油就显得尤为重要。尽管现阶段对古龙页岩油的勘探尚处早期阶段，目前以国家页岩油示范区建设为中心，围绕"甜点段"开展了多类型、多层段和不同热成熟度资源"甜点段"的探索工作，这对全面了解和掌握页岩油富集控制因素、准确把握主要"甜点段"分布特征是十分必要的。但也要注意，从一开始就关注保存条件在纯正型页岩油富集成矿中的作用，而且尽早关注这一问题会有助于减少低效井和无效井的出现。

松辽盆地北部地区青一段底部与泉四段砂岩直接接触。在松辽盆地北部业已发现的大量泉四段扶余致密油层，经油源对比研究证实，油气就来自青山口组烃源岩依靠生烃增压产生的源储剩余压力差，通过倒灌，充注到下伏致密砂岩中，这是被前人早已认识的成藏规律。如果从青一段烃源岩中运移排出去的可动烃越多，则烃源岩内部滞留烃的数量，特别是可动烃数量就会减少。所以从页岩油的富集与经济成矿来说，烃源岩的排烃效率高不是一个有利条件，相反排烃效率越低，滞留烃数量特别是可动烃数量就越多。要让更多的可动烃留在烃源岩内部，有两个重要条件：一是烃源岩的连续厚度要大，这样在厚层烃源岩内部留滞的烃物质数量才会多；二是烃源岩顶底板的封闭性，这是让更多的可动烃留在烃源岩内部的重要条件。为此，统计了松辽盆地北部地区英 X58 井与古页油平 1 井的相关数据，希望以此为窗口来说明保存条件在页岩油富集中的作用。

英 X58 井位于古龙凹陷向西斜坡过渡的转折部位，与古页油平 1 井的直线距离小于20km，英 X58 井青一段顶界埋深 2048m，古页油平 1 井青一段顶界埋深 2508m，两口井青一段埋深相差 460m。从热成熟度看，英 X58 井区青山口组 R_o 在 1.1%～1.2% 之间，古页油平 1 井 R_o 为 1.67%，二者热成熟度相差 0.5% 左右。实际上，如果没有异常热事件存在，这么短的距离、埋深相差仅 460m 的条件下，要让烃源岩热演化成熟度有这么大的变化应该不太容易。实际上，导致两口井之间出现较大热成熟度差异的原因，可能还是在对两口井之间原油组分差异的判断上。英 X58 井青一段测试日产原油 6.72t，原油密度为0.82～0.83g/cm³，气油比为 85～86m³/m³，原油地面呈黑色，属正常原油；古页油平 1 井原油密度为 0.79g/cm³，气油比最高达到 1200m³/m³，原油地面呈半透明状乳白色—浅橙色，是典型的轻质原油。对两井间原油物性的差异，目前占主导地位的解释是因为热成熟度的横向变化。实际上，如果把两口井的烃源岩底板保存条件考虑在内，亦即把轻烃散失的因素计入其中，就不难发现，两口井之间的热成熟度不一定有那么大的变化。实际上，这种原油物性的横向变化除了一小部分热成熟度的差异（比如 R_o 变化在 0.2% 左右）以外，主要是因为底板封闭性的横向变化，导致轻烃散失量有不同而引起的。据统计，英 X58 井青一段下伏的泉头组砂岩有效孔隙度在 6.7%～15.7% 之间，平均有效孔隙度为 10.1%；渗透率为 0.01～0.75mD，平均为 0.23mD。虽然在泉四段没有试油，但钻井过程中见油浸和油斑显示，说明青一段烃源岩内部的滞留油已经向下运移到泉四段中，这可能是导致英 X58 井区原油密度增高的重要原因；古页油平 1 井区泉四段尽管也有砂岩发育，但储层物性明显变差，孔隙度为 3.9%～5.8%，平均为 4.2%，渗透率更低，平均为 0.025mD，钻井过程中未见油气显示，几乎是非储层，作为底板的封闭性明显变好，这对青一段轻烃组分在烃源岩内部的保存有重要作用。随着试采井增多和试采时间延长，特别是围绕 Q_1—Q_4 油层分层试采井与试采结果的增加，那些在泉头组储层物性较好而封闭性较差的部位，Q_1 油层单井累计采出量肯定不如泉头组储层物性差而封闭性好的区域，到那时页岩油顶底板封闭性在纯正型页岩油富集中的地位就会更加明朗。

异常压力是页岩油从微纳米孔隙中运移流出的重要动力之一，因而也是页岩油经济性富集的重要因素。齐家—古龙地区青山口组页岩层系内部普遍发育异常高压。烃源岩开始大量生烃的深度与出现超压的深度相吻合，表明青山口组泥页岩体系异常高压是有机质生烃增压产生的。随着生烃量增加，烃类首先在烃源岩内部的有机质附近聚集，并以吸附态和溶解态存在。生排烃模拟实验揭示，烃源岩在进入成熟（$R_o > 0.9\%$）状态以后，随着热演化程度增加，游离油与滞留烃比值明显升高（图 7-68）。同时烃类的大量生成会引起孔隙流体体积增加，页岩为良好的封闭体系，地层压力就会不断积累，形成异常高压，使得地层内部能量越来越大。据测试，古龙页岩的压力系数普遍大于 1.2，最高达 1.4～1.5，有利于页岩油的产出，对纯正型页岩油获得较高单井累计采油量是个重要因素。

3）中高成岩阶段的页岩具较好可压裂性，有利于纯正型页岩油富集高产

大规模体积压裂改造是页岩油实现经济开发必不可少的技术手段之一。在已报道的国内外页岩油案例中，松辽盆地青山口组黏土矿物含量是最高的。对于黏土矿物含量比较高的青一段、青二段纯页岩层系来说，能否形成有规模的人工缝网是决定能否有经济性页岩油产量的关键因素之一。

研究发现，青山口组黏土矿物中蒙皂石与伊利石具有明显的消长关系，埋深在1650m 以浅，蒙皂石含量还相对较高，比例达到 20%～40%，超过该深度，蒙皂石含量明显减少。高岭石和伊/蒙混层的含量在该深度段也明显降低，而伊利石和绿泥石矿物含量则呈增高趋势（图 7-70）。蒙皂石在向伊利石转化过程中，不仅会从矿物晶格中析出水，同时还会析出一部分硅质，转化的分子式如下（徐同台等，2003）：1.57 蒙皂石（含蒙脱石）$+ 10H_2O + 3.93K^+ \rightarrow 1.0$ 伊利石 $+ 1.57Na^+ + 3.14Ca^{2+} + 4.28Mg^{2+} + 4.78Fe^{2+} + 24.66Si^{2+} + 57O^{2-} + 11.4OH^- + 15.7H_2O$。蒙皂石为易膨胀矿物，而伊利石则不是。这一转化过程不仅消除了蒙皂石遇水膨胀问题，而且增加了页岩的脆性，同时矿物转化还增加了页岩总孔隙数量，这对压裂过程中油层保护、提高岩石可压裂性和改善页岩储层的物性条件都是有利的。古页油平 1 井压裂过程中使用压裂液总量超过 $8 \times 10^4 m^3$，从一个侧面说明古龙地

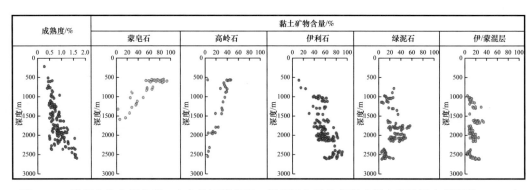

图 7-70　松辽盆地北部齐家—古龙地区蒙皂石—伊利石含量分布图（据大庆油田内部资料，2021）

区青一段页岩具有较好的可压裂性，这得益于页岩的成岩演化阶段较高。从演化阶段看，青山口组页岩现阶段已处于成岩演化的中晚期阶段，使得页岩的脆性较好。因此，对于页岩储层来说，如果成岩演化阶段较高，允许黏土矿物含量较高时仍可以成为页岩油有效储层。另外，有越来越多的研究揭示，有机质含量与黏土矿物含量的多寡，特别是与黏土矿物的比表面积呈正相关。蒙皂石与伊利石的比表面积相差 26.7 倍。早期蒙皂石含量越高对有机质的富集堆积越有利，在黏土矿物发生转化以后，黏土矿物转化增加的微纳米孔隙可以成为滞留烃富集的空间。

三、试采形势与启示

通过对古龙地区不同区带、不同"甜点"层段开展水平井试采试验，以搞清纯正型页岩油的产量变化特征。截至 2021 年底，在古龙地区页岩油共有试采井 18 口，其中水平井 15 口，直井 3 口。水平井中有 3 口井试采时间较长，其余 12 口井试采时间较短。选择试采时间较长的 6 口试油井（3 口水平井，3 口直井）为基础，对试采形势作初步分析。试采井 6 口，试油产量在 9.8～30.5t/d 之间；流态以线性流、缝控流为主，试采平均产量为 1.8～10.9t/d，目前试生产展现出初期产量呈低递减率特征，未来递减规律尚不够明朗，有待进一步试采方能明确。

古页油平 1 井是古龙凹陷深部位的一口井，页岩油的成熟度最高，实测 R_o 为 1.67%，试采层位为青一段下部的 Q_2、Q_3 油层，岩性以黏土质长英页岩为主。钻探水平段长度为 1562m。采用大规模体积压裂技术压裂 36 段，累计加入总砂量 3063m³，总液量 82314m³，加入液态二氧化碳 3475t，纤维 2474kg。

2019 年 9 月 9 日采用直径 2～2.8mm 油嘴放喷排液求产，排液 164 天后见油，累计排液量 16454.6m³，返排率为 19.9%。见油初期采用直径 2.8mm 油嘴控制放喷，产油量快速增长至 3.8t/d；采用直径 5mm 油嘴放喷，日产油稳定在 5.1t，日产气 7489m³；放大油嘴直径到 5.4mm，日产油升至 13.6t，该阶段产液量与生产气油比持续下降；进一步放大油嘴至 5.8mm、6.7mm、7.0mm，产量上升至 18.4t/d、27.8t/d、30.5t/d，整个生产过程中压裂残液比例平缓下降，试油期间最高产量为 30.5t/d。

2020 年 6 月 10 日调整油嘴至 5.8mm 进行试采。试采初期日产油 14.9t、套压 7MPa，日产气 8193m³，试采阶段产量、压力变化整体平缓，产量递减趋势较慢。截至 2021 年 6 月 11 日，共自喷试采 366 天，阶段累计产油 4820.2t，累计产气 303.9×10⁴m³，套压 2.39MPa，压裂液返排率为 59.5%。2021 年 8 月 1 日改用宽幅电泵求产，针阀控制放喷，初期日产油 19.5t、日产气 4868m³；该阶段产量、压力出现较大波动，平均产量在 12t/d 左右，累计生产 89 天，阶段累计产油 1080.7t，累计产气 45.7×10⁴m³，套压 2.34MPa，返排率为 61.87%。目前该井利用井下宽幅离心泵求产，从 2021 年 8 月 1 日求产大致 100 天以来，流动压力从 36MPa 下降到约 16MPa，日产油量从 15～16t 下降到 7～8t；日产气量则呈宽幅变动，从 2500m³ 到 1.0×10⁴m³ 不等，说明地下烃流动状态已经发生较大变化，难免会对单井累计采出油气量产生较大影响。

松页油 1HF 井位于齐家—古龙凹陷北部齐家向斜向北抬起的转折部位，实测 R_o 为 1.3%，也是热成熟度较高区，但低于古页油平 1 井区。目的层为青一段下部的 Q_2 油层，岩性为黏土质长英页岩，地层压力系数为 1.44，钻探水平段长度为 831m。体积压裂 10 段，累计加入总砂量 721m³，总液量 17099m³，液态二氧化碳 600t，纤维 2320kg。

2019 年 7 月 14 日至 10 月 30 日用直径为 1～16mm 的油嘴及敞口放喷排液求产，累计排液量为 3682.74m³，其中返排压裂液 3202.94m³，累计产油 396.3t，总返排率为 18.73%。从 2019 年 10 月 27 日至 29 日敞口自喷求产，日产油 11.9t，日产气 322m³，试油结束。2019 年 11 月 8 日开始试采，初期以 3.47mm 油嘴定产 5m³/d，试采 121 天产量、压力稳定；调整油嘴至 3.49mm 定产 7m³/d 生产 167 天，产量、压力稳定；放大油嘴至 5.55mm，日产油升至 9.07t，压力下降速度变快；调整油嘴至 4.36mm，产量、压力保持稳定，日产油 5.8t，日产气 325m³。截至目前累计生产 623 天，累计产油 3366.6t，累计产气 $17.4×10^4$m³，合计 3505.0t 油当量，返排率为 20.9%（图 7-71），目前关井准备开展二次压裂试验。

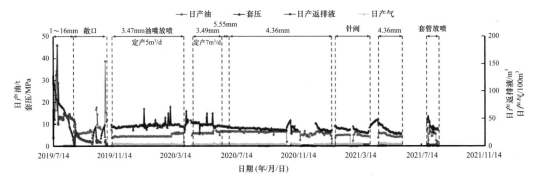

图 7-71 古龙地区松页油 1HF 井综合生产曲线

古页 2HC 井位于齐家—古龙凹陷中部古龙凹陷中高成熟度区，试采层段为青一段下部 Q_2 油层，R_o 实测为 1.36%，地层压力系数为 1.47，钻探水平段长度为 2020m。2020 年 8 月 24 日至 9 月 7 日体积压裂 33 段 106 簇，累计加入总砂量 3517m³，总液量 64941m³，液态二氧化碳 1060t，纤维 3310kg。压后焖井 41 天，2020 年 9 月 8 日开始试油，采用 2mm 油嘴放喷，后 2.8mm 油嘴放喷，2020 年 11 月 8 日见油，见油时压裂液返排率为 3.8%。2020 年 12 月 2 日改 3mm 油嘴日产油升至 2.4t，12 月 7 日改 4.47mm 油嘴放喷日产油 16.33t，12 月 19 日改 5mm 油嘴放喷日产油 11.3～13.0t，之后改用 5.83～6.32mm 油嘴放喷，日产油 11.0～15.8t，压力波动较大。2021 年 4 月 20 日至 5 月 21 日修井作业，开井后采用 3.97mm 油嘴放喷，产量、压力稳定，日产油 8.1t，日产气 2551m³，累计生产 254 天，累计产油 1845.2t，累计产气 $74.7×10^4$m³，合计 2440.1t 油当量，套压 2.4MPa，返排率为 30.0%（图 7-72）。根据古页 2HC 井示踪剂监测资料，目前产量贡献为 20～32 段，水平段指端无产出贡献，为工程套变所致，计算古页 2HC 井有效供液水平段长度为 931m，仅占总水平井段长度的不足一半。

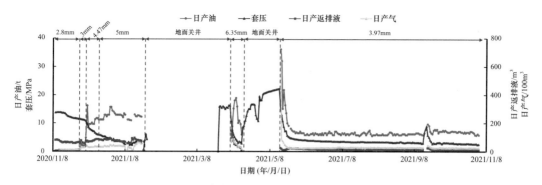

图 7-72 古龙地区古页 2HC 井综合生产曲线

应该说，松辽盆地古龙地区页岩油的试采还很不充分，这主要表现在一是试生产时间不够长，单井产量随试采时间延长会发生什么样的变化，目前还不能下结论。有关单井累计采出量的取值，基本上采用的是致密油型页岩油产量递减模型，而且预测时间长达 8～10 年。实际上，纯正型页岩油的生产时间能否维持 8～10 年那么长时间，目前还难以肯定。这主要是因为随着地层能量的减少和轻烃组分被采出得越来越多，地层中尚未流出的石油烃重组分比例会明显增加，黏土矿物对重烃的吸附性就会越来越强。到那个时候试采井的产量递减方式还会不会按照地层能量较高时那样演变，虽然现阶段还不能定论，但是凭常理估计，不会按照地层能量较高时的产量变化惯性走，而会有不同于以往的较大变化，这是值得纯正型页岩油产区认真关注的问题。二是页岩油合理的生产制度尚未完全建立起来。突出的表现是，面对地下石油烃分布的强非均质性（图 7-73），特别是轻、中、重组分烃混相以后所发生的流动性变化，是该采用什么样的生产制度才能保持多组分烃物质的最佳混相与最佳流动，从而使重组分烃物质有最大的流出量，这

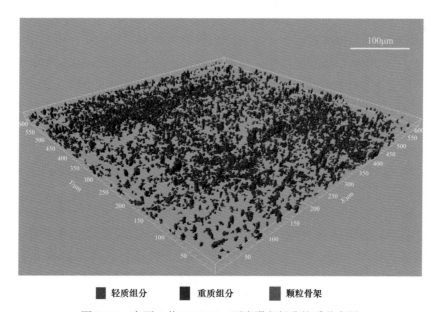

图 7-73 古页 1 井 2558.66m 页岩滞留烃非均质分布图

是一个尚未解决的关键问题，也是到目前为止尚未经过试采清楚落实和回答的问题。从古页油平1井的试采过程，至少看到了以下值得关注的现象：一是试采早期排出的轻烃组分偏多，这就是说轻烃物质容易先期排出地层，需要控制合理作业制度才能控制轻组分的排出。二是在有轻烃存在环境下，通过轻组分烃与重组分烃混相，增加重烃组分的流动性，并伴随着轻组分的排出，能有更多数量的重烃组分被采出来。这就是说，不能让轻烃组分过多和过早地从地层中采出来，需要适度控制它们的采出速度，以便能携带更多重烃组分被一并采出。三是在选择了能够保持地下能量场和烃物质混相与流态相对稳定的生产制度以后，尽可能长地稳定这一制度而不随便改变作业制度，对页岩油产量稳定和获得较高单井累计采出量是很重要的。古页油平1井试采后期调整作业制度，如2021年8月1日改用宽幅电泵求产，产油量和产气量都发生明显变化，特别是产气量跳跃非常大，地层压力也出现较大波动，说明改变生产制度打乱了地下流体相态动平衡，导致地下烃物质流动状态发生较大变化。此后，该井产量稳定性明显变差，套压快速降为零。这些信息值得认真研究，以利于未来建立合理的作业制度。

总之，纯正型页岩油的储层经过大规模改造以后，地层能量会得到提升，投产初期一般具有较强的自喷能力，并表现出油气同出的生产特征。试采产量变化主要受压裂缝控范围影响，试采初期以压裂主缝供给为主，随着主缝供液能力变弱，来自基质孔隙和页理缝的油气供给逐渐增加，当生产120～200天时达到边界控制流阶段，开始进入缓慢递减期，递减速度取决于压裂规模和储层改造的成效。下一步需要按照试采的要求分层段、分井型、分制度开展系统试采，筛选合理的生产制度，搞清纯正型页岩油产量递减规律，为单井累计采出量合理预测提供置信度更高的产量递减模型，同时支撑开展页岩油合理的经济评价。

四、发展潜力与对策

松辽盆地北部古龙地区青山口组页岩油依据热成熟度、气油比、原油密度等参数进一步划分为页岩油轻质油带和稀油带。轻质油带以古龙—齐家凹陷为主体，分布面积为2778km^2，资源量为54.58×10^{8}t，天然气为1.62×10^{12}m^3，是近期勘探开发的重点方向。目前，轻质油带内直井普遍获工业油流，水平井获高产工业油流，证实资源可靠。在古页1区块已经提交页岩油预测地质储量12.68×10^{8}t，为后续资源向效益储量转化奠定了良好基础。大庆油田将在"十四五"期间建成5个开发试验井组，全面展开古龙页岩油国家级示范区建设，力争提交页岩油探明地质储量10×10^{8}t，实现页岩油年产油量100×10^{4}t以上。

稀油带分布面积为1.18×10^{4}km^2，资源量为96.78×10^{8}t，天然气为2989×10^{8}m^3。包括古龙—齐家凹陷轻质油带外围与长垣南—三肇凹陷。这里特别指出的是，长垣南—三肇凹陷青山口组页岩埋深一般为1500～2200m，热演化程度总体偏低，R_o主体为0.5%～0.75%，R_o大于1.0%范围很小，不足以支撑建设有规模的生产区；原油密度一般在0.86g/cm^{3}左右，压力系数一般小于1.2，原油的流动性较差。同时页岩的成岩作用相对较弱，储层物性整体较差，总孔隙度一般为8%～10%，孔喉较小；页岩以纹层状泥岩为主，页理不发育。但长垣南—三肇地区青山口组以深湖—半深湖沉积为主，物源不发育，整体有机质丰度高，含油性较好。针对此类烃源岩品质较好，但储集性、流动性相对较差的页岩油"甜点"，亟需工程技术的改进，才可以有效动用。

古龙页岩油作为全新的资源类型，国内外尚无可直接可复制的成熟地质理论和开发技术。尽管目前有限的勘探开发试采实践已经取得了重要突破，但仍面临着诸多制约页岩油富集"甜点段"选择、最佳开采方法确定和工程技术与工艺对策落实等基础理论不清及技术研发方向不明等问题，需要深化基础研究工作，破解重大机理问题，支撑合理地质评价标准与方法的建立，制定合理的开发对策，形成有效的工程与工艺技术。

通过近几年科研攻关、工程革新、管理创新，古龙页岩油初步形成了原位成藏、原位油藏开发理论框架，建立了页岩油分类评价、高质量高效钻井、压裂增产等核心关键技术。今后大庆油田将会继续开展纯正型页岩油原创理论技术开发，积极建设古龙页岩油国家级示范区，努力开创陆相纯正型页岩油效益开发的示范区。

CHAPTER 8
第八章

页岩油资源潜力评价与未来地位

　　我国陆相页岩油，不论是中高熟页岩油还是中低熟页岩油，要对其资源潜力进行客观评价，到目前为止还有很大难度。如读者所知，资源评价是将对地下油气资源分布的基本特征转为量化参数，然后用相对简单的算式方法进行计算而得到的结果。要让资源评价结果的客观性提高，必须有几个前提：一是勘探程度要达到一定规模，就是地质认识与资料积累要有一定深度，也许一个需要评价的盆地或层系勘探程度虽然很低，但在相似可类比的其他盆地已经获得了足够多的资料，可以满足从已知到未知的类比要求，这样的低勘探程度盆地也可以获得置信度较高的评价结果；二是对油气分布特征已有足够多的样本，支撑对油气分布规律的总结和评价；三是资源的可动用性必须有虽然样本有限但结果可置信的开发实例支撑，以落实资源是否能成为可开发的资源。

　　从以上三点来说，陆相中高熟和中低熟页岩油都不具备在现阶段开展资源潜力预测的条件。前者表现在试采时间不够长，试采样本不够多，成本控制未充分到位，也就是技术进步降成本的空间尚在，以及提高单井累计采出量的基础研究尚未充分进行，未来变化尚不可知等。所以，现阶段的资源总量评价只是初步的，是不是有如计算结果那样大，或者还高于计算结果等，都还需要等待时间回答。后者中低熟页岩油的资源潜力评价就更缺少实际生产资料支撑，目前连一个完整的先导试验都没有，仅仅依靠实验室有限样品的分析结果，结合地质评价图件作了相对简单的求和，这本身精度就比较低。如果与传统的油气资源评价相比，现阶段对中高熟页岩油资源潜力的评价，只相当于成因法估算的远景地质资源量。至于可采资源量与经济可采资源量则尚难计算；而对于中低熟页岩油部分，应该算是成因法计算的远景地质资源量中、把握性最低一级的资源量，有待先导试验有了具体结果以后，同时升级对中低熟页岩油主力层段空间分布与品质量化的评价精度，才能提高评价数据的准确性。

本章分中高熟页岩油和中低熟页岩油两大类，基于现阶段可选择关键地质参数，在预测模型建立基础上，开展了资源潜力预测评价，并就页岩油未来发展方向与地位，提出了笔者的看法，供读者在批判中借鉴和使用。另外，本章对各盆地、探区资源量的评价结果与第七章各探区（油田）评价的资源量数据尚有不同，是本书故意而为之，目的是让读者了解现阶段对两类页岩油资源潜力评价的不同。总体看，现阶段各探区对中高熟页岩油的潜力评价偏于乐观，本章基于自选参数对几个重点盆地页岩油资源量作了测算，另外几个未计算的盆地，则引用了油田的数据，实际上是资源总量的汇总，而非完全的计算结果。最后，本书学者团队还基于自己的评价参数取值，对品质较好、置信度较高的中高熟页岩油地质资源量作了特尔菲评价，也列入本章内容，供读者参考使用。

第一节　中高熟页岩油资源潜力评价

本节按致密油型和纯正型页岩两类建立页岩油资源评价方法，其中过渡型页岩油参照纯正型页岩油评价，选择鄂尔多斯盆地长 7 段、准噶尔盆地吉木萨尔凹陷芦草沟组页岩油和渤海湾盆地沧东凹陷孔店组页岩油进行资源潜力评价，并在此基础上，按类比评价汇总了我国主要页岩层系页岩油资源总量。

一、致密油型页岩油资源评价方法

致密油型页岩油主要发育在富有机质页岩层系的致密砂岩、碳酸盐岩等储层内，其油藏基本特征与致密油藏很相似，主要评价方法选择岩石孔隙体积法（容积法）。

1. 地质资源评价方法

关于致密油资源评价方法在许多文献中已有论述（谌卓恒等，2013；郭秋麟等，2013，2016，2017；王社教等，2014），本书不再一一赘述。以下重点介绍一种基于孔隙容积和生烃量约束的方法，即小面元法在致密油型页岩油资源评价中的应用。

容积法由于方法浅显易懂、操作简便，因而得到广泛应用。但是，对于非均质性很强的致密储层而言，传统的适用于大型目标的容积法，评价结果会有较大误差。此外，容积法的评价结果只有资源量，缺少资源空间分布的可视化信息。为弥补以上不足，需要解决两个关键技术问题，一是定量评估供油量对致密油分布的控制作用；二是进行储层分布空间预测，对储层非均质性进行预测，以落实资源富集区分布等。

采用基于成因法与统计法相结合的综合预测技术，内涵包括四部分：（1）采用 PEBI（Perpendicular Bisection）网格剖分技术构建评价单元，即小面元；（2）采用有限元法预测关键评价参数分布；（3）采用盆地模拟技术计算生烃量，并用于校正评价单元石油充满系数；（4）用可视化技术展示油气资源空间分布，并预测富集区分布。

具体评价过程按五步控制。

1）评价单元划分

考虑到探井分布的不均衡性，采用井控 PEBI 网格划分评价单元。井控 PEBI 网格划分结果包括有井控制的网格和无井控制的网格两种评价单元，分别简称为"井控单元"和"无井控单元"。这种划分方案具有两个特点：（1）每口井占据一个评价单元，而且位于单元的中心位置，即该井的取值基本可以代表所处单元的参数；（2）相邻的任意两个单元块中心的连线被其公共边垂直平分。这一特点有利于单元间参数的插值计算，对于无井控单元的参数获取更便捷。在实际操作中，需要通过三角网格剖分、网格加密、网格平滑、网格优化等过程构建比较合理的 PEBI 网格。

2）评价参数取值

除了用于构建评价单元的层构造面（即目的层顶面或底面构造图）外，主要评价参数还包括储层厚度、孔隙度、含油饱和度、石油充满系数（净储比百分数）和供油层的排油强度（来自盆地模拟结果）。通过数据空间插值，得到所有无井控单元的评价参数。根据不同的数据分布选用不同的插值方法（如有限元法等）。

3）关键参数校正

关键参数，在这里特指有效储层厚度。为了以后计算及校正方便，用石油充满系数和储层厚度两个参数来代替有效储层厚度，即有效储层厚度等于储层厚度与石油充满系数之积。

首先，计算最大的石油充满系数。根据每个评价单元的有效排油强度，推算该评价单元理论上最大的石油聚集量或含油厚度（有效储层厚度）。在已知评价单元储层厚度的情况下，就可推算出有效厚度占储层厚度的百分比，即理论上最大的石油充满系数，用公式表示如下：

$$\begin{cases} \delta_{\max} = \dfrac{E \times 100}{h \cdot \phi \cdot S_o \cdot \rho_o \cdot B_o} \times 100 \\ \delta_{\max} = 100 \quad 当 \delta_{\max} > 100 \\ E = f(t_0) - f(t_{\min}) \end{cases} \tag{8-1}$$

式中，$\delta_{\max}$ 为评价单元最大石油充满系数，%；E 为评价单元有效排油强度，即储层致密后的累计排油强度，$10^4 t/km^2$；h 为评价单元储层厚度，m；ϕ 为评价单元孔隙度，%；S_o 为评价单元含油饱和度，%；ρ_o 为地面原油密度，t/m^3；B_o 为原始原油体积系数；$f(t_0)$ 为现今评价单元累计排油强度，$10^4 t/km^2$；$f(t_{\min})$ 为储层致密时刻评价单元累计排油强度，$10^4 t/km^2$。通过盆地模拟确定砂岩致密时间。

然后，校正石油充满系数。由于储层分布横向变化较大，物性非均质强，无井控单元通过空间插值得到的石油充满系数存在较大不确定性。因此，采用最大石油充满系数作为约束条件，校正空间插值得到的石油充满系数。公式表示如下：

$$\begin{cases} \delta = \delta_{\max} \quad 当 \delta_c > \delta_{\max} \\ \delta = \delta_c \end{cases} \tag{8-2}$$

式中，δ 为校正后的石油充满系数，%；δ_c 为空间插值得到的石油充满系数，%；$\delta_{\max}$ 为最大石油充满系数，%。

4）资源量计算

每个评价单元的资源量计算采用容积法，计算公式如下：

$$Q_{cell} = 10^{-4} \times \delta \times A \times h \times \phi \times s_o \times \rho_o / B_o \tag{8-3}$$

式中，Q_{cell} 为评价单元资源量，$10^4 t$；δ 为评价单元石油充满系数，%；A 为评价单元面积，km^2；h 为评价单元储层厚度，m；ϕ 为评价单元孔隙度，%；s_o 为评价单元含油饱和度，%；ρ_o 为地面原油密度，t/m^3；B_o 为原始原油体积系数。

5）绘制资源丰度图

将每个评价单元的资源量除以单元面积，得到单元的资源丰度，然后用色标代表丰度高低，在空间上绘制出每个单元的丰度分布图，即资源分布可视化图。

2. 可采资源评价方法

1）计算方法

在已知地质资源量前提下，可采资源量一般采用地质资源量乘以可采系数获得。"十三五"中国石油的油气资源评价结果揭示，页岩油平均可采系数为 6.8%。

在有一定数量生产井的情况下，主要采用 EUR（Estimated Ultimate Recovery）类比法计算可采资源量。EUR 是指根据生产递减规律评估得到的单井最终可采储量。根据 EUR 值估算可采资源量的步骤如下：

第一步，估算评价区可能的平均井控面积；

第二步，估算评价区可钻井数；

第三步，估算评价区钻井成功率及成功井数；

第四步，通过类比得到成功井的平均 EUR；

第五步，计算评价区可采资源量，计算公式为

$$Q_{rc} = 10^{-4} \times R \times Risk \times A / D \qquad (8\text{--}4)$$

式中，Q_{rc} 为可采资源量，10^8t；R 为开发井平均 EUR，10^4t；Risk 为钻井成功率；A 为评价区有效面积，km^2；D 为平均井控面积，km^2。

2）主要参数说明

平均井控面积以现有开发区的平均值为准。比如某油田有两类井网，一种是准自然能量开发井网，另一种是注水开发井网。前者平均井控面积为 $0.48km^2$，后者为 $0.56km^2$。

钻井成功率主要考虑研究区已有开发井的钻探结果及国外的统计结果。总体看，连续型油气藏钻井成功率较高，可达到 70%～90%。

平均 EUR 取研究区已开发井 EUR 的统计结果。根据表 8-1 的数据，进行概率分布计算，获得图 8-1。图 8-1 揭示，EUR 最小值为 1.49×10^4t、中值为 2.63×10^4t、最大值为 3.74×10^4t。

表 8-1　鄂尔多斯盆地长 7 段页岩油水平井 EUR 分布

井代号	YP 2	AP 24	YP 3	YP 1	YP 5	XP 56	XP 235–52	XP 235–54	XP 235–58	AP 31	AP 11
EUR/10^4t	4.05	3.57	3.52	3.33	3.23	3.06	2.27	2.10	1.87	1.25	0.75

二、纯正型页岩油资源评价方法

纯正型页岩油主要发育在页岩层系的纯页岩段，目前国内尚无完整试采过程的井支撑对其合理开发方式与工艺技术的建立。如本书前面有关章节的论述，赋存于以黏土矿物为主的颗粒构成的微纳米孔隙中的石油，实际上是多组分烃物质的混合物，随着轻、中、重组分烃物质含量的不同，多种烃物质混相以后产生的流动能力变化不同，加之黏土矿物对不同烃物质的吸附性不同，所以页岩油从地层中能够流出的数量变化很大，如

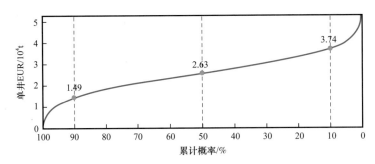

图 8-1　鄂尔多斯盆地长 7 段页岩油水平井 EUR 分布

果生产制度选择不好，使轻烃在生产初期流出过多，则地层中重组分残留比例过大，累计采出量就会受到较大影响。因此，现阶段对纯正型页岩油的资源潜力评价，只能基于体积法对其地下蕴藏总量进行评价，亦即远景地质资源量，而对其可采资源量的评价，由于目前尚未建立成熟的开发技术和合理的单井累计采出量模型，目前很难预测准确，即使有预测也只能参考。这是在介绍相关内容之前需要向读者事先声明的。纯正型页岩油原始资源量评价方法主要有两类：一是基于页岩孔隙体积的容积法；二是基于页岩 S_1 含量（或氯仿沥青"A"含量）的体积法。

关于页岩孔隙体积容积法，Modica 等（2012）提出了 PhiK 模型，并用于计算页岩有机质孔隙度，然后根据孔隙度大小评价页岩油原始地质蕴藏量（简称"原地量"）。Chen 等（2016）提出了一种改进的页岩有机质孔隙度的计算方法，并且认为西加拿大沉积盆地 Duvernay 组页岩油主要存储在有机质纳米孔隙中，并根据孔隙度容积评价了页岩油原地量。杨维磊等（2019）通过分析页岩孔隙度，采用容积法评价了鄂尔多斯盆地安塞地区长 7 段页岩油的资源潜力。

根据 S_1 含量（或氯仿沥青"A"含量）计算页岩油原地量的方法比较复杂，还存在许多难题，比如总油含量（Total Oil Yield，简称 TOY）、吸附油含量的计算以及蒸发烃损失量的估算等测不准问题都尚未完全解决。

页岩的总油含量 TOY，是指每克页岩中所含的液态烃毫克数量。主要有两种总油含量的计算方法。第一种是通过设定特殊的实验温度进行单次热解，得到游离烃、吸附烃等数据，从而获得总油含量（蒋启贵等，2016；Romero-Sarmiento，2019；Li J B 等，2019；Li M W 等，2020）；第二种是通过抽提前和抽提后两次热解法得到两组热解数据，然后再计算吸附油和总油含量（Delveaux 等，1990；Jarvie，2012，2018；Michael 等，2013；Li M W 等，2018，2019）。薛海涛等（2016）对松辽盆地北部青山口组泥页岩样品抽提前、后两次热解参数进行对比，对氯仿沥青"A"含量进行轻烃补偿校正，对 S_1 进行轻烃、重烃补偿校正，以获得泥页岩总含油率参数；余涛等（2018）利用烃源岩游离烃量 S_1，评价了东营凹陷沙河街组页岩油资源量，研究泥页岩有机质非均质性，预测了页岩油有利区；朱日房等（2019）分别基于氯仿沥青"A"和热解 S_1 含量计算东营凹陷沙河街组三段页岩油资源量和可动资源量，他认为运用地球化学参数法很难直接获取游离油量和吸附油量，但能够确定页岩中的滞留油量和岩石对油的吸附潜量；谌卓恒等

（2019）提出了一种页岩油资源潜力及流动性的评价方法，并以西加拿大盆地上泥盆统Duvernay 组页岩为例，评价了页岩油原地量和可动油量；Li M W 等（2018，2019）提出了一种计算页岩原地总油含量的计算方法，分析了渤海湾盆地沙河街组页岩可动油特征，评价了页岩油资源潜力。

页岩可动油含量（Movable Oil Yield，简称 MOY），是指每克页岩中所含的非吸附的、可动的液态烃毫克数量。Jarvie（2012）提出了 S_1/TOC 的判断方法，认为 S_1/TOC 大于 100mg/g 是可动油的门限；Michael 等（2013）认为几乎所有的热解 S_1 都是可动油；多位学者（蒋启贵等，2016；Romero-Sarmiento，2019；Li J B 等，2019；Li M W 等，2020）通过改进岩石热解的测试方法，确认 S_1 是在热解 300℃前释放出来的，而可动烃是在热解 200℃ 以前释放的。可见，可动油的计算还存在不同看法。

本书重点研究两次热解法的吸附油与总油含量的计算方法，提出一种基于两次热解数据来评价样品 TOC 非均质性的方法，并改进了原有的吸附油含量的计算方法，使吸附油和总油含量的计算结果更加准确。同时，探讨了可动油含量和蒸发烃损失量的计算方法。

两次热解法要求抽提前后所采用的两块岩石是均质的，TOC 是一样的。但实际上，多数岩石是非均质性的，而且 TOC 也不一定完全一致。如果 TOC 不一致，那么两块岩石热解数据就不具有可比性。这样，按两次热解法计算的吸附油含量及相应的总油含量会存在误差，计算结果的可信度会降低。因此，提出一种基于两次热解数据来评价样品 TOC 非均质性的方法，并通过对样品 TOC 非均质性评价，定量计算出两块岩石的 TOC 比值，按该比值对抽提后样品的热解数据进行等价 TOC 校正，使两块岩石热解数据具有可比性，从而提高吸附油和总油含量计算结果的可靠性。

评价流程包括以下主要步骤（图 8-2）：

（1）采集并筛选页岩样品，做好全岩热解及可溶有机质抽提准备。

（2）将样品分为两块（或两部分），其中一块（TOC_A）直接进行全岩热解测试，获得抽提前的热解数据及有机碳含量（S_1、S_2 和 TOC_A）；另一块（TOC_B）先进行可溶有机质抽提，之后再进行全岩热解测试，获得抽提后的热解数据及有机碳含量（S_{1EX}、S_{2EX} 和 TOC_{EX}）。

（3）根据物质守恒原理，基于 S_1、S_2、TOC_A、S_{1EX}、S_{2EX} 和 TOC_{EX} 数据，建立评价两块岩石 TOC 的比值（TOC_A/TOC_B），即非均质性系数或等价 TOC 校正系数。

（4）用等价 TOC 校正系数校正 S_{1EX} 和 S_{2EX}，使得两块岩石在同等 TOC 的条件下进行热解数据对比。此时，校正后的 S_{1EX} 和 S_{2EX} 对应的 TOC 为 TOC_A 而不是原先的 TOC_B。

（5）采用两次热解法计算吸附油含量。

（6）采用地层体积系数方法或其他方法，计算蒸发烃损失量。

（7）计算总油含量和可动油含量。

（8）根据页岩总油含量、可动油含量和页岩体积，评价页岩油原地量和可动油量。

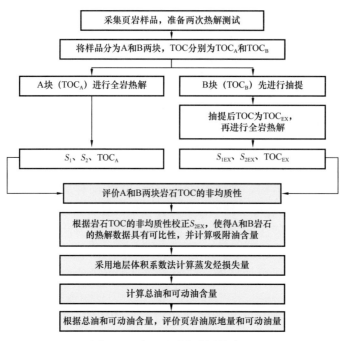

图 8-2　纯正型页岩油评价流程

1.TOC 含量校正方法

1）等价 TOC 校正系数的含义

假设用于抽提前、后的两块岩石的有机碳含量分别为 TOC_A 和 TOC_B（均指还未抽提的样品有机碳含量），那么等价 TOC 校正系数为 TOC_A/TOC_B，即两块岩石 TOC 的比值。

等价 TOC 校正系数的含义是在相同地质条件下（一个样品分成两块，它们的地质条件相同），岩石热解 S_1、S_2 与 TOC 成正比，TOC 越大，S_1、S_2 也就越大；反之，S_1、S_2 就越小。因此，根据等价 TOC 校正系数就可以校正热解数据。

2）等价 TOC 校正系数的计算方法

一个样品分成 A、B 两小块，分别用于抽提之前和之后的全岩热解，假设有机碳含量分别为 TOC_A 和 TOC_B，如果两小块的有机碳含量不一致，相差值为 ΔTOC，则

$$TOC_A = TOC_B + \Delta TOC \tag{8-5}$$

A 块（TOC_A）热解后得到 S_1+S_2；其中部分来自 ΔTOC，剩下的来自 TOC_B 的量为

$$(S_1+S_2) \times TOC_B/TOC_A \tag{8-6}$$

B 块（TOC_B）抽提后 TOC_B 变为 TOC_{EX}；抽提后热解得到 $S_{1EX}+S_{2EX}$

根据物质守恒原理，则

$$TOC_B = TOC_{EX} + \left[(S_1+S_2) \times TOC_B/TOC_A - (S_{1EX}+S_{2EX})\right] \times 100/\delta \tag{8-7}$$

即

$$\text{TOC}_B = \text{TOC}_{EX} + 100\,(S_1 + S_2)\,/\delta \times \text{TOC}_B/\text{TOC}_A - 100\,(S_{1EX} + S_{2EX})\,/\delta \qquad (8\text{-}8)$$

同项移位后，得

$$\text{TOC}_B\,[\,1 - 100\,(S_1 + S_2)\,/\,(\delta \times \text{TOC}_A)\,] = \text{TOC}_{EX} - 100\,(S_{1EX} + S_{2EX})\,/\delta \qquad (8\text{-}9)$$

进一步简化后，得

$$\text{TOC}_B = [\,\text{TOC}_{EX} - 100\,(S_{1EX} + S_{2EX})\,/\delta\,]\,/\,[\,1 - 100\,(S_1 + S_2)\,/\,(\delta \times \text{TOC}_A)\,] \qquad (8\text{-}10)$$

式（8-5）至式（8-10）中，TOC_A、TOC_B、TOC_{EX} 的单位为 %；S_1、S_2、S_{1EX}、S_{2EX} 的单位为 mg/g；100 为 TOC 百分比换算单位；δ 为碳烃转化系数，约为 1200。

此时，等价 TOC 校正系数 k_{eq} 为

$$k_{eq} = \text{TOC}_A/\text{TOC}_B \qquad (8\text{-}11)$$

$$k_{eq} = \text{TOC}_A/\{\,[\,\text{TOC}_{EX} - 100\,(S_{1EX} + S_{2EX})\,/\delta\,]\,/\,[\,1 - 100\,(S_1 + S_2)\,/\,(\delta \times \text{TOC}_A)\,]\,\} \qquad (8\text{-}12)$$

$$k_{eq} = \text{TOC}_A \times [\,1 - 100\,(S_1 + S_2)\,/\,(\delta \times \text{TOC}_A)\,]\,/\,[\,\text{TOC}_{EX} - 100\,(S_{1EX} + S_{2EX})\,/\delta\,] \qquad (8\text{-}13)$$

根据式（8-13），只要知道两次热解数据（S_1、S_2、TOC_A、S_{1EX}、S_{2EX} 和 TOC_{EX}），就能计算出等价 TOC 校正系数。

2. 吸附油含量计算方法

1）现有的吸附油含量计算方法

有两种方法：第一种为单次热解法，即认为 200℃以前为可动烃，之后释放的为吸附烃（蒋启贵等，2016；Romero-Sarmiento，2019；Li J B 等，2019；Li M W 等，2020）；第二种为两次热解法，即通过两次热解数据计算吸附油含量。目前，第二种方法较为常用。根据两次热解法（Delveaux 等，1990），吸附油含量 AO 为

$$\text{AO} = S_2 - S_{2EX} = \Delta S_2 \qquad (8\text{-}14)$$

Jarvie（2012）认为抽提后热解的游离烃 S_{1EX} 为溶剂污染，应该不计算在吸附油和总油含量之内。因此，式（8-14）改为

$$\text{AO} = \Delta S_2 - S_{1EX} \qquad (8\text{-}15)$$

但是，Li M W 等（2018）认为 S_{1EX} 很可能是隔离在纳米孔中的游离组分，抽提过程削弱了对这些游离组分的隔离，使得这部分在抽提后的样品分析中以游离烃的状态出现，应该属于吸附油。因此，式（8-15）改为

$$\text{AO} = \Delta S_2 + S_{1EX} \qquad (8\text{-}16)$$

关于这一点，得到了谌卓恒等学者的认可（谌卓恒等，2019）。

2）改进的方法

由于 S_{1EX} 来源存在分歧，同时考虑到 S_{1EX} 的量相对较小，本书暂时不考虑 S_{1EX} 的影响，但考虑到两次热解样品有机碳含量的非均质性，需要对 S_{2EX} 进行等价 TOC 校正，使得前后两次热解数据具有可比性。同时，统计经验得出：在相同地质条件下 S_2 与 TOC 成正比，而且接近线性关系。因此，改进的吸附油含量为

$$\begin{cases} \mathrm{AO} = \Delta S_{2eq} \\ \Delta S_{2eq} = S_2 - S_{2EX} \times k_{eq} \end{cases} \qquad (8-17)$$

式中，ΔS_{2eq} 为经过等价 TOC 校正后的吸附油含量，mg/g（HC/ 岩石）；k_{eq} 为等价 TOC 校正系数。

3. 可动油含量计算方法探讨

页岩可动油含量（MOY）的认识同样存在较大分歧。Jarvie（2012）认为 S_1/TOC 大于 100mg/g 是可动油的门限，Michael 等（2013）认为几乎所有的热解 S_1 都是可动油，多位学者（蒋启贵等，2016；Romero-Sarmiento，2019；Li M W 等，2020）认为，可动烃是在热解 200℃ 以前释放的烃。本书基于我国现有陆相页岩油的 S_1 含量较低及大多数热解 S_1 的数据来自 300℃ 以前释放的烃（多数未测 200℃ 释放的烃量）的基本特点，采用 Michael 等（2013）的观点，认为 S_1 几乎都是可动的，因此再加上蒸发烃损失量，则有

$$\mathrm{MOY} = S_1 + S_{1loss} \qquad (8-18)$$

式中，MOY 为页岩可动油含量，mg/g（HC/ 岩石）。

4. 页岩油原地总量与可动油含量计算方法

采用页岩含油率法计算页岩油原地总量和可动油含量。有两个关键参数，分别是页岩含油率和有效体积。（1）含油率：采用上文介绍的 TOY 和 MOY 的计算方法进行求取。（2）有效体积：按 TOC 和 R_o 下限标准进行界定。

三、我国页岩油资源潜力分类评价

分别对中部鄂尔多斯盆地、西部吉木萨尔凹陷和东部渤海湾盆地沧东凹陷主要页岩层系的页岩油资源进行分类评价，并对我国主要页岩层系的页岩油分类评价结果进行汇总。对于纯正型页岩油的资源评价，考虑到陆相页岩油非均质性大的特点，各盆地地质资源评价的下限有所差异，下文三个实例 R_o 的下限定在 0.8%，TOC 的下限统一定为 2.0%。

1. 鄂尔多斯盆地长7$_3$ 亚段页岩油资源评价

鄂尔多斯盆地上三叠统延长组是一套陆相碎屑岩沉积地层，南厚北薄，最大厚度超过 1000m，自上而下划分为长 1 段—长 10 段共 10 段，其中致密油型、纯正型页岩油

分布于长 7 段。长 7 段又可细分为 3 个亚段，从上到下依次为长 7_1 亚段、长 7_2 亚段和长 7_3 亚段（图 8-3）。长 7 段分布面积约 $10 \times 10^4 km^2$，埋深在 $600 \sim 2900m$ 之间，厚度为 $70 \sim 130m$，是一套深湖、半深湖及浅湖和三角洲前缘沉积。其中，长 7_1 亚段和长 7_2 亚段均发育厚层细砂岩、薄层粉砂岩和泥质粉砂岩，砂体呈连片分布，延展长达 150km，宽 $25 \sim 80km$，砂地比大于 30% 的面积超过 $8000km^2$，单砂层厚度为 $2 \sim 25m$，累计厚度为 $5 \sim 50m$，孔隙度为 4%～14%，空气渗透率小于 1mD；长 7_3 亚段岩性以厚层黑色页岩和深灰色泥岩为主，是中低熟页岩油主要潜在生产层。

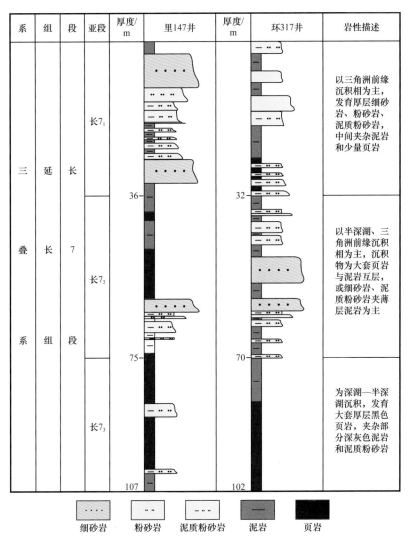

图 8-3 鄂尔多斯盆地长 7 段岩性柱状图

长 7_3 亚段烃源岩分为黑色页岩和深灰色泥岩两种，其中富有机质黑色页岩是中低熟页岩油主要富集岩性段，而暗色泥岩因有机碳含量偏低，可能为常规油藏形成提供了油源，但作为页岩油的富集段，不是最理想的岩性段。在相关资源评价时应有区别对待。本次重点评价长 7_3 亚段页岩油，包括致密油型和纯正型页岩油两部分，后者主要列入中低熟页岩油资源评价范畴，仅少量达至成熟阶段的页岩油列入中高熟页岩油评价范围（表8-2）。

1）长7_3亚段致密油型页岩油资源评价

采用小面元法进行评价。主要参数包括：砂岩夹层厚度（图8-4）、孔隙度（图8-5）、含油饱和度、原油密度、原油体积系数等。其中，含油饱和度取70%，原油密度取0.84t/m³，原油体积系数取1.26，净储比（净储层厚度比夹层厚度）取0.4。计算采用的TOC、R_o见图8-6、图8-7。

评价结果揭示：致密油型页岩油分布范围为$1.03×10^4$km²，平均厚度为7.04m，平均资源丰度为$8.40×10^4$t/km²，地质资源量为$8.61×10^8$t（图8-8，表8-2）。

表8-2 鄂尔多斯盆地长7_3亚段页岩油资源评价结果

页岩油类型	面积/ km²	平均厚度/ m	资源丰度/ 10^4t/km²	资源量/ 10^8t	备注
致密油型	10249.44	7.04	8.40	8.61	地质资源量
纯正型	24398.18	32.07	14.17	34.57	可动油量

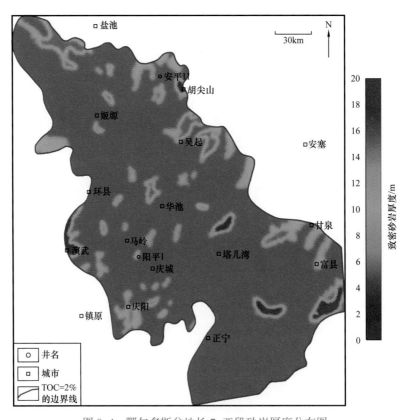

图8-4 鄂尔多斯盆地长7_3亚段砂岩厚度分布图

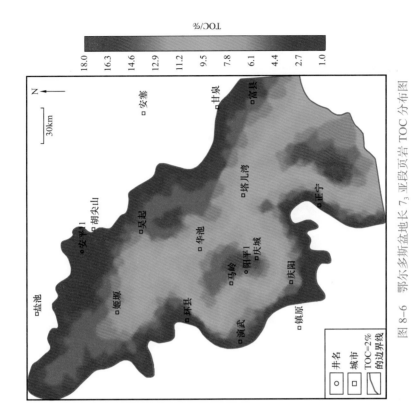

图 8-6 鄂尔多斯盆地长 7_3 亚段页岩 TOC 分布图

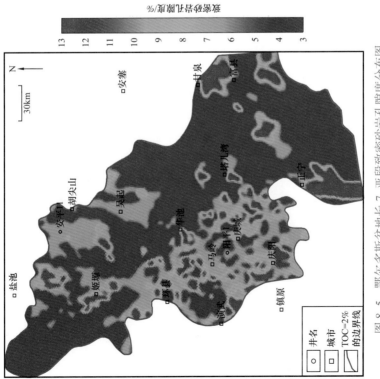

图 8-5 鄂尔多斯盆地长 7_3 亚段致密砂岩孔隙度分布图

陆相页岩油形成与分布

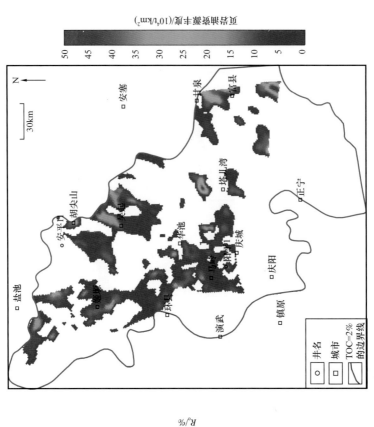

图 8-8　鄂尔多斯盆地长 7_3 亚段致密油型页岩油资源丰度分布图

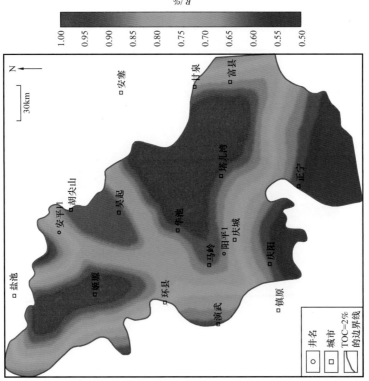

图 8-7　鄂尔多斯盆地长 7_3 亚段页岩 R_o 分布图

· 456 ·

2) 长 7_3 亚段纯正型页岩油资源评价

采用基于含油率的小面元体积法进行计算。主要参数包括：页岩厚度（图 8-9）和页岩含油率，即可动烃含量。采用上文提到的方法计算可动烃含量 MOY，并建立 MOY 与 TOC 的关系（图 8-10）。计算采用的 TOC、R_o 见图 8-6、图 8-7，页岩平均密度取 $2.5t/m^3$。评价结果揭示：纯正型页岩油分布面积为 $2.44×10^4km^2$，平均厚度为 32.07m，平均资源丰度为 $14.17×10^4t/km^2$，可动油量为 $34.57×10^8t$（图 8-11，表 8-2）。

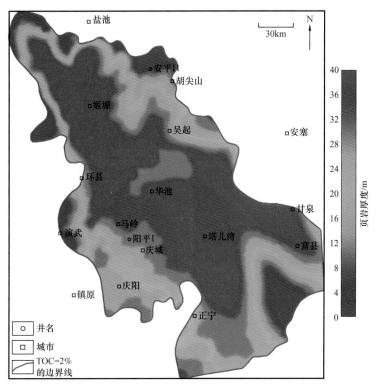

图 8-9　鄂尔多斯盆地长 7_3 亚段页岩厚度分布图

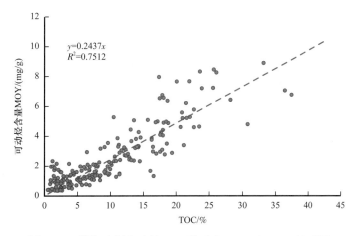

图 8-10　鄂尔多斯盆地长 7_3 亚段页岩 MOY 与 TOC 关系图

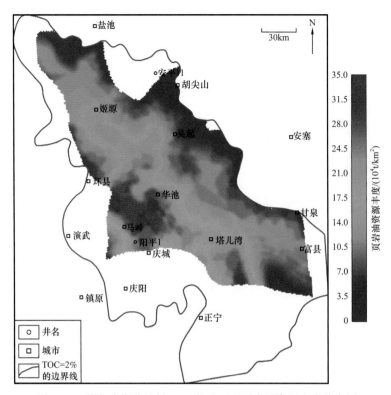

图 8-11　鄂尔多斯盆地长 7₃ 亚段纯正型页岩油资源丰度分布图

2. 准噶尔盆地吉木萨尔凹陷芦草沟组页岩油资源评价

按本书划分方案，准噶尔盆地吉木萨尔凹陷二叠系芦草沟组页岩油属于过渡型页岩油，即贡献产量的地层不仅有致密砂岩、致密碳酸盐岩，也有部分富有机质页岩层段。吉木萨尔凹陷位于准噶尔盆地东部隆起的西南部，现今构造为一个相对独立的箕状凹陷，构造单元面积约 1278km²。凹陷结构整体是一个在前二叠系褶皱基底上沉积起来的一个西断东超的箕状凹陷，其周边边界特征明显，北面以吉木萨尔断裂与沙奇凸起毗邻，南面则以三台断裂和后堡子断裂与阜康断裂带相接，西面以西地断裂和青 1 井南 1 号断裂与北三台凸起相接，向东以斜坡形式逐渐过渡到古城凸起。

二叠系芦草沟组北、西、南三面由吉木萨尔断裂、青 1 井南 1 号断裂、西地断裂、三台断裂和后堡子断裂所围限，整体呈现为南厚北薄、西厚东薄的趋势，平均厚度为 200～300m，最大厚度可达 350m。吉木萨尔凹陷沉积中心位于凹陷南部，烃源岩厚度在 100～250 m 之间，其中芦草沟组二段烃源岩厚度大于 50m，面积为 887km²。芦草沟组一段烃源岩厚度大于 100m，面积为 1097km²。芦草沟组烃源岩母质类型总体偏好，主要为 I 型、II₁ 型、II₂ 型，其中泥岩类、石灰岩类和白云岩类有机质类型最好，以 II 型和 I 型为主，粉砂岩类有机质类型较差，以 III 型为主。泥岩类有机质 TOC 值最高可达 15.51%，均值为 3.62%，热解生烃潜力（S_1+S_2）大于 6.0mg/g（HC/TOC）的样品数占 66%，最高可达 176.65mg/g（HC/TOC），平均为 17.95mg/g（HC/TOC），氯仿沥青 "A"

均值为 0.2738%，属于好—最好生油岩。

根据岩性、电性和核磁共振测井特征将芦草沟组划分为上下两段，即芦草沟组二段（P_2l_2）和芦草沟组一段（P_2l_1）两套砂泥岩组合。本次评价"上甜点"（芦草沟组二段砂岩段）、"下甜点"（芦草沟组一段砂岩段）和纯页岩段三部分。

1）上"甜点"页岩油资源评价

"上甜点"砂岩厚度平均为 11.39m（图 8-12），孔隙度见图 8-13，含油饱和度取 80%，原油密度取 0.88t/m³，原油体积系数取 1.06。计算采用的 TOC、R_o 见图 8-14、图 8-15。采用小面元法评价，结果揭示：砂岩互层、夹层型页岩油分布范围为 598km²，平均资源丰度为 82.35×10⁴t/km²，地质资源量为 4.93×10⁸t（图 8-16，表 8-3）。

表 8-3　准噶尔盆地吉木萨尔凹陷芦草沟组页岩资源评价结果

页岩油类型	面积 / km²	平均厚度 / m	资源丰度 / 10⁴t/km²	资源量 / 10⁸t	备注
过渡型（"上甜点"）	598.44	11.39	82.35	4.93	地质资源量
过渡型（"下甜点"）	1097.41	13.29	68.45	7.51	地质资源量
纯正型	827.53	204.71	43.80	3.63	可动油量

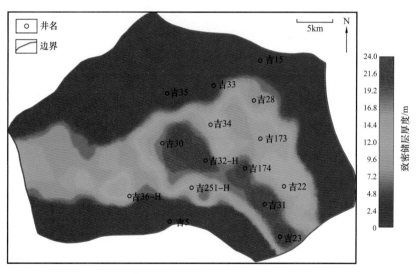

图 8-12　吉木萨尔凹陷芦草沟组二段"上甜点"厚度分布图

2）下"甜点"页岩油资源评价

"下甜点"砂岩厚度平均为 13.29m（图 8-17），孔隙度见图 8-18，含油饱和度取 80%，原油密度取 0.88t/m³，原油体积系数取 1.06。计算采用的 TOC、R_o 见图 8-14、图 8-15。采用小面元法评价，结果揭示：砂岩互层、夹层型页岩油分布范围为 1097km²，平均资源丰度为 68.45×10⁴t/km²，地质资源量为 7.51×10⁸t（图 8-19，表 8-3）。

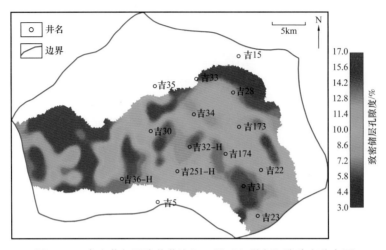

图 8-13　吉木萨尔凹陷芦草沟组二段"上甜点"孔隙度分布图

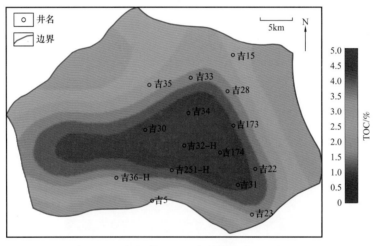

图 8-14　吉木萨尔凹陷芦草沟组 TOC 分布图

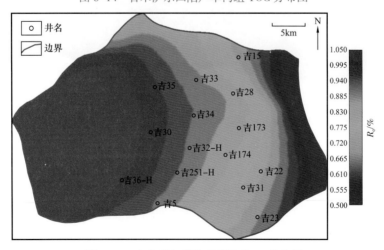

图 8-15　吉木萨尔凹陷芦草沟组 R_o 分布图

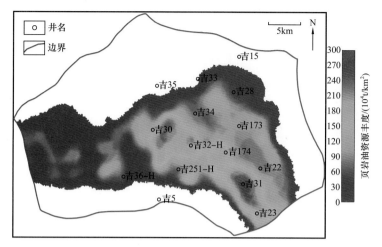

图 8-16　吉木萨尔凹陷芦草沟组二段"上甜点"页岩油资源丰度分布图

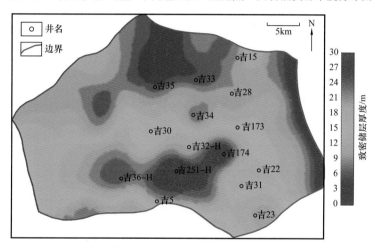

图 8-17　吉木萨尔凹陷芦草沟组一段"下甜点"厚度分布图

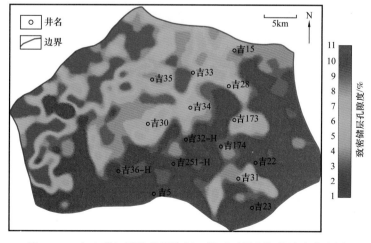

图 8-18　吉木萨尔凹陷芦草沟组一段"下甜点"孔隙度分布图

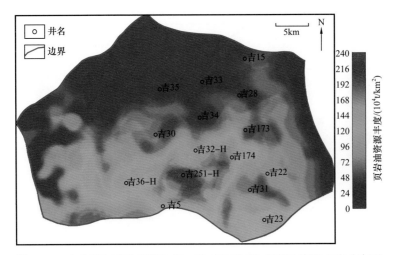

图 8-19　吉木萨尔凹陷芦草沟组一段"下甜点"页岩油资源丰度分布图

３）纯正型页岩油资源评价

主要参数包括页岩厚度（图 8-20）和页岩含油率，即可动烃含量。S_1 平均值为 0.68mg/g（HC/TOC），轻烃恢复系数取 1.3。计算采用的 TOC、R_o 见图 8-14、图 8-15，页岩平均密度取 2.42g/cm³。采用基于含油率的小面元体积法计算，结果揭示：纯正型页岩油分布范围为 828km²，平均资源丰度为 43.8×10^4t/km²，可动油量为 3.63×10^8t（图 8-21，表 8-3）。

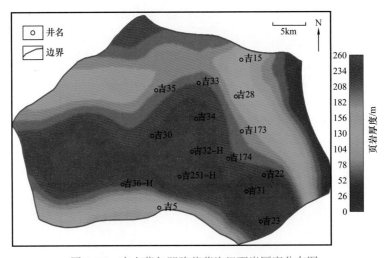

图 8-20　吉木萨尔凹陷芦草沟组页岩厚度分布图

3.松辽盆地古龙凹陷青山口组一段页岩油资源评价

松辽盆地北部上白垩统青山口组一段（以下简称青一段）页岩油，因首次突破发生在古龙凹陷，习惯称为古龙页岩油。近几年，古龙页岩油的勘探已取得显著进展（何文渊等，2021；冯子辉等，2021）。松页油 1HF 井、英 X58 井试采产量、压力稳定，表现出长期稳定产油能力；古页油平 1 井成功实现纯页岩储层大规模压裂，压后日产油 38.1m³，日产气 13165m³；英页 1H 井试油也获得高产。古龙页岩油是一种主要由页岩页理储存的纯正型页岩油，具有轻烃含量高、产量高的特点，在全球还没有类似的页岩油。为了部署下步规模勘探与生产，需要尽早落实页岩油资源潜力，特别是轻质油的资源潜力。

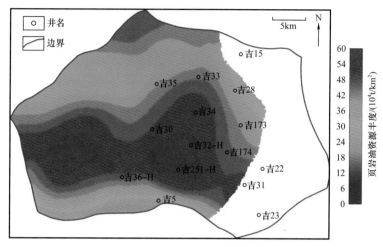

图 8-21　吉木萨尔凹陷芦草沟组纯正型页岩油资源丰度分布图

1）青一段页岩地质特征

青一段优质页岩集中分布在齐家—古龙凹陷和三肇凹陷。古页 1 井和古页油平 1 井试油测试数据显示，页岩油颜色为草绿色，气油比均超过 1000m³/m³，具有油质轻、密度低、黏度低等特点（孙龙德，2020）。青一段烃源岩有机质丰度高，平均 TOC 为 2.84%，氯仿沥青 "A" 为 0.42%，生油潜力为 16.37mg/g（HC/TOC），有机质类型以 Ⅰ 型、Ⅱ₁ 型为主，成熟度 R_o 最大超过 1.6%，到达轻质油和凝析油阶段，非常有利于页岩油的开发。青一段 TOC 大于 2% 的烃源岩分布范围较广（图 8-22），按 R_o 大于 0.8% 范围统计（图 8-23），面积达到 $1.45 \times 10^4 km^2$，在三肇凹陷和齐家—古龙凹陷一带，厚度一般达到 40～70m（图 8-24）。反映出青一段烃源岩沉积时期，湖泊藻类等水生生物一直发育，湖底始终处于厌氧环境，从而形成了这种厚度较大的大套高丰度优质烃源岩。

2）纯正型页岩油资源评价

经过拟合，青一段 S_1 与 TOC 具有较好相关性（图 8-25）。根据 TOC 分布（图 8-22），采用图 8-25 中的拟合式，求出每个小面元的 S_1；根据 R_o 分布（图 8-23），采用轻烃恢复系数与 R_o 关系曲线（图 8-26），求出每个小面元的轻烃恢复系数。将每个小面元的 S_1 与轻烃恢复系数相乘，得到小面元的原始 S_1 含量（图 8-27）。

在求得每个小面元原始 S_1 含量（图 8-27）的基础上，结合青一段页岩厚度分布（图 8-24），采用基于含油率的小面元体积法进行计算，页岩平均密度取 2.5t/m³。评价结果揭示：纯正型页岩油分布面积为 $1.45 \times 10^4 km^2$，平均厚度为 34.25m，平均资源丰度为 $36.07 \times 10^4 t/km^2$（图 8-28），地质资源量为 $52.23 \times 10^8 t$（表 8-4）。其中 R_o 大于 1.2% 的量为 $11.18 \times 10^8 t$，其余详见表 8-4。

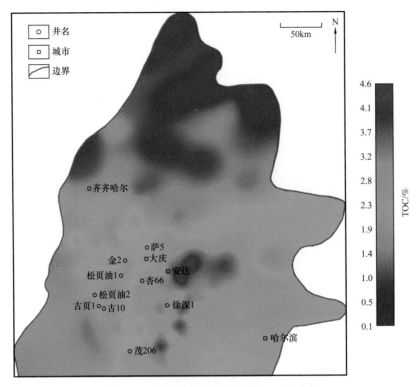

图 8-22　松辽盆地北部青一段 TOC 分布图

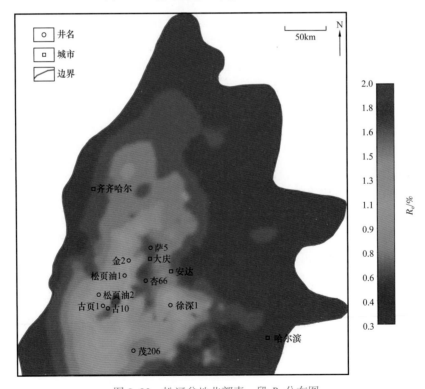

图 8-23　松辽盆地北部青一段 R_o 分布图

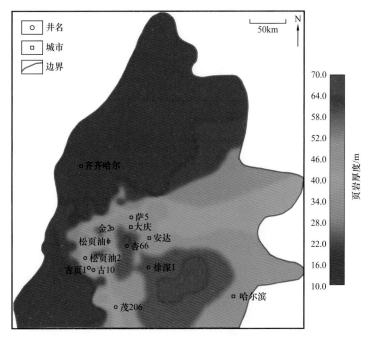

图 8-24　松辽盆地北部青一段页岩厚度分布图

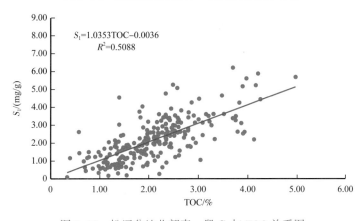

图 8-25　松辽盆地北部青一段 S_1 与 TOC 关系图

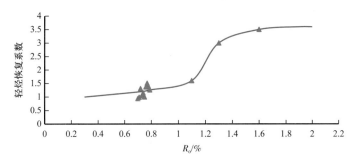

图 8-26　我国东部盆地冷冻岩心样品轻烃恢复系数与 R_o 关系曲线

▲为实测点

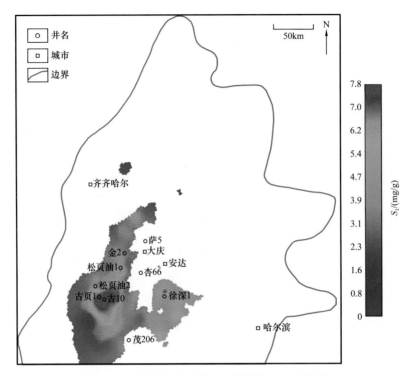

图 8-27　松辽盆地北部青一段原始 S_1 含量分布

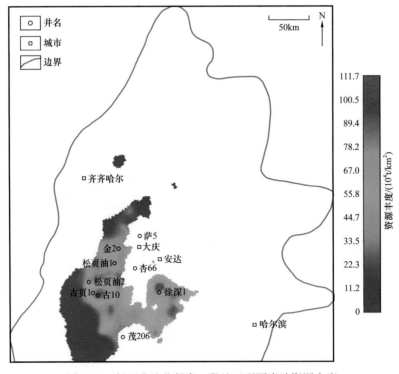

图 8-28　松辽盆地北部青一段纯正型页岩油资源丰度

表 8-4 松辽盆地青一段纯正型页岩油资源评价结果

R_o/%	页岩油分级	平均厚度 /m	面积 /km²	平均资源丰度 /10⁴t/km²	地质资源量 /10⁸t
0.8~1.0	稀油	36.843	8247.6	34.65	28.578
1.0~1.2		33.717	3828.71	32.56	12.465
>1.2	轻质油	29.265	2405	46.512	11.184
合计		34.251	14481.31	36.065	52.227

4. 我国主要盆地页岩油分类评价结果

对全国 8 个重要页岩油盆地进行分类评价，获得各盆地的页岩油总资源量和页岩油分类资源量。

1）全国主要盆地页岩油资源量

评价结果来自以下几方面：（1）系统评价。笔者重新评价了鄂尔多斯盆地长 7 段页岩油、吉木萨尔凹陷芦草沟组页岩油、渤海湾盆地沧东凹陷孔店组页岩油和松辽盆地北部青一段页岩油。（2）粗略估算。渤海湾盆地中国石化探区的页岩油资源量是通过简便的类比估算得到的。（3）中国石油各油田"十三五"资源评价结果。

将以上三方面来源的评价结果进行综合，得到全国 10 个盆地页岩油资源量。地质资源量为 268.41×10⁸t，可采资源量为 17.39×10⁸t（表 8-5）。地质资源量超过 20×10⁸t 的盆地有 5 个，分别是松辽盆地、鄂尔多斯盆地、渤海湾盆地、准噶尔盆地和四川盆地。这 5 大盆地占全部地质资源量的 95.10%，是我国页岩油勘探的重点盆地。可采资源量超过 1.5×10⁸t 的盆地有 4 个，分别是鄂尔多斯盆地、松辽盆地、渤海湾盆地和准噶尔盆地。这 4 大盆地占全部可采资源量的 86.31%，是我国页岩油勘探开发试点的优先目标。

表 8-5 中国主要盆地页岩油资源量及各盆地资源量占比

序号	盆地	地质资源量 / 10⁸t	可采资源量 / 10⁸t	地质资源量占总量比例 / %	可采资源量占总量比例 / %
1	鄂尔多斯	84.88	6.67	31.62	38.36
2	松辽	77.25	3.83	28.78	22.02
3	渤海湾	48.74	2.88	18.16	16.56
4	准噶尔	23.46	1.63	8.74	9.37
5	四川	20.93	1.43	7.80	8.22
6	柴达木	5.93	0.45	2.21	2.59
7	三塘湖	3.95	0.20	1.47	1.15
8	雅布赖	1.64	0.11	0.61	0.63

序号	盆地	地质资源量 / 10^8t	可采资源量 / 10^8t	地质资源量占总量比例 / %	可采资源量占总量比例 / %
9	酒泉	1.37	0.17	0.51	0.98
10	开鲁	0.26	0.02	0.10	0.12
合计		268.41	17.39	100	100

2）全国主要盆地分类页岩油资源量

将页岩油类型划分为三类。第一类为致密油型页岩油，包括页岩层系内各种非泥岩致密储层，单层厚度较大；第二类为过渡型页岩油，包括页岩层系内各种非泥岩致密储层，单层厚度较小，如夹层、互层和混积层等；第三类为纯正型页岩油，包括页岩和部分优质泥岩。

评价结果揭示：致密油型页岩油地质资源量为 51.57×10^8t，可采资源量为 5.38×10^8t（表8-6）；过渡型页岩油的地质资源量为 54.9×10^8t，可采资源量为 3.96×10^8t；纯正型页岩油的地质资源量为 161.94×10^8t，可采资源量为 8.05×10^8t。

表 8-6　全国主要盆地分类页岩油资源量

大区	盆地	分类	地质资源量 /10^8t	技术可采资源量 /10^8t
东北	松辽盆地北	致密油型	1.56	0.12
		纯正型	60.91	3.15
	松辽盆地南	纯正型	14.78	0.56
	开鲁盆地	纯正型	0.26	0.02
华北	渤海湾盆地	致密油型	8.23	0.66
		过渡型	13.20	0.88
		纯正型	27.31	1.34
	鄂尔多斯盆地	致密油型	41.78	4.60
		纯正型	43.1	2.07
西北	准噶尔盆地	过渡型	19.83	1.48
		纯正型	3.63	0.15
	三塘湖盆地	过渡型	3.95	0.20
	酒泉盆地	过渡型	1.37	0.17
	雅布赖盆地	纯正型	1.64	0.11
华南	四川盆地	过渡型	10.62	0.78
		纯正型	10.31	0.65

大区	盆地	分类	地质资源量 /10⁸t	技术可采资源量 /10⁸t
青藏	柴达木盆地	过渡型	5.93	0.45
全国		致密油型	51.57	5.38
		过渡型	54.9	3.96
		纯正型	161.94	8.05
		合计	268.41	17.39

从地质资源量占比分析，纯正型页岩油的地质资源量最大，占 60.3%，过渡型占 20.45%，致密油型占 19.2%。说明有超过一半的页岩油分布在页岩中。从可采资源量占比分析，三大类资源量占比接近。

5. 我国主要盆地经济性页岩油资源量估算结果

经济性页岩油资源是指国际油价在 60 美元 /bbl 以上时具有开采价值的页岩油地质资源。在 TOC 下限为 2.0% 的标准下，笔者在征求同行专家的意见，考虑各盆地成熟页岩面积、资源丰度后，经过特尔菲综合得到我国具有经济性的页岩油地质资源量为 $130×10^8 \sim 163×10^8 t$（表 8-7）。依据较高成熟度区（$R_o > 1.0\%$ 或 $R_o > 1.2\%$）、黏土矿物含量（<40% 或 <30%）确定"甜点区"面积和资源丰度，最后得到我国"甜点"页岩油资源量为 $67×10^8 \sim 83.5×10^8 t$（表 8-8）。

表 8-7　全国主要盆地经济性页岩油地质资源量

盆地	油田	地区 / 层段	TOC/ %	R_o/ %	面积 / km²	资源丰度 / 10⁴t/km²	资源量 / 10⁸t	备注
松辽	大庆	松辽北	>2	>1.0	4115	71	25～30	纯正型
	吉林	松辽南	>2	>1.0	2010	65	10～15	纯正型
鄂尔多斯	长庆	长 7₁₊₂ 亚段					30～35	致密油型
		长 7₃ 亚段	>2	>0.9	11884	19	20～25	纯正型
准噶尔	新疆	吉木萨尔	>2	>0.8	828	108	8～10	过渡型
渤海湾	胜利	济阳	>2	>0.9	2920	78	20～25	过渡型
	大港	歧口	>2	>0.9	800	150	15～20	过渡型
		沧东	>2	>0.9	400	150		过渡型
柴达木	青海	柴西 E₃²	>2	>0.8	400	63	2～3	过渡型
合计					23357		130～163	

表 8-8 全国主要盆地"甜点区"页岩油地质资源量

盆地	油田	地区/层段	R_o/%	黏土矿物含量/%	面积/km^2	资源丰度/$10^4 t/km^2$	资源量/$10^8 t$	备注
松辽	大庆	松辽北	>1.2	<40	2326	89	18~22	纯正型
松辽	吉林	松辽南	>1.2	<40	1455	74	9~11	纯正型
鄂尔多斯	长庆	长 7_{1+2} 亚段					15~18	致密油型
鄂尔多斯	长庆	长 7_3 亚段	>1.0	<30	4321	20	8~9	纯正型
鄂尔多斯	长庆	长 7_3 亚段	>1.0	<40				纯正型
准噶尔	新疆	吉木萨尔	>1.0	<30	300	117	3~4	过渡型
渤海湾	胜利	济阳	>1.0	<30	600	100	5~7	过渡型
渤海湾	大港	歧口	>1.0	<30	236	210	8~11	过渡型
渤海湾	大港	沧东	>1.0	<30	260	192		过渡型
柴达木	青海	柴西 E_3^2	>1.0	<40	200	75	1~1.5	过渡型
合计					9698		67~83.5	

第二节 中高熟页岩油发展展望

在分析了中高熟页岩油的研究与勘探现状基础上，结合在准噶尔、渤海湾、鄂尔多斯、松辽与江汉等盆地正在进行的页岩油勘探开发实践，对我国陆相页岩油主要开发试验区的经济效益作了初步估算，总体感觉现有管理与技术条件下，我国陆相中高熟页岩油的开发效益偏差，如果在降成本与提高单井累计采出量两方面没有重大改变的话，中高熟页岩油要实现大规模发展面临较大挑战。本节在不过度关注经济指标条件下，基于目前试采获得的参数和各探区的初步规划目标，预测了页岩油未来发展趋势。

一、中高熟页岩油勘探开发实践及规划目标

我国中高熟页岩油资源比较丰富，本次评价获得地质资源量 $268.41 \times 10^8 t$、可采资源量 $17.39 \times 10^8 t$。2010 年以来，我国陆续在新疆、胜利、大庆、长庆、大港等油田开展了中高熟页岩油勘探与开发探索。最近几年，随着非常规勘探开发技术进步，加之受美国页岩油快速发展的启示，中国石油（CNPC）加大了中高熟陆相页岩油的基础研究与勘探实践，已经在准噶尔盆地吉木萨尔凹陷、渤海湾盆地沧东凹陷、松辽盆地古龙凹陷获得一批页岩油高产油井，展示出良好的开发前景。但由于试采时间不够长，成熟的开发方式尚在探索总结中，未来实现效益开发的规模与节奏尚有很大不确定性，有待时间来回答。

新疆油田立足准噶尔盆地吉木萨尔凹陷二叠系芦草沟组页岩油，通过多井钻探已基本控制页岩油地质储量 11.12×10^8t，2017—2018 年实施开发先导试验，平均单井日产油 29.2t。2019 年油田实施评价井 + 产能井 90 口，截至 2021 年底已交探明页岩油地质储量 1.53×10^8t，三级储量 4.23×10^8t，计划建产 102×10^4t/a。按照国家页岩油示范区建设，油田规划到 2023 年页岩油年产量达到 170×10^4t 以上。经过几年试采和上产建设，适合建产的储量规模较最初预测变小，油田正在调整规划，预计到 2025 年页岩油年产量达到 100×10^4t。

大港油田主攻渤海湾盆地沧东凹陷孔二段页岩油，目前已有 2 口水平井初产日产油 60t 以上，已累计产油 2×10^4t，另有 15 口直井获得工业油流，2021 年页岩油产量为 10×10^4t。油田规划到 2025 年页岩油年产量达到 50×10^4t 以上。

长庆油田立足鄂尔多斯盆地长 7 段致密油型页岩油，强化成因机理研究与关键技术攻关，已落实地质储量规模达 40×10^8t，基本探明 20×10^8t。在三个开发试验区已建产能 208×10^4t/a，2021 年产油 188×10^4t。油田规划到 2025 年页岩油年产量达到 400×10^4t 以上。

大庆油田立足松辽盆地北部古龙凹陷白垩系青山口组纯正型页岩油，开展试采，获得重要突破，其中古页油平 1 井 2020 年初试采获得工业产量，最高日产油 $35.3 m^3$，相对稳定产量在 $18 \sim 20 m^3$/d 之间，截至 2021 年底，连续生产超过 642 天，累计生产原油 7397t，累计产气 $445 \times 10^4 m^3$，合计约 1.09×10^4t 油当量。现阶段共有 6 口水平井在试采，2021 年生产页岩油 2×10^4t，展示了良好的发展前景。2021 年 8 月，国家启动了古龙页岩油示范区建设，按建设规划，2025 年页岩油年产量达到 100×10^4t 以上。目前面临的主要挑战是资源开发动用的经济性。此外，纯正型页岩油的开发技术有待创新形成，单井的产量递减模式有待足够长试采时间和有足够多方案比较后才能形成，是否能如致密油藏那样可以延续足够长生产时间（比如 $8 \sim 11$ 年），目前无法定论，有待进一步试采实践才能明朗化。

二、中高熟页岩油效益分析

我国陆相中高熟页岩油因热成熟度不够高（多数层段 $R_o < 1.0\%$），油质偏稠，加之气油比低，总体地下流动性偏差，单井日产和单井累计采出量较低，在现阶段技术和成本条件下，页岩油的经济性不够理想。按照现有技术和设定布伦特油价 $55 \sim 60$ 美元 /bbl 条件下，我国正在开展的陆相页岩油开发试验区，内部收益率普遍较低，仅为 4% 左右（其中 60 美元 /bbl 略好），远低于企业内部收益率 8% 的标准。

吉木萨尔凹陷芦草沟组页岩油内部收益率在 4% 以下，其中埋深小于 3000m 的 I 类富集区内部收益率相对较高，但也仅为 4%。通过学习优化有效降低成本等，内部收益率可望提高到 7%。埋深大于 3000m 的 I 类富集开发试验区，内部收益率仅 3.2%；II 类富集区内部收益率为 2.57%。因此，努力降低成本或获得国家政策支持是决定区内页岩油规模发展与前景的关键。

鄂尔多斯盆地长 7 段页岩油，按油价 55 美元 /bbl 评价，现有技术条件下的内部收益率为 4.26%（所得税后），投资回收期 9 年（含建设期 1 年），财务净现值为负。若油价高于 60 美元 /bbl，现有技术条件下，内部收益率可以达到 8%。所以，选准页岩油富集区，努力降低工程作业成本，可以实现区内页岩油资源效益开发。

渤海湾盆地沧东凹陷孔二段页岩油已投入水平井 35 口（含官东 1701H 井和官东 1702H 井），单井平均投资 4000 万元，在油价 45 美元 /bbl 条件下，财务净现金流为负，内部收益率为 -2%；55 美元 /bbl 条件下，财务净现金流依然为负，内部收益率为 3%；油价 60 美元 /bbl 条件下，净现金流还是负值，内部收益率为 5.25%。只有当油价升至 65 美元 /bbl 条件下，财务净现金流为正，内部收益率可达 7%，仍低于内部收益率门限 8%。

松辽盆地古龙凹陷青一段纯正型页岩油现阶段的经济性亦不容乐观。设定单井投资 4000 万元，投资回收期按 9 年（含建设期 1 年）预测，单井累计采出量为 $2.7 \times 10^4 t$，则布伦特油价 45 美元 /bbl 条件下，财务净现金流为负，内部收益率为 1.2%，油价按 55 美元 /bbl 和 60 美元 /bbl 预测，财务净现金流为正，为 30 亿～50 亿元，内部收益率大于 15%。应该指出，现阶段按 9 年单井累计采出量估算存在较大风险，实际上从古页油平 1 井试采情况看，单井连续生产时间超过三年都有挑战，如果单井累计采油量达不到 $2.7 \times 10^4 t$，特别是单井累计采出量若达不到 $2 \times 10^4 t$ 的话，油价即便是在 60 美元 /bbl 以上，要获得较好效益也面临巨大挑战。

胜利油田探区博兴洼陷和渤南洼陷沙河街组三段下亚段—四段上亚段和沙河街组一段是一套由泥质灰岩、灰质泥岩和细粉砂岩、泥质云岩组成的页岩组合，属于本书分类方案中的过渡型页岩油。R_o 在 0.8%～0.9% 之间，孔隙度在 3%～15% 之间，平均为 8%，孔隙直径为 3～1000nm，埋深为 1800～3900m，面积为 $1.4 \times 10^4 km^2$。目前有 6 口水平井在试采，单井日产从几吨至上百吨不等。其中，樊页平 1 井从 2020 年 12 月 4 日开始试采，已试采超过 300 天，累计产油 $1.2 \times 10^4 t$。该井投资大于 7000 万元，在布伦特油价 45 美元 /bbl、55 美元 /bbl 和 60 美元 /bbl 条件下，净现金流和投资回报率均为负，如果单井投资降到 4000 万元以内，单井累计采油量大于 $3 \times 10^4 t$，实际上很难实现，预计净现金流和投资回报率有望转正，但也很难达到企业内部收益率门限（8%）以上，经济性不容乐观。

江汉盆地潜江凹陷页岩油，在目前技术水平和油价 60 美元 /bbl 条件下，单井平均投资约 8000 万元，评价期内若平均单井累计产油量达到 $1.9 \times 10^4 t$，内部收益率仍为负值。要实现盐间页岩油效益开发，需要理论、技术与成本革命，否则实现商业开发难度很大。

三、中高熟页岩油面临挑战与对策

我国陆相页岩油与北美海相页岩油相比差异明显。北美海相页岩油油层厚度较大，连续性较好，热成熟度较高，处于轻质油—凝析油窗口，气油比高，流动性较好，因而具有较高的地层能量，单井可以实现较高初产、较高累计产量，同时地面条件支撑平台式工厂化作业生产，规模建产速度快，开发效益好。我国陆相页岩油总体上储层横向变化大，热演化程度偏低，原油含蜡量偏高，气油比低，流动性差，加之油层厚度偏小，在地层能量、单井日产与单井累计采出量等方面存在先天不足。所以，富集区（段）评价和选择难度较大，未来发展存在较大的不确定性。因此，需要政府出台扶持政策和开展针对性的技术攻关，以推动中高熟页岩油实现规模和效益开发。

陆相中高熟页岩油能否成为重大勘探接替领域，坦率地说现阶段要回答这一问题还为时尚早。笔者认为有以下考虑制约了对这一问题的乐观回答：（1）本书所称的致密油型页岩油，从成藏机理与特征、富集区分布与开发方式和开发技术看，与传统的低渗—特低渗油藏和现今所称的致密油藏几乎没有二致，在致密油已列为独立矿种情况下，很难将其与致密油区分开来。如果不归入页岩油范畴，那陆相中高熟页岩油的资源地位与建产规模都要大打折扣。（2）资源的经济可开发性。从目前看，多数页岩油勘探试采区经济性都比较差，要让陆相中高熟页岩油实现规模发展，需要两方面的改变：一是大幅度降低成本，这需要等待工程技术与管理创新，以实现成本的革命性变化；二是开发技术和工艺创新，较大幅度提高采收率和单井累计采出量，以有效改善资源的经济性。从目前看，这两个方面有进步的潜力和空间，但改善的规模与推动经济上产的能力都还有不确定性。（3）陆相中高熟页岩油的采收率最终能提高到多少，目前还难以落地，是小于 10% 还是大于 15% 甚至更高，这决定了页岩油可动用资源总量与上产发展的基础。总而言之，对我国陆相中高熟页岩油我们持审慎乐观的态度，把中高熟页岩油放在支撑我国原油 $2 \times 10^8 t$ 稳产重要补充的位置，希望通过若干年基础研究与科技攻关进步，能够改变现阶段的评价结论，把中高熟页岩油资源建设成我国原油 $2 \times 10^8 t$ 乃至以上稳产的重要资源支撑力量。

为把陆相中高熟页岩油变成效益可动用的储量，成为我国原油稳产和上产的资源基础，建议国家和企业应坚持以下战略：一是加强基础研究，围绕进入页岩油这一全新领域后，原来在传统油气成藏领域尚未充分研究覆盖的与页岩油形成、富集与分布密切相关的基础问题都要认真设题开展研究，以为页岩油富集区 / 段选择、开发方式与生产制度落实与合理的建产节奏制订等提供基础。二是设立中高熟页岩油勘探开发先导试验区，且要以落实页岩油富集区 / 段选择评价标准，落实资源经济可利用性、优化开发技术与工艺流程，建立合理的开发程序与制度等为前提，而不是以尽快建产能上规模为目标。只有这样，才能围绕基础问题做研究，围绕关键技术问题搞攻关。经一段时间准备，才能回答页岩油资源能不能用、能用多少与能搞多大规模等问题。那时才会加快有对策，上产有方向，遇到问题，心中有数，发展起来反而更快。三是围绕加快中高熟页岩油勘探进程，做好跨学科人才培养。中高熟页岩油的富集成藏与最佳开采已经偏离了经典的石油地质理论与油田开发理论，需要用全新的视角，重新审视页岩油的留滞机理、富集特征、地下流动性与最佳采出问题。认识这些问题涉及有机质转化动力学、黏土对烃物质吸附性与解吸特征、多组分烃物质混相导致的流动能力变化，以及在地下温压条件下，不同组分烃物质在通过由黏土颗粒与有机物组成的微纳米孔隙流动时，分子结构几何变形特征等领域，仅有地质学与地球化学知识难以准确而全面回答这些问题，需要跨学科交叉的知识体系才能更科学合理地回答问题。唯有一流的人才力量，才能破解实现中高熟页岩油规模效益开发路上面临的障碍。

四、中高熟页岩油中长期发展目标

根据中国陆相中高熟页岩油特殊性，按照先易后难、先肥后瘦的原则，坚持评价标准不打折扣；坚持先试采后上产、不减工序；坚持具备上产条件的能搞多快搞多快的路子，分阶段稳步推进中高熟页岩油发展。

2025 年以前，集中攻关中高熟高压区页岩油富集区 / 段评价，做好试采工作，攻关最佳开采技术，最大限度降低成本，提高单井初始产量和累计采出量，预计全国页岩油年产量达到 $600 \times 10^4 \sim 1000 \times 10^4$ t（含致密油型页岩油产量）。

2025—2035 年，在已有技术攻关基础上，进一步升级和优化技术，持续降低成本，扩大提高采收率技术应用规模。全国页岩油年产量力争达到 $1200 \times 10^4 \sim 1500 \times 10^4$ t，成为我国原油年产 2×10^8 t 的重要补充。

第三节　中低熟页岩油资源潜力评价

本节针对中低熟页岩油原位转化资源潜力评价问题，基于实验室分析数据，提出基于氢指数变化的资源量计算模型，并新增加了有机质孔隙度估算模型。为配合新模型有效应用，建立了氢指数与有机质成熟度（T_{max} 或 R_o）关系模型。另外，对资源评价中的四个关键参数（页岩有机质目前生烃潜力、转质后残留的生烃潜力、转质烃的气油比和转化页岩油可采系数）的取值方法进行了讨论。最后，评价了鄂尔多斯盆地长 7 段页岩油、准噶尔盆地吉木萨尔凹陷芦草沟组页岩油和松辽盆地北部嫩江组页岩油资源潜力，汇总了我国主要页岩层系原位转化页岩油资源总量。应该说，这种估算属于远景级资源量的估算范畴，需等待先导试验获得了更为准确的数据和对资源的经济性与可开发利用性有了更进一步的实际资料之后，才能升级对资源总量和品质的评价。

一、评价方法与模型

中低熟页岩油资源潜力评价方法的研究包括两项内容：一是地下原位转化生成油量的计算；二是新增有机质孔隙度的估算。此外，为落实关键参数，提出了生烃潜力模型。

1. 原位转化页岩油量计算模型

原位转化页岩油量，是指在对中低熟页岩进行地下原位加热过程中从干酪根转化产生的液态烃数量。在原位转化过程中（主要是加温作业），页岩受热继续生烃。生烃量大小取决于两方面因素：一是目前页岩的生烃潜力 HI_{pd}；二是加温结束后的生烃潜力 HI_{end}。转化中生烃量计算公式为

$$\begin{cases} Q_{HC} = 10^{-7} \times A \times h \times \rho_{rock} \times TOC \times \left(HI_{pd} - HI_{end} \right) \\ Q_{oil} = Q_{HC} \times p_{oil} \\ Q_{gas} = Q_{HC} \times \left(1 - p_{oil} \right) \end{cases} \quad （8-19）$$

式中，Q_{HC}、Q_{oil}、Q_{gas} 分别为烃量、油量和气量（按油当量），10^8t；A 为页岩面积，km²；h 为页岩厚度，m；ρ_{rock} 为页岩密度，t/m³；HI_{pd}、HI_{end} 分别为目前有机质氢指数和加温结束后的氢指数，mg/g（HC/TOC）；TOC 为页岩中有机碳质量百分比，%；p_{oil} 为转化烃中液态烃占总烃量百分比（按油当量）。

转化页岩油可采量主要采用转化量乘以可采系数获得，即

$$M_{HC} = Q_{HC} \times K_{rc} \qquad (8-20)$$

式中，M_{HC} 为转化页岩油可采量（按油当量），10^8t；K_{rc} 为转化页岩油可采系数。

如果在现场先导试验中能够分别获得油和气的可采系数，则可以计算出油和气的可采量。

2. 新增有机质孔隙度估算模型

页岩在埋藏及生烃过程中，由于受到压实及后期成岩作用影响，有机质孔隙常遭到破坏，能够保留下来的相对较少。但是，在转化过程中岩石已固结成岩，压实作用基本停止，新增的有机质孔隙基本都会保留下来，这部分有机质孔隙的体积相当可观，对页岩油的开发将起到重要作用。

新增有机质孔隙度，是指干酪根转化为烃以后留下的有机质孔隙占岩石的百分比。根据物质平衡法，新增有机质孔隙度可以用以下公式近似计算：

$$\phi_{om} = \frac{HI_{pd} - HI_{end}}{\delta} \times \frac{TOC \times \rho_{rock}}{\rho_{TOC}} \qquad (8-21)$$

式中，ϕ_{om} 为新增有机质孔隙度，%；ρ_{TOC} 为有机碳的密度，t/m³；δ 为碳烃换算系数，取1200。

3. 生烃潜力模型

Chen 等（2015，2016）提出了一种基于岩石热解分析数据的氢指数计算模型，该模型能够较好地表征有机质热演化过程中 HI 与 T_{max} 的关系。该模型如下：

$$HI = HI_o \left\{ 1 - \exp\left[-\left(\frac{\beta}{T_{max}} \right)^\theta \right] \right\} + C \qquad (8-22)$$

式中，HI 为氢指数，mg/g（HC/TOC）；HI_o 为原始氢指数，mg/g（HC/TOC）；T_{max} 为最高热解温度，℃；β 为快速生烃阶段中部的 T_{max}，℃，在435~455℃之间；θ 为曲线斜坡段的坡度系数，与快速生烃阶段的生烃速率有关，在0~90之间，系数越大，坡度越陡；C 为误差校正系数，mg/g（HC/TOC）。

郭秋麟等（2019）在应用中发现以上模型存在不足，即当 $C \neq 0$ 时，模型中的 HI_o 与实际的原始氢指数不一致。因此，提出了改进的生烃潜力模型，即

$$HI = HI_o \left\{ 1 - \frac{\exp\left[-\left(\beta / T_{max} \right)^\theta \right]}{\alpha} \right\} \qquad (8-23)$$

式中，α 为曲线斜坡段长度的压缩系数，与快速生烃阶段的时间跨度有关，在 1.0～1.1 之间，系数越大，斜坡段长度越短。

误差参数 C 是拟合曲线向上平移量参数，是为了校正曲线下部过长造成的偏差而采取的让曲线整体向上平移的量。这样做，解决了曲线下部的问题，但引来了上部偏高的问题，即 HI_o 比实际的原始氢指数多出一个 C 值。

为了解决曲线下部过长造成的偏差，又不影响曲线上部因平移而产生的新问题，笔者提出了新校正方法，即将曲线上下的长度压缩，上部位置保持不变，压缩后下部位置向上收回，这个收回量就用压缩系数 α 表示。

新模型与原模型相比，主要变化是删除了原模型中的误差参数 C，增加了压缩系数 α，此外，数值模型表达形式也有所改变，参数含义更加清晰，参数变化范围更明确而具体。

为了更好地解释式（8–23）中 HI_o、β、θ 和 α 这 4 个参数的含义，绘制了 I 型干酪根的 HI 与 T_{max} 的关系图（图 8–29）。图 8–28 标出了快速生烃阶段范围，即曲线斜坡段，该段对应的 T_{max} 为 435～455℃，中部为 445℃，即 $\beta=445$℃；该段的坡度较大，故 θ 较大，为 80；拟合曲线左上部平缓段与 y 轴（HI 轴）的交点为 HI_o，图中指示为 850mg/g（HC/TOC）；拟合曲线右下部平缓段到 x 轴（T_{max} 轴）的距离与 α 有关，α 越大，距离就越大，即斜坡段长度被压缩越大。

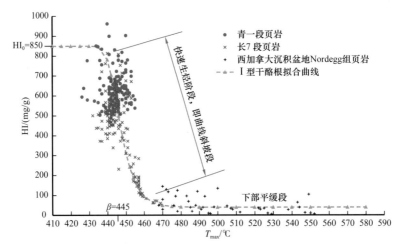

图 8–29　氢指数与 T_{max} 的关系及拟合曲线（I 型干酪根）

二、关键参数

以上评价方法涉及四个关键参数，即：（1）页岩有机质目前生烃潜力；（2）原位转化后残留的生烃潜力；（3）转化烃气油比；（4）转化页岩油可采系数。

1. 生烃潜力

生烃潜力主要由氢指数来反映。氢指数模型能够定量描述不同演化阶段干酪根的剩余生烃潜力。氢指数模型的参数是通过统计热解数据及 TOC 数据后经过拟合求得。因此，数据来源、质量和样品数量决定了模型及参数的可信度。本次共收集整理了西加拿大沉积盆地、威利斯顿盆地、松辽盆地、鄂尔多斯盆地、渤海湾盆地和准噶尔盆地等 3000 多个样品的全岩热解数据（以下简称热解数据）及 TOC 数据。为了得到有效、可信的数据，将来自不同实验室、不同烃源岩的数据进行筛选。原则为：（1）TOC 大于 0.5%，S_2 大于 0.3mg/g；（2）T_{max} 大于 410℃；（3）考虑分类统计需要，样品必须能够标定干酪根类型。

由于有许多样品无法确定干酪根类型，故被排除在外。按以上原则筛选，得到 1249 组有效数据，其中 Ⅰ 型、Ⅱ₁ 型、Ⅱ₂ 型和 Ⅲ 型干酪根分别有 428 组、325 组、261 组和 235 组数据（图 8-30），这些数据为分类统计奠定了较扎实的基础。

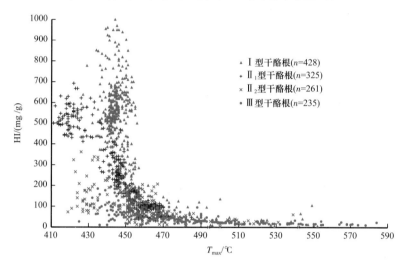

图 8-30　烃源岩 HI 与 T_{max} 的关系（n 为样品数）

以下按各种干酪根类型的 HI 与 T_{max} 关系来描述烃源岩生烃潜力随热演化程度的变化趋势。

1）Ⅰ 型干酪根生烃潜力

Ⅰ 型干酪根的热解数据来自松辽盆地白垩系青一段页岩、鄂尔多斯盆地三叠系长 7₃ 亚段页岩（Chen 等，2017）、威利斯顿盆地奥陶系红河（Red River）组 Yeoman 页岩（Nesheim，2017）和西加拿大沉积盆地侏罗系 Nordegg 组页岩（Chen 等，2015），共计 428 个样品。采用氢指数模型拟合，获得模型参数为：$\beta=445$℃，$\theta=80$，$\alpha=1.05$。分别绘制了 HI₀ 为 950mg/g（HC/TOC）、800mg/g（HC/TOC）和 650mg/g（HC/TOC）的 HI 随 T_{max} 变化曲线（图 8-31）。

从图 8-31 中可以发现：（1）尽管都是 Ⅰ 型干酪根，但 HI₀ 变化范围较大，主要分布在 600～1000mg/g（HC/TOC）之间，说明 Ⅰ 型干酪根样品数据之间存在较强非均质性；（2）从大量生烃到生烃高峰结束，T_{max} 主要分布在 440～460℃之间，分布范围较窄，说明 Ⅰ 型干酪根分子结构相对单一，所需的降解活化能比较集中。

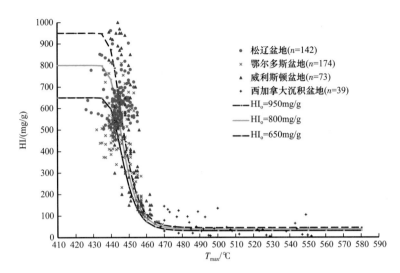

图 8-31　Ⅰ型干酪根 HI 与 T_{max} 的关系（n 为样品数）

2）Ⅱ₁ 型干酪根生烃潜力

Ⅱ₁ 型干酪根的热解数据来自西加拿大沉积盆地泥盆系 Duvernay 组页岩（Chen 等，2015）、鄂尔多斯盆地三叠系长 7 段泥页岩（Chen 等，2017），共计 325 个样品。拟合得到的模型参数为：$\beta = 440\,℃$，$\theta = 50$，$\alpha = 1.07$。按 HI_o 分别为 650mg/g（HC/TOC）、550mg/g（HC/TOC）和 425mg/g（HC/TOC），绘制出 HI 随 T_{max} 演化曲线（图 8-32）。

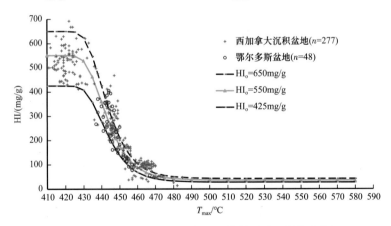

图 8-32　Ⅱ₁ 型干酪根 HI 与 T_{max} 的关系（n 为样品数）

从图 8-32 中可以发现：（1）Ⅱ₁ 型干酪根原始氢指数的变化范围比Ⅰ型干酪根窄，主要为 400～650mg/g（HC/TOC），说明Ⅱ₁ 型干酪根之间的非均质性没有Ⅰ型大；（2）从大量生烃到生烃高峰结束，T_{max} 值主要分布在 430～460℃之间，分布范围比Ⅰ型干酪根多 10℃，说明Ⅱ₁ 型干酪根分子结构比Ⅰ型干酪根相对复杂些，所需的降解活化能相差较大。

3）Ⅱ₂ 型干酪根生烃潜力

Ⅱ₂ 型干酪根的热解数据来自渤海湾盆地霸县凹陷、歧口凹陷和辽河西部凹陷的沙河街组泥页岩，共计 261 个样品。拟合得到的模型参数为：$\beta = 445\,℃$，$\theta = 40$，$\alpha = 1.07$。按

HI_o 分别为 400mg/g（HC/TOC）、300mg/g（HC/TOC）和 200mg/g（HC/TOC），绘制出 HI 随 T_{max} 演化曲线（图 8-33）。

从图 8-33 中可以发现：（1）II_2 型干酪根原始氢指数的变化范围主要在 100～400mg/g（HC/TOC）之间；（2）从大量生烃到大量生烃结束，T_{max} 主要分布在 430～470℃之间，比 I 型、II_1 型干酪根的分布范围更广，说明 II_2 型干酪根分子结构更复杂些。

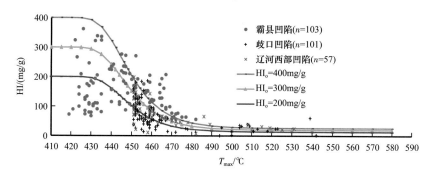

图 8-33　II_2 型干酪根氢指数 HI 与 T_{max} 的关系（n 为样品数）

2. 原位转化后残留干酪根的生烃潜力

鄂尔多斯盆地长 7_3 亚段页岩 3 个样品原位转化室内模拟实验结果显示，有机质残留生烃潜力分别为 126.33mg/g（HC/TOC）、79.92mg/g（HC/TOC）和 197.78mg/g（HC/TOC），平均值为 134.67mg/g（HC/TOC）（表 8-9）。从 I 型和 II_1 型的生烃潜力模板（图 8-31、图 8-32）中可以发现，当 HI 小于 100mg/g（HC/TOC）以后，进一步加温的产烃潜力已经不大。因此，可以把残留 HI 大于 100mg/g（HC/TOC）作为地下原位转化取值的下限。

3. 原位转化页岩油的气油比

地下原位转化页岩油的气油比与加温过程有关，加温时间越长，温度越高，气占比例越大，油占比例越少。根据模拟实验结果，鄂尔多斯盆地长 7_3 亚段页岩样品原位转化生油量占总产量的比例分别为 66.67%、72.31% 和 71.23%，平均为 70.07%（表 8-9）。

表 8-9　鄂尔多斯盆地长 7 段页岩样品原位转化室内模拟实验结果

样品来源	TOC/%	S_1/（mg/g）（HC/岩石）	S_2/（mg/g）（HC/岩石）	R_o/%	总产量/kg/t（HC/岩石）	产油量/kg/t（HC/岩石）	产气量/m³	产油量占比/%	残留 S_2/mg/g（HC/岩石）	当前 HI/mg/g（HC/TOC）	残留 HI/mg/g（HC/TOC）
里 38 井	23.7	4.06	79.88	0.8	54	36	22.5	66.67	29.94	337.05	126.33
里 38 井	23.7	4.06	79.88	0.8	65	47	22.5	72.31	18.94	337.05	79.92
何家坊（露头）	24.73	6.29	115.62	0.5	73	52	26	71.23	48.91	467.53	197.78
平均值	24.04	4.80	91.79	0.70	64.00	45.00	23.67	70.07	32.60	380.54	134.67

4.转化页岩油可采系数

转化页岩油的可采系数与现场实施措施密切相关，加温时间越长，温度越高，越有利于油气流动和采出。地层平均温度大于330℃时，页岩油以气相为主，采出率可达到60%～70%（赵文智等，2018，2020；胡素云等，2020）。

三、页岩油原位转化生油气量计算实例

将页岩层系中非页岩夹层称为致密层"甜点段"，以区别纯页岩段。

1.鄂尔多斯盆地长7₃亚段页岩油原位转化生油量计算

转化页岩油的评价目标为长 7_3 亚段富有机质页岩，相关地质背景参见本章第一节。

评价主要参数包括：（1）富有机质页岩厚度分布图（图8-9）；（2）有机碳含量分布图（图8-6）；（3）有机质成熟度 R_o 分布图（图8-7）。

模型计算关键参数包括：（1）当前页岩生烃潜力，即氢指数与 R_o 的关系图（图8-34）；（2）转质工程实施后，残留的页岩生烃潜力，即残留氢指数，根据表8-9，残留氢指数取135mg/g（HC/TOC）；（3）转质液态烃占总烃量百分比（按油当量计算），根据表8-9，液态烃占总烃量百分比取70%，即气态烃占30%（按油当量计算）；（4）可采系数取65%。

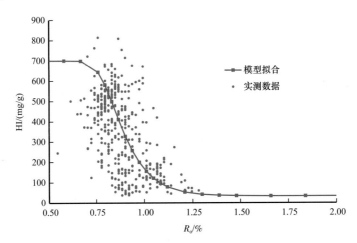

图8-34　鄂尔多斯盆地长7段页岩HI与 R_o 关系及拟合曲线

其他参数包括：（1）页岩密度和有机质密度分别取 2.5t/m³ 和 1.25t/m³；（2）碳烃换算系数取1200。

根据式（8-21），计算得到单位有机碳（1%）新增有机质孔隙度与 R_o 的关系曲线（图8-35）。

评价区面积为 42602km²，考虑到评价区页岩分布的非均质性，将评价区划分出13280个评价单元，采用以上计算模型计算，得到原位转化页岩油生成总量为 661.7×10^8 t 油当量。按 TOC 大于6%，R_o 小于0.9%，确定核心区，得到核心区面积为 16932km²，

转化页岩油总量为 $494×10^8t$ 油当量。液态与气态烃按 7∶3 劈分，其中液态烃为 $345.8×10^8t$，气态烃为 $148.2×10^8t$ 油当量。按 65% 的可采系数换算，转化页岩油可采量达 $321.1×10^8t$ 油当量，其中液态烃约 $225×10^8t$，气态烃约 $96×10^8t$ 油当量。核心区转化页岩油平均资源丰度为 $292×10^4t/km^2$，最大丰度为 $780×10^4t/km^2$，富集区主要分布在正宁以东、环县以东和庆城附近（图 8-36）。转化后新产生的有机孔总量非常可观，核心区平均新增有机质孔隙度为 5.9%，最大可达 17.9%，位于正宁以北一带（图 8-37）。

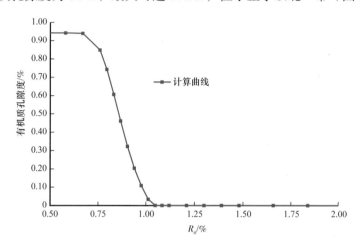

图 8-35　鄂尔多斯盆地长 7_3 亚段页岩单位有机碳新增有机质孔隙度与 R_o 关系曲线（按 TOC=1% 计算）

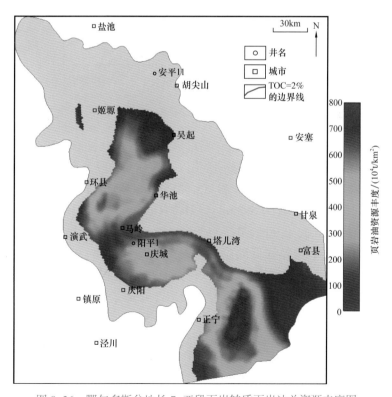

图 8-36　鄂尔多斯盆地长 7_3 亚段页岩转质页岩油总资源丰度图

总之，通过人工加热开展地下原位转化，将增加页岩油原地资源量、气油比、孔隙度和渗透率，突破技术关和经济关，不仅将为鄂尔多斯盆地 $7000 \times 10^4 t$ 油当量（含延长油矿）的长期稳产提供雄厚资源基础，而且为在中国实现陆相页岩油革命开创新机遇。

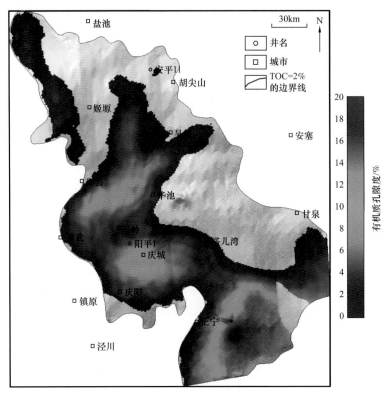

图 8-37　鄂尔多斯盆地长 7_3 亚段页岩转质后新增有机质孔隙度图

2. 松辽盆地北部嫩江组页岩油原位转化量计算

嫩江组页岩包括嫩江组一段、二段、三段和四段，其中氢指数较高的主要分布在嫩江组一段和二段。本书重点评价嫩江组一段（以下简称嫩一段）页岩原位转化生烃量。

对嫩一段页岩 151 个热解及 TOC 测试结果分析得到：（1）TOC 平均为 3.27%，最大超过 8%；（2）平均氢指数为 592mg/g（HC/TOC），最大达到 989mg/g（HC/TOC）；（3）平均 T_{max} 为 436℃，大于 90% 样品小于 445℃。说明嫩一段有机质含量高、生烃潜力大、成熟度低，属于未熟或低熟阶段。松辽盆地北部嫩一段泥页岩评价区面积为 $12 \times 10^4 km^2$。按 TOC 大于 4% 确定有效区，得到有效区面积为 $8166km^2$，泥页岩平均厚度为 92.4m，最大厚度大于 300m。泥页岩密度取 $2.4t/m^3$，有机质密度取 $1.25t/m^3$，碳烃换算系数取 1200。由于有机质成熟度低，R_o 总体小于 0.8%，HI 与 R_o 的关系见图 8-40a，HI 与 TOC 有一定的正相关性（图 8-38b）。

按 TOC 大于 4% 确定有效区，将转化完成后的残留氢指数设置为 200mg/g（HC/TOC），计算得到嫩一段核心区原位转化页岩油总量为 $377 \times 10^8 t$ 油当量。如果液态与气态烃按 7：3 劈分，则其中液态烃为 $263.9 \times 10^8 t$，气态烃为 $113.1 \times 10^8 t$ 油当量。如果按 65% 的可采系数，则转化页岩油总可采量可达到 $245.1 \times 10^8 t$ 油当量，其中液态烃约 $171.6 \times 10^8 t$，气态烃约 $73.5 \times 10^8 t$ 油当量。嫩一段有效区面积为 $8166 km^2$，平均转化页岩油资源丰度为 $462 \times 10^4 t/km^2$，最大丰度为 $790 \times 10^4 t/km^2$，富集区重点分布在大庆市的东南和西南部（图 8-39）。嫩一段转化后新产生的有机孔总量较多，平均新增有机质孔隙度为 3.3%，最大可达 4.8%，有机质孔隙度高值区位于大庆市的东南和西南部（图 8-40）。

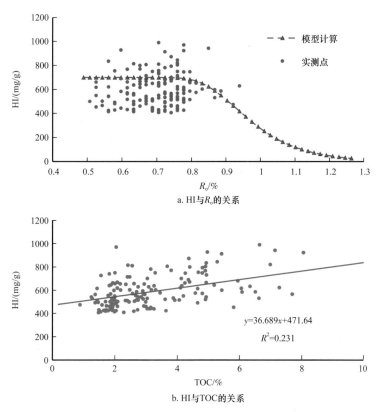

a. HI 与 R_o 的关系

b. HI 与 TOC 的关系

图 8-38　松辽盆地北部白垩系嫩江组 HI 与 R_o、TOC 的关系

3. 吉木萨尔凹陷芦草沟组页岩油原位转化量计算

吉木萨尔凹陷芦草沟组页岩地质背景参见本章第一节。

芦草沟组页岩油油质较稠，主要原因是热成熟度偏低，如果能够突破技术关，走地下原位转化之路，不失为提高单井和单井累计采出量的有效途径。对芦草沟组页岩油地下原位转化潜力评价涉及的主要地质参数包括：（1）页岩厚度等值线图（图 8-20）；（2）有机碳含量等值线图（图 8-14）；（3）有机质成熟度 R_o 等值线图（图 8-15）。

计算模型关键参数包括：（1）当前页岩生烃潜力，即氢指数与 R_o 的关系图（图 8-41），主要为 Ⅰ 型和 Ⅱ$_2$ 型；（2）转质工程实施后，残留的页岩生烃潜力，即残留氢指数，取 100mg/g（HC/TOC）；（3）转质液态烃占总烃量百分比（按油当量计算），取 70%，即气态烃占 30%；（4）可采系数，取 65%。

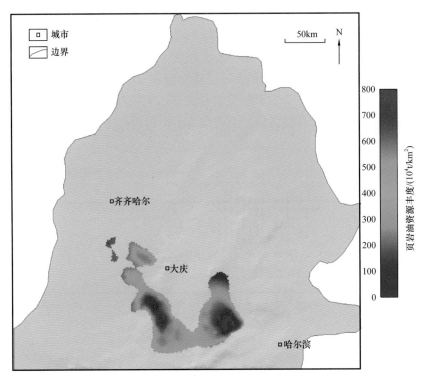

图 8-39　松辽盆地北部白垩系嫩江组转化页岩油总资源丰度图

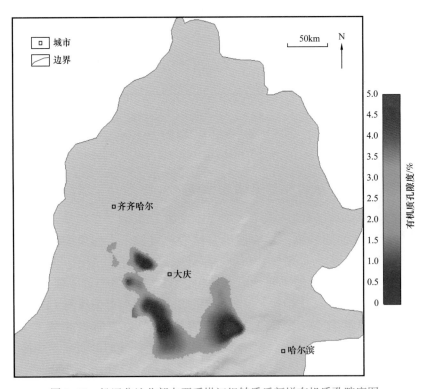

图 8-40　松辽盆地北部白垩系嫩江组转质后新增有机质孔隙度图

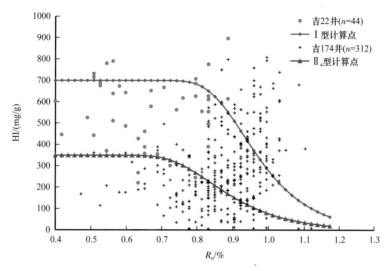

图 8-41　吉木萨尔凹陷芦草沟组 HI 与 R_o 关系

其他参数包括：（1）芦草沟组页岩密度和有机质密度，分别取 2.42t/m³ 和 1.25t/m³；（2）碳烃换算系数，取 1200。

芦草沟组评价区面积为 1097km²，计算得到转化页岩油总量为 3.6×10⁸t 油当量。如果液态与气态烃按 7∶3 劈分，则其中液态烃为 2.52×10⁸t；气态烃为 1.08×10⁸t 油当量。如果按 65% 的可采系数，则转质页岩油总可采量可达到 2.34×10⁸t 油当量，其中液态烃 1.64×10⁸t，气态烃 0.7×10⁸t 油当量。

按资源丰度大于 50×10⁴t/km² 确定核心区，得到核心区面积为 253km²，平均转化页岩油资源丰度为 81.3×10⁴t/km²，最大丰度为 150×10⁴t/km²，"甜点区"有两块，一是吉 174 井周围，二是吉 23 井北侧（图 8-42）。

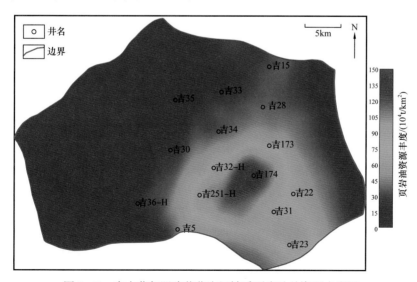

图 8-42　吉木萨尔凹陷芦草沟组转质页岩油总资源丰度图

芦草沟组转化后新产生的有机孔总量较多，平均新增有机质孔隙度为 2.2%，最大可达 8.3%，主产有机质孔隙度区位于吉 23—吉 31—吉 22 井一带（图 8-43）。

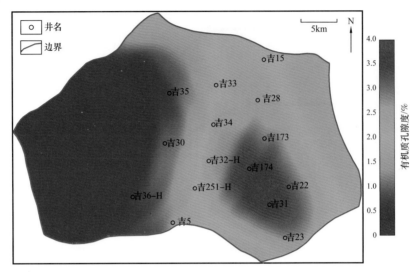

图 8-43　吉木萨尔凹陷芦草沟组转质后新增有机质孔隙度图

4. 我国主要页岩层系页岩油原位转化生烃总量计算结果

我国转质页岩油主要分布在鄂尔多斯盆地延长组、松辽盆地嫩江组、渤海湾盆地沙河街组和准噶尔盆地吉木萨尔凹陷芦草沟组等。

我国有效页岩面积合计 29151km^2，初步估算，转质页岩油总资源量为 1016.2×10^{8}t 油当量，其中液态烃为 704.2×10^{8}t，气态烃为 312×10^{8}t 油当量。如果按 65% 的可采系数，则转质页岩油总可采量可达到 660.4×10^{8}t 油当量，其中液态烃总量约 457×10^{8}t，气态烃总量约 203×10^{8}t。

重点页岩层系为鄂尔多斯盆地长 7 段页岩和松辽盆地北部嫩江组页岩，液态烃总量约 610×10^{8}t，占比大于 86%，气态烃总量约 261×10^{8}t 油当量，占比大于 83%。上述两盆地的两个主要层段可采资源总量为 566×10^{8}t，占比大于 85%。可见，鄂尔多斯和松辽两大盆地是我国中低熟页岩油原位转化油气资源分布的重点地区，资源十分集中且又与我国常规油气主产区地理位置十分契合，既有利于地面设施的综合配套利用，有效降低成本，也有利于为我国主力油气田的可持续发展谋篇布局，值得国家积极推进先导示范试验区建设，超前准备并优化技术，超前落实资源的经济可利用性，超前优化工艺流程和管理措施，以期用"十四五"的准备期，力争在"十四五"末最后突破中低熟页岩油工业开发关，为"十五五"以后大规模上产做好技术准备。重点勘探区包括以下几块：（1）鄂尔多斯盆地长 7 段页岩，主要分布在正宁以东、环县以东和庆城附近；（2）松辽盆地北部嫩江组页岩，主要分布在大庆市的东南和西南部；（3）准噶尔盆地吉木萨尔凹陷芦草沟组页岩，分布在吉 174 井周围和吉 23 井北侧。

第四节　中低熟页岩油未来发展展望

陆相中低熟页岩油地下原位转化资源潜力巨大，从目前初步估算的总量来看，转化液态烃地质资源量约 $704.2 \times 10^8 t$，气态烃为 $312 \times 10^8 t$ 油当量，几乎与我国常规油气资源总量在数量级上是相当的。可采资源量则更令人鼓舞，其中液态烃可采量超过 $457 \times 10^8 t$，是我国常规石油可采资源总量的近 2 倍，气态烃可采量超过 $20 \times 10^{12} m^3$，与我国常规天然气可采资源总量几乎相当。如果突破稳定技术关与经济关，将带来我国页岩油革命，对改善我国能源供应安全将发挥重大支撑作用。本节将从中低熟页岩油原位转化先导试验区设计与优选、原位转化面临的挑战与对策，以及未来发展展望等方面，介绍页岩油原位转化的未来地位。

一、页岩油原位转化技术进展及先导试验

2013 年以来，中国石油勘探开发研究院针对鄂尔多斯盆地上三叠统长 7_3 亚段富有机质页岩，开展了中低熟（$R_o < 1.0\%$）页岩油原位加热转化潜力和技术可行性研究与评价，得出两方面重要结论：一是评价认为长 7_3 亚段页岩具备良好的原位转化条件，可以利用原位转化技术实现规模开采；二是基于模拟数据，评价鄂尔多斯盆地长 7 段转质页岩油总量为 $494 \times 10^8 t$ 油当量。针对松辽盆地嫩江组页岩，开展了选区评价研究，有三点重要结论：一是嫩江组发育的富有机质页岩，虽然 TOC 丰度不如鄂尔多斯盆地高，但生烃潜力（HI）却比鄂尔多斯盆地长 7_3 亚段高很多，大约是 1.7 倍以上，加之热成熟度更低（$R_o < 0.7\%$），原位转化生烃潜力更好，满足页岩油原位转化的基本条件，页岩 R_o 介于 $0.4\% \sim 0.7\%$，埋深小于 2000m，连续厚度为 $6 \sim 22m$，TOC 平均为 $5.5\% \sim 9\%$，其中 TOC 大于 6.0% 的页岩分布面积为 $3.02 \times 10^4 km^2$；二是基于新钻井岩心分析资料，评价嫩一段核心区转化页岩油总量为 $377 \times 10^8 t$ 油当量；三是根据页岩油原位转化选区标准，优选了两个页岩油"甜点区"供原位转化先导试验选择。

我国中低熟陆相页岩油与美国正在开发的页岩油相比，无论从资源内涵、使用技术、开采方式以及对环境的友好性等都有很大不同，且资源潜力巨大，如果先导开发试验在技术与经济性两方面取得突破，将带来陆相页岩油革命，其地位和作用不亚于美国的海相页岩革命，值得期待。

二、页岩油原位转化技术面临的挑战与发展策略

中低熟页岩油颠覆了传统开发方式，依靠地下原位转化技术进行开发，这是一项在国外仅有较浅层的试验先例，而尚缺完整的工业开发试验的全新领域，面对的挑战和不可预测风险不会少。首先，把加热工具放至垂深 2000 多米井下，并维持持续加热时间至少三年以上的时间，加热工具的稳定性、加热器与电缆连接的稳定性，以及长时间加热

至高温以后，井筒内会发生什么物理化学变化都无实际案例证明。此外，地层受热以后，产生 H_2S 和 CO_2 等有害气体的数量以及高温气、液体采出过程中对装置的腐蚀与安全控制等，都尚无实际案例检验以达到优化和完善。我国在原位转化技术研究和现场试验等方面起步较晚，很多关键技术需要从头开始，开展攻关研究，基础理论基本处于空白。因此，需要把中低熟页岩油勘探开发上升为国家战略，国家应出台扶持政策，设立若干国家级先导开发试验区，以推动中低熟页岩油的健康发展。

为此，提出以下战略：（1）将页岩油原位转化上升为国家战略，由政府牵头评价落实资源潜力，制定发展规划，出台财政激励和税收扶持政策。（2）设立国家中低熟页岩油科技专项，推进页岩油基础理论与技术创新发展。针对中低熟页岩油原位转化特殊性，加大基础理论和关键工程技术支撑体系攻关，加大支持力度。（3）加强页岩油基础实验室建设与人才队伍培养。针对原位转化所需重大技术装备开展专项攻关，尽快实现国产化；加强国家页岩油重点实验室与研发中心建设。（4）设立若干国家级页岩油原位转化先导试验区，按"国家出资、企业组织、优化技术、落实资源经济性、引领发展"的思路，落实原位转化技术可行性与资源可利用性，形成中低熟页岩油原位转化核心技术和装备。

三、中低熟页岩油中长期发展目标

根据中低熟页岩油需要技术革命才能实现规模效益开发利用的现状，按照政策引导、科技先行的原则，坚持自主创新与合作研究并举，推动我国中低熟页岩油技术革命目标的实现。

中国石油已在鄂尔多斯盆地长 7_3 亚段部署页岩油原位转化先导试验。如果先导试验能够成功，预计 2025 年前后可进入规模商业开发阶段，形成商业开示范区。2030 年前后关键装备与核心技术可实现国产化，原位转化技术得到规模化工业应用，预计年产原油可以达到千万吨级规模。2035 年前后，年产油量可以上升至亿吨级规模以上，届时可依据国家能源安全需要和工作量投入，安排产量再增加的规模。

第五节　陆相页岩油革命内涵与未来地位

如本书前面所述，中国陆相页岩油跟北美海相页岩油一样也存在一场革命的新机遇。这场革命的主角是中低熟页岩油的原位转化，如果经过先导开发试验能够优化技术并突破资源开发的经济关，这场革命就一定会发生。

中低熟页岩油包括页岩中滞留的液态烃和尚未转化的有机质。液态烃油质较稠，有机物呈固态—半固态，用水平井 + 体积改造技术难以有效开发，需要颠覆性技术才能效益开发。原位转化是利用水平井电加热轻质化技术，对埋深 300～3000m 的富有机质页岩持续加热，使页岩层中的固体有机质发生降质转化，属于"人造石油"过程；同时，页岩中已存在的重油、沥青等大规模转化为轻质油和天然气，并将焦炭、H_2S 和 CO_2 等残余物留在地下的物理化学过程，可以称为"地下炼厂"。

页岩油地下原位转化主要有三个方面的技术优势：一是地下原位转化过程可实现清洁开采，无须水力压裂，占地少，无尾渣废料，不存在地下水污染，可以最大限度地减少开采过程中有害物质对生态环境的破坏；二是原位转化油气资源采出程度高，原位转化过程中伴生超压流体系统和微裂缝系统，增加了渗流通道、驱动力及高效泄流能力，可实现很高的油气采出率，采收率可达 $60\% \sim 70\%$；三是地下原位转化的油品质量好，地下高温条件下，产出的油品多为轻质油和天然气。

基于国外先导试验积累的经验，结合对我国陆相页岩油赋存环境与提高地下原位加热效率的需要，中低熟页岩油原位转化富集区 / 段的选择标准如下：一是页岩集中段有机质丰度较高，为 I 型、II_1 型干酪根；二是页岩集中段厚度一般大于 15m，净地比大于 0.8；三是页岩热演化程度适中，R_o 一般为 $0.5\% \sim 1.0\%$；四是埋藏深度、分布面积适宜，埋深一般小于 3000m，连续分布面积大于 $50km^2$；五是页岩目的层段具有较好的顶底板条件，遮挡层厚度应大于 2m，断层不发育，且地层含水率小于 5%，不存在活动水。

一、陆相页岩油革命内涵

本书所称的陆相页岩油革命，概括起来，有以下四方面内涵。

一是资源类型的革命：通过地下人工加热转化的方法，把已经形成的液态烃轻质化和多类沥青物及固体有机质降质改造，形成气态和液态烃，是真正意义上的"人造油藏"。突破了现有技术对将已形成的油气作为开发对象的理念，在资源类型上是革命性的。

二是开发技术的革命：通过原位电加热至地下温度达到 350℃，形成地下炼制轻质油品和生产大量天然气的过程。利用电加热器向地下页岩层中注入热量，主要经历两个动态演化过程，实现生烃、成储、增压、保压提高采收率目标。（1）加热初期阶段，温度缓慢增加，地层压力随热膨胀而增大；随着温度进一步上升，轻烃气和石油开始产生，气油比不断增大，页岩段内流体压力显著增强，待流体压力达到一定水平，油气开始稳定产出。（2）加热末期阶段，页岩温度达到峰值（即约 330℃），流体压力保持恒定，生成的气体中含有大量的 C_3s 和 C_4s（一种很好的溶剂），与裂解产生的烃类气体和轻质油相结合，使生成烃物质黏度降低、流动性增强。这一开发技术突破了常规油气藏渗流开发的理念，也突破了页岩油气通过水平井体积改造后油气解吸与渗流的开发理念。真正实现了油气生成与产出的一体化，渗流空间与流动的一体化，因此，在开发技术上是革命性的。

三是开采方式的革命：无须水力压裂，焦炭等污染物留在地下，实现页岩油绿色开采。中高熟页岩油气需要通过水平井体积改造技术进行开发，消耗大量水资源，同时造成产出水的环境污染；与油页岩干馏技术相比，原位转化无须挖掘开采，减小了环境破坏，焦炭等残渣留在地下，不造成环境破坏，因此，在开采方式上是革命性的。

四是资源地位的革命：潜力巨大，只要突破技术和经济关，可以支撑中国石油工业长期稳定发展。如能突破中低熟页岩油地下原位转化技术，2030 年可实现页岩油年产量千万吨级规模，2035 年前后达到亿吨级规模以上。因此，在资源地位上是革命性的。

二、陆相页岩油革命的战略地位

应该指出，推进我国中低熟页岩油地下原位转化开发的目的，不是解决我国原油年产 2×10^8t 稳产问题，而是解决在 2×10^8t 基础上实现规模上产的问题。该领域的突破发展将直接关系我国油气供应独立问题，从地位来说颇有重要性，值得上升为国家战略来组织。

世界石油工业正在从占石油资源总量 20% 的常规领域，向占石油资源总量 80% 的非常规石油资源拓展，中国亦不例外，应该抓住机遇，从大规模开发利用非常规石油资源中寻找我国油气供应独立的机会。页岩层系赋存的滞留液态烃和巨量的尚未转化有机物，如果能找到革命性技术途径，把这部分原来作为油气资源形成的"原料"，变成可开发利用的资源，可以开辟油气生产的全新领域。从资源类型来说，页岩油原位转化还不同于传统所称的非常规油气资源，应该称其为油气资源新类型，而且资源潜力巨大，一旦开发出来，将带来我国油气供应与安全的巨大变化。

因此，中低熟页岩油可能是我国石油工业下一个"革命者"，这场革命不仅会使我国原油年产量 2×10^8t 长期保持，而且极有可能在 2×10^8t 基础上实现规模增长，不排除原油产量出现倍增的可能性。如能实现，将大大改善我国原油供应安全形势。此外，中低熟页岩油原位转化还产生大量天然气，如果升温过程控制合理，天然气产量还可以更高一些。据多家预测，我国陆地、海上加在一起，坚持常规和非常规并举，天然气高峰年产量预计在 $2500 \times 10^8 \sim 3000 \times 10^8$m^3 之间。如果页岩油原位转化取得成功，我国天然气产量存在规模增长的机遇，不排除在 2500×10^8m^3 峰值年产量基础上实现倍增，达至 5000×10^8m^3 的可能性。众所周知，天然气的碳排放比煤炭低 45% 左右，在"双碳"目标下，增加天然气在一次能源消费结构中的比重，不仅可以有效降低 CO_2 排放，而且对确保从化石能源体系向以可再生能源支撑的新能源体系过渡的安全性也意义重大。总之，中低熟页岩油是一个油气资源开发利用的全新领域，值得国家高度重视，期待用 5～10 年期准备，让该领域在支撑我国油气安全供应甚至实现能源独立上发挥重要作用。目前，中低熟页岩油地下原位转化已经引起国内同行的广泛关注，如果"十四五"期间，中低熟页岩油原位转化先导试验能够基本摸清资源的可利用性与潜力，并筛选出相对成熟的转化技术，同时突破工业生产关，那么实现我国能源独立就找到了破解的途径，陆相页岩油革命就将发生，成为与北美海相页岩油革命同等齐观的重大事件，也将对世界地缘政治格局产生重大影响。

参 考 文 献

《地球科学大辞典》编辑委员会，2006.地球科学大辞典.北京：地质出版社，489-490.

白斌，朱如凯，吴松涛，等，2013.利用多尺度 CT 成像表征致密砂岩微观孔喉结构［J］.石油勘探与开发，40（3）：329-333.

白斌，朱如凯，吴松涛，等，2014.非常规油气致密储层微观孔喉结构表征新技术及意义［J］.中国石油勘探，19（3）：78-86.

白文翔，2019.油页岩原位裂解注热系统及热效率分析［D］.长春：吉林大学.

曹瀚升，2016.松辽盆地嫩江组 C-N-S 生物地球化学循环和古环境演化［D］.长春：吉林大学.

曾维主，2020.松辽盆地青山口组页岩孔隙结构与页岩油潜力研究［D］.广州：中国科学院大学（中国科学院广州地球化学研究所）.

查全衡，2014-07-14.油气资源"热词"及相互关系简析［EB/OL］.中国能源报.

陈殿义，2005.国外油页岩的地下开采及环境恢复［J］.吉林地质，24（3）：58-60.

陈建平，孙永革，钟宁宁，2014.地质条件下湖相烃源岩生排烃效率与模式［J］.地质学报，88（11）：2005-2032.

陈践发，孙省利，刘文汇，等，2004.塔里木盆地下寒武统底部富有机质层段地球化学特征及成因探讨［J］.中国科学（D 辑：地球科学）（S1）：107-113.

陈世悦，胡忠亚，柳飒，等，2015.沧东凹陷孔二段泥页岩特征及页岩油勘探潜力［J］.科学技术与工程，15（18）：26-33.

陈树民，韩德华，赵海波，等，2020.松辽盆地古龙页岩油地震岩石物理特征及甜点预测技术［J］.大庆石油地质与开发，39（3）：107-206.

谌卓恒，Osadetz K G，2013.西加拿大沉积盆地 Cardium 组致密油资源评价［J］.石油勘探与开发，40(3)：320-328.

谌卓恒，黎茂稳，姜春庆，等，2019.页岩油的资源潜力及流动性评价方法［J］.石油与天然气地质，40（3）：459-458.

程洪莉，谢霞宇，2017.超临界水蒸煤技术，20 年磨一剑［N］.中国煤炭报.

储呈林，陈强路，张博，等，2016.热液活动对东二沟剖面玉尔吐斯组烃源岩形成的影响［J］.沉积学报，34（4）：803-810.

崔景伟，朱如凯，杨智，等，2015.国外页岩层系石油勘探开发进展及启示［J］.非常规油气，2（4）：68-82.

丹尼尔·耶金，2012.朱玉犟，阎志敏，译.能源重塑世界［M］.北京：石油工业出版社，1-200.

邓秀芹，蔺晓，刘显阳，等，2008.鄂尔多斯盆地三叠系延长组沉积演化及其与早印支运动关系的探讨［J］.古地理学报，10（2）：159-166.

邓秀芹，罗安湘，张忠义，等，2013.秦岭造山带与鄂尔多斯盆地印支期构造事件年代学对比［J］.沉积学报，31（6）：939-953.

翟光明，2008.关于非常规油气资源勘探开发的几点思考［J］.天然气工业，28（12）：1-3.

董冬，杨申镰，项希勇，等，1993.济阳坳陷的泥质岩油气藏［J］.石油勘探与开发，20（6）：15-22.

董桂玉，陈洪德，何幼斌，等，2007.陆源碎屑与碳酸盐混合沉积研究中的几点思考［J］.地球科学进展，22（9）：931-939.

董岩，徐东升，钱根葆，等，2020.吉木萨尔页岩油甜点预测方法［J］.特种油气藏，27（3）：54-59.

杜金虎，何海清，杨涛，等，2014.中国致密油勘探进展及面临的挑战［J］.中国石油勘探，19（1）：1-9.

杜金虎，胡素云，庞正炼，等，2019.中国陆相页岩油类型、潜力及前景［J］.中国石油勘探，24（5）：560-568.

范柏江，晋月，师良，等，2021，鄂尔多斯盆地中部三叠系延长组长7段湖相页岩油勘探潜力［J］.石油与天然气地质，42（5）：1078-1088.

方圆，张万益，马芬，等，2019.全球页岩油资源分布与开发现状［J］.矿产保护与利用，39（5）：126-134.

冯国奇，李吉君，刘洁文，等，2019.泌阳凹陷页岩油富集与可动性探讨［J］.石油与天然气地质，40（6）：1236-1246.

冯增昭，王英华，刘焕杰，等，1994.中国沉积学［M］.北京：石油工业出版社，396-457.

冯增昭，1993.沉积岩石学（第二版）［M］.北京：石油工业出版社.

冯子辉，方伟，李振广，等，2011.松辽盆地大规模优质烃源岩沉积环境的地球化学标志［J］.中国科学：地球科学，41（9）：1253-1267.

冯子辉，方伟，王雪，等，2009.松辽盆地海侵制约油页岩形成的微体古生物和分子化石证据［J］.中国科学（39）：1375-1386.

冯子辉，霍秋立，曾花森，等，2021.松辽盆地古龙页岩有机质组成与有机质孔形成演化［J］.大庆石油地质与开发，40（5）：40-55.

冯子辉，霍秋立，王雪，2009.松辽盆地松科1井晚白垩世沉积地层有机地球化学研究［J］.地学前缘，16（5）：181-191.

冯子辉，霍秋立，王雪，等，2015.青山口组一段烃源岩有机地球化学特征及古沉积环境［J］.大庆石油地质与开发，34（4）：1-7.

付广，姜振学，张云峰，1998.大庆长垣以东地区扶余致密油层成藏系统的划分与评价［J］.特种油气藏，3（2）：12-17.

付金华，邓秀芹，楚美娟，等，2013.鄂尔多斯盆地延长组深水岩相发育特征及其石油地质意义［J］.沉积学报，31（5）：928-938.

付金华，李士祥，徐黎明，等，2018.鄂尔多斯盆地三叠系延长组长7段古沉积环境恢复及意义［J］.石油勘探与开发，45（6）：936-946.

付金华，牛小兵，淡卫东，等，2019.鄂尔多斯盆地中生界延长组长7段页岩油地质特征及勘探开发进展［J］.中国石油勘探，24（5）：601-614.

付金华，喻建，徐黎明，等，2015.鄂尔多斯盆地致密油勘探开发新进展及规模富集可开发主控因素［J］.中国石油勘探，20（5）：9-19.

付金华，李士祥，郭芪恒，等，2022.鄂尔多斯盆地陆相页岩油富集条件及有利区优选［J］.石油学报，1-14.

付锁堂，付金华，牛小兵，等，2020.庆城油田成藏条件及勘探开发关键技术［J］.石油学报，41（7）：777-795.

付锁堂，姚泾利，李士祥，等，2020.鄂尔多斯盆地中生界延长组陆相页岩油富集特征与资源潜力［J］.石油实验地质，42（5）：698-710.

付锁堂，王文雄，李宪文，等，2021.鄂尔多斯盆地低压海相页岩气储层体积压裂及排液技术［J］.天然气工业，41（3）：72-79.

甘肃省地层表编写组，1983.西北地区区域地层表 甘肃省分册［M］.北京：地质出版社.

高瑞祺，1984.泥岩异常高压带油气的生成排出特征与泥岩裂缝油气藏的形成［J］.大庆石油地质与开发，3（1）：160-167.

高瑞祺，何承金，乔秀云，等，1992.松辽盆地白垩纪两次海侵的沟鞭藻类新属种［J］.古生物学报，31（1）：17-29.

高瑞祺，张莹，崔同翠，1994.松辽盆地白垩纪石油地层［M］.北京：石油工业出版社.1-333.

高阳，叶义平，何吉祥，等，2020.准噶尔盆地吉木萨尔凹陷陆相页岩油开发实践［J］.中国石油勘探，23

（2）：133-141.

高有峰，王璞珺，程日辉，等，2009. 松科1井南孔白垩系青山口组一段沉积序列精细描述：岩石地层、沉积相与旋回地层［J］. 地学前缘，16（2）：314-323.

郭秋麟，陈宁生，吴晓智，等，2013. 致密油资源评价方法研究［J］. 中国石油勘探，18（2）：67-76.

郭秋麟，李峰，陈宁生，等，2016. 致密油资源评价方法、软件与关键技术［J］. 天然气地球科学，27（9）：1566-1575.

郭秋麟，米敬奎，王建，等，2019. 改进的生烃潜力模型及关键参数模板［J］. 中国石油勘探，24（5）：661-669.

郭秋麟，武娜，陈宁生，等，2017. 鄂尔多斯盆地延长组第7油层组致密油资源评价［J］. 石油学报，38（6）：658-665.

郭小文，何生，郑伦举，等，2011. 生油增压定量模型及影响因素［J］. 石油学报，32（4）：637-644.

郭旭光，何文军，杨森，等，2019. 准噶尔盆地页岩油"甜点区"评价与关键技术应用——以吉木萨尔凹陷二叠系芦草沟组为例［J］. 天然气地球科学，30（8）：1168-1179.

韩连福，李学鑫，刘兴斌，2021. 薄层油页岩电加热原位改性温度场数值模拟［J］. 科学技术与工程，21（20）：8522-8526.

韩文中，赵贤正，金凤鸣，等，2021. 渤海湾盆地沧东凹陷孔二段湖相页岩油甜点评价与勘探实践［J］. 石油勘探与开发，48（4）：777-786.

何镜宇，孟祥化，1987. 沉积岩和沉积相模式及建造［M］. 北京：地质出版社.

何文渊，蒙启安，张金友，2021. 松辽盆地古龙页岩油富集主控因素及分类评价［J］. 大庆石油地质与开发，40（5）：1-12.

贺聪，吉利明，苏奥，等，2017. 鄂尔多斯盆地南部延长组热水沉积作用与烃源岩发育的关系［J］. 地学前缘，24（6）：277-285.

侯读杰，黄清华，黄福堂，等，1999. 松辽盆地海侵地层的分子地球化学特征［J］. 石油学报，20（2）：30-34.

侯读杰，张善文，肖建新，等，2008. 济阳坳陷优质烃源岩特征与隐蔽油气藏的关系分析［J］. 地学前缘，15（2）：137-146.

侯祥麟，1984. 中国页岩油工业［M］. 北京：石油工业出版社.

胡贵，2016. 长水平井段钻井摩阻扭矩系统管理研究［D］. 北京：中国石油勘探开发研究院.

胡素云，白斌，陶士振，等，2022. 中国陆相中高成熟度页岩油非均质地质条件与差异富集特征［J］. 石油勘探与开发，49（2）：1-14.

胡素云，闫伟鹏，陶士振，等，2019. 中国陆相致密油富集规律及勘探开发关键技术研究进展［J］. 天然气地球科学，30（8）：1083-1093.

胡素云，赵文智，侯连华，等，2020. 中国陆相页岩油发展潜力与技术对策［J］. 石油勘探与开发，47（4）：819-828.

胡素云，朱如凯，吴松涛，等，2018. 中国陆相致密油效益勘探开发［J］. 石油勘探与开发，45（4）：737-748.

胡文瑞，2017. 地质工程一体化是实现复杂油气藏效益勘探开发的必由之路［J］. 中国石油勘探，22（1）：1-5.

胡文瑞，翟光明，李景明，2010. 中国非常规油气的潜力和发展［J］. 中国工程科学，12（5）：25-29.

黄第藩，张大江，王培荣，等，2003. 中国未成熟石油成因机制和成藏条件［M］. 北京：石油工业出版社.

黄伟和，2019. 页岩气开发钻井降本增效案例［M］. 北京：石油工业出版社.

贾承造，郑民，张永峰，2012. 中国非常规油气资源与勘探开发前景［J］. 石油勘探与开发，39（2）：129-136.

贾承造, 邹才能, 李建忠, 等, 2012. 中国致密油评价标准、主要类型、基本特征及资源前景 [J]. 石油学报, 33 (3): 343-350.

贾承造, 邹才能, 杨智, 等, 2018. 陆相油气地质理论在中国中西部盆地的重大进展 [J]. 石油勘探与开发, 45 (4): 1-15.

姜鹏飞, 孙友宏, 郭威, 等, 2015. 压裂—注氮原位裂解油页岩加热工艺及传热模拟 [J]. 东北大学学报 (自然科学版), 26 (9): 1353-1368

姜在兴, 张文昭, 梁超, 等, 2014. 页岩油储层基本特征及评价要素 [J]. 石油学报, 35 (1): 184-196.

蒋建伟, 邓毅, 屈刚, 等, 2013. 吉木萨尔凹陷二叠系致密油藏优快钻井技术 [J]. 新疆石油地质, 34 (5): 588-590.

蒋启贵, 黎茂稳, 钱门辉, 等, 2016. 不同赋存状态页岩油定量表征技术与应用研究 [J]. 石油实验地质, 38 (6): 842-849.

蒋恕, 唐相路, Steve Osborne, 等, 2017. 页岩油气富集的主控因素及误辨: 以美国、阿根廷和中国典型页岩为例 [J]. 地球科学, 42 (7): 1083-1091.

蒋有录, 查明, 2006. 石油天然气地质与勘探 [M]. 北京: 石油工业出版社.

蒋裕强, 陈林, 蒋婵, 等, 2014. 致密储层孔隙结构表征技术及发展趋势 [J]. 地质科技情报, 33 (3): 63-70.

焦方正, 邹才能, 杨智, 2020. 陆相源内石油聚集地质理论认识及勘探开发实践 [J]. 石油勘探与开发, 47 (6): 1067-1078.

金之钧, 白振瑞, 高波, 等, 2019. 中国迎来页岩油气革命了吗? [J]. 石油与天然气地质, 40 (3): 451-458.

康玉柱, 2008. 新疆两大盆地石炭—二叠系火山岩特征与油气 [J]. 石油实验地质, (4): 321-327.

康玉柱, 2012. 中国非常规泥页岩油气藏特征及勘探前景展望 [J]. 天然气工业, 32 (4): 1-5.

康志勤, 2008. 油页岩热解特性及原位注热开采油气的模拟研究 [D]. 太原: 太原理工大学.

匡立春, 雷德文, 王志章, 等, 2020. 咸化湖盆页岩油地质特征与勘探实践——以准噶尔盆地吉木萨尔凹陷为例 [M]. 北京: 科学出版社.

匡立春, 唐勇, 雷德文, 等, 2012. 准噶尔盆地二叠系咸化湖相云质岩致密油形成条件与勘探潜力 [J]. 石油勘探与开发, 39 (6): 657-667.

莱复生, 等, 1975. 石油地质学 [M]. 北京: 地质出版社.

雷群, 杨立峰, 段瑶瑶, 等, 2018. 非常规油气"缝控储量"改造优化设计技术 [J]. 石油勘探与开发, 45 (4): 719-726.

雷群, 管保山, 才博, 等, 2019. 储集层改造技术进展及发展方向 [J]. 石油勘探与开发, 46 (3): 580-587.

雷群, 翁定为, 熊生春, 等, 2021. 中国石油页岩油储集层改造技术进展及发展方向 [J]. 石油勘探与开发, 48 (5): 1035-1042

黎茂稳, 马晓潇, 蒋启贵, 等, 2019. 北美海相页岩油形成条件、富集特征与启示 [J]. 油气地质与采收率, 26 (1): 13-16.

李国山, 王永标, 卢宗盛, 等, 2014. 古近系湖相烃源岩形成的地球生物学过程 [J]. 中国科学: 地球科学, 44 (6): 1206-1217.

李国欣, 罗凯, 石德勤, 2017. 页岩油气成功开发的关键技术、先进理念与重要启示——以加拿大都沃内项目为例 [J]. 石油勘探与开发, 47 (4): 1-11.

李国欣, 吴志宇, 李桢, 等, 2021. 陆相源内非常规石油甜点优选与水平井立体开发技术实践——以鄂尔多斯盆地延长组7段为例 [J]. 石油学报, 42 (6): 736-750.

李国欣, 朱如凯, 2020. 中国石油非常规油气发展现状、挑战与关注问题 [J]. 中国石油勘探, 25 (2):

1–13.

李红敬，解习农，林正良，等，2009. 四川盆地广元地区大隆组有机质富集规律［J］. 地质科技情报，28（2）：98–103.

李明诚，2013. 石油与天然气运移［M］. 北京：石油工业出版社.

李强，吴绍祖，屈迅，等，2002. 试论准噶尔石炭纪—三叠纪重要气候事件［J］. 新疆地质，20（3）：192–195.

李森，朱如凯，崔景伟，等，2019. 古环境与有机质富集控制因素研究——以鄂尔多斯盆地南缘长7油层组为例［J］. 岩性油气藏，31（1）：9.

李士祥，牛小兵，柳广弟，等，2020. 鄂尔多斯盆地延长组长7段页岩油形成富集机理［J］. 石油与天然气地质，41（4）：719–729.

李世臻，刘卫彬，王丹丹，等，2017. 中美陆相页岩油地质条件对比［J］. 地质论评，63.

李腾飞，田辉，陈吉，等，2015. 低压气体吸附法在页岩孔径表征中的应用［J］. 天然气地球科学，26（9）：1719–1728.

李晓光，刘兴周，李金鹏，等，2019. 辽河坳陷大民屯凹陷沙四段湖相页岩油综合评价及勘探实践［J］. 中国石油勘探，24（5）：636–648.

李永亮，郭烈锦，张明颢，等，2008. 高含量煤在超临界水中气化制氢的实验研究［J］. 西安交通大学学报，42（7）：919–924.

李玉喜，张金川，2011. 我国非常规油气资源类型和潜力［J］. 国际石油经济，3：61–67.

李忠兴，王永康，万晓龙，等，2006. 复杂致密油藏开发的关键技术［J］. 油气田开发.

梁世君，黄志龙，柳波，等，2012. 马朗凹陷芦草沟组页岩油形成机理与富集条件［J］. 石油学报，33（4）：588–594.

梁世君，罗劲生，王瑞，等，2019. 三塘湖盆地二叠系非常规石油地质特征与勘探实践［J］. 中国石油勘探，24（5）：624–635.

梁钰，侯读杰，张金川，等，2014. 海底热液活动与富有机质烃源岩发育的关系——以黔西北地区下寒武统牛蹄塘组为例［J］. 油气地质与采收率，21（4）：28–32+113.

廖卓庭，吴国干，1998. 新疆三塘湖盆地含油气地层［M］. 南京：南京大学出版社，20–24.

林森虎，2012. 鄂尔多斯盆地长7段细粒沉积特征与致密油分布［D］. 北京：中国石油勘探开发研究院.

林森虎，邹才能，袁选俊，等，2011. 美国致密油开发现状及启示［J］. 岩性油气藏，23（4）：25–30.

刘宝珺，1980. 沉积岩石学［M］. 北京：地质出版社.

刘池洋，2010. 热力作用的地质、成矿（藏）效应及其判识［J］. 石油与天然气地质，31（6）：725–733.

刘池洋，赵重远，杨兴科，2000. 活动性强、深部作用活跃——中国沉积盆地的两个重要特点［J］. 石油与天然气地质（1）：1–6.

刘传联，徐金鲤，汪品先，2001. 藻类勃发——湖相油源岩形成的一种重要机制［J］. 地质论评，47（2）：207–210.

刘德勋，王红岩，郑德温，等，2009. 世界油页岩原位开采技术进展［J］. 天然气工业，29（5）：128–132.

刘国强，2021. 非常规油气时代测井评价技术的挑战与对策［J］. 石油勘探与开发，48（5）：1–12.

刘国强，2021. 非常规油气时代的测井采集技术挑战与对策［J］. 中国石油勘探，26（5）：24–37.

刘合，匡立春，李国欣，等，2020. 中国陆相页岩油完井方式优选的思考与建议［J］. 石油学报，41（4）：489–496.

刘合，李国欣，姚子修，等，2020. 页岩油勘探开发"点—线—面"方法论［J］. 石油科技论坛，39（2）：1–5.

刘惠民，于炳松，谢忠怀，等，2018. 陆相湖盆富有机质页岩微相特征及对页岩油富集的指示意义——以渤海湾盆地济阳坳陷为例［J］. 石油学报，39（12）：1328–1343.

刘佳宜，刘全有，朱东亚，等，2018.深部流体在富有机质烃源岩形成中的作用［J］.天然气地球科学，29（2）：168-177.

刘建军，李怀渊，陈国胜，2005.利用铀—油关系寻找地浸砂岩型铀矿［J］.地质科技情报，24（4）：67-72.

刘俊田，2009.三塘湖盆地牛东地区石炭系卡拉岗组火山岩风化壳模式与识别［J］.天然气地球科学，20（1）：57-62.

刘美羽，2014.松辽盆地松科1井晚白垩世生物标志化合物与湖泊水体环境变化［D］.北京：中国地质大学（北京）.

刘美羽，胡建芳，万晓樵，2015.松辽盆地嫩江组下部水体分层的有机地球化学证据［J］.湖泊科学，27（1）：190-194.

刘社明，张明禄，陈志勇，等，2013.苏里格南合作区工厂化钻完井作业实践［J］.天然气工业，33（8）：64-69.

刘天琳，姜振学，刘伟伟，等，2018.江西修武盆地早寒武世热液活动对有机质富集的影响［J］.油气地质与采收率，25（3）：68-76.

刘宪亭，1962.陕北的弓鲛化石二新种［J］.古脊椎动物学报（2）：32-38.

刘新，安飞，陈庆海，等，2016.提高致密油藏原油采收率技术分析——以巴肯组致密油为例［J］.大庆石油地质与开发（6）：164-169.

刘一杉，东晓虎，闫林，等，2019.吉木萨尔凹陷芦草沟组孔隙结构定量表征［J］.新疆石油地质，40（3）：284-289.

刘泽宇，2019.油页岩原位开采耦合数值模拟研究［D］.长春：吉林大学.

刘招君，柳蓉，孙平昌，等，2020.中国典型盆地油页岩特征及赋存规律［J］.吉林大学学报（地球科学版），50（2）：313-325.

刘忠华，宋连腾，2017.各向异性快地层最小水平主应力测井计算方法［J］.石油勘探与开发，44（5）：745-752.

柳波，石佳欣，付晓飞，等，2018.陆相泥页岩层系岩相特征与页岩油富集条件——以松辽盆地古龙凹陷白垩系青山口组一段富有机质泥页岩为例［J］.石油勘探与开发，45（5）：828-838.

柳伟荣，倪华峰，王学枫，等，2020.长庆油田陇东地区页岩油超长水平段水平井钻井技术［J］.石油钻探技术，48（1）：9-14.

卢明辉，曹宏，董世泰，等，2020.鄂尔多斯盆地延长组页岩油甜点地震预测［R］.中国地球科学联合会年会.

卢双舫，黄文彪，陈方文，等，2012.页岩油气资源分级评价标准探讨［J］.石油勘探与开发，39（2）：249-256.

罗承先，2011.页岩油开发可能改变世界石油形势［J］.中外能源，16（12）：22-26.

罗婷婷，2011.鄂尔多斯南缘及邻区石盒子组，延长组沉积期盆地原型及演化［D］.兰州：西北大学.

吕明久，付代国，何斌，等，2012.泌阳凹陷深凹区页岩油勘探实践［J］.石油地质与工程，26（3）：85-87.

马飞英，王林，刘全稳，等，2019.一种油页岩原位开采方法初探——以茂名油页岩为例［J］.广东石油化工学院学报，29（6）：5-9+15.

马奎，胡素云，王铜山，2018.生烃母质繁盛条件实验研究及其油气地质意义［J］.微体古生物学报，35（3）：322-328.

马磊，张雷，张学娟，等，2015.大民屯凹陷沙四下段致密油储层特征与分布预测［J］.科学技术与工程，15（33）：115-123.

马永生，冯建辉，牟泽辉，等，2012.中国石化非常规油气资源潜力及勘探进展［J］.中国工程科学，14

（6）：22–30.

毛光周，刘池洋，刘宝泉，等，2012. 铀对（Ⅰ型）低熟烃源岩生烃演化的影响［J］. 中国石油大学学报，36（2）：172–181.

毛光周，刘池洋，张东东，等，2012. 铀对（Ⅱ型）低熟烃源岩生烃演化的影响［J］. 地质学报，86（11）：1833–1840.

毛光周，刘池洋，张东东，等，2014. 铀在Ⅲ型烃源岩生烃演化中作用的实验研究［J］. 中国科学：地球科学，44（8）：1740–1750.

毛小妮，2012. 准噶尔盆地北部石炭纪—早二叠世构造岩相古地理面貌与烃源岩特征研究［D］. 兰州：西北大学.

彭雪峰，汪立今，姜丽萍，2012. 准噶尔盆地东南缘芦草沟组油页岩元素地球化学特征及沉积环境指示意义［J］. 矿物岩石地球化学通报，31（2）：121–127+151.

蒲泊伶，董大忠，吴松涛，等，2014. 川南地区下古生界海相页岩微观储集空间类型［J］. 中国石油大学学报（自然科学版），38（4）：19–25.

蒲秀刚，金凤鸣，韩文中，等，2019. 陆相页岩油甜点地质特征与勘探关键技术——以沧东凹陷孔店组二段为例［J］. 石油学报，40（8）：997–1012.

蒲秀刚，时战楠，韩文中，等，2019. 陆相湖盆细粒沉积区页岩层系石油地质特征与油气发现——以黄骅坳陷沧东凹陷孔二段为例［J］. 油气地质与采收率，26（1）：46–58.

齐雪峰，何云生，赵亮，等，2013. 新疆三塘湖盆地二叠系芦草沟组古生态环境［J］. 新疆石油地质，34（6）：623–626.

秦艳，张文正，彭平安，等，2009. 鄂尔多斯盆地延长组长7段富铀烃源岩的铀赋存状态与富集机理［J］. 岩石学报，25（10）：2469–2476.

邱振，施振生，董大忠，等，2016. 致密油源储特征与聚集机理——以准噶尔盆地吉木萨尔凹陷二叠系芦草沟组为例［J］. 石油勘探与开发，43（6）：928–939.

邱中建，邓松涛，2012. 中国油气勘探的新思维［J］. 石油学报，33（S1）：1–5.

曲长胜，邱隆伟，杨勇强，等，2019. 准噶尔盆地吉木萨尔凹陷二叠系芦草沟组火山活动的环境响应［J］. 地震地质，41（3）：789–802.

阮冬梅，刘玫君，张俸豪，2020. 油页岩原位开采冷冻墙技术冻结过程温度场变化特征的实验研究［J］. 科技资讯，18（3）：51–52+54.

阮壮，罗忠，于炳松，等，2021. 鄂尔多斯盆地中—晚三叠世盆地原型及构造古地理响应［J］. 地学前缘，28（1）：12–32.

什维佐夫，1954. 沉积岩石学［M］. 北京：地质出版社.

师调调，孙卫，何生平，2012. 低渗透储层微观孔隙结构与可动流体饱和度关系研究［J］. 地质科技情报，（4）：81–85.

石建刚，席传明，熊超，等，2020. 吉木萨尔页岩油藏超长水平井水平段长度界限研究［J］. 特种油气藏，27（4）：136–142. http：//kns. cnki. net/kcms/detail/21. 1357. TE. 20200410. 1817. 004. html.

宋国奇，徐兴友，李政，等，2015. 济阳坳陷古近系陆相页岩油产量的影响因素［J］. 石油与天然气地质，36（3）：463–471.

宋连腾，刘忠华，李潮流，2015. 孔隙压力成因测井反演方法研究［J］. 天然气地球科学，25（2）：372–376.

宋明水，2019. 济阳坳陷页岩油勘探实践与现状［J］. 油气地质与采收率，26（1）：1–12.

宋世骏，柳益群，郑庆华，等，2019. 鄂尔多斯盆地三叠系延长组黑色岩系成因探讨——以铜川地区7₃段为例［J］. 沉积学报，37（6）：12.

苏爱国，陈志勇，梁狄刚，等，2006. 青藏高原油气形成——柴达木盆地西部新生界［M］. 北京：地质出版社.

孙焕泉, 2017. 济阳坳陷页岩油勘探实践与认识 [J]. 中国石油勘探, 22 (4): 1–14.

孙焕泉, 蔡勋育, 周德华, 等, 2019. 中国石化页岩油勘探实践与展望 [J]. 中国石油勘探, 24 (5): 569–575.

孙建博, 孙兵华, 赵谦平, 等, 2018. 鄂尔多斯盆地富县地区延长组长 7 湖相页岩油地质特征及勘探潜力评价 [J]. 中国石油勘探, 23 (6): 29–37.

孙军, 薛冰, 2016. 全球气候变化下的海洋浮游植物多样性 [J]. 生物多样性, 24 (7): 739–747.

孙龙德, 2020. 古龙页岩油 (代序) [J]. 大庆石油地质与开发, 39 (3): 1–7.

孙龙德, 刘合, 何文渊, 等, 2021. 大庆古龙页岩油重大科学问题与研究路径探析 [J]. 石油勘探与开发, 48 (3): 453–463.

孙省利, 陈践发, 刘文汇, 等, 2003. 海底热水活动与海相富有机质层形成的关系——以华北新元古界青白口系下马岭组为例 [J]. 地质论评 (6): 588–595.

孙省利, 陈践发, 刘文汇, 等, 2004. 塔里木盆地下寒武统硅质岩地球化学特征及其形成环境 [J]. 石油勘探与开发, (3): 45–48.

孙友宏, 郭威, 邓孙华, 2021. 油页岩地下原位转化与钻采技术现状及发展趋势 [J]. 钻探工程, 48 (1): 57–67.

陶军, 姚军, 赵秀才, 2006. 利用 IRIS Explorer 数据可视化软件进行孔隙级数字岩心可视化研究 [J]. 石油天然气学报, 28 (5): 51–53+164.

田华, 张水昌, 柳少波, 等, 2012. 压汞法和气体吸附法研究富有机质页岩孔隙特征 [J]. 石油学报, 33 (3): 419–427.

童晓光, 2012. 非常规油的成因和分布 [J]. 石油学报 (S1): 20–26.

童晓光, 张光亚, 王兆明, 等, 2018. 全球油气资源潜力与分布 [J]. 石油勘探与开发, 45 (4): 727–736.

涂玉洁, 2012. 松辽盆地白垩纪有孔虫化石与海侵证据 [D]. 北京: 中国地质大学 (北京).

汪天凯, 何文渊, 袁余洋, 等, 2017. 美国页岩油低油价下效益开发新进展及启示 [J]. 石油科技论坛, 36 (2): 60–68.

汪友平, 王益维, 孟祥龙, 等, 2013. 美国油页岩原位开采技术与启示 [J]. 石油钻采工艺, 35 (6): 55–59.

王广昀, 王凤兰, 蒙启安, 等, 2020. 古龙页岩油战略意义及攻关方向 [J]. 大庆石油地质与开发, 39 (3): 8–19.

王建强, 刘池洋, 李行, 等, 2017. 鄂尔多斯盆地南部延长组长 7 段凝灰岩形成时代、物质来源及其意义 [J]. 沉积学报, 35 (4): 691–704.

王磊, 杨栋, 康志勤, 等, 2015. 注蒸汽原位开采油页岩热解温度确定及可行性分析 [J]. 科学技术与工程, 15 (9): 109–113.

王璞珺, 王东坡, 杜小弟, 1996. 松辽盆地白垩系青山口组黑色页岩的形成环境及海水侵入的底流模式 [J]. 岩相古地理 (1): 34–43.

王社教, 蔚远江, 郭秋麟, 等, 2014. 致密油资源评价新进展 [J]. 石油学报, 35 (6): 1095–1105.

王团, 唐晓花, 田得光, 等, 2021. 松辽盆地古龙页岩油富集层地球物理定量表征方法及其应用 [J]. 大庆石油地质与开发, 40 (5): 121–133.

王小军, 杨智峰, 郭旭光, 等, 2019. 准噶尔盆地吉木萨尔凹陷页岩油勘探实践与展望 [J]. 新疆石油地质, 40 (4): 402–413.

王晓琦, 孙亮, 朱如凯, 等, 2015. 利用电子束荷电效应评价致密储集层储集空间——以准噶尔盆地吉木萨尔凹陷二叠系芦草沟组为例 [J]. 石油勘探与开发, 42 (4): 472–480.

王绪龙, 支东明, 王屿涛, 等, 2013. 准噶尔盆地烃源岩与油气地球化学 [M]. 北京: 石油工业出版社.

王玉华，梁江平，张金友，等，2020.松辽盆地古龙页岩油资源潜力及勘探方向［J］.大庆石油地质与开发，39（3）：20-34.

文乾彬，杨虎，石建刚，等，2014.昌吉油田致密油长位移丛式水平井钻井技术［J］.新疆石油地质，35（3）：356-359.

文乾彬，杨虎，孙维国，等，2015.吉木萨尔凹陷致密油大井丛"工厂化"水平井钻井技术［J］.新疆石油地质，36（3）：334-337.

翁定为，胥云，刘建伟，等，2018.三塘湖致密油"缝控储量"改造技术先导试验［R］.福州：2018年全国天然气学术年会.

吴宝成，李建民，邬元月，等，2019.准噶尔盆地吉木萨尔凹陷芦草沟组页岩油上甜点地质工程一体化开发实践［J］.中国石油勘探，24（5）：679-690.

吴河勇，林铁峰，白云风，等，2019.松辽盆地北部泥（页）岩油勘探潜力分析［J］.大庆石油地质与开发，38（5）：78-86.

吴林钢，李秀生，郭小波，等，2012.马朗凹陷芦草沟组页岩油储层成岩演化与溶蚀孔隙形成机制［J］.中国石油大学学报（自然科学版），36（3）：38-43，53.

吴奇，胡文瑞，李峋，2018.地质工程一体化在复杂油气藏效益勘探开发中存在的"异化"现象及思考建议［J］.中国石油勘探，23（2）：1-5.

吴奇，梁兴，鲜成钢，等，2015.地质—工程一体化高效开发中国南方海相页岩气［J］.中国石油勘探，20（4）：1-23.

吴奇，胥云，王腾飞，等，2011.增产改造理念的重大变革：体积改造技术概论［J］.天然气工业，31（4）：7-12.

吴奇，胥云，王晓泉，等，2012.非常规油气藏体积改造技术：内涵、优化设计与实现［J］.石油勘探与开发，39（3）：352-358.

吴奇，胥云，张守良，等，2014.非常规油气藏体积改造技术核心理论与优化设计关键［J］.石油学报，35（4）：706-714.

吴松涛，朱如凯，崔京钢，等，2015.鄂尔多斯盆地长7湖相泥页岩孔隙演化特征［J］.石油勘探与开发，42（2）：167-175.

吴松涛，邹才能，朱如凯，等，2015.鄂尔多斯盆地上三叠统长7段泥页岩储集性能［J］.地球科学—中国地质大学学报，40（11）：1810-1823.

吴颖，2018.鄂尔多斯盆地东南部长7页岩储层特征及含气性控制因素［D］.兰州：西北大学.

席党鹏，万晓樵，冯志强，等，2010.松辽盆地晚白垩世有孔虫的发现：来自松科1井湖海沟通的证据［J］.科学通报，55（35）：3433-3436.

夏遵义，马海洋，房堃，2019.渤海湾盆地沾化凹陷陆相页岩储层岩石力学特征及可压裂性研究［J］.石油实验地质，41（1）：134-141.

肖栋，李建平，2011.皮纳图博火山爆发对20世纪90年代初平流层年代际变冷突变的影响机理［J］.科学通报，56（Z1）：333-341.

肖开华，冯动军，李秀鹏，2014.川西新场须四段致密砂岩储层微观孔喉与可动流体变化特征［J］.石油实验地质（1）：77-82.

谢启超，2014.鄂尔多斯盆地姬塬油田长7致密油储层微观孔喉结构分类特征［J］.中国石油勘探，19（5）：73-79.

谢小敏，腾格尔，秦建中，等，2015.贵州凯里寒武系底部硅质岩系生物组成、沉积环境与烃源岩发育关系研究［J］.地质学报，89（2）：425-439.

徐同台，卢淑芹，2004.影响泥页岩在清水中膨胀率因素的探讨［J］.钻井液与完井液，21（1）：5-7.

薛海涛，田善思，王伟明，等，2016.页岩油资源评价关键参数——含油率的校正［J］.石油与天然气地质，

37（1）：15-22.

薛祥煦，1980.甘肃窑街、陕西安塞弓鲛类化石新材料［J］.古脊椎动物与古人类（1）：11-16+96.

杨飞，浦秀刚，姜文亚，等，2018.渤海湾盆地沧东凹陷孔二段细粒相区有机地球化学特征［J］.天然气地球科学，29（4）：550-558.

杨华，李士祥，刘显阳，等，2013.鄂尔多斯盆地致密油、页岩油特征及资源潜力［J］.石油学报，34（1）：1-11.

杨华，牛小兵，徐黎明，等，2016.鄂尔多斯盆地三叠系延长组长7段页岩油勘探潜力［J］.石油勘探与开发，43（4）：590-599.

杨建国，李士超，姚玉来，等，2020.松辽盆地北部陆相页岩油调查取得重大突破［J］.地质与勘探，29（3）：300.

杨金华，郭晓霞，2017.一趟钻新技术应用与进展［J］.石油科技论坛，36（2）：38-40.

杨金华，郭晓霞，2018.页岩水平井一趟钻应用案例分析及启示［J］.石油科技论坛，37（6）：32-35，60.

杨雷，金之钧，2019.全球页岩油发展及展望［J］.中国石油勘探，24（5）：553-559.

杨万里，1985.松辽陆相盆地石油地质［M］.北京：石油工业出版社.

杨维磊，李新宇，徐志，等，2019.鄂尔多斯盆地安塞地区长7段页岩油资源潜力评价［J］.海洋地质前沿，35（4）：48-54.

杨文宽，1983.球状侵入体的散热过程及其对干酪根的影响［J］.石油与天然气地质（3）：283-293.

杨阳，2014.高压—工频电加热原位裂解油页岩理论与试验研究［D］.长春：吉林大学.

杨跃明，黄东，杨光，等，2019.四川盆地侏罗系大安寨段湖相页岩油气形成地质条件及勘探方向［J］.天然气勘探与开发，42（2）：1-12.

杨智，侯连华，陶士振，等，2015.致密油与页岩油形成条件与"甜点区"评价［J］.石油勘探与开发，42（5）：555-565.

杨智，邹才能，2019."进源找油"：源岩油气内涵与前景［J］.石油勘探与开发，46（1）：173-184.

姚军，黄朝琴，王子胜，等，2010.缝洞型油藏的离散缝洞网络流动数学模型［J］.石油学报，31（5）：815-819+824.

叶淑芬，1996.松辽盆地白垩系的密集段及海水进侵的新证［J］.地球科学—中国地质大学学报，21（3）：267-271.

叶雨晨，吴德胜，席传明，等，2020.吉木萨尔页岩油超长水平段水平井安全高效下套管技术［J］.新疆石油天然气，16（2）：48-52.

尤源，牛小兵，冯胜斌，等，2014.鄂尔多斯盆地延长组长7致密油储层微观孔隙特征研究［J］.中国石油大学学报（自然科学版）（6）：18-23.

于炳松，梅冥相，2016.沉积岩石学［M］.北京：地质出版社，148-159.

余涛，卢双舫，李俊乾，等，2018.东营凹陷页岩油游离资源有利区预测［J］.断块油气田，25（1）：16-21.

余再超，皮雄，张双杰，等，2021.三维地震资料综合预测技术在准噶尔盆地吉木萨尔凹陷的应用［C］.中国石油学会2021年物探技术研讨会论文集，725-728.

袁伟，柳广弟，罗文斌，等，2016.鄂尔多斯盆地长7段富有机质页岩中磷灰石类型及其成因［J］.天然气地球科学，27（8）.

袁选俊，林森虎，刘群，等，2015.湖盆细粒沉积特征与富有机质页岩分布模式——以鄂尔多斯盆地延长组长7油层组为例［J］.石油勘探与开发，42（1）：34-43.

张斌，何媛媛，陈琰，等，2017.柴达木盆地西部咸化湖相优质烃源岩地球化学特征及成藏意义［J］.石油学报，38（10）：1158-1167.

张斌，毛治国，张忠义，等，2021.鄂尔多斯盆地三叠系长7段黑色页岩形成环境及其对页岩油富集段的控制作用［J］.石油勘探与开发,48(6):1127-1136.

张福祥,郑新权,李志斌,等,2020.钻井优化系统在国内非常规油气资源开发中的实践［J］.中国石油勘探,25(2):96-109.

张焕芝,何艳青,邱茂鑫,等,2015.低油价对致密油开发的影响及其应对措施［J］.石油科技论坛,34(3):68-71.

张金川,林腊梅,李玉喜,等,2012.页岩油分类与评价［J］地学前缘,19(5):322-331.

张金亮,常象春,2000.民和盆地致密砂岩藏油气充注史及含油气系统研究［J］.特种油气藏,7(4):5-8.

张君峰,毕海滨,许浩,等,2015.国外致密油勘探开发新进展及借鉴意义［J］.石油学报,36(2):127-137.

张君峰,徐兴友,白静,等,2020.松辽盆地南部白垩系青一段深湖相页岩油富集模式及勘探实践［J］.石油勘探与开发,47(4):637-652.

张抗,1983.鄂尔多斯盆地南缘三叠纪海相层及有关问题的讨论［J］.科学通报(1):41-43.

张抗,2012.从致密油气到页岩油气——中国非常规油气发展之路探析［J］.中国地质教育,(2):11-15.

张林晔,包友书,李钜源,等,2014.湖相页岩油可动性——以渤海湾盆地济阳坳陷东营凹陷为例［J］.石油勘探与开发,41(6):641-649.

张林晔,孔祥星,张春荣,等,2003.济阳坳陷下第三系优质烃源岩的发育及其意义［J］.地球化学,32(1):35-42.

张林晔,李钜源,等,2014.北美页岩油气研究进展及对中国陆相页岩油气勘探的思考［J］.地球科学进展,29(6):700-711.

张水昌,梁狄刚,陈建平,等,2017.中国海相油气形成与分布［M］.北京:科学出版社.

张顺,陈世悦,崔世凌,等,2014.东营凹陷半深湖—深湖细粒沉积岩岩相类型及特征［J］.中国石油大学学报(自然科学版),38(5):9-17.

张顺,陈世悦,蒲秀刚,等,2016.断陷湖盆细粒沉积岩岩相类型及储层特征——以东营凹陷沙河街组和沧东凹陷孔店组为例［J］.中国矿业大学学报,45(3):568-581.

张天童,2020.油页岩平行井组注气加热温度场数值模拟［D］.长春:吉林大学.

张文正,杨华,解丽琴,等,2010.湖底热水活动及其对优质烃源岩发育的影响——以鄂尔多斯盆地长7烃源岩为例［J］.石油勘探与开发,37(4):424-429.

张文正,杨华,李剑锋,等,2006.论鄂尔多斯盆地长7段优质油源岩在低渗透油气成藏富集中的主导作用——强生排烃特征及机理分析［J］.石油勘探与开发(3):289-293.

张文正,杨华,彭平安,等,2009.晚三叠世火山活动对鄂尔多斯盆地长7优质烃源岩发育的影响［J］.地球化学,38(6):573-582.

张文正,杨华,杨伟伟,等,2015.鄂尔多斯盆地延长组长7湖相页岩油地质特征评价［J］.地球化学,44(5):505-515.

张文正,杨华,杨奕华,等,2008.鄂尔多斯盆地长7优质烃源岩的岩石学、元素地球化学特征及发育环境［J］.地球化学,37(1):59-64.

张永东,孙永革,谢柳娟,等,2011.柴达木盆地西部新生代盐湖相烃源岩中高支链类异戊二烯烃(C25HBI)的检出及其地质地球化学意义［J］.科学通报,56(13):1032-1041.

赵海波,韩德华,李奎周,等,2021.松辽盆地古龙页岩跨频带岩石物理测量［J］.大庆石油地质与开发,40(5):98-105.

赵靖舟,2012.非常规油气有关概念、分类及资源潜力［J］.天然气地球科学,23(3):393-406.

赵俊龙,张君峰,许浩,等,2015.北美典型致密油地质特征对比及分类［J］.岩性油气藏,27(1):44-50.

赵林，2015. 过热蒸汽对流加热油页岩原位开采基础试验研究［D］. 太原：太原理工大学.

赵文智，胡素云，侯连华，2018. 页岩油地下原位转化的内涵与战略地位［J］. 石油勘探与开发，45（4）：537-545.

赵文智，胡素云，侯连华，等，2020. 中国陆相页岩油类型、资源潜力及与致密油的边界［J］. 石油勘探与开发，47（1）：1-10.

赵文智，王新民，郭彦如，等，2006. 鄂尔多斯盆地西部晚三叠世原型盆地恢复及其改造演化［J］. 石油勘探与开发（1）：6-13.

赵文智，王兆云，王红军，2011. 再论有机质"接力成气"的内涵与意义［J］. 石油勘探与开发，38（2）：129-135.

赵文智，张斌，王晓梅，等，2021. 陆相源内与源外油气成藏的烃源灶差异［J］. 石油勘探与开发，48（3）：464-475.

赵文智，张光亚，王红军，2005. 石油地质理论新进展及其在拓展勘探领域中的意义［J］. 石油学报，26（1）：1-7.

赵文智，朱如凯，胡素云，等，2020. 陆相富有机质页岩与泥岩的成藏差异及其在页岩油评价中的意义［J］. 石油勘探与开发，47（6）：1079-1089.

赵文智，董大忠，李建忠，等，2012. 中国页岩气资源潜力及其在天然气未来发展中的地位［J］. 中国工程科学，14（7）：46-52.

赵贤正，周立宏，蒲秀刚，等，2018. 陆相湖盆页岩层系基本地质特征与页岩油勘探突破：以渤海湾盆地沧东凹陷古近系孔店组二段一亚段为例［J］. 石油勘探与开发，45（3）：361-372.

赵贤正，周立宏，蒲秀刚，等，2019. 断陷湖盆湖相页岩油形成有利条件与富集特征：以渤海湾盆地沧东凹陷孔店组二段为例［J］. 石油学报，40（9）：1013-1029.

赵贤正，周立宏，蒲秀刚，等，2020. 湖相页岩滞留烃形成条件与富集模式——以渤海湾盆地黄骅坳陷古近系为例［J］. 石油勘探与开发，47（5）：856-869.

赵贤正，周立宏，赵敏，等，2019. 陆相页岩油工业化开发突破与实践——以渤海湾盆地沧东凹陷孔二段为例［J］. 中国石油勘探，24（5）：589-600.

赵贤正，周立宏，蒲秀刚，等，2017. 断陷湖盆斜坡区油气富集理论与勘探实践——以黄骅坳陷古近系为例［J］. 中国石油勘探，22（2）：13-24.

赵政璋，杜金虎，邹才能，等，2012. 致密油气［M］. 北京：石油工业出版社.

支东明，宋永，何文军，等，2019. 准噶尔盆地中—下二叠统页岩油地质特征、资源潜力及勘探方向［J］. 新疆石油地质，40（4）：369-401.

支东明，唐勇，杨智峰，等，2019. 准噶尔盆地吉木萨尔凹陷陆相页岩油地质特征与聚集机理［J］. 石油与天然气地质，40（3）：524-536.

支东明，唐勇，郑孟林，等，2019. 准噶尔盆地玛湖凹陷风城组页岩油藏地质特征与成藏控制因素［J］. 中国石油勘探，24（5）：615-623.

中国地质科学院地质研究所，1980. 陕甘宁盆地中生代地层古生物［M］. 北京：地质出版社.

周凤英，彭德华，边立曾，等，2002. 柴达木盆地未熟—低熟石油的生烃母质研究新进展［J］. 地质学报，76（1）：107-113.

周鸿生，1956. 黏土沉积岩［M］. 北京：地质出版社，7-8.

周厚清，辛国强，1992. 致密油气储层泥浆损害实验研究［J］. 大庆石油地质与开发，11（4）：15-19.

周立宏，刘学伟，付大其，等，2019. 陆相页岩油岩石可压裂性影响因素评价与应用——以沧东凹陷孔二段为例［J］. 中国石油勘探，24（5）：670-678.

周立宏，蒲秀刚，肖敦清，等，2018. 渤海湾盆地沧东凹陷孔二段页岩油形成条件及富集主控因素［J］. 天然气地球科学，29（9）：1323-1332.

周立宏，赵贤正，柴公权，等，2020.陆相页岩油效益勘探开发关键技术与工程实践：以渤海湾盆地沧东凹陷孔二段为例［J］.石油勘探与开发，47（5）：1-8.

周庆凡，杨国丰，2012.致密油与页岩油的概念与应用［J］.石油与天然气地质，33（4）：541-544，570.

周晓和，刘宪亭，1957.陕西横山麒麟沟鱼化石［J］.古生物学报（2）：124-135.

朱军，黄黎刚，杜长江，等，2020.鄂尔多斯盆地页岩油"双甜点"地震预测方法研究［C］.油气田勘探与开发国际会议论文集.

朱日房，张林晔，李政，等，2019.陆相断陷盆地页岩油资源潜力评价［J］.油气地质与采收率，26（1）：129-137.

朱如凯，白斌，崔景伟，等，2013.非常规油气致密储集层微观结构研究进展［J］.古地理学报（5）：615-623.

朱如凯，吴松涛，苏玲，等，2016.中国致密储层孔隙结构表征需注意的问题及未来发展方向［J］.石油学报，37（11）：1323-1336.

朱如凯，许怀先，邓胜徽，等，2007.中国北方地区二叠纪岩相古地理［J］.古地理学报，（2）：133-142.

朱如凯，邹才能，吴松涛，等，2019.中国陆相致密油形成机理与富集规律［J］.石油与天然气地质，40（6）：1168-1184

朱炎铭，王阳，陈尚斌，等，2016.页岩储层孔隙结构多尺度定性—定量综合表征：以上扬子海相龙马溪组为例［J］.地学前缘，23（1）：1-10.

邹才能，侯连华，陶士振，等，2011. 新疆北部石炭系大型火山岩风化体结构与地层油气成藏机制［J］.中国科学（D辑），41（11）：1613-1626.

邹才能，潘松圻，荆振华，2020.页岩油气革命及影响［J］.石油学报，41（1）：1-12.

邹才能，陶士振，侯连华，等，2014.非常规油气地质学［M］.北京：地质出版社.

邹才能，陶士振，袁选俊，等，2009."连续型"油气藏及其在全球的重要性：成藏、分布与评价［J］.石油勘探与开发，36（6）：669-683.

邹才能，杨智，崔景伟，等，2013.页岩油形成机制、地质特征及发展对策［J］.石油勘探与开发，40（1）：14-26.

邹才能，杨智，陶士振，等，2012.纳米油气与源储共生型油气聚集［J］.石油勘探与开发，39（1）：13-26.

邹才能，杨智，王红岩，等，2019."进源找油"：论四川盆地非常规陆相大型页岩油气田［J］.地质学报，93（7）：1551-1562.

邹才能，张国生，杨智，等，2013.非常规油气概念、特征、潜力及技术［J］.石油勘探与开发，40（4）：385-399，454.

邹才能，朱如凯，白斌，等，2011. 中国油气储层中纳米孔首次发现及其科学价值［J］.岩石学报，27（6）：1857-1864.

邹才能，朱如凯，李建忠，等，2017.致密油地质评价方法：GB/T 34906—2017［S］.北京：中国标准出版社.

邹才能，朱如凯，吴松涛，等，2012.常规与非常规油气聚集类型、特征、机理及展望［J］.石油学报，33（2）：173-187.

邹才能，朱如凯，吴松涛，等，2021.中国陆相致密油页岩油［M］.北京：地质出版社.

Algeo T J，Marenco P J，Saltzman M R，2016. Co-evolution of oceans，climate，and the biosphere during the "Ordovician Revolution"：A review［J］. Palaeogeogr. Palaeoclimatol. Palaeoecol. https：//doi. org/10. 1016/j. palaeo.

American Geosciences Institute，2005. Glossary of geology［EB/OL］https：// www. americangeosciences. org / pubs / glossary.

Arthur D Donovan, Jonathan Evenick, Laura Banfield, et al, 2017. An organofacies-based mudstone classification for unconventional tight rock and source rock plays [R]. URTeC: 2715154.

Atchley S C, Crass B T, Prince K C, 2021. The prediction of organic-rich reservoir facies within the Late Pennsylvanian Cline shale(also known as Wolfcamp D)Midland Basin, Texas[J]. AAPG Bulletin, 105(1): 29-52.

Atkinson D, Ciotti B J, Montagnes D J S, 2003. Protists decrease in size linearly with temperature: ca. 2. 5% ℃$^{-1}$ [J]. Proceedings of the Royal Society London B: Biological Sciences, 270: 2605-2611.

B A L Jimenez, R A, 2018. Society of petroleum engineers [R]. SPE: 191459.

Baker Huges, 2020-7-17. North America rig count [EB/OL]. https: //rigcount. bakerhughes. com/na-rig-count.

Barber A, Brandes J, Leri A, et al, 2017. Preservation of organic matter in marine sediments by inner-sphere interactions with reactive iron[J]. Sci. Rep., 7(366). https: //doi. org/10. 1038/s41598-017-00494-0.

Beer G, Zhang E, Wellington S, et al, 2008. Shell's in situ conversion process-factors affecting the properties of produced shale oil [R]. In Proceedings of the 28th Oil Shale Symposium US, Golden, CO, USA.

Behrenfeld M J, O'Malley R T, Siegel D A, et al, 2006. Climate-driven trends in contemporary ocean productivity [J]. Nature, 444: 752-755.

Bernard E L, Jörg I, Angelos N F, 2005. Dynamics of a large tropical lake: Lake Maracaibo [J]. Aquatic Sciences, 67: 337-349.

Blat Harvey, Gerard Middleton, Raymond Murray, 1980. Origin of sedimentary rocks [R]. 2nd ed. Prentice-Hall, Inc., Englewood Cliffs, N. J.

Blat Harvey, Gerard Middleton, Raymond Murray, 1980.Origin of sedimentary rocks 2nd [M].Prentice-Hall, Inc., Englewood Cliffs, N.J.

Blatt H, Middleton G V, Murray R C, 1972.Origin of sedimentary rocks [M].New Serve: Prentice-Hall.

Blount Aidan, Croft Tyler, Brian Driskill et al, 2018. Developing predictive power in the Permian: Leveraging advanced petrophysics to deliver cash to the business [R]. URTeC: 2903087.

Blount Aidan, Croft Tyler, Brian Driskill, et al, 2018. Developing predictive power in the Permian: Leveraging advanced petrophysics to deliver cash to the business [R]. URTeC: 2903087.

Bohacs K M, 2014. 从页岩气到页岩油/致密油等细粒储层系列的基本属性、关键控制因素和实际表征 [J]. 石油科技动态.

Boyd P W, Jickells T, Law C S, et al, 2007. Mesoscale iron enrichment experiments 1993—2005: synthesis and future directions[J]. Science, 315: 612-617. https: //doi. org/10. 1126/science. 1131669.

Brent L Miller, John Paneitz, 2008.Unlocking tight oil: Selective multi-stage fracturing in the Bakken shale [R].SPE 116105.

Brierley A S, Kingsford M J, 2009. Impacts of climate change on marine organisms and ecosystems [J]. Current Biology, 19: 602-614.

Bromhead Alex, But Thomas, 2018. Regional appraisal of shale resource potential within the permian, Anadarko, and Arkoma Basins: How does the alpine high stack up? [R].URTeC: 2886116.

Brooks J, 1990. Classic petroleum provinces [J]. Geological Society Special Publication, 50: 1-8.

Browning T J, Stone K, Bouman H A, et al, 2015. Volcanic ash supply to the surface ocean – remote sensing of biological responses and their wider biogeochemical significance[J]. Front. Mar. Sci., 2(14). https: //doi. org/10. 3389/fmars. 2015. 00014.

Burdige D J, 2007. Preservation of organic matter in marine sediments: Controls, mechanisms, and an imbalance in sediment organic carbon budgets? [J]. Chem. Rev., 107: 467-485. https: //doi. org/10.

1021/cr050347q.

Burnham, James Mcconaghy, 2006. Comparison of the acceptability of various oil shale processes [M]. United States : Department of Energy.

Canadian Society for unconventional Resource (CSUR), 2014. Understanding tight oil [EB/OL]. www. csur. com.

Cao H, Hu J, Peng P, et al, 2016. Paleoenvironmental reconstruction of the Late Santonian Songliao Paleo-lake [J]. Palaeogeography Palaeoclimatology Palaeoecology, 457: 290-303.

Carrizo Oil & Gas, Inc, 2015. Presentation on JEFFERIES 2015 Energy Conference [EB/OL]. http://www. carrizo. com/presentation.

Cassou A M, Connan J, Correia M, et al, 1984. 某些铀矿化的有机质的化学研究和显微镜观察 [J]. 国外铀矿地质（2）: 39-42.

Chalmers G R, Bustin R M, Power I M, 2012. Characterization of gas shale pore systems by porosimetry, pycnometry, surface area, and field emission scanning electron microscopy/transmission electron microscopy image analyses : Examples from the Barnett, Woodford, Haynesville, Marcellus, and Doig units [J]. AAPG Bulletin, 96（6）: 1099-1119.

Chalmers N C, 2008. Investigator group expedition 2006: Geology of the basement lithologies of the investigator group, South Australia [J]. Transactions of the Royal Society of South Australia.

Chen Z Y, Chen Z L, Zhang W G, 1997. Quaternary stratigraphy and trace element indicates of the Yangtze delta, eastern China, with special reference to marine transgressions [J]. Quaternary Research, 47: 181-191.

Chen Z, Guo Q, Jiang C, et al, 2017. Source rock characteristics and Rock-Eval-based hydrocarbon generation kinetic models of the lacustrine Chang-7 Shale of Triassic Yanchang Formation, Ordos Basin, China [J]. International Journal of Coal Geology, 182: 52-65.

Chen Z, Jiang C, 2015. A data driven model for studying kerogen kinetics with unconventional shale application examples from Canadian sedimentary basins [J]. Marine and Petroleum Geology, 67: 795-803.

Chen Z, Jiang C, 2016. A revised method for organic porosity estimation using Rock-Eval pyrolysis data, example from Duvernay shale in the Western Canada Sedimentary Basin [J]. AAPG Bulletin, 100（3）: 405-422.

Chen Z, Jiang C, Lavoie D, et al, 2016. Modelassisted Rock-Eval data interpretation for source rock evaluation : Examples from producing and potential shale gas resource plays [J]. International Journal of Coal Geology, 165: 290-302.

Ciezobka J, Courtier J, Wicker J, 2018. Hydraulic fracturing test site (HFTS): Project overview and summary of results [R]. URTeC : 2937168.

Clarkson C R, Pedersen P K, 2011. Production analysis of Western Canadian unconventional light oil plays [R]. CSUG/SPE : 149005.

Codesal P A, Salgado L, 2012. Realtime factory drilling in mexico : A new approach to well construction in mature fields [C] //SPE Intelligent Energy International, Utrecht, Netherlands, USA, March 27-29.

Continental Resource Inc, 2017-12-01. Continental resources reports second quarter 2017 results and updates full-year guidance [EB/OL]. http://jhpenergy. com/wp-content/uploads/2017/08/CLR. pdf.

Crawford P, Biglarbigi K, Dammer A, et al, 2008. Advances in world oil-shale production tech-nologies [R]. SPE Annual Technical Conference and Exhibition, Denver, Colorado, USA, 21-24 Sep-tember 2008. SPE : 116570.

Creaney S, Passey Q R, 1993. Recurring patterns of total organic carbon and source rock quality within a sequence stratigraphic framework [J]. AAPG Bulletin, 77: 386–401.

Crera D A, Namson J, Chyi M S, et al, 1982. Manganiferous cherts of the Franciscan as–semblage. 1. General geology, ancient and modern analogs, and implications for hydrothermal convection at oceanic spreading centers [J]. Economic Geology, 77: 519–540.

Cui J W, Zhu R K, Mao Z G, et al, 2019. Accumulation of unconventional petroleum resources and their coexistence characteristics in Chang 7 shale formations of Ordos Basin in central China [J]. Frontiers of Earth Science, 13 (3): 575–587.

Curtis M E, Sondergeld C H, Rai C S, 2011. Transmission and scanning electron microscopy investigation of pore connectivity of gas shales on the nanoscale [J]. SPE 144391, 1–10.

D Alfarge, M W, B Bai, 2017. Feasibility of CO_2–EOR in shale–oil reservoirs: Numerical simulation study and pilot tests [R]. Carbon Management Technology Conference: 485111.

D K Agboada, M A, 2013. Production decline and numerical simulation model analysis of the Eagle Ford shale oil play [R]. Society of Petroleum Engineers: 165315.

D M Jarvie, 2010. Unconventional oil petroleum systems: Shales and shale hybrids [R]. AAPG Conference and Exhibition, Calgary, Alberta, Canada.

D M Jarvie, 2012. Shale resource systems for oil and gas: Part 2—Shale–oil resource systems [C] // J A Breyer, ed., Shale reservoirs—Giant resources for the 21st century. AAPG Memoir 97, 89–119.

Dana S Ulmer-Scholle, Peter A Scholle, Juergen Schieber, et al, 2014. A color guide to the petrography of sandstones, siltstones, shales and associated rocks [R]. The American Association of Petroleum Geologists.

Daniel J Snyder, Rocky Seale, Robert Hollingsworth, 2010. Optimization of completions in unconventional reservoirs for Ultimate Recovery [C] //SPE Latin American and Caribbean Petroleum Engineering Conference, Lima, Peru. SPE: 139370–MS.

Daufresne M, Lengfellner K, Sommer U, 2009. Global warming benefits the small in aquatic ecosystems [J]. Proceedings of the National Academy of Sciences, USA, 106: 12788–12793.

Davies G, 2004. Mississippian Banff–Pekisko Reservoir report, west–central Alberta [R]. Calgary, Canada: Graham Davies Geological Consultants Ltd.

Dawson W C, 2000. Shale microfacies: Eagle Ford Group (Cenomanian–Turonian) north–central 4. Texas outcrops and subsurface equivalents [J]. Gulf Coast Association of Geological 5. Societies Transactions, 50: 607–621.

Delveaux D, Martin H, Leplat P, et al, 1990. Comparative Rock–Eval pyrolysis as an improved tool for sedimentary organic matter analysis [J]. Organic Geochemistry, 16 (4–6): 1221–1229.

Desbois G, Urai J L, Kukla P A, 2009. Morphology of the pore space in claystones–evidence from BIB/FIB ion beam sectioning and cryo–SEM ob–servations [J]. Earth (4): 15–22.

Dimberline A J, Bell A, Woodcock N H, 1990. A laminated hemipelagic facies from the Wenlock and Ludlow of the Welsh Basin [J]. Journal of the Geological Society, 147: 693–701.

Dorrik A V Stow, 1981. Fine–grained sediments: Terminology [J]. Quarterly Journal of Engineering Geology and Hydrogeology, 14: 243–244.

Dorrik A V Stow, 2005. Sedimentary rock in the field: A colour guide [R]. Taylar and Franics Group, LLC.

Duggen S, Olgun N, Croot P, et al, 2010. The role of airborne volcanic ash for the surface ocean biogeochemical iron–cycle: A review [J]. Bio–geosciences, 7: 827–844. https://doi.org/10.5194/bg–7–827–2010.

Dyni R John, 2017–12–01. Geology and resources of some world oil–shale deposits [EB/OL]. Scientific

Investigations Report 2005–5294. https：//pubs. usgs. gov/sir/2005/5294/pdf/sir5294_508. pdf.

Edwards C T, Saltzman M R, Royer D L, et al, 2017. Oxygenation as a driver of the Great Ordovician Biodiversification Event［J］. Nat. Geosci, 10：925–929. https：//doi. org/10. 1038/s41561–017–0006–3.

EIA, 2013– 06–01. Technically recoverable shale oil and shale gas resources：An assessment of 137 shale formations in 41 countries outside the United states［EB/OL］.

EIA, 2017. Annual Energy Outlook 2017 with projection to 2050［EB/OL］.

EIA, 2020. Drilling productivity report for key tight oil and shale gas regions［R］.

EIA, 2022. Drilling Productivity Report for key tight oil and shale regions［EB/OL］.

Encana Corporation, 2017–12–01. Q2 2017 Results Conference Call［EB/OL］. https：//www. encana. com/news–stories/news–releases/index. html？2017.

F Sioner, M D Prasetya, A A Rahma, et al, 2020. Shale hydrocarbon potential in brown shale of Pematang Formation based on total organic carbon content and geomechanic approach［J］. International Journal of Petroleum and Gas Exploration Management, 4（1）：21–32.

Fairhurst B, Reid F, Pieracacos N, 2015–06–01. Exploration insight and input that changed organizational focus, strategies and economic outcomes：Several resource play examples［EB/OL］.

Fialips Claire, Labeyrie Bernard, Valérie Burg, et al., 2020. Quantitative mineralogy of Vaca Muerta and Alum shales from core chips and drill cuttings by Calibrated SEM–EDS Mineralogical Mapping［R］. URTeC：2902304.

Fishman N, Lowers H, Hill R, et al, 2012. Porosity in shales of the organic–rich Kimmeridge clay formation （Upper Jurassic）, offshore United Kingdom［R］. Long Beach, California：AAPG Annual Convention and Exhibition.

Folk R L, 1954. The distinction between grain size and mineral composition in sedimentary rock nomenclature ［J］. J Geol, 62：344–359.

Folk R L, 1980. Petrology of sedimentary rocks［M］. Austin：Hemphill Publishing Company.

Folk R L, 1954. The distinction between grain size and mineral composition in sedimentary rock nomenclature ［J］.J Geol, 62：344–359.

Fowler M G, Stasiuk L D, Hearn M, et al, 2001. Devonian hydrocarbon source rocks and their derived oils in the Western Canada Sedimentary Basin［J］. Bulletin of Canadian Petroleum Geology, 49（1）：117–148.

Fowler T D, Vinegar H J, 2009. Oil shale ICP–Colorado field pilots［R］. Proceedings of the SPE Western Regional Meeting；San Jose, CA. March 24–26；SPE：121164.

Frogner P, Gislason S R, Oskarsson N, 2001. Fertilizing potential of volcanic ash in ocean surface water［J］. Geology, 29（6）：487–490.

Gareth R C, Bustin R M, Power I M, 2012. Char–acterization of gas shale pore systems by porosimetry, pycnometry, surface area, and field emission scanning electron microscopy/transmission electron microscopy image analyses：Examples from the Barnett, Woodford, Haynesville, Marcellus, and Doig units［J］. AAPG Bulletin, 96（6）：1099–1119.

Gerhard Lee C, Anderson Sidney B, 1988. Geology of the Williston Basin（United States portion）［EB/OL］. The Geological Society of America. https：//doi. org/10. 1130/DNAG–GNA–D2.

Golab A N, Knackstedt M A, Averdunk H, et al, 2010. 3D porosity and mineralogy characterization in tight gas sandstones［J］. The Leading Edge, 29（12）：1476–1478, 1480–1483.

Gomez–Letona M, Aristegui J, Ramos A G, et al, 2018. Lack of impact of the El Hierro（Canary Islands）submarine volcanic eruption on the local phytoplankton community［J］. Sci. Rep., 8：4667. https：//doi. org/10. 1038/s41598–018–22967–6.

Grau Anne, Sterling Robert H, 2011. Characterization of the Bakken system of the Williston Basin from pores to production ; the power of a source rock/unconventional reservoir couplet [R] . Search and Discovery Article #40847.

Guo Xiaowen, He Sheng, Liu Keyu, et al, 2011. Quantitative estimation of overpressure caused by oil generation in petroliferous basins [J] . Organic Geochemistry, 42: 1343-1350.

Haeckel M, van Beusekom J, Wiesner M G, et al, 2001. The impact of the 1991 Mount Pinatubo tephra fallout on the geochemical environment of the deepsea sediments in the South China Sea [J] . Earth Planet. Sci. Lett. 193: 151-166. https : //doi. org/10. 1016/S0012-821X（01）00496-4.

Haese R R, Wallmann K, Dahmke A, et al, 1997. Iron species determination to investigate early diagenetic reactivity in marine sediments [J] . Geochim. Cosmochim. Acta, 61: 63-72. https : //doi. org/10. 1016/S0016-7037（96）00312-2.

Hamme R C, Webley P W, Crawford W R, et al, 2010. Volcanic ash fuels anomalous plankton bloom in subarctic northeast Pacific [J] . Geophys. Res. Lett. 37. https : //doi. org/10. 1029/2010GL044629.

Harris C, 2012. Sweet spots in shale gas and liquids plays : Prediction of fluid composition and reservoir pressure [R] . AAPG Search and Discovery Article : #40936.

Hartnett H E, Keil R G, Hedges J I, et al, 1998. Influence of oxygen exposure time on organic carbon preservation in continental margin sediments [J] . Nature, 391: 572-575. https : //doi. org/10. 1038/35351.

Hascakir B, Akin S, 2010. Recovery of Turkish oil shales by electromagnetic heating and determination of the dielectric properties of oil shales by an analytical method [J] . Energy & Fuels, 24: 503-509.

Hedges J I, Keil R G, 1995. Sedimentary organic matter preservation : an assessment and speculative synthesis [J] . Mar. Chem., 49: 81-115. https : //doi. org/10. 1016/0304- 4203（95）00008-F.

Hoffman B T, Evans J G, 2016. Improved oil recovery IOR pilot projects in the Bakken formation [R] . SPE Low Perm Symposium.

Hoffmann L J, Breitbarth E, Ardelan M V, et al, 2012. Influence of trace metal release from volcanic ash on growth of Thalassiosira pseudonana and Emiliania huxleyi [J] . Mar. Chem., 132-133, 28-33. https : //doi. org/10. 1016/J. MARCHEM. 2012. 02. 003.

Homoky W B, Hembury D J, Hepburn L E, et al, 2011. Iron and manganese diagenesis in deep sea volcanogenic sediments and the origins of pore water colloids [J] . Geochim. Cosmochim. Acta. 75, 5032-5048. https : //doi. org/10. 1016/J. GCA. 2011. 06. 019.

Hou D J, Li M W, Huang Q H, 2000. Marine trans-gressional events in the gigantic freshwater lake Songliao : Paleontological and geochemical evidence [J] . Organic Geochemistry, 31: 763-768.

Huff W D, Bergstrom S M, Kolata D R, 2010. Ordovician explosive volcanism [J] . Geol. Soc. Am. Spec. Pap., 466: 13-28.

IHS, 2017. A complete play analysis of the Permian Basin, TX & NM, USA [R] .

Ingram R L, 1953. Fissility of mudrocks [J] . GSA Bulletin, 64（8）: 869-878.

Jarvie D M, 2011. Unconventional oil petroleum systems : Shales and shale hybrids [C] . AAPG International Conference and Exhibition. Calgary : AAPG, 1-21.

Jarvie D M, 2012. Shale resource systems for oil and gas : Part 2—shale-oil resource systems [C] //Breyer J A（Ed.）. Shale reservoirs—giant resources for the 21st century. American Association of Petroleum Geologists Memoir, 97: 89-119.

Jarvie D M, 2014. Components and processes affecting producibility and commerciality of shale resource systems [J] . Geologica Acta, 12（4）: 307-325.

Jarvie D M, 2018. Petroleum systems in the Permian Basin : Targeting optimum oil production [EB/OL] .

TCU Energy Institute Presentation. www. Hgs. org/sites/default/files/Jarvie%20Permian% 20basin%2C%20 HGS% 2024%20January%202018%20wo%20background. pdf.

Jarvie D M, Hill R J, Tim T E, et al, 2007. Unconventional shale gas systems : The Mississippian Barnett shale of North Central Texas as one model for thermogenic shale gas assessment[J]. AAPG Bulletin, 91(4): 475-499.

Jarvie D M, Philp R P, Jarvie B M, 2007. Unconventional shale-gas resource systems and processes affecting gas generation, retention, storage, and flow rates [R] . EGU General Assembly Conference Abstracts.

Jarvie H P, King S M, 2007. Small-angle neutron scattering study of natural aquatic nanocolloids [J] . Environmental Science & Technology, 41 (8): 2868-2873.

Javadpour F, 2009. Nanopores and apparent permeability of gas flow in mudrocks (shales and siltstone)[J] . Journal of Canadian Petroleum Technology, 48 (8): 16-21.

Jin Hui, Sonnenberg Stephen A, 2013 Characterization for source rock potential of the Bakken shales in the Williston Basin, North Dakota and Montana [R] . URTeC : 1581243, 117-125.

Jin X, Li J, Wang X, et al, 2019. Exploration of the microscopic pore structure of unconventional energy resource using electrodeposition - sciencedirect [J] . Energy Procedia, 158: 5962-5968.

Jin X, Shah S N, Roegiers J C, et al, 2014. Fracability evaluation in shale reservoirs-An integrated petrophysics and geomechanics approach [J]. SPE Journal, 20 (3): 518-526.

Jin X, Shah S N, Truax J A, et al, 2014. A practical petrophysical approach for brittleness prediction from porosity and sonic logging in shale reservoirs[A]// SPE Annual Technical Conference and Exhibition. Society of Petroleum Engineers.

Kaiho K, Fujiwara O, Motoyama J, 1993. Mid-Cretaceous faunal turnover of intermediate-water benthic foraminifera in the north-western Pacific Ocean [J] . Mar Micropaleontol, 23: 13-49.

Karl D, Wirsen C, Jannasch H, 1980. Deepsea primary production at the Galapagos hydrothermal vents [J] . Science, 207: 1345-1347.

Katz B, 1995. Petroleum source rocks [M] . Berlin Heidelberg : Springer-Verlag.

Keil R G, Mayer L M, 2014. Mineral matrices and organic matter [C] //Treatise on geochemistry : Second edition, 337-359. https : //doi. org/10. 1016/B978-0-08-095975-7. 01024-X.

Kelts K, 1988. Environments of deposition of lacustrine petroleum source rocks : An introduction // Fleet A J, Kelts K, Talbot M R, Lacustrine petroleum source rocks [M] . London : Geological Society Special Publication, 40 (1): 3-26.

Klemme H D, Ulmishek G F, 1991. Effective petroleum source rocks of the world : Stratigraphic distribution and controlling depositional factors [J] . AAPG Bulletin, 75: 1809-1851.

L Guan, Y Du, 2006. 挖掘成熟致密油气藏加密钻井潜力的快速方法 [J]. 国外石油动态, 5.

Lalonde K, Mucci A, Ouellet A, et al, 2012. Preservation of organic matter in sediments promoted by iron[J]. Nature, 483: 198-200. https : //doi. org/10. 1038/nature10855.

Leythaeuser D, Schaefer R G, Radke M, 1987. On the primary migration of petroleum [R] . Proceedings 12th World Congress.

Li H Z, Zhai M G, Zhang L C, et al, 2014. Distribution, microfabric, and geochemical characteristics of siliceous rocks in central orogenic belt, China : Implications for a hydrothermal sedimentation model [J] . Scientific World Journal, 1-25.

Li H, Vink J C, Alpak F O, 2014 . An efficient multiscale method for the simulation of in-situ conversion processes [J] . Spe Journal, preprint (3): 579-593.

Li H, Vink J C, Alpak F O, 2016 . A dual-grid method for the upscaling of solid-based thermal reactive flow, with application to the in-situ conversion process [J]. SPE Journal, 21 (6).

Li J B, Wang M, Chen Z H, et al, 2019. Evaluating the total oil yield using a single routine Rock-Eval experiment on as-received shales [J]. Journal of Analytical and Applied Pyrolysis, 144 (2019) 104707. https://doi. org/10. 1016/j. jaap. 2019. 104707.

Li J, Ding J, Si T, et al, 2020. Convergent Richtmyer-Meshkov instability of light gas layer with perturbed outer surface [J]. Journal of Fluid Mechanics, 884.

Li M W, Chen Z H, Ma X X, et al, 2018. A numerical method for calculating total oil yield using a single routine Rock-Eval program: A case study of the Eocene Shahejie formation in Dongying depression, Bohai Bay Basin, China [J]. International Journal of Coal Geology, 191: 49-65.

Li M W, Chen Z H, Ma X X, et al, 2019. Shale oil resource potential and oil mobility characteristics of the Eocene-Oligocene Shahejie Formation, Jiyang Super-Depression, Bohai Bay Basin of China [J]. International Journal of Coal Geology, 204: 130-143.

Li M W, Chen Z H, Qian M H, et al, 2020. What are in pyrolysis S_1 peak and what are missed? Petroleum compositional characteristics revealed from programed pyrolysis and implications for shale oil mobility and resource potential [J]. International Journal of Coal Geology, 217 (2020) 103321. https://doi. org/10. 1016/j. coal. 2019. 103321.

Li M, Gao J R, 2010. Basement faults and volcanic rock distributions in the Ordos Basin [J]. Sci. China Earth Sci., 53 (11): 1625-1633.

Li S, Zhu R K, Cui J W, et al, 2019. The petrological characteristics and significance of organic-rich shale in the Chang 7 Member of the Yanchang Formation, south margin of the Ordos Basin, central China [J]. Petroleum Science, 16: 1255-1269.

Lin L H, Wamg P L, Rumble D, et al, 2006. Long-term sustainability of a high-energy, low-diversity crustal biome [J]. Science, 314 (5798): 479-482.

Liu Z H, Zhou C C, et al, 2007. An innovative method to evaluate formation pore structure using NMR logging data [C]. SPWLA 48th Annual Logging Symposium.

Loucks R G, Reed R M, Ruppel S C, et al, 2009. Morphology, genesis, and distribution of nanometer-scale pores in Siliceous mudstones of the Mississipian Barnett shale [J]. Journal of Sedimentary Research (79): 848-861.

Loucks R G, Reed R M, Ruppel S C, et al, 2012. Spectrum of pore types and networks in mudrocks and a descriptive classification for matrix-related mudrock pores [J]. AAPG Bulletin, 96 (6): 1071-1098.

Loucks R G, Ruppel S C, 2007. Mississippian Barnett Shale: Lithofacies and depositional setting of a deepwater shale-gas succession in the Fort Worth Basin, Texas [J]. AAPG Bulletin, 91 (4): 579-601.

Louky R M, O'Brien N R, Romero A M, et al, 2019. Eagle Ford condensed section and its oil and gas storage and flow potential [J].

Lowe D J, 2011. Tephrochronology and its ap-plication: A review [J]. Quat. Geochronol., 6: 107-153. https://doi. org/10. 1016/J. QUAGEO. 2010. 08. 003.

Lundegard P D, Samuels N D, 1980. Field classification of fine-grained sedimentary rocks [J]. Journal of Sedimentary Research, 50 (3): 781-786.

M Dane Picard, 1971. Classification of fine-grained sedimentary rocks [J]. Journal of Sedimentary Research, 41: 179-195.

M E Tucker, 1981. Sedimentary petrology: An introduction [M]. Oxford London: Blackwell Scientific Publications, 77-89.

M Rafiee, M Y Soliman, E Pirayesh, 2012. Hydraulic fracturing design and optimization: A modification to zipper frac［R］. SPE 159786.

M Y Soliman, Loyd East, Jody Augustine,2010. Fracturing design aimed at enhancing fracture complexity［R］. SPE 130043.

Maters E C, Delmelle P, Gunnlaugsson H P, 2017. Controls on iron mobilisation from volcanic ash at low pH : Insights from dissolution experiments and Mossbauer spectroscopy［J］. Chem. Geol. 449: 73-81. https : //doi. org/10. 1016/J. CHEMGEO. 2016. 11. 036.

McKenzie N R, Horton B K, Loomis S E, et al, 2016. Continental arc volcanism as the principal driver of icehouse-greenhouse variability［J］. Science, 352: 444-447. https : //doi. org/10. 1126/science. aad5787.

Michael G E, Packwood J, Holba A, 2013. Deter-mination of in-situ hydrocarbon volumes in liquid rich shale plays［C］.//Unconventional Resources Technology Conference, Denver, Colorado, USA, August : www. searchanddiscovery. com/pdfz/documents/2014/80365michael/ndx_michael. pdf. html.

Mike Shellman, 2018. Deep the denial［EB/OL］. https : //www. oilystuffblog. com/single-post/2018/10/19/Deep-The-Denial.

Milliken K L, Rudnicki M, Awwiller D N, et al, 2013. Organic matter-hosted pore system, Marcellus formation（Devonian）, Pennesylvania［J］. AAPG Bulletin, 97（2）: 177-200.

Milner M, McLin R, Petriello J, 2010. Imaging texture and porosity in mudstones and shales : comparison of secondary and ion milled backscatter SEM methods［C］. CUSG/SSPE #138975, Alberta, Canada.

Modica C J, Lapierre S G, 2012. Estimation of kerogen porosity in source rocks as a function of thermal transformation : Example from the Mowry Shale in the Powder River Basin of Wyoming［J］. AAPG, 96（1）: 87-108.

Moore C M, Mills M M, Arrigo K R, et al, 2013. Processes and patterns of oceanic nutrient limitation［J］. Nat. Geosci. 6: 701-710. https : //doi. org/10. 1038/ngeo1765.

Morsy, Samiha, J J Sheng, 2014. Imbibition characteristics of the Barnett Shale Formation. SPE Unconventional Resources Conference［R］. doi : https : //doi.org/10.2118/168984-MS.

Nath Fatick, Mokhtari Mehdi, 2018. Optical visualization of strain development and fracture propagation in laminated rocks［J］. Journal of Petroleum Science and Engineering, 167: 354-365.

Neal R O'Brien, Roger M Slatt, 1990. Argillaceous rock atlas［M］. New York Berlin Heidelberg, Springer Verlag.

Nelson P H, 2009. Pore-throat sizes in sandstones, tight sandstones, and shales［J］. AAPG Bulletin, 93（3）: 329-340.

Nesheim T O, 2017. Stratigraphic correlation and thermal maturity of kukersite petroleum source beds within the Ordovician Red River Formation［C］. Report of investigation NO. 118. North Dakoda Geological Survey, http : // www. dmr. nd. gov/ndgs/documents/Publication_List/pdf/RISeries/RI-118. pdf.

Nishia H, Takashimaa R, Hatsugai T, 2003. Planktonic foraminiferal zonation in the Cretaceous Yezo Group, Central Hokkaido, Japan［J］. J Asian Earth Sci, 21: 867-886.

Olgun N, Duggen S, Croot P L, et al, 2011. Surface ocean iron fertilization : The role of airborne volcanic ash from subduction zone and hot spot volcanoes and related iron fluxes into the Pacific Ocean［J］. Global Biogeochem. Cycles, 25. n/a-n/a. https : //doi. org/10. 1029/2009GB003761.

Palacas J G, 1984. Petroleum geochemistry and source rock potential of carbonate rocks［J］. AAPG Studies in Geology, 18: 1-208.

Parrish C, Toro J, Weislogel A, et al, 2014-03-12. U-Pb geochronology of zircon from volcanic 3. ashes in the Marcellus Formation, Appalachian Basin［EB/OL］.

Passey Q, Bohacs K, Esch W, et al, 2010. From oil-prone source rock to gas-producing shale reservoir-

geologic and petrophysical characterization of unconventional shale gas reservoirs ［M］. Beijing : Society of Petroleum Engineers.

Paul Craddock, Stacy Lynn Reeder, et al, 2016. Assessing reservoir quality in tight oil plays with the downhole reservoir producibility index（RPI）［C］. SPWLA 57th Annual Logging Symposium.

Peters K E, 1986. Guideline of evaluating petroleum source rock using programmed pyrolysis ［J］. AAPG Bulletin, 70（3）: 318–329.

Peters K E, Cassa M R, 1994. Applied source rock geochemistry//L B Magoon, W G Dow. The Petroleum System—from source to trap ［M］. AAPG Memoir 60, 93–120.

Peters K E, Walters C C, Moldowan J M, 2005. The biomarker guide（V2）: Biomarkers and isotopes in petroleum exploration and earth history ［M］. London : Cambridge University Press.

Petkovic L M, 2017. Science & technology of unconventional oils ［M］. Ramirez-Corredores M M（ed. ）, Academic Press.

Pettijohn F J, 1975. Sedimentary rocks ［M］. Pet Harper & Row, Publishers, Inc.

Pohl A, Donnadieu Y, Le Hir G, et al, 2017. The climatic significance of Late Ordovician–early Silurian black shales［J］. Paleoceanography, 32: 397–423. https : //doi. org/10. 1002/2016PA003064.

Potter P E, Maynard J B, Depetris P J, 2005. Mud and mudstones–introduction and overview ［M］. New York : Spring-Verlag Berlin Heideberg, 281–284.

Potter P E, Maynard J B, Depetris P J, 2005. Mud and mudstones–introduction and overview ［M］.Spring-Verlag Berlin Heideberg, 281–284.

Potter P E, Maynard J B, Pryor W A, 1980. Sedi–mentology of shale : Study guide and reference source［M］. New York : Springer-Verlag.

Potter P E, Maynard J B, Pryor W A, 1980. Sedi–mentology of shale : Study guide and reference source ［M］. New York : Springer-Verlag.

Pyle D M, 1999. Widely dispersed Quaternary tephra in Africa［J］. Glob. Planet. Change, 21: 95–112. https : //doi. org/10. 1016/S0921–8181（99）00009–0.

Qi H W, Hu R Z, Su W C, et al, 2004. Continental hydrothermal sedimentary siliceous rock and genesis of superlarge germanium（Ge）deposit hosted in coal : A study from the Lincang Ge deposit, Yunnan, China［J］. Science in China Series D Earth Sciences, 47: 973–984.

Qiu X W, Liu C Y, Mao G Z, et al, 2015. Major, trace and platinum-group element geochemistry of the Upper Triassic nonmarine hot shales in the Ordos basin, Central China ［J］. Applied Geochemistry, 53: 42–52.

Ravinath Kausik, Kamilla Fellah, et al, 2015. NMR relaxometry in shale and implications for logging［C］. SPWLA 56th Annual Logging Symposium.

Rebecca L Johnson, 2013. The pronghorn member of the Bakken Formation, Williston Basin, USA : Lithology, stratigraphy, reservoir properties ［EB/OL］. http : //www. searchanddiscovery. com/pdfz/docu-ments/2013/50808johnson/ndx_johnson. pdf. html.

Robert Freedman, David Rose, et al, 2018. Novel method for evaluating shale-gas and shale-tight-oil reservoirs using advanced welllog data［J］. Reservoir Evaluation & Engineerin.

Robin Slocombe, Andrew Acock, Casey Chadwick, et al, 2013. Eagle ford completion optimization strategies using horizontal logging data ［R］. Unconventional Resources Technology Conference held in Denver, Colorado, USA, SPE 168693 / URTeC 1571745.

Romero-Sarmiento M, 2019. A quick analytical approach to estimate both free versus sorbed hydrocarbon contents in liquid-rich source rocks ［J］. AAPG, 103（9）: 2031–2043.

Rona P A, 1978. Criteria for recognition of hydrothermal mineral deposits in oceanic crust [J]. Economic Geology, 73（2）: 135-160.

Schmidt M, Sekar B K, 2014. Innovative unconventional EOR—A light EOR an unconventional tertiary recovery approach to an unconventional Bakken reservoir in southeast Saskatchewan [R]. 21st World Petroleum Congress.

Schmoker J W, Hester T C, 1983. Organic carbon in Bakken Formation, United States portion of Williston Basin [J]. AAPG Bulletin, 67（12）: 2165-2174.

Sell B, Ainsaar L, Leslie S, 2013. Precise timing of the Late Ordovician（Sandbian）super-eruptions and associated environmental, biological, and climatological events [J]. J. Geol. Soc. London, 170: 711-714. https://doi.org/10.1144/jgs2012-148.

Sen Li Ru Kai Zhu, JingWei Cui, et al, 2019. The petrological characteristics and significance of organic rich shale in the Chang 7 member of the Yanchang Formation, south margin of the Ordos basin, central China [J]. Petroleum Science, 16: 1255-1269.

Sheng J J, Chen K, 2014. Evaluation of the EOR potential of gas and water injection in shale oil reservoirs [J]. Journal of Unconventional Oil and Gas Resources, 5: 1-9.

Skinner O, Canter L, Sonnenfeld D M, et al, 2015. Discovery of "Pronghorn" and "Lewis and Clark" fields: Sweet-spots within the Bakken petroleum system producing from the Sanish/Pronghorn Member not the Middle Bakken or Three Forks !.

Slatt E M, O'Neal N R, 2011. Pore types in the Barnett and Woodford gas shale: Contribution to understanding gas storage and migration pathways in fine-grained rocks [J]. AAPG Bulletin, 95（12）: 2017-2030.

Slatt R M, O'Brien N R, Romero A M, et al, 2012. Eagle Ford condensed section and its oil and gas storage and flow potential [C]. AAPG Search and discovery #80245.

Sondergeld C H, Curtis M E, Rai C S, 2012. Application of FIB/SEM and argon ion milling to the study of foliated fine grained organic rich rocks [J]. Microscopy & Microanalysis., 18:（S2）: 622-623.

Song Z G, Qin Y, George S C, 2013. A biomarker study of depositional paleoenvironments and source inputs for the massive formation of Upper Cretaceous lacustrine source rocks in the Songliao Basin, China [J]. Palaeogeography, Palaeoclimatology, Palaeoecology, 385: 137-151.

Sonnenberg A S, 2015. The giant continuous oil accumulation in the Bakken petroleum system, Williston Basin [EB/OL]. wbpc.ca/pub/documents/archived-talks/2015/Abstracts/Sonnenberg.pdf.

Sonnenberg A S, Pramudito A, 2009. Petroleum geology of the giant ElmCoulee field, Williston Basin [J]. AAPG Bulletin, 93（9）: 1127-1153.

Speight J G, 2012. Shale oil production processes [M]. Boston: Gulf Professional Publishing.

Stone A T, Morgan J J, Keck W M, 1984. Reduction and dissolution of manganese（Ⅲ）and manganese（Ⅳ）oxides by organics: 2. survey of the reactivity of organics [R]. Environ. Sci. Technol., 18: 617-624.

Stow Dorrik A V Huc, A Y, Bertrand P, 2001. Depositional processes of black shales in deep water [R]. Marine and Tight Oil Consortium. Unconventional Oil Reservoirs. http://www.tightoilconsortium.com.

Stow Dorrik A V, 1981. Fine-grained sediments: Terminology [J]. Quarterly Journal of Engineering Geology and Hydrogeology, 14: 243-244.

Su Wenbo, He Longqing, Wang Yongbiao, et al, 2003. Kbentonite beds and high-resolution integrated stratigraphy of the uppermost Ordovician Wufeng and the lowest Silurian Longmaxi 7. Formations in South China [J]. Scientica Sinica: Series D, 46（11）: 1121-1133.

Sun J, Dong Y, 2019. Middle-Late Triassic sedimentation in the Helanshan tectonic belt: Constrain on the tectono-sedimentary evolution of the Ordos Basin, North China [J]. Geosci. Front. 10: 213-227.

Sunda W G, Kieber D J, 1994. Oxidation of humic substances by manganese oxides yields low−molecular−weight organic substrates [J] . Nature, 367: 62−64. https: //doi. org/10. 1038/367062a0.

Sunggyu Lee, James Speight, Sudarshan Loyalka, 2014. Handbook of alternative fuel technologies [M] . Boca Raton : CRC Press.

Tanaka P L, Yeakel J D, Symington W A, et al, 2011. Plan to test ExxonMobil's in situ oil shale technology on a proposed RD &D lease [C] // 31st Oil Shale Symposium.

Tissot B P, Welte D H, 1984. Petroleum formation and occurrence [M] . New York : Springer−Verlag Berlin Heidelberg, 1−699.

Tonner David, Hashmy Khaled H, Abueita Samir, et al, 2012. Focusing stimulation efforts on sweet spots in shale reservoirs for enhanced productivity [R] . Search and Discovery Article #41110.

US Energy Information Administration (EIA), 2013. Technically recoverable shale oil and shale gas resources : An assessment of 137 shale formations in 41 countries outside the United states [EB/OL] . https : //www. eia. gov/ analysis /studies/ worldshalegas/ pdf/overview. pdf.

US Energy Information Administration (EIA), 2013−05−21. Outlook for shale gas and tight oil development in the U S [EB/OL] . https : //www. eia. gov/pressroom/presentations/sieminski_05212013. pdf.

US Energy Information Administration (EIA), 2013−06−01. Technically recoverable shale oil and shale gas resources : an assessment of 137 shale formations in 41 countries outside the United states [EB/OL] . https : //www. eia. gov/analysis/studies/worldshalegas/pdf/overview. pdf.

US Energy Information Administration (EIA), 2017−01−05. Annual Energy Outlook 2017 with projection to 2050 [EB/OL] . https : //www. eia. gov/outlooks/aeo/pdf/0383 (2017) . pdf.

US Energy Information Administration (EIA), 2018−03−01. Drilling Productivity Report for key tight oil and shale regions [EB/OL] . https : //www. eia. gov/petroleum/drilling/pdf/dpr−full. pdf.

US Energy Information Administration (EIA), 2021−03−11. Drilling Productivity Report for key tight oil and shale regions [EB/OL] . https : //www. eia. gov/petroleum/drilling/pdf/dpr−full. pdf.

US Energy Information Administration, 2013. World shale resource assessments [EB/OL] . http : //www. eia. gov/analysis/studies/worldshalegas/.

US Energy Information Administration, 2018. International energy outlook 2018 [R] . Washington : US Energy Information Administration.

US Energy Information Administration, 2019. Annual energy outlook 2019 with projections to 2050 [R] . Washington : US Energy Information Administration.

US Geological Survey (USGS), 2013−04−01. Assessment of undiscovered oil resources in the Bakken and Three Forks Formations, Williston Basin Province, Montana, North Dakota, and South Dakota, Fact Sheet, https : //pubs. usgs. gov/fs/2013/3013/fs2013−3013. pdf.

US Geological Survey, 2016. Assessment of Permian tight oil and gas resources in the Junggar Basin of China [EB/OL] . https : //energy. usgs. gov.

US Geological Survey, 2017. Assessment of undiscovered continuous oil and gas resources in the Bohaiwan Basin Province, China [EB/OL] . https : //energy. usgs. gov.

US Geological Survey, 2017. Assessment of undiscovered continuous oil and gas resources of upper Cretaceous shales in the songliao Basin of China [EB/OL] . https : //energy. usgs. gov.

US Geological Survey, 2018. Assessment of Mesozoic tight−oil and tight−gas resources in the Sichuan Basin of China [EB/OL] . https : //energy. usgs. gov.

US Geological Survey, 2018. Assessment of Paleozoic shale−oil and shale−gas resources in the Tarim Basin of China [EB/OL] . https : //energy. usgs. gov.

US Geological Survey, 2018. Assessment of tight-oil and tight-gas resources in the Junggar and Santanghu Basins of Northwestern China [EB/OL]. https://energy. usgs. gov.

USGS, 2008. Assessment of undiscovered oil and gas resources of the Permian Basin Province of West Texas and Southeast [R] .Fact sheet 2007-3115.

USGS, 2008. Assessment of undiscovered oil resources in the Devonian-Mississippian Bakken Formation, Williston Basin Province, Montana and North Dakota [R]. Fact Sheet, 2008-3021.

USGS, 2013. Assessment of undiscovered oil resources in the Bakken and Three Forks Formations, Williston Basin Province, Montana, North Dakota, and South Dakota [R]. Fact Sheet, 2013-3013.

USGS, 2016. Assessment of undiscovered continuous oil resources in the Wolfcamp Shale of the Midland Basin, Permian Basin Province, Texas, 2016 [R]. Fact Sheet 2016-3092.

USGS, 2017. Assessment of undiscovered oil and gas resources in the Spraberry Formation of the Midland Basin, Permian Basin Province, Texas, 2017 [R]. Fact Sheet 2017-3029.

USGS, 2018. Assessment of undiscovered continuous oil and gas resources in the Wolfcamp Shale and Bone Spring Formation of the Delaware Basin, Permian Basin Province, New Mexico and Texas, 2018 [R]. Fact Sheet 2018-3073.

Vivek Anand, Mansoor Rampurawala, et al, 2015. New generation NMR tool for robust, continuous T_1 and T_2 measurements [C]. SPWLA 56th Annual Logging Symposium.

Wall-Palmer D, Jones M T, Hart M B, et al, 2011. Explosive volcanism as a cause for mass mortality of pteropods [J]. Mar. Geol. 282: 231-239. https://doi. org/10. 1016/J. MARGEO. 2011. 03. 001.

Wang C, Wang Q, Chen G, et al, 2007. Petrographic and geochemical characteristics of the lacustrine black shales from the Upper Triassic Yanchang Formation of the Ordos Basin, China: Implications for the organic matter accumulation [J]. Marine and Petroleum Geology, 86: 52-65.

Wang H J, Zhao W Z, Cai Y W, et al, 2020. Oil generation from the immature organic matter after artificial neutron irradiation [J]. Energy&Fuels, 34 (2): 1276-1287.

Wang J, Chen J, Bao Z, et al, 2006. Influences of marine floor hydrothermal activity on organic matter abundance in marine carbonate rocks—A case study of middle-upper Proterozoic in the northern part of North China [J]. Chinese Science Bulletin, 51 (5): 585-593.

Weijers L, Wright C, Mayerhofer M, et al, 2019. Trends in the north American frac industry: Invention through the shale revolution [R]. SPE 194345.

Weinbauer M G, Guinot B, Migon C, et al, 2017. Skyfall—neglected roles of volcano ash and black carbon rich aerosols for microbial plankton in the ocean [J]. J. Plankton Res, 39: 187-198. https://doi. org/10. 1093/plankt/fbw100.

White A F, Yee A, 1985. Aqueous oxidation-reduction kinetics associated with coupled electroncation transfer from iron-containing silicates at 25℃ [J]. Geochim. Cosmochim. Acta, 49: 1263-1275. https://doi. org/10. 1016/0016-7037 (85) 90015-8.

White D E, 1907. Thermal waters of volcanic origin [J]. Geological Society of America Bulletin, 68 (12): 1637-1658.

Winder M, Sommer U, 2012. Phytoplankton response to a changing Climate [J]. Hydrobiologia, 698: 5-16.

Wu H, Hu W, Cao J, et al, 2016. A unique lacustrine mixed dolomitic-clastic sequence for tight oil reservoir within the middle Permian Lucaogou Formation of the Junggar Basin, NW China, Reservoir characteristics and origin [J].Marine & Petroleum Geology, 76: 115-132.

Wu S T, Zou C N, Zhu R K, et al, 2016. Characteristics and origin of tight oil accumulations in the Upper Triassic Yanchang Formation of the Ordos Basin, north-central China [J]. Acta Geologica Sinica (English

Edition), 90 (5): 1801–1840.

Wu Songtao, Yang Zhi, Zhai Xiufen, et al, 2019. An experimental study of organic matter, minerals and porosity evolution in shales within high–temperature and high–pressure constraints [J]. Marine and Petroleum Geology, 102: 377–390.

Wu Songtao, Zhu Rukai, Yang Zhi, et al, 2019. Distribution and characteristics of lacustrine tight oil reservoirs in China [J]. Journal of Asian Earth Sciences, 178: 20–36.

Xi D P, Wan X Q, Feng Z Q, et al, 2011. Discovery of Late Cretaceous foraminifera in the Songliao Basin : Evidence from SK–1 and implications for identifying seawater incursions [J]. Chinese Science Bulletin, 56 (3): 253–256.

Y Fan, L J D, H A Tchelepi, 2010. Numerical simulation of the in–situ upgrading of oil shale [R]. Society of Petroleum Engineers : 118958.

Yang H, Zhang W Z, Wu K, et al, 2010. Uranium enrichment in lacustrine oil source rocks of the Chang 7 member of the Yanchang Formation, Erdos Basin, China [J]. Journal of Asian Earth Sciences, 39: 285–293.

Yang Y T, Li W, Ma L, 2005. Tectonic and stratigraphic controls of hydrocarbon systems in the Ordos basin : A multicycle cratonic basin in central China [J]. AAPG Bulletin, 89: 255–269.

Yang Z, Zhu J, Li X, Luo, et al, 2017. Experimental investigation of the transformation of oil shale with fracturing fluids under microwave heating in the presence of nanoparticles [J]. Energy & Fuels, 31: 10348–10357.

Youhong Sun, Fengtian Bai, Baochang Liu, 2014. Characterization of the oil shale products derived via topochemical reaction method [J]. Fuel, 115: 338–346.

Youhong Sun, Fengtian Bai, Baochang Liu, 2014. Characterization of the oil shale products derived via topochemical reaction method [J]. Fuel, 115: 338–346.

Youtsos M S K, Mastorakos E, Cant R S, 2013. Numerical simulation of thermal and reaction fronts for oil shale upgrading [J]. Chemical Engineering Science, 94: 200–213.

Zborowski M, 2018. How Conocophillips solved its big data problem [J]. JPT, 70 (7): 16–26.

Zhang K, Jiang Z, Yin L, et al, 2017. Controlling functions of hydrothermal activity to shale gas content–taking lower Cambrian in Xiuwu Basin as an example [J]. Marine and Petroleum Geology, 85: 177–193.

Zhang W Z, Yang H, Xia X, et al, 2016. Triassic chrysophyte cyst fossils discovered in the Ordos Basin, China [J]. Geology, 44 (12): 1031–1034.

Zhang W Z, Yang H, Xie L Q, et al, 2010. Lake–bottom hydrothermal activities and their influence on high–quality source rock development : a case from Chang 7 source rocks in Ordos Basin [J]. Petroleum Exploration and Development, 37: 424–429.

Zhao H G, 2005. The relationship between tectonic–thermal evolution and sandstone type uranium ore–formation in Ordos basin [J]. Uranium Geology, 21: 275–282 (in Chinese with English abstract).

Zou C N, et al, 2010. Shallow–lacustrine sand–rich deltaic depositional cycles and sequence stratigraphy of the Upper Triassic Yanchang Formation, Ordos Basin, China [J]. Basin Research, 22: 108–125.

Zou Caineng, Yang Zhi, Zhu Rukai, 2019. Geologic significance and optimization technique of sweet spots in unconventional shale systems [J]. Journal of Asian Earth Sciences, 178: 3–19.

Zumberge J, Harold I, Lowell W, 2016. Petroleum geochemistry of the Cenomanian – Turonian Eagle Ford oils of south Texas [C]. //Breyer J A, ed. The Eagle Ford Shale : A renaissance in US oil production. AAPG Memoir, 110: 135–165.